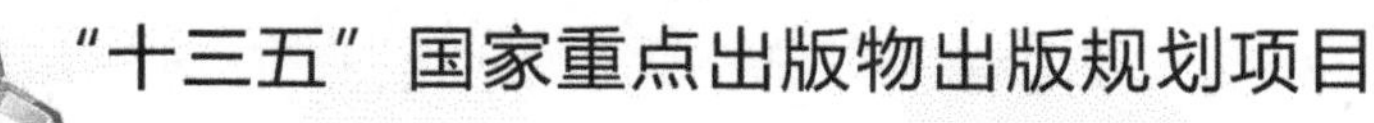

SAFETY SCIENCE AND ENGINEERING

安全科学原理

PRINCIPLES OF SAFETY & SECURITY SCIENCE

第2版

◎ 吴超　王秉　黄浪　编著

机械工业出版社
CHINA MACHINE PRESS

安全科学原理是安全科学与工程学科的核心基础理论，内容主要是通用层面的安全科学原理。本书共分10章，包括：绪论、安全哲学原理、事故预防原理、风险管理原理、安全模型原理、安全人因科学原理、安全自然科学原理、安全技术科学原理、安全社会科学原理、安全系统科学原理。

本书内容系统，题材新颖，具有通用性，可作为高等院校安全科学与工程、应急技术与管理、公安技术、国家安全学等专业的本科生和研究生的教材，也可供注册安全工程师、安全管理工作者和安全科学理论研究者等阅读。

图书在版编目（CIP）数据

安全科学原理/吴超，王秉，黄浪编著. —2版. —北京：机械工业出版社，2023.6（2025.8重印）

“十三五”国家重点出版物出版规划项目

ISBN 978-7-111-73165-8

Ⅰ.①安…　Ⅱ.①吴…②王…③黄…　Ⅲ.①安全科学-高等学校-教材　Ⅳ.①X9

中国国家版本馆CIP数据核字（2023）第084430号

机械工业出版社（北京市百万庄大街22号　邮政编码100037）

策划编辑：冷　彬　　　责任编辑：冷　彬　舒　宜

责任校对：韩佳欣　赵小花　　封面设计：张　静

责任印制：刘　媛

北京富资园科技发展有限公司印刷

2025年8月第2版第2次印刷

184mm×260mm · 27印张 · 649千字

标准书号：ISBN 978-7-111-73165-8

定价：79.80元

电话服务　　　　　　　　　　网络服务

客服电话：010-88361066　　机　工　官　网：www.cmpbook.com

010-88379833　　机　工　官　博：weibo.com/cmp1952

010-68326294　　金　书　网：www.golden-book.com

封底无防伪标均为盗版　　机工教育服务网：www.cmpedu.com

第 2 版前言

本书第 1 版自 2018 年出版以来，受到很多讲授“安全科学原理”课程的教师和学习该课程的学生及其他读者的好评，同时也反馈了许多使用信息并提出宝贵的改进意见。2019 年，作者及其教研团队主持建设的该课程还获批湖南省研究生优质课程建设项目，并基于本书教学内容拍摄制作成在线课程于智慧树平台运行。另外，本书第 1 版出版以来的几年间，作者领导的课题组一直专注安全科学原理的研究，在此期间发表了 80 多篇与安全科学原理相关的论文，有许多成果适合充实到本书中。近年国际上安全科学也有了新动态和新发展，安全科学原理在安全科学学科体系的架构中显得比任何时期都更加重要。基于上述几方面的原因，作者觉得有必要尽快对本书第 1 版及时进行补充和修订。

本书第 2 版补充和修订的情况如下所述。

（1）方法论比具体知识更加重要，掌握方法论，对开展安全科学原理的创新研究及其应用非常有帮助。因此，新修订的教材在方法论上做了补充，添加的内容有安全系统研究的方法论、安全系统建模的方法论、安全复杂性研究的方法论等，这些内容分别添加到相关的章节之中。

（2）增加了一些安全新理论和新模型，特别是基于大数据、信息科学和人工智能的发展，本书增加了与上述科技相关的安全科学原理新内容并分布在相关的章节中。

（3）随着社会的不断发展，安全问题越来越复杂，安全复杂性研究成为安全科学的未来新领域。因此，本书第 2 版在第 10 章增加了安全复杂性研究原理，以适应和引领未来安全科学的发展方向。

（4）将各章内容相关的研究综述适当系统化，并把相应的参考文献引入，因此较第 1 版参考文献的数量增加了 1 倍。

（5）对第 1 版的内容顺序做了适当调整，以便使内容的逻辑层次更加合理和有序，更有利于教学。

（6）各章均增加了一些新的思考题，有利于读者思考相关问题和提高学习效果。

本书第 2 版纳入了作者与课题组成员一起完成的许多研究成果，还参考了所列参考文献的相关内容，作者在此对相关课题组成员及文献作者表示衷心感谢。另外，本书第 2 版同样得到了国家自然科学基金重点项目（编号 51534008）的资助，在此也特表感谢。

由于作者学术水平有限，书中难免存在疏漏和不妥之处，恳请读者批评指正。

吴 超

第1版前言

一门学科之所以能够建立，离不开该学科自己的理论体系的支撑。随着安全的内涵和外延不断拓广和大安全体系的建立，多年来主要针对安全生产所提炼的一些安全科学原理已经远远不能满足解释和解决当今诸多安全问题的需要。此外，在以前的安全学原理或安全原理的著作中所介绍的有关安全科学原理在内容的广度和深度以及层次、逻辑、结构和体系等方面存在很多不足。一方面，尽管在2009年11月修订实施的《学科分类与代码》中的“安全科学技术”一级学科包含了11个二级学科和50多个三级学科，2011年2月，安全科学与工程成为我国研究生教育目录的一级学科，2012年修订的教育部本科专业目录中设立了安全科学与工程类专业，但安全学科的许多基础理论分支仍缺乏具体的内容，适宜作为高等院校安全科学与工程类专业本科生和研究生使用的安全科学原理教材仍有待开发；另一方面，愿意投身于安全科学理论研究和安全学科建设研究的科技工作者非常少。

针对安全科学原理亟待研究解决的关键问题和不足之处，本书作者近十年来带领20多名研究生致力于安全科学原理的研究并取得了显著进展，先后撰写发表了70多篇有关安全科学原理基础研究的学术论文。在此基础上，作者认为很有必要尽快撰写一本能够补充现有安全科学原理不足的新教材，以供高等院校安全科学与工程类专业的广大师生和安全科技工作者使用。

安全科学学是以安全科学为主要研究对象，研究认识安全科学的内涵、外延、属性、特征、社会功能、结构体系、运动发展以及促进安全学科分支创建和应用等的一般原理、原则和方法的一门学科。借助安全科学学，可以从安全一体化的开阔视野认识安全科学研究中一些重要的基本问题，梳理安全科学原理的结构体系。在安全科学学思想的指导之下，作者经过较长时间的反复思考，系统地梳理了安全科学原理的各层次内容及其关系，才构建出本书的安全科学原理框架体系。

从学科层次分，安全科学原理有安全哲学原理、一般安全原理和具体安全原理三个层次。如果将哲学安全原理和一般安全原理统称为通用安全科学原理，则通用安全科学原理的内容相对是比较有限的，而具体的安全原理的内容是无限的，例如所有的安全技术及工程均包含大量的具体安全原理，而这些具体安全原理在一本书中是不可能囊括的，更应该放到相应的安全技术及工程著作之中。本书主要介绍的是通用层面的安全科学原理，也可以说是科学层面的安全科学原理或理论层面的安全科学原理。

作者在编排本书各章的顺序时，先介绍核心安全科学原理（或称为第一层次安全科学原理），再介绍非核心安全科学原理（或称为第二层次安全科学原理）。核心安全科学原理包括安全哲学原理、事故预防原理、风险管理原理、安全模型原理；非核心安全科学原理包括安全人因科学原理、安全自然科学原理、安全技术科学原理、安全社会科学原理和安全系统科学原理。这里说的“核心”与“非核心”不是对重要性而言的，仅仅是一种分类而已。本书具有以下特色。

（1）本书从安全一体化（口语化表达即为安全界熟悉的“大安全”）的大视野和全新的视角来编写，纳入的安全科学原理大都是通用的安全科学原理，即科学层面的安全科学原理。

（2）尽管本书没有分篇，但其内容实际上可分为三大部分：第1章是安全科学原理绪论，可归为第一部分，这部分是已有的安全学原理类著作所缺少的内容；第2~5章为核心安全科学原理，可归为第二部分，这部分中的许多理论安全模型也是以往安全学原理类著作没有的；第6~10章为非核心安全科学原理，可归为第三部分，这部分是全新的内容。

（3）本书尽量考虑和按照安全科学原理的类型和层级关系进行内容的编排，例如，介绍安全人因科学原理、安全自然科学原理、安全技术科学原理、安全社会科学原理、安全系统科学原理这五类安全科学原理时，基本上按照原理的层级来编排。

（4）本书对每条安全科学原理都按照定义、内涵、功能、应用价值和实例的顺序进行深入论述，内容清晰、层次分明、便于学习，克服了现有安全学原理教材在层次、逻辑、结构和体系等方面存在的不足。

（5）本书十分注重安全科学原理的基本概念、基本理论、基本方法（“三基”），运用“三基”去分析、认识安全领域的各种科学问题和规律，有利于开展安全科学的研究和实践。

（6）本书每章都精心提出了一些思考题，这些思考题源于书本，有些又高于书本，可以提升学习者对书中安全科学原理的分析能力，并启发学习者开展安全科学原理的创新研究。

本书吸收了作者与多名研究生（黄浪、王秉、贾楠、欧阳秋梅、杨冕、阳富强、雷海霞、谢优贤、游波、李顺、石东平、高开欣、方胜明、刘冰玉、张建、张丹、张文强、张一行、周欢、谭洪强、石扬等）合作撰写的数十篇论文的相关内容，还参考了书中参考文献所列论著的一些相关内容。黄浪协助了3.4~3.7节的编写，王秉协助了2.3、5.2、5.4、9.1、9.3.2节的编写，在此对他们表示衷心感谢。另外，本书一些内容研究及其出版得到了国家自然科学基金重点项目（编号51534008）的资助，在此也特表感谢。

由于作者学术水平有限且时间较紧，书中难免有疏漏和不妥之处，恳请大家批评指正。

吴　超

本书导读

在开始学习本书之前，请各位读者了解作者的几点学习提示：

（1）建议先阅读本书的前言和第1章有关安全科学原理的分类内容，这样有助于增进对整体安全科学原理知识体系的把握和理解本书各章内容的安排与层次。

（2）由于本书篇幅的限制，作者几乎没有罗列什么案例，教师和学生在使用本书时，建议多理论联系实际，这样才能更加深刻地理解有关安全科学原理的意义。

（3）在学习每一条安全科学原理时，建议具体联系该安全原理被提出的时代背景和具体场景，这样有利于对其优缺点做出正确的评价和有效地利用所学的安全原理。

（4）由于社会发展的不平衡和人们所处的生活与生产场所的不同，所有安全科学原理不存在绝对的好坏之分，也不存在新的比旧的更好之说。在应用安全科学原理时，合适的就是最好的，即安全科学原理的应用具有相对性。

（5）由于安全科学原理是在不断发展和丰富的，教师和学生在阅读某一条安全科学原理时要有举一反三的思维习惯，以便使安全科学原理能得到灵活应用，甚至能发明创建出新的安全科学原理。

（6）不管是从理论到实践再上升到理论再应用到实践，还是从实践到理论再应用到实践再到新的理论，都是循环提升的过程，因此，安全科学原理的学习过程是一个螺旋上升的过程。学习安全科学原理的方法可以是多种多样的。如果已具备应用层面的安全专业知识，则有利于理解安全科学原理并将已有的应用层面的安全专业知识提升到一个新的高度；如果没有应用层面安全专业知识的储备，一开始就学习安全科学原理，即使学习后也不可能完全掌握安全科学原理的奥秘，但也有助于将应用层面的安全专业知识归纳和提升到通用性的程度，并具有举一反三的能力。所以，"安全科学原理"课程的教学时间安排在各高校可以有所不同。对于安全科学与工程专业的本科生来说，还是要先学完一两门安全专业课后再来学习安全科学原理比较合适，比如学习完机电安全知识、系统安全工程知识等；而对于安全科学与工程类专业的研究生来说，就没有知识顺序和预备知识的要求了。

"安全科学原理"是一门抽象的安全基础理论课程，学习该课程自然是比较困难和需要花工夫的，但当学完和掌握以后，读者的安全思想和理论水平将会达到较高的境界。

祝大家学习愉快！

吴　超

目　录

第1章 绪论

【本章导读】

每门学科都有其特定的基础科学原理。对于成熟的学科，其科学原理体系通常基本定型了。安全学科是一门新兴的大交叉综合学科，安全科学原理的完善程度是关系到安全学科能否被认可为一门拥有自己基础理论的独立学科这一根本问题。

安全科学原理是安全活动或工作必须遵循的基本规律和原则，是基于经验或理论归纳得出的安全事物发展变化的客观规律。安全科学原理被安全实践和事实证明，反映安全事物在一定条件下发展变化的客观规律，是人类安全活动的基本法则或方法论。安全科学原理是普适性的安全科学理论。

安全科学原理为安全科学发展和安全活动提供理论支持和方向引导，对安全科技工作实践具有指导性。安全科学原理一般具有多个层次的功能和作用，既可用于解释生产生活中的事故致因，又可用于概括事故灾难规律；既可用于指导预防事故灾难，又可用于确保人的安全健康等。安全科学原理是安全学科的理论支柱、安全科学理论的核心、安全科学创新的基因、安全科学发展的灵魂、事故预防与控制的钥匙、构筑安全系统的指南（吴超和杨冕，2015）。

1.1 安全与安全研究的范式

1.1.1 安全的科学定义

定义是对于一种事物的本质特征或一个概念的内涵和外延的确切而简要的说明。学科的元定义（元定义即是最基本和最核心的定义）可揭示其学科本质，彰显其学科核心，演绎其学科体系，意义十分重大。定义在不同学科中的重要性并非一样，定义的唯一性越高，其重要性越强。安全学科属于大交叉综合学科，安全科学研究者可基于不同视角阐释同一定义，导致安全学科里的定义的唯一性不高，给出统一定义的难度极大。学界至今仍未统一明确“安全”的定义，且争议颇多。若本书首先不明确给出“安全”的定义，则之后讨论安全科学原理将缺乏根基（吴超等，2018）。因此，下面的“安全”定义极为重要。

多年来，国内外研究者对“安全”下了较多定义，对其梳理，可以概括成两个层面：①社会层面的安全定义；②生活生产层面的安全定义。无论是从社会层面还是生活生产层面提出的“安全”定义，它们共同的缺点是看不出安全概念的核心是人，内容缺少心理安全或心理伤害的特征，体现不出科学性和普适性，因此这些定义无法演绎出更多的外延乃至整个安全学科体系。

我国安全界的前辈之一刘潜给出的安全定义比较具有科学性和普适性。刘潜将安全定义为：“安全是人的身心免受外界因素危害的存在状态（或称健康状况）及其保障条件。”（刘潜，2010）该定义的特征显著，基本能够表达安全的内涵并有可能演绎出安全的外延及安全学科的体系。在刘潜的“安全”定义基础上，本书对其修改和诠释。

1. 安全的定义及其内涵

吴超等把刘潜的定义修改为：“安全是指一定时空内理性人的身心免受外界危害的状态（Safety is an existence condition that rational person's body and mind are not harmed by external factors in a certain time and space）。”（吴超等，2018）该“安全”定义的内涵包括以下几方面。

（1）对时间和空间进行了限定。不同场景、不同时期、不同地区、不同国家等对安全状态的认同度有很大的不同，没有时空的限定谈安全将会产生混乱。在“安全”定义中加入“一定时空”，表明安全是随时空的迁移而变化的。

（2）强调安全以人为本。定义中用“理性人”表达了安全是以绝大多数正常人为本，如果安全是以极少数非正常人为本，那就失去了安全的大众意义。由此也可以推出，个别非正常人和正常人在非理性状态时，均不属于本安全定义中所指的“理性人”。另外，定义中没有将物质与人并列，是基于物质是在人之下的东西，即任何有形和无形的物质均是在人的安全之下的。

（3）指出人受到的危害是来自“外界”的，这一点把安全与人自身的生老病死区别开来，人自身的生老病死不是安全科学的范畴，而是医学和生命科学等学科的领域，这一点也把安全科学与医学和生命科学区别开来。若一个人完全没有受到外界危害而自认为很不安全，这类人肯定属于非正常人或是精神病人。

（4）指出人受到外界因素的危害可分为三大类：一是身体受到危害，对身体的伤害一般与人的距离较近，而且是较短时间的，身体的伤害痊愈后，还可能留下心理创伤；二是心理受到危害，对心理的伤害可以与人的距离很远，而且可能是长期连续的伤害；三是受到两种危害的同时作用或交互作用。由此推出，仅仅注意到人的身体危害是不科学的，心理危害有时更加突出。

（5）有价值物质的损失必然是人不希望看到的，物质损失对人危害可归属为对人心理的伤害和生理的伤害，该定义间接反映了物质损失的危害情况。有价值的非物质文化损失和精神摧残等同样是对人的一种巨大伤害，理应归属于对人心理的伤害，在该安全定义中也可以表达出来。

（6）“外界”是指人-物-环、社会、制度、文化、生物、自然灾害、恐怖活动等各种有形或无形的事物，因此本安全定义可以涵盖大安全的范畴；也表达了人的安全一定是与外界因素联系在一起的，不能孤立地谈安全。由此可以推出，安全实际上一定是存在于一个系统之中，讨论安全需要以系统为背景，需要具有系统观。

(7) “人的身心免受外界危害”自然包括了职业健康或职业卫生问题，即该安全定义包含了职业健康或职业卫生，不需要像其他安全定义一样对职业健康或职业卫生做专门注解。

(8) 由该安全定义可以看出：安全科学的研究对象是关于保障人的身心免受外界危害的基本规律及其应用。

2. 安全定义的外延

(1) 本节提出的安全定义可指明“降低外界因素对人的危害程度”的三条主要途径：①从免受外界因素对“身”的危害出发防控外界的不利因素，这类因素主要是物因所致，包括自然物和人造物，其控制主要靠与安全有关的自然科学技术和工程；②从免受外界因素对“心”的不利影响出发防控外界的不利因素，若仅是人的因素，则更多依靠与安全相关的社会科学来解决；③上述两类问题的复合和交互作用，这类因素更加复杂，包括人的因素和物的因素及二者的复合作用，需依靠与安全有关的自然科学和社会科学的综合作用才能解决。上述三条途径又可进一步用于建立安全模型，并构建安全学科体系。

(2) 外界对“身”的危害往往有时空限制，只要脱离特定的时空范围就可避开。从免受外界因素对“身”的危害出发，需研究构筑各类安全保障的条件，包括自然和人为灾害的防范，确保系统内人的安全；同时需对人进行安全教育，使人自身有安全意识、知识和技能等，能够辨识外界危险因素并有效应对各种伤害。

(3) 外界对“心”的危害是没有明显的时空限制的，可随时随地长时间影响或伤害个体或群体。从避免外界因素对“心”的伤害出发，需涉及政治稳定、社会和谐、文化繁荣、气候宜人、防灾减灾和保险机制健全、个人物质财产无损等宏观层面的问题，也涉及人自身安全观念、安全心理和安全文化素养等内容。

(4) 外界对人的危害更多情况是对“身”和“心”同时造成伤害或交互造成伤害。上述(2)和(3)中所阐述的保障“身”与“心”免受伤害的所有内容应当同时进行，由此看出，安全学科无疑是涉及面广泛的综合学科。

(5) 如果用一个数值来表达系统在某一时空的安全状态，这个数值一定是个平均值，是大多数理性人所感知的安全数值的平均值。既然是平均值，那么每一个具体的理性人认为安全的数值一定与平均值有偏差，但偏差必须限定在允许的范围内，此时系统的安全标准趋于一致。

(6) 就理论而言，若某个体认为的安全数值与平均安全数值有较大偏差，就可将此个体归属为非正常人，由此也可照此原则辨识过于小心谨慎的人或过于放纵冒险的人，可对人群进行分类和界定。若系统中部分个体认为的安全数值远远超出平均安全数值，则此系统的安全标准很难趋于一致。

(7) 系统中存在过于小心谨慎的人或是过于放纵冒险的人，对系统的经济可靠运行都是不利的。这类人越多，系统也越不安全可靠，或者说系统越危险。为保障系统安全可靠，这类偏离安全允许数值的个体（或构成的群体）是安全管理的重点对象。具体解决办法有：①把这类人剔出系统，使系统内人群的安全标准趋于一致，这是简单可靠的方法，但由于安全人性决定了正常人在不同时空里也会变成非正常人，因此这种方法实际上是一种理想化且不太可行的方法；②纠正这类人的安全认知偏差，这需用到多种方式方法，包括安全观的塑造，实施过程是一项长期的教育过程。

(8) 按照本节的“安全”定义，借助逻辑工具，可构建一系列理论安全模型，进而构建安全学科体系，形成安全学科的研究方向，促进安全类专业的学科建设和开展安全科学研究，也可指导具体系统的安全管理等工作。

3. 安全定义的推论

（1）根据本节的“安全”定义，可以推论出一系列安全科学的基础定义，见表 1-1。

表 1-1　由本节给出的“安全”定义推论得出的安全科学基础定义（吴超等，2018）

概念	定义
安全	安全是指一定时空内理性人的身心免受外界危害的状态
危害	危害是指一定时空内理性人的身心受到了外界损伤的状态
危险	危险是指一定时空内理性人的身心可能受到外界危害的状态
风险	风险是指一定时空内理性人的身心受到外界危害的可能性及其严重度的乘积
事故	事故是指一定时空内理性人的身心已经受到外界危害的结果
隐患	隐患是可能造成一定时空内理性人身心受到危害的外界因素
危险源	危险源是确定能够造成一定时空内理性人身心受到危害的外界因素
重大危险源	重大危险源是在特定时空里存在着确定的可以使人的身心受到重大危害的外界因素

按表 1-1 中的例子类推，还可以推论出更多的安全学科新定义或新概念。通过上述分析，本节给出的“安全”定义便于描述安全科学中其他的定义，而且具有逻辑的推理性。

（2）根据本节的“安全”定义，可以对安全学科中各分支学科的概念进行定义，例如，“安全科学”是以保障一定时空内理性人的身心免受外界危害为目标的科学，“安全工程”是以保障一定时空内理性人的身心免受外界危害为目标的工程，“安全教育”是以保障一定时空内理性人的身心免受外界危害为目标的教育，“安全管理学”是以保障一定时空内理性人的身心免受外界危害为目标的管理学等。由此类推，可得出通用的定义表达式：“安全 *X* 是以保障一定时空内理性人的身心免受外界危害为目标的 *X*”，其中 *X* 可以是各种学科名词或科学名词。

（3）根据本节的“安全”定义，可以推论出各行业安全术语的定义，例如，“农业安全”是指人们在从事农业活动时，其身心免受外界危害的状态，“工业安全”是指人们在从事工业活动时，其身心免受外界危害的状态等。由此类推，可以得出通用的定义表达式：“*Y* 安全是指人们在从事 *Y* 活动时，其身心免受外界危害的状态”，其中 *Y* 可以是各行各业。

1.1.2　安全的维度

安全涉及时空、主体和客体、物质、能量、环境、认知、管理、信息等要素，是一个非常复杂的问题，或者说是一个高维度问题，表 1-2 为安全的多维度特征。从表 1-2 可以看出，人们在从事各种安全活动和研究及讨论各种安全问题时，如果没有一定的预设（如时空界定、主客体分组等），大家站在不同的时空、层次等来研讨同一个问题，将不可能有统一的结果。

如果人们对安全的复杂性和高维度有了基本的了解，就会认识到安全研究要想得到一致或统一的结果，必须具有相同的预设，同时，就会理解并允许安全研究和安全理论的不统一，就会科学地看待安全研究和认识的局限性及其适用条件。

表 1-2 安全的多维度特征（吴超，2019）

类型	维度	维度内容举例				
安全边界	安全空间维	微观	中观	宏观	无限	……
	安全时间维	短期（过去）	中期（现在）	长期（将来）	无期（未知）	……
安全主体（人、人群）	安全人性维	损人	利己	中性	奉献	……
	安全教育维	文盲	初级教育	高等教育	专业教育	……
	安全数量维	个人	群体	民族	人种	……
	安全对象维	幼儿	青少年	成年人	老年人	……
	安全研究维	创新	推广	科普	……	……
	……	……	……	……	……	……
安全物资	安全资料维	物质	资金	物资替代物	信息物资	……
	安全生产力维	原始	初级	中级	高级	……
	……	……	……	……	……	……
安全环境	社会维	社会结构	社会组织	伦理道德	文化精神	……
	政治维	原始生态	强权专治	民主法制	自由	……
	经济维	封闭经济	计划经济	市场经济	混合经济	……
	……	……	……	……	……	……
安全知识	专业维	安全工程	安全技术	安全设备	安全设施	……
	逻辑维	安全理论	安全模型	安全原理	安全方法	……
	……	……	……	……	……	……
安全管理	要素维	人员	资金	机物	场所	……
	组织行为维	计划	执行	协调	控制	……
	……	……	……	……	……	……
安全信息	信息维	感知	数据	情报	事实	……
其他	……	……	……	……	……	……

由表 1-2 及其分析可知，由于安全是一个非常复杂的问题，研究和讨论具体的安全问题时，必须先预设研讨的前提，即研讨安全具体问题需要有相同的语境。以下是开展安全研究的基本预设（吴超，2019）：

1. 时间界定预设

安全是一个古老的问题，也是未来永恒的问题，因此安全有巨大的时间尺度。如果讨论的安全问题不是在同一个时间段范围内，则很难把问题放在一起做比较，也很难得出相对统一的结论。比如，一百多年前的手工生产模式及其安全管理方式，与现代机械化、自动化乃至智能化的生产模式及其安全管理体系，就不可能有一致性和通用性，安全管理方法也不能错位应用。

2. 空间界定预设

具体安全问题的空间可大可小，不同空间尺度的安全复杂性和与之相适应的安全管理方法等是有天壤之别的。比如一个简单的手工方式作业车间的安全管理就非常简单，主要是防止人有不安全的动作和物存在不安全的状态，并使人与物分开，就基本可以确保不发生伤害事故。但对于一个非常复杂的现代化物流配送车间，甚至是更复杂的航天航空系统，其安全关键问题及其需要应用的安全管理方法，显然与上述的手工作业场景是完全不一样的，也没有可比性。

3. 出发点和应用范畴的预设

安全是一个高维复杂问题，从不同的层面和不同的出发点都可以提出相应的安全定义、理论和方法等，因此需要对安全研究的出发点和应用范畴进行说明。比如对于安全的定义，如果适合所有安全问题的定义，则一定是站在最高的层面，如哲学层面提出来的或是从最基础的层面提出来的；如果是从某一领域提出的安全定义，则只能适用于所在领域。仍以安全定义为例，有的安全定义从关键问题出发（如事故、风险等）提出，进而再来关联相关的一切事物；有的安全定义由系统出发，有的安全定义由主体出发，有的安全定义由结果出发，有的安全定义由目的出发等，之后再由该定义关联出更多的要素，并形成系统和安全知识体系。综上所述，安全定义、理论和方法等，具有多样性特征。

4. 安全主体（人群）的界定预设

不同人群主体的安全责任和权力是不一样的，讨论安全工作需要对安全人群主体加以界定，否则就会出现人员错位现象。比如，对于广大的群众，他们的主要安全责任和义务是接受安全教育、遵守安全规章，实现安全预防为主等。政府部门要对大众开展安全教育、制定安全法规，并建设必需的安全工程等；对于职业安全人，除了有普通大众的安全责任和义务之外，主要职责是开展日常安全事务性工作，辨识危险和预测风险，做好应急救援准备，并尽量做到既安全又经济，服务于大众，为领导提供安全决策咨询服务等；对于企业领导和监管部门，主要职责是开展科学安全决策和监管等。如果上述几方面的主体职责和义务发生错位，整个社会就会出现混乱，安全就不可能得到保障。许多安全理论的适用主体和对象也是不一样的。

一方面，当人们要讨论安全科学理论问题及其应用时，只有在共同的时空、共同的主体、共同的出发点和范畴的基础上谈安全定义、安全科学理论、安全科学研究对象、安全科学研究方法、安全实践问题等，才有共同的语境和说法，否则就会争论不休，也毫无意义。另一方面，如果是开展创新研究，就不必完全按照已有的安全理论体系而行，甚至可以完全抛弃原有的理论体系，另创建一套新的。

1.1.3　安全研究的三种范式

从安全研究的大量事实和研究成果梳理，安全研究的主要途径可概括为：从事故致因、从风险管理理论和从本原安全出发研究安全的三种研究范式或途径（吴超，2019）。

第一条研究途径以事故预防为主线，从事故致因等研究安全，这种研究思路可以简称为逆向研究，即从事故来研究安全，先研究事故发生的规律，再从中获得安全规律。应该指出，事故致因理论并不等于安全科学，事故致因理论只是安全科学的重要内容之一。走第一条研究途径的历史较为悠久，有近百年。第一条研究途径属于逆向范式，简称为“安全 A1”。

第二条研究途径以风险控制为主线，从风险管理理论等研究安全，这种研究的思路可以简称为中间研究，如从尚未形成事故的隐患出发来研究安全。走第二条研究途径的研究通常也需要考虑隐患会导致什么样的事故，其历史沿革比第一条研究途径短暂。第二条研究途径属于中间范式，简称为“安全 B”。

第三条研究途径以系统安全为主线，从本原安全出发研究安全，这种研究思想可以简称为正向研究，即一开始就从安全出发开展研究。走第三条研究途径的研究通常需要有第一条和第二条研究途径的思想为基础，从本原安全开始研究安全的方法经常需要用逆向研究和中间研究的方法开展安全评估。走第三条途径的研究历史较为短暂。第三条研究途径属于正向范式，简称为“安全 A2”。

由于安全问题是一个系统，不管是从事故预防、风险管理或本原安全哪条途径出发，研究过程所涉及的因素最终都会关联到一起，只是侧重点不同和出现的先后顺序等不同而已。而且，三条途径相互关联、相互支撑，有殊途同归的效果，最终都是为了安全。

安全研究的三条主要路径（A1、B、A2）的特征比较见表 1-3。三条安全研究途径的安全工作范畴及其相互包含关系如图 1-1 所示。

表 1-3　安全研究的三条主要路径（A1、B、A2）的特征比较（吴超，2019）

比较项目	逆向范式（安全 A1）	中间范式（安全 B）	正向范式（安全 A2）
安全工作的主要特征	对预计可能发生的各种事故采用相关和相应的措施加以预防和控制	主要考虑系统的薄弱环节和可能发生故障的概率及危险性，对风险进行针对性防控	以安全为目标，从系统出发，尽可能地提高系统安全性，处理好各种事物，使之更加安全
安全研究的侧重点	侧重事故致因理论和模型、事故统计分析等	侧重风险评估和危险源的控制等	全面、系统地关注安全，提高人和系统的抗灾变能力等
思维方式	逆向思维	关键思维	系统思维
主要优点	可以根据以往大量已经发生的事故做预测判断 如果掌握了比较确定的可能发生事故类型，安全工作比较有针对性 相对比较节省人、物、财力等的直接投入 能让普通人容易理解安全的作用和功能	可以借鉴以往发生的事故判断风险 根据危险源和隐患分析判断风险 安全工作比较容易找到切入点 能够集逆向型和正向型两种研究途径的优势	学习安全样板现象 发挥人的超规范能力 做事的范围很大 正、负两面都考虑 正面范围比较广泛 提升安全感 适用于大安全 可以把安全融入各项工作之中，发挥系统中所有要素的安全功能和积极性
主要不足	忽略更多可以学习和借鉴的安全榜样 使安全工作的范围狭窄，安全员做事的范围很小 安全经济效益仅考虑负面损失，未计入安全感提升等正面效益 实际上很难精准预计未来会发生什么事故 主要适用生产安全，对于新风险和大安全很难有效 难以考虑类似心理创伤等内隐伤害 对人的创造性和破坏性考虑不够或难以纳入	精准确定系统的风险仍然非常困难 相关的安全风险管理还没有形成自身的理论体系，仍然离不开事故致因理论等 仍然存在逆向型研究途径的部分缺点或不足 没有很好地利用正向型研究途径的优点	仍然需要依靠安全实践经验 总的来说安全投入花费较大 很多工作一下子难以看出效果 很多安全理论方法还不成熟或没有形成，有待未来发展
时代特征	传统	近代	现代和未来的安全方向

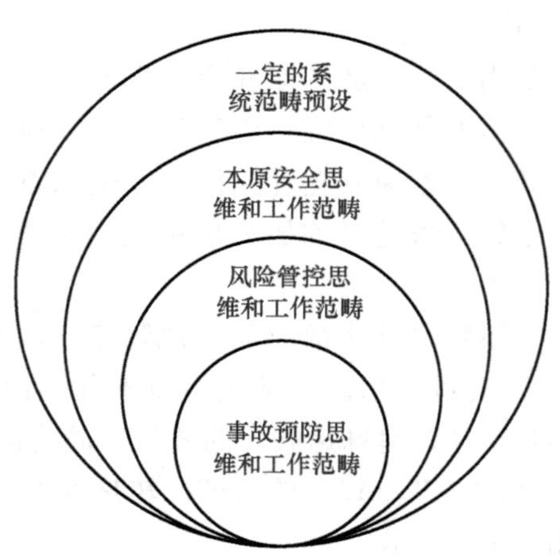

图 1-1　三条安全研究途径（A1、B、A2）的安全工作范畴及其相互包含关系

1. 从事故致因研究安全的问题分析

事故预防研究仅仅是安全科学的一部分。事故致因理论是从大量典型事故的本质原因分析中提炼出的事故机理和事故模型。这些机理和模型反映了某类事故发生的规律性，能够为事故原因的定性、定量分析，为事故的预测、预防，为改进安全管理工作等方面，从理论上提供科学的依据。现有的事故致因理论主要着重于从人的特性与机器性能和环境状态之间是否匹配和协调的观点出发，认为机械和环境的信息不断地通过人的感官反映到大脑，人若能正确地认识、理解、判断，做出正确决策并采取行动，就能避免事故和伤亡；反之则会发生事故和伤亡。过去的事故致因理论对安全教育、安全文化等方面的致因研究很少。应用链式事故致因模型分析事故，得到的事故原因和逻辑均比较清楚，应用也比较简单，其不足是链式事故致因模型所包含的事故原因不全面，实际分析的安全问题不够宽广。其实，链式事故致因模型同样构成了一个系统，这需要从系统的策略去开展研究。事故致因理论对于已经发生的已知事故是可以分析清楚的，但对于未发生的未知事故的具体原因仍然未知。

2. 从风险出发研究安全的问题分析

现有风险管理基本是基于“风险辨识—风险评价—风险控制”三阶段的风险管理方法。风险管理目前主要用于经济安全领域，在事故灾难预防和控制方面的研究和应用有待加强与拓展。现有风险辨识的主要方法大都与事故分析方法相同，没有太大的区别和发展。风险评价方法与安全评价方法也基本相同。风险控制方法主要有风险避免和减少法、风险分散化法、风险自留法、风险转移法、保险法等，其风险控制原理仍然处于就事论事的思维方式，从整体和系统的视角开展风险控制的方法研究仍然不足，风险管理研究未形成独特的方法论体系。

3. 从本原安全出发研究安全的问题分析

从本原安全开展安全研究的思想，是在以事故和风险为主要研究对象的基础上发展起来的，从本原安全开展研究的思想消除了“安全科学不研究安全而研究事故和风险”的悖论，更具有先进性。从本原安全开展安全研究的基本思想为整体性安全思想，但目前整体性的安全研究方法尚待深入研究，急需找到整体性研究的切入点或突破口。如果仍然运用整体分解成子系统的研究思路，则会存在“安全系统学不从系统入手开展研究”的悖论。

目前，系统安全分析与评价方法是安全界比较认可和得到广泛应用的从本原安全开始的整体性研究方法。

1.2 安全科学原理研究的方法论

安全科学原理是生产安全与生活安全必须遵循的基本规律和原则，是基于经验或理论归纳得出的安全事物发展变化的客观规律，是人类安全活动的基本法则或方法论。安全科学原理为安全工作实践提供理论支持和方向指导。安全科学原理使安全科学与工程类专业的学习者拥有系统的安全科学理论和方法，为未来安全工作奠定坚实的理论基础。安全科学原理是安全科学最核心的理论。

本节结合方法学和安全科学，通过考证现有安全科学原理被发现、归纳、形成、检验和应用的研究脉络全过程，阐述安全原理研究的方法论，以促进安全科学原理的发展，构建多维度、多视角、多层次的安全科学原理框架。本节内容主要来源于参考文献（贾楠和吴超，2015）。

1.2.1 安全科学原理研究的方法论基础

1. 安全原理的定义及其功能

对于安全原理的研究，就目前而言，多数学者较为倾向于对已知安全理论的整理提升，并用于事故预防及安全指导的应用研究，而对安全原理本身的内涵、层次、体系开展研究探索的少之又少。

安全科学原理可定义为：在人类的生活、生产、生存过程中，以保障人的身心免受外界不利因素影响为着眼点，经过观察、实践、归纳、抽象、概括出来的具有普遍意义的基本科学规律。安全科学原理源于实际，又能用于指导人们的安全生活和生产实践。

安全科学原理一般具有四个层次的功能和作用，分别是安全描述、安全解释、预测指导及借鉴启示，但不需同时具备，安全科学原理研究的目的层次如图1-2所示。安全科学原理能够使人们从本质上客观掌握安全规律和避开危险，并在实践中给安全工作予以新的灵感和启示。安全科学原理在安全生活生产及科学研究中具有不可替代性。因此，探索安全科学原理的研究方法论具有重要的意义。

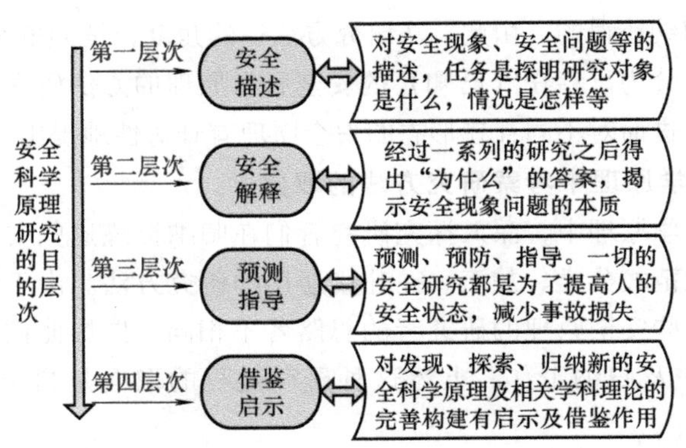

图1-2 安全科学原理研究的目的层次（贾楠和吴超，2015）

2. 安全科学原理研究的方法论定义及内涵

方法论是一门学科所使用的主要方法、规则和基本原理或是对某一特定领域相关探索的原则与程序，即对方法的研究、描述和解释。安全科学原理研究的方法论可定义为：它是用于指导安全科学原理研究的一般理论取向，探讨安全科学原理研究的基本假设、逻辑、规则、程序，对安全科学原理研究所做的一系列规范、策略及程序的高度概括，是各种具体安全科学原理研究方法的方法。其核心主旨是，最大限度地帮助研究者理解安全科学原理的探究过程。安全科学原理研究的方法论定义可由下面两点做进一步诠释。

（1）安全科学原理研究的方法论是指导安全科学原理研究的一般理论取向。哲学基础是研究安全科学原理的方法论必备知识。开展安全科学原理方法研究需要从客观事实出发，实事求是，以发展的思维做研究，具有唯物辩证的思想，并以实践作为检验的唯一标准。严谨的安全科学原理的研究要从哲学方法论的基点出发。

（2）该定义指出了安全科学原理研究的方法论需要秉持基本假设、逻辑、规则、程序，并在一般理论研究取向的基础上进一步拓展到诸如定量方法论、定性方法论等的研究，还给出了安全科学原理研究的总体策略程序。

与其他具体的研究方法相比，安全科学原理研究的方法论具有以下特点。

（1）系统性。不拘于具体方法的随意性，安全科学原理研究的方法论强调从发现问题到安全科学原理提出的整个研究过程，要确保其完整性与系统性，每个步骤环环相扣，形成系统整体。

（2）严谨性。安全科学原理研究方法论的核心是逻辑推理，从现象到本质再形成对于现象系统科学的解释，这需要一条从证据到理论再从理论到证据的严谨的推理链。

（3）可重复验证性。与偶然的发现或者臆想的概念不同的是，科学原理注重现实、数据或经验的基础作用，其现象与结论之间是必然的和科学的联系。

探索安全科学原理研究的方法论具有重要的研究意义：有助于更好地理解安全科学原理研究的性质和特点；有助于廓清安全科学原理研究的程序和规则；有助于了解研究过程，选择正确的方法，做出正确的研究决策；有助于安全科学原理的丰富发展和框架的完善；也有助于提高人员安全技能和解决实际安全问题。

1.2.2　安全科学原理的研究方法取向

本节重点讨论安全科学原理研究的方法论，其着眼点不在于安全科学原理本身，而在于安全科学原理是由什么方法归纳获得的。由此，从研究方法论的角度，按照安全科学原理的存在形态，安全科学原理的研究方法分为已存在（已知）的安全科学原理的方法研究与待提出的（未知）安全科学原理的方法研究，进而对不同存在形态的安全原理有针对性地提出研究取向。

1. 从已知的安全科学原理中考察研究方法的取向

从已知的各种安全科学原理中，深入探究研究者们在归纳提炼这些安全原理时的研究步骤和思维范式，并将那些思维范式分类、加工、提升成通用的研究方法。由于已有的安全科学原理内容很丰富，总结和提出这些安全原理的研究者的思路各不相同，提炼他们的研究思路时通常还需要进行大量的梳理、比较及归纳工作。上述这种研究过程的取向是自上而下溯源，可用图1-3表达。

2. 从未知的安全科学原理中考察研究方法的取向

对于未知的安全科学原理，其发现研究是丰富安全科学原理及发展安全学科的必经之路。因

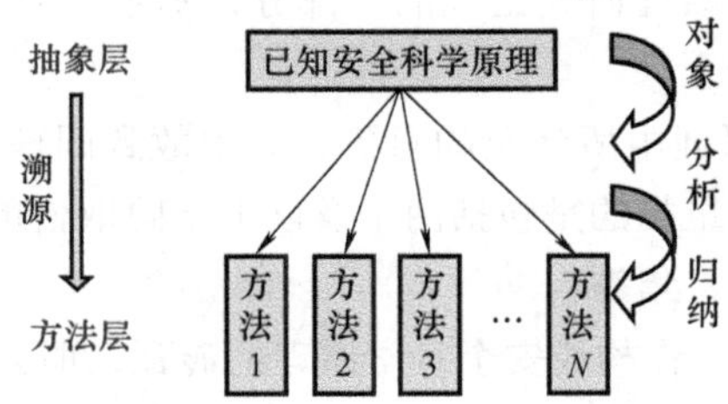

图 1-3 从已知的安全科学原理中考察研究方法的取向

此，未知安全科学原理应以研究—构建—提出为目前主要的研究方法取向。同时，由于未知的安全科学原理涵盖领域太过宽泛，研究特点、发展方向等不同，因此根据其构建方法和思路的不同，又可划分为三类未知安全科学原理。

第一类：从已有不安全现象（如发生事故的因果关系）中提炼和归纳安全科学原理。从实际中的不安全现象、问题、事件出发，以事实为根据进行归纳总结概括，从中构建出更加抽象的安全原理概念。该思路强调了实践、数据的重要性。如著名的海因里希"伤亡事故金字塔"就是在收集大量数据的基础上提炼出来的。其逻辑方法是归纳，是一个自下而上的过程（图 1-4）。

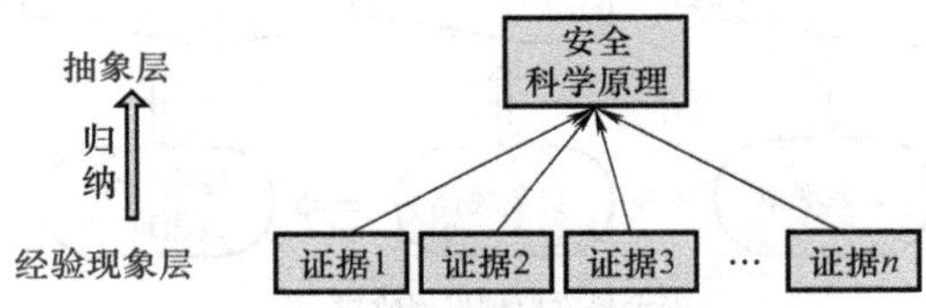

图 1-4 第一类未知安全科学原理的研究方法取向

第二类：可以由已有其他学科知识中提炼和归纳出的安全科学原理。在已提出的安全科学原理中，大量原理都是以其他学科为背景的。比如，系统安全原理是根据安全学学科的需求并从系统学、系统工程、可靠性理论等学科知识中提出的。同理，安全经济学原理、安全行为科学原理等都离不开其他学科的知识。这是由安全科学的多学科交叉综合性决定的，通过相关学科延伸出能够应用于安全的科学原理。对于此类型未知的安全科学原理的研究，可运用关联学、比较学和比较安全学等的理论与方法。

第三类：通过科学试验等研究，从未知世界中提炼和归纳新的安全科学原理。我们所生存的这个世界存在着大量的人类知识、科技所未碰触的领域。无论在任何时刻，通过任何学科，我们都不应该忽视来自未知世界的启示和馈赠。

从现有研究手段及方法的角度出发，对第一类及第二类未知的安全科学原理的研究相对比较容易且可行性较高，而第一类未知安全科学原理是以现实中的安全现象为研究基点，较其他两类更具有指导现实操作的意义。

1.2.3 安全科学原理研究的程式

1. 安全科学原理研究的结构

结合安全科学原理研究的特点，确定了安全科学原理研究的 PCP 结构：安全预设（Presupposition）、安全概念（Conception）、安全命题（Proposition）。

（1）安全预设：是没有明确表示的安全科学原理存在的条件，预设是原理的根基，是不需证明便可接受的。预设是安全科学原理研究组成的一部分，却不是原理本身。研究者往往根据对某概念所依据的预设来深化理解概念。

（2）安全概念：安全科学原理中所涉及的对象，如事故致因理论中的事件、因素等。一般安全概念可以分为变量和常量。变量指的是包括两个及以上不同取值的概念，如安全度、可靠性等；常量就是赋不变值的量，如季度、年等。

（3）安全命题：如果把概念比作构成安全科学原理的砖瓦，那么安全命题就是构建安全科学原理的框架和黏结剂。安全命题说明了概念或变量之间的关系，比如积聚的能量越大就越危险，岗位培训可以提高安全生产水平等，这些都是命题，只不过它们已经被人们证明是正确的命题而已。

2. 第一类安全科学原理研究的思维主线及方法

结合第一类安全科学原理研究的概念，并针对安全科学原理兼具有社会科学、自然科学等学科的交叉综合特性，该类安全科学原理的提出，可遵循安全现象—安全规律—安全科学原理的主线，并以此为探索构建未知安全科学原理的切入点，整理对应于该主线的每个部分的研究方法。具体方法参见图 1-5 及表 1-4。

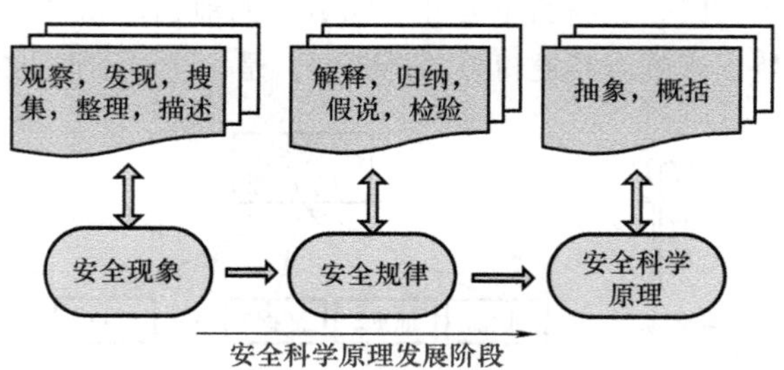

图 1-5　第一类安全科学原理研究的过程

表 1-4　第一类安全科学原理研究过程各阶段涉及的一般方法

阶段	方法	定义	注解
安全现象	观察	在安全科学原理研究中，通过观察有关安全现象等，发现问题，提出问题，并进一步解决	科学的观察应是有针对性地聚焦于某点，而不是毫无目的地统揽统包
	发现	包括发现前所未有的现象、实体等。通常有三个层次：①安全现象等的发现；②安全定律的发现；③科学理论的建立，第三层次的发现用于解释现象本身背后的机制、变化和关系	发现是科学研究中揭示未知现象、原理的前提条件，具有偶然性，且跟个人的直觉灵感、顿悟等非理性作用有关
	收集	对资料的收集是安全科学原理研究必不可少的环节，因为只有事实和客观资料才是科学的立足点。通过对足够的资料进行研究，才能为认识事物和现象的本质提供依据	收集资料的方法有很多，包括：统计法、调研法、阅读文献、访谈等
	整理	通过一系列操作使收集的原始资料系统化和条理化，从而形成对揭示现象规律本质的有价值的资料整体	一般有比较、类比、分析、综合、归纳、演绎等方法
	描述	运用文字或符号形式，将收集整理的资料、经验、现象有序和系统地表述出来	其任务是在描述的过程中，探究清楚研究对象的性质及发生的变化

（续）

阶段	方法	定义	注解
安全规律	解释	是指科学解释，对某现象原因、规律、根据，进行理解并说明。其特点是具有逻辑相关性和可检验性	包括两种逻辑结构：①演绎模型，强调必然的因果关系；②归纳模型，强调前提到结果的或然性
	归纳	从收集整理的资料、经验、事实中概括其一般性的概念、结论、本质等	本质是从特殊到一般，从个别到普遍的推理
	假说	根据已知的原理、事物的本质、规律等做出推断性和尝试性的说明	具有科学性、推断性、逻辑性、抽象性、预见性、多样性特点
	检验	即检查验证，为验证提出观点、结论的正确性，通过演绎的逻辑，根据一定的手段、标准、要求来确认	根据检验出发点的不同，主要的检验方法包括证明法、试错法、试验法等
安全原理	抽象	从所研究的安全现象中抽取某一有价值代表性属性而摒弃其他属性的思维方式	包括三个环节：分离、提炼、概括等。按照抽象的程度分为整全性抽象、结构工程性抽象、本质性抽象
	概括	以概念、规律或理论等形式将若干共同属性的事物抽取其共同性表示出来，以形成概念及规律的认识活动	概括发生在抽象的同时或在抽象的基础之上，两者应该是密不可分的关系

3. 第一类安全科学原理研究的一般步骤

通过分析第一类安全科学原理研究过程各阶段及其一般方法，可以发现，对于安全科学原理的研究是一个包含一系列步骤的有序系统，如图1-6所示。

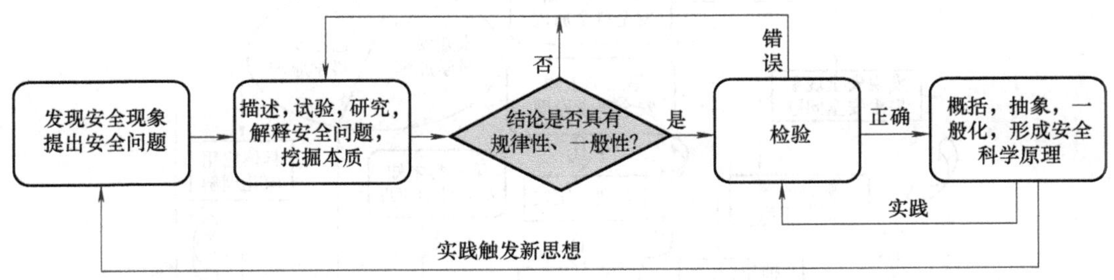

图1-6 第一类安全科学原理的研究步骤（贾楠和吴超，2015）

（1）发现安全现象，提出问题。通过在实践中的偶然发现或观察，发现安全现象。这种现象可以是消极的，如事故的发生；也可以是积极的，如提升安全感的作用。以安全现象为切入点，通过对现象的资料查阅、调查、收集等手段，提出与之相应的问题，比如“为何发生”“如何避免”“有何规律”等。

（2）解释安全问题，揭示本质。通过对安全现象、问题的描述，确定解决问题的方法步骤，如试验法、文献查阅法及数值模拟等。通过大量的数据，科学地解释安全现象，进一步找寻结论的规律，探索其一般性的本质。

（3）检验。不管是最终形成的安全科学原理或是中途提出的一般性规律、结论，都应经得起实践，包括来自时间的检验、实践中的检验、实际状况的检验等。

（4）抽象化。将得出的结论或规律进一步概括、抽象，形成一般化和具有普适性的安全科学原理。形成的安全科学原理将在实践中得到进一步的检验，形成循环。

4. 第二类安全科学原理构建的研究步骤

比较法是比较学中基础的研究方法，其精髓是不同对象间的相互比较、借鉴、融合、移植、升华。根据第二类安全科学原理研究的概念，比较研究是其中一种较为直观、可行性高的研究思路。结合比较学及比较安全学，提出其中一种通过比较获取第二类安全科学原理构建的研究步骤，如图 1-7 所示。

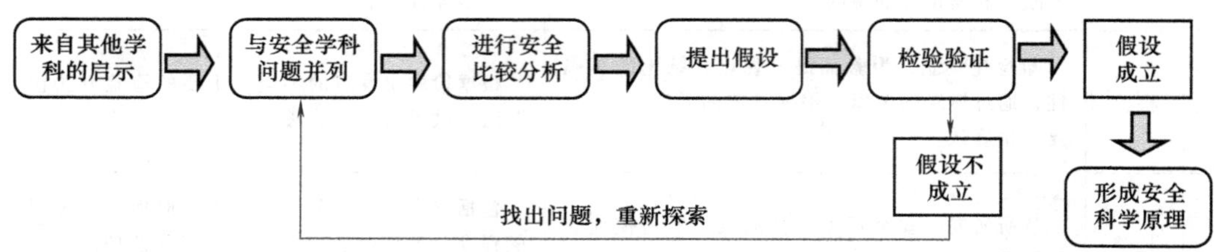

图 1-7 第二类安全科学原理构建的研究步骤

5. 安全科学原理研究方法论范式体系

安全科学原理研究是一个动态的、有序的、系统的过程。综合分析本节所提出的已知安全科学原理及未知安全科学原理的研究方法，构建了安全科学原理研究的范式体系，如图 1-8 所示。

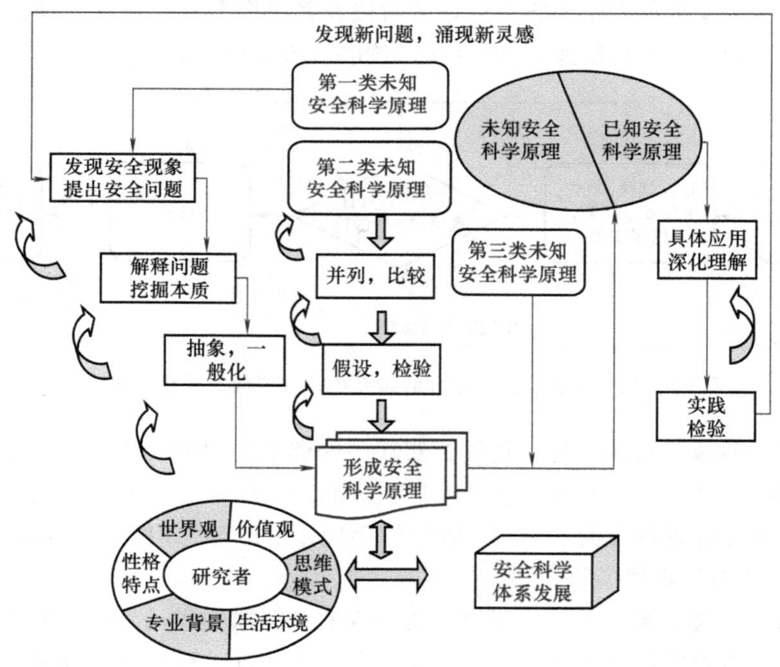

图 1-8 安全科学原理研究的一种范式体系（贾楠和吴超，2015）

值得注意的是，包括安全科学原理在内的所有学科的研究都是一个充满不确定因素的动态的过程，而本节所给出的取向步骤仅仅是对于安全科学原理研究重点及趋势的把握。本节所提出的安全原理的分类、构造及研究步骤等，只是若干方法中的一种，在实践中应根据具体实际灵活把握。

1.3 安全系统的建模思想与范式

安全学科的属性是综合属性，安全的综合属性与系统是吻合的。在某种意义上讲，安全问题都是系统的问题。因此，本书很多内容都涉及安全系统及系统的建模。本章专门安排了安全系统的建模思想与范式这一节，以便读者对本书中讨论的安全系统问题和安全模型的构建有方法论层面的思想意识。

安全模型在某种意义上也表达了安全系统。安全模型的种类有很多，可以将安全模型分为实体安全模型和理论安全模型，本书只关注理论安全模型。安全理论模型通常可以表达涉及安全的机理、机制、模式等，比如通过逻辑推导得到表示某一行为过程或生产过程各有关因素之间的关系。

安全科学属于典型的交叉综合学科，无论从哪个视角划分的研究对象（如安全说、事故说、风险说等），都具有复杂性特点，并最终都回归到系统问题。对于一个难以直接着手研究的复杂客体，怎样着手研究，能不能顺利地进行研究，其关键常常就在于能不能针对所要研究的科学问题构建一个合适的科学模型。

由于理论安全模型通常会涉及多个因素，即由多个因素有机组成，因此理论安全模型都可以说是表达了一个系统。换言之，理论安全模型具有系统属性，可从系统思维层面探析理论安全建模的方法学问题。系统思维是指把认识对象作为系统，从系统和要素、要素和要素、系统和环境等的相互联系、相互作用中综合考察安全现象的一种安全思维方法，强调整体观（吴超等，2018）。因此，从安全科学学的高度，分析基于系统思维的理论安全建模思想与范式，并进行实践分析，具有重要的意义。

1.3.1 安全模型常见的建模思路

世界现有的理论安全模型数不胜数。不同的学者根据所在不同的研究领域和研究目的，基于自身的安全知识结构和对安全理论体系的理解，在构建安全模型时通常会有不同的建模思路。最典型的思路同 1.1.3 节所述：从事故出发，以系统事故预防为主线的“逆向构建路径”，构建安全界人士很熟悉的事故致因模型；从未形成事故的隐患出发，以系统风险控制为主线的“中间构建路径”，构建风险管理模型；从本原安全开始，以系统安全为主线的“正向构建路径”，构建人、机、环、管等组成的系统安全综合模型。此外还有单点致因的“点型”构建路径、线性致因的“线型”构建路径、交叉性致因的“面型”构建路径和系统性致因的“体型”构建路径等，常见理论安全模型建模思路分类及例子见表 1-5。

需指出的是，表 1-5 所归纳的现有建模思路其本质上也是体现了系统思维，例如，“基于模型性质”的建模思路，其概念、框图、逻辑、符号、数模类型的划分就是自成体系的，而且这些建模思路也取得了非常有价值的应用效果。但是，这些建模思路并没有把系统思维提高到应有的高度，也没有相关的系统梳理和论述。因此，下文（第 1.3.2 节）中的基于系统思维的理论安全建模思想与现有的建模思路并不冲突，而且可以用于指导各种理论安全模型的建模思维方式，并与之互相补充和配合。现有的建模思路可为基于系统思维的建模思路提供实践经验，基于系统思维的建模思路可丰富和完善现有建模思路。

表 1-5 常见理论安全模型建模思路分类及例子（吴超等，2018）

序号	建模思路分类标准	分类实例
1	基于模型性质	概念安全模型、框图安全模型、逻辑安全模型、符号安全模型、数学安全模型等
2	基于模型的学科层次	上游（哲学层面的学科基础理论）安全模型、中游（学科层面的应用基础）安全模型、下游（应用层面）安全模型等
3	基于模型的通用性	普适性理论安全模型、一般性理论安全模型、有限性理论安全模型等
4	基于模型的科学性	理论的安全模型、经验的安全模型、半理论半经验的安全模型等
5	基于模型的应用领域	按具体应用范围分：如作业单元、车间、工厂、某工程等；按行业分：如矿业、冶金、土木、交通等
6	基于模型的量化程度	定性分析理论安全模型、定量分析理论安全模型、半定性定量理论安全模型等
7	基于模型的静动状态	静态理论安全模型、动态理论安全模型、突变的理论安全模型等
8	基于模型的连接形式	串联理论安全模型、并联理论安全模型、复杂连接理论安全模型等
9	基于模型的线性或非线性	线性理论安全模型、非线性理论安全模型、高阶的理论安全模型等
10	基于模型的维度	一维理论安全模型、二维理论安全模型、三维理论安全模型、四维理论安全模型、多维理论安全模型等
11	基于模型的知识领域	自然科学的理论安全模型、社会科学的理论安全模型、技术科学的理论安全模型、生命科学的理论安全模型、系统科学的理论安全模型等
12	基于模型的要素	人的理论安全模型、机的理论安全模型、环的理论安全模型、管的理论安全模型、复合的理论安全模型等
13	基于模型的尺度	微观的理论安全模型、中观的理论安全模型、宏观的理论安全模型等
14	基于模型的形状	多米诺骨牌安全模型、奶酪安全模型、蝴蝶安全模型、链安全模型、网安全模型、屏障安全模型等
15	基于模型的时间	过去式的理论安全模型、现在式的理论安全模型、将来式的理论安全模型等
16	基于模型的能动性	主动的理论安全模型、被动的理论安全模型等
17	基于模型的可视化程度	显性的理论安全模型、隐性的理论安全模型等
18	基于人的行为	个人行为的理论安全模型、群体行为的理论安全模型、内隐行为安全模型、外显行为安全模型等
19	基于组织行为	宏观组织行为安全模型、中观组织行为安全模型、微观组织行为安全模型等

1.3.2 基于系统思维的安全建模思想

1. 基于系统思维构建理论安全模型的必要性与可行性

（1）从系统安全理论模型在安全科学理论研究中的关键作用来看，理论安全模型是安全科学理论体系的基石。安全系统科学原理是安全科学原理和系统安全原理的核心，而安全系统思维是安全科学原理的核心思想，安全系统科学是安全科学学科的主体。此外，系统思维也是交叉学科研究的方法论基础。由此推知，系统思维在安全科学理论研究中具有科学核心作用，进一步推知，理论安全模型也必须体现系统思想。

（2）从构建理论安全模型需解决和面对的实际安全现象来看（此处用“安全现象”代替常用的“安全问题”，因为安全现象还包括积极的一面，而安全问题只是反映现实中的消极的一面），安全现象总是发生于特定时空的系统中，而任何一种安全现象的背后都隐藏着千丝万缕的复杂关联。并且，随着社会-技术系统复杂性和耦合性的增强，所要研究的系统安全现象的时空属性和综合属性也更为明显，更需要用系统思想去解决和面对系统安全现象。

（3）从理论安全模型自身属性来看，由于理论安全模型通常会涉及多个因素，即由多个因素组成，因此理论安全模型都可以说是表达了一个系统。换言之，理论安全模型具有系统属性。既然理论安全模型是一个系统，则建立的每个理论安全模型都要考虑或都具有系统的这些属性：如整体性、目的性、相关性（包含反馈性、有序性）、动态性、涌现性（包含创新性、预见性）、实践性、开放性等；反过来，理论安全模型也可以根据系统的特性来创建。

更重要的是，上述系统属性分析也为基于系统思维的理论安全建模提供了具体的、可操作的实施路径。因此，可将基于安全系统思维的理论建模思想归纳为：系统整体性思想、目的性思想、相关性思想、动态性思想、实践性思想、人因思想和涌现性思想。开放性思想是客观存在的，任何子系统安全都没有绝对的边界，更不是完全孤立存在的。

2. 基于系统思维的理论安全建模“7思想”（黄浪等，2016）

（1）由系统整体性思想创建理论安全模型。要创建一个表达系统整体性的理论安全模型，我们首先需要对系统做普适性分析。从辩证唯物主义观点来看，客观世界的事物都是普遍联系的。能够反映和概括客观事物普遍联系这个实际和本质特征最基本和最重要的概念就是系统。系统是指由一些相互联系、相互作用、相互影响的组成部分构成并具有某些功能的整体。这样定义的系统在客观世界里普遍存在，客观世界包括自然、社会和人本身。

从人本出发，现代社会系统的构成可归为三类要素：①人（人以外的动物当作物质）；②自然，即自然界基本要素：物质、能量、信息；③社会，即由人缔造的各类有形和无形的人造系统及其社会关系。具体解析如下：①人是任何系统的直接或间接设计或操控者，也是任何系统的直接或间接的受益者或受害者，因此在理论安全模型的创建中，人因是不可遗漏的主体要素；②由于自然界组成的系统中最基本的要素是物质、能量和信息，因此整体性的理论安全模型离不开上述三要素；③马克思说：“人的本质是一切社会关系的总和。”人类所处的整个社会系统中各种复杂的行为和关系都是由人类所为，这些复杂行为和关系主要有：组织行为、经济行为、文化行为、教育行为等。还要指出的是，信息既是自然界的组成要素，又是人、自然界和人造世界及各种社会关系的表征，具有普遍关联性。

（2）由系统目的性思想创建理论安全模型。创建任何理论安全模型都需要有目的性，这也体现了系统的属性。理论安全模型的目的性可以有很多种分类方式，如：①按照模型应用的目的，可以分为事故致因模型、安全管理模型、安全分析模型、安全评价模型、安全预测模型、安全决策模型、安全促进模型等；②按照应用的场合，可以分为各种工种的安全模型、各种生产工艺过程的安全模型、各种行业的安全模型；③按照应用时态可以分为解决过去时问题（事故统计等）的安全模型、解决当下问题（现在需要的）的安全模型、解决未来问题

（安全预测等）的安全模型等。

（3）由系统相关性思想创建理论安全模型。理论安全模型中的各要素都是相互关联的，这类关联从逻辑关系上可以分为：数理逻辑、顺序逻辑、推理逻辑等。①数理逻辑，如力学、集合论、模型论、证明论、递归论等。②顺序逻辑，如由一般到特殊、由特殊到一般；由抽象到具体、由具体到抽象；由主要到次要、由次要到主要；由现象到本质、由本质到现象；由原因到结果、由结果到原因；由概念到应用、由应用到概念；由理论到实践、由实践到理论、由直接到间接、由间接到直接；由大到小、由小到大（空间逻辑）；由里到外、由外到内（层次逻辑）；由低梯度到高梯度、由高梯度到低梯度（梯度逻辑）；正向到逆向、逆向到正向等。③推理逻辑，如演绎、归纳、类比、相似，以及线性推理、条件推理、三段逻辑等。

此外，按照理论安全模型中各要素的关联形式可以分为：一维关联、二维关联、三维关联、高维关联；流的关联、场的关联、立体的关联、复杂关联等。

（4）由系统动态性思想创建理论安全模型。根据系统演化论，系统层级结构与相应功能在时间和空间中是不断涌现与演化的，系统状态（或性质）在时空中生灭、平衡、稳定、运动、传递、相变、转化、适应、进化、分化与组合、自组织与选择性随机演化等规律决定系统安全是动态的。因此，可根据系统的动态属性构建理论安全模型，进而体现理论安全模型动态特征，具体形式有：①时间序列形式，如作业分析、时间分析、动作分析、过程分析、流动分析、链式反应、多米诺骨牌效应等；②加速度形式，如运动加减速、旋转加减速等；③由失控、损失、破坏等表达动态性；④由变化、恶化、好转、反馈等表达动态性。

（5）由系统实践性思想创建理论安全模型。根据系统实践论，人类任何具体实践活动都属于系统问题，因而离不开系统实践思想的指导。因此，理论安全模型需要反映实际并用于实践，反过来根据大量实践经验也可以建立理论安全模型。例如，根据大量事故统计规律建立理论安全模型（如海因里希提出的冰山模型），根据大量安全典范特征规律建立理论安全模型，根据经验类比建立理论安全模型等。

（6）由系统人因思想创建理论安全模型。人可以是系统安全失效的受害者，更可以是系统安全的设计者。因此，可根据系统人因思想，以人因特性为切入点创建理论安全模型：①人的感觉器官具有同认识直接联系的高度检测能力，没有固定的标准值但易产生飘移，具有味觉、嗅觉和触觉等。②人的操作器官（特别是手）具有非常多的自由度，并且各自由度能够极其巧妙地协调控制，可做多种运动。来自视觉、听觉、变位和重量的感觉等高级信息，被完美地反射到操作器官的控制，从而进行高级的运动。③人的认识、思维和判断具有发现、归纳特征的本领，人具有认识、联想和发明创造等高级思维活动，具有丰富的记忆、高度的经验；通过教育、训练能够处理多方面问题。④人必须适当地休息、休养、保健和娱乐，难以长时间地维持一定的紧张程度，不宜于做缺乏刺激及无用的单调作业。⑤在突然紧急状态下，人完全不能应付的可能性很大，如作业因意愿、责任心、体质或精神上的健康情况等心理或生理条件而变化；易于出现意外的差错；不仅在个性上有差别，而且在经验上也不相同，并且能影响他人；若时间富裕、精力充沛，则处理预想之外的事情也就多。⑥和人之间的联络容易；人与人之间关系的管理很重要。⑦人相当于一台轻型的机器；人必须饮食，必须进行教育和训练，对于安全必须采取万无一失的处置；除了工资之外，必须考虑福利、卫生和家属等。⑧意外时可能失去生命。⑨人具有独特的欲望，希望被人重视；必须生活在社会之中，不然孤独感、疏远感会影响工作能力；个体之间差别大；人需要尊严和有人道主义。

（7）由系统涌现性思想创建理论安全模型。系统思想中最简单和基本的思想是系统的结构与环境共同决定系统的功能。当然，系统功能反过来也会影响其结构和环境，它们往往是相互影响的双向关系。系统环境包括自然环境与社会环境，系统结构包括物理结构与信息结构，不同时空尺度和层次结构一般对应不同模式和功能。系统功能一般不能还原为其不同组分自身功能的简单相加，这种特性称为涌现。而且，在给定环境条件下，系统的结构可以唯一决定功能，但反之一般不然。换言之，涌现性可以使新建立的系统出现类似“1+1>2”和“1+1<2”的现象。对于安全系统也是如此，人们希望新设计的安全系统的可靠性比系统中单一要素发挥的作用更大或寿命更长。综合系统的多种特征建模，可以使创建的新的理论安全模型所表达的机制和原理更具科学性与新颖性，并附带出更多的额外和想不到的功能及创新效应或预见性。

综合上述分析，基于系统思维的理论安全建模思想及其实例见表1-6。

表1-6 基于系统思维的理论安全建模思想及其实例（吴超等，2018）

理论安全模型的建模思想	侧重系统整体性的建模思想 I	侧重系统建模目标性的建模思想 G	侧重系统要素关联模式的建模思想 C	侧重系统动态性的建模思想 D	侧重实践事实的建模思想 P	侧重人因的建模思想 H	侧重未知未来的建模思想 E
模型体现系统特征	体现整体性	体现目的性	体现相关性	体现动态性	体现实践性	体现人本特性	体现涌现性
模型内涵举例说明	人；物质、能量、信息；安全行为、安全经济、安全文化、安全教育等	事故致因、安全管理、安全分析、安全评价、安全决策、安全预测等	数理逻辑、顺序逻辑、推理逻辑、三段逻辑等；流、场、空间、高维等	时间序列、加速度、失控、损失、变化、反馈等	事故统计、安全典范、经验类比等	无意失误、有意破坏；生理伤害、心理伤害；人员损失等	正涌现性、负涌现性、零涌现性等
模型表达例子	标准化体系模型、ISO系列标准等	目标管理模型、人因事故模型等	FTA模型、故障模式及影响分析模型（FMEA）等	多米诺骨牌模型、流变-突变（“R-M”）模型等	海因里希模型、瑞士奶酪模型等	人失误原因分类模型、认知可靠性和失误分析模型等	氛围效应模型、基于系统理论的事故致因与流程模型等

1.3.3 系统思维的安全建模方法三维结构

1. 基于系统思想的理论安全建模范式（吴超等，2018）

为了直观和简单明了表达各种基于不同建模思想构成的理论安全模型，可选用矩阵形式来进行表征。

（1）设系统整体性思想表达为 I，则 $I=\{I_i\}=\{$人；物质，能量，信息；人造系统及其社会关系$\}$。

（2）设系统目的性思想表达为 G，则 $G=\{G_i\}=\{$应用目的；应用场合；应用时态；…$\}$。

$G_1=\{$应用目的$\}=\{$事故致因，安全管理，安全分析，安全评价，安全决策，安全预测，安全促进，…}。

G_2 = {应用场合} = {工种，工艺，行业，…}。

G_3 = {应用时态} = {过去时问题，当下问题，未来问题，…}。

（3）设系统相关性思想表达为 C，则 $C=\{C_i\}$ = {数理逻辑；顺序逻辑；推理逻辑；…}。

C_1 = {数理逻辑} = {力学，集合，模型，证明，递归，…}。

C_2 = {顺序逻辑} = {一般到特殊，由抽象到具体，由主要到次要，由现象到本质，由原因到结果，由概念到应用，由理论到实践，由直接到间接，由大到小，由里到外，由低梯度到高梯度，正向到逆向，…}。

C_3 = {推理逻辑} = {演绎，归纳，类比，相似，三段逻辑，线性推理，条件推理，…}。

另设系统相关性形式表达为 R，则 $R=\{R_i\}$ = {维度关联；矢量关联；…}。

R_1 = {维度关联} = {一维关联，二维关联，三维关联，高维关联，…}。

R_2 = {矢量关联} = {流的关联，场的关联，立体的关联，复杂关联，…}。

（4）设系统动态性思想表达为 D，则 $D=\{D_i\}$ = {时间；加速度；失控；损失；变化；好转；反馈；…}。

D_1 = {作业分析，时间分析，动作分析，过程分析，流动分析，链式反应分析，多米诺效应分析，…}。

D_2 = {加速度，减速度，旋转加速度，旋转减速度，…}。

D_3 = {失控，损失，破坏，…}。

D_4 = {变化，恶化，好转，反馈，…}。

（5）设系统实践性思想表达为 P，则 $P=\{P_i\}$ = {事故统计；伤害统计；损失统计；案例统计；安全统计；…}。

（6）设系统人因思想表达为 H，则 $H=\{H_i\}$ = {感官；感知；思维；意识；认知；操作器官；…}。

（7）设系统涌现性思想表达为 E，则 $E=\{E_1,E_2,E_3,E_4,E_i,\cdots\}$。

综合上述各个建模思想的表达，如果用一个模型来表达上述的所有内容，则有所有理论安全模型 T_m 可由式（1-1）来囊括：

$$T_m = I+G+C+D+P+H+E \tag{1-1}$$

在应用中，只要将式（1-1）中右边的各项内容代入和具体化，就可以得出各种具体情况下的无穷多种理论安全模型。

2. 基于系统思维的理论安全建模方法论三维结构（黄浪等，2016）

理论安全模型本质上是一个系统，因此其构建过程也要遵循系统工程方法论。基于霍尔（Hall）构建的系统工程方法论结构体系，搭建包括知识维、逻辑维和时间维的理论安全建模方法论结构体系（见图 1-9）。解析如下：

（1）知识维：理论安全模型构建所需的知识体系与理论基础，包括安全科学、系统科学与其他科学理论。其中系统科学包括：①系统方法论，如演绎与归纳、还原与综合、局部与整体、定性与定量、机理与唯象、结构与功能、确定与随机、先验与后验、激励与抑制、理论与应用等相互结合或互补的方法论；②系统演化论，如自组织理论、稳定性与鲁棒性理论、动力系统理论、混沌理论、突变理论、多（自主）体系统、复杂网络、复杂适应系统等；

③系统认知论，如认知科学、建模理论、估计理论、学习理论、通信理论、信息处理、滤波与预测理论、模式识别、自动推理、数据科学与不确定性处理等；④系统调控论，如优化理论、控制理论与博弈理论等；⑤系统实践论，即系统学应用于各门具体学科和领域时的相应理论，理论安全模型构建属于系统问题，离不开系统实践论指导。

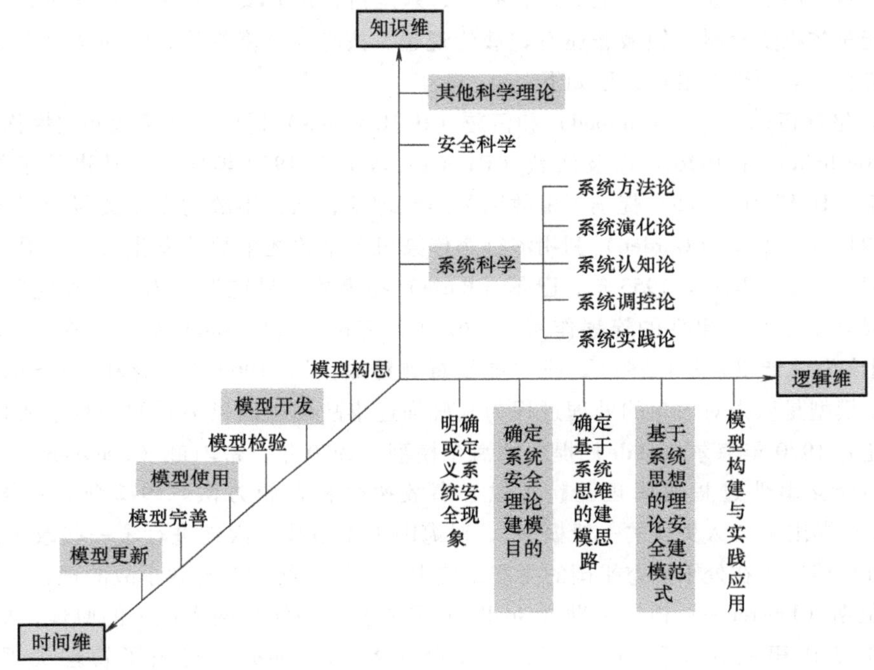

图 1-9 基于系统思维的理论安全建模方法论三维结构（黄浪等，2016）

（2）逻辑维：面对某个系统安全现象或安全科学理论，构建理论安全模型需要遵循的一般思维步骤，主要分为：①明确或定义系统安全现象，无论是处于模型新建、完善还是更新阶段，首先需要确定所面对的系统安全现象，这也是由系统动态性思想构建理论安全模型的体现之一；②确定系统安全理论建模的目的，这是由系统目的性思想构建理论安全模型的体现；③根据系统建模思想，确定理论安全建模的思路、方法等；④根据建模思想分析，带入基于系统思维的理论安全建模范式，即式（1-1），构建模型；⑤进行理论安全模型的实践、完善、更新等后续相关建模研究活动。

（3）时间维：任何事物都有特定的生命周期，因此理论安全建模实践需要考虑从模型构思到模型构建再到模型退役的整个过程，这也是系统建模思想的体现。理论安全建模的整个生命周期可以划分为：模型构思、模型开发、模型检验、模型使用、模型完善和模型更新（或模型退役）。每个阶段都要遵循特定的建模逻辑思路。

1.4 安全科学原理研究现状与展望

下面按照 1.1.3 节所述的三种研究范式或三条研究途径，分析国内外安全科学原理的研究现状（吴超和杨冕，2015）。

1.4.1 从事故致因研究安全科学原理的现状和分析

1. 国外研究现状

关于安全科学原理的思维应该是从古就有的，只是古代没有安全科学原理这种说法而已。这里的综述只能是依据安全科学领域著述有记载的说起。按时间维度综述，国外从典型事故致因理论出发研究安全科学原理的沿革大致如下。

1919年，格林伍德（M. Greenwood）和伍兹（H. H. Woods）提出了“事故倾向性格论”，后来纽伯尔德（Newboid）在1926年以及法默（Farmer）等人在1939年分别对其进行了补充。1931年，海因里希（H. W. Heinrich）提出了事故因果连锁理论，认为事故的发生类似于多米诺骨牌垮落的过程。1949年，葛登（Gorden）利用流行病传染机理来论述事故的发生机理，提出了“用于事故的流行病学方法”理论。1953年，巴尔（Barer）将事故因果链发展为“事件链”，认为事故诸多致因的因素是一系列事件的连锁作用。1961年，吉布森（Gibson）提出并在1966年由哈顿（Hadden）引申为“能量异常转移论”或“能量意外释放论”。1969年，瑟利（J. Surry）提出了瑟利模型，该模型是以人对信息的处理过程为基础描述事故发生因果关系的一种事故模型。与此类似的理论还有1970年海尔（Hale）提出的海尔模型。1970年，帝内逊（Driessen）明确将事件链理论发展为分支事件过程逻辑理论，类似于事故树分析逻辑方法。1972年，威格尔斯沃思（Wigglesworth）提出了“人失误的一般模型”，对海因里希事故致因链进行了一些改进。1972年，贝纳（Benner）提出了在处于动态平衡的生产系统中，由于“扰动”导致事故的理论，即P理论。1974年，劳伦斯（Lawrence）根据戈勒（Goeller）和威格尔斯沃思两人提出的原理，提出了“以人失误为主的矿山事故模型”。1975年，约翰逊（W. G. Johnson）提出了管理失误和危险树（MORT）系统安全逻辑树；发表了“变化-失误”模型。1975年，斯奇巴（R. Skiba）提出生产操作人员与机械设备两种因素都对事故的发生有影响，并且机械设备的危险状态对事故的发生作用更大些。1976年，博德（Bird）和洛夫图斯（Loftus）也都对海因里希事故致因链进行了一些改进。1978年，安德森（Anderson）等人发表了对瑟利模型的修正。1980年，泰勒斯（Talanch）在《安全测定》一书中介绍了变化论模型。1980年，海因里希在书中提及了用“人-机-环”的理论分析事故的系统安全方法。1990年，詹姆斯·里森（J. Reason）提出了新的事故致因链“瑞士奶酪模型”（Swiss Cheese），彻底改善了海因里希的事故致因链的缺点，建立了事故原因中个人行为、不安全物态和组织行为之间的关系，且把事故的根本原因归结为事故发生组织的管理行为。1997年，拉斯姆森（J. Rasmussen）提出了社会技术系统事故致因模型。2000年，夏普乐（Scott A. Shappell）和魏格曼（Douglas A. Wiegmann）在为美国联邦民航局写的报告中对里森的模型进行了具体化。2000年，斯特瓦特（J. M. Stewart）提出了另一种链式事故致因模型。2004年和2011年，南希·莱文森（Nancy Leveson）分别发表文章，提出和推广其系统论事故致因（STAMP）模型，之后还有研究者陆续发表一些相关的文章。

2. 国内研究现状

20世纪80年代初，国内一些安全学者开始翻译国外有关事故致因理论的文献并在国内推广，当时许多安全科研院所、高校和学会不断开设一些安全科学原理方面的专题讲座，开办一些安全科学原理培训班，一批安全界老专家积极地投入到上述工作之中。1982年隋鹏程等就详细归纳了发生事故的“轨迹交叉论”；隋鹏程和陈宝智1988年就在冶金工业出版社出版了《安全原理与事故预测》一书，是国内较早的一本安全科学原理类教材。20 世纪 90 年代以来，“安全科学原理”被列为安全工程专业的核心课程，隋鹏程、陈宝智、金龙哲、张景林、李树刚等安全学者相继编写出版了多本安全原理类的教材。但已有相关教材中介绍的安全科学原理内容甚少且不成体系，无法满足支撑大安全学科理论基础的需要。

20 世纪 90 年代末以来，我国实施的安全评价基本上是基于系统论事故致因模型的，在大量的应用实践中已经取得了较多成果，但是事故原因分析尚需进一步具体化，需要与预防策略进一步准确对应才能取得良好的事故预防效果。在事故链的基础上，一些研究者构建了基于复杂网络的灾害链数学模型，描述了各灾害节点的灾害损失速率和灾害损失度；提出了基于网络节点脆弱性和连接边脆弱性的断链减灾模式；从网络节点的结构重要性和功能重要性出发，根据均衡熵的概念对单功能网络的灾损敏感性进行了表征；引入脆性熵，对系统之间的脆性关联度进行了表征，构建了系统的灾损敏感性评估模型；建立了基于行为科学的组织安全管理方案模型和多种经过改良的事故预防屏障模型等。

3. 存在问题分析

（1）事故致因理论仅仅是安全科学原理的一小部分。事故致因理论是从大量典型事故的本质原因分析中提炼出的事故机理和事故模型。这些机理和模型反映了某类事故发生的规律性，能够为事故原因的定性、定量分析，为事故的预测预防，为改进安全管理工作等，从理论上提供科学的依据。但事故致因理论的研究范围受到限制，故其发展缓慢。

（2）现有的事故致因理论主要着重于从人的特性与机器性能和环境状态之间是否匹配和协调的观点出发，认为机械和环境的信息不断地通过人的感官反映到大脑，人若能正确地认识、理解、判断，做出正确决策并采取行动，就能避免事故和伤亡；反之则会发生事故和伤亡。但过去的事故致因理论对安全教育、安全文化等方面的致因原理研究很少。

（3）应用链式事故致因模型分析事故，得到的事故原因和逻辑均比较清楚，应用也比较简单。其不足是链式事故致因模型所包含的事故原因不全面，实用分析的安全问题不够宽广。链式事故致因模型也同样构成了一个系统，还需要从系统的策略去开展研究。

（4）从动态和变化的观点来分析事故致因的理论很少，事故致因理论的发展还很不完善，还未能系统地给出对于事故调查分析和预测、预防方面的普遍和有效的方法。

（5）应用系统论事故致因模型分析事故，分析原因虽然全面，但事故原因和原因发展的逻辑路线众多，在事故预防过程中协调难度大，实际应用比较困难。

（6）对于已经发生的已知事故的致因是可以分析清楚的，但对于未发生的未知事故的具体原因仍然未知。这就使得从事故致因研究中获得安全科学原理受到极大限制，多年来得不到大的发展，这也是逆向研究安全科学原理自身存在的客观缺陷所致。

（7）我国的安全科技工作者比较注重借鉴和推广国外的相关理论成果，而对事故致因理论层面的研究非常缺乏。

1.4.2 从风险出发研究安全科学原理的现状和分析

1. 国外研究现状

风险管理研究用于生产安全和防灾减灾领域是近几十年才开始的，较早时期的风险管理研究主要针对经济风险领域。一些典型的研究成果简述如下：1921 年，马歇尔（Alfred Marshall）提出“风险负担管理”，认为可以通过风险转移和风险排除处理风险。1929—1932 年美国经济危机，掀起了风险管理的研究热潮。1952年，马克维兹（Harry Markowitz）提出“资产组合理论”，其基本思想是风险分散原理。20世纪50年代，美国通用汽车公司的安全生产事故成为风险管理学科发展的契机。1961年，吉布森（Gibson）提出了“能量意外释放理论”，认为事故是一种不正常的或不希望的能量释放，各种形式的能量构成伤害的直接原因。1970年，哈顿（Hadden）提出“能量释放理论”和“哈顿模型”，该理论将事故作为一种物理工程问题，通过控制能量，或者改变能量作用的人或财产的结构，提出了针对伤害三阶段的事故预防十项策略。1974年，英国法律推出“最低合理可行的风险接受原则”（ALARP），内涵为任何系统都是存在风险的，不可能通过预防措施来彻底消除风险，而且系统的风险水平越低，要进一步降低就越困难，其成本往往呈指数曲线上升。1976年考克斯（John Carrington Cox）和罗斯（Stephen A. Ross）提出“风险中性定理”，即假设所有的投资者对待风险的态度都是中性的，所有证券的预期收益率都等于无风险利率。1979年，查尔斯·佩罗（Charles Perrow）提出了“正常事故理论”，该理论认为很多失效事故是由存在无法预知的相互作用导致的，很难甚至不可能检测到这些作用，应将事故预防的重心转移，事故分析的“重心应该放在系统自身的属性上，而不是关注所有者、设计者或者操作员运行系统时犯下的错误”。1982年，维尔德（J W Wilder）提出“风险动态平衡理论”，认为每个人都有着自己固定的风险接受水平，风险接受风水不同时，人们的行动也会不同。1986年，博德与金尔曼（Gilman）代表国际损失控制学会开发完成“损失因果模型”，即ILCI模型，该模型是对多米诺骨牌效应模型的一种修正。1986年，德国社会学家提出“风险社会理论”，认为现代社会风险普遍存在，威胁每一个人，需要一套新的方法对现代风险进行管理和控制。1988年，卡斯佩森（Kaspersen）等人提出“社会性放大风险”的理论框架，认为信息过程、社会团体行为、制度结构和个体反应共同塑造风险，从而促成风险结果。1990年，詹姆斯·里森提出了“瑞士奶酪模型”，该理论的主要思想是安全栅就像奶酪切片一样，在不同地方存在不同的孔（漏洞），这些孔即隐形失效或者隐形条件。1991年，拉普特（Laporte）和科索里尼（Corsorini）提出“高可靠性组织理论”，该理论关注的是采取主动措施，进行预测，尽可能早地避免可能的危险情况，其中组织性冗余是降低风险的核心策略。联合国在1992年的《里约宣言》中提出预防原则，其含义是在存在严重或者不可逆的破坏危险的场合，缺乏足够的科学根据不能成为拖延采取有限行动去阻止情况恶化的借口。1997年，拉斯姆森提出“社会技术框架”，此理论将风险管理视为社会技术系统中的一个控制问题，而意外后果的产生则是由于对实际过程缺乏控制造成的。德国学者提出“MEM原则”，是指将自然原因死亡概率作为风险接受参考水平，要求任何技术系统都不可以显著提高风险水平。此后，许多学者对风险管理的具体理论和方法做了不断的提高和充实。上述内容有些与事故致因理论是不可分开的。

2. 国内研究现状

国内学者对风险管理研究较早和较多的同样是针对经济领域和保险领域，将风险管理用于生产、生活安全的领域是近二三十年的事，而且，研究者对风险管理原理的基础研究做得更少。20世纪90年代初，陈宝智等提出“两类危险源理论”，该理论认为一起事故是两类危险源共同作用的结果，第一类危险源决定事故的严重程度，第二类危险源决定事故发生的可能性。吴宗之、刘茂、孙华山、邵辉、王凯全等汇集多年从事城市公共安全和企业安全生产管理与监管经验，提出了一些城市和生产企业安全生产风险管理模式、方法、内容和过程。大量的风险管理研究更多的是与安全评价方法与技术结合起来使用。

3. 存在问题分析

(1) 现有风险管理原理基本是基于“风险辨识—风险评价—风险控制”三阶段的风险管理方法。风险管理原理目前主要用于经济安全领域，在事故灾难预防和控制方面的研究和应用有待加强与拓展。

(2) 风险辨识方法主要有财务报表法、流程图法、事件树分析法、核对表法、保险清单法、环境分析法、德尔菲法等。这些方法大都来自事故分析方法，也比较简单，与事故分析方法相比，没有太大的区别和发展。

(3) 风险评价方法主要有风险坐标图法或风险矩阵法、蒙特卡罗方法、关键风险指标管理法、压力测试法、苏黎世风险评价方法、道化学指数评价法、事故管理图评价法等。这些方法与安全评价原理基本相同。

(4) 风险控制方法主要有风险避免和减少法、风险分散化法、风险自留法、风险转移法、保险法等。其风险控制原理仍然处于就事论事的思维方式，从整体和系统的视角开展风险控制的方法和原理研究仍然不足。

(5) 多年来，风险管理原理的主要应用领域是经济和保险领域，在生产安全和生活安全方面的研究与应用并不多。风险管理原理研究更多的是与安全评价方法及技术结合起来使用，未形成风险管理原理独特的方法论体系。

1.4.3 从本原安全出发研究安全科学原理的现状

1. 国外研究现状

从本原安全开始研究安全科学原理的启蒙应属于“安全第一，预防为主”的思想，其实这一思想也体现出安全的一种基本原理。从方法论层面提出的安全科学原理还有人本原理、教育原理、管理原理、工程原理、系统原理等。

典型的整体性安全科学原理成果应属于20世纪发展起来的系统安全工程原理及其配套的系列安全评价原理。1962年，美国军方首次公开发表了“空军弹道导弹系统安全大纲”，以此作为对民兵式导弹计划有关的承包商提出的系统安全的要求，这是系统安全理论的首次实际应用。1969年，美国国防部批准颁布了最具有代表性的系统安全军事标准——《系统安全大纲要点》（MIL-STD-882），对完成系统在安全方面的目标、计划和手段，包括设计、措施和评价，提出了具体要求和程序。此项标准于1977年修订为《系统安全程序技术要求》（MIL-STD-882A），1984年修订为MIL-STD-882B版本，如今，该标准已被修订为MIL-STD-882D版本。1965年，美国波音公司和华盛顿大学在西雅图召开了系统安全工程的专门学术研讨会，以波音公司为中心对航空工业开展安全性、可靠性分析，取得了很好的效果。这期间，在电子、航空、铁路、汽车、冶金等行业开发了许多系统安全分析方法和评价方法。这些可称为民用工业的系统安全工程。20世纪80年代以来，系统安全工程在世界各国得到广泛重视，国际性学术组织得以发展壮大，许多专著相继出版。近十多年来，国际上有关系统安全工程方面的理论研究进展并不是很多，比较典型的理论研究进展可能要算美国麻省理工学院（MIT）的南希·莱文森教授所著的 *Engineering a Safer World: Systems Thinking Applied to Safety*，该书于2012年在麻省理工学院出版社出版，中文版书名为《基于系统思维构筑安全系统》，由唐涛和牛儒翻译，于2015年在国防工业出版社出版。

2. 国内研究现状

国内自20世纪70年代末开始引进系统安全工程，之后也得到了广泛的推广应用。但由于大多数安全科技工作者习惯应用国外的有关理论和方法，忽略了从理论和方法层面的创新研究，因此这么多年过去了，已有的安全系统工程教科书里仍然是一些几十年前国外发明的安全分析和安全评价方法。

20世纪80年代初期，系统安全工程原理被引入我国。通过吸收、消化国外安全检查表等安全分析方法，矿山、机械、冶金、化工、航空、航天等行业的有关生产经营单位开始应用安全分析评价方法，如安全检查表法，故障树分析法，美国道化学公司火灾、爆炸危险指数评价方法等。20世纪80年代中期，刘潜等学者开始提出安全系统思想，建立了安全三要素、四因素："人""物""人与物关系"称为安全三要素，三者组成的系统称为第四因素。1998年，罗云在发表的文章中提出安全科学原理包括：安全哲学原理、安全系统论原理、安全控制论原理、安全信息论原理、安全经济学原理、安全管理学原理、安全思维学原理，之后他对安全经济学原理、安全管理学原理等开展了研究并取得一定成果。2003年，欧阳文昭在发表的文章中提出安全科学原理，包括：安全哲学原理、安全社会学原理（安全管理学原理、安全经济学原理、安全协调学原理）、安全人体学原理、安全设备学原理、安全系统学原理，之后他在安全人体学原理领域中开展了一些研究。十多年来，在有关安全法律法规的约束下，在原国家安全生产监督管理总局及下属安全监管部门的监督下，安全评价活动在全国广泛开展，安全评价方法得到普遍推广、应用和创新，出现了一些安全评价技术应用成果。2012年，吴超和杨冕从大安全视野，提出了安全科学原理应包括安全生命科学原理、安全自然科学原理、安全技术科学原理、安全社会科学原理和安全系统科学原理五大类一级原理，并对这五类一级安全科学原理的下属部分二级安全原理和三级安全原理进行了深入的研究，提炼出可以运用于安全实践的数十条安全科学原理。2018年，吴超等出版了《新创理论安全模型》专著，发展了理论安全模型的建模方法，极大地丰富了现有的理论安全模型。

3. 存在问题分析

（1）从本原安全开展安全科学原理研究的思想，是在以事故和风险为主要研究对象的基础上发展起来的，从本原安全开展研究的先进思想消除了"安全科学不研究安全而研究事故和风险"的悖论，更具有先进性。

（2）从本原安全开展安全研究的基本思想为整体性安全思想，但目前整体性的安全研究方法尚待深入研究，急需找到整体性研究的切入点或突破口。如果仍然运用整体分解成子系统的研究思路，则会存在"安全系统学不从系统入手开展研究"的悖论。

（3）目前系统安全分析与评价方法是安全界比较认可和得到广泛应用的从本原安全开始的整体性研究方法，系统安全分析和评价原理与安全系统学原理仍然有较大的距离，需要深入开展基础性研究。

（4）尽管我国研究生教育学科专业目录把安全系统工程列为安全科学与工程的一个二级学科，安全工程本科教育一直把"安全系统工程"作为专业的核心课程开设，但目前对安全系统工程的基础研究非常不足，安全系统工程原理研究的进展一直非常缓慢。

（5）近年我国在安全人性原理、安全心理学原理、安全多样性原理、安全容量原理、安全工程原理、安全文化原理、安全教育学原理、安全人机系统原理、安全和谐原理等方面的安全科学原理研究取得了一些进展，但仍需要系统推进、不断深化。

1.4.4 安全科学原理的研究展望

上面扼要分析了从三条途径研究安全科学原理的历史沿革、现状和存在问题，也可以看出安全科学原理的研究内容和成果非常广泛。依据安全科学原理的发现背景，可以把安全科学原理分为三大类。

第一类安全科学原理，是从已有安全现象（或事故，如发生事故的因果关系）中提炼和归纳出的安全科学原理。从实际中的不安全现象、问题、事件出发，以事实为根据进行归纳、总结、概括，从中抽象出安全科学原理内容。该思路强调了实践、数据的重要性。著名的海因里希事故因果链理论就是在大量数据的基础上提炼出的。

第二类安全科学原理，是由已有其他学科知识中提炼和归纳出的安全科学原理。在已有的安全科学原理中，大量原理都是以其他学科为背景的。例如，安全系统原理是根据安全学学科需求并于系统学、系统工程、可靠性理论等学科中提出的，同理，安全经济学原理、安全行为科学原理等，都离不开其他学科的支撑。这是由安全科学的多学科交叉综合性决定的，通过相关学科获得能够应用于安全的科学原理。

第三类安全科学原理，是通过科学试验等研究从未知世界中提炼和归纳出的安全科学原理。我们所存在的这个世界隐藏着大量人类知识、科技所未碰触的领域。

从现有研究手段及方法的角度出发，对第一类及第二类未知安全科学原理的研究比较容易出成果且具有较大的可行性。

从上述已有的安全科学原理分析可知：

（1）现有的安全科学原理内容非常不足：随着安全内涵和外延的不断拓展、大安全体系的建立，现有的安全科学原理难以解释诸多安全问题，不足以对新生的安全问题提供理论支持，更多的安全科学原理有待于安全科学研究者去挖掘和提炼。

（2）现有的安全科学原理体系非常不完整：在现有的安全科学原理著作中，其层次、逻辑、结构和体系等方面存在许多不足，也不成体系，迫切需要从安全科学原理的结构体系去研究和构建。

（3）现有的安全科学原理成果很少：安全学科的许多分支缺乏理论、方法、原理等基础内容，多年来安全科技工作侧重于实际问题的研究，对安全科学理论研究和安全学科建设研究的投入很少，相关的研究成果也非常少。

安全科学原理研究的发展动态和趋势可以概括如下：

（1）从生产安全领域看，安全科学原理的研究从着眼于局部生产工艺的安全原理研究，发展到从整体性考量的系统安全科学原理研究。

（2）从大安全领域看，安全科学原理研究从研究生产安全领域的安全原理，拓展到涵盖自然、社会、人造系统等大范畴的安全科学原理研究。

（3）从研究的学科领域看，安全科学原理的研究内涵从侧重于工程技术层面的安全原理研究，发展到涉及自然、社会、人文的安全科学原理研究，甚至更加侧重于人因、社会组织结构的安全科学原理研究。

（4）从研究的思想路线看，安全科学原理的研究从事故致因等研究获得安全科学原理的“逆向研究”，发展到从本原安全开始研究获得安全科学原理的“正向研究”和多头并进的研究。

（5）从研究运用的方法手段看，安全科学原理的提炼从运用常规的数理统计方法、逻辑归纳等方法，发展到运用模糊理论、大数据挖掘等现代科学方法和技术。

（6）从研究成果的水平看，安全科学原理的研究成果从简单、定性、抽象的思想观念，发展到能够描述复杂系统、量化表达、简洁实用的安全科学原理。

（7）由于安全学科是一门大交叉综合学科，学科的属性使得该学科的安全科学原理大都通过大量的事故统计分析归纳而成，从纯科学研究发现的安全科学原理极少。

尽管安全科学与工程学科在我国已经发展成为一级学科，安全科学在欧美等发达国家中被认为是与理、工、文、管、法、医、人文等学科交叉的综合学科，但作为安全学科的理论基础——安全科学原理，目前却远不能满足该学科发展的需要，国际上也如此，例如，由国际劳工局（日内瓦）组织编撰的《职业健康与安全百科全书》（第四版）共四卷105章，其中仅有第56章“事故预防”中的几个小节提及事故致因模型和事故预防原理，而事故预防原理仅仅是安全科学原理的一部分内容。通过对安全科学原理本身及其发展开展基础、系统、深入的研究，可为安全科学与工程学科奠定坚实的理论基础，为安全科学的发展提供理论支持，并使安全学科能够持续发展下去。

1.4.5 安全研究的三种趋势

随着社会的发展和人们对安全的要求不断提升，安全研究的视阈也在不断地变化和拓展，本节介绍三种安全研究的新观点，在某种意义上也是安全正向研究理论的发展（吴超，2019）。

1. 从研究事故到研究安全现象

安全的研究对象是什么？在生产安全领域较早的典型说法是以事故为研究对象，其基本思想是：事故是生产生活中经常出现的问题，如果事故得到抑制，大家所处的环境就安全了。因此，就得出安全科学是事故预防的科学。显然，这一说法是有一定道理的。然而，人们在实际开展事故预防工作中，也遇到了诸多的问题。

（1）预防事故并不能包含所有的安全工作。比如，信息安全、安全文化、安全伦理、隐私保护等，日常很多工作用安全很容易囊括，但用事故预防就显得比较有局限性。

（2）未发生的事故是未知的，如果事前能够知道何时某一确切地点或人会发生事故，那预防事故就变得非常简单，也不太容易会发生事故，但现实中事故还是经常发生。由此可以反过来说，事故具有不确定和未知性，进而可以说，安全的研究对象为不确定的事故，而这正是风险研究的说法，即安全科学即使确定以事故为研究对象，但由于事故具有不确定性，因而其研究对象也类似于风险，是不确定的。

（3）如果安全科学不研究安全而去研究事故，那安全科学就可以称为事故科学，即安全科学是事故预防的科学这一说法本身存在悖论。

（4）事故预防是不够的，当发生事故时，人们还需要有应急处置、事故恢复、事故处理、总结事故教训等工作，即使局限在事故预防科学领域，仅仅开展事故预防工作也是不够的。

（5）事故的范畴包括什么？这很难界定。例如，心理创伤、制度缺陷、落后的文化、错误的理念等；战争、灾害、流行病、恐怖活动、信息泄露、职业卫生、可靠性等，人们不习惯将这些问题归类到事故预防之中。

（6）还有一个更明显的事实，不管是过去还是现在，人们都有一个很好的经验，就是从安全的人、人群、企业、公司、组织、社区、工程、装备系统等中学习安全经验、方法及原理或好的做法。在大量的非常安全的系统中，有很多规律需要人们去挖掘和发扬光大。这些大量的安全现象，人们过去学习得很不够。

在2012年，吴超和杨冕就提出安全科学要系统研究各种安全现象（包括事故现象）。由于安全科学是大交叉综合属性，这就决定了对安全科学的研究可以和需要从多视角、多层面切入，这正像地球，需要从多视角、多层面看待和研究它。例如，基于安全现象的多样性，吴超等提出安全多样性等安全原理，之后还专门对安全多样性等原理进行深入研究，认为安全多样性是一个具有普遍意义的客观存在，包括安全物质多样性、隐患多样性、安全状态多样性、安全过程多样性、安全功能多样性、事故类型多样性等，这些多样性既有安全系统本身具有的多样性，又包括人类活动所创造的多样性。各类安全多样性问题以及它们之间的内在联系的普适性规律称为安全多样性原理。

2. 从安全Ⅰ到安全Ⅱ

2012年和2015年，南丹麦大学霍尔纳奇·埃里克（Hollnagel Erick）教授发表了从安全Ⅰ到安全Ⅱ的研究报告，之后还发表了相关的论文。安全Ⅱ是埃里克针对传统安全观的不足，提出的新理论：要系统全面地分析看待安全问题，要发挥人的积极作用，要开发系统的正向安全涌现性。安全Ⅰ和安全Ⅱ的比较见表1-7。

表1-7　南丹麦大学 Hollnagel Erick：安全Ⅰ和安全Ⅱ的比较

比较项目	安全Ⅰ	安全Ⅱ
安全的定义	尽可能不出现失误的事物	尽可能处理好各种事物
安全工作	某时对某一事物的响应或反应	主动的、连续的、尝试性地做各种事物
管理原理	发生了或被列入为不可接受风险	预测发展和未来事件
安全管理的人因视角	主要是由于人的过错倾向或危险源，并且被认为是绑定的	人是系统韧性的资源，人使许多潜在的问题得到合理解决
事故调查	事故是功能失效，事故调查的目的是辨识原因	事故调查的目的是借鉴偶尔的失误，使事物做好
风险评价	目的是调查事故原因和影响因子	为了查清不可能监控得到的可变行为和条件
研究侧重点	事情出错的规律	事情做对的科学

3. 安全变革新观点

安全变革（Safety Differently）主要是澳大利亚格里菲斯大学安全科学研究组的西德尼·得科（Sidney Dekker）教授提出的，该研究组近年对 Safety Differently 已经做了一些初步研究，归纳如下：

（1）安全变革新观点是为改变组织中如何重新定义安全、人员的角色和组织的三个关键要素而开展工作的新名称，安全变革新观点主要是要改变我们看待组织、员工、人们所面临的问题，以及人们所能获得的潜在解决方案的方式。因此，安全变革首先是视角的改变，人们可以用新的方式和不同目标来做事情，当然安全变革并不否定以前有用的安全工作方式。

（2）安全变革是安全理论发展的一个未来范式，它的本质与安全Ⅱ和韧性工程相似。安全变革新观点要求人的知识、洞察力和知行合一来改善安全绩效，而不是试图阻止事情出错，人们需要理解为什么事情进展顺利，并增强组织感知和应对所面临的不断变化的情况的能力。

综合上述，安全变革主要是为了转变传统安全范式，提出安全新概念、新范式、新思路等，并用于实践，转变安全实践方法。

霍尔纳奇·埃里克、西德尼·得科和吴超等人各自提出的上述三种新观点在本质上大同小异，提出的时间也都比较接近，都是为了发展和拓宽传统的安全思维与安全范畴等，都认为安全需要更加积极地发挥正面的作用和功能。

1.5 安全科学原理的内涵说明及本书的界定

1.5.1 安全科学原理的内涵说明

科学技术与工程的原理是一个学科领域的核心理论。对于理工科领域的许多专门学科或专业，这些原理通常不需要做刻意的分类和说明，因为其原理内容相对有限。但对于安全科学技术这类大交叉综合学科，如果不加以界定和分类，泛泛讲其原理，则内容非常之多，一本书无法全部纳入，而且很难有层次性和系统性。不同的学者从安全学科的不同层面、不同视角和不同需求等看问题，其涉及的安全原理范畴是不一样的。在现有的《安全原理》或《安全学原理》或《安全科学原理》论著中，并没有对安全原理的分类做具体描述，因此本书作者需要先对安全原理做一些说明。

1. 按字面意思理解安全科学原理的内涵

现有关于安全科学技术与工程原理方面的论著名称叫法不很一致，大致有这些名称：《安全原理》《安全学原理》《安全科学原理》《安全技术原理》《安全工程原理》等。从字面上分析，它们的内涵还有很大差别。因此，本书也需要先对安全科学原理的内涵加以说明或界定：

（1）安全原理。简单可理解为：就是安全的原理，具体一点说就是为了安全的原理，这是很明确的。安全原理可以包括安全科学层面的原理、安全技术层面的原理、安全工程层面的原理，内容可以非常宽泛。

（2）安全学原理。从字面上有多种理解：①可理解为安全学的原理，安全学领域的原理，做安全学问的原理；②可理解为安全学科的原理，或是安全科学的原理；③可理解为研究安全学科的原理，研究安全科学的原理。由上可知，安全学原理有多层次意义，需要分别解释，且“学”字不太容易解释。

（3）安全科学原理。从字面上也有多种理解：①可理解为安全的科学原理和为了安全的科学层面的原理，或是研究安全科学层面的原理和非技术层面的安全原理；②可以理解为进行安全科学研究的原理，为了开展安全科学研究的原理等，这个层面的理解还高于安全科学，类似安全科学学的原理。由上可知，安全科学原理有多层次多方面的意义，也需要分别解释和界定。

（4）安全技术原理。安全技术原理通常是指应用层面的安全原理，这个层面的原理非常丰富和具体，如通风原理、防火防爆原理、机械安全原理、电气安全原理等，这些原理其实就是安全技术本身。

（5）安全工程原理。对于具体的安全工程问题，也有相应的安全工程原理，如安全规划原理、安全仿真原理、安全设计原理、安全管理工程原理等。由于现在“工程”两字的内涵和外延越来越宽泛，其原理的含义也赋予更多，甚至涵盖了软科学的一些思想和方法。

2. 安全科学原理的分类

（1）按安全原理的源发领域分类。对安全学科的原理开展分类研究，首先需要从安全学科的知识来源分类说起。安全学科属于大交叉综合学科。在开展安全交叉综合学科的研究中，除了研究安全学科自身的本质属性和存在领域的科学与应用问题之外，还需要更多地研究如何运用或吸纳、改造别的专门学科的知识。为了区分上述两类知识，前者获得的安全知识可称为“自安全知识（Self-safety Knowledge）”，后者获得的安全知识可称为“它安全知识（Other-safety Knowledge）”，它安全知识是以安全为目的，通过从别的专门学科挖掘适合用于安全的理论、方法、原理等，使之发展成为安全领域的知识。例如，自安全知识有各种安全理念、理论安全模型、事故致因理论、各种事故统计规律等；它安全知识有安全法学、安全管理学、安全心理学、安全教育学、安全文化学、安全系统工程、安全人机工程、安全检测技术、职业卫生与防护、风险评价技术、机械安全工程、化工安全工程、建筑安全工程、交通安全工程等的部分知识，这些知识都有别的学科的烙印和交叉特征。

在研究安全原理过程中，也存在类似上述的情况。由安全学科自己创造出来的安全科学原理，这里称为“自安全原理（Self-safety Principle）”（或称为核心安全原理，或称为第一层次安全原理），如各种安全理念、理论安全模型、事故致因理论等。著名的海因里希“伤亡事故金字塔模型”就是在大量事故数据的基础上提炼出的。同时，安全领域的更多安全原理是从别的专门学科中提炼和归纳出的，在已提出的安全原理中，大量原理都是以其他学科为背景，例如，安全系统原理是以安全为目的并从系统学、系统工程、可靠性理论等学科中综合构建的。又如，安全经济学原理、安全行为科学原理等都是通过相关学科延伸出能够应用于安全的科学原理，这里称为“它安全原理（Other-safety Principle）”（或称为非核心安全原理，或称为第二层次安全原理）。自安全原理和它安全原理之间并没有截然不同的区别和明显的界限，另外，这里表述的“自”与“它”“核心”与“非核心”和“第一层”与“第二层”，与安全科学原理在应用中的重要程度和实际价值没有直接关系。

（2）按安全原理的运用层次分类。科学研究成果通常可分为三类：一是基础研究成果；二是应用基础研究成果；三是应用研究成果。这里简称为上、中、下游研究成果，显然上游与中游、中游与下游之间的研究成果没有明显界限。同样，安全领域的科研成果也可以分为安全基础研究成果、安全应用基础研究成果和安全应用研究成果，或称为安全上、中、下游三类研究成果。

类似地，安全原理可分为基础安全原理、应用基础安全原理和应用安全原理。基础安全原理具有普适性，内涵更具概括性和高度抽象性；应用基础安全原理不如基础安全原理那么宽泛，但适用面也是比较宽的，可适用于很多领域；应用安全原理非常具体和繁多，非常适宜解决具体的工程技术问题，但通用性比较差，而且多属于技术专业的范畴，而不属于安全领域专有。

（3）按安全原理的学科层次分类。按学科层次分，安全科学原理可分为安全哲学原理、一般安全原理和具体安全原理三个层次。如果将安全哲学原理和一般安全原理统称为通用安全原理，通用安全原理相对是比较有限的，而具体安全原理是无限的，例如所有的安全技术及工程均包含大量的具体安全原理，而这些具体安全原理均存在于大量的安全技术及工程之中。

（4）安全原理的其他分类方法。安全原理还可以有更多的分类方式。例如：

1）按普适性程度分类，可分为通用性安全原理和专门性安全原理。

2）按与安全的密切程度分类，可分为核心安全原理（第一层次安全原理）和非核心安全原理（第二层次安全原理）。

3）按解决问题的时间维度分类，可分为用于未来安全问题的安全原理和适用于当下的安全原理。

4）按照安全原理存在形态，可分为已知安全原理和未知安全原理。

5）按创建安全原理思路的不同，可将安全原理划分为三类：从安全现象中提炼和归纳出的安全原理，由已有其他学科知识中提炼和归纳出的安全原理，通过科学试验等研究从未知世界中提炼和归纳的安全原理。

6）按专业分类（主要指应用层面的安全原理），可分为各个专业的安全技术原理。

7）按获取安全原理的研究方式分类：可分为正常状态下获得的安全原理（从安全现象归纳得出的安全原理）和非安全状态下获得的安全原理（从已有事故分析归纳获得的安全原理）。

8）按学科性质分类：可分为安全人因科学原理、安全自然科学原理、安全技术科学原理、安全社会科学原理、安全系统科学原理等。

9）按系统尺度的大小分类：可分为微尺度安全原理、中尺度安全原理、宏尺度安全原理等。

10）按系统要素分类：可分为信息安全原理、行为安全原理、能量安全原理、物质安全原理、经济安全原理、文化安全原理等。

还要指出的是：原理与理论和方法是不可能完全分开的，它们之间并不完全脱节。

1.5.2 本书内容的界定

作为一部有科学性的教科书，必须有一个清晰的知识结构体系，安全科学原理也一样，也需要对架构先做一个清晰的交代，以便使读者全面把握学习的内容。

由上述可知，安全原理有很多种分类方法，而且内容十分的丰富，显然一本书是不可能介绍完各层次各领域的所有安全原理的。而且，从安全科学与工程类专业人才培养的知识体系布局来设计，本书所介绍的安全原理，主要是通用的安全原理，也可以说是科学层面的安全原理。各种具体安全原理更应该放到在相应的安全技术及工程著作之中，并由各门安全技术及工程专业课分别给予介绍。本书介绍的普适性安全科学原理是安全活动或工作必须遵循的基本规律和原则，是基于经验或理论归纳得出的安全事物发展的客观规律，是为安全实践和事实所证明，反映安全事物在一定条件下发展变化的客观规律的论断，是安全活动的基本法则或方法论。这些安全原理对指导安全科技工作者在生产、生活等领域中的事故灾难预防、风险有效控制、安全系统规划与设计、安全技术及工程的开发等工作中，都具有重要的作用。

由于安全是一门大交叉综合学科，许多安全问题都涉及一个复杂的巨系统，为了保障安全，人们从不同视角、不同层面和不同切入点构建出不同的知识体系。作者在编排安全科学原理各章的顺序时，先介绍核心安全科学原理，再介绍非核心安全科学原理。核心安全科学原理包括：安全哲学原理、事故预防原理、风险管理原理、安全模型原理；非核心安全科学原理包括：安全人因科学原理、安全自然科学原理、安全技术科学原理、安全社会科学原理和安全系统科学原理。如前面所述，“核心”与“非核心”与安全科学原理在应用中的重要程度和实际价值没有直接关系，只是一种分类方式而已。

尽管本书没有分篇，但其内容实际上为三大部分，第1章是安全科学原理绪论，可归为第一部分，这部分是已有的安全科学原理类著作所缺少的；第2~5章为核心安全科学原理，可归为第二部分，这部分中的许多安全模型也是以往安全科学原理类著作没有的；第6~10章为非核心安全科学原理，可归为第三部分，这部分基本是全新的内容。本书的基本框架及各章内容的关系如图1-10所示。

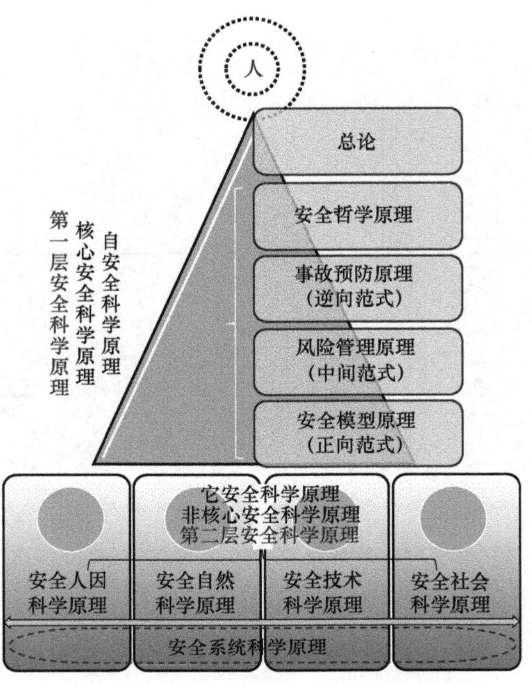

图 1-10 本书的基本框架及各章内容的关系

本章思考题

1. 为什么“安全”有很多种不同的定义?
2. 为什么讨论和解决具体安全问题需要先界定范围?
3. 安全研究可归纳为那几种典型研究范式?
4. 为什么不同的安全研究途径最终是殊途同归?
5. 安全科学原理研究的典型取向有哪些?
6. 安全系统与安全模型有什么关系?
7. 安全模型为什么能够表达系统和具有系统的特征?
8. 为什么现代安全科学原理的研究多源于西方发达国家?
9. 试讨论安全科学原理的研究现状。
10. 请按字面意思讨论安全科学原理的内涵。
11. 安全原理有哪些常用的分类方式?
12. 试枚举一些安全研究的新观点。

2

第2章 安全哲学原理

【本章导读】

安全哲学可定义为人类安全活动的认识论和方法论，是安全科学最顶层和最高级的原理，是安全科学理论的基础，是安全社会科学和安全自然科学的理论核心。安全哲学对安全学科的发展具有重要的意义。安全哲学的主要功能是：反映和反思安全与人的关系；使安全观理论化和系统化；具有方法论的意义，是人处理安全与人关系的准则；对人们的安全思想和安全行为起着激励、导向和规范的作用。

安全哲学研究方法既有与一般的科学研究所共同的研究方式和研究方法，又有自己作为哲学研究所特有的方式和方法。共同之处有：考察对象、收集材料、整理材料、发现问题、诠释对象、提出假设、形成观点、论证主题、表达思想、传播观念、评价成果等，并在其中综合运用观察与思考、分析与综合、归纳与演绎、抽象与具体、历史与逻辑等思辨方法。特殊之处有：在研究中都以安全为着眼点，并渗透着哲学观念、哲学意识、哲学原则、哲学思路、哲学提问、哲学理解、哲学评价、哲学反省、哲学反思、哲学诠释、哲学透析等。安全哲学研究就其方法论特征而言，是一个从非哲学的对象世界中发现和提升安全哲学问题，并以哲学方式来加以处理，最终回到非哲学中去的过程。而安全哲学的思维方式和方法贯穿在其中。安全哲学的主要研究方法有：基于社会实践的实践逻辑研究方法；基于安全系统的安全系统研究方法；基于安全哲学历史延续性的历史研究方法；基于安全哲学理论系统性的整体研究方法；基于安全哲学思维特性的辩证研究方法；基于现实、指向未来的安全哲学发展研究方法；多种方法的综合运用。

2.1 安全的认识论

安全认识论是一个观念问题，安全观念至关重要，甚至决定一切。

客观上讲，如果没有限定时空和性质，风险是客观存在的，是不以人的意志而消失的。人类只能辨识风险、规避风险、管控风险等，力求使风险在一定的时空范围内降低到可以接受甚至接近零的情况。

迄今人类对客观世界的认识还是非常有限的，不论是自然界、生命系统，还是复杂系统等，人类还有太多的规律不清楚，即使是人类自己创造的人造系统和社会，人类也不完全掌握其变化的规律和各种涌现结果。但由于人类自身的主观认识的不足和美好愿望，以及总是抱有过高的期望，总是过分自信和夸大自己的认知能力，因而人类经常做出错误的认知和决策。

2.1.1 安全的价值论

1. 安全的价值观

（1）人的安全价值观决定了其安全行为的基本特征，规定了其发展方向。安全价值观是人们对安全最基本、最根本的价值观念，人们把安全价值观作为判断安全的基础，其他相关的安全问题都可以转化为这种价值的观念，所以安全价值观不仅决定了安全行为的基本特征，而且还规定了其发展方向。

（2）安全价值观可以规范和约束每个人的行为，协调各种活动。规范和约束功能是安全价值观的主要功能，通过安全价值观的建立和完善，组织成员必须按照一定的指导方针和行为价值准则进行，这是一种“软性”的约束和规范，但其力量往往比那些强硬的规定更加有效，因为这种约束和规范是在每个人思想深层次中起作用的。

（3）安全价值观有很强的激励作用。当个体安全价值观与组织甚至是社会的安全价值观融合后，每个人都有一种发自内心的力量来促使自己完成安全活动的使命，这是一种强大的精神动力，对提高安全生产水平有巨大的推动作用。

2. 安全价值观的内涵

安全价值观是对安全的作用、地位、价值等总的看法。不同时代，不同历史时期的人们的安全观是不同的。同时，不同的人群，由于所从事的职业，所受教育程度的不同，其安全观也是不一样的。现代的主流安全价值观是：

（1）安全是人类生存和发展的最基本需要，是生命与健康的基本保障；一切生活、生产活动都源于生命的存在，如果人们失去了生命，也就失去了一切，所以安全就是生命。

（2）安全是一种仁爱之心，仁爱即爱人。安全以人为本，就是要爱护和保护人的生命财产，就是要把人看作世间最宝贵的财富。凡是漠视甚至鄙视人本身的行为，都是一种罪恶，一种对天理、国法、人情的践踏。

（3）安全是一种尊严，尊严是生命的价值所在，失去尊严，人活着便无意义。无知的冒险，无谋的英勇，都是对生命的不珍惜，将导致人间悲剧。

（4）安全是一种文明。安全要靠科学技术，靠文化教育，靠经济基础，靠社会的进步和人的素质的提高。文明相对于野蛮，不文明的行为也可视为野蛮的行为。呼唤安全，呼唤文明，关系到人类社会发展的根本利益。

(5) 安全是一种文化。重视安全、尊重生命，是先进文化的体现；忽视安全，轻视生命，是落后文化的表现。一种文化的形成，要靠全社会的努力。

(6) 安全是一种幸福，是一种美好状态。当人谈到幸福时，有谁会联想到伤害，有谁会把没有安全感的生活当作幸福生活？有谁敢说安全不是长久地享受幸福生活的保证？

(7) 安全是一种挑战。每一次重大事故都会促使人反省自身行为，总结教训，研究对策，发明新技术，预防同类事故重复发生。也许事故永远不会杜绝，于是挑战永远存在，人的奋斗永远不会停止。

(8) 安全是巨大的财富。实际上，安全账已被算过很多次，如果安全投入多了，生命财产损失少了，最终劳动成本降低了，企业经济效益就提高了。

(9) 安全是权利也是义务。在生活和工作中，享受安全与健康的保障，是劳动者的基本权利，是生命的基本需求。每个劳动者不仅拥有这个权利，而且要尊重并行使这个权利，不能因利益诱导或暂时困难而玷污了神圣的权利。每一位公民都要尊重他人和自己的生命，都必须维护和保障安全的状态。

2.1.2 安全的属性论

1. 安全的基本属性

安全属性是认识安全本质的基础，对安全属性的认识在安全科学中占有很重要的位置。同安全的主体是人，人具有动物属性和社会属性一样，安全也具有自然属性和社会属性，安全的这两重属性紧密相关，需要从整体和系统的角度对二者进行认识。

(1) 人的自然属性。人的自然属性也称为动物属性，它是指人的肉体存在及其特性，是人先天就具备的本能反应。例如，人自有生命开始就惧怕危险，具有怕痛、怕跌落、寻求安全的本能，即自我保卫的本能。人的自然属性会在后天随着社会的发展而变化，而且人的自然属性对安全的追求带有一定的盲目性，是人本能地追求安全，人的自然属性决定了对安全的需求是永远不会消失的。

(2) 人的社会属性。人的社会属性是人在改造自然和社会的实践活动中逐渐形成和发展起来的，人的社会属性主要表现在以下几个方面：人类共生关系中的依存性、社会生活中的道德性、生产活动中的合作性、人际关系中的社会交往性。这些人的社会属性揭示了社会生活的本质以及人与社会的关系，也揭示了安全是人的社会属性的共性内容。因为依存性、道德性、合作性、社会交往性等都是以社会人的共同安全为基础，都有着各自的安全内涵和要求。

(3) 人的自然属性与社会属性的统一。人既是自然的人，受自然规律的制约，具有自然属性，又是社会的人，受社会规律的制约，具有社会属性。一方面，人的社会属性以自然属性为基础，人的自然属性又处处渗透着人的社会属性；另一方面，自然属性与社会属性两者相比较，社会属性是人更为主要、本质的属性。

(4) 安全的本质。安全的本质主要在于人的安全。从不同领域的安全问题的层次上看，安全的本质主要在于影响人的安全问题的主要因素不同，或者说不同领域人的安全问题的影响因子关系不同。所以，安全的本质在现实性上是一切影响因素相互关系的总和，这种关系是动态的和随系统的不同而不同的。

(5) 安全的自然属性。安全的自然属性是人的自然属性在安全方面表现出来的现象和过程。

人的自然属性包括生理结构、生理机能和生理需要等，这是人性的生理基础。安全是人的生理心理需要，这是由人的生命、生活的欲望所决定的自我保存机能，这是先天的，是安全存在的主动因素。在某种意义上，安全是人类对天灾、生老病死、新陈代谢等自然规律的无奈，使得人们不得不把生命安全经常提到议事日程。

(6) 安全的社会属性。安全的社会属性的重要体现就是社会安全。人类是社会的主体，没有人类的存在，社会是不可能存在的，而安全是人类存在的必要条件，所以，安全也是社会存在的必要条件。有了社会的安定，社会的存在和发展就有了保障。社会安全是众多利益关系的平衡点，社会要处于整体安全状态，社会片面追求利益最大化是不可能达到安全的，甚至会破坏整体的社会安全。

(7) 安全的自然属性与社会属性的统一。社会发展以社会的存在为基础，以社会的安全为条件。没有社会的安全存在，社会是不可能发展的。同时，社会的发展又反过来促进了社会的安全。所以，社会的发展与安全的存在是辩证统一的。社会安全是要利益还是要安全的矛盾结合。在社会经济发展过程中，社会安全是众多利益关系的共同取向。这一共同取向使得利益与安全趋于平衡，达到双赢。

2. 安全的一些典型属性（吴超，2017）

安全是每个人的需求，而每个人都生活在社会里，社会又是复杂的动态巨系统，而且存在巨大差异性。在某一特定的时空里，不管做任何安全工作，如果不了解安全的属性，安全工作将很难落地。安全的属性主要有：安全的人性、安全的社会性、安全的交易性、安全的阶级性、安全的组织性、安全的依附性、安全的差异性、安全的专业性、安全的系统性等。

(1) 安全的人性。安全必须以人为本，但具体以人的什么需求为本？首先应该是以安全人性为本。安全人性的变化规律是十分复杂的，安全人性涉及人的安全本质、安全理性、安全可塑性等问题。

(2) 安全的社会性。人类都是生活在社会之中的，这就决定了安全具有社会性，安全社会性涉及安全政治、安全法制、安全伦理、安全文化等问题。安全的政治性经常能使安全偏离科学性和公正性。一方面，安全法制的实质是依照安全法律法规和制度的执行，但如果安全法律法规和制度本身就不合理、不公正、不健全、不具可操作性，则执行起来就有很多问题；另一方面，执法人员是否懂法、是否依法执行，又是另外一回事。当出现法律法规和制度以外的问题，这时候就要靠安全伦理道德和安全文化等来解决问题，此时执行起来会有更大的偏差和随意性。

(3) 安全的交易性。安全的社会性和安全的不平衡性决定了安全具有交易性。安全并不是随便就能得来的，安全也是一种资源，某些区域的群体或个人拥有良好、充足的安全资源，而对某些区域的群体或个人而言，安全却成了稀缺资源。因此，安全可以变成了能够转化、传递和交换的产物，交换过程也可能会存在腐败现象，有些团体或个人可能将自己的安全建筑在别的团体和别人的不安全的基础之上。例如，有些企业领导明知企业达不到安全生产的基本要求，却不愿意投入足够的费用加以改善，设置一些安全管理岗位和人员从事企业安全管理工作不完全是为了企业员工的安全，而是为了避免违法。当企业出了安全生产事故时，可以拿这些安全管理人员来分担自己的安全责任而使自己得以保全，这其实是一种涉及安全的腐败行为。有些企业把安全责任层层分解直至个人，发生生产事故后，变成由个人来承担事故的责任，这也是领导推卸安全责任的常见做法。

(4) 安全的阶级性。安全的人性、安全的社会性、安全的交易性等决定了安全具有阶级性。

由于社会存在不同阶层的人群，以及所处的地位及地区不同，导致他们享受安全的保障水平和能否接受的风险大小是不一样的。例如，煤矿工人和企业老板本人能够接受的安全标准和享受的待遇显然是不一样的，穷人和富人对食品安全标准认知的差距是很大的。为了达到个人的安全健康，有些人把自己的生命安全建立在其他人的生命安全的基础之上。安全具有阶级性自然涉及安全的权益性、安全的冲突性等现实问题，也会致使在处理安全问题时存在很大的偏差。

（5）安全的组织性。人类在一个共同的社会里生活和工作，但人们的安全人性、享受的安全资源、拥有的安全权利等是不一样的，为了协同这些差异，就需要有安全组织并进行强制监管，所以安全的组织性意味着强制性和监管性。人类总不愿意满足现状，这也客观上需要有强大的安全组织性来确保系统的安全运行。但如果安全组织的机制出了问题，就可能扭曲安全人性，造成安全不公，使系统安全埋下大隐患。

（6）安全的依附性。安全的依附性意味着：如果依附体不存在，安全问题也就不存在。例如，如果一个企业倒闭了，那么该企业本身的生产安全问题就不复存在了；如果再讨论该企业的安全问题，意义不在于该企业本身，而是供其他企业借鉴。如果整个社会不运转，物质也不运动，即一切都处于停止状态，那么此时安全问题就消失了。但社会是运动的，一切物质总是变化的，这才有了安全问题的存在。因此安全问题总是依附于所在的领域。安全的依附性决定了安全的从属性和安全的交叉性等。

（7）安全的差异性。安全的差异性是显而易见的，因为安全人性的差异、安全阶级地位的差异、安全资源的差异等，使得个人、小集体、大团体直至民族、国家等安全具有个体性和多样性。由于安全的各种差异性和复杂性，为了尽量减少个人之间、团体之间、物质之间、子系统之间等的摩擦和发生斗争或是出现事故，最简单的方式就是采用物以类聚、人以群分的做法，这一做法实际上已成为人们解决安全主要矛盾的通用法则。

（8）安全的专业性。安全是一个非常复杂的问题，其知识体系几乎涉及所有的自然科学和社会科学领域，这也就决定了安全的专业性或是专业安全的分工是必然的结果。

（9）安全的系统性。安全存在上述多种特性，决定了安全具有系统性。但系统性带来了复杂性，牵一发而动全身，不能采用快刀斩乱麻的方式。安全更多是社会科学的问题；安全工作不仅需要讲奉献，还需要讲原则和艺术，而且需要讲斗争和维权；安全人性、法制、公正、伦理、道德、权益、组织、系统等非技术问题都需要充分地考虑和协调。

2.1.3　安全的矛盾论

由于人人需要安全，但潜在的危险具有客观性，而且安全是相对的和具有不平衡性，因此，实现安全存在着以下主要矛盾。

安全矛盾是安全哲学、安全系统学与安全管理学等学科交叉领域的一个重要问题，找准并有效处置安全矛盾是安全系统学与安全管理学研究与实践始终需要重视的一种安全思维。

1. 安全矛盾的定义及安全矛盾的内涵（王秉和吴超，2017）

以矛盾的定义为基础，基于安全科学角度，提出安全矛盾的定义。所谓安全矛盾，是指一定时空里存在于某一系统中的会对系统安全产生影响的矛盾关系。此定义限定于某一系统（如社会体与经济体等）来定义某类具体矛盾，强调存在的矛盾是同一时间与空间的。安全矛盾有别于其他矛盾，它是会对人们生产与生活的安全产生影响的矛盾关系。

从安全矛盾的定义可以看出，安全矛盾的内涵主要有以下方面：

(1) 安全矛盾是指一定时空里某一系统中的人、物与事自身内部及其相互间存在的会对系统安全产生影响的矛盾关系。安全矛盾作为一种特殊的关系，主要由系统中的人、物与事相互间的内在彼此联系产生，如人的低安全素质与安全高要求及安全管理者与被管理者间的矛盾等；系统中的人、物与事自身内部也存在诸多对系统安全有影响的矛盾，如人的生理需要与安全需要、技术发展与技术风险、偏重结果的安全考核方式与本质安全所需的过程管理间的矛盾等。

(2) 同一性与斗争性是安全矛盾的两个基本属性，且安全矛盾的同一性与斗争性间的相互关系也与矛盾的同一性与斗争性间的相互关系相一致。其实，居安思危的安全哲学思想就是表达安全矛盾的两个基本属性及其相互关系的一种典型例子。

(3) 安全矛盾对系统安全的影响包含两层含义：从表层看，或者说就安全矛盾的直接作用结果而言，一般认为安全矛盾均会对系统安全产生不利（即负面）影响，这也是研究安全矛盾问题的真正原因和价值所在；从深层看，或者说就系统长远安全发展而言，安全矛盾是促使系统安全保障水平不断提升的根本内驱力，这是其对系统安全有利影响的体现。换言之，正是安全矛盾的凸显才倒逼研究者开始关注并开展安全矛盾研究，即安全矛盾是催生安全科学及促进其研究与发展的原动力。

(4) 安全科学具有交叉综合的学科属性，其学科属性最具普适性的展现是安全关联，而安全关联中的安全矛盾关系则应是安全科学的重要基础科学问题。因此，系统中的安全矛盾也是安全科学，特别是安全哲学、安全系统学与安全管理学的研究重点。

(5) 哲学意义上的矛盾不可能根除，系统中的安全矛盾也是如此。若系统中的安全矛盾被彻底消除，则安全科学也就失去了其存在与研究的意义和价值，而事实是安全矛盾变得越来越多而杂，且安全问题与安全科学研究越来越受人们关注。安全矛盾只能不断地演变与转换，即旧的安全矛盾消失是新的安全矛盾的开始。

(6) 解决或处理安全矛盾，包含两层含义：①减弱系统中的某一安全矛盾本身的矛盾强度，使安全矛盾双方处于平衡状态，即达到动态的互相协调与适合，从而减弱其对系统安全的不利影响；②将系统中的某一安全矛盾进行转换，减弱或消除其对系统安全的不利影响。处置安全矛盾的两层含义就是解决安全矛盾的两种总思路（或路径）。

2. 当前社会-技术系统存在的主要安全矛盾

当前社会-技术系统存在的主要安全矛盾有很多，下面枚举一些典型例子。

(1) 生理需求与安全需求的矛盾。由马斯洛的需求层次理论可以看出，很多人的生理需求还没有得到满足之前，安全需求很低，只有生理生存需求基本得到保障，才会有安全的需求，才会放开手脚大胆地追求更多的其他需要。而且，生理需求对有些人也是无止境的。这些都是人类的客观需求规律。总的来说，只有整个社会物质生活进入到比较富裕的阶段，人们对安全才会有更高的需求。

(2) 人性自私与安全公益之间的矛盾。“事不关己，高高挂起”，这是的很多人的通病；而安全是每一个人的事，安全需要你、我、他，安全需要互助。这就存在科学安全观与自私人性之间的矛盾及其平衡问题。解决矛盾的关键途径：通过后天的人性塑造，使人的私心得到抑制，使公益之心得到弘扬。

(3) 不同阶层人群对风险接受水平存在差异的矛盾。社会中的人群所承受的生存压力和追求是不一样的，导致人们对安全需求的程度有很大的不同。这些对安全需求不同的人群在一个系统里活动，这就从客观上使系统产生了不和谐。尽管安全管理的本质是要求人的行为一致、组织行为一致、役物行为一致，但人本身的安全需求和对风险的判断标准不一样，就使得安全管理的功效大打折扣。解决矛盾的关键途径：物以类聚，人以群分，把系统分割、分类、分层等；强制统一安全标准等。

（4）安全观与冒险观的矛盾。迄今，很多人对冒险观仍持认同观念。俗话说，撑死胆大的；风险有多大，利润就有多高；富贵险中求。金钱物质第一的观念根深蒂固。还有些观点认为：聪明人不光要敢冒险，而且要会冒险。由此看来，科学安全观很难涵盖所有的人。解决矛盾的关键途径是：安全人生观的熏陶、倡导安全信仰和安全主义等。

（5）生命无价与现实有价的矛盾。生命至上、生命为天是现代的科学安全观，但现实中人的生命需要依靠物质维系，人们又不得不为了必需的物质而劳作。许多人对生命无价的观念只能等待死到临头时才认同，当一个人面临着财产与生命二选一的抉择时的一瞬间，他可能选择了保全生命，舍去财产，这时生命无价才能体现出来。但正常的生活中，人们面对的并不是这些，生命暂时还存在，财产还是没有在手，这时候人性的贪婪就驱使他对生命无价的不认同。解决矛盾的关键途径：科学安全观的熏陶、认识安全与经济的对立与统一、把握对物质的需求度等。

（6）短暂安全与长期安全的矛盾。当一个人暂时处于安全状态时，他必须去做安全以外的事情时，他做的目的可能是实现所做事情之后能够更加安全，例如赚足够多的钱使自己无后顾之忧，因此他愿意先冒小风险去赢得大胜利，这在某一阶段是不安全的，但也是为了更大的安全。因此，安全第一经常说起来容易做起来难。解决矛盾的关键途径：拥有安全系统思维、认识重大灾难经常是由小事件引发的、不断增强风险意识等。

读者还可以梳理归纳出更多的矛盾，如失败容易、成功难与人性希望成功、不愿意失败的矛盾，出事故容易与维系安全困难的矛盾，破坏与建设投入不成比例的矛盾，人类追求安全优越与人造物最终会失效的矛盾等。

2.2 安全观的塑造论

安全观指导人的行为表现，影响着人的认知、思维、信仰、态度、行为方式等。事故的发生绝大多数是由于人的不安全行为，而错误、不健全的安全观会导致不安全行为，换言之，行为主体的安全观缺失、错误都可能导致事故发生。安全观与每个人都息息相关，探究安全观的本质内涵、塑造机理及方法对指导安全行为，减少人为失误从而降低事故发生的概率具有重要意义（欧阳秋梅和吴超，2016）。

2.2.1 安全观的内涵

1. 安全观的定义

安全观的定义有很多，代表性的有：

（1）从“安全”的本质内涵出发定义安全观，将“安全”和“观”分开来理解，强调对安全科学理论的认识和看法。

（2）从安全管理等视角出发定义安全观，着重于研究如何加强员工的安全观念、安全意识等来达到安全管理的目的，强调对安全科学实践的认识和理解。

（3）从安全观的演化历程出发定义安全观，并将安全观归纳为宿命安全观、知命安全观、系统安全观和大安全观基本模式，将“传统安全观”和“大安全观”对比探讨安全观，强调对安全观的演化、变迁的认识。

（4）从安全哲学视角出发，将安全观定义为在一定的环境下，每个人自身安全意识、安全观念、所处环境、安全技能等自身安全问题的综合反映，强调与人的价值观、人生观、世界观之间的关联关系。

以上均是从某个特定的视角来定义安全观的，在一定程度上丰富了各个视角下的安全观研究内涵，但它们均未表述安全观的本质内容、属性特征、构成要素、功能作用、层次结构等，达不到全面认识安全观的要求。

从安全科学理论层面出发，在整合以上视角的基础上，以安全行为为落脚点，可这样理解安全观：它是人们对安全相关各事项所持有的认识和看法，既是安全问题的认识表现，又是安全行为的具体体现，影响着人的认知、思维、信仰、态度、行为方式等，其内容范畴涵盖了与安全相关的所有安全科学领域。安全观并不是多种安全观念的简单堆砌，而是指若干安全观念以独特的方式相互联系而构成的一个有特定功能的有机整体。安全观是指一定时空范围内的具有最终指导安全行为或行为倾向的安全认识，是安全观念、安全意识等的正负效应相互作用的结果，它具有阶段性，因此常将安全观分为新安全观（大安全观）和旧安全观（传统安全观）。换言之，安全观不等同于安全观念，它是把安全观念零碎的部分系统化、整体化。由上，可这样定义安全观：它是指人们对安全相关各事项所持有的认识和看法，并最终指导行为安全的具有积极效应的安全认识体系。

2. 安全观的属性特征

由安全观的定义可知，安全观至少具有相对稳定性、动态调节性、整体系统性、复杂非线性等四个属性特征，见表2-1。安全观的相对稳定性与动态调节性并不矛盾，正是由于人的安全观具有相对稳定性，才能预测在某个时空中可能出现的行为表现或行为倾向；又由于它又具有动态调节性，人们才能通过安全教育、安全管理、安全技术等措施来培养、完善、改造人的安全观。安全观的特征属性是提出安全观措施可行性的依据。

表2-1 安全观的属性特征

特征	内涵解释
相对稳定性	安全观是不断受社会生活条件、教育、经历等影响长期塑造而成的，当主体的安全观较成熟且呈现规律性，或主体人性中因懒惰或惯性形成主体的习惯性时，呈现一定时期内的相对稳定特性
动态调节性	客观事物在不断发展变化，知识、经验、实践等的积累决定了人的安全观不是一成不变的，原有的安全观不断被完善或创新，从总的安全观演化周期来看，呈现动态调节特性
整体系统性	人的各种安全观念并非彼此孤立存在，而是相互联系、相互依存地成为一个系统；安全观将零碎的观念相互关联并不断更新或创新，构成有机整体，是主体自身思想不断融合、“推陈出新”的过程，是最终形成主体行为或行为倾向正当的理由
复杂非线性	安全观是针对有生命、思想活动的人而言的，人本身复杂非线性特性决定了安全观也具备同样的特征；安全观虽是完整的系统，但是它的完善性和统一性并不是绝对的

2.2.2 安全观的基本构成要素分类和功能

1. 安全观的要素和分类

结合安全科学属性特征，剔除无关、重复、意义相近的词汇，将安全观概括为以下16个要素，即安全自主观、安全信仰观、安全生命观、安全预防观、安全规则观、安全价值观、安全契约观、安全协作观、安全目标观、安全法制观、安全宣传观、安全监督观、安全系统观、安全控制观、安全组织观、安全责任观。安全观基本构成要素可根据不同的标准进行分类，见表2-2。由于某些要素从不同的角度解释有不同的含义，因此会出现某些要素出现在同一个分类标准的不同模块中的现象。

表2-2　安全观基本构成要素分类（欧阳秋梅和吴超，2016）

按层次	基础安全观	安全生命观、安全价值观、安全信仰观、安全自主观、安全预防观、安全规则观、安全契约观、安全协作观、安全责任观
	专业安全观	安全目标观、安全契约观、安全法制观、安全规则观、安全宣传观、安全监督观、安全系统观、安全控制观、安全组织观
按系统要素	人本安全观	安全生命观、安全信仰观、安全自主观、安全法制观、安全价值观、安全契约观、安全责任观、安全预防观
	物本和事本安全观	安全监督观、安全控制观、安全目标观、安全协作观、安全规则观、安全系统观、安全组织观、安全宣传观、安全预防观
按所属关系	安全管理观	安全生命观、安全目标观、安全契约观、安全协作观、安全法制观、安全价值观、安全规则观、安全宣传观、安全监督观、安全系统观、安全控制观、安全组织观、安全责任观、安全预防观
	安全文化观	安全信仰观、安全自主观、安全规则观、安全价值观、安全契约观、安全协作观、安全法制观
按影响因素	个人安全观	安全生命观、安全责任观、安全价值观、安全法制观、安全规则观、安全控制观、安全预防观
	社会安全观	安全目标观、安全契约观、安全协作观、安全法制观、安全规则观、安全宣传观、安全监督观、安全系统观、安全控制观、安全组织观、安全责任观、安全预防观

安全科学理论和实践始终坚持以人为本原则，事故可预防是树立安全预防观的基础，需将人的生命放在首位，人人都需要安全，生命价值平等，不做对他人有伤害的行为，不可将风险转移给他人。因此，安全观需将安全生命观和安全价值观放在首位，将安全预防观深入人心，以此为核心进行安全活动。安全学科的基础思想为安全系统思想，在进行安全活动时，要将安全系统观贯穿始终，分析解决安全领域中复杂系统相互作用的安全问题，换言之，安全系统观是开展安全活动的根本认识。

2. 安全观的层次结构和功能作用

安全观不一定都具有安全价值，它还受时间属性、客观环境、安全知识、安全技能等的影响，换言之，安全观有正负效应之分，正面积极向上的安全观能指导人的安全行为，从而减少事故的发生，体现出安全观的正效应，此时安全观与行为表现呈现正关联；相反，负面消极向下的安全观会导致人的不安全行为，最终酿成事故，体现出安全观的负效应；另外，当安全观与某行为正负效应抵消或关联度较小时，体现出安全观的平衡效应，如图2-1所示。需强调的是，安全观具有动态调节性，它在安全活动的全周期内是波动的，随时间变化具有正负效应，但我们的最终目的是加强正效应，弱化负效应，使其最终指导人的安全行为。安全观的层次结构和功能作用相互影响，其关联关系如图2-2所示。

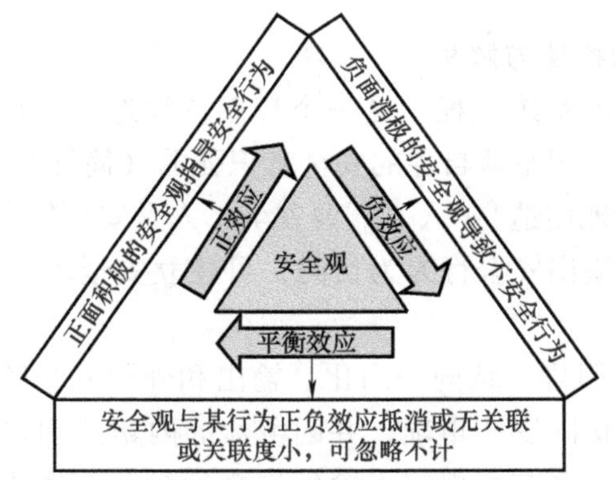

图 2-1 安全观与行为表现的关联关系（欧阳秋梅和吴超，2016）

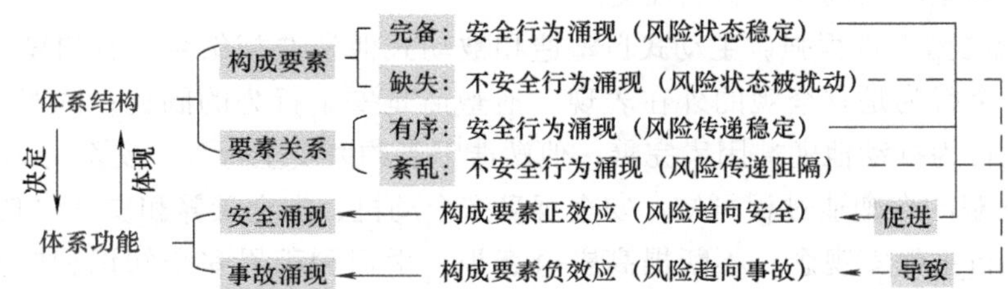

图 2-2 安全观的层次结构和功能作用的关联关系（欧阳秋梅和吴超，2016）

从图 2-1 和图 2-2 中可以发现，只有当安全观的基本要素完备且各要素间关系和谐有序，才会使安全观产生正效应，促成安全行为的涌现，避免事故的发生。正确的安全观是安全认识论的基础，是安全方针的指导理论，属于安全科学的研究范畴。因此，在进行安全观的安全教育、安全管理时，不仅需要提升安全观教育和管理的广度，也要加强其深度。

2.2.3 安全观的塑造

1. 安全观与其他安全体系间的关联关系辨析

以安全观为核心，以安全行为或行为倾向为目的，与安全观相关联的安全概念主要有安全意识、安全态度、安全理念、安全素养、安全道德、安全伦理、安全动机、安全思想八种，其具体内涵及其与安全观的关联关系释义见表 2-3。

表 2-3 安全观与其他安全体系间关联关系释义

相关安全概念	与安全观的关系
安全意识	安全意识包括了人在安全方面的所有意识要素和观念形态，结合人原有的思想形成安全观；换言之，安全意识是形成安全观的基础
安全态度	安全态度的对象是多方面的，包括客观事物、人、事件、团体、制度及代表具体事物的安全观等。安全态度是安全观的表现
安全理念	安全理念是通过理性思维得到的，是对安全观的一种再认识，是从安全观中提取出来的理性观念
安全素养	安全素养包含安全观是安全素养的一项评价指标，安全观念强则表明安全素养高
安全道德	安全道德观是安全观的一种，是安全观的“调节器”，对安全观的建立具有规范和指导作用
安全伦理	安全伦理是一系列指导安全行为的安全观，即安全观通过安全伦理指导、规范安全行为
安全动机	安全观对安全动机的模式具有决定性影响，且通过安全动机间接影响安全行为
安全思想	安全观系统化、理论化之后形成相应的安全思想体系，简称为安全思想

2. 安全观的塑造模型的构建与解析

安全观的塑造过程是一项系统工程，是一个长期持续选择、认同和内化的过程。安全观的塑造过程受两个因素影响，即主体自主的安全意识强弱（简称为自塑造）和受他人、组织、环境等的影响程度（简称为他塑造）。人人需要安全，人是安全的动力和主体，以提高个体的安全水平和技能为基点，以输出安全行为为目的，可建立安全观的塑造模型，如图 2-3 所示。其具体内涵解析如下。

（1）安全观的塑造包括引导、认同、内化、输出和外化五个阶段，首先安全观的他塑造因素刺激和引导主体认识并认同安全事项，并因主体的内塑造因素选择性地将原有的安全观进行更新或强化，最终指导、调节、规范人输出安全行为，主体的行为表现呈现并检验外塑造因素和内塑造因素的正确性和影响程度。

（2）安全观的塑造过程强调主动式自塑造和被动式他塑造相结合，且自塑造是安全观的核心和灵魂，安全行为是安全观的外在表现，他塑造是安全行为的固化；同时，安全观支配安全行为，安全行为推动他塑造因素完善，他塑造因素约束安全行为，安全行为影响安全观。

（3）从安全观的自塑造过程可知，安全观受安全动机、安全素养和安全责任等因素影响，因此主体应树立自主保安观念，不断提高安全意识，学习和积累安全知识和安全技能，逐步建立大安全观，并不断创新出安全思想体系。

（4）安全观的形成受主体情感影响较大，主体对安全观的情感体验及由此产生的安全需要是实现安全观教育的关键，即要使外塑造因素具有引导作用，安全观的他塑造过程和自塑造过程间还需有认同感，因此不仅要重视知识层面的教育，更应加强情感层面的认同，鼓励主体参与其中。当主体具备了认同感之后，可利用强化机制不断进行内化。

（5）人的不安全行为是导致事故发生的直接原因，安全观塑造的最终作用结果是实现安全行为输出。从模型中可提炼出塑造人的安全观的一系列途径和方法。

2.2.4　安全观塑造的一般方法

1. 安全观塑造的基本原则

基于安全观的内涵及其塑造机理，对安全观的塑造提出以下四项基本原则：

（1）坚持以人为本。人人都需要安全，人既是安全的动力，也是安全的主体，是安全管理中最基本要素，将人本安全管理放在核心位置，重视人的需要，充分体现安全观以安全生命观和安全价值观为首要原则，使塑造主体产生认同感。

（2）坚持安全系统方法论。安全观的塑造并不能一蹴而就，它随社会发展不断更新与完善，是每个人一生的追求，应实事求是，结合安全需要和安全目的有效地进行安全观的塑造活动。

（3）主导性和多样性相结合。安全观的塑造过程应充分发挥主体的主观能动性，以内塑造为主，以他塑造为辅。安全学科具有跨时空、跨领域的综合特性，不仅要将安全观植入塑造主体心中，更要通过多样化的他塑造途径引导主体形成大安全观。

（4）教育和自我教育相结合。安全观的塑造强调塑造主体的自塑造和塑造环境的他塑造相结合。自塑造主要以自我学习、自我教育、自我反省为主，同时他塑造应充分发挥主动引导、主动教育、主动管理及主动反馈的功能。

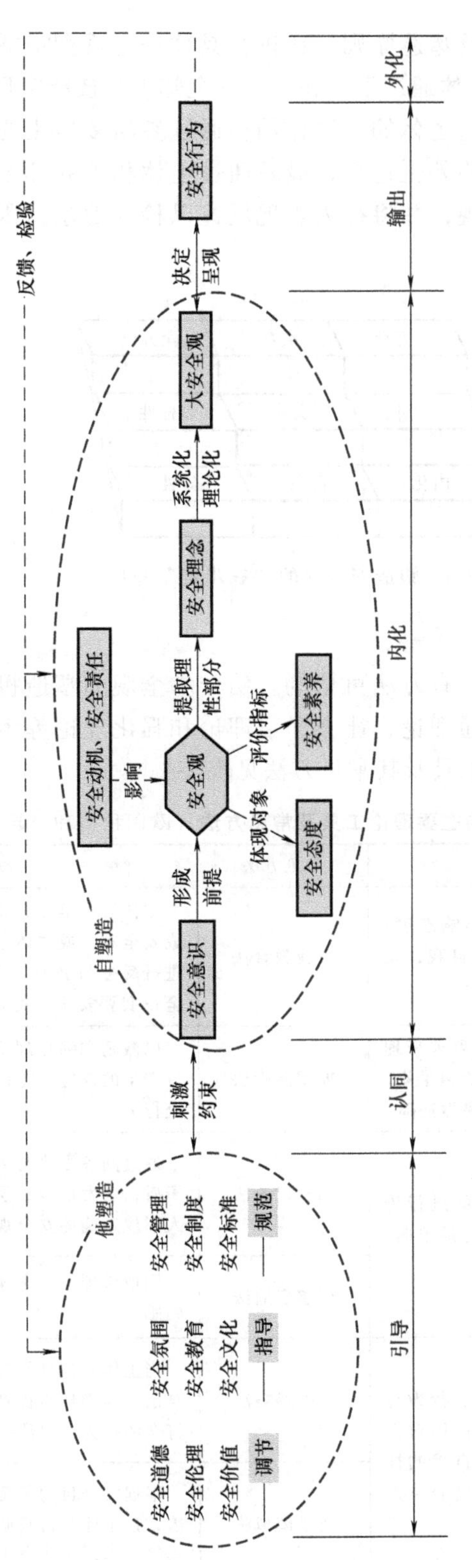

图 2-3 安全观塑造模型（欧阳秋梅和吴超，2016）

2. 安全观的塑造思路

基于安全观内涵、塑造机理及塑造原则，在进行具体安全观塑造活动时，以安全观塑造主体为对象实施“三步走”，即主体通过学习和积累安全知识和技能实现初步塑造，属于塑造安全观的内化过程，充分发挥塑造主体的主导作用；通过参与多样化的安全实践活动将安全观进一步强化，属于塑造安全观的外化过程；最后通过主体和外界环境进行相互交流获得全方位、多层次、内涵丰富的安全观，并将行为表现反馈以检验他塑造因素是否合理，属于安全观塑造的互化过程（图 2-4）。

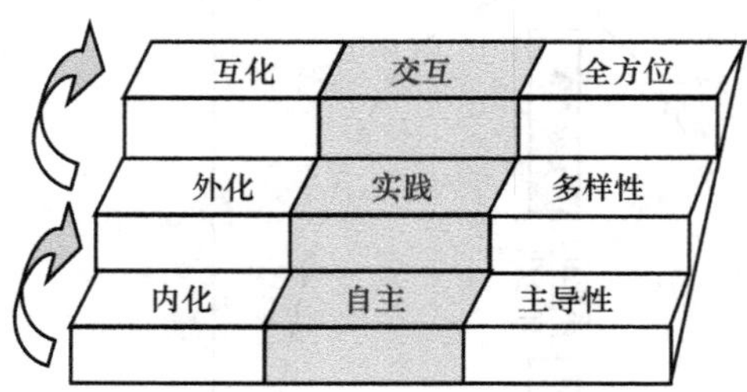

图 2-4　塑造安全观的“三步走”思路

3. 安全观塑造的常见方法

安全观的塑造是有规律可循、有方法可依的。结合安全观的塑造机理和塑造思路，可利用自我知觉理论、需求理论、沟通理论、社会学习理论和强化理论等主要理论工具，提炼出安全观塑造的常见方法，各理论工具及其常见方法见表 2-4。

表 2-4　安全观塑造的主要理论工具及常见方法（欧阳秋梅和吴超，2016）

主要理论工具	理论释义	常见方法	方法释义
自我知觉理论	主要阐释行为是否影响态度；可帮助主体更好地认识自我，是自我评价的重要理论基础	自我教育法	主体通过学习和积累安全知识和技能主动形成安全观，或主体不断对自我的思想、行为等进行反思与教育，使主体行为形成“要我安全—我要安全—我会安全”的转变
需求理论	根据个人活动的内在需求来理解、改造和纳入一定的价值准则。安全观的塑造以安全需要为基础	期望激励法	以激励和强化理论为基础，通过利用角色期待产生的效应，正面激励安全行为，弱化不安全行为
沟通理论	将信息在个体或群体间进行传递并获得理解的方法。包括单向、双向和多向三种方式	问答讨论法	通过问答方式与人交谈，抓住思维过程中的矛盾，启发诱导，层层分析，步步深入，引导人形成正确的安全观
		情感启迪法	用情讲理，让主体从内心深处理解并产生认同感
社会学习理论	主要探讨个人的认知、行为与环境因素三者及其交互作用对人类行为的影响，主张在自然的社会情境中而不是实验室里研究人的行为	氛围感染法	当主体受到良好环境和氛围感染时，自愿使自己与周围环境保持一致，产生与周围环境相符合的行为，以约束不安全行为
		情景模拟法	根据安全目的设置类似于真实情景的局部环境，让主体获得身临其境的操作、判断和决策感受，实现主体产生自主保安的目的

（续）

主要理论工具	理论释义	常见方法	方法释义
强化理论	探讨刺激与行为的关系，多运用在教学和管理实践中，利用正强化或负强化的办法影响行为后果	强制服从法	通过制定法律法规、标准、制度和操作规范等强制约束或弱化主体的不安全观和不安全行为
		代币管制法	用奖励强化所期望的行为，促进更多安全行为出现，或用惩罚消除不安全行为的方法

2.3 安全的认同论

安全认同会使理性人在观念与行为等诸多方面产生理性的安全契约感与责任感，以及非理性的安全归属感与依赖感，而它最终的作用结果是理性人在这种心理基础上表现出的对保障安全的相关活动的尽心尽力的行为结果（王秉和吴超，2017）。

2.3.1 安全认同机理

安全认同是指理性人对安全价值及保障条件或要素等认可的态度与行为。其实是由安全认知、安全意愿、安全妥协、安全支持和安全努力等一系列相互独立但又相互关联的环节与现象循环作用的结果。下面分别从个体与组织两方面来阐释安全认同机理。

1. 个体安全认同的机理模型的构建与解析

根据心理学中的认知理论与原则，并运用严密的逻辑推理方法，可以解释个体安全认同的机理。安全认同的基本表现是理性人在态度与行为上对安全价值及保障条件或要素等的认可与赞成，换言之，安全认同的直接体现是安全支持。以安全支持为节点，分别进行“向前与向后”的逻辑推理。①向前推理：安全支持的基础是理性人的安全妥协，理性人做出安全妥协决定的动力是安全意愿，而产生安全意愿的前提是安全信任，此外，安全信任又是安全认知的结果；②向后推理：安全支持的最终目的是实现个体的安全自觉性，即安全努力。由上述推理可得出个体安全认同的一个完整过程，即“安全认知→安全信任→安全意愿→安全妥协→安全支持→安全努力”。下面将个体安全认同的一个完整过程所涉及的六个具有先后次序的环节的具体内涵进行解释，见表2-5。

表2-5 个体安全认同过程（王秉和吴超，2017）

序号	环节名称	具体内涵
1	安全认知	安全认知是指个体对安全本身（安全的内涵与价值等），以及与安全相关的人、事或物等的了解与认识。这里安全认知侧重于个体对“安全是什么?”“安全为了谁?”与“安全及其保障条件或要素等有什么用?”等与安全价值有关的关键问题的认识与理解
2	安全信任	安全信任是指个体对安全及其保障条件或要素等的重要性与必要性产生信任感，即从心理层面，个体相信并承认“安全具有巨大价值”以及“安全及保障条件或要素等不可或缺”。这得益于个体对安全价值及其保障条件或要素等的深入认识与了解
3	安全意愿	安全意愿是指个体想要实现特定安全目标（如个人、他人或组织等的安全）的心愿或愿望，即个体表现出对安全的喜爱、热爱与渴望。由此可见，个体的安全意愿是个体的生理、心理安全欲和安全责任心等积极安全人性的综合表现。一般而言，个体的安全意愿的强烈程度与个体的安全信任度间呈正相关关系

（续）

序号	环节名称	具体内涵
4	安全妥协	安全妥协是指个体在安全意愿刺激下，以安全为基本前提与原则，对安全法律法规与规章制度等安全管理措施，以及安全管理人员逐渐产生妥协，开始说服自己并规约自己的不安全认识或行为等，以避免事故发生
5	安全支持	安全支持是指个体在态度上开始由衷地赞同、同意和支持各项安全工作，并在行为上也开始做出支持和服从各项安全管理工作的具体表现
6	安全努力	安全努力是指个体会主动为保障个人、他人与组织等的安全而贡献自己的努力，如主动的安全学习、主动教育他人注意安全或主动参与安全公益活动等。需指出的是，此时个体所付出的这种努力不仅限于安全管理制度规定的范围之内，它完全是个体的安全自觉性的真实体现

由上分析可知，个体安全认同的完整过程实质是一个由“心理安全认同”到“行为安全认同”的过渡过程。此外，个体的安全认同并非是一个简单的单一过程，而是一个循序渐进的过程，这是因为个体安全认同度的提升实际上是个体的安全认知度、安全信任度、安全意愿度、安全妥协度、安全支持度与安全努力度不断提升的过程，即是上述六环节多次往复的过程。例如，个体的安全努力就需要以其更深层的安全认知为基础，只是在后期循环过程中，个体安全认知更侧重于安全知识与安全技能学习而已。

2. 组织安全认同的三维机理模型的构建与解析

组织由群体整合而来，而群体又是由若干个体所构成的。基于此，构建组织安全认同的三维机理模型，如图2-5所示。

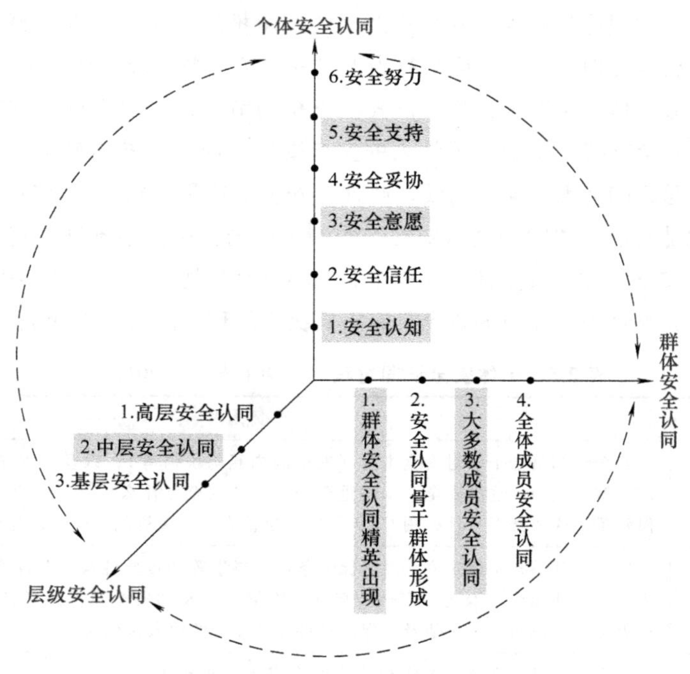

图2-5　组织安全认同的三维机理模型（王秉和吴超，2017）

组织安全认同的三维机理模型表明，组织安全认同涉及个体安全认同、群体安全认同与层级安全认同三个维度（或层面），三者间相互影响，共同影响组织安全认同度，且每个维度安全认同的过程与机理存在差异。群体与层级两个维度的安全认同机理阐述如下：

（1）群体安全认同：个体安全认同是群体安全认同的基础，但群体安全认同并非仅是个体安全认同的简单叠加。群体安全认同有其独特的机制与模式，主要包括群体安全认同精英出现、安全认同骨干群体形成、大多数成员安全认同和全体成员安全认同四个先后阶段，具体解释见表 2-6。

表 2-6 群体安全认同过程

序号	环节名称	具体内涵
1	群体安全认同精英出现	群体安全认同精英是指群体中最先对安全内涵与价值，以及安全保障条件或要素等的重要性与必要性等认识深刻，并信任与赞同它们的那部分个体，即起初群体中安全认同度较高的那部分个体。这部分个体热爱、认可安全工作，并可指导、教育与保护其他成员免受伤害，因此，他们深受群体成员爱戴，有威信与安全影响力，由此可使他们在群体安全认同过程中发挥他们的带头、示范与领导等作用
2	安全认同骨干群体形成	安全认同骨干群体是积极拥护群体安全认同精英的一群人，是群体中的群体，作为组织中的一部分群体，已形成了自己的良好安全认同氛围，群体安全认同氛围对组织安全认同氛围的形成起着支撑与辅助作用
3	大多数成员安全认同	由群体动力学可知，大多数群体成员的安全认同可在群体安全认同中发挥群体动力作用。该作用实则是群体安全认同或安全规范等给予群体成员的压力（如舆论压力与惩罚压力等），从而对少数安全认同度低的成员形成压力，压力的作用结果是从众，即采取与大多数成员一致的安全态度与安全行为
4	全体成员安全认同	若构成组织的每个群体均具有较高的安全认同度，则组织整体自然就会形成良好的安全认同氛围，即实现全体成员的安全认同

（2）层级安全认同：群体整合为组织，但组织层级的安全认同过程不同于群体认同过程。一般而言，组织可分为高层、中层与基层三个不同层次。组织层级安全认同过程通常是从高层向基层逐渐递进式展开的，具体解释见表 2-7。

表 2-7 层级安全认同过程

层级	阶段名称	具体内涵
高层	高层安全认同	组织高层结构是指组织的最高决策指挥机构（如企业的董事会董事及董事长、管理委员会总经理与各专门业务总监，尤其是企业安全负责人等），他们享有充分的权力，组织高层对安全及其保障条件或要素等的意义、价值，以及应该将其置于何种地位等的认识，直接影响着其对组织安全工作的重视程度。只有组织高层具有较高的安全认同度，才能积极支持组织各项安全工作，进而促进其他组织成员的安全认同
中层	中层安全认同	组织中层结构比较复杂（以企业为例，如子公司经理、分部部长与总部的安全职能机构的负责人等），他们对待安全及其保障条件或要素等的态度，不仅影响中层本身的安全认同感，且影响组织高层对安全工作的信心，以及基层成员增强其安全认同感的积极性
基层	基层安全认同	由广大组织成员构成的基层是组织的基础。一般而言，若每个基层组织均具有较高的安全认同感，则表明整个组织已基本形成良好的安全认同氛围，基层安全认同可主要通过营造基层组织环境的安全认同氛围，以及加强安全认同观念教育两方面着手

总而言之，通过个体安全认同、群体安全认同与层级安全认同三者间的互相影响，完成了整个组织的安全认同过程。由此可见，组织安全认同是一个较为复杂的过程，既涉及个体自身的因素，又涉及组织各群体与层级方面的因素，提升组织安全认同度需从促进个体、群

体与层级三方面的安全认同感着手。

2.3.2　安全认同维度

确定安全认同维度是进行安全认同度测量研究的关键。基于安全认同机理与安全科学特点，可分别基于个体安全认同机理与安全科学视角确定安全认同维度，从而为安全认同度量化研究奠定理论基础。

1. 基于个体安全认同机理的安全认同维度确定

个体安全认同的机理（表2-5）表明，个体安全认同涉及安全认知、安全信任、安全意愿、安全妥协、安全支持与安全努力六方面。因此，可将安全认知度（SLD）、安全信任度（STD）、安全意愿度（SWD）、安全妥协度（SCD）、安全支持度（SSD）与安全努力度（SED）确定为个体安全认同的六个维度，见表2-8。

表2-8　个体安全认同各维度的定义（王秉和吴超，2017）

维度	含义
安全认知度（SLD）	个体对安全的内涵、安全及其保障条件或要素等的重要性与必要性的了解与理解程度
安全信任度（STD）	个体对安全及其保障条件或要素等的重要性与必要性的相信程度
安全意愿度（SWD）	个体对实现特定安全目标（如个人、他人或组织等的安全）的愿意程度，以及对安全活动的喜爱程度
安全妥协度（SCD）	个体受安全法律法规与安全规章制度等安全管理措施，以及安全管理人员等的规约程度
安全支持度（SSD）	个体在态度上与行为上对各项安全工作的赞成与支持程度，包括参与各项安全活动的积极程度
安全努力度（SED）	个体对保障个人、他人与组织等安全的个人主动努力（包括自主安全学习与教育他人等）程度

尽管组织安全认同机理与个体安全认同机理存在部分差异，但组织安全认同涉及的除个体安全认同之外，其他两个维度（即群体安全认同与层级安全认同）的基点实则还是个体安全认同。因此，可用组织所有个体安全认同度叠加后的均值来近似衡量组织安全认同度的大小。

2. 基于安全科学视角的安全认同维度确定

基于安全科学视角，可将安全认同（包括个体安全认同与组织安全认同）维度划分为安全价值认同度、安全文化认同度、安全设施认同度、安全制度认同度、安全投入认同度、安全教育认同度、安全管理认同度、自主保安认同度与互助保安认同度九个维度，见表2-9。因此，安全认同度的测量也可基于上述九个维度开展。

表2-9　安全认同各维度的定义（王秉和吴超，2017）

维度	含义
安全价值认同度	对安全价值（如对自己、家人、组织与社会等的价值）的认识与认同程度，以及对生命的尊重与敬畏程度
安全文化认同度	对组织安全文化内涵、安全价值观及安全宣传等侧重于精神安全文化元素的认知与认同程度

（续）

维度	含义
安全设施认同度	对安全设施设备的重要性与必要性的认同程度
安全制度认同度	受安全法律法规、安全规章制度或安全公约等的妥协或规约程度，以及对它们的认同程度
安全投入认同度	对安全投入的重要性与必要性，以及安全效益的隐蔽性与滞后性等特征的认知与认同程度
安全教育认同度	对安全教育活动（如安全培训、安全演练与其他安全学习）的认同程度，以及对事故偶然性的认同程度
安全管理认同度	对安全管理人员的安全管理工作（任务分配、批评教育与隐患排查等）的服从、配合与认同程度
自主保安认同度	对自身安全与自主保安的重要性、完善自身安全人性及自己安全责任的认知与认同程度
互助保安认同度	对自己尽可能保护他人不受伤害，以及教育或帮助他人以避免造成事故或伤害的认同程度

2.3.3　安全认同影响因素

从个体安全认同、群体安全认同与层级安全认同三个层面，提取对组织安全认同有重要影响的 11 个关键因素（表 2-10），提升组织安全认同度应从这 11 个关键因子着手。

表 2-10　组织安全认同的影响因素及其含义（王秉和吴超，2017）

一级因子	二级因子	具体解释
个体安全认同影响因子	社会角色	个体在群体中扮演的角色影响他（她）的安全认同度。一般而言，担任安全职务或负有一定安全领导责任的个体与其他个体相比，其安全认同度偏高
	已有安全态度倾向	因个体的社会背景、学历、工作经历与安全认知等差异，致使各个体均具有各自的安全态度倾向，已有安全态度倾向（主要包括肯定与否定两种）直接影响其安全认同度
	安全素质	个体的安全意愿、安全意识、安全态度、安全责任、安全知识与安全技能等个体安全素质的构成要素均对个体安全认同的态度及行为具有显著影响
	外界因素	群体关系、内聚力、安全规范与组织安全认同氛围等外界因素均会影响个体安全认同度
群体安全认同影响因子	群体安全认同精英的素质	群体安全认同精英是促进群体安全认同的关键，起着引领、示范与领导作用。因此，他们的领导能力、安全专业能力、道德修养与个人见识等均影响其在促进群体安全认同中的作用的发挥
	群体关系	群体关系是指群体成员间的人际关系，即成员与成员间的心理距离，这直接影响群体的内聚力。大量事实表明，内聚力高的群体有利于群体更易一致认同某一事物，群体安全认同也是如此
	安全文化传播强度	安全文化集安全观念、理念、制度与设施等于一体，其重要功能之一就是促进群体安全认同。因此，群体安全文化在群体内部的传播强度会显著影响群体安全认同度

（续）

一级因子	二级因子	具体解释
层级安全认同影响因子	组织发展战略	组织发展战略对组织安全发展的定位，即将安全发展置于何种地位会显著影响组织安全认同度
	组织结构	组织结构（如企业有中央集权制、分权制、直线式与矩阵式等）直接影响组织安全认同，尤其是在安全理念认同方面的差异，如中央集权制倡导统一、集中与安全纪律等安全理念，分权制倡导安全责任、分工与协作等安全理念
	组织安全沟通网络	组织安全沟通网络的效用影响组织相关安全信息的传播，顺畅且较开放的通道与多种多样的信息传播方式有利于组织高层信息向中层和基层传播，有助于加快组织中层与基层的安全认同速度
	社会安全认同氛围	社会安全认同氛围对组织安全认同起着挑战或支持作用，其到底起何种作用关键取决于社会整体性的安全认同氛围的好坏。一般而言，社会安全认同氛围越浓厚，则越对促进组织安全认同有利

2.3.4　安全认同对策与方法

由安全认同的路径及其惰性的产生原因可知，正确的安全认知是安全认同的前提与基础。因此，促进安全认同的重要途径是通过安全教育、安全宣传与安全文化等手段教育并引导人正确认识“安全价值”“安全效益的隐蔽性与滞后性”和“事故的偶然性”等，这主要依赖于安全观念与安全知识教育。此外，人的安全认同动机才是促进人的安全认同的立足点与内驱力。因此，更深层次的安全认同促进对策即为能够激发或增强人的安全认同动机的对策，而这主要依赖于一些心理学方法。

从心理学角度，根据相关心理学知识和人性需求，提炼出 13 条驱动人的安全认同动机的理论依据和与之相对应的一些具体方法（表 2-11）。需说明的是，这些驱动人的安全认同动机的理论依据、具体方法等并不是相互独立的，在应用过程中应根据实际情况选择一种或多种配合使用，这样会取得更佳的促进效果。

表 2-11　安全认同动机驱动的心理学理论依据与具体方法（王秉和吴超，2017）

序号	理论依据	具体方法和途径
1	重情心理	情感启迪式安全教育法，从人们一致在乎的感情（亲情、爱情、友情等）着手，刺激、唤醒人的安全意愿和责任，进而促进人的安全认同
2	恐惧诉求	“敲警钟”式安全教育法，通过强调事故的严重性或安全的重要性，唤起人的安全意愿、意识与责任，并促成其在态度和行为上形成的强烈安全认同
3	群体心理	安全认同氛围感染法（或称为群体安全认同施压法）通过营造良好的群体安全认同氛围，发挥群体效应和群体环境压力驱动作用，从而促成人的安全认同
4	求好心理	批评安全教育法或赞扬安全教育法，给予非安全认同相关的认识、态度与行为等贴上一个不好的标签，或对与积极的安全认同相关的认识、态度与行为等进行正面肯定和赞扬
5	求真心理	证词法或转移法，用安全科学理论来简洁论证安全及其保障条件或要素等的重要性与必要性，或利用某机构（或人）的权威、影响力来代言、宣传安全及其保障条件或要素等的重要性与必要性，使人深信安全价值

（续）

序号	理论依据	具体方法和途径
6	满足心理	根据当前社会关注度极高的安全问题或迫切需要解决的安全问题，设置与之相对应的安全宣传教育内容来阐释安全及其保障条件或要素等的重要性与必要性，进而促进人的安全认同
7	联想心理	联想式安全教育法，从人们熟悉且关注度高的安全事故案例着手，解释并宣传其所造成的严重后果，这容易使人联想到事故的严重性或安全的重要性，有助于促进人的安全认同
8	娱乐心理	幽默式安全教育法等，设置诙谐幽默的安全宣教内容或采用形象、活泼而富有美感的安全宣教形式或媒介等，这容易引起人的兴趣，并由此对安全本身和安全工作产生喜爱与热爱之情，进而产生安全认同感
9	安全需要	正面安全教育法或反面安全教育法，通过一些含有伤害、事故惨象或美好安全图景的安全宣教内容、形式，唤起人强烈的安全需要，进而促进人的安全认同
10	褒扬需要	期望激励安全教育法与“立榜样”安全教育法，安全宣教内容要体现对与积极的安全认同相关的认识、态度与行为等安全表现的期待和正面激励，或通过树立安全认同榜样进而促成人的安全认同
11	尊重需要	互动式安全教育与管理法是指安全管理者与被管理者间要实现平等交流，也要符合礼貌原则，表示对被管理者的尊重，此外，安全宣教内容也需注意这点，这有助于人对安全管理工作与安全宣教内容产生认同感
12	关怀需要	祝愿法与换位法，组织领导、安全管理者或安全宣教内容要体现对受众的安全关爱和祝愿，或通过换位方式将被管理者与安全管理者置于同一处境来解释安全问题，这对被管理者理解并支持安全工作非常关键
13	体验需要	体验式安全教育法（演练法、练习法、情景模拟法与角色扮演法等），设置可以让人参与并亲身体验的安全教育内容与形式，让人们在实际体验中领会安全的价值及重视安全的重要性，进而促进人的安全认同

2.3.5　其他安全认同促进途径

1. 倡导安全信仰

信仰是人们在生活中自发形成的或受到灌输而形成的某种坚定的信念。人有信仰的精神要求，是由人的本质或人不同于其他存在的特殊存在状态决定的。人的本质在于他能主动地处置、理性地驾驭自然条件和社会条件，能有意识地协调与同类和其生存条件的关系，有建立于理性活动基础上的自由意志，并能担负起相应的责任。在为保证其存在和发展的活动中，能意识到自身的有限性，并不断地在其存在的物质层面（人与天地自然的关系）、社会层面（人与人的关系）和精神层面（人与自身、人与神或人与道的关系）自觉地追求对自身有限性的突破。因此，需要有一种信仰对象提供的终极意义作为参照和向导。倡导安全健康信仰，比其他信仰来得更实在，可以为人们自觉地追求安全健康，并为实现社会和谐发展指明一条途径。

2. 树立安全主义

从近代到现代，有关“主义”的提法非常多，如拜金主义、享乐主义、个人主义、本位主义、现实主义、人本主义、人道主义、理想主义、英雄主义、爱国主义等。从安全妙语中我们不难得出，把安全健康作为“主义”来倡导和追求完全不为过。

例如，经常用于安全宣传的妙语有：“安全、舒适、长寿是当代人民的追求。”“安全，生命的源泉。”“安全，幸福的根源。”“安全伴着幸福，安全创造财富。”“安全保健康，千金及不上。”“安全创造人类幸福，劳动创造社会财富。”“安全等于生命。”“安全二字千斤重，息息相关万人命。”“安全家家乐，事故人人忧。”“安全，家庭幸福的源泉。”“安全就是节约，安全就是生命。”“安全就是效益。”“安全就是生命和财富。”“安全你、我、他，情系千万家。”“安全你一人，幸福全家人。”“安全，生命的保险栓。”“安全是个宝，生命离不了。”“安全是美好生活的前提。”“安全是你一生幸福的可靠保障。”“安全是全家福，福从安全来。”“安全是人生的支柱。”“安全是幸福的保障。”“安全是生命的基石，安全是欢乐的阶梯。”“安全是水，效益是舟；水能载舟，亦能覆舟。”“安全是稳定的基础、胜利的源泉。”“安全是我们的命根。”“安全是硬道理。”“安全是追求完美，预防是永无止境。”“安全是自身生命的延续。”“安全思想时时有，安全才能保长久。”“安全，我们永恒的旋律。”“安全，幸福的方舟。”“安全，意味着幸福生活的开始。”“安全与减灾关系到全民的幸福和安宁。”“安全在心间，美满在明天。”“安全驻心田，幸福满人间。”等。这些妙语都说明倡导安全健康主义是可行和需要的。

倡导安全健康主义，就是形成系统的安全健康理论学说与思想体系，指导人们的安全健康行为。对安全健康的追求，只有提高到安全健康主义的高度，才能更好地实现其目标。从和谐社会的内涵可以看出，作为正常的人是不会反对和谐社会的构建的。但构建和谐社会，却是一个巨大而长期的系统工程。从以人为本以及人类最基本、最原始的愿望出发，倡导全社会追求安全健康，则可以使人们走向和谐。

3. 坚持安全教育不放松

安全教育应从出生开始。婴儿出生后，父母总会在养育其长大的过程中多多少少传授一些安全知识，只是称职的父母会更加有意识、系统性地去教子女更多的安全知识。安全教育是终身教育。社会是发展的，科学技术也不断推陈出新，人的衣食住行和工作生活环境更是不断在变化着，这里面总是伴随着新的安全问题，所以要求每个人都要不断地学习新的安全知识。

要熏陶和塑造人的大爱精神。爱是一切道德的基础，包括安全伦理道德。这里要说的不是小爱，而是大爱，小爱是爱自己、爱家人、爱爱人等；大爱不仅包括小爱，还包括爱他人、爱工作、爱岗位、爱集体、爱制度、爱环境、爱社会等。大爱是爱人之爱。每个理性人都是爱自己的生命的，因此爱人之爱就是爱护别人的生命，这是大爱的基本价值取向。

要弘扬积极向上的安全文化。安全文化是第一文化。一个人不能没有文化，有文化是人类区别于其他动物的标志；一个人需要学习很多文化，其中安全文化是首要的，安全文化不可或缺。一个人若没有一点安全文化，就很难存活下来。安全文化的弘扬需要全社会整体水平的提升，而全社会安全文化的提升又取决于社会和国家安全文化的提升。安全文化既然是文化的一种，在弘扬和研究它时，也可以不必太在意它的安全功能，也可像文学艺术那样去欣赏它、传播它和对待它。

4. 秉承安全第一和预防为主的原则

“安全第一”是人们经过无数伤亡事故总结的血泪教训，是在实践、认识、再实践、再认识过程中总结出来的。“安全第一”已经成为我国安全生产的基本指导原则。“安全第一”体现了人们对安全生产的一种理性认识，这种理性认识包含以下几个层面：

一是生命观。它体现人们对安全生产的价值取向，也体现人们对人类自我生命的价值观。

人的生命是至高无上的，每个人的生命只有一次，要珍惜生命、爱护生命、保护生命。事故意味着对生命的摧残与毁灭。因此，生产活动中，应把保护生命的安全放在第一位。

二是安全工作必须以预防为主。在《左传》中就有“安不忘危，预防为主”的安全方略，这一直是安全行动的原则和方针。现在所有理性人都认同这句话的意思，没有一个人说它是错误的，而且大家都在为之努力。

三是协调观。从生产系统来说，保证系统正常就是保证系统安全。安全就是保证生产系统有效运转的基础条件和前提条件，如果基础和前提条件不能保证，那么就谈不到有效运转。因此，应把安全放在第一位。换句话说，“安全第一”是一切经济部门和企业的头等大事，是企业领导的第一职责。在处理安全与生产的关系时，坚持“安全第一、生产必须安全，抓生产必须首先抓安全”的方针；当安全与生产冲突时，生产必须服从安全，要在保证安全的条件下进行生产。

贯彻“安全第一”的指导思想，要求我们在生产活动中做到以下几点：①要把劳动者的安全与健康放在第一位，确保生产的安全，即生产必须安全，也只有安全才能保证生产的顺利进行。②实现安全生产的最有效措施就是积极预防，主动预防。在每一项生产中都应首先考虑安全因素，经常地查隐患，找问题，堵漏洞，自觉形成一套预防事故、保证安全的制度。③要正确处理安全与生产的对立统一关系，克服片面性。安全与生产是互相联系、相互依存、互为条件，生产过程中的不安全、不卫生因素会妨碍生产的顺利进行，当对生产过程中的不安全、不卫生因素采取措施时，有时会影响生产进度，会增加生产上的开支。这种矛盾通过正确处理又是统一的，生产中的不安全、不卫生因素通过采取安全措施后，可以转化为安全生产。劳动条件改善了，劳动生产率将会大大提高。

5. 追求安全的相对优化

安全问题没有唯一解，只有相对较优解。这是由安全多样性原理决定的，或是说由安全问题复杂性决定的。安全问题更多地属于社会科学问题，而社会科学问题很难有唯一的答案或标准，这是大家公认的。为了丰富安全科学理论和给安全实践提供多种安全方案，需要安全研究工作者从多视角去研究安全问题和发现安全规律，如建立丰富多彩的安全模型和模式等，而不要陷入追求安全唯一答案的陷阱，导致创新思维和研究领域受限。

2.4 心理安全契约论

有了安全认同，就比较容易形成心理安全契约。心理安全契约可以使人自发形成自觉安全态度与从内心深处规范人的安全行为，心理安全契约可显著影响组织成员的安全态度和行为。心理安全契约是安全管理学、安全心理学与安全文化学等安全学科分支领域的一个值得关注的重要问题。

2.4.1 心理安全契约的相关定义及其诠释

1. 安全契约与心理安全契约的定义（王秉和吴超，2018）

本节仅从组织层面给出相关的定义。

（1）心理契约。心理契约通常是指组织和组织成员双方对彼此应承担什么、应付出什么和同时应得到什么的一种主观心理约定和期望，约定和期望的关键成分是双方隐含的非正式相互责任和义务。心理契约是存在于组织和组织成员间的一系列无形、隐含、未有正式书面规定的对彼此责任、义务与报酬等的心理期望或信念。心理契约是内隐的且不受法律保护的，但其具有显著的激励和凝聚作用。

（2）安全契约。安全契约是指基于保障组织和组织成员安全这一目的而达成或订立的一系列约定、许诺和协议。安全契约主要包括有形安全契约（如国家或政府部门制定并执行的安全法律法规、政策、规章制度和标准规范等，实则是国家或政府部门与组织间建构的安全契约；组织制定的内部安全管理制度、安全行为规范、安全承诺制度和组织成员的个人安全保证书等，实则是组织和组织成员间建构的安全契约）和无形安全契约两类。

（3）心理安全契约。心理安全契约是以保障组织和组织成员安全为目的，以组织成员与组织间的相互安全需求为前提，以心理承诺、感知和信任为基础，组织成员与组织（即组织代理者）间彼此建构的关于双方安全责任、义务或报偿的一套主观而内隐的心理期望和信念（心理安全契约的概念模型如图 2-6 所示）。显然，心理安全契约应隶属于典型的无形安全契约和心理契约范畴。

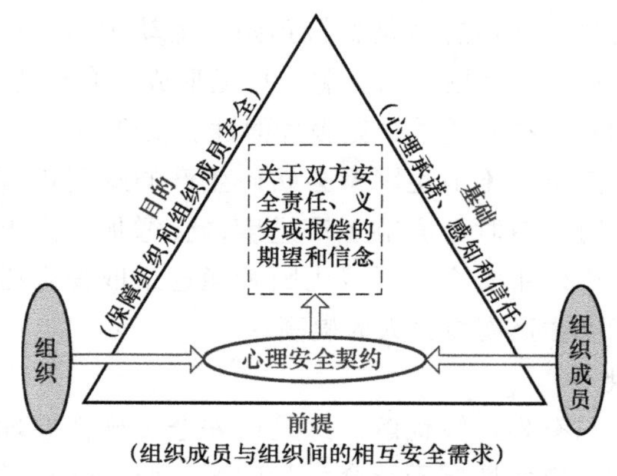

图 2-6　心理安全契约的概念模型（王秉和吴超，2018）

2. 安全契约与心理安全契约的内涵（王秉和吴超，2018）

从心理安全契约的定义可以看出其内涵，具体如下：

（1）建构与履行心理安全契约的最终目的是保障组织和组织成员安全。理论而言，人们一般都是为达到某一具体目的而建立和履行某一契约。同样，组织与组织成员间安全契约（包括心理安全契约）的建立和履行也必是基于某一具体目的（即保障组织和组织成员安全）的。

（2）建构与履行心理安全契约的基本前提是组织成员与组织间的相互安全需求。组织安全是确保组织可持续发展的基本条件，保障组织成员安全是组织的基本责任与义务；对于组织成员而言，保障组织和组织成员安全也是其期望和需求。安全需求是组织和组织成员共有的需求，保障组织和组织成员安全可达到双方互利的目的，正是组织与组织成员间存在的相互安全需求才为双方建构和履行心理安全契约提供了充分可能。

（3）心理安全契约的核心是组织成员与组织双方隐含的非正式相互安全责任、义务或报偿。因此，心理安全契约的中心就是为保障组织和组织成员安全，组织和组织成员双方就彼此应承担什么安全责任、应付出哪些安全义务或努力和安全投入（包括组织与组织成员各自的安全努力）应得到什么报偿三个核心问题所达成的主观心理约定。

（4）心理安全契约的基础是心理承诺、感知和信任。心理安全契约主要源于组织（即组织代理者，如组织中高层）与组织成员的相互心理承诺、感知和信任。换言之，它的形成实质上是建立在组织代理者与组织成员的主观心理承诺、感知和信任之上的。

3. 心理安全契约破坏、违背与缺失的定义（王秉和吴超，2018）

心理安全契约破坏、心理安全契约违背和心理安全契约缺失是与心理安全契约紧密相关的三个重要概念。

（1）心理安全契约破坏是指组织成员对组织未履行心理安全契约中所承诺的安全责任、义务或报偿而产生的主观心理感知或认知评价。显然，理论而言，组织成员的心理安全契约破坏感的强弱是由组织对心理安全契约整体的履行程度所决定的，且因不同组织个体的性格和职位等存在差异，不同组织成员所感受到的心理安全契约破坏感的强弱一般存在差异。

（2）心理安全契约违背是指组织成员基于自己对组织就心理安全契约的未履行程度或状况的主观心理感知或认知判断与评价而产生的一种消极情绪或情感体验和反应，如失望、生气与抵触等。显然，不同组织成员所感受到的心理安全契约违背程度一般也存在差异，且心理安全契约破坏并非一定会导致心理安全契约违背。

（3）心理安全契约缺失是指组织与组织成员未能有效建构或完全履行心理安全契约的状态。显然，组织的有形安全契约及其履行程度、组织安全文化氛围、心理安全契约破坏或违背程度和社会安全文化因素等均会显著影响心理安全契约的缺失程度。

由心理安全契约破坏、心理安全契约违背和心理安全契约缺失的定义可知，三者（尤其是前两者）主要是就组织成员而言的。其中，心理安全契约破坏侧重于强调组织成员对组织未能履行心理安全契约中所承诺的安全责任、义务或报偿而产生的主观认知性感受；心理安全契约违背侧重于强调组织成员就组织未履行心理安全契约而产生的不良情绪或情感体验和反应；心理安全契约缺失侧重于强调组织与组织成员因未能有效建构或完全履行心理安全契约而产生的不良安全心理契约的状态。总之，心理安全契约破坏、心理安全契约违背和心理安全契约缺失都会对组织成员的安全态度、安全自觉性和安全努力程度等产生直接负面影响。

2.4.2 心理安全契约的特点与功能及类型

1. 心理安全契约的特点

由心理安全契约的定义可知，心理安全契约至少具有主观性、隐含性、动态性、双向性与可塑性五个重要特点，具体解释见表2-12。

表2-12 心理安全契约的特点（王秉和吴超，2018）

特点	基本内涵
主观性	心理安全契约的内容是组织成员与组织代理者对相互安全责任、义务或报偿的一种心理感知和认定，换言之，它是组织成员及组织代理者的一种主观心理感觉，而并非是双方相互的安全责任与义务等的事实本身
隐含性	心理安全契约的产生与形成并非是组织成员与组织间正式签署的安全承诺和协议，其实质是建立在双方的心理意会、感知与认知判断条件下的一种对彼此安全责任、义务或报偿的期望和信念，其更多是存在于组织和组织代理者的心理认知和意识中的一种无形安全契约。因此，心理安全契约具有隐含性（即隐蔽性或内隐性）

（续）

特点	基本内涵
动态性	在一段确定的时段，正式的安全契约一般是稳定的，但由于心理安全契约的产生与建构尚未经过组织成员和组织双方真正同意，且受组织安全文化氛围、心理安全契约履行情况和社会文化因素等的影响，心理安全契约易发生变化。简言之，一般而言，心理安全契约处于不断变化与建构状态。此外，心理安全契约的动态性说明其也应具有不确定性
双向性	心理安全契约体现了组织成员与组织间的一种双向互动关系，具体体现为组织成员或组织对于自身应承担的安全义务、应肩负的安全责任和应获得的安全报偿，以及对于对方应承担的安全义务和应肩负的安全责任等的信念和期望
可塑性	心理安全契约的动态性可从侧面说明心理安全契约具有可塑性，此外，还可根据实际需要对人们的心理安全契约进行有针对性的塑造与正面强化。心理安全契约的可塑性同时表明研究心理安全契约现象的重要目的，即塑造与建构积极的心理安全契约，进而塑造组织成员的安全态度和行为

2. 心理安全契约的功能分析

心理安全契约对于保障组织安全和塑造组织成员的安全态度与行为等具有相当重要的意义与决定性的功能作用。心理安全契约功能可概括为规范与约束功能、激励与动员功能、凝聚与聚合功能及降低安全管理成本功能（表 2-13）。

表 2-13　心理安全契约的功能（王秉和吴超，2018）

功能名称	基本内涵
规范与约束功能	一般而言，组织成员与组织间的心理安全契约一旦建构，为保障组织和组织成员安全，双方对各自该做什么，不该做什么，哪些行为是对心理安全契约的履行、破坏或违背都会具有较为明晰的意识，从而规范和约束自己的安全态度和行为。具体表现为：①对组织成员而言，组织成员会将个人对组织的安全责任、义务与组织对组织成员的安全责任、义务或报偿进行对比，并根据心理感知结果自觉调整自己的安全态度和行为；②对组织代理者（主要指组织中高层）而言，为保障组织和组织成员安全，以及满足组织成员的心理期望，会自觉承担并履行自身的安全责任和义务。但因心理安全契约是隐性且非法律性的，因而，心理安全契约对组织成员和组织代理者的规范和约束作用几乎完全诉求于对各自的自我隐性监督
激励与动员功能	①心理安全契约的建立和履行可使组织成员一直保持适度的期望，进而对保障组织和组织成员安全萌生出强烈的安全责任感、忠诚和热情，即心理安全契约的建构与履行有助于激发组织成员的安全行为动机；②组织成员能从组织履行心理安全契约的行为中感受到组织对保障组织和组织成员安全的努力和付出，并满足了自己的期望和获得了自己的安全行为表现所应获得的报偿，这可动员组织成员对自身的安全自主能动性进行最大限度的开发。总之，建构和履行心理安全契约是激发组织成员的安全行为动机和安全能动性的关键因素，有助于充分发挥组织成员的安全积极性、安全自觉性和安全创造性，有助于提升组织安全管理和组织安全文化品位和层次水平
凝聚与聚合功能	①建立心理安全契约就是构建全体组织成员和组织的“安全共同体”（即保障组织和组织成员安全是双方共同的责任与义务），这为产生高水平的组织安全内聚力奠定了根基；②心理安全契约是组织与组织成员间的一种以心理承诺、感知和信任为基础的期望和信念集合，这一集合包括感情、安全动机、安全需求、安全态度和安全价值观等，这些均是组织安全管理制度和安全行为规范等无法体现的组织安全力量的凝聚与聚合动力
降低安全管理成本功能	由心理安全契约的上述三项功能可知，构建与履行心理安全契约可有效开发组织成员的安全潜力和激发组织成员的安全积极性与安全自觉性，可提高组织安全管理效率和水平。因此，构建与履行心理安全契约可大幅度减少组织的安全管理成本和提高组织的安全绩效，进而更有利于推动组织安全可持续发展

3. 心理安全契约的类型

根据实际存在主体（或对象）的不同，将组织成员和组织间建构的心理安全契约分为组织成员心理安全契约和组织心理安全契约两大类。每一类别的心理安全契约又均分别包含两方面内容：①组织成员对保障组织和组织成员安全的责任，可简称为组织成员安全责任；②组织对保障组织和组织成员安全的责任，可简称为组织安全责任。心理安全契约的内容是组织和组织成员的相互主观心理约定和期望，具有不确定性，且时刻保持动态变化，但理论而言，一些关键的组织成员安全责任和组织安全责任还是较为明确和固定的，部分举例见表2-14。

表2-14 关键的组织成员安全责任和组织安全责任的部分举例（王秉和吴超，2018）

安全责任类型	安全责任举例	含义解释
组织成员安全责任	遵守安全行为规范	安全行为规范作为保障组织和组织成员安全的核心准则，遵守安全行为规范应是每位组织成员的最基本和最重要安全责任
	安全诚信	组织成员对待安全工作要时刻保持诚信，并不断摒弃侥幸、马虎、鲁莽与蛮干等不良安全人性。因此，安全诚信应是每位组织成员的安全责任
	自主保安	保障组织和组织成员安全需每位组织成员都充分发挥自身的安全潜力、安全积极性与安全自觉性。因此，自主保安应是每位组织成员的安全责任
	互助保安	组织成员在自觉确保自身安全的情况下，应帮助其他组织成员提高安全意识、知识与技能或提醒其他组织成员重视安全，这样才可保证组织和全体组织成员安全。因此，互助保安也应是每位组织成员的安全责任
	体现组织安全形象	组织安全形象是组织形象的重要组成部分，维护和体现组织安全形象应是每位组织成员的安全责任
	……	……
组织安全责任	提供安全培训教育	安全培训教育作为安全管理的重要对策，为组织成员组织并开展相应的安全培训教育理应是组织的安全责任
	优化改善作业环境	优化改善作业环境是使组织成员作业实现安全、舒适和高效的基本要求，因此优化改善作业环境是组织的安全责任
	配备安全设施设备	配备相应的安全设施设备（包括劳动用品）是预防事故和保护作业人员安全健康的基本保障，因此配备相应安全设施设备是组织的安全责任
	合理安排工作负荷	超负荷的工作量不仅会导致作业人员体力下降，使其在疲劳作业的过程中安全意识随之降低，从而引发事故，也会严重影响作业人员的身体健康。因此，合理安排工作负荷应是组织的安全责任
	设置相应安全报偿	无论对于安全管理人员，还是基层组织成员而言，都期望自己的安全业绩和安全行为表现或努力能与工资、福利、奖励和职位晋升等挂钩，换言之，适当的安全报偿不仅可满足组织成员的心理期望，也是对组织成员安全努力的肯定，进而会大幅度激发组织成员的安全动机。因此，设置相应安全报偿应是组织的安全责任
	安全文化氛围营造	全体组织成员都希望拥有一个良好的组织安全文化氛围，但组织安全文化氛围营造（尤其是组织安全文化物系统建设）需大量的人力、物力和财力，这就需组织安排相应投入。因此，安全文化氛围营造应是组织的安全责任
	……	……

2.5 安全的思维论

不论是做安全理论研究还是开展具体的安全工作，思维都至关重要。安全思维也贯穿着安全科学原理。例如，安全管理思维可以决定安全管理的成败，安全管理专家的过人之处在于其拥有精湛的安全管理思维。管理的核心是方法，方法的灵魂是思维。拥有科学的安全思维，会让安全管理工作思路开阔、得心应手、高人一筹、效果更佳。下面介绍安全的 11 类 40 种思维（吴超和王秉，2018）。

1. 整体式思考问题（吴超和王秉，2018）

（1）安全“系统思维”。该思维主要体现：安全涉及方方面面，安全可关联出所有的因素；安全是一个系统工程，安全要考虑人、机、环、管等多种因素；安全要靠大家，安全是每一个人的事；安全需要向各个子系统借力和各个子系统的协同；安全需要考虑全生命周期；安全需要连续性等。

（2）安全“统计思维”。其主要体现为：事故统计是安全管理的基础与基本方法，安全的很多规律都是依靠统计得到的。事故是安全科学的一项重要研究内容，但事故的发生具有随机性和突发性，很难准确预测，统计方法为这种考虑随机现象的问题提供了很好的思路。实际上，在安全科学发展史中，事故统计分析方法早已运用于安全科学研究中，如著名的海因里希（1∶29∶300∶∞）安全法则。

（3）安全“长期思维”。其主要体现为：安全管理工作是一项持续性工作，只有起点，没有终点，需长期坚持，不断完善。普通安全管理者在进行安全决策时一般偏向短期思维，只顾迅速解决眼前的安全问题，很少用长远的眼光去看待安全管理问题。例如，目前大多企业的安全文化建设都是追求“短平快”，忽略了安全文化的“长期累积性”；安全管理制度设计缺乏长远性，既导致安全管理工作效果不理想、实施不连续，也导致安全资源浪费。

（4）安全“相似思维”。该思维主要体现为：安全工作者需要有学习先进榜样和举一反三的思想，即能够进行：相似安全学习、相似安全设计、相似安全管理、相似安全设计、相似安全创造等。例如，对一个新建工程做职业健康安全预评价，可以找一个已经运行多年的相似工程进行相似分析和相似评价。

（5）安全“比较思维”。该思维主要体现为：安全管理工作者要运用比较方法论。比较的内容非常广泛，安全与否本身就是一个比较，在安全管理领域，安全“比较思维”具体是指：运用比较方法对不同地域、行业与企业的安全管理现象，如安全文化、安全制度规范、安全管理模式、具体安全管理方法等，进行比较与借鉴，取长补短，借以发展和完善自身的安全管理。

2. 切入式思考问题（吴超和王秉，2018）

（1）安全“？思维”。该思维的含义为：它是一种找安全问题、探究安全的方法，不论在事故的事前、事中、事后，都要问个为什么，都要问个原因等，即安全管理失败总是有原因的。通过问问题，才容易发现不安全问题并及时采取有效措施加以防范，达到预防为主的目的。

（2）安全“忧思维”。该思维主要体现为：要拥有居安思危、思则有备、有备无患、预防为主的方略。任何一个人造系统随着时间的延续，若没有及时维护和保养，最终是要发生故障或是失效的。有了“安全忧思维”，才能持之以恒地及时做好系统运行的安全维修工作，才不至于松懈和失去警惕。

(3) 安全“情感思维”。该思维主要体现为：人是情感动物，安全文化建设应注重情感安全文化建设。文化是因人的需要而创造的，基于人的情感性安全需要可建设富有特色与功效的情感安全文化。只有将情感融入安全文化宣教与建设，不断提高人的安全意愿和素质，营造安全氛围，才能使安全工作落实到实处。

(4) 安全“细节思维”。该思维主要体现为：安全生产必须注重细节，忽视细节就会出现隐患与发生事故，忽视细节就会给企业、家庭和个人带来重大损失。但凡事故的发生，都是由于人们对于习惯的行为不够细心或缺乏耐心，认为没什么或无关紧要。然而，就在此时便埋下了安全隐患。事故也许就是一瞬间，一个小细节。

(5) 安全“薄弱思维”。该思维主要体现为：事故多发生于薄弱环节，进行安全管理时需摸清安全管理的薄弱环节，并对其开展有针对性的安全管理措施。抓薄弱环节，能够使安全工作更加高效和经济。

(6) 安全“能量思维”。该思维主要体现为：在正常生产过程中，能量因受到种种限制而按照人们规定的流通渠道流通。如果由于某种原因导致能量失去控制，超越人们设置的约束而意外释放，可导致事故发生，如事故致因模型的“能量意外释放论”就是从能量角度提出的经典事故致因模型。在实际安全管理中，我们应避免能量超越我们设置的约束而意外释放造成事故。

(7) 安全“人因思维”。该思维主要体现为：绝大多数事故都是人因事故，人因管理理应是安全管理的首要任务。在实际安全管理中，我们应通过制度设计、文化建设、教育培训与人因设计等手段加强行为安全管理工作。

3. 把握式思考问题（吴超和王秉，2018）

(1) 安全“可控化思维”。该思维主要体现为：安全实践需要有边界或范畴思想。对于任何一个系统，在有限的条件下我们很难100%保证不发生故障，但如果发生故障甚至事故，其故障或事故在我们可以的控制范围之内，则不至于发展到不可收拾的程度，这也是安全设计和管理需要把握的。

(2) 安全“可能化思维”。该思维主要体现为：安全管理工作需要有理论联系实际的思想。讨论具体安全工作不能离开边界和条件空谈，安全工作是需要可能化思维的，“没有条件创造条件也要上”的做法本身就存在风险，也是一种冒险，这与安全思维是不相容的。

(3) 安全“冗余思维”。该思维主要体现为：通过多重安全防护来增加系统的安全性。例如，在电力系统中线路双重保护属于设备性冗余，可以用来保障电网安全，倒闸操作双监护是通过制度性冗余来保障人身安全。安全“冗余思维”就是基于安全生产实际，进行分析、管控而制定双重甚至多重措施，用于预防事故发生的一种安全管理理念与方法。

(4) 安全“底线思维”。该思维主要体现为：安全管理就是“做最坏的打算，谋最好的结局”，安全管理应凸显安全忧患意识。有了“底线思维”，企业安全管理者可以设想企业处于安全隐患中，然后针对设想的安全隐患逐一进行排查，发现问题及时整改，把安全隐患彻底消灭在萌芽状态；可以带着问题开展安全检查，把安全形势考虑得复杂一些，把安全问题考虑得严峻一些，制定各类应急预案，做到有备无患，这样，遇到安全突发事件时能冷静处理、积极应对，最大限度降低安全事故带来的损失。总之，在安全管理中，我们要“在最坏的可能性上建立我们的安全政策”，且“把安全管理工作放在最坏的基础上来设想”。

4. 总结式思考问题（吴超和王秉，2018）

（1）安全"归纳思维"。该思维主要体现为：做安全评价和安全决策等工作经常需要用到归纳方法。例如，对一个项目开展安全现状评价，最终我们需要通过对大量的安全现状事实，归纳总结出一个总的结论。

（2）安全"模型化思维"。该思维主要体现为：开展安全管理等工作要不断升华。理论安全模型通常可以表达涉及安全的机理、机制、模式等，例如通过逻辑推导得到表示某一行为过程或生产过程各有关因素之间的关系，这种从理论出发，运用逻辑或数学等方法来表达的安全因素的关系，称为理论安全模型。安全模型是一种范式思想、机制思想，这种模式化思想有利于经验及成果的推广运用和成为理论指导。

（3）安全"模糊思维"。该思维主要体现为：安全与不安全不是0与1两种状态，更多的是处于中间状态，安全问题是一个极为复杂的问题，涉及各种模糊的、不断变化和错综复杂联系中的各个因素，故解决安全问题很难有"精确数值"。一般情况下，在安全管理中，我们应以不确定发展趋势与现实状态来整体把握、了解和保证系统的安全态势。

5. 简化式思考问题（吴超和王秉，2018）

（1）安全"降维思维"。该思维主要体现为：要把复杂问题简单化，即所谓物以类聚、人以群分。这个在实际工作中非常有用，例如：危险品分类堆放，污染物和垃圾分类处理；安全教育培训人员分工种、分层次、分内容开展等。其实，安全管理、安全教育、安全标准化等，都包含有降维思想。例如，道路交通安全标准化，在城市里面随处都可以看到，如果城市道路没有画线，即维度增加了，车辆也没有标准化，大小不一、质量不齐，则整个城市交通就会乱成一团。

（2）安全"透明思维"。该思维的含义为：在实际安全管理中，存在一些没有被安全管理者亲眼看到的安全管理漏洞，即这部分安全管理漏洞是"隐藏的"或"模糊的"，这部分安全漏洞其实非常多且很难被发现，导致安全隐患不能及时得到整改。企业需要建立一种这样的安全文化，即鼓励企业员工报告安全事件和存在隐患，并保护报告者，从而使安全管理变得"透明"。

（3）安全"可视化思维"。该思维主要体现为：要发挥人类最主要的感知器官的功能。看得到的东西是最直接和有效的，因此各种安全提示、警告、警戒，以及各种安全教育内容等，都要尽量做到可视化。目视化安全管理就是可视化的一种，俗话说的"一目了然"也很适用于安全工作。

（4）安全"可感化思维"。该思维主要体现为：要发挥人类多种主要的感知器官的功能。人的感知器官有视、听、触、嗅等，多种器官感知可以增加可靠性和记忆持久性，需要对作业人员进行安全提示、警示等，则尽量考虑信息信号的可感知化和多功能感知化。

（5）安全"可知化思维"。该思维主要体现为：安全需要发挥人类聪明才智和创造能力。人的认知是感知的升华，当一个人懂得一个系统的工作原理，知道导致事故发生的原因和事故的演化过程之后，就能更好地预防控制事故发生，就会达到"知其所以然"的效果，就可能在紧急情况下做出正确的决策或行为，从而具有基于风险采取正确行动的能力，即所谓"知其然也知其所以然"。

6. 分解式思考问题（吴超和王秉，2018）

（1）安全"分解思维"。该思维主要体现为：系统安全中分解思维、安全管理中的目标与任务分解思想和方法，及安全评价中的划分评价单元等方法。一般意义上，分解思维是一种运用化大为小、化整为零、把大目标分解成小目标，然后累计得出"总和"的思考与实践方法。

（2）安全"演绎思维"。该思维主要体现为：做系统安全分析等工作经常需要运用演绎方法。

例如：分析事故的原因时，通常需要不断细化、演绎，找到各种具体的细节和根源。

（3）安全“降容思维”。该思维主要体现为：把复杂问题分解的思维方式，把复杂大系统进行分割的思想，把高风险分解成多个小风险等。例如，把危险化学品分开存储，把高能量系统分解成多个低能量子系统，把一个大的危险区分割成多个小的危险区，把大量资金分散投资，即所谓“不要把鸡蛋装在一个篮子里”等。

7. 方向式思考问题（吴超和王秉，2018）

（1）安全“正思维”。该思维主要体现为：安全管理还要从大量正面的和正常的安全现象中学习安全经验，如学习同类企业的安全工作先进经验等；一个系统能够长期安全运行，其中是有很多安全规律和原因的；通过探索系统的安全规律和原因，有利于主动开展安全工作，保证系统安全，同时起到安全促进作用和提升安全感等作用。

（2）安全“逆思维”。该思维主要体现为：它是一种安全工作方式。“安全”的反义词是“危险”或“不安全”，安全“逆思维”可让安全管理工作者主动寻找系统的薄弱环节或可能发生事故的漏洞等，也引导人们积极地借鉴同类事故的经验教训，这样更加有利于找到安全工作的重点和切入点等。

（3）安全“主动思维”。该思维主要体现为：安全管理工作需要主动出击，做在前面。安全追求可持续安全，安全管理者除了问自己昨天的组织的生产运营或个体生产生活是否安全以外，主要领导者也应多问自己，组织的生产运营或个体生产生活今天是否安全，明天是否也安全。

8. 融合式思考问题（吴超和王秉，2018）

（1）安全“+思维”。该思维主要体现为：我们做什么事都要和安全问题一同考虑；安全贯穿于每一件事和物，无论做工程、设计、教育、管理等事情都需要“+安全”；不论什么岗位什么工作，在行动上都要“+安全”等。

（2）安全“+互联网思维”。该思维主要体现为：要运用最有效的现代信息传播技术，要让所有的人都参与都知道安全。迄今传播信息最快的工具非互联网莫属，而且可以时时更新。例如安全预警、事故通报、重要事件提醒等，均要尽量利用互联网技术。

（3）安全“+媒体思维”。该思维主要体现为：要依靠现代最有影响力的传播工具开展安全教育培训、安全宣传、安全促进，弘扬安全文化等。现代多媒体技术超出历史上任何时期，结合媒体技术，可把枯燥的安全教育等寓教于乐，把安全教育内容融入任何生活和工作场景之中。

9. 动静式思考问题（吴超和王秉，2018）

（1）安全“降变思维”。该思维主要体现为：要尽量使系统保持稳定和少变化。事故灾难都是在变化中发生的，事故灾难发生过程都是变的表现，不变就不会发生事故。在工作中要尽量使人、机、环、管等因素少变化，当发生变化时，就要特别注意安全问题和采取有效措施，预防事故发生。

（2）安全“循证思维”。该思维主要体现为：安全管理实践的本质是一个“循证”过程。在安全管理中，最重要的是基于可靠而充分的安全信息而做有效的安全决策。循证安全管理方法，即提出安全管理问题→收集证据→分析证据→评价证据，找出最佳证据→运用最佳证据进行安全决策，是目前使用最佳证据进行有效的安全决策的一种方法。

10. 关联式思考问题（吴超和王秉，2018）

（1）安全“大数据思维”。该思维主要体现为：大数据在各行各业都有重要和广泛的应用，安全领域也一样，大数据非常有价值。例如：大数据可以找出事故发生的特征和规律；大数据技术能够发现被忽略的数据和事故之间的联系，捕捉潜在的危险信息，及时掌控事态，预测、预警，为安全决策提供参考意见；大数据在安全监管中能更好地揭示安全问题的一般规律和本质，从而更科学地进行安全预测和安全决策；大数据在安全文化评价时可以根据不同的维度、指标和权重对海量信息进行处理和整合从而得出安全文化情况等。

（2）安全“信息思维”。该思维主要体现为：研究表明，安全管理失败的原因可统一归为安全信息缺失。在信息时代，特别是大数据时代，我们应树立“信息就是安全，安全就是信息”的新的安全管理理念，在进行安全管理时应充分应用和实施信息作为安全管理的重要抓手。

（3）安全“信息不对称思维”。该思维主要体现为：主体对客体的认知的信息对称性，信息不对称就容易发生事故。例如：人们之所以进入受限空间后发生气体中毒，是由于其不知道空间存在毒气，即人们与空间环境之间存在信息不对称；人们之所以在高处踩到腐烂的地板而发生坠落，是由于其不知道地板已腐烂，即人们与地板之间存在信息不对称；人们之所以吃了有害物质中毒，是由于其不知道食物的含毒信息，即人们与食物之间存在信息不对称；人们之所以买到变质食品，是由于其不知道食品的变质信息，即人们与食品之间存在信息不对称等。

11. 约束式思考问题（吴超和王秉，2018）

（1）安全“屏障思维”。该思维主要体现为：实施安全防护措施及策略对危险有害因素构成隔离、阻碍、缓冲或防护作用，以保障安全或降低伤害程度。所谓“安全屏障”，是指对环境、秩序、安全等有害要素构成阻碍、缓冲或防护作用的事物的总称，例如各种基本安全防护设备与各种安全管理策略。

（2）安全“法制思维”。该思维主要体现为：法律法规是安全管理的利器和重要支撑。法制思维就是规则意识、程序意识和责任意识，事故往往是人因所致，而法制意识淡薄是最重要的人因之一。安全管理应运用法治思维加强安全法制意识建设，并运用好安全法制管理策略。

上述11类思维中，每种思维都有其优点和不足，甚至不同思维之间还存在矛盾。因此，这就需要安全管理工作者在具体应用中根据实际需要解决的安全问题，选用恰当的思维方式或多种思维方式的组合。另外，安全管理工作者在实践中也可以提出更多新的思维方式。

本章思考题

1. 为什么安全必须坚持“生命无价”和“人人生而平等”的理念？而这一理念在当今社会却还是不尽如人意？
2. 人的自然属性与安全属性的关系是怎样的？
3. 人的社会属性与安全属性的关系是怎样的？
4. 必须坚持“安全第一和预防为主”的原则，但为什么现实中许多人经常“口是行非”？
5. 安全观为什么那么重要？
6. 安全观可分为哪些具体内容？
7. 如何塑造人的安全观？
8. 人的安全认同为什么非常重要？
9. 如何促进人的安全认同？
10. 心理安全契约有哪些内涵？
11. 形成良好心理安全契约的意义主要有哪些？
12. 为什么安全思维非常重要，但每种安全思维也都有其缺点？
13. 试讨论“安全+”和“+安全”两种思维方式的相同与不同之处。

第3章 事故预防原理（逆向范式）

【本章导读】

以事故为着眼点，并基于事故所涉及的各种致因和要素采取有效的综合措施，从而预防事故的发生，这是多年来安全（特别是工业安全）工作一直采用的有效方法。因此，许多研究者经过不断研究建立了多种多样的事故致因理论和模型，这些理论和模型反映了事故发生的规律性和机制，能够为事故原因的定性、定量分析，为事故的预测预防，为改进安全管理工作等，从理论和方法上提供科学、完整的依据和指导，这些理论和模型其实也就是事故预防原理。这类问题的研究范式在1.1.3节中定义为“逆向范式”，简称“安全A1”。现有的事故致因理论和模型较多，而且还在不断发展之中，本章首先（3.1节）对一些在现有安全论著出现较多和应用较为广泛的事故致因模型做一个概述，之后（3.2节及以后的内容）再挑选一些不同时期较有实际意义的理论和模型及一些有应用前景的新模型加以详细介绍，读者根据需要可以参考本书提供的参考文献线索去系统地检索和学习。

3.1 事故致因理论和模型概述及建模方法

3.1.1 国外事故致因理论和模型概述

国际上现有的事故致因理论和模型难以计数，至少有数百个之多，这些理论和模型主要源于工业生产问题并运用于工业安全。各种理论和模型都有其提出的背景和使用条件，都具有其自身的优缺点。本节先概述一下近100年来国外的一些代表性事故致因理论和模型。

1. 事故频发倾向性理论

1919年，格林伍德（M. Greenwood）和伍兹（H. H. Woods）从个人角度（受害者倾向）解释事故致因，提出事故频发倾向性理论（Accident Proneness Theory）。该理论认为事故是由受害者的心理状态造成的，这一假设受到当时主流的弗洛伊德理论支撑。早期的事故频发倾向论认为导致事故发生的触发事件在于某些易于出错的人，事故遭遇倾向理论将触发事件由人的因素扩展为两个因素，即除了人的因素外还有工作条件或工作环境的影响。

2. 多米诺骨牌理论

Heinrich在1931年提出多米诺骨牌理论，将事故视为特定时间顺序下的离散事件链，把社会环境、人的错误、不安全行为和不安全环境、事故、伤害用五块骨牌表示和构建成一个事故骨牌模型，并基于该模型开展相关事故预防分析。工业革命初期的事故致因理论中，事故的威胁目标主要为人员，更确切地说应是操作人员。对于早期的安全执业人员来说，“事故”和“伤害”意思几乎相同。Frank Bird后面对骨牌理论进行了修正。

3. 流行病学理论

1949年，Gorden认为事故发生过程和疾病传染过程具有相似性，都需要受害者、媒介和环境三者交汇，其中媒介是导致事故发生的造成伤害的能量，如触电事故中的电能、高处坠落事故中的重力势能。三种因素的相互作用，可以导致人的疾病发生。而事故与其类似，也存在人的因素、作业环境因素以及引起事故的媒介。因此，葛登（Gorden）提出“用于事故的流行病学”理论，并构建流行病学模型。1968年，哈登（Haddon）扩充了流行病学模型，假设事故过程各个阶段（事前、事中、事后）的相关因素，形成Haddon矩阵。

4. 亚当斯事故因果连锁理论

亚当斯（E. Adams）提出事故因果连锁模型，对造成现场失误的管理原因进行深入分析，认为操作者的现场失误是由于企业领导及安全工作人员的管理失误造成的。管理人员在管理工作中的疏忽或差错、企业领导人决策错误或没有做出决策等失误对企业安全工作具有决定性的影响。管理失误反映企业管理系统中的问题，涉及管理体制的问题。

5. 事件逻辑关系分析模型

在20世纪60年代前后国外创建了许多基于事件逻辑关系的事故模型，如故障模式和影响分析（FMEA）、事故树（FTA）、事件树（ETA）等。这些模型在系统安全分析中广泛应用，适合于简单系统由于物理故障或人因失效导致的事故分析。连续事故致因模型不能表征复杂社会技术系统组件之间的动态和非线性交互关系。

6. 北川彻三因果连锁理论

前面几种事故因果连锁理论把考察范围局限在企业内部。实际上，工业伤害事故发生的原因是很复杂的，诸多社会因素对事故的发生与预防都有重要影响。在20世纪50年代初北川彻三基于上述考虑，对海因里希理论进行了一定修改，提出新的事故因果连锁理论。该模型基本原因中的各个因素超出了企业安全工作的范围。

7. 能量意外释放论

1926年德·布洛斯（De Blois）提出能量是造成伤害的直接原因。在此基础上，吉布森（Gibson）、Haddon分别于1961年和1963年提出基于能量异常释放的事故致因模型，也可称危险-屏障-目标模型（Hazard-Barrier-Target Model），并对能量类型进行了划分。Haddon指出，能量的异常释放是伤害产生的根本原因。因此，事故预防和研究可以分为以下几类：①对危险能量进行封存处理；②如果第一步不可行，那么可以采用改变能量释放方式的方法；③如果第一和第二种方法都不可行，那么可以将人从能量周围移除；④若以上的处理方法都失败，那么需要进行干预和增加适当的屏障，用来阻止或减轻对人的作用。

8. 轨迹交叉论

20世纪70—80年代，多位安全专家提到：人的不安全动作和物的不安全状态发生于同一时间、同一空间，或者说人的不安全行为与物的不安全状态交叉，能量转移于人体，则将发生事故。该理论认为，在事故发展进程中，人的因素和物的因素在事故致因中占有同样重要的地位。

9. 维格尔斯沃斯模型

维格尔斯沃斯（Wigglesworch）1972年提出，一个事故原因构成所有伤害类型的基础，这个原因就是“人失误”，他把“人失误”定义为“人错误地或不适当地响应一个外界刺激”。尽管这个模型在描述事故现象时突出了人的不安全行为，但却不能解释人为什么发生失误。

10. 瑟利模型

1969年，瑟利（J. Surry）提出瑟利模型，该模型把事故的发生过程分为是否产生迫近的危险（危险出现）和是否造成伤害或损坏（危险释放）两个阶段，每个阶段都各包含一组类似心理—生理的成分，即对事件信息的感觉、认识及行为响应的过程。在危险出现阶段，如果人的信息处理过程每个环节都正确，危险就能被消除或得到控制；反之，只要任何环节出现问题，就会使操作者直接面对危险。在危险释放阶段，如果人的信息处理过程各个环节都正确，则虽然面临着已经出现的危险，但仍然可以避免危险释放出来，就不会发生伤害或损坏；反之，只要任何一个阶段出错，危险就会转化为伤害或损害。

11. 安德森模型

1978年，安德森（R. Anderson）等人提出安德森模型，该模型在瑟利模型基础上增加了一组问题：危险线索的来源及可察觉性，运行系统内的波动（机械运行过程及环境状况的不稳定性），以及控制或减少这些波动使之与人（操作者）的行为的波动相一致。

12. 劳伦斯模型

劳伦斯（Lawrence）在Wigglesworch和Surry等人的人失误模型的基础上，通过对南非金矿中发生的事故的研究，于1974年提出针对金矿企业以人失误为主因的事故模型。该模型适用于类似矿山生产的多人作业生产方式，危险主要来自于自然环境，而人的控制能力相对有限，人们唯一的对策是迅速撤离危险区域。因此，为了避免发生伤害事故，人们必须及时发现、正确评估危险，并采取适当的行动。

13. 海尔模型

1979年，海尔提出，当人们对事件的真实情况不能做出适当响应时，事故就会发生，但并不一定造成伤害后果。海尔模型是一个闭环反馈系统，包括四个阶段：察觉情况，接受信息；处理信息；用行动改变形式；新的察觉，处理，响应。

14. 动态变化理论

约翰逊（Johnson）将“变化”作为一种判断事件因果的方法和事故致因，并构建变化—失误理论模型。该理论将事故定义为一起不希望的或意外的能量释放，其发生是由于管理者的计划错误或操作者的行为失误，没有适应生产过程中的物的因素或人的因素的变化，从而导致不安全行为或不安全状态，破坏了对能量的屏蔽或控制，进而造成人员伤亡或财产损失。

15. 扰动起源理论

1972年，贝纳（Benner）提出解释事故致因的综合概念和术语，同时把分支事件链和事故过程链结合起来，并用逻辑图加以表示。1974年，Lawrence在Benner提出的理论基础上，构建了扰动起源论。该理论认为“事件”是构成事故的因素。任何事故处于萌芽状态时就有某种非正常的“扰动”，此扰动为起源事件。事故形成过程是一组自觉或不自觉的，指向某种预期或不测结果的相继出现的事件链。扰动起源论把事故看成从相继事件过程中的扰动（Perturbation）开始，最后以伤害或损失而告终。该理论又称“P理论”（Perturbation理论）。

16. 教育模型

1972年Wigglesworth提出教育模型，认为事故的直接原因是人的错误动作，间接原因是人缺乏知识，根本原因是培训教育不够。

17. 推动力模型

休斯顿（Houston）提出的推动力（Driving Force）模型和Gordon的流行病学模型具有相似性，其模型元素用驱动力（媒介）、目标（主体）和触发因素构成，触发因素导致驱动力伤害目标。

18. CREAM和FRAM模型

现代科学技术使人类由主要进行手工操作发展到知识密集型活动，这就带来了人机系统中人类新的失误模式（如认知负载）。针对这种情况，为搭建人类行为框架，霍尔纳格（Hollnagel）提出认知系统工程理论，并由此提出两个系统事故模型：认知可靠性和失误分析模型（CREAM）、功能振荡事故模型（FRAM）。

19. SCM模型

里森（Reason）提出瑞士奶酪模型（Swiss Cheese model，SCM），描述了系统层级的潜在危险因素（如设计失误、维护失效、培训不足等）和人不安全行为的交互。还描述了防护措施、安全规章制度、安全培训等在事故预防中的作用。潜在的不安全因素和人的不安全行为导致防护措施缺陷，当各层防护上的漏洞连成线时，导致事故发生，造成损失或破坏。但是瑞士奶酪模型缺乏对潜在失效和不安全行为的分类，这限制了其在事故分析中的应用。

20. STAMP模型

莱文森（Leveson）利用控制理论和系统动力学方法分析系统事故中的控制失效问题，并提出基于系统理论的事故致因与流程（Systems Theoretic Accident Modeling and Processes，STAMP）模型。STAMP着重于系统组件的交互和系统安全运行的控制机制，把系统看作分层级的控制和约束，上层级向下层级施加控制。相反，低层级的有关控制和约束的恰当性和有效性的信息会反馈到上层级的控制和约束决策。STAMP模型还强调事故是自然、社会和经济综合导致的复杂动态系统涌现现象。

21. Accimap模型

拉斯姆森（Rasmussen）提出风险管理框架（Risk Management Framework）模型，描述涉及生产和安全管理的不同的系统层级（如：政府、监管机构、公司、公司管理层、员工和工作），并将安全视为这些系统层级交互的涌现属性。在此基础上，Rasmussen等提出Accimap模型，以图示化的方式反映系统整体故障，以及面对事故时的决策和行动。该模型以控制理论为基础的系统思维方法进行事故致因分析，即把事故看作由失去对潜在有害物理过程的控制导致的。

22. HFACS模型

在高风险领域，运转经验反馈（Operational Experience Feedback，OEF）系统被用来解决人因失误和技术故障，OEF 系统旨在从事故（包括事件）中吸取教训，以预防相似和同类事故的发生。由于 OEF 系统使用的事故分析模型依然不能满足人因事故的预防和控制需要，有必要提出新的人因事故分析模型，以补充当前 OFE 系统的不足。有研究者构建了事故的人因分析与分类系统（Human Factors Analysis and Classification System，HFACS）模型，该模型将故障模式的分类划分为四个层级：不安全行为、不安全行为先决条件、不安全的监督、组织的影响。HFACS 具备致因因素分类功能，因此可靠性和适用性更强。

23. ATSB 模型

澳大利亚运输安全局（ATSB）改进安全检查表法，提出 ATSB 调查分析模型，该模型提供可以用于指导数据收集和分析活动的总体框架，改进的模型提高了原始安全检查表法的可用性和辨识潜在安全问题的能力。ATSB 模型中，由于交互事件和条件的存在，组织可能出现不安全状态。这时候就需要风险控制措施阻止事故发生，以及减少事故损失。

24. HFIT 模型

Gordon 等在分析 18 个事故报告与致因分析系统的基础上，以人的故障模型（Model of Human Malfunction）和人的信息处理模型（Human Information Processing Model）为基础，提出事故致因的人因调查工具（Human Factors Investigation Tool，HFIT），并通过三个实际案例分析，证明 HFIT 的可靠性与有效性。

25. MORT 模型

管理疏忽和风险树（Management Oversight and Risk Tree，MORT）模型，MORT 模型可提供一个系统方法（分析树），计划、组织和进行全面的事故调查。通过运用 MORT 模型，分析人员辨识具体系统安全控制因素和管理系统因素的不足，并通过评估与分析这些因素确认事故致因因素。MORT 是在其中包含研究者尝试使用可用的事实数据来回答通用问题的图形清单。它使调查人员把重点放在潜在的关键偶然因素上。

26. PyraMAP 模型

有研究者提出重大事故防范金字塔（Pyramid of Major Accident Prevention，PyraMAP）模型，由事故预防（风险）控制三角形、安全保障三角形、安全功能三角形和安全冲突三角形构成。

27. 芬兰模型

透米恩（Touminen）和萨里（Saari）提出芬兰模型（Finnish Model），该模型认为事故的本质是人和伤害因子的不可控接触导致的。该模型将事故分析分为两大分支：一是调查系统中伤害能量的聚集和释放及其影响因素；二是调查是按时间序列分析事故中受害者的不安全行为，以及这些不安全因素的影响因素。

28. SCAT 模型

国际损失控制研究所（ILCI）提出系统原因分析技术模型（Systematic Cause Analysis Technique，SCAT），以此支持工伤事故致因调查。

29. MTO 模型

人-技术-组织分析（Man，Technology and Organization Analysis，MTO）模型，其核心是人、技术、组织因素在事故致因分析中应该平等对待。该模型是基于人力绩效提升体系（Human Performance Enhancement System，HPES）提出的。

30. TRIPOD 模型

Husdon 等提出的三脚架法事故致因（Tripod Diagnostic Evaluation Tool for Accident Prevention，

Tripod-DELTA）模型，认为组织（失效）是事故致因的主要因素，当用于事故调查时，还应包含人因和技术因素。考虑组织中隐性因素对组织安全行为的影响，但对于隐性因素中包含的具体层次内容认识还比较模糊，需要进一步研究如何有效地控制这些隐性因素。

还有研究者和研究机构提出一些新的系统事故致因模型，如功能谐振事故模型（FRAM）、系统致因分析技术（Systematic Cause Analysis Technique，SCAT）、事件和致因因素分析模型（Events and Causal Factors Charting，ECFC）等。

3.1.2　国内事故致因理论和模型概述

在20世纪90年代以前，国内安全领域主要是应用国外学者建立的事故致因理论和模型，之后逐渐有了相关的研究并创建出自己的模型。近年有关事故致因理论和模型的研究成果也丰富起来，并且处于国际相关研究成果的前列，本小节仅做一个简单概述。

1. 两类危险源理论

20世纪90年代初，陈宝智等把危险源划分为两大类，即第一类危险源和第二类危险源。第一类危险源是指系统中存在的、可能发生意外释放的能量或危险物质，实际工作中往往把产生能量的能量源或拥有能量的能量载体作为第一类危险源来处理。第二类危险源是指导致约束、限制能量措施失效或破坏的各种不安全因素。该理论认为，一起事故的发生是两类危险源共同作用的结果。第一类危险源的存在是事故发生的前提，决定着事故后果的严重程度；第二类危险源的出现是第一类危险源导致事故的必要条件，决定着事故发生的可能性大小。两类危险源共同决定危险源的危险性，事故预防工作的重点是第二类危险源的控制问题。

2. 突变模型

为解释系统元素的连续变化引起系统状态的突变（事故）机理，以及人、物因素在这种突变过程中的作用，1995年，钱新明和陈宝智引入突变理论这一数学工具，构建事故致因的突变模型，指出系统内某些元素的连续变化导致系统状态的突然改变，并提出提高系统安全性的原则。

3. 流变-突变（“R-M”）模型

2001年，何学秋和马尚权根据事物的安全演变过程具有流变-突变的特点，构建安全流变-突变的物理模型和数学模型，并利用图形和文字论述模型的动力学特性，通过分析发现模型可以反映客观事物的安全运作规律，安全流变-突变规律的研究为揭示事物的安全本质提供了一条新的途径。

4. 认知-行为模型

2004年，赵宝柱等探讨潜在危险存在的情况下个人因素与事故发生的联系，分析不同的个人因素对潜在危险的感知认识的作用和影响以及由此而决定的工作行为的安全程度，并基于此构建个人因素事故致因模型。该模型建立在人的认知和行为调整阶段（感觉、认识、决定、能力）的事故致因模型取决于工作人员的个人素质，即个人潜在的属性和特征。

5. 事故潜势模型

2004年，袁大祥和柯丹丹提出吸引子（有目的的系统必然存在吸引子）是系统维护动态稳定和安全状态，实现系统功能的根本内因，分岔点是系统可能发生事故的关键，基于此以分岔点（集）为参照，导出对系统参量的度量，建立事故潜势的数学模型，描述系统内在的发生事故的可能性。

6. “2-4”模型

傅贵等在2005年根据文化导向组织行为，组织行为决定个人行为的行为科学基本原理，构建由安全文化、组织结构和安全方法三个基本模块构成的组织安全管理方案模型。2014 年，增加“内部影响链”和“外部影响链”，形成扩充版行为安全“2-4”模型。2016 年，许素睿等考虑应急行为在事故发展过程中的影响及其作用，补充和完善行为安全“2-4”模型对应急行为的阐释，构建了行为安全“2-4”模型的应急行为模型。此后还有更多的“2-4”模型版本。

7. 内-外因事故致因理论

2007 年，国汉君认为事故发生的前提首先是危险源中的能量处于失控状态（内因），其次是失控的能量具备转化为事故的条件（人-物-环-管中的不安全因素，外因），基于此构建内-外因事故致因模型。其中，危险源（内因）是系统中在一定条件下可能发生意外释放且具备导致事故的足够能量或危险物质。危险源是固有的，是客观存在的，是事故发生的内因，决定着事故后果的严重程度。不安全因素（外因）是指人的不安全行为、设备的不安全状态、环境的不安全条件及管控上的缺陷。不安全因素可导致危险源约束、限制能量屏蔽的体系失效或被破坏，为失控的危险源转化为事故提供所需的条件。

8. 三类危险源理论

在两类危险源基础上，为使人们能更全面地认识不同类型的危险源，2006 年，田水承等将组织不安全行为、失误列为第三类危险源，提出三类危险源理论：第一类是指能量载体或危险物质，是事故发生的（物质性）前提，影响事故发生后果的严重程度；第二类是指安全设施等物的故障、物理性环境因素和个体人失误，是事故发生的触发条件；第三类是指组织因素，即不符合安全的组织因素（组织程序、组织文化、规则、制度等），包含组织人（不同于个体人）不安全行为、失误，是事故发生的本质根源，是前两类，尤其是第二类危险源的深层原因，是事故发生的组织性前提。第三类危险源在一定条件下，甚至决定着第一、第二类危险源的危险等级和风险程度。

9. 缺陷塔模型

2012 年，范秀山将事故看作客观事物的矛盾运动，分析其内因和外因，以“社会缺陷→政府缺陷→企业缺陷→管理缺陷→现场缺陷→事故”五种缺陷的因果关系为中心，以缺陷为重点，配合“物质流、能量流、作业场所、安全管理、企业、政府、社会”和“社会完善→政府完善→企业完善→管理完善→现场完善→安全”，构建缺陷塔模型（Fault Tower Model，FTM）。构成该事故模型的对象共有六种：塔体（T）、塔段（R）、塔壁（W）、缺陷缝（S）、管道（P）、阀门（X）。

10. “树生”模型

2014 年，冯庆善认为可以按照树的枯死或干枝折断等模拟逻辑关系分析事故致因，为此，根据对油气管道及建筑结构等事故的研究分析，提出一系列新的致因分析基础准则、分析流程和“树生”模拟逻辑模型。该理论准则与传统准则在事故根本原因、直接原因、间接原因的定义以及识别内容等方面存在差别，更有系统性，避免了致因的遗漏或偏离，更利于分析事故深层次的原因，找出控制事故的关键。

11. “认知—约束”模型

2014 年，汪送认为“认知—约束”是预防复杂系统安全事故的必经历程，要使事故变得可控，就必须对事故机理进行认知，并采用有效的控制手段进行约束，其中认知是前提，约束是手段，安全是目标。基于此构建“认知—约束”模型，该模型注重各种事故致因背后深层次的安全认知问题，同时将安全约束放在事故预防的首要位置。

12. 改进的三脚架模型

2016 年，刘燕和庄越运用解释结构模型方法（ISM）对事故进行致因分析，揭示多维度基本风险因素（BRF），改进三脚架事故致因模型（Tripod-DELTA）。该模型通过设置通用的危险操作衡量指标，对组织安全行为的合理性进行评估。其特点不仅关注事故的直接原因（如技术失效、不安全行为等），而且着眼于组织的各个层级，认为事故的发生是人为失误或出现明显的错误导致安全栅失效的结果。

13. 能量流系统致灾与防灾模型

2016 年，黄浪等通过物质、能量和信息表征事故链演化过程的载体反映，基于物质流、能量流和信息流构建事故链式演化概念模型，分析系统能量流流向，构建基于能量流系统的事故致因概念模型，并从能量串发、发散、集中和混合四方面解析其内涵。对能量流的聚集、耦合、转换、释放，以及意外释放能量的防控效果、破坏强度和伤害程度等进行数学描述。基于此，构建基于能量流系统的事故预防概念模型，并提炼减灾措施。

14. 重大事故的复杂链式演化模型

2016 年，黄浪等为完善重大事故演化的本质规律和探究事故后果累积放大原理，从安全物质学的视角提出事故链定义和形成机理，并解析其内涵；通过物质、能量和信息表征事故链演化过程的载体反映；基于物质流、能量流和信息流构建事故链式演化模型；基于熵理论和耗散结构理论论述事故阶段演化特性；在此基础上，提炼事故预防与控制策略框架。

15. 多级安全信息不对称事故致因模型

2017 年，李思贤等给事故预防与调查提供有效方法和依据，基于吴超建立的安全信息认知通用模型，开展多级安全信息不对称的事故致因模式研究。首先，基于信息流动的过程，构建安全系统中安全信息流动的一般模型。其次，分析安全系统中引发安全信息不对称的因素，并构建“信源-预测-决策-执行”多级安全信息不对称的事故致因模式。

16. 风险感知偏差机理概念模型

2017 年，黄浪和吴超为完善风险感知理论体系，以风险感知过程为主线，从风险感知信息的识别与收集、编辑与处理、评估与决策三阶段解析风险感知偏差形成过程；分别从个体心理机制与组织因素两个层面探析风险感知偏差形成的内因和外因，基于心理距离理论和解释水平理论，构建并解析风险感知偏差的四维心理距离模型；论述风险感知偏差的放大机制和干预对策。基于此，构建风险感知偏差机理概念模型。

17. FDA 事故致因模型

2018 年，王秉和吴超从安全信息角度出发，根据系统安全行为链和逻辑学理论，构造新的事故致因模型（FDA 事故致因模型），包括三个事故致因模型，即 F1D1A1 事故致因模型、F2D2A2 事故致因模型与 F3D3A3 事故致因模型，通过逻辑推导得出 FDA 事故致因定理、FDA 系统行为安全定理与“3/4 安全法则”，定位 FDA 事故致因模型中的事故原因构成。

18. 安全信息流的事故致因理论模型

2019 年，吴超和黄浪构建了基于安全信息流的事故致因理论模型。从安全信息内涵及其分类、安全信息流内涵及其结构与安全信息力表征三方面论述模型构建的理论基础；论述安全信息流视阈下的事故定义，从系统粒度视角划分微观、中观与宏观三个层面的事故致因因素，从系统组分视角划分以人为中心的可统一为信息的系统安全因素，并进行交叉融合；最后，构建基于安全信息流的事故致因模型。

3.1.3　事故致因建模的一般方法

基于安全科学方法学的视角，通过分析与归纳现有事故致因模型的构建思路与方法，提炼出

表 3-1 的事故致因理论建模的一般方法。

表 3-1　事故致因理论建模的一般方法（黄浪和吴超，2017）

方法	方法解释
概率统计法	用统计学、概率论等方法，通过对一般事故致因因素、随机事件、时间、空间等的统计与归纳，得出事故发生与发展，以及事故后果等的一般性规律，构建事故致因理论模型
因果分析法	这是事故致因理论建模的最基本方法，即分析事故的原因（直接原因、间接原因、基本原因、根本原因、根源原因等），并理清这些事故致因之间的层次与逻辑关系，构建事故致因模型
推理归纳法	根据研究对象或系统的参数与结构，推理分析系统中可能出现的各种事故及其表征的信息和现象，进而用归纳法建立面向该系统的事故致因模型；之后利用实际安全系统的输入或输出的观测数据与统计数据，运用记录或试验资料，进一步验证和修正所建立的模型
相似比较法	抓住研究对象或系统的关键因素、突出矛盾和主要关系，做出合理的简化与假设，从而建立与原型具有本质上相似性的事故致因模型，并与原型所处的状态、环境和条件进行分析比较，进一步验证和修正所建立的模型；依据相似原理，还可以用低层次事物和比较简单的模型去解释高层次复杂性安全问题
改进组合法	这类方法通常有两种方式：①根据事故分析与调查需求，分析不同事故致因模型的应用范围、条件、优劣等，将不同的事故致因模型按照“取长补短”的原则组合起来，构建满足事故分析需求的组合型事故致因模型；②分析现有模型的缺陷，结合新的安全科学理论，改进完善已有的事故致因模型成为新的模型
分解组合法	对于关系和层次明显复杂的系统，可按属性结构分层，并在确定聚合特性的基础上，将系统分解为若干子系统，根据子系统的具体情况，采用相应的方法和尺度，建立各系统局部的事故致因子模型；再根据子系统之间的定性、定量、静态、动态的相互影响、相互联系，建立各子系统之间的关系模型，利用各种关联关系，将子模型联合起来，构成系统的整体模型

3.2　人因失误理论和模型

人因失误预防原理是从人的特性、机器性能和环境状态之间是否匹配和协调的观点出发，认为机械和环境的信息不断地通过人的感官反映到大脑，人若能正确地认识、理解、判断，做出正确决策并采取行动，就能化险为夷，避免事故和伤亡；反之，如果人未能察觉、认识所面临的危险，或判断不准确而未采取正确的行动，就会发生事故甚至伤亡。

1. 事故倾向性理论

1919 年，格林伍德（M. Greenwood）和伍兹（H. Woods）提出了“事故倾向性格论”，后来又由纽伯尔德（Newboid）在 1926 年以及法默（Farmer）在 1939 年分别对其进行了补充。这些研究者通过对大量事故案例分析，发现在现实生活中有少部分这样的人：在相同的客观条件下，出事故次数比其他人多得多。因此，提出了一种称为事故倾向性（Accident Proneness）的理论。这种理论认为，事故与人的个性有关。某些人由于具有某些个性特征，因而比其他人更易发生事故。换句话说，即这些人具有“事故倾向性”。有事故倾向性的人，无论从事什么工作都容易出事故。由于有事故倾向性的人是少数人，所以事故通常主要发生在少数人身上。只要通过合适的心理测量，就可以发现具有这种个性特征的人，把他们调离有危险的工种，安排在事故发生概率极小的岗位，就可以大大降低事故率。

然而，根据这种理论，有些学者曾尝试用心理测量的方法去区分“易出事故者”和“不易出事故者”的个性差异，但到目前还没有找到很好的办法。虽然通过研究认为易出事者具有下列特征：反抗和攻击性、轻率、敌对、不守时间等，但却未能找到足以说明与易出事故有关的单一的个性维度。因此，不能将事故倾向性作为重要的个体差异因素，得出暴露于危险环境中事故必然增加的结论。

还有研究表明，某些人在某些环境可能更容易发生事故，若换个环境则不一定容易出事故，在某一工种容易发生事故，在另一工种则不一定是这样，因此事故倾向性可能是对特定的环境而言的，而非所有环境一般的倾向。显然，把事故原因完全归咎于作业者，而忽视工作环境是不正确的。从大量的事故记录可知，不能由一个人的性格特征推断他将来是否容易发生事故。人的性格与从小受到的教育和环境熏陶有很大关系，一个人具有事故倾向性实质上并不是他们的性格所引发的。

2. 人因失误的分类模型

在早期人因失误研究阶段，对其分类主要是行为主义的，它只与可观察的、不期望的人的行为相关联，着重于什么行为发生，其中以1983年斯温（Swain A D）的遗漏型和执行型分类为代表。遗漏型失误可分为遗漏整个任务或遗漏任务中的某一项或几项。执行型失误可分为选择失误（如选择错误的控制器、不正当控制动作）、序列失误（如选择错误的指令或信息、未给出详细的分析）、时间失误（如太早、太晚）、完成质量失误（如太少、太多）等。

以失误心理学为基础的失误分类方法强调人行为与意向的关系。拉斯姆森（J. Rasmussen）（1983）根据认知心理学理论将人的行为分为“技能级（Skill-based Level）”“规则级（Rule-based Level）”和“知识级（Knowledge-based Level）”，简称SRK模型。

里森（J. Reason）在SRK模型的基础上，用概念法提出一种概念分类方案，将所有的失误分为：疏忽（Slip）、过失（Lapse）和错误（Mistake），并将人的失误归于两大类：执行已形成意向计划过程中的失误，称为疏忽和过失；在建立意向计划中的失误，称为错误或违反。疏忽和过失常常发生在技能型动作的执行过程中，主要是因为人丧失注意力或由作业环境的高度自动化性质导致的。错误往往比较隐蔽，短时间内较难被发现和恢复，当人们面对与自己已形成的判断或概念不相容的信息时，往往会给予排斥，坚持先前的观点或决策，因此错误的恢复途径比较困难，也是要着力加以防范的失误类型。

考虑人对系统失效的贡献，Reason将失误分为两类：激发失误（它对系统产生的影响几乎是立刻和直接的）和潜在失误（它可能在系统中潜伏较长时间，往往与设计人员、决策人员和维修人员的行为有关（图3-1）。

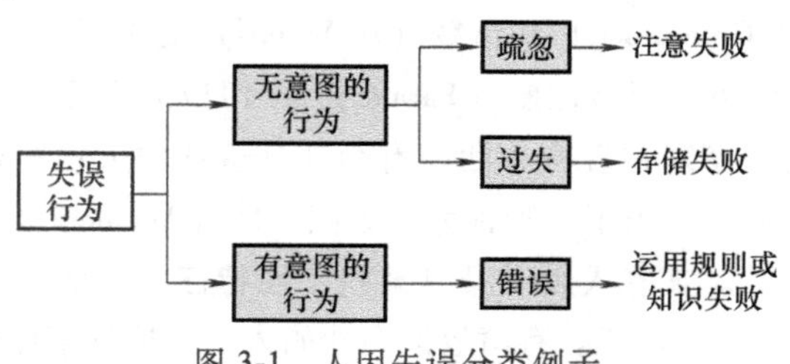

图3-1　人因失误分类例子

人不仅受到心理和生理两种因素影响，还受到环境等条件的制约，人的行为产生因素极其复杂，而人的失误主要有以下特点：

（1）人的失误的重复性。人的失误常常会在不同甚至相同的条件下重复出现，其根本原因之一是人的能力与外界需求的不匹配。人的失误不可能完全避免，但可以通过有效手段尽可能地减少。

（2）人引发的失误的潜在性和不可逆转性。大量事实说明，这种潜在的失误一旦与某种激发条件相结合，就会酿成难以避免的大祸。

（3）人的失误行为往往是情景环境驱使的。人在系统中的任何活动都离不开当时的情景环境，硬件的失效、虚假的显示信号和紧迫的时间压力等联合效应会极大地诱发人的不安全行为。

（4）人的行为的固有可变性。这种可变性是人的一种特性，也就是说，一个人在不借助外力情况下不可能用完全相同的方式重复完成一项任务。

（5）人的失误的可修复性。人的失误会导致系统的故障或失效，然而许多情况说明，在良好反馈装置或冗余条件下，人有可能发现先前的失误并给予纠正。

（6）人具有学习的能力。人能够通过不断的学习改进他的工作绩效。

人因失误方面更本质、更详细的内容阐述需要参阅脑科学、认知科学和心理学等领域的研究和成果。

3. 瑟利事故模型

1969年，瑟利（J. Surry）把人、机和环境系统中事故发生的过程分为是否产生迫近的危险和是否造成伤害或损坏两阶段。这两个阶段都涉及心理-生理学（感觉、认识、行为响应）问题。在第一阶段，如果能正确地回答所有问题（见图3-2中标示的Y系列），危险就能消除或得到控制；反之，只要对任何一个问题做出了否定的回答（见图3-2中标示N的系列），危险就会迫近转入下一阶段。在第二阶段，如果能正确地回答所有问题，则虽然存在危险，但是由于感觉认识到了，并正确地做出了行为响应，就能避免危险的紧急出现，就不会发生伤害或损坏。反之，只要对任何一个问题做出了否定地回答，危险就会紧急出现，从而导致伤害或损坏。

每组的第一个问题：对危险的构成（显现）有警告吗？问的是环境瞬时状态，即环境对危险的构成（显现）是否客观存在警告信号。这个问题可以再被问成：环境中是否存在可感觉到的两种运行状态（安全和危险）的差异？这个问题隐含着危险可能还没有可感觉到的线索。这样，事故将是不可避免的。这个问题的启发是在系统运行期间，应该密切观察环境的状况。

每组第二个问题，感觉到了警告吗？问的是如果环境有警告信号，能被操作者察觉到吗？这问题有两个方面的含义：一方面是人的感觉能力（如视力、听力、动觉性）如何，如果人的感觉能力差，或者过度集中精力于工作，那么即使有客观警告信号，也可能未被察觉。另一方面是“干扰”（环境中影响人感知危险信号的各种因素，如噪声等）的影响如何。如果干扰严重，则可能妨碍对危险信号的发现。由此得到的启示是，如果存在上述情况，则应安装便于操作者发现危险信号的仪器（譬如能将危险信号加以放大的仪器）。

上述两个问题都是关于感觉成分的，而下面的3个问题是关于认识成分的。

问题1：认识到了这个警告吗？问的是操作者是否知道危险线索是什么，并且知道每个线索都意味着什么危险。即操作者是否能接受客观存在的危险信号（如一声尖叫、一种运动，或者常见的物体不见了，对操作者而言都可能是一种已知的或未知的危险信号），并经过大脑的分析后变成主观的认识，意识到了危险。

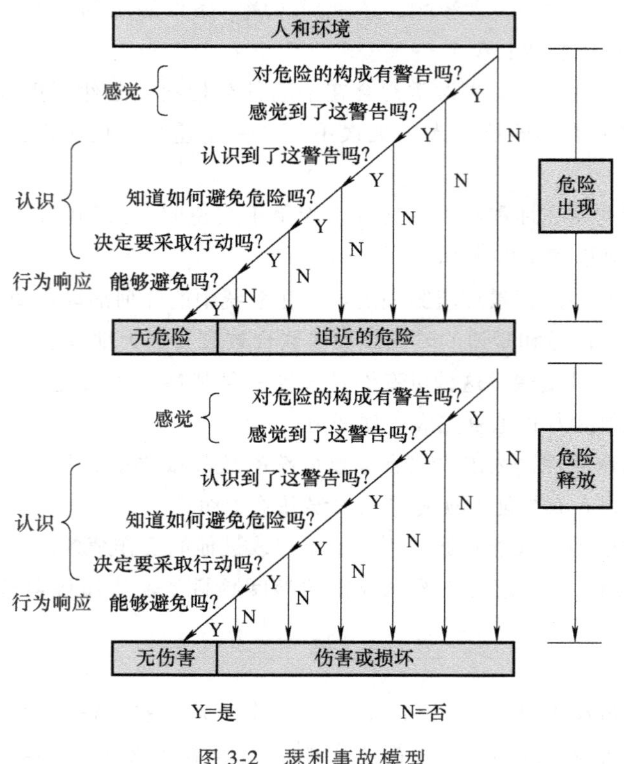

图 3-2　瑟利事故模型

问题2：知道如何避免危险吗？问的是操作者是否具备避免危险的行为响应的知识和技能。由此得到的启示是：为了具备这种知识，应使操作者受到训练。

这两个问题是紧密相连的。认识危险是避免危险的前提，如果操作者不认识、不理解危险线索，即使有了避免危险的知识和技能也是无济于事的。

问题3：决定要采取避免危险的行动吗？就第二个阶段的这个问题而言，如果不采取行动，就会造成伤害或损坏，因此必须做出肯定的回答，这是无疑的。然而，第一阶段的这个问题却是耐人寻味的，它表明操作者在察觉危险之后不一定立即采取行动。这是因为危险由潜在状态变为现实状态，不是绝对的，而是存在某种概率的关系。潜在危险下不一定将要导致事故，造成伤害或损坏，这里存在一个危险的可接受性的问题。在察觉潜在危险之后，立即采取行动，固然可以消除危险，然而却要付出代价。例如要停产、减产，影响效益。反之，如果不立即行动，尽管要冒显现危险的风险，然而却可以减少花费或利益损失。究竟是否立即行动，应该考虑两个方面的问题：一是正确估计危险由潜在变为显现的可能性；二是正确估计自己避免危险显现的技能。

每组的最后一个问题：能够避免吗？问的是操作者避免危险的技能如何，例如能否迅速、敏捷、准确地做出反应。由于人的行动以及危险出现的时间具有随机变异性（不稳定），因此即使行为响应正确，有时也不能避免危险。正常情况下，危险由潜在变为显现的时间可能足够容许人们采取行动来避免危险。然而，有时危险显现的时间可能提前，人们再按正常速度行动就无法避免危险了。上述随机变异性可以通过机械的改进、维护的改进、人避免危险技能水平的提升而减小事故发生的可能性。然而，要完全消除是困难的。因此，由于这种随机变异性而导致事故的可能性是难以完全消除的。

由以上关于瑟利模型的说明可见，该模型从人、机、环境的结合角度，对危险从潜在到显现从而导致事故和伤害进行了深入、细致的分析。这将给人以多方面的启示，例如，为了防止事故，关键在于发现和识别危险。这涉及操作者的感觉能力、环境的干扰、操作者处理危险的知识和技能水平等。改善安全管理就应该致力于这些方面的问题，如人员的选拔、培训，作业环境的改善，监控报警装置的设置等。再如，关于危险的可接受性问题，这对于正确处理安全与生产辩证关系是很有启发作用的。安全是生产的前提条件，当安全于生产发生矛盾时，如果危险迫近，不立即采取行动，就会发生事故，造成伤害和损失。那么宁肯让生产暂时受到影响，也要保证安全。反之，如果恰当估计危险显现的可能，只要适当采取措施，就能做到生产、安全两不误，那就应该尽可能避免生产遭受损失，当因采取安全措施而可能严重影响生产时，尤其应采取慎重的态度。

4. 安德森事故模型

1978 年，安德森（Anderson）等人在分析工业事故时对瑟利模型进行了扩展，形成了安德森事故模型。该模型在瑟利模型之上增加了一组问题，所涉及的是危险线索的来源及可察觉性、运行系统内的波动（机械运行过程及环境状况的不稳定性），以及控制或减少这些波动使之与人（操作者）的行为的波动一致，如图 3-3 所示。企业生存于社会中，其经营目标和策略等都要受到市场、法律、国家政策等的制约，所有这些都会从宏观上对企业的安全状况产生影响。

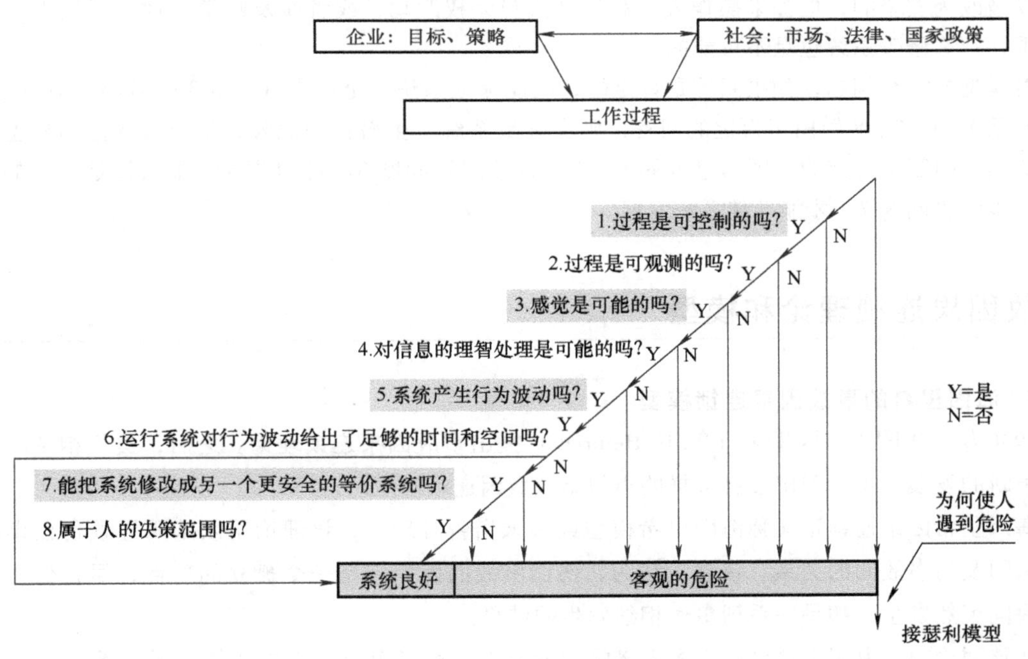

图 3-3　安德森事故模型

问题 1：过程是可控制的吗？即不可控制的过程（如闪电）所带来的危险是无法避免的，此模型所讨论的是可以控制的工作过程。

问题 2：过程是可以观察的吗？指的是依靠人的感官或借助于仪表设备能否观察了解工作过程。

问题 3：察觉是可能的吗？指的是工作环境中的噪声、照明不良、栅栏等是否会妨碍对工作过程的观察了解。

问题 4：对信息的理智处理是可能的吗？此问题有两方面的含义：一是问操作者是否知道系统是怎样工作的，如果系统工作不正常，他是否能感觉、认识到这种情况；二是问系统运行给操作者带来的疲劳、精神压力（如此长期处于高度精神紧张状态）以及注意力减弱是否会妨碍其对系统工作状况的准备、观察和了解。

上述问题的含义与瑟利模型第一组问题的含义有类似的地方，所不同的是，安德森模型是针对整个系统，而瑟利模型仅仅是针对具体的危险线索。

问题 5：系统产生行为波动吗？问的是操作者的行为响应的稳定性如何，有无不稳定性，有多大？

问题 6：运行系统对行为波动给出了足够的时间和空间吗？问的是运行系统（机械和环境）是否有足够的时间和空间以适应操作行为的不稳定性。如果是，则可以认为运行系统是安全的（图 3-3 中第 7、8 个问题，直接指向系统良好），否则就转入下一个问题，即能否对系统进行修改（机器或程序），以适应操作者行为在预期范围内的不稳定性。

问题 7：能把系统修改成另一个更安全的等价系统吗？如果是，就修改和替换更安全的等价系统，否则就转入下一个问题。

问题 8：属于人的决策范围吗？问的是修改系统是否可以由操作和管理人员做出决定。尽管系统可以被改为安全的，但如果操作人员和管理人员无权改动，或者涉及政策法律，不属于人的决策范围，那么修改系统也是不可能的。

对模型的每个问题，如果回答是肯定的，则能保证系统安全可靠（图 3-3 中沿斜线前进）。如果对问题 1~4、7、8 做出了否定的回答，则会导致系统产生潜在的危险，从而转入瑟利模型。对问题 5 如果回答是否定的，则跨过问题 6、7 而直接回答问题 8。对问题 6 如果回答是否定的，则要进一步回答问题 7，才能继续系统发展。

3.3 事故因果连锁理论和模型

1. 海因里希的事故因果连锁模型

1936 年，美国人海因里希（W. H. Heinrich）提出事故因果连锁理论。之后，类似相关的理论得到不断的发展，也涌现出多种多样的类似事故致因连锁模型。

海因里希因果连锁论又称海因里希模型或多米诺骨牌理论，该理论用以阐明导致伤亡事故的各种原因及与事故间的关系。该理论认为，伤亡事故的发生不是一个孤立的事件，尽管伤害可能在某瞬间突然发生，却是一系列事件相继发生的结果。

在该理论中，海因里希借助于多米诺骨牌形象地描述了事故的因果连锁关系（图 3-4），即事故的发生是一连串事件按一定顺序互为因果依次发生的结果。如一块骨牌倒下，则将发生连锁反应，使后面的骨牌依次倒下，这五块骨牌依次是：

（1）遗传及社会环境 E。遗传及社会环境是造成人的缺点的原因。遗传因素可能使人具有鲁莽、固执、粗心等不良性格；社会环境可能妨碍教育，助长不良性格的发展。这是事故因果链上最基本的因素。

（2）人的缺点 P。人的缺点是由遗传和社会环境因素造成的，是使人产生不安全行为或使物产生不安全状态的主要原因。这些缺点既包括各类不良性格，也包括缺乏安全生产知识和技能等后天的不足。

（3）人的不安全行为和物的不安全状态 H。所谓人的不安全行为或物的不安全状态是指那些曾经引起过事故，或可能引起事故的人的行为，或机械、物质的状态，它们是造成事故的直接原因。

（4）事故 A。即由类似物体、物质或放射线等对人体发生作用受到伤害的、出乎意料的、失去控制的事件。例如，坠落、物体打击等使人员受到伤害的事件是典型的事故。

（5）伤害 I。直接由事故而产生的人身伤害。

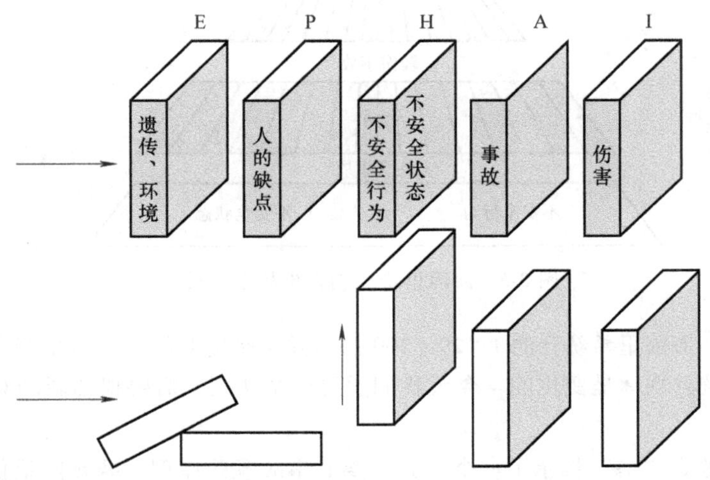

图 3-4　海因里希多米诺骨牌描述事故因果连锁关系

如图 3-4 所示，如果移去连锁中的一颗骨牌，则连锁被破坏，事故过程被中止。海因里希认为，企业安全工作的中心就是防止人的不安全行为，消除机械的或物质的不安全状态，中断事故连锁的进程，从而避免事故的发生。

该理论的积极意义在于，如果移去因果连锁中的任一块骨牌，则连锁被破坏，事故过程即被中止，达到控制事故的目的。海因里希还强调指出，企业安全工作的中心就是要移去中间的骨牌，即防止人的不安全行为和物的不安全状态，从而中断事故的进程，避免伤害的发生。当然，通过改善社会环境，使人具有更为良好的安全意识，加强培训，使人具有较好的安全技能，或者加强应急抢救措施，也都能在不同程度上移去事故连锁中的某一骨牌，或增加该骨牌的稳定性，使事故得到预防和控制。依据海因里希的事故连锁模型，还可以拓展成为符合当代社会更加复杂的多层级事故致因模型。

当然，海因里希理论也有明显的不足，它对事故致因连锁关系的描述过于简单化、绝对化，也过多地考虑了人的因素。但尽管如此，由于它的形象化和其在事故致因研究中的先导作用，该理论有着重要的历史地位。

2. 海因里希“伤亡事故金字塔”

海因里希定律（Heinrich's Law）也称为“事故金字塔法则”（1：29：300 法则），在安全领域受关注最多。该法则基于旅行者保险公司记录的 5000 起事故分析，具体的含义是，按照伤害的程度来进行统计后，在 330 次的事故中，会有 1 次的严重伤害（Major Injury）、29 次的轻微伤害（Minor Injury）和 300 次的无伤害事故（No-injury Accident），如图 3-5 所示。这种事故分布的“金字塔”形状实际上是“事故分类—后果频次”的统计分布图。海因里希的这种研究对安全工作有很强的指导意义，告诫安全管理人员要“防微杜渐”，关注严重伤害事故的同时，也要更多关注轻微的事故。

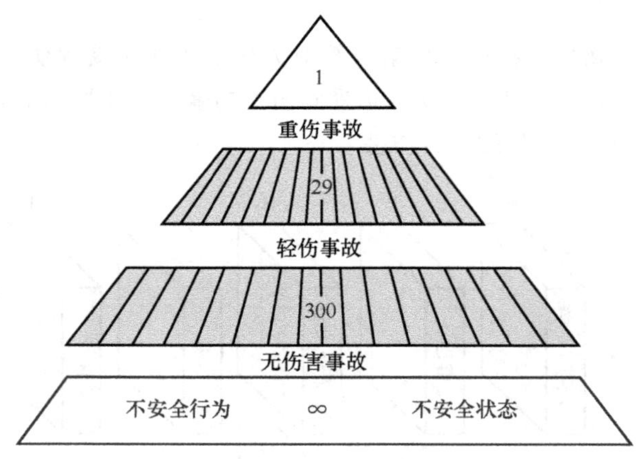

图 3-5 海因里希“伤亡事故金字塔”

值得注意的是，海因里希统计的 1∶29∶300 法则并不是绝对的。随着生产力的发展和作业场景的变化等，这个统计规律是变化的。今天我们学习这个法则，需要根据新的具体事故统计数据做具体分析和应用。

海因里希“事故金字塔”揭示了一个十分重要的事故预防原理：要预防重伤事故，必须预防轻伤事故；要预防轻伤事故，必须预防无伤害事故；要预防无伤害事故，必须消除日常不安全行为和不安全状态。而能否消除日常不安全行为和不安全状态，则取决于日常管理是否到位，也就是我们常说的细节管理，这是预防重伤事故的最重要的基础工作。现实中，我们要从细节管理入手，抓好日常安全管理工作，减少“事故金字塔”最底层的不安全行为和不安全状态，从而实现企业设定的总体方针，预防重伤事故的出现，实现全员安全。

3. 博德的事故因果连锁模型

1976 年，博德（F. Bird）等在海因里希的事故因果连锁模型的基础上进行了进一步的修改和完善，使因果连锁的思想得以进一步发扬光大，收到了较好的效果，如图 3-6 所示。

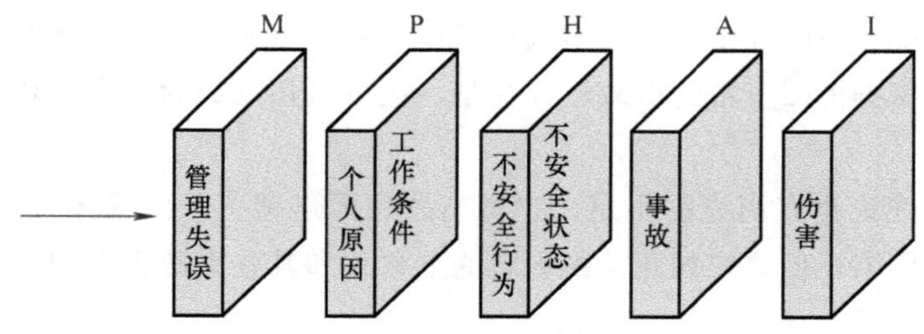

图 3-6 博德的事故因果连锁模型

博德理论认为：事故的直接原因是人的不安全行为和物的不安全状态；间接原因包括个人因素及与工作有关的因素。事故的根本原因是管理的缺陷，即管理上存在的问题和缺陷是导致间接原因存在的原因，间接原因存在又导致直接原因存在，最终导致事故发生。

4. 亚当斯的事故因果连锁模型

亚当斯（E. Adams）提出了一种与博德的事故因果连锁理论类似的事故因果连锁模型，见表3-2。在该理论中，事故和损失因素与博德理论相似。他把人的不安全行为和物的不安全状态称作现场失误，其目的在于提醒人们注意不安全行为和不安全状态的性质。不安全行为和不安全状态是操作者在生产过程中的错误行为及生产条件方面的问题，采用现场失误这一术语，其主要目的在于提醒人们注意不安全行为及不安全状态的性质。

表3-2 亚当斯的事故因果连锁模型（从左到右各栏目事件构成因果链）

管理体制	管理失误		现场失误	事故	伤害或损坏
目标组织机能	领导者在下述方面决策错误或没有决策：政策、目标、权威、责任、职责、注意范围、权限授予	安全技术人员在下述方面管理失误或疏忽：行为、责任、权威、规则、指导、主动性、积极性、业务活动	不安全行为、不安全状态	伤亡事故、损坏事故、无伤害事故	对人、对物

5. 北川彻三的事故因果连锁模型

日本安全专家北川彻三在西方有关事故因果连锁理论的基础上，在20世纪50年代提出了另一种事故因果连锁模型，见表3-3。更详细的模型可参看相关著作[⊖]。

表3-3 北川彻三的事故因果连锁模型（从左到右各栏目事件构成因果链）

基本原因（学校教育的原因、社会或历史的原因、管理的原因）	间接原因（技术的原因、教育的原因、身体的原因、精神的原因）	直接原因（不安全行为、不安全状态）	事故	伤害

北川彻三认为，事故的基本原因应该包括下述三个方面的原因：①学校教育的原因。小学、中学、大学等教育机构的安全教育不充分。②社会或历史的原因。社会安全观念落后、安全法规或安全管理、监督机构不完备等。③管理的原因。企业领导者不够重视安全、作业标准不明确、维修保养制度方面的缺陷、人员安排不当，职工积极性不高等管理上的缺陷。

间接原因有：①技术的原因。机械、装置、建筑物等的设计、建造、维护等技术方面的缺陷。②教育的原因。由于缺乏安全知识及操作经验，不知道、轻视操作过程中的危险性和安全操作方法，或操作不熟练、习惯操作等。③身体的原因。身体状态不佳，如头痛、昏迷、癫痫等疾病，或近视、耳聋等生理缺陷，或疲劳、睡眠不足等。④精神的原因。消极、抵触、不满等不良态度，焦躁、紧张、恐惧、偏激等精神不安定，狭隘、顽固等不良性格，以及智力方面的障碍。在上述的四个间接原因中，前面两个原因比较普遍，后两种原因较少出现。

6. 轨迹交叉事故模型

安全专家隋鹏程在1982年比较翔实地给出了轨迹交叉模型及其意义，轨迹交叉事故模型可以概括为设备故障（或缺陷）与人的失误，两事件链的轨迹交叉就会构成事故。轨迹交叉论的基本思想是：伤害事故是许多相互联系的事件顺序发展的结果。这些事件概括起来不外

⊖ 参阅北川彻三所著《安全工程学基础》（劳动人事部劳动保护科学研究所译，1984年）。

乎人和物（包括环境）两大发展系列。当人的不安全行为和物的不安全状态在各自的发展过程中（轨迹），在一定时间、空间发生了接触（交叉），能量转移于人体时，伤害事故就会发生。而人的不安全行为和物的不安全状态之所以产生和发展，又是受多种因素作用的结果。

轨迹交叉事故模型的示意图如图3-7所示。图中，起因物与施害物可能是不同的物体，也可能是同一个物体；同样，肇事者和受害者可能是不同的人，也可能是同一个人。

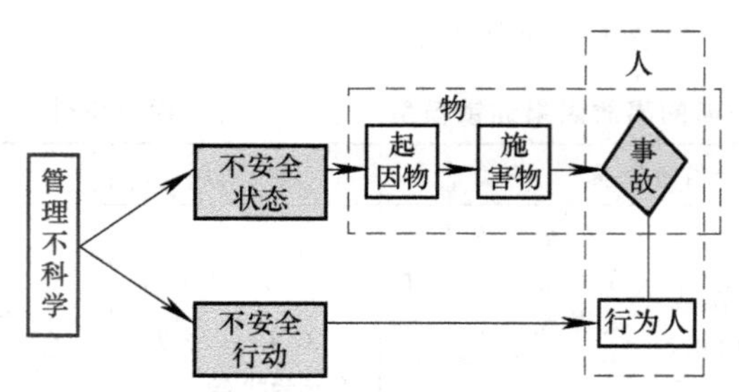

图3-7 轨迹交叉事故模型

轨迹交叉事故理论反映了绝大多数事故的情况。在实际的生产过程中，只有少量的事故由人的不安全行为或物的不安全状态引起，绝大多数的事故是与二者同时相关的。

在人和物两大系列的运动中，二者往往是相互关联、互为因果、相互转换的。有时人的不安全行为促进了物的不安全状态的发展，或导致新的不安全状态的出现；而物的不安全状态可以诱发人的不安全行为。因此，事故的发生可能并不是简单地按照人、物两条轨迹独立地运行，而是呈现较为复杂的因果关系。

轨迹交叉事故理论作为一种事故致因理论，强调人的因素和物的因素在事故致因中占有同样重要的地位。按照该理论，若设法排除机械设备或处理危险物质过程中的隐患或者消除人为失误和不安全行为，使两事件链连锁中断，则避免人与物两种因素运动轨迹交叉，危险就不会出现，就可避免事故发生。同时，该理论对于调查事故发生的原因也是一种较好的工具。

7. “瑞士奶酪”事故模型

1990年，詹姆斯·里森（James Reason）等人提出“瑞士奶酪”模型（Swiss Cheese Model）。瑞士奶酪内部存在许多孔洞。一个环环相扣、精密运行的安全系统好比一摞瑞士奶酪，每一片奶酪代表一道防线，而奶酪上的孔洞就是潜在的系统漏洞。大部分威胁会被某一片奶酪拦下，但如果一摞奶酪的孔碰巧连成了一条可以直穿而过的通道（如设备失常、人员违规再加上未曾修补的内部系统问题），威胁便可能一层层突破卫戍，最终演变成一场重大事故。以飞机失事为例，一场空难平均至少包含七个问题，如天气恶劣、飞行员疲累、机场信标故障、航管员交流不畅等，然后就是一个接一个的坏抉择与误操作，不断连续累加，直至无可挽回。“瑞士奶酪”事故模型经过数次修改，具体形式和内涵有一些变化，但都被广泛应用。图3-8给出一个1990年的版本。

8. 事故根源分析系统动力模型

2009年，安全专家徐伟东基于中国文化及现代企业安全管理的认识，提出了一个具有中国文化、人性、法规特色和由“道、将、法、行、根”组成的“人本安全五项战略”管理模式。其中“道”体现现代安全管理的理念与原理，“将”体现企业安全领导力，“法”体现企业安全管理的标准和规程，“行”体现员工的行为、能力与参与，“根”体现管理评审与根源分析，并由此形成了“事故根源分析系统动力模型”，如图 3-9 所示，模型的含义见表 3-4。

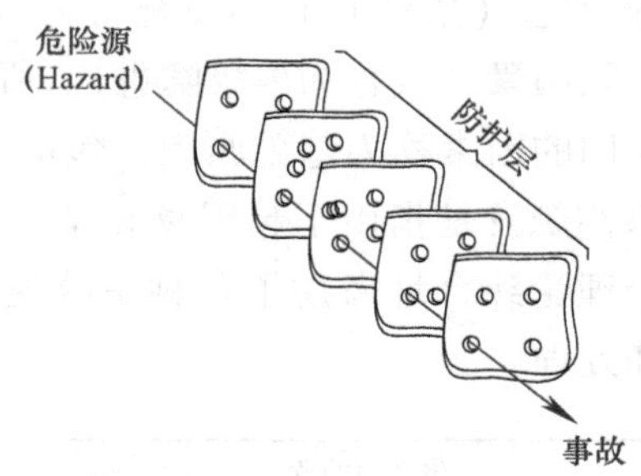

图 3-8 “瑞士奶酪”事故模型（1990 年的版本）

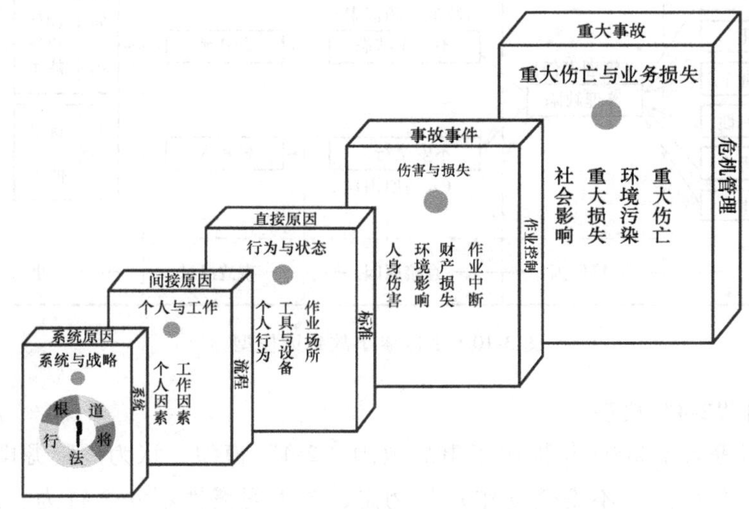

图 3-9 事故根源分析系统动力模型（徐伟东，2016）

表 3-4 事故根源分析系统动力模型的含义（徐伟东，2016）

骨牌模型动力作用层级	骨牌 1 第 1 层→	骨牌 2 第 2 层→	骨牌 3 第 3 层→	骨牌 4 第 4 层→	骨牌 5 第 5 层
模型顶面	系统缺陷原因	间接原因	直接原因	事故事件	重大事故
模型正面	系统与战略	个人与工作	行为与状态	伤害与损失	重大伤亡与业务损失
模型竖侧	系统	流程	标准	作业控制	危机管理
模型反面	长期预防战略	中期整改计划	立即纠正措施	现场响应行动	危机管理

9. 多因素事故致因模型

多因素事故致因理论认为，事故的发生绝不是偶然的，而是有其深刻原因的，包括直接原因、间接原因和基础原因。事故乃是社会因素、管理因素和生产中的危险因素被偶然事件触发所造成的结果。这种模型如图 3-10 所示。事故的发生过程是：由“社会因素”产生“管理因素”，进一步产生“生产中的危险因素”，通过偶然事件触发而发生伤亡和损失。调查事故的过程则与此相反，应当通过事故现象，查询事故经过，进而依次了解其直接原因、间接原因和基础原因。

事故的直接原因是指不安全状态（条件）和不安全行为（动作）。这些物质的、环境的以及人的原因构成了生产中的危险因素（或称为事故隐患）。所谓间接原因是指管理缺陷、管理因素和管理责任。造成间接原因的因素称为基础原因，包括经济、文化、教育、民族习惯、社会历史、法律等。所谓偶然事件触发是指由于起因物和肇事人的作用，造成一定类型的事故和伤害的过程。很显然，这个理论综合地考虑了各种事故现象和因素，因而比较全面，有利于对各种事故的分析、预防和处理。

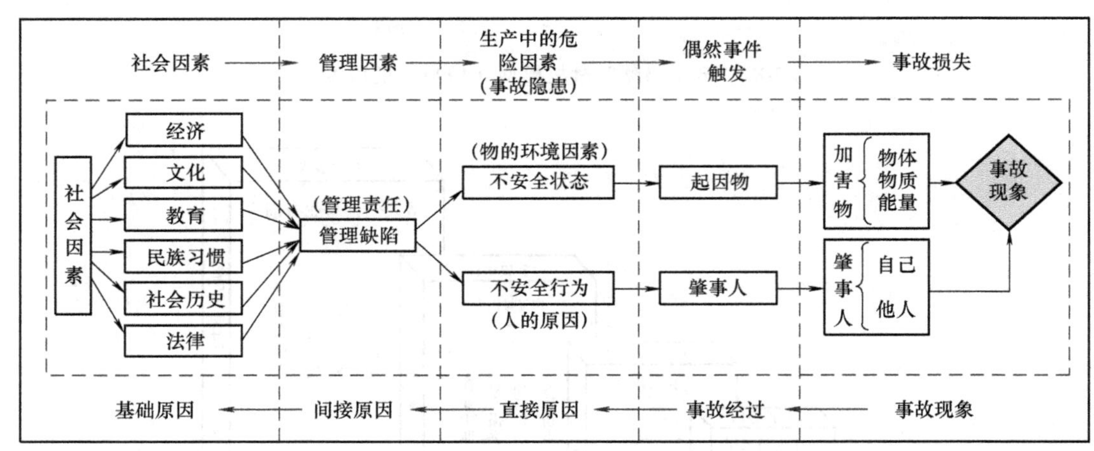

图 3-10　多因素事故致因模型

10. 事故致因“2-4”模型

安全学者傅贵等人于 2005 年提出了事故致因“2-4”模型，认为危险源即事故的原因共有个人一次性不安全行为（不安全动作）与物态、个人习惯性不安全行为、组织运行行为、组织指导行为和外部因素共五大类，其中，个人因素和管理类危险源有不安全动作、习惯性不安全行为、安全管理体系与安全文化的缺欠、外部因素。其中，外部因素含本组织以外的监督、检查等监管活动，自然因素，供应商的产品和服务质量因素，事故引发者的家庭因素，其他政治、经济、法律、文化等社会因素等。事故致因“2-4”模型还给出了除外部因素以外的所有危险源的定义，并经过了数次修改，较新的版本如图 3-11 所示。

11. STAMP 系统理论事故模型

美国麻省理工学院莱文森（Leveson）教授 2004 年提出了一个基于系统理论的事故致因与过程模型（Systems-Theoretic Accident Model and Processes，STAMP）。

STAMP 以系统理论为基础，将系统安全性视为复杂系统的涌现性。事故发生是由系统安全相关约束在设计、开发和运行中不恰当的控制或不充分的执行，导致组件在运行时不安全地交互引发。这个过程是一个动态过程，存在一个由安全态向高风险态缓慢迁移的过程。

通过强化行为安全约束可以预防事故。STAMP 采用多层次控制结构建模方法构建安全控制结构模型，如图 3-12 所示。用控制结构说明系统组件之间的职责和权利。控制结构上层为控制器，内有一个过程模型。过程模型通过控制算法、当前状态和状态转变来产生指令，控制下层是被控制过程的活动。下层被控制过程执行上层的指令，反馈执行信息。控制模型根据反馈信息修正模型内部状态。通过内部状态与信息反馈来保持控制器和执行之间的动态平衡。过程模型内部状态和反馈信息不一致时事故就可能发生。

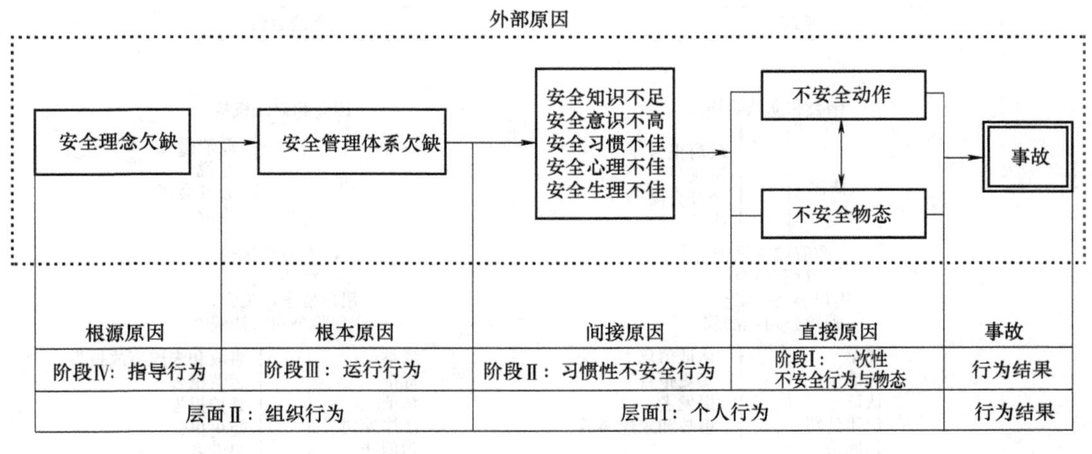

图 3-11　事故致因“2-4”模型（傅贵等，2019）

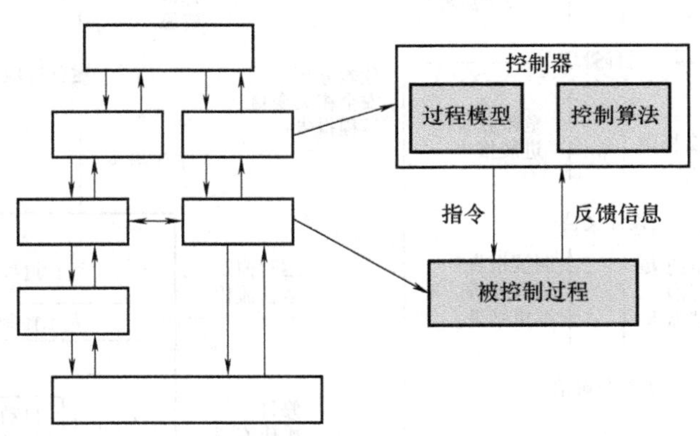

图 3-12　多层次安全控制结构模型

注：图右边是左边多层安全控制模型中一层结构内容的表达示例。

STAMP 通过分析和评估控制结构中每个组件可能对安全产生的影响，发现控制缺陷，确定安全约束，从而达到消除或控制风险的目的。STAMP 提供了三类基本控制缺陷作为安全分析指导：①控制器发出不足或不当的控制指令，包括对故障或扰动的物理过程处理的不足；②控制动作不充分地执行；③反馈信息丢失或不足。

多层次性是复杂系统的一个显著特点。在宏观的层面上，复杂系统可以指整个社会技术系统，而在较小的层面上可以指某个局部控制部件。对于不同层面，人们所关心的问题不同，系统的运行方式和机制也存在着很大的差异。

安全性是复杂系统内部组件相互作用的结果，涉及多种时空尺度，需要对各层面的结果进行综合分析。STAMP 从系统开发和运行过程角度给出了多层面社会技术控制结构的一般参考模型，说明系统开发和系统运行两个控制结构及对执行安全系统行为所具有的职责（见

图 3-13）。图 3-13 中的节点是与安全相关的人、组织、设备等组件。连接线用于描述控制组件的强制安全约束信息和执行反馈信息。运行过程本身就是一个标准的控制系统。

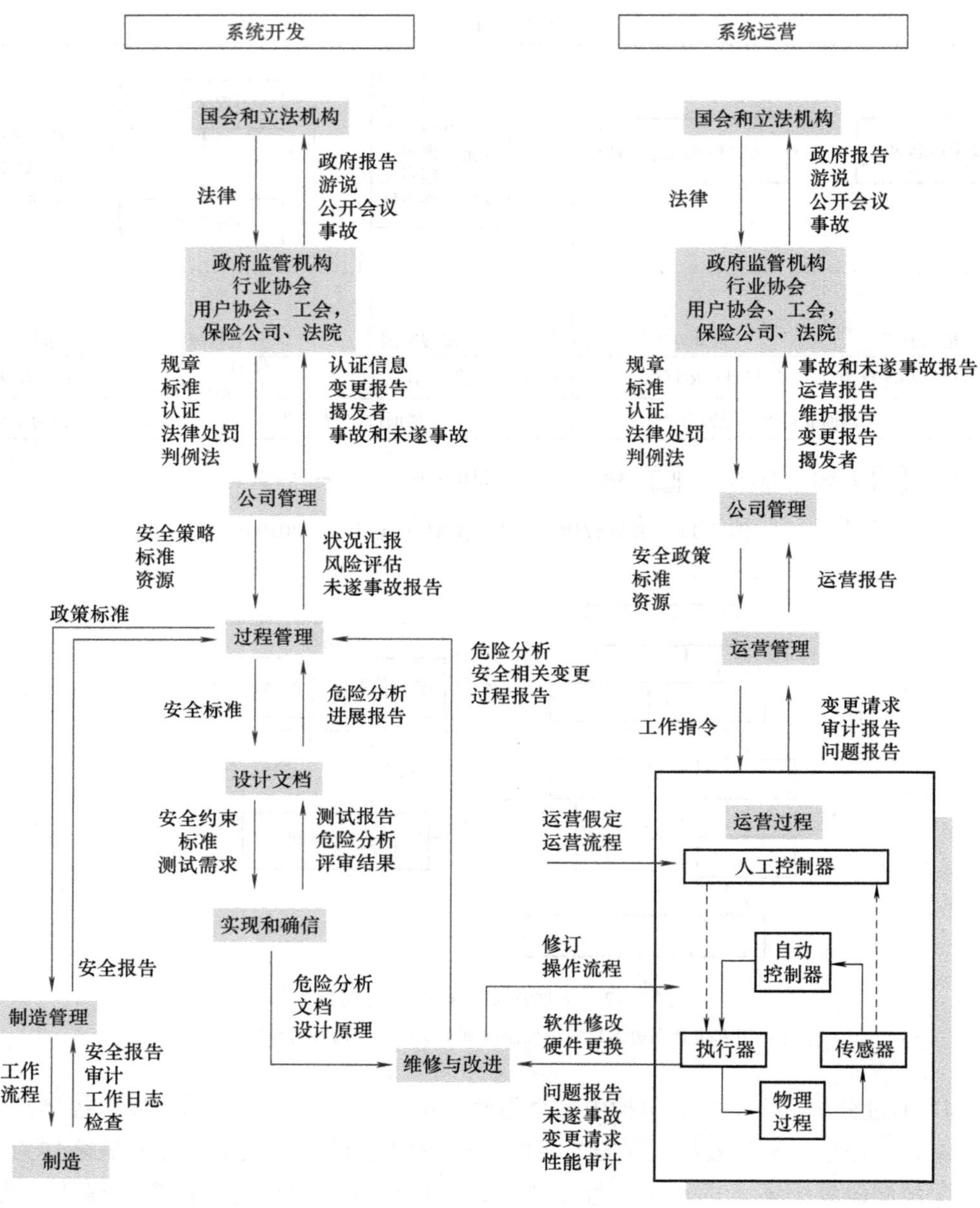

图 3-13　结合美国情况的社会技术控制结构的一般参考模型（莱文森，2011）

3.4　动态与变化的事故致因理论和模型

1. 变化-失误理论

约翰逊（W. G. Johnson）很早就注意了变化在事故发生、发展中的作用。他于 1975 年把事故定义为一起不希望的或意外的能量释放，其发生是由于管理者的计划错误或操作者的行为失误，没有适应生产过程中的物的或人的因素的变化，从而导致不安全行为或不安全状态，破坏了对能量的屏蔽或控制，在生产过程中造成人员伤亡或财产损失，如图 3-14 所示。

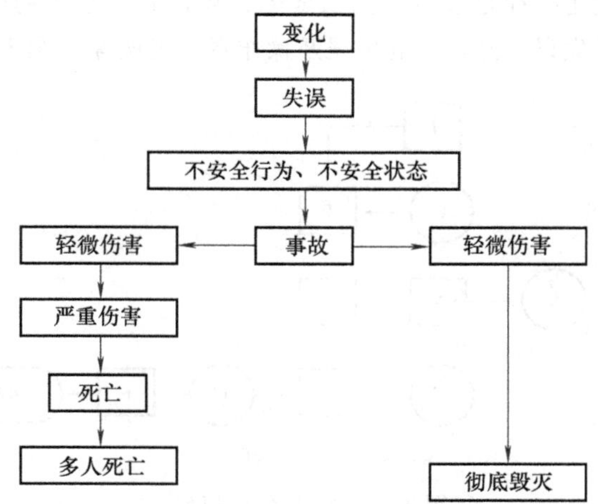

图 3-14　约翰逊的变化-失误模型

在系统安全研究中，人们注重作为事故致因的人失误和物的故障。按照变化的观点，人失误和物故障的发生都与变化有关。例如，新设备经过长时间的运装，即随着时间的变化，逐渐磨损、老化而发生故障，正常运转的设备由于运转条件突然变化而发生故障等。

在安全管理工作中，变化被看作一种潜在的事故致因，应该尽早地发现并采取相应的措施。作为安全管理人员，应该注意下述的一些变化：

（1）企业外的变化及企业内的变化。企业外的社会环境，特别是国家政治、经济方针、政策的变化，对企业内部的经营管理及人员思想有巨大影响。

（2）宏观的变化和微观的变化。宏观的变化是指企业总体上的变化，如领导人的更换、新职工录用、人员调整、生产状况的变化等。微观的变化是指一些具体事物的变化。通过微观的变化，安全管理人员应发现其背后隐藏的问题，及时采取恰当的对策。

（3）计划内与计划外的变化。对于有计划进行的变化，应事先进行危害分析并采取安全措施；对于没有计划到的变化，首先是发现变化，然后根据发现的变化采取改善措施。

（4）实际的变化和潜在的或可能的变化。通过观测和检查可以发现实际存在的变化；发现潜在的或可能出现的变化则要经过分析研究。

（5）时间的变化。随着时间的流逝，设备性能变得低下或劣化，并与其他方面的变化相互作用。

（6）技术上的变化。采用新工艺、新技术或开始新的工程项目，人们不熟悉而发生失误。

（7）人员的变化。人员的各方面变化影响人的工作能力，引起操作失误及不安全行为。

（8）劳动组织的变化。劳动组织方面的变化，交接班不好造成工作的不衔接．进而导致人失误和不安全行为。

（9）操作规程的变化。应该注意，并非所有的变化都是有害的，关键在于人们是否能够适应客观情况的变化。另外，在事故预防工作中也经常利用变化来防止发生人失误。例如，按规定用不同颜色的管路输送不同的气体；把操作手柄、按钮做成不同形状防止混淆等。应用变化的观点进行事故分析时，可由下列因素的现在状态、以前状态的差异发现变化：①对象物、防护装置、能量等；②人员；③任务、目标、程序等；④工作条件、环境、时间安排等；⑤管理工作、监督检查等。

约翰逊认为，事故的发生往往是多重原因造成的，包含着一系列的变化—失误连锁，例如企业领导者的失误、计划人员失误、监督者的失误及操作者的失误等（图3-15）。

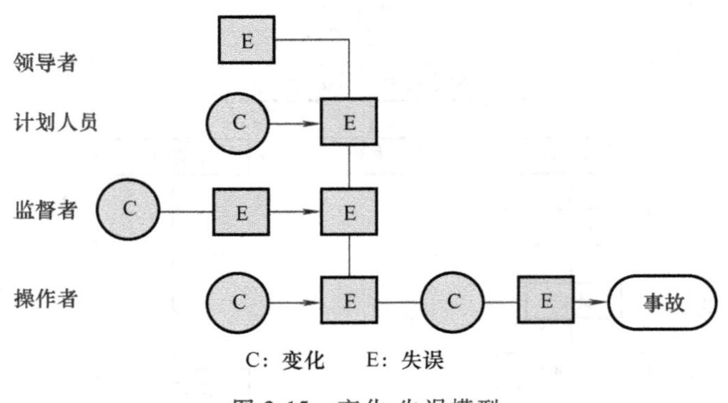

图3-15 变化-失误模型

2. 扰动P理论模型

1972年，贝纳（Benner）认为，事故过程包含着一组相继发生的事件。所谓事件是指生产活动中某种发生了的事物，一次瞬间的或重大的情况变化，一次已经避免了的或已经导致另一事件发生的偶然事件。因而，可以把生产活动看作一组自觉地或不自觉地指向某种预期的或不测的结果的相继出现的事件，它包含生产系统元素间的相互作用和变化着的外界的影响。这些相继事件组成的生产活动是在一种自动调节的动态平衡中进行的，在事件的稳定运动中向预期的结果方向发展。

事件的发生一定是某人或某物引起的，如果把引起事件的人或物称为“行为者”，则可以用行为者和行为者的行为来描述一个事件。在生产活动中，如果行为者的行为得当，则可以维持事件过程顺利进行；否则，可能中断生产，导致伤害事故。

生产系统的外界影响是经常变化的，可能偏离正常的或预期的情况。这里称外界影响的变化为扰动，扰动将作用于行为者。当行为者能够适应不超过其承受能力的扰动时，生产活动可以保持动态平衡而不发生事故。

如果其中的一个行为者不能适应这种扰动，则自动调节的动态平衡过程被破坏，开始一个新的事件过程，即事故过程。该事件过程可能使某一行为者承受不了过量的能量而发生伤害或损坏；这些伤害或损坏事件可能依次引起其他变化或能量释放，作用于下一个行为者承受过量的能量，发生串联的伤害或损坏。当然，如果行为者能够承受冲击而不发生伤害或损坏，则依据行为者的条件和事件的自然法则，过程将继续进行。

综上所述，可以把事故看作从相继事件过程中的扰动开始，以伤害或损坏为结束的过程。这种对事故的解释叫作扰动P理论。图3-16为该理论模型。

3. 劳伦斯事故模型

劳伦斯（Lawrence）在人失误模型的基础上，通过对南非金矿中发生的事故的研究，于1974年提出了针对金矿企业以人失误为主因的事故模型，如图3-17所示。该模型对一般矿山企业和其他企业中比较复杂的事故情况也普遍适用。

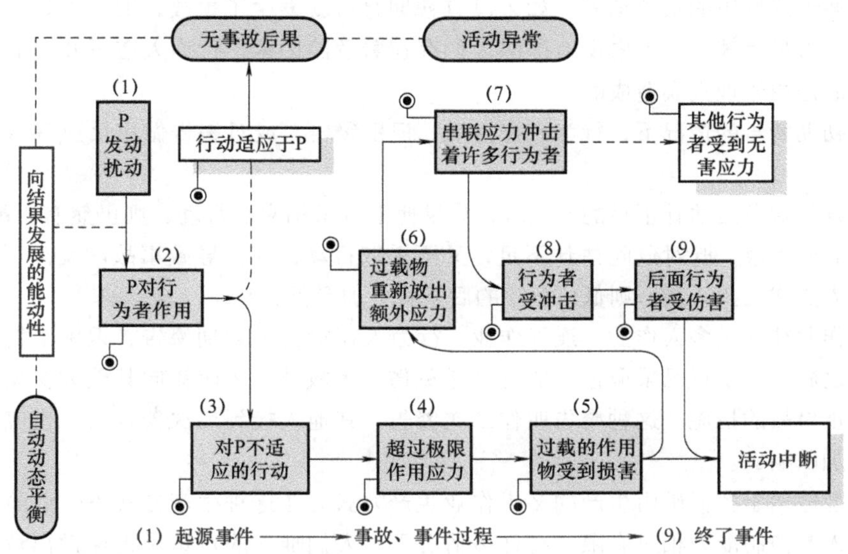

图 3-16　贝纳的扰动 P 理论模型

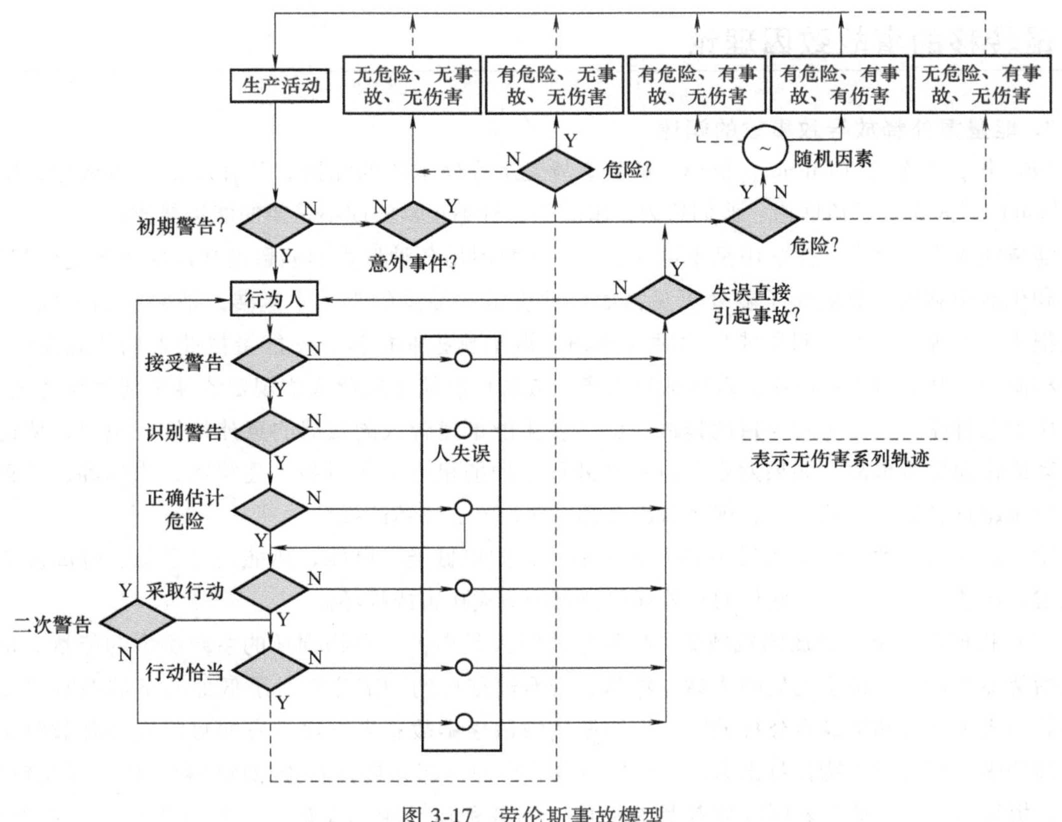

图 3-17　劳伦斯事故模型

在生产过程中，当危险出现时，往往会产生某种形式的信息，向人们发出警告，如突然出现或不断扩大的裂缝、异常的声响、刺激性的烟气等。这种警告信息叫作初期警告。初期警告还包括各种安全监测设施发出的报警信号。如果没有初期警告就发生了事故，则往往是由于缺乏有效的监测手段，或者是管理人员事先没有提醒人们存在着危险因素，行为人在不知道危险存在的情况下发生的事故是由管理失误造成的。

在发出了初期警告的情况下，行为人在接受、识别警告，或对警告做出反应等方面的失误都可能导致事故。

当行为人发生对危险估计不足的失误时，如果他采取了相应的行动，则仍然有可能避免事故；反之，如果他麻痹大意，既对危险估计不足，又不采取行动，则会导致事故的发生。这里，如果行为人是管理人员或指挥人员，则低估危险的后果将更加严重。

矿山生产作业往往是多人作业、连续作业。行为人在接受了初期警告、识别了警告并正确地估计了危险性之后，除了自己采取恰当的行动避免伤害事故外，还应该向其他人员发出警告，提醒他们采取防止事故的措施。这种警告叫作二次警告。其他人接到二次警告后，也应该按照正确的步骤对警告加以响应。

劳伦斯模型适用于类似矿山生产的多人作业生产方式。在这种生产方式下，危险主要来自于自然环境，而人的控制能力相对有限，在许多情况下，人们唯一的对策是迅速撤离危险区域。因此，为了避免发生伤害事故，人们必须及时发现和正确评估危险，并采取恰当的行动。

3.5 能量转移的事故致因理论

1. 能量意外释放导致事故的阐述

1961年，吉布森（Gibson）提出了解释事故发生物理本质的能量意外释放论。1966年，哈登（Haddon）等人完善了该理论。他们认为，事故是一种不正常的或不希望的能量释放。

能量在人类的生产、生活中是不可缺少的，人类利用各种形式的能量做功以实现预定的目的。生产和生活中利用能量的例子随处可见，如机械设备在能量的驱动下运转，把原料加工成产品，热能把水煮沸等。人类在利用能量的时候必须采取措施控制能量，使能量按照人们的意图产生、转换和做功。从能量在系统中流动的角度考虑，应该控制能量按照人们规定的能量流通渠道流动。如果由于某种原因失去了对能量的控制，就会发生能量违背人的意愿的意外释放或逸出，使进行的活动终止而发生事故。如果发生事故时意外释放的能量作用于设备、建筑物、物体等，并且能量的作用超过它们的抵抗能力，则将造成设备、建筑物、物体的损坏。

生产、生活活动中经常遇到各种形式的能量，如机械能、电能、热能、化学能、电离及非电离辐射、声能、生物能等，它们的意外释放都可能造成伤害或损坏。

（1）机械能。意外释放的机械能是导致事故时人员伤害或财物损坏的主要类型的能量。机械能包括势能和动能。位于高处的人体、物体、岩石或结构的一部分相对于低处的基准面有较高的势能。当人体具有的势能意外释放时，发生坠落或跌落事故；当物体具有的势能意外释放时，物体自高处落下可能发生物体打击事故；当岩石或结构的一部分具有的势能意外释放时，发生冒顶、片帮、坍塌等事故。运动着的物体都具有动能，如各种运动中的车辆、设备或机械的运动部件、被抛掷的物料等。当它们具有的动能意外释放并作用于人体时，则可能发生车辆伤害、机械伤害、物体打击等事故。

（2）电能。意外释放的电能会造成各种电气事故。意外释放的电能可能使电气设备的金属外壳等导体带电而发生所谓的“漏电”现象。人体与带电体接触时会遭受电击；电火花会引燃易燃易爆物质而发生火灾、爆炸事故；强烈的电弧可能灼伤人体等。

（3）热能。现今的生产、生活中到处在利用热能，人类利用热能的历史可以追溯到远古时代。失去控制的热能可能灼烫人体、损坏财物、引起火灾。火灾是热能意外释放造成的最典型的事故。在利用机械能、电能、化学能等其他形式的能量时也可能产生热能。

（4）化学能。有毒有害的化学物质使人员中毒，是由化学能引起的典型伤害事故。在众多的化学能物质中，相当多的物质具有的化学能会导致人员急性、慢性中毒，或致病、致畸、致癌等。火灾中化学能转变为热能，爆炸中化学能转变为机械能和热能。

（5）电离及非电离辐射。电离辐射主要指α射线、β射线和中子射线等射线辐射，它们会造成人体急性、慢性损伤。非电离辐射主要为X射线、γ射线、紫外线、红外线和宇宙射线等射线辐射。工业生产中常见的电焊、熔炉等高温热源放出的紫外线、红外线等有害辐射会伤害人的视觉器官。

人体自身也是个能量系统。人的新陈代谢过程是一个吸收、转换、消耗能量，与外界进行能量交换的过程；人进行生产、生活活动时消耗能量。当人体与外界的能量交换受到干扰时，即人体不能进行正常的新陈代谢时，人员将受到伤害，甚至死亡。

事故发生时，在意外释放的能量作用下人体能否受到伤害，以及伤害的严重程度如何，取决于作用于人体的能量的大小、能量的集中程度、人体接触能量的部位、能量作用的时间和频率等。显然，作用于人体的能量越大、越集中，造成的伤害越严重；人的头部或心脏受到过量的能量作用时会有生命危险；能量作用的时间越长，造成的伤害越严重。

该理论阐明了伤害事故发生的物理本质，指明了防止伤害事故就是防止能量意外释放，防止人体接触能量。根据这种理论，人们要经常注意生产过程中能量的流动、转换以及不同形式能量的相互作用，防止发生能量的意外释放或逸出。

2. 能量意外释放预防原则

（1）能量失控与人受伤害的分析。在生产活动中人们从未间断过对能量的利用，在利用中，人们给能量以种种约束与限制，使之按人的意志进行流动与转换，正常发挥能量用以做功。一旦能量失去人的控制，便会立即超越约束与限制，自行开辟新的流动渠道，出现能量的突然释放，于是，发生事故的可能性就随着能量的突然释放而变得完全可能。

如果突然释放的能量接触人体又超过人体的承受能力，就会酿成伤害事故。从这个观点来看，事故是不正常或不希望的能量意外释放的最终结果。

能量的类别不同，在突然释放时，所造成的人体伤害差别很大，造成事故的类别也是完全不同的。人与能量接触而受到刺激，能否造成伤害和伤害程度，完全取决于作用能量的大小。能量与人接触的时间长短、接触频率高低、集中程度、接触人体部位等，也会影响对人的伤害严重程度。

人丧失了对能量的有效约束与控制，是能量意外释放的直接原因和根本原因。出现能量的意外释放，反映了人对能量控制的认识、意识、知识、技术的严重不足。同时，又反映了安全管理认识、方法、原则等方面的差距。发生能量意外释放的根本原因是对能量正常流动与转换的失控，是人而不是能量本身。

（2）能量意外释放伤害及预防措施。人意外地进入能量正常流动与转换渠道而致伤害。有效的预防方法是采取物理屏蔽、时空屏蔽和信息屏蔽，阻止人进入能量流动渠道。能量意外逸出，在开辟新流动渠道时达及人体而致伤害。发生此类事故有突然性，在事故发生瞬间，人往往来不及采取措施即已受到伤害。预防的方法比较复杂，除加大流动渠道的安全性，从根本上防止能量外逸外，可同时在能量正常流动与转换时，采取物理屏蔽、信息屏蔽、时空屏蔽等综合措施，减轻伤害的机会和严重程度。

出现这类事故时，人的行为是否正确，往往决定人是否受到伤害或生存。在有毒有害物质渠道出现泄漏时，人的行为对人的伤害与生存关系尤其明显。

从能量意外释放论出发，预防伤害事故就是防止能量或危险物质的意外释放，防止人体与过量的能量或危险物质接触。在工业生产中，经常采用的防止能量意外释放的措施主要有以下几种：

1）用安全的能源代替不安全的能源。有时被利用的能源具有的危险性较高，这时可考虑用较安全的能源取代。例如，在容易发生触电的作业场所，用压缩空气动力代替电力，可以防止发生触电事故。但是应该注意，绝对安全的事物是没有的，以压缩空气做动力虽然避免了触电事故，但压缩空气管路破裂、脱落的软管抽打等都带来了新的危害。

2）限制能量。在生产工艺中尽量采用低能量的工艺或设备，这样即使发生了意外的能量释放，也不致发生严重伤害。例如，利用低电压设备以防止电击，限制设备运转速度以防止机械伤害等。

3）防止能量蓄积。能量的大量蓄积会导致能量突然释放，因此要及时泄放多余的能量，防止能量蓄积。例如，通过接地消除静电蓄积，利用避雷针放电保护重要设施等。

4）缓慢地释放能量。缓慢地释放能量可以降低单位时间内释放的能量，减轻能量对人体的作用。例如，各种减振装置可以吸收冲击能量，防止人员受到伤害。

5）设置屏蔽设施。屏蔽设施是一些防止人员与能量接触的物理实体，即狭义的屏蔽。屏蔽设施可以设置在能源上，例如安装在机械转动部分外面的防护罩；也可以设置在人员与能源之间，例如安全围栏等。人员佩戴的个体防护用品，可被看作设置在人员身上的屏蔽设施。

6）在时间或空间上把能量与人隔离。在生产过程中也有两种或两种以上的能量相互作用引起事故的情况。例如，一台塔式起重机移动的机械能作用于化工装置，将化工装置弄破裂，使得有毒物质泄漏，引起人员中毒。针对两种能量相互作用的情况，应该考虑设置两组屏蔽设施：一组设置于两种能量之间，防止能量间的相互作用；另一组设置于能量与人之间，防止能量达及人体。

7）信息形式的屏蔽。各种警告措施等信息形式的屏蔽可以阻止人员的不安全行为或避免发生行为失误，防止人员接触能量。根据可能发生的意外释放的能量的大小，可以设置单一屏蔽或多重屏蔽，并且应该尽早设置屏蔽，做到防患于未然。

3.6 能量流系统致灾与防灾模型

能量意外释放论等事故致因模型在事故预防和控制中已经得到实证，但是这些理论没有对系统中能量“流”的特征进行深入分析。鉴于此，本节深入分析事故能量流的聚集和转化过程，给出基于能量流系统的事故致因概念模型，构建基于事故能量流系统的事故预防模式，可为事故的预防、控制和消除提供理论依据（黄浪和吴超，2016）。

3.6.1　能量流系统及其事故致因模型

1. 能量流系统

无论物质是进行简单的物理性移动（如高处坠落、物体打击、机械伤害、车辆伤害等），还是发生物理、化学变化（如燃烧、化学爆炸等），其流动过程都伴随着各种能量之间的转换和利用，进而形成能量流。能量系统各组分之间的相互联系和相互作用是通过能量流通和转换实现的。能量流系统是指通过避灾系统预防、减少和消除致灾系统异常能量释放对承灾系统造成的损害所形成的，以能量作为状态衡量标准的系统。

能量流系统内涵解析：①其研究目的是减少能量异常释放所造成的损失，把能量从造成伤害的原因转换为避免和减少灾害损失的手段；②能量在致灾物、避灾物、承灾物之间以及人和环境之间的相互转换规律是事故能量系统作为独立系统类型的划分依据，并且能量流是表征事故能量系统行为的基本方式；③在一定条件下，致灾物能量、避灾物能量和承灾物能量可以相互转换，这也是事故演变复杂性的本质原因之一；④能量流系统是安全系统的子系统，具有很强的层次结构和功能结构，是一个具有动态性、开放性的复杂系统。

2. 基于能量流系统的事故致因模型

能量不能消灭，也不能创生，只能由一种形式转变为另一种形式。在结构与形式复杂的生产活动中，存在着各种形式的能量贮存与转化。事故能量系统的错综复杂性表现为能量在致灾物、承灾物和避灾物之间以及这三种物质与人、环境之间的异常流动、转化和重新分配，可以用能量流向图来揭示其复杂性本质（图3-18）。

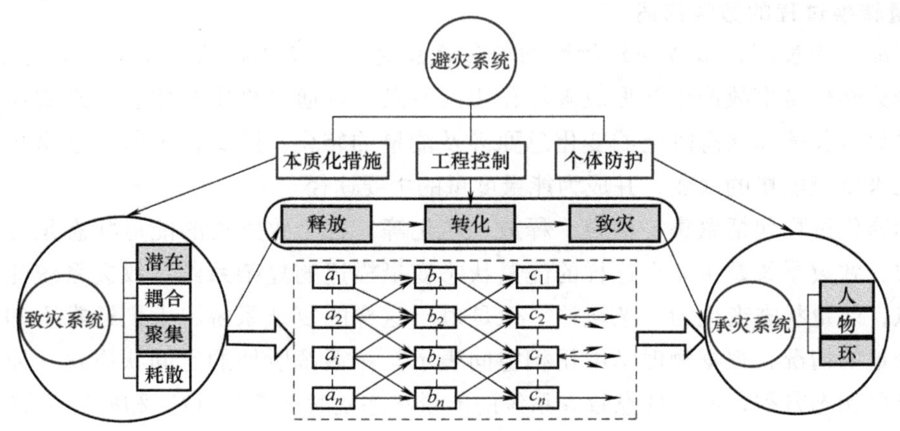

图3-18　基于能量流系统的事故致因模型（黄浪和吴超，2016）

从能量流入手探析事故的发生、发展机理，通过分析能量流系统各因素之间能量的转换及流动过程，得到四种能量流致灾模式，如图3-18虚线框所示，包括能量串发型、能量发散型、能量聚集型、能量混合型，解析见表3-5。

表3-5　基于能量流系统的事故致因类型实例解析

类型	解析与实例
能量串发型	能量串发型（图3-18中：$a_1 \to b_1 \to c_1$）是单灾种（能量源）在演变过程中形成同类型灾种延续的单向演化形态，这种类型是最简单的，也是最易预防的能量意外释放和控制的能量流系统，如物体打击、高处坠落、机械伤害等形式的能量系统

（续）

类型	解析与实例
能量发散型	能量发散型（图 3-18 中：$a_2 \to b_1, b_2, b_i \to c_1, c_2, c_i, c_n$）是由一个能量源向若干分支扩展，分裂成多种灾害能量的能量系统，此类能量流系统具有树枝叶脉链式反应特征，各能量发散分支存在时空上的连续性。此类事故能量系统具有面积大、范围广、影响深远等特征。如地下矿山冒顶或冲击地压事故，由于开采过程破坏地层的原有平衡状态，当作用于巷道顶板的地压能量超过巷道顶板的支撑力时，顶板能量系统处于失衡状态，导致冒顶事故发生，并且顶板储存的能量进一步释放，伴随产生高压有毒有害气体、高温、涌水等
能量聚集型	能量聚集型（图 3-18 中：$a_1, a_2, a_i, a_n \to b_1, b_2, b_i \to c_2$）是由若干分支能量在演化过程中集成综合型的事故能量。此类事故能量系统在时间或空间上存在两条或两条以上的并列、独立的能量源分支，能量呈现方向上的传递和聚集趋势，在事故能量系统中表现为至少存在一个聚合能量，其破坏强度逐级增强或破坏范围逐级增大。如矿山突水事故，由自然降水、含水层岩溶水、老窑积水、巷道积水等形成分支能量源，在势能、动能等能量作用下，经过一定的时空演化，向巷道、采空区等空间聚集，形成具有一定破坏强度的能量系统，当聚集的能量达到或超出突水点的临界失稳强度时，破坏作用放大，使储存的载体能量全部释放
能量混合型	能量混合型（图 3-18 中：$a_1, a_2, a_i, a_n \to b_1, b_2, b_i, b_n \to c_1, c_2, c_i, c_n$）是能量串发型、能量聚集型和能量发散型三种形式混合而成的链式网状关系，即能量传播关系不只是以链条状出现，还有链与链之间进行的互相交叉渗透和相互影响关系。如火灾事故，系统存在的可燃物本身不存在破坏力，但是当可燃物达到一定的浓度，并且具备助燃能量条件和引燃能量条件时，在一定的时空内就会发生火灾或爆炸事故，燃烧能量以冲击波、高温、高压、有毒有害气体、烟雾等能量形式释放

3.6.2　能量流转换及致灾过程的数学描述

1. 能量转换过程的数学描述

事故形成过程表明，事故的延续性演变过程总是以一定的物质、能量、信息予以表征。其中能量聚集转化是事故产生与形成破坏作用的源泉，可通过物质载体演绎来实现能量的转化。因为事故载体演绎状态时空的变化总要涉及能量的转化。因此，可以通过事故动态关系的时空变化来度量能量的演变，并成为能量度量的主要途径。

能量的转化过程包括聚集、耦合、释放、转化等，各个致灾物的能量状态是时间和空间位置的函数，致灾系统是由 n 个这样的能量状态变量描述的复杂系统。致灾系统能量瞬时状态为一个点，能量状态变化为一条轨迹。但是对于这样的复杂系统，人们通常不知道系统中每个独立变量的情况，根据物理学中用相空间表示某一系统所处的空间状态这一原理，基于灾害系统能量状态方程，假设任意致灾系统的能量状态是时间参数（t）和空间位置参数（h）的函数 $S(t,h)$，致灾系统中相互关联的第 n 个致灾物的能量状态是时间参数和空间参数的函数 $s_n(t,h)$，则 $S(t,h)$ 可用状态向量表示如下：

$$S(t,h)=[s_1(t,h),s_2(t,h),s_3(t,h),\cdots,s_n(t,h)]^{\mathrm{T}} \tag{3-1}$$

由于事故演化具有连续性，在 t 时刻，致灾系统外部输入能量以及致灾系统内部各相关致灾物之间进行能量的交换，使得致灾系统能量状态函数 $S(t,h)$ 发生变化，建立描述状态函数的微分方程，即状态方程：

$$S_{\mathrm{R}}(t,h)=f[S(t,h),S_{\mathrm{E}}(t,h),S_{\mathrm{Z}}(t,h)] \tag{3-2}$$

式中，$S_{\mathrm{R}}(t,h)$ 为致灾系统能量状态；$S_{\mathrm{E}}(t,h)$ 为外部环境输入能量；$S_{\mathrm{Z}}(t,h)$ 为致灾系统本身积蓄的能量。

设致灾系统向外部环境输出的能量为 $S_{RO}(t,h)$，则：

$$S_{RO}(t,h)=f_O[S_R(t,h),S_E(t,h),S_Z(t,h)] \tag{3-3}$$

输出的能量 $S_{RO}(t,h)$ 是在物质、能量和信息的交换之后反作用于外部环境和承灾系统的能量。对式（3-3）求导，得出致灾系统向外部环境输出能量释放速率 $V_O(t,h)$：

$$V_O(t,h)=\frac{\partial^2 f_O[S_R(t,h)S_E(t,h),S_Z(t,h)]}{\partial(t)\partial(h)} \tag{3-4}$$

$S_{RO}(t,h)$ 和 $V_O(t,h)$ 大小将影响事故后果严重程度、波及范围等，即 $S_{RO}(t,h)$ 和 $V_O(t,h)$ 越大，事故发生时意外释放的能量或危险物质的影响范围就越大，可能遭受伤害作用的人或物越多，事故造成的损失越大。

2. 能量致灾机理数学描述

（1）意外释放能量的防控效果度量。致灾系统向外部环境输出的能量 $S_{RO}(t,h)$，经过避灾系统的“能量屏蔽、工程控制、个体防护”措施及应急救援措施的有效控制以后，作用于承灾系统产生破坏作用。假设实际作用于承灾物的能量为 E（可致害能量），根据能量守恒定律，可得：

$$E=S_{RO}(t,h)-E_k-E_p-E_g-E_r \tag{3-5}$$

式中，E_k为能量源屏蔽控制措施对能量的屏蔽效能；E_p为所采取的工程控制措施对能量的削减作用；E_g为采取的个体防护措施的防护效用；E_r为应急救援的减灾效果。

（2）破坏强度和伤害程度度量。能量对承灾物的破坏作用的大小可用破坏能力 A_E来衡量。意外释放的能量经过传输、消减以后，只有作用于承灾物（人、设备设施、环境等）并超过承灾物的最大抗损害能力或承灾物所能承受的做大最大致害能力时，才会造成人员伤亡、设备破坏和财产损失。假设承灾物的抗损能力为 e（如人体的抵抗能力，设备设施的刚度、强度、可靠度，环境的自净能力等），则只有当

$$A_E=(E-e)>0 \tag{3-6}$$

时，才能对承灾物产生损害作用。

由式（3-6）可知，实际的承灾物是在能量破坏作用的时空范围内，那些抗损能力小于可致害能量的物体，这是广义灾害事故能够发生的充分必要条件，即仅有致灾物与可能受害的承灾物是不够的，还必须 $e<E$。

事故发生时，承灾物所受破坏程度取决于致灾能量的大小、能量的集中程度、承灾物接触能量的部位、能量作用的时间等。因此，若承灾物受到伤害或损坏的严重程度用 I 度量，则：

$$I=\frac{K_1K_2}{K_3}A_E \tag{3-7}$$

式中，K_1 为能量作用于承灾物的集中程度系数；K_2 为能量作用时间系数；K_3 为承灾物接触能量的部位的抗灾系数。

由式（3-6）和式（3-7）可推出：

$$I=\frac{K_1K_2[S_{RO}(t,h)-E_k-E_p-E_g-E_r-e]}{K_3} \tag{3-8}$$

由式（3-8）可看出，减少承灾物遭受的损失、减少事故造成的损失是一项系统工程。减

小 $S_{RO}(t, h)$、K_1、K_2，增大 E_k、E_p、E_g、E_r、e、K_3，在一定的经济、技术条件下，只有综合考量才能得出最优的决策方案。

3.6.3　基于能量流系统的事故预防模型

综合所构建的事故致因模型和能量转换过程及致灾过程的数学描述，构建基于能量流系统的事故预防概念模型，如图 3-19 所示，并提炼防止或减少承灾物受损严重程度（I）的措施：

（1）减少致灾系统的潜在能量 $S(t,v)$：①采用本质安全化物质，如选用安全能源代替危险性较大的能源质、使用低毒物质取代高毒物质等；②限制潜在能量，防止潜在能量聚集，如利用安全电压设备、控制旋转装置转速、控制爆炸性气体浓度等。

（2）减少致灾系统向外部环境意外输出的能量 $S_{RO}(t,v)$：①防止能量蓄积，如通过良好的接地消除静电蓄积；②控制能量释放，采用可靠性强的设备、设施，如耐压气瓶、盛装辐射性物质的专用容器等；③设置能量过载自动报警、连锁控制装置，如超压报警器、超温报警器、超速报警器等。

（3）降低致灾系统向外部环境输出能量的释放速率 $V_0(t,v)$：可采用延缓和限制能量释放的装置，开辟能量意外释放的新通道，如安全良好的接地、采用减振装置吸收冲击能量，使用安全阀、溢出阀、密闭门、防水闸、泄爆口等。

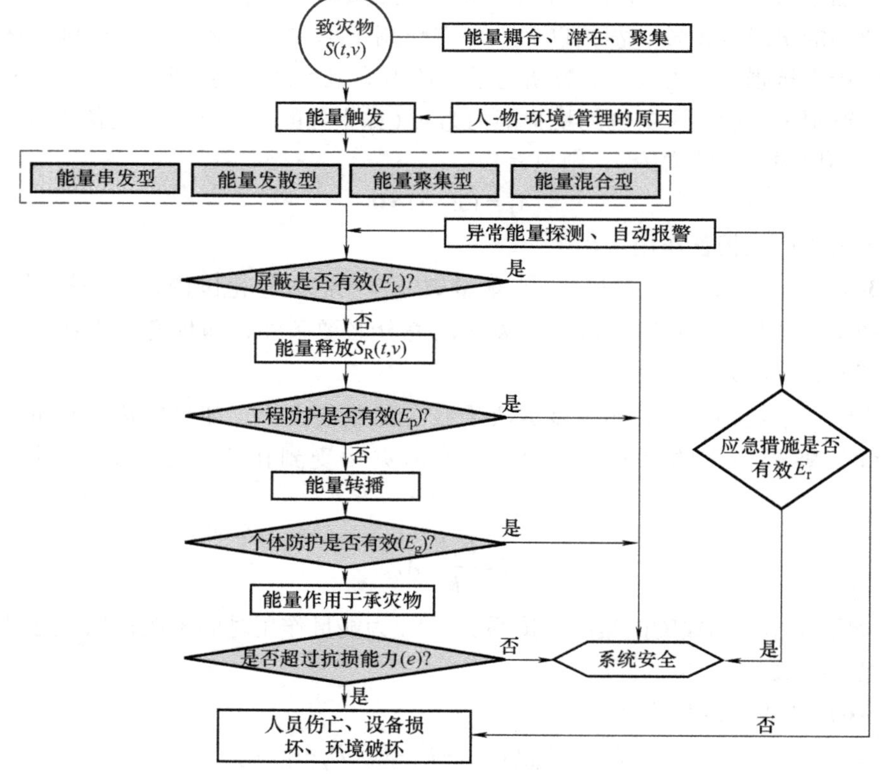

图 3-19　基于能量流系统的事故预防概念模型（黄浪和吴超，2016）

（4）采取意外释放能量的屏蔽措施，切断能量传播路径，提高屏蔽效能 E_k，如机械运动部件加装防护罩、电器的绝缘层、消声器等；在致灾物与承灾物之间采取工程控制措施提高对能量的削减作用，即提高 E_p，如采用安全围栏、防火门、防爆墙等；对承灾物采取防护措施，提高个体防护效能 E_g，如安全帽、手套、防尘口罩、防噪耳塞等；设置好能量意外释放事故的最后一道防线，采取正确的应急救援措施，使用正确的应急物质等，如根据不同的火灾类型选用不同的消防器材；降低能量作用集中程度系数 K_1、作用时间系数 K_2，增大抗灾系数 K_3。

3.7 信息流事故致因模型 IFAM

除了人，任何系统都由物质、能量与信息三者及其关联关系构成，这种关联关系通过“流通”表征，即物质流、能量流与信息流（以下简称“三流”），可通过评价系统“三流”的运行情况表征系统安全的动态演化过程。其中，信息流在“三流”中起到传带连接作用，物质流和能量流是通过信息流的形式表现的，在系统安全控制中信息流的作用越来越重要。

随着社会技术系统复杂性的提高，复杂系统事故的多米诺骨牌效应越来越大，而这些变化都是以信息驱动为基础的，系统对信息的依赖性更强，系统安全信息流偏差（信息损失、不正确信息和信息流异常流动）导致的安全信息缺失或信息不对称将成为事故发生的主要原因，传统的事故致因模型将不能满足复杂系统事故的调查与分析。更重要的是，随着安全科学研究对象和研究手段的变化，事故调查与分析、事故致因建模需要跨学科、跨领域与跨部门的新研究模式，而信息流正是打通这些学科和领域的关键要素，通过信息的连接属性和共享属性可真正实现事故致因建模与安全科学的多学科融合发展。

3.7.1 信息流事故致因模型的理论基础

1. 安全信息内涵及其分类

安全信息是系统安全与危险运动状态的表现形式：

（1）安全信息不仅包括物、环境、管理、系统和组织等的信息，还包括人的各种信息（安全生理、安全心理、安全意识、安全技能、安全教育、应变能力和管理能力等）。

（2）安全信息反映系统安全状态，可指导人们的生产活动，有助于确认和控制生产活动中存在的危险隐患和意外事件的发生与发展态势，从而达到改进安全工作、消除现场生产危险隐患、预防和控制事故发生的目的。

（3）安全信息的本质是安全管理和安全文化的载体。安全管理就是为了实现预定目标而对安全信息进行获取、传递、变换、处理与利用的过程。安全文化主要是通过安全信息的传播形成社会安全氛围和安全意识。

（4）安全信息还是事故链式演化的载体反映，事故预防与控制的本质就是通过安全信息的标示、导向、观测、警戒和调控作用对系统中物质流、能量流和人流等进行控制、调节和管理（正作用），而错误地反映系统中物质流和能量流状态的安全信息则会触发事故或导致事故处置失败（负作用）。因此，要充分发挥和正确利用安全信息流对物质流和能量流的引导和控制作用（吴超和黄浪，2019）。

根据不同的分析目的，可从不同角度对安全信息进行分类（表3-6）。

表3-6 安全信息的分类

划分依据	类型	类型含义
安全信息状态	静态安全信息	反映系统某个处于相对静止状态的信息，如已经发生或有记录的事故、职业病、安全隐患等安全数据信息，采集、利用时要注意其时效性
	动态安全信息	反映事物处于相对运动状态的信息，其与静态安全信息是相对的，指动态变化的事故、危险因素、安全资源检索等安全数据信息
安全信息的显隐性	显性安全信息	直接表征安全状态的信息，如安全报表、安全图纸、安全书刊等
	隐形安全信息	间接表征安全状态的信息，如心理指数、电信号、声信号、光信号、机器声音变化等
安全系统元素	人本身的安全信息	表征人的安全心理和安全生理状态的安全信息，如表征人的风险感知能力的信息
	物本身的安全信息	表征物的安全状态的安全信息，如设备的可靠度、故障率、安全等级等的信息
	环境的安全信息	表征系统环境状态的安全信息，包括物理环境和技术环境
安全信息处理	一次安全信息	生产和生活过程中的人、机、环境的客观安全状态和属性，具体而言就是未经加工的最原始的安全信息，如机器声音、流量、流速、温度、压力等
	二次安全信息	对原始信息加工处理后的有序、规则的安全信息，易于存储、检索、传递和使用，如各种安全法规、条例、政策、标准，安全科学理论、技术文献，企业安全规划、总结、分析报告等
安全信息特征	定性安全信息	用非计量形式描述系统安全或危险状态特征的信息，如各种安全标志、安全信号，安全生产方针、政策、法规和上级主管部门及领导的安全指示、要求，安全工作计划，企业各种安全法规，隐患整改通知书、违章处理通知书等
	定量安全信息	用计量形式描述系统安全或危险状态变化特征的信息，如各类事故的预计控制率，实际发生率及查处率，职工安全教育率、合格率、违章率及查处率，隐患检出率、整改率，安全措施项目完成率，安全技术装备率，尘毒危害治理率，设备定检率、完好率等
安全信息价值性	有价值安全信息	正确反映系统中物质和能量状态的安全信息有利于安全管理、安全方针政策制定、风险评估和事故预防等，是科学的安全预测与决策的前提（正向作用）
	无价值安全信息	错误反映系统中物质和能量状态的安全信息将会对安全预测与决策和应急管理等带来严重的恶劣影响，是导致和加剧社会恐慌、事故扩大等二次事故的原因（负向作用）

2. 安全信息流内涵及其分类与结构

安全信息沿一定的信息通道（信道）从发送者（信源）到接收者（信宿）的流动过程中，产生信息的收集、传递、加工、存储、传播、利用、反馈等活动形成安全信息流。广义的安全信息流是指安全信息的传递与流通过程；狭义的安全信息流是指在空间和时间上向同一方向运动过程中的一组安全信息，即由信息源向接收源传递的具有一定功能、目标和结构的全部安全信息的集合（分类见表 3-7）。在任何一个安全信息流结构中，均包含信息的输入和输出过程，即信息源、信息加工反应系统与信息传输系统。系统安全信息流结构简图如图 3-20 所示。

表 3-7 安全信息流的分类

分类	释义
人—物信息流	信源是人（如各种操作人员、驾驶人员、管理人员、调度人员、指挥人员等），信宿为各种机器、设备。在大型系统中，通常是“多人—多物”信息流
人—人信息流	信源是“人”或“人群”，信宿也是“人”或“人群”，如风险沟通中的信息流动、安全教育培训中的信息流动、安全会议中的安全信息流动等
物—物信息流	信源是“物”（各种控制装置或控制设备），包括控制器、调节器、测量装置、执行机构、控制计算机等，信宿也是“物”（各种生产机器或设备、交通运输设备等），如温度、流量、压力、转速、水位、行程、料位、成分、浓度、粒度等

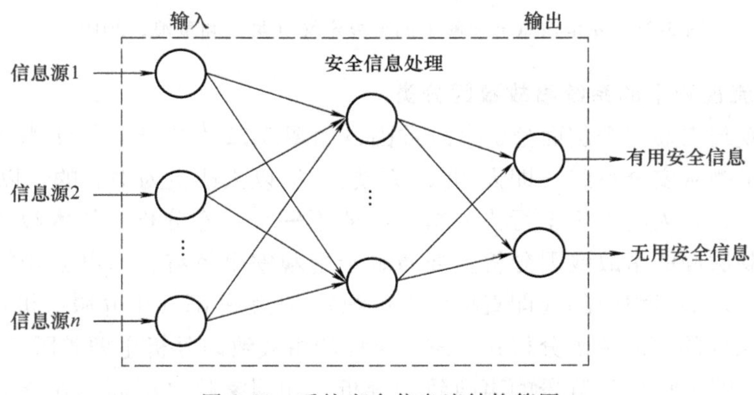

图 3-20 系统安全信息流结构简图

安全信息流决定系统安全的动态演化趋势，即系统安全的演化过程可由安全信息所表现出来的一种“势”来引导。这里的“势”是指驱动安全信息流在流动过程中的所有力，而流通则是各种力的聚合作用的结果。因此，要弄清基于安全信息流的事故致因机理，必须分析安全信息流在流动过程中所受的驱动力。

3.7.2 信息流事故致因模型及其解析

1. 安全信息流视阈下的事故定义

已有的事故致因模型都是在一定的历史时间段，在特定的环境和特定的假设条件下提出的，不同的模型具有不同的事故致因侧重点（人、物、环境、能量、文化、管理和系统等因素中的一个或多个方面）。因为众多事故致因因素都是通过信息的形式表征的，通过分析各个事故致因模型中的致因因素的信息表现形式，得出事故致因因素，可统一为安全信息。根据上述分析以及安全信息定义可知，安全信息可涵盖系统事故致因因素。安全信息是众多事故致因因素的统一体，事故致因的本质是安全信息的获取、分析和利用的失效。例如，经典的轨迹交叉模型中，人为什么会产生不安全行为，物为什么为存在不安全状态，以及人的不安全行为和物的不安全状态为什么会发生交叉，究其原因，很大程度上是因为安全信息流的偏差而导致安全信息缺失。

从信息处理的视角重新解析事故的定义，可认为事故的实质是安全信息流动和编译的故障。安全信息流偏差导致安全信源和安全信宿之间出现安全信息的不对称或安全信息缺失，而安全信息流的偏差是安全信息力失控造成的（见图 3-21），即安全信息的获取力、分析力和利用力失控造成的。这个观点突出个人和组织应怎样认识和利用安全信息。其关键点是了解安全信息和安全知识是怎样和事故关联的，以及安全信息缺失和安全信息不对称是如何产生的，如信号的错误理解、信息含糊不清、无视规则和指示、组织的自负和傲慢（对系统安全的过分盲目）。图 3-21 右边涵盖“事件”是因为由安全信息流偏差导致的安全信息缺失和安全信息不对称还可造成“流言蜚语”“涟漪效应”等风险沟通失误或风险的社会放大事件。

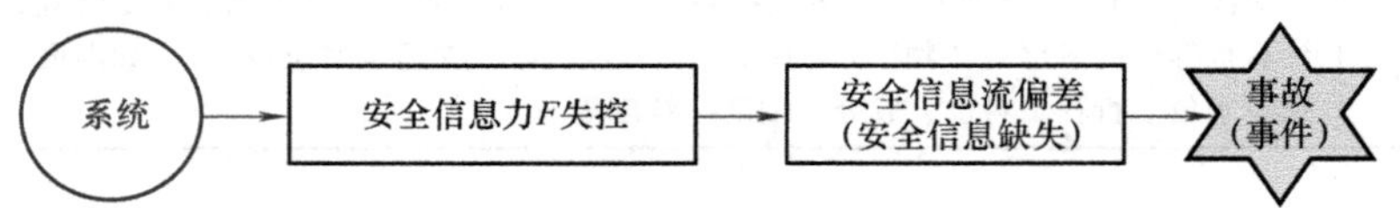

图 3-21　安全信息流视阈下的事故定义（吴超和黄浪，2019）

2. 安全信息流视阈下的系统事故致因分类

从微观、中观与宏观三个层面分析事故致因，如图 3-22 左部所示：①微观层面的事故致因分析主要着眼于微观安全系统（即人-机-环系统），即以人或机为中心的、以人-机交互为中心的事故致因分析，如人的不安全行为分析、物的不安全状态分析、技术故障分析、软件故障分析等；②中观层面的事故致因分析主要着眼于中观安全系统，即以公司等组织系统为中心的事故致因分析，如组织内部（即直接涉事组织）、组织外部（中介服务机构、安全规划机构、供应商等）层面的事故致因分析；③宏观层面的事故致因分析主要着眼于宏观安全系统，即以社会技术系统的大环境为背景的事故致因分析，如国家政府层面、安全监管监察机构层面、社会安全协会层面的事故致因分析。

在系统安全因素方面，通过对系统安全因素的分析，将系统安全因素划分为：人、机、管理、信息、资源和环境六个组成部分，如图 3-22 右部所示：①人，包括微观层面的操作人员、安全检查人员、检维修人员，他们的职责是执行上级任务，并反馈现场安全信息；中观层面组织内部的安全管理人员、安全培训人员等，外部组织的安全评价人员、安全规划人员等，他们的职责是企业组织内部的安全管理、安全培训、安全评价，以及执行并反馈上级任务；宏观层面的安全监管人员、执法人员、审批人员等；②机，如生产设备设施、劳保用品、应急救援装备等硬件设施，以及软件设施（如中控程序、安全管理软件等），需指出的是，“机”还包括物质（如原材料、半成品、成品等）；③管理，可分为微观层面的安全管理（如现场安全管理）、中观层面的安全管理（如企业层面的安全管理）和宏观层面的安全管理（如政府安全监管）；④信息，如安全指令、程序、报告、标准、法律法规等，前文已分析，信息还可统一系统事故致因因素，这些信息元素的流动形成信息流，信息流是组织安全运转的“神经系统”；⑤资源，如应急救援设备设施、安全培训资源、安全专家资源、法律法规资源、安全投入等；⑥环境，不仅包括微观层面的现场物理环境（如高温、噪声、天气等），而且还包括中观层面的组织安全氛围、安全文化和宏观层面的社会环境（如政治、经济、教育等）。值得注意的是，因为事故致因理论也是以确保人的安全、健康、高效和舒适为目的的，而且人具有主观能动性，是最难控制的变量。因此，上述系统安全因素是以人为中心的。此外，图 3-22 中的交叉融合是指微观、中观、宏观三层面分别按照系统安全要素进行匹配，即微观、中观、宏观层面的人、机、管理、信息、资源和环境，而传统的系统安全要素划分往往处于微观层面。

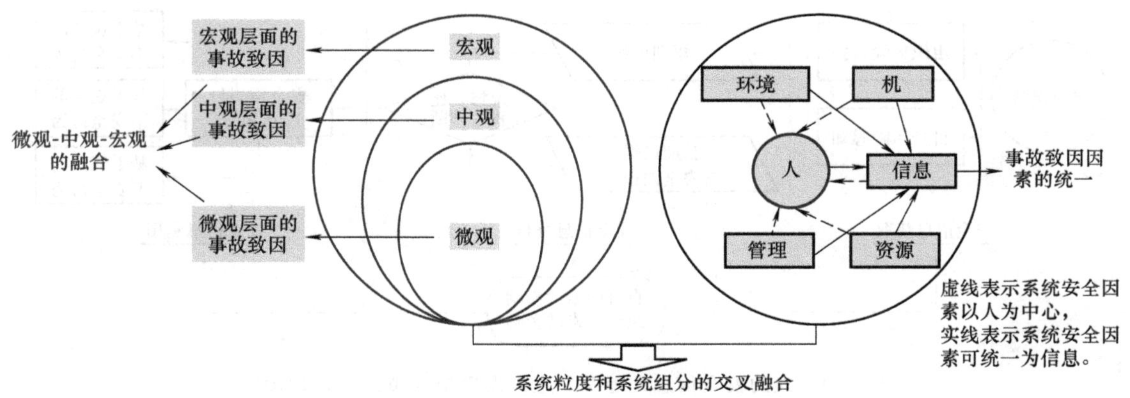

图 3-22 事故致因因素的划分与融合（吴超和黄浪，2019）

3. 信息流事故致因模型及其内涵解析

基于安全信息流视阈下的事故定义及上文的分析构建基于安全信息流的事故致因的概念模型（IFAM），如图 3-23 所示。

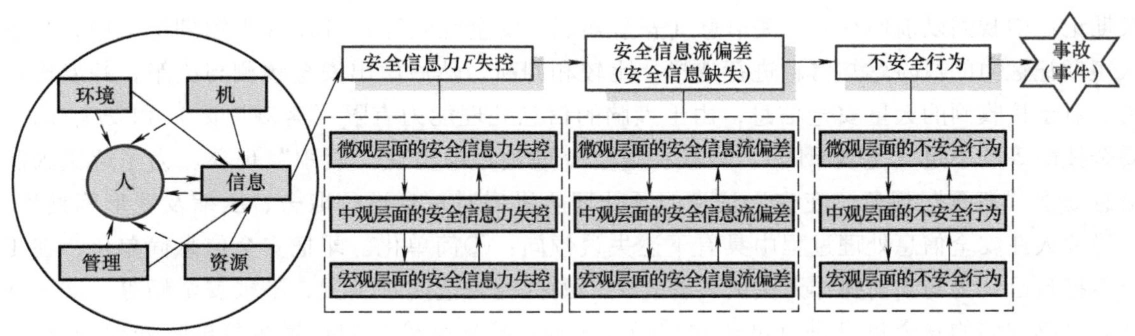

图 3-23 基于安全信息流的事故致因的概念模型（黄浪等，2020）

模型内涵解析如下：

（1）微观层面的安全信息流事故致因分析。事故是系统的涌现属性，因此，可称为系统事故。根据微系统定义可知，任何事故都是发生在特定的微系统范围内的，如特定的生产车间、港口、码头等，而微系统事故背后涉及深层的中观和宏观层面的事故致因。因此，事故致因分析需要寻求系统事故涌现的突破口。

人的行为失误其实质是人的信息处理过程的失误，即对信息的获取、分析和利用的失误。

人的失误构成了所有类型的伤害事故的基础，该模型把人失误定义为“错误地或不适当地回答一个外界刺激”。在生产过程中，各种刺激不断出现，若操作者对刺激做出正确的反应，则事故不会发生；如果操作者的反应不恰当或不正确，即发生失误，则可能造成事故。因此，在微观层面，基于安全信息流进行事故致因分析时，可以以人的安全信息获取、分析和利用过程为主线，构建人的安全信息处理及发生失误模型，如图3-24所示。

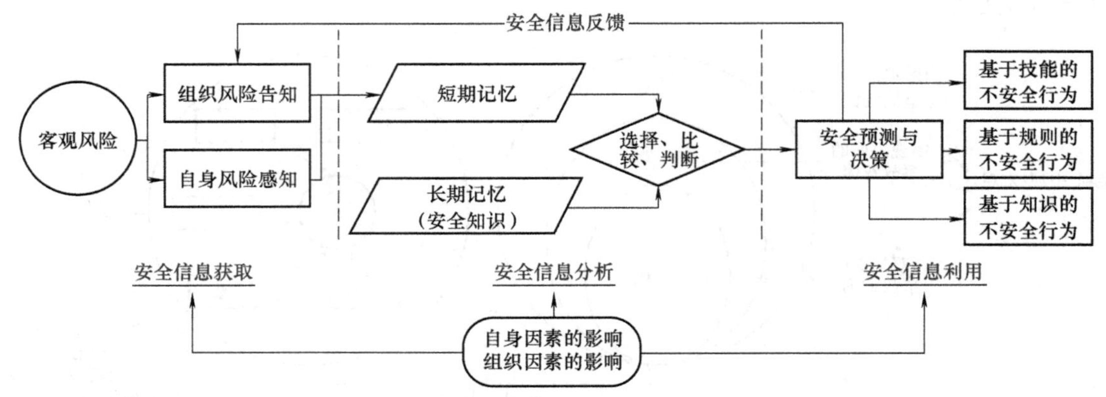

图3-24 人的安全信息处理及发生失误模型（黄浪等，2020）

在安全信息的获取过程中，由于自身风险感知能力的不足（包括安全心理、安全生理等因素的影响）和组织风险告知的缺失（没有告知、告知有误等），导致个人感知到的风险（主观风险）和客观风险存在偏差，即风险感知偏差，进而影响安全信息分析和安全信息利用。

在安全信息分析过程中（风险认知），针对感知到的风险（储存于短期记忆中），需要从长期记忆中找回以前储存的有关信息（安全知识、安全经验等）并储存于短期记忆中，与进入短期记忆中的风险感知信息进行选择、比较和判断，然后做出安全预测与决策，并发出行为。对于接收到的大量安全信息，由于大脑的信息处理能力有限（客观原因）和安全知识、安全技能等的不足（主观原因），导致在信息处理过程中出现“瓶颈”现象。为了解决大脑信息处理“瓶颈”现象，在安全信息的预处理阶段需对信息进行取舍、压缩及变形等处理。这导致人在安全信息处理过程中具有下述失误倾向：①简单化。即把安全信息简单化，在工作中把自己认为与当前操作无关的步骤省去，如拆掉安全防护装置、不戴安全帽等。②选择性。对感知到的安全信息进行迅速的扫描并选择，按安全信息的轻重缓急排队处理和记忆。这使得人们的注意力过分地集中于某些特定的因素（操作、规程或显示装置）而忽视其他因素。③经验与熟悉。人对于某项操作达到熟练以后，可以不经大脑处理而下意识地直接行动。一方面，这有利于熟练、高效地工作；另一方面，这种条件反射式的行为在一些情况下（如紧急情况）是有害的。④简单推断。当获取的安全信息与记忆中的过去的经验相符时，就认为安全信息将按照经验那样发展下去，对其余的可能性不加考虑而排斥，进而遗漏一些关键的安全信息。

在安全信息利用过程中，主要是根据安全信息的分析结果，进行安全预测与决策，并转为执行行为。

（2）中观层面的安全信息流事故致因分析。中观层面组织的安全信息获取主要有三种模式：上级组织告知、下级组织告知和自身分析获取。在组织进行安全信息获取、分析与利用的过程中，受外部因素（如安全法律法规、安全方针政策、经济压力等）和自身因素（如安全理念、安全资源、安全技术等）的影响，导致安全信息流偏差。组织安全信息处理模型如图3-25所示。

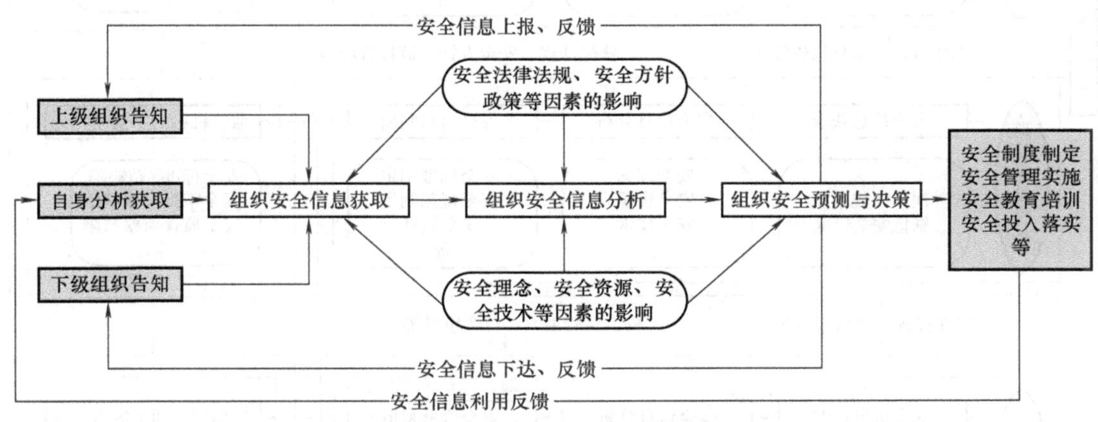

图3-25 组织安全信息处理模型（黄浪等，2020）

组织外部因素方面，涉及宏观政治、经济、文化等因素的影响（超出本节研究范围）。对于组织外部与组织内部之间的安全信息流有直接影响的因素有：①宏观层面（如直属安全监管机构、所属辖区政府）的安全监管监察缺陷和行政审批缺陷导致的组织安全信息流失去法制约束而出现安全信息缺失、安全信息不对称（此处主要指偏离法定方向），如监管监察缺陷导致组织内部安全信息流混乱、违规审批竣工验收导致组织内部安全信息流处于先天失真状态。②中观层面的外部组织输出的安全信息缺失导致内部组织（直接涉事组织）安全信息流偏差，如安全评价机构提供的安全评价报告、职业卫生服务机构给出职业卫生评价报告弄虚作假，故意隐瞒不符合安全条件的关键问题；安全规划机构提供的安全规划服务（如工业布局、应急疏散规划等）不符合法律法规要求；安全设计机构的安全设计不合理；供应商、承包商等提供安全信息缺失等。上述因素都可导致组织安全信息流通的不完全性、非对称性的产生。

组织自身因素主要有：①传统安全习惯锁定。组织中安全工作的程序、方式与方法等往往是长期实践的结果，容易形成比较固定的路径依赖。②安全责权匹配错位。组织上下级的责权分配、岗位职责分配、部门职责分配不合理。③安全信息渠道拥塞。组织体系确立的信息层次结构和信息沟通准则不合理，或者不同层次组织成员对信息获取、分析与利用程度各异，导致组织的信息反馈渠道不畅。④安全知识结构落差。由组织成员间教育程度、专业技能的不对称等形成的安全知识结构落差也会产生信息阻力。⑤安全价值观念冲突。例如企业在面临生存压力时，“安全优于生产”与“生产优于安全”的博弈、安全投入与安全效益的博弈等。

（3）宏观层面的安全信息流事故致因分析。从组织定义的视角分析，中观层面的事故致因和宏观层面的事故致因都属于组织维度的事故致因。因此，宏观层面与中观层面的安全信息流分析过程相类似。

基于上述一般模型的构建及其内涵解析，可构建安全信息流事故致因的分析模型，如图3-26所示。

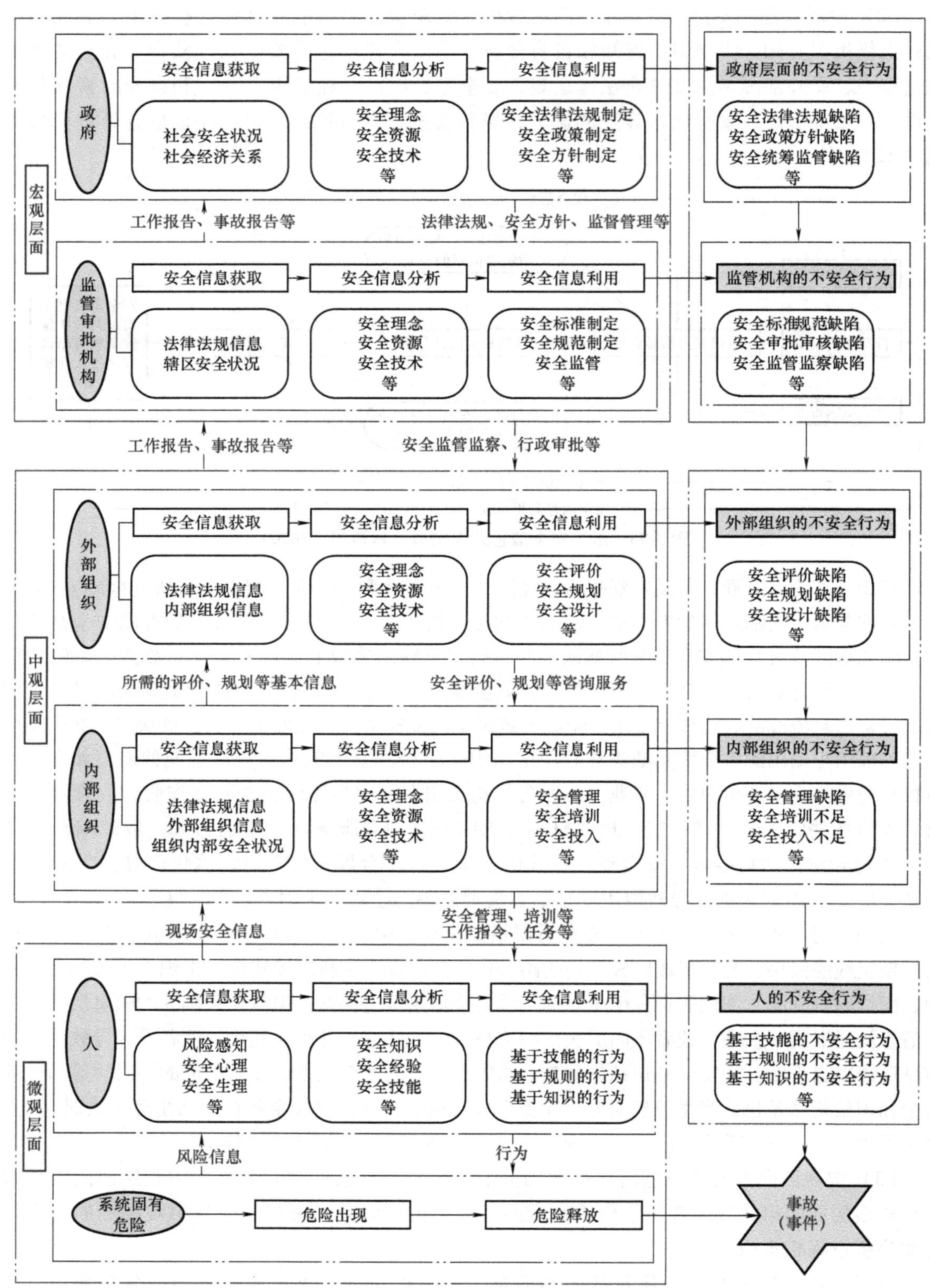

图3-26　安全信息流事故致因分析模型（黄浪等，2020）

为了更加清晰地展示事故致因的层次性，同时突出事故的系统涌现属性，可将微观层面的事故致因归为直接原因，将中观层面的事故致因归为间接原因，将宏观层面的事故致因归为根源原因。在运用该模型进行事故分析与调查时，以安全信息获取、分析、利用的正确性、及时性与完整性为判断依据，以微观层面的直接原因为突破口，可追溯事故间接原因和根源原因。根据不同层级之间，以及相同层级但不同组织之间的安全信息流偏差原因，可实现对事故的分级定责。

4. IFAM 模型价值

从安全信息流视角构建的事故致因模型具有理论价值和实践价值，该模型优势分析见表 3-8。

表 3-8 安全信息流事故致因模型优势分析

价值		具体释义
理论价值	完善事故致因理论体系	按照系统安全要素构成，现有的事故致因模型可归纳为“人致因类”“物质致因类”“能量致因类”与“系统缺陷致因类”。换言之，以“信息”这个关键要素为突破口的事故致因理论的相关研究极其缺乏。因此，安全信息流事故致因模型的构建可完善和丰富事故致因理论体系
	指导安全信息相关学科建设	安全信息流事故致因模型是安全信息论与公共安全信息工程的最基本模型，该理论模型的提出可为上述学科建设奠定坚实的理论基础。此外，基于该模型可搭建上述学科的学科框架
	丰富系统安全学学科体系	安全信息流事故致因模型以信息为切入点，以系统思维为基本指导思想，尤其是对微系统、中系统与宏系统的划分，可丰富传统系统安全学对系统的认识，拓展现有系统安全学相关理论体系
	丰富安全管理学学科体系	安全管理的实质就是保障系统内安全信息流在安全信息力的驱动与引导下，按照既定安全目标正常流动，保证无安全信息不对称现象和无安全信息缺失现象，进而促进安全目标的实现。但现有安全管理学学科体系在安全信息相关研究方面还很欠缺，因此安全信息流事故致因模型的提出能够丰富安全管理学相关内容
实践价值	指导事故分析与责任追查	对应微观（个人、基层）、中观（内部组织、外部组织）与宏观（政府、社会）层面的事故致因，将事故原因划分为直接原因、间接原因和根源原因，有利于事故分级调查、事故报告制度的落实。安全信息流的偏差原因和安全信息力的失控原因可为事故调查与分析、事故责任定责提供理论基础。
	指导风险沟通	风险沟通失败（如风险的社会放大涟漪效应、谣言、流言蜚语等）的一个重要原因是风险沟通者与风险沟通受众之间的信息的缺失和信息不对称，通过安全信息流事故致因模型可以很直观地找出风险沟通过程中信息缺失或信息不对称的关键节点，进而确保风险沟通目的的实现
	实现系统风险定量评价	用信息统一系统安全因素，通过变量的减少，引入信息熵等相关系统状态评价方法和技术，有利于实现对系统风险的定量评价，也有利于实现对复杂社会技术系统风险传递的度量与控制
	指导安全能力评估	根据个人安全信息力和组织安全信息力的表征，可实现对个人或组织进行安全能力评估（包括安全信息的获取力、分析力、利用力），进而发现个人或组织的安全能力缺陷。安全信息视阈下的安全能力又可理解为信息素养
	促进大数据在安全科学领域的应用	大数据思维与技术将为事故致因建模与事故调查分析带来革新，安全信息是实现安全数据向安全知识转换的关键点。换言之，安全信息流事故致因模型可为大数据思维与技术在安全科学领域的应用搭建桥梁，奠定理论基础

3.8 重大事故的复杂链式演化模型

3.8.1 事故链定义及内涵

事故的发生、发展都是由系统多种内外因素沿着某一条规律链相互作用的结果。按照安全科学、安全物质学的相关理论，事故是致灾物（可导致损害物质）、承灾物（可遭受损害物质）与避灾物（可避免或减少损害物质）三者之间以及它们与人和环境之间交互作用的涌现和涨落。可从以下两方面解析这种交互作用：①当致灾物引发事故以后，事故系统的致灾物、承灾物与避灾物按照各自被赋予的内涵处于三角形的顶点（稳定系统，如图3-27中的粗箭线标示），通过合理匹配达到有效的减灾、救灾目的，这是最理想状态；②当相互匹配不合理时（如不符合标准的救灾物导致致灾物作用时间、作用空间、作用强度等发生变化，以及承灾物发生变异等），致灾物作用于承灾物时产生了新的致灾物，并作用于新的承灾物，从而引发次生、衍生事故，形成事故链（见图3-27）（黄浪等，2016）。

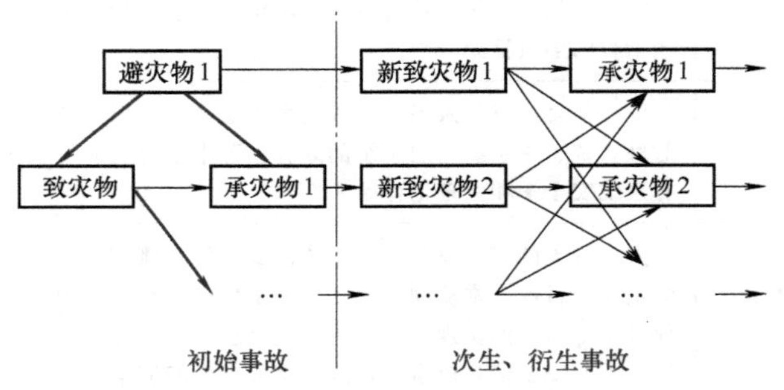

图3-27 事故链形成机理

由上述分析可知，事故链是指在特定的时间和空间范围内，由于事故系统致灾物、避灾物和承灾物之间不合理匹配而形成的一种由初始事故引发一系列次生事故的连锁和扩大效应，是事故系统复杂性的基本形式。事故链的内涵解析如下：

（1）若把整个事故看成一个大系统（事故系统），则事故链是复杂事故系统的重要组成部分和基本特征，事故链构成事故系统的一个子系统。事故链的发展态势由致灾物的危险性、承灾物的暴露性和脆弱性、避灾物的不确定性、环境的不稳定性以及人的主观能动性在时间与空间上的复杂耦合作用决定。

（2）事故链的产生需满足三个条件：①存在初始事故，初始事故发生后产生新的致灾物；②新的致灾物作用于承灾物，导致至少一个二次事故发生；③次生事故扩大了初始事故严重程度，即所导致的一个或多个二次（或三次等）事故产生了大于初始事故后果的严重事故。

（3）事故链演化具有两方面特殊性：①初始事故发生后，次生事故是否发生存在一定的随机性，但由于事故具有因果关系与引发关系，所以又不是完全的随机现象。这种受到约束的随机性会产生复杂性风险，进而增大事故系统的复杂性；②事故链存在时间上的延续性与空间上的扩展性，这种时空的延续扩展过程可造成事故规模的累积放大。

3.8.2 重大事故链式演化模型

1. 事故链式关系的载体反映

事故链式关系演化的实质是介质载体的转化，事故链式关系的载体反映是对事故链式规律的客观认识。因此，将事故链式演化的研究落实到物质第一性，抓住事故过程中载体的演绎规律和本质，就能认识整个事故演化过程及其实质，并为能量转化和事故损失度量提供量化的基础条件。

根据协同学理论，事故系统的形成与其内部各元素之间、各子系统之间以及系统与外部环境之间的相互协同作用紧密相关，这种相互协同作用通过物质、能量与信息的交换予以表征。因此，可通过物质流、能量流与信息流的协同关系获得事故系统在某一特定时间、空间、功能和目标下的特定结构。综上分析得出事故链式关系的载体反映：

（1）物质载体演化形态有固态、液态与气态等，事故链的形成过程具有不同物质性态的单体演绎或多性态聚集、耦合与叠加等特征，这些性态由其含量、转化形式和时空位置的演化而形成物质流，性态的演化导致了事故链式关系演绎的多样性与复杂性。

（2）物质的流动与转化需要能量，无论是物理性流动还是化学性流动，其流动过程中都伴随着各种能量之间的聚集、耦合、传输、转换，因此物质载体演化的另一个伴生特征是能量的转移和转换（能量流）。

（3）在物质和能量的流动过程中产生了大量信息，因此以物质、能量为基础的信息反映也是事故链式关系的载体反映，通过光、声、温、速等基本形式表征，伴随着链式载体起到辐射、转化、传播等作用而构成信息流。

2. 重大事故链式演化模型

事故链式关系的载体在事故演化中起着重要的媒介和桥梁作用，在以事故链式关系的载体为依托的演化体系中，物质流、能量流、信息流构成演化核心，称为“核心环流”，其他（人、环境等因素）则为“外环因素”，它们共同构成重大事故链式演化模型（图3-28）。事故链式载体在外部环境（外环因素）和载体的核心环流（内环作用）共同作用下实现其链式演变。

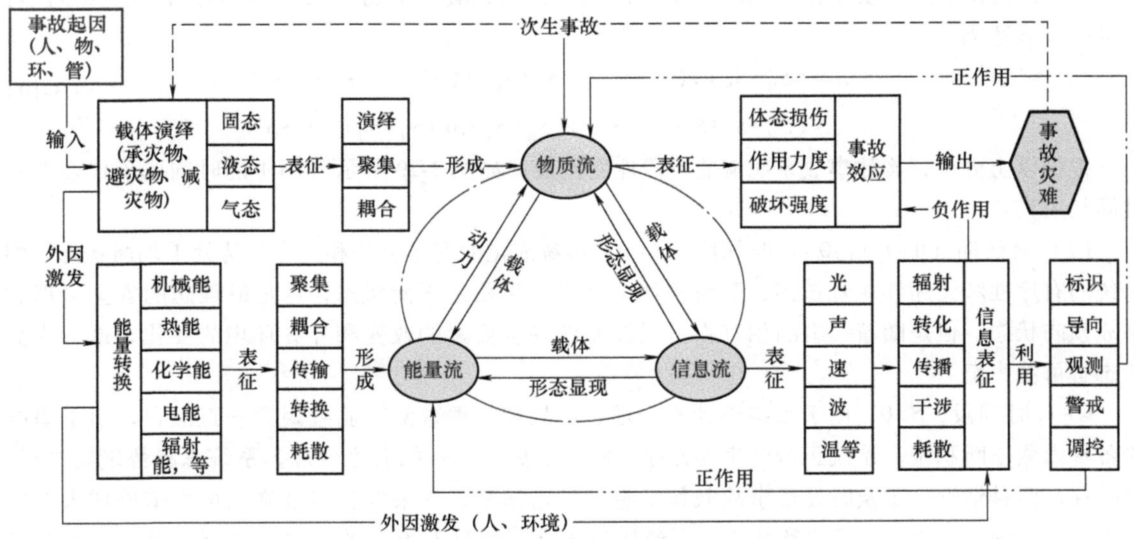

图3-28 重大事故链式演化模型（黄浪等，2016）

（1）核心环流。安全生产活动中的主体对客体的认识是以能量流或物质流为载体进行信息的获取、传递、变换、处理和利用实现的。事故预防与控制的本质就是通过信息流的标示、导向、观测、警戒和调控作用对系统中物质流和能量流进行控制、操纵、调节和管理（正作用）避免事故发生，而错误反映系统中物质流和能量流状态的信息则会触发事故或导致事故处置失败（负作用）。因此，要充分发挥和正确利用信息流对物质流和能量流的引导和控制作用。

（2）外环因素。在正常的安全状态下，系统中物质流、能量流、信息流都处于正常有序的排列和控制中，即系统中物质、能量、信息在一定的安全阈值范围内与外界系统进行不断的交换作用。如果遇到一定的触发条件（如人的不安全行为、环境的不合理规划、管理的缺陷、物的不安全状态以及物质本身的设计缺陷等），使物质、能量和信息的正常交换作用失控，进而导致物质流、能量流、信息流的紊乱，就会引发事故。

3. 事故链式阶段性演化机理

事故链在孕育、演化过程中具有阶段性，不同阶段链式载体的转化呈现不同状态，因此可通过事故演化过程中的载体特性来认识事故。事故演化分为阶段型演化、扩散型演化、因果型演化和情景型演化。根据事故载体反映和事故链式演化关系，本节将事故链演化按照时间顺序划分为四个阶段：潜伏期、爆发期、蔓延期和终结期。

根据熵理论，熵是对系统中物质、能量、信息的混乱和无序状态的一种表征，系统越无序，熵值越大，而耗散结构理论讨论的则是系统从无序向有序转化的机理、条件和规律。从事故链式演变特征可以看出，事故系统演变过程与熵的演变和耗散过程有很大的共性，事故链从潜伏期到蔓延期是一个熵增大于熵减的过程，而终结期则是一个熵减大于熵增的过程。

按照事故链载体反映和安全物质学理论，事故系统可以划分为物质流子系统、能量流子系统、信息流子系统、人流子系统和环境子系统。由熵的加和性可知，事故系统的总熵可表述为

$$S=S_{\mathrm{M}}+S_{\mathrm{E}}+S_{\mathrm{I}}+S_{\mathrm{H}}+S_{\mathrm{C}} \tag{3-9}$$

式中，S 是事故系统的总熵；S_{M} 是物质流子系统的熵；S_{E} 是能量流子系统的熵；S_{I} 是信息流子系统的熵；S_{H} 是人流子系统的熵；S_{C} 是所处外部环境系统对事故系统的输出或输出熵。

系统的混乱程度取决于系统熵增（正熵，“S^{+}”）和熵减（负熵，“S^{-}”）。因此，式（3-9）可以进一步表述为

$$\begin{aligned} S &=(S_{\mathrm{M}}^{+}+S_{\mathrm{M}}^{-})+(S_{\mathrm{E}}^{+}+S_{\mathrm{E}}^{-})+(S_{\mathrm{I}}^{+}+S_{\mathrm{I}}^{-})+(S_{\mathrm{H}}^{+}+S_{\mathrm{H}}^{-})+(S_{\mathrm{C}}^{+}+S_{\mathrm{C}}^{-}) \\ &=(S_{\mathrm{M}}^{+}+S_{\mathrm{E}}^{+}+S_{\mathrm{I}}^{+}+S_{\mathrm{H}}^{+}+S_{\mathrm{C}}^{+})+(S_{\mathrm{M}}^{-}+S_{\mathrm{E}}^{-}+S_{\mathrm{I}}^{-}+S_{\mathrm{H}}^{-}+S_{\mathrm{C}}^{-})=S^{+}+S^{-} \end{aligned} \tag{3-10}$$

根据以上分析，构建事故系统熵的阶段性变化规律如图3-29所示（图中的时间段不代表实际时间长短）。

（1）潜伏期（$0\sim t_2$）：$0\sim t_1$ 时间段，$S=0$，系统演化的有序趋势和无序趋势处于均衡状态，即系统的有序性和无序性相互抵消，系统整体上处于一种稳定平衡状态，这是最理想的安全管理和事故预防状态。但是随着二者的相互作用以及系统安全要素的改变和外界环境的变化，这种临界状态有可能失衡。

$t_1\sim t_2$ 时间段，$S>0$，由于系统设计不合理、规划和管理缺陷等危险因素一直潜存，引发事故的各种因素不断积聚，系统正熵产生的无序效应大于负熵产生的有序效应，系统总趋势走向失稳。此时存在两种情况：①及时发现事故载体信息的异常演变，并采取管理措施或技术措施增大系统负熵，使系统总熵重新趋于平衡状态，系统恢复正常，如图3-29中的 a^{-} 曲线所示；②没有及时发现事故载体信息演变趋势，或发现了但是没有采取控制措施或是措施失效，则系统继续向着正熵

变大的方向演变，导致事故发生，进入事故爆发阶段，如图 3-29 中的 a^+所示。

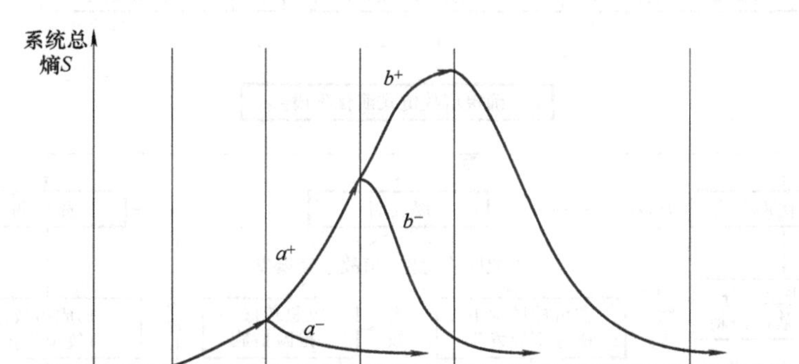

图 3-29 事故链式阶段性演化熵变

（2）爆发期（$t_2 \sim t_3$）：事故系统总熵迅速扩大，事故由可能变成了现实，进入全面爆发阶段，导致人员伤亡、财产受损。存在两种情况：①根据事故链式演化载体信息，采取正确的处理措施，向事故系统输入负熵，使事故系统有序效应大于无序效应，事故得到控制，系统总熵重新趋于 0，系统恢复平衡状态，如图 3-29 中 b^-所示；②如果没有采取输入负熵的措施，或负熵不足以抵消正熵，则事故链继续演变，进入事故链蔓延期，如图 3-29 中 b^+所示。

（3）蔓延期（$t_3 \sim t_4$）：事故系统总熵由于事故链式演变而继续增大，次生、衍生事故相继发生，事故损失和危害逐渐增大。蔓延时间跨度取决于事故的严重程度以及事故处理效果。若事故链演变得到有效控制（如有效的应急救援），蔓延就会很快结束，不再发生后续事故；反之，则事故造成的影响会不断加剧且扩散。

（4）终结期（$t_4 \sim t_5$）：事故系统总熵可能因为物质、能量的耗散而自行趋于 0（事故链式演化过程自行终结），也可能因为人为控制和干预而重新趋于 0（事故链式演化过程因为人为控制和干预而终结）。事故链自行终结所造成的损失通常大于人为干预造成的损失，事故链式演化终结的时间主要取决于物质、能量、信息的混乱程度以及事故造成的破坏强度和人为干预力度。

3.8.3 重大事故链式演化模型的应用

无论是事前的预防、事中的控制，还是事后的救援，都需要从以下两方面预防和控制：一方面需要抑制物质流、能量流、信息流、人流和环境要素所产生的正熵；另一方面需要通过控制手段使这些要素产生负熵。针对事故链的阶段演化特性，提出潜伏期“预防”、爆发期和蔓延期“断链控制”和终结期“治理”的措施，即避免事故发生的关键是掌握事故链的演化路径，在事故链潜伏期采取断链预防和控制措施，将事故消灭在萌芽和生长阶段。基于上述分析，以事故阶段性链式演化为切入点，构建事故预防与控制策略框架，如图 3-30 所示。

每种类型的事故链在演化过程中的各阶段都有特定的演变形态和表现特征，因此可通过监测物质、能量、信息的聚集与转化确定其演化阶段，分析事故系统各要素之间或子系统的相互作用关系以及事故系统与环境的相互作用关系，找出事故预防与控制的切入点，确定应急方式和对策（表 3-9）。

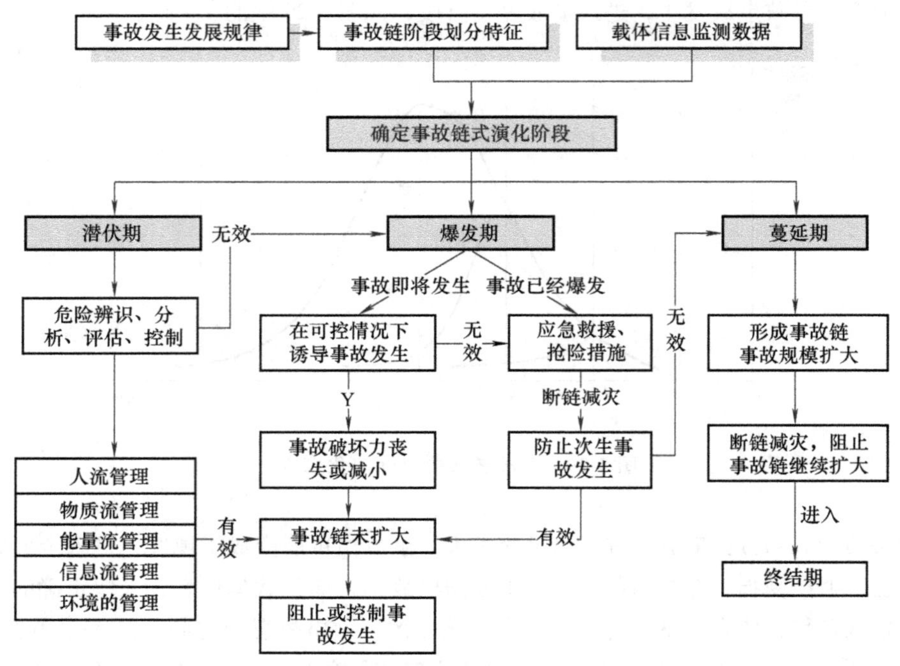

图 3-30　事故预防与控制策略框架（黄浪等，2016）

表 3-9　事故链式演化阶段性对策

阶段	阶段性对策
潜伏期	进行系统危险性辨识、分析和评估，依据信息流的标示、导向、观测、警戒和调控作用对系统中物质流、能量流、人流以及环境进行引导和控制，采取断链措施，增加有效负熵、抑制正熵，阻止事故发生和事故链形成
爆发期	两种情形：①对即将发生的事故过程和作用机理进行比较、了解，又有可靠技术可以控制事故的动态变化，此时可通过人为控制事故的破坏过程（如诱导事故发生），对物质、能量进行疏导、转移，最大限度地降低事故损失；②初始事故已经发生，此时重点是消除和控制次生事故链的形成和传递，尽量将人员伤亡和财产损失降到最低
蔓延期	将事故链演变控制在最小范围内：①控制危险源措施，通过在最短时间内及时有效地控制危险源，控制事故系统总熵继续增加的源头；②隔离措施，将事故系统熵增限制在某个区域；③增阻措施，增加事故系统熵增阻力。采取控制危险源、阻隔、增阻，使系统的有效负熵增加，正熵减少，有效控制事故链蔓延
终结期	根据耗散结构理论，终结期应使事故系统产生负熵，抵消爆发期产生的正熵，使系统从无序失稳状态向有序稳定状态转化，事故对承灾物的破坏开始减弱，直到事故结束

3.9　事故致因理论与模型的发展动态

不同的生产力发展阶段出现的安全问题不同，现有模型都是在特定的时代和特定的应用背景下提出来的，因此也就有其特定的适用范围。随着社会技术系统复杂性的提高，尤其是进入信息时代、大数据时代、工业4.0时代、人工智能时代以后，传统的事故致因模型将不能满足复杂系统事故调查与分析。因此，如何抓住科技和社会变革时机，扭转传统的事故致因建模理论、方法与技术滞后于科学技术发展的局势，提前对事故致因建模所受到的冲击和变革进行研究将会对人类的安全发展，以及安全科学学科的发展带来巨大影响。

1. 新方法和新技术对事故致因模型和理论的影响

大数据思维与方法将对事故调查与分析、事故致因建模产生变革性影响：

(1) 由于数据统计和分析方法的限制，传统的事故致因建模时可能忽视或简化了一些致因因素，大数据将改变安全数据的采集、挖掘和分析方法，实现安全数据的全样本采集与分析，更加科学地揭示事故致因。

(2) 传统事故致因模型注重因果关系分析和对事故的解释（解释型事故致因模型），基于大数据的事故致因建模更加注重事故现象和安全数据的关联关系的分析。

(3) 传统的事故致因模型基本都是定性分析，基于大数据的事故模型可发现事故发生的潜在规律，如事故发生的周期性、关联性、地域性、时间性等规律，使事故致因分析从定性向定量转变。

(4) 传统的事故模型都是基于对已经发生的事故分析基础上构建的，尽管对预防事故具有重要意义，但通过经历事故来获取预防措施具有滞后性。大数据的核心理念是利用大数据进行预测，基于大数据的事故模型有助于提前、快速地识别将要发生的事故，真正做到事故的超前预防。

(5) 基于大数据事故致因模型可构建全新的安全科学分支学科（即安全大数据学），进而拓展安全科学的内涵和外延。

2. 人工智能时代和工业 4.0 时代对事故致因模型和理论的影响

在人工智能时代和工业 4.0 时代，社会技术系统越来越数字化、网络化、复杂化与智能化，将对传统的事故致因建模产生深远影响：

(1) 复杂巨系统事故的多米诺骨牌效应越来越大，而这些变化都是以信息驱动为基础的，系统对信息的依赖性更强，系统信息流（信息损失、不正确信息和信息流异常流动）或信息不对称在事故致因中将越来越突出，基于“安全信息”的事故致因建模可能成为新一代的主流事故模型。

(2) 传统的事故致因理论和系统安全各自发展，从不同的视角提供事故预防的手段，但二者之间缺少联系。新形势下，人类的安全认识观和安全价值观将发生变化，向事故学习的观念也将发生变化。

(3) 虽然系统思维已经成为社会技术系统事故分析的主导范式，认为事故是一种复杂的系统现象，但对事故的认识仍然是不完全的，社会技术系统重特大事故依然时有发生。此外，基于传统事故模型的事故调查与分析还可导致处于系统“尖底”的人或设备被不正确指责。

(4) 事故性质的变化，数码技术、信息技术、互联网技术、大数据技术给大多数行业带来一场革命，也出现了新的系统故障模式，进而改变事故性质。例如，一些应用于电器元件的传统方法（如冗余），在面对使用数字技术和软件技术而导致的事故时是不充分的。冗余在某种程度增加系统的复杂性，进而增加了系统风险。

(5) 安全科学的研究对象和研究手段也将发生变化，事故调查与分析、事故致因建模需要跨学科、跨领域、跨部门的新研究模式。

此外，新的安全科学研究范式（如安全韧性理论、高可靠性理论、正常事故理论等）也会对事故致因模型及其建模方法产生冲击。

本章思考题

1. 以事故为着眼点开展安全工作有什么优点和缺点？
2. 试枚举一种事故致因模型的建模方法。
3. 为什么每个事故致因理论或模型都有优点和局限性？
4. 为什么许多很早建立的事故致因模型到现在还有用？
5. 为什么事故致因理论可以从大量典型事故的本质原因分析中提炼出来？
6. 事故发生都是在变化过程中发生的，试列举三个基于变化构建的事故致因模型。
7. 根据瑟利事故模型和劳伦斯事故模型，谈谈危险信号认知的重要性。
8. 请查找相关文献，找出本书未介绍的一个或数个事故致因模型，并讨论它们的特点。
9. 试构建一个由多种已知事故致因模型组成的新模型。
10. 按控制能量意外释放的思路，谈谈预防能量伤害的途径。
11. 为什么需要不断创新事故灾难致因模型？
12. 谈谈用数学方法建立的事故致因模型与事故演化模型的意义。
13. 为什么研究构建信息流事故致因模型非常有意义？
14. 试展望未来事故致因理论和模型的发展方向。

第4章 风险管理原理（中间范式）

【本章导读】

风险管理是一个涉及面非常宽广的领域。本章主要从安全的视角和通用原理及方法论层面介绍风险管理原理。风险管理是体现安全预防为主的重要指导思想的有效方法，广大企业、公司、组织、社区等对风险管理工作均非常重视，基于风险的安全管理方法得到广泛的应用。因此，风险管理原理也是安全科学原理的重要组成部分。系统从安全到不安全过程中，以风险为着眼点开展系统安全保障工作，是富有成效的安全工作方法。这类问题的研究范式在1.1.3节中定义为“中间范式”，简称“安全B”。

现有风险管理原理主要用于经济安全领域，在事故灾难预防和控制方面的研究和应用有待加强与拓展。现在风险评价经常使用的方法和原理，在安全分析与评价中也在使用，风险管理原理并未形成独特的理论体系。为了不与安全系统工程和安全评价等课程内容有过多的交叉重复，本书仅安排这一章加以介绍。

4.1 风险概述

4.1.1 风险相关概念

目前人们对风险的定义还没有完全统一。现代的风险被人们赋予了哲学、数学、经济学、工程技术等更广泛领域和更为深层的含义，而人们对于风险的认识、描述与人们所处的环境、立场、时期、经济条件和知识领域等相关，风险的定义可以总结为以下几种观点：

(1) 风险是一种不确定性，即未来发展方向的不确定性及其带来的结果的不确定性。这种不确定性包含客观不确定性和主观不确定性两层含义，客观不确定性是指未来结果有多种且概率未知，主观不确定性是指未来可能发生多种结果但其发生概率已知，所以这种不确定性是由于人们对客观世界的认识的局限而产生的怀疑态度，从不确定的角度来分析，概率是风险评估的重要依据。

(2) 风险是期望与结果的偏差，如果未来结果是确定的，那也就不存在差异，也就不存在风险。当只存在损失的可能性时，偏差越大则风险越大。当存在风险收益的情况时，偏差带来的可能是损失也可能是收益。

(3) 风险客观实体学派的不同学者对风险的定义基本都包括可测量的不确定性、客观存在、与预期偏离这些特征。随着社会发展的日益复杂化，社会科学的学者对传统的风险定义提出了完全不同的观点，形成了主观建构学派，建构学派认为风险是主观建构的，而并非客观存在的，其次风险具有社会与团体性，强调的是风险是与社会文化的普遍价值取向或者规范的一种偏离，建构学派认为风险具有不确定性且不可测。

风险范畴宽广，人们对于风险的理解往往与风险管理的对象与目标相关。风险的分类方式很多。按风险产生的环境，可分为静态风险和动态风险；按风险的对象，可分为财产风险、责任风险、信用风险和人身风险；按风险产生的原因，可分为自然风险、社会风险、政治风险、经济风险和技术风险；按风险损失的范围，可分为基本风险和特定风险；按风险是否可以加以有效的管理，可以分为可管理风险和不可管理风险两类；按风险是否可以被商业保险承保，可以分为可保风险和不可保风险；按风险承担的主体不同，还可以分为个人风险、家庭风险、企业风险和国家风险等。

分析以上对风险定义的阐述和风险的分类，可以看出不管风险的定义是何种观点，风险是何种种类，风险都具有以下的特征：

(1) 不确定性是风险的本质。不确定性包括由于人们认识的局限性、技术手段的局限性、无法用概率来衡量和计算局限性、无法用概率做出精确分析的局限性等产生的不确定性。

(2) 风险具有客观性和相对性。绝对安全是不存在的，所以风险是绝对存在的，但是在不同的时空环境中，风险随客观环境、人们的风险态度、科学技术等相对变化。

(3) 风险具有偶然性与必然性。风险的发生是偶然的，风险可能在任何时间以任何形态发生，风险管理很大程度上是建立在对事件发生的概率分析上，从这一角度来看，风险具有偶然性，而风险的存在又是必然的，是不以人的主观意志为转移的客观存在。

(4) 风险具有普遍性与个别性。风险是普遍存在的，存在于人类所有的活动范畴中，且风险的本质都是不确定性，但是风险也具有个别性，风险的风险源、风险环境、风险偏好、时空状态等各不相同，所以在风险管理的过程中可建立系统的、综合的风险管理体系，但在实践过程中不同系统的风险管理体系各有侧重。

本章所指的风险管理的对象主要是纯粹风险，是一种介于安全与事故之间的不稳定状态，风险的变化受风险管理技术措施、风险主体的风险偏好、客观环境中危险因素的变化等的影响。风险事故是随机事件，用损失发生的概率分布来描述，在一定的范围内风险事故发生的概率较低但后果严重，或风险事故发生概率较高且风险成本较高，导致高风险值使风险主体处于危险状态。当风险事故发生概率非常低或者风险事故的后果是风险主体可以接受的时候，风险值较低，风险主体处于安全状态，当风险事故的发生概率不够低或风险成本较高，但可以采取一定的风险控制措施时，风险主体处于应进行风险管理阶段。

风险的相关术语有：①风险源，指可能导致风险后果的因素或条件的来源；②风险因素，指可能导致事故概率上升或者事故后果更为严重的潜在原因，是事故发生的间接原因；③风险主体，指风险事故的直接承担者，也是风险管理的主体；④风险事故，指风险的可能性成为现实，以致造成人身伤亡或财产损失的偶发事件；⑤风险成本，指风险管理过程中或者风险事故发生后，人们必须支付的费用或者经济利益的减少，分为有形成本和无形成本；⑥风险态度，指由于受人的知识水平、价值观、性格、生活经验等的影响，人们对承受风险的态度存在差异，包括风险厌恶、风险中性和风险偏好；⑦风险等级，指衡量风险可能引起的损失大小及事故发生概率的综合指标；⑧意外损失，指非故意的、非预期的和非计划的人员、物质、经济等的伤害。

可接受风险与可容忍风险是两种不同的概念。英国健康和安全委员会对可接受风险的定义是：任何可能会被风险影响的人，为了生活或工作的目的，加入风险控制机制不变，准备接受的风险；可容忍风险是为了取得某种纯利润，社会能够忍受的风险。两者的定义体现了可容忍风险与可接受风险的区别。

4.1.2 风险管理的主要内容

1. 风险环境

风险环境是风险主体所处的既定的环境，包括风险文化、风险管理技术与手段、现有的风险水平、风险主体与其他风险主体之间的关系等，内部环境因素关系到风险主体采取风险管理措施的积极性、可采取的风险管理措施范围、风险管理实践的成功可能性等。

2. 风险管理目标

风险管理目标是风险成本的最小化、达到可接受的风险水平或可容忍的风险水平，这是所有领域风险管理的目标，但是不同的风险主体对于风险成本在什么水平才是最小化、可接受的风险水平或可容忍的风险水平的标准如何、是应该以可接受的风险水平作为目标还是可容忍的风险水平为目标等问题往往有着不同的立场与观点。

风险管理目标的影响因素包括经济水平、技术水平、管理水平、道德水平、价值观等，风险管理的目标常用风险多个指标形成的风险指标体系来描述。风险指标的确定是通过对大量数据进行分析，确立符合当下社会经济、技术水平、社会伦理道德等的可接受风险水平。

3. 风险识别

风险识别是风险管理的基础，风险识别即通过定性和定量的方法来辨识所有可能对风险管理目标产生不利影响的不确定因素。风险识别包括组织内在风险识别和外在风险识别，内在风险是指组织内部产生的风险，如生产风险、财务风险、人力资源风险等；外在风险是指组织所处的环境中产生的风险，包括社会风险和自然风险，外在风险是不受组织影响而客观存在的风险。

风险识别的主要内容是：风险源识别，即识别存在潜在不利影响的客观与主观因素，包括风险源的存在形式、存在环境及其特征等，可采用风险分析调查表、保险检视表、现场检查与交流法等定性识别，也可采用事故树分析法、流程图分析法等定量识别。

4. 风险评估或评价

风险评估是在风险源识别的基础上，识别风险源可能引起的后果并评估其风险等级，包括发生损失的后果和无损失发生的后果、损失发生的概率和损失幅度。风险识别是风险管理工作的基础，然而也是最困难的部分。确定损失发生的概率需要大量的事故、故障发生概率数据等作为研究依据，目前关于这些风险事故的相关资料比较缺乏。

风险评价是指在风险识别和风险估测的基础上，将风险的大小与可接受的安全水平相比较，决定是否采取控制措施，以及采取何种程度的控制措施。常见的风险评价方法可以分为两类：一类是以安全评价（或危险评价）通称的广义的风险评价，其原理是通过定性或定量的方法，分析系统中的危险有害因素，确定危险性等级；另一类仅以确定风险指标为目的的狭义风险评价，其原理是以风险信息收集和统计推断为基础，确定风险发生的概率和严重程度指标，绘制风险坐标图，或确定风险的不确定性指标。

5. 风险管理决策

风险管理决策的目的都是一致的，即在风险识别与评估的基础上，合理选择技术管理方案，以控制风险达到可容忍水平，同时降低风险成本。风险管理决策应包括风险管理技术方案的选择和风险管理组织实施方案的选择。影响风险管理决策的因素包括风险管理目标、风险水平、决策者风险态度、可供选择的风险控制方案、决策准则等。风险管理决策是对未来做出的判断，风险管理决策的效果往往是在短期内无法评价的，只有当发生风险事故时，风险管理决策的效果才能有直观的体现，度量长期结果的重要指标之一就是期望值。风险管理方案的选择应从控制风险源、减少风险因素和降低损失幅度三个方面进行比较选择，即综合考虑各方案的损失发生概率的降低与损失发生幅度的降低，风险规避措施以降低损失发生概率为原则，风险控制措施则是综合降低损失发生概率与幅度的技术与管理措施，控制型风险转移则是通过合同或协议，将风险转移给他人或其他组织，是以损失幅度降低为原则的。

6. 风险监测与预警

风险监测与预警体现了风险管理预防风险的原则，缺乏风险监测与预警的风险管理只能是滞后的被动管理，风险监测与预警是为了把握风险的动态变化，及时更新风险管理目标、措施以达到全过程的风险管理。风险预警在各个领域都有广泛的应用，包括军事预警、地震预测预警、台风预警、泥石流预警、干旱监测预警、环境预警、宏观经济预警和微观经济预警等。国外企业预警研究在方法上以实证为主，在内容上集中于企业的职能层次，我国的风险预警研究大多集中于财务等职能预警和自然灾害预警两大方面。风险预警的一般方法包括指标预警、统计预警和模型预警。指标预警是统计预警和模型预警的基础，模型预警又包括线性模型预警和非线性模型预警。

4.1.3　风险管理研究的方法论

风险管理研究的途径是：根据所确定的研究领域与方向，考虑研究的策略，确定研究的技术路线，如社会风险管理领域中公共危机的管理，研究过程中更多的使用到统计学和社会科学的方法理论，如人群动力学的方法；风险管理研究的研究策略、方法是在技术路线和研究条件的基础上关于研究的指导方针，即研究方法的侧重，如工业流程的风险评估模型研究是以调查研究、数据研究、实证研究等为研究指导方针；关于风险管理研究所需研究工具的方法层次和科学合理使用工具的方法层次是在研究目的、技术路线、策略手段的基础上，选择合理可行的研究工具并根据其特点制定相应的操作程序（李顺和吴超，2015）。

风险管理的方法论是对风险管理研究进行指导，而方法论的结构体系是方法论的结构层次说明。根据风险管理研究的领域、运用的基础理论、使用的技术手段以及时间序列的风险等，建立的风险管理研究的方法论四维结构体系，如图4-1所示。

（1）时间维。风险管理系统是具有复杂性、动态性的开放系统，因此在不同阶段其研究方法也有所不同，大致可以分为以下几个阶段：风险识别阶段、风险分析阶段、风险评价阶段、风险

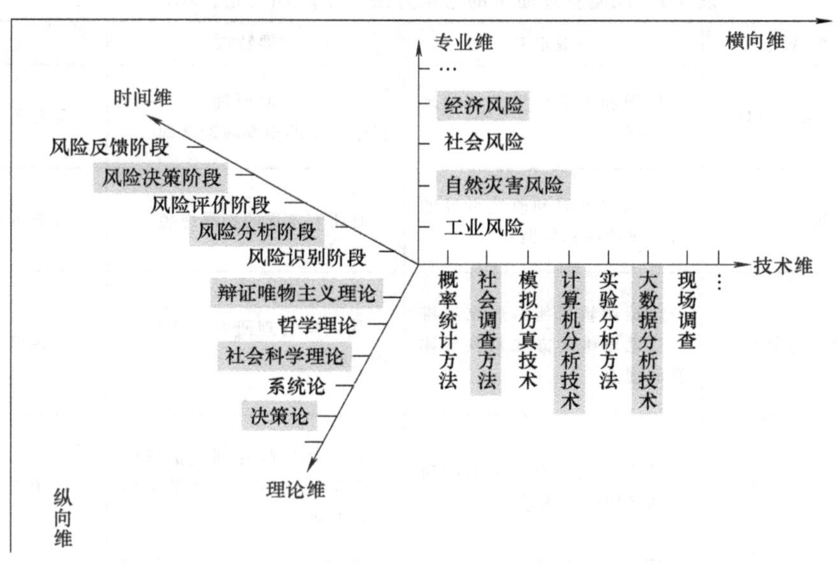

图 4-1 风险管理研究的方法论四维结构体系（李顺和吴超，2015）

决策阶段、风险反馈阶段。

（2）专业维。风险管理对象决定了风险管理研究的专业维，专业维决定了研究方法的偏重，如社会风险的研究方法主要是思维逻辑的方法，而经济风险更多地需要运用数理统计学的方法，所以在研究风险管理时首先应明确研究对象的范畴，也就是明确研究工作要做什么。

（3）技术维。研究过程中所使用的技术方法、技术手段、物质手段等是风险管理研究的技术维，是具体的研究方案、达到研究目的所需工具的集合，与风险管理研究的专业维密切相关。

（4）理论维。风险管理实体学派与建构学派在理论上各有偏重，因此进行研究时从不同的理论维度出发，得到的结论也天壤之别。实体学派强调风险管理的物质属性，研究时需要的理论包括信息论、系统论、决策理论、概率统计理论等，而建构学派则更多强调的是风险管理的社会属性，所用到的理论包括心理学理论、社会科学理论、哲学理论等。但是，无论从哪个学派的角度出发，辩证唯物主义理论都是最基础的方法论。

4.1.4 风险管理研究的常用方法

从普适性理论到应用实践的层次分类，可以把风险管理的研究方法分为以下五个层次：第一层是方法论原理、辩证唯物方法等；第二层是思维科学方法论、数学方法论、心理科学方法论等具有普遍适用性的学科方法；第三层是自然科学方法论、社会科学方法论、文学艺术方法论等适用于各自领域的方法论；第四层是各学科领域的实证学科方法论；第五层是各种工程技术方法论。根据这五个层次可以将风险管理研究的常见方法大致分类，见表 4-1。由表 4-1 可知，前一个方法层次是指导下一层次研究的，如通过数学方法研究得到频率分析方法和数学模型方法，而第四与第五层次更多地用于指导实践研究，如制定风险控制措施、进行风险管理决策等。

表4-1　风险管理研究的常见方法（李顺和吴超，2015）

方法论层次	方法例子	一般定义	主要特点	适用范围
第一层次	方法论原理	认识和改造世界方法的理论系统	是软科学的原理论，一切科学技术的根本理论基础	研究各个层次的方法
	辩证唯物方法	是认识世界和改造世界的普遍规律的总体概括	是研究工作的指导思想	普遍世界
第二层次	思维科学方法	包括逻辑思维、形象思维和直觉思维的方法及其规律性的理论	是风险管理研究工作的基础方法	各种思维活动
	数学方法	关于数量和空间关系的研究和运用的方法系统	是一切风险管理定量研究必不可少的方法，也是定性研究基础	运用于各不同领域
	心理科学方法	关于认识和运用人的心理的方法	是风险管理的重要研究方法	适用于人的一切活动
第三层次	社会调查方法	采用问卷、采访、观察等方式调查研究课题的相关信息	以直接简明的方式获取所需的信息资料	研究人们对风险的态度，包括风险承受度、风险控制程度及损失态度等
	统计分析方法	通过统计资料分析事件的发生规律并进行预测	可以进行风险定性分析与定量分析，并分析各要素之间的相关性	有一定的统计资料基础上分析已知事件规律和已知要素间相关性
	数学模型方法	通过参数的设置描述研究对象的特征与运动规律	具有高度的抽象性，借助计算机技术可以进行研究者难以完成的计算	建立风险管理模型，计算风险管理中各参数的变化
	信息论方法	信息论方法就是从信息的获取、转换、传输和储存过程来研究控制系统的运动规律	从系统信息的角度揭示系统内的功能联系和机构	研究风险管理系统的信息联系、信息结构
	系统工程方法	应用系统思想研究系统的结构、功能、形态、模型等	定量、定性地结合数学方法描述系统的各项特征	研究风险管理系统的构成、组成间的相互关系以及系统整体的运行规律

（续）

方法论层次	方法例子	一般定义	主要特点	适用范围
第四层次	多米诺骨牌理论	意外事故的发生与人为因素有关，事故的发生包括先天遗传的个性和社会环境、人为的失误、危险的动作、意外事故、伤害或损失	强调了人在风险管理中的重要性	制定在人为因素管理基础上的风险管理策略
	能量释放理论	事故是由能量的意外释放或失控引起的	强调利用工程技术的方法预防事故的发生	在研究机械和物理因素基础上的风险管理措施
	多因果关系理论	事故的发生是由系统内多个因素的共同作用引起的	强调风险管理中多方面的因素影响	研究事故的发生及损失的因果关系
	系统安全理论	风险管理是一个涉及人、物、环境、管理等多方面的复杂系统	强调系统间各组成部分之间的联系与作用	研究系统中事故预测与预防的方法
	资产组合理论	投资者在金融市场上投资活动中根据自己的风险—收益偏好选择合适的金融工具的集合	利用数学模型研究风险的降低	金融领域的管理财务风险
	风险社会理论	风险社会是对人类所处时代特征的形象描述	强调风险的时代特征与发展趋势	研究社会活动中的风险识别与控制
第五层次	故障树分析	一种自上而下的描述系统可能的关键性事件与这一事件原因之间相互关系的图形化逻辑方法	既可以定性分析也可以定量分析	应用于系统时间的演绎推理
	事件树分析	用于事故场景建模和分析的图形化的概率方法	属于归纳推理的方法	用于分析已经识别出来的风险事件
	马尔科夫方法	一种基于离散状态和连续时间的马尔科夫过程的分析方法	运用数学的方法确定系统状态变化的过程	用于分析动态系统
	危险-安全栅矩阵	识别和评价安全栅的方法	分析找出需要改进的地方	识别分析安全栅的有效性
	人因可靠分析	一种系统识别和评价相关人员可能出现的错误的方法	可以对潜在的人为失误进行分析，有效提高系统安全性	定性和定量分析人的可靠性
	工作安全分析	审核工作的过程和情况以识别潜在危险和确定风险降低措施	具体分析工作流程	分解具体工作，进行风险分析
	效用期望值分析法	以损失期望值、效用值作为风险决策的决策标准的方法	将风险和效用期望以数学的方法表达出来	进行风险决策
	收益-成本方法	根据成本和收益的信息确定最优的损失控制标准	考虑风险管理过程中风险控制与成本的关系	进行风险控制的收益和风险控制的成本之间的权衡

4.2 风险管理的基本原则

4.2.1 风险管理预防为主原则

预防为主原则（预防原则）体现风险管理是事前管理的思想，一旦直面风险、进行风险控制则是已经产生损失。为了尽可能地避免损失的产生，应对风险进行事前管理，而不是损失管理。风险管理虽然是对现在进行的活动进行管理，但是风险管理的实质对象是未来发生的事件，管理的目的是避免事件的发展与期望之间产生偏差，所以风险管理的目的关注于未来，因此风险管理本身就是一种事前管理。在实际生产过程中，预防原则应该被广泛应用，安全管理的首要原则便是“预防为主”。为了实施预防为主的原则，人们必须辨识风险的来源。

风险事故是由直接或间接原因而导致损失的偶然事件，风险事故的发生都是由潜在风险积累引起的。由于风险积累的原因、方式、速度、形式有诸多不同，因此风险的发生和发展在方式、速度、形式方面也表现出诸多不同。风险产生的来源如图4-2所示。

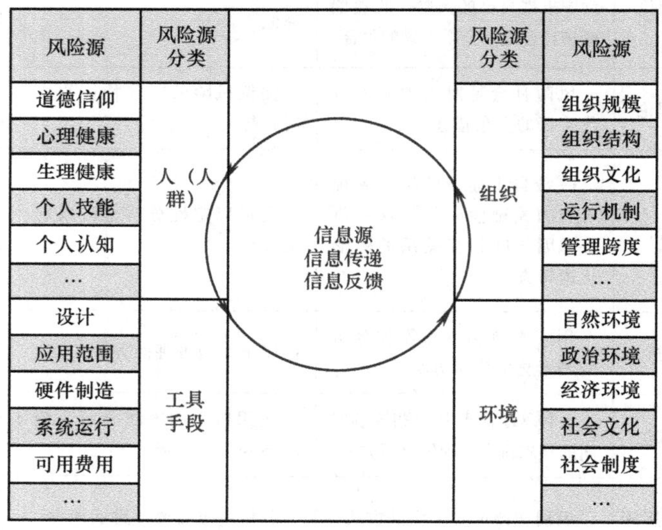

图4-2 风险产生的来源

（1）风险源主要来源于人（人群）、工具手段、组织和环境，同时各子系统之间的信息交流也是可能产生风险的环节，可以说如果以人为风险承担主体，那么只要存在人类生产、生活活动的地方就存在风险。在原始时代，风险主要来源于自然界的活动；现代社会中，自然界的活动带来的风险依然存在，但是更大的威胁来源于人类自身的生产、生活活动。

（2）风险存在的前提是存在风险承担者，没有承担者就不存在风险。例如，在荒无人烟的地方，发生了自然灾害，是自然界的正常活动，存在一定的规律，也可能是突发事故，然而不论是哪种，在无人的自然界且在不受外界干扰的情况下，都会向恢复平衡的方向发展，因此也就没有损失的存在，也就没有风险的产生，故风险的第一大来源便是人自身。

（3）来自人本身的风险种类繁多、产生机制复杂，但这类风险源均可归为主观风险源，人们在生产、生活中，人类的任何行为都受到自身身心健康、认知能力、道德信仰、价值观等的影响，即使假设人们的行为是完全客观、符合逻辑的，但是人类对于风险的认知和控制能力是有限的，对风险管理的理解、执行是有限的，所以在实践中主观判断不能完全符合客观实际情况，因此在风险管理过程中只能做到有限理性，这种主观判断与客观实际之间的偏差便是风险的重要来源。

（4）管理过程中的有限理性，人们在实践中往往需要借助各种符合客观规律的工具手段进行风险管理，包括风险识别、风险分析、风险控制、风险决策等，也可以将风险管理的工具手段划分为理论方法、风险评估模型、风险管理决策模型、风险保险制度、硬件设施等。风险管理的工具手段不是自然产物，而是人类在生产、生活中控制风险的产物，因此工具手段可能本身就存在缺陷与不足。缺陷与不足可能来自于理论的偏差、设计的偏差、制造过程中的偏差、使用的偏差等。

（5）对于风险管理者而言，组织是进行风险管理活动的基础，是将管理者、风险承担主体、风险管理工具手段结合起来的黏合剂。组织规模的大小、组织结构的合理性、组织的文化、组织管理的跨度、组织的运行机制，影响组织的指挥链的复杂程度、集权程度、正规化程度、职能的划分、管理的效率等，因此组织主要带来管理工作的偏差，即影响管理工作的有效性、正确性和效率。

（6）环境主要包括自然环境与社会环境，地震、洪水、干旱、海啸等自然现象是最原始的风险来源，自然活动有其自身规律，但是人们对此的认识还存在局限，不能完全掌握自然活动的规律，尤其是在人类活动对自然界产生越来越复杂的影响的当下。社会环境包括政治环境、经济环境、社会文化、社会制度等。社会文化和制度带来不同的社会独有的价值观和道德标准、行为方式，还会带来风险认识的不确定性。政治环境主要是通过国家政策发生重大改变从而带来风险管理的不确定性。经济环境与政治环境息息相关，全球经济形势的不断变化，带来市场价格风险、企业财务风险、金融投资风险等。

（7）除了上述风险来源，信息的收集、传递过程也存在风险来源。首先，有研究表明：一个人在听到新信息时，一般必须听七次才能真正了解信息，仪器设备在接受信息时的稳定可靠也需要考虑，因此在接受信息时可能产生风险；当信息传递过程中是否会因为信息超载、受噪声影响或信息过滤等因素导致信息传递过程中的偏差，也就是信息传递过程中产生的风险。

风险来源不尽相同，风险的发展、扩大模式也不尽相同，但风险的发生、发展都有其内在规律，通过研究风险的发生、发展的内在规律，从而制定相应的措施进行风险管理，即得到相应的风险管理原理。

当风险水平处于可接受水平或者更低的时候，可以说系统是相对安全的，即风险是安全状态与事故发生之间的缓冲区，研究风险管理是从抑制风险的角度研究如何达到安全水平。

4.2.2　可接受风险原则

风险管理中关于可接受风险标准制定的原则包括：最低合理可行原则（即 ALARP 原则，As Low As Reasonably Practicable）、比较原则（GAMAB 原则）、最小内源性死亡率原则（MEM 原则）等。

ALARP 原则起源于英国，由英国健康和安全委员会确立为可接受风险标准所建立的标准框架。当风险等级较高时，风险管理成本同样较高；当风险等级非常低时，采取一定措施降低风险等级需要的风险成本会急剧升高。ALARP 原则便是指导风险管理过程中，在风险和风险成本之间取得平衡，即根据风险成本和风险等级确定采取风险管理措施后，风险处于可接受范围内，因此 ALARP 原则适用于可容忍风险区域，ALARP 原则示意图如图 4-3 所示。

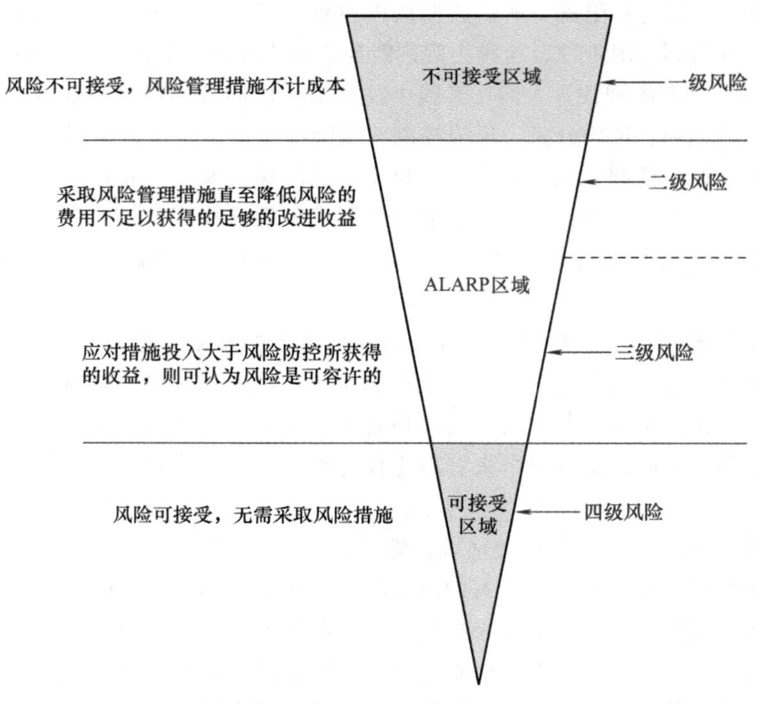

图 4-3　ALARP 原则示意图

GAMAB 原则的内容是新系统的风险与原有系统风险相比较，新系统风险水平至少与原有系统的风险水平相当，也就是说将原有系统以被接受的风险水平作为风险可接受标准。

MEM 原则与 GAMAB 原则类似，当生产活动不会在人们日常生活承受的风险水平上明显增加风险时，风险水平被接受，也就是说将人们日常生活中承受的风险水平作为可接受风险标准的参照。

每个人对风险的理解都存在差异。风险厌恶型的人对风险的理解近乎损失，因此在风险管理时往往会有很严格的风险接受标准，只关注于如何降低损失，而不是如何降低风险发生的概率，即如何进行事前管理。

4.2.3　风险分散化原则

风险分散化原则在实际生产中应用广泛，如在投资中，大家普遍接受“不把所有鸡蛋放在一个篮子里”的思想，这便是风险分散化原则的体现。风险汇聚安排是通过风险分散抑制风险的一种主要方式，通过风险汇聚安排，参加汇聚安排的单位或个人的事故成本等于参加者的平均损失，而平均损失要比他们每个人自己的损失更加容易预测。

多个风险单位组成风险单位组合，其损失是一个随机变量，可以作为其损失的度量，损失的方差或标准差可以定量表达，构造风险单位既不会增加风险管理成本，也不能降低损失，而风险单位组合的风险并不是各个风险单位风险的组合，而是小于风险单位的风险的组合。当风险单位足够多，且各风险单位之间不相关时，风险单位组合的风险趋近于零，因此风险单位组合是消除风险的重要手段。

4.3 风险管理原理及其体系

4.3.1 风险管理的基本原理

1. 风险管理的偏差原理

如果将风险的实质理解为一种不确定性，风险事故的实质是实际与期望值之间的偏差引起的后果，而偏差发生的概率及程度就是风险的两个重要维度，因此风险管理的实质是消除实际与期望之间的偏差。实际与期望之间的偏差存在以下几个维度：偏差的方向、偏差的角度、偏差的幅度、偏差的速度，如图4-4所示。

偏差的方向、偏差的角度、偏差的幅度是偏差的基本属性，根据这些属性可以了解实际的活动过程与期望之间的偏差，及偏差可能引起的后果，根据偏差的角度在时间上的变化速度可以得到偏差的变化速度，相应的可以知道风险的变化和扩大速度，通过以上这些信息，可以判断出风险的发展模式，从而根据风险的发展模式特点，可以进行分析、决策，制定相应的风险管理措施。根据偏差的维度，可以将风险管理的措施分为改变偏差方向的措施、降低偏差幅度的措施、降低偏差速度的措施等。

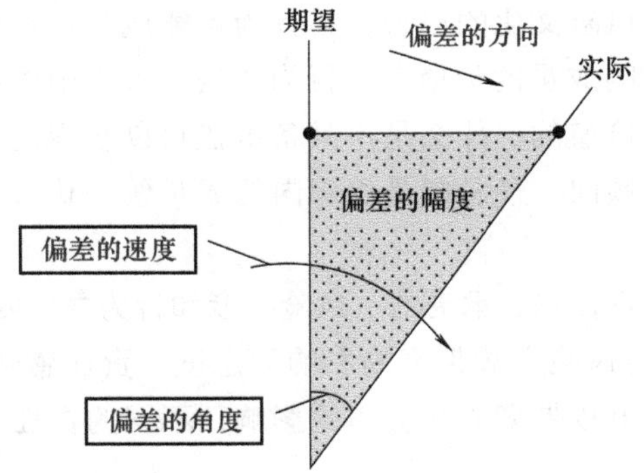

图4-4　风险偏差原理的维度表达

2. 风险管理的时空原理

衡量风险水平的重要因素之一是时间。风险管理过程中，时间也是不可忽略的因素，因为风险的发展是动态的，随着时间的迁移，风险主体、风险源的环境不断变化，由此风险可能引起的后果也随之不断变化。

风险管理的时空原理的另一重要含义是指风险事故的后果是以时间为变量的函数，在风险事故中，若是人员受到伤害，则在人员恢复到正常的健康水平之前，人员不能正常地进行生产和生活活动，因此损失一直在产生。若是财产受到损坏，在一段时间内无法使用，则在这段时间内就发生了时间因素损失。因此，时间长度和由此带来的后果之间的密切关系是时空原理的重要表现，以 S 来表示损失，以 $f(x)$ 来表示风险发展的函数，以 t 表示时间，可以用下式表示时空原理：

$$S=\int_{t_1}^{t_2} f(x)\,\mathrm{d}t \tag{4-1}$$

3. 风险管理的导向原理

风险管理在学科性质层面不仅具备自然科学的属性，在许多其他层面上都带有社会科学的属性。在实践中，风险管理属于全员参与的工作，任何人或人群都可能成为风险管理过程中的薄弱环节。风险管理过程中管理的偏差受到个人、群体、社会环境、文化环境的影响，基于人的本性及管理过程中的有限理性，对超出一定范围的影响人们的控制能力有限，也就是说人（人群）在一定情况下会依据自然的本性进行活动，即受到各种因素的导向，在风险管理中主要存在成本导向、文化导向、社会责任导向、法律导向等。

（1）成本导向原理。风险管理与安全管理间的显著区别之一就是风险管理更加强调成本控制的重要性。风险主体在实施风险管理措施时，会严格考虑管理成本的影响，当管理成本过高时，并不能达到风险控制和管理成本之间的平衡，风险主体会选择风险自留或风险规避。成本导向原理是最大期望效用原理的另一层面的解释，成本导向更多地从组织机构风险管理的角度考虑风险管理成本对管理措施的约束。

（2）文化导向原理。此处的文化主要是指风险文化。风险文化是指组织中与风险相关的组织成员共有的能够影响其行为方式的价值观、原则、传统和行为方式的集合。组织中的风险文化是在人们的生产、生活中积累形成的，反过来又对人们的风险管理活动有导向作用，风险文化的形成与组织内所有成员有关，但是通常主要受组织领导者风险认识的影响，领导者对风险管理的认识加上组织的特定行为在组织内扩散，这种认识便形成了组织的风险文化基础。

在风险文化的基础上，形成的主流组织风险文化对组织内所有成员都具有导向作用，但仅仅是导向作用，对于接受非主流风险文化的成员，其行为可能成为组织中的薄弱环节，而主流风险文化的导向作用主要体现在影响成员的价值观、行为传统、行为中的禁忌等。影响成员的价值观是指影响成员认为什么是具有价值的、什么是不具备价值可以轻视的；影响成员的行为传统是指成员在面对风险时采取行为的倾向，禁忌则是组织内的成员统一认可的不可行的行为或不认同的事物等。

组织的风险文化主要包括责任感、承受力、风险态度和行为导向四个维度。

1）责任感指的是组织对待风险事故带来的影响的态度，责任感强的风险文化对组织的人员、财产安全更为重视，重视风险事故带来的社会舆论影响，不同的责任感对组织的风险管理工作有本质上的影响。

2）承受力指的是该组织内部认同的组织能够承受风险的能力，即组织内一致认可的组织风险可接受水平。

3）风险态度指的是组织内对待风险的态度，即组织内的成员们对风险管理的积极性、认可度和风险偏好，管理层对待风险的态度往往对执行层有很大的影响，因此风险态度影响整个组织对风险的敏感性、风险管理的有效性，其中风险偏好是指组织的风险态度是喜欢挑战风险还是对风险厌恶，风险偏好在很大程度上影响组织的风险决策。

4）行为导向指的是风险文化对组织在面对风险时的动作导向，即组织的风险管理倾向，进行风险管理时，有的组织侧重于降低风险事故发生的概率，经常进行组织内的风险分析，而有的组织则侧重于降低风险事故可能引起的损失，采取的风险管理措施倾向于通过保险来分散风险。

风险文化应该是一种强文化。强文化是指其核心价值观被组织成员强烈接受和共享的文化，即强文化对组织成员有较大的影响。优秀的风险文化一定是强文化，但是强文化不一定是优秀的风险文化，这要取决于文化的风险核心价值观是否正确，风险文化是强文化会对组织的风险管理措施起到导向作用，对所有成员的风险态度进行引导，影响成员的风险管理行为。

（3）社会责任导向原理。社会责任的定义是一个组织在其法律和经济义务之外，愿意去做正确的事情并以有益于社会的方式行事的意向。一个企业的最根本追求是获得利润，但是一个企业对社会责任的认识不同，其在风险管理过程中投入的风险成本也完全不同。

社会责任的强弱对组织的风险管理的导向作用包括公众的期望、道德义务、公众形象、工作环境、预防治理，社会责任强的组织更加重视公众的期望、自身的形象，在履行组织道德义务的作用下，会营造更好的工作环境，会尽早地采取措施来解决社会问题，进行事前预防，而社会责任较弱的组织的社会责任导向作用会弱于社会责任强的组织。

（4）法律导向原理。法律的首要目的是通过提供一种激励机制，诱导当事人在事前采取从社会角度看最优的行动，即对行为人施加一种最优的安全激励。法律具有强制性，人们在做出具体行为之前会考虑到行为的合法性，这种强制性主要降低了人的道德缺陷带来的风险，人的天性是存在缺陷的，人在形成稳定的价值观的过程中也会形成后天缺陷，因此人在生产、生活过程中可能存在做出违反主流价值观、损害他人利益的行为，即人是自由度最大、最难管控的风险源，但是大部分人具有主观的理性，实施行动前会考虑到违反法律会带来怎样的后果，当后果超过自己的承受能力范围时，人们则不会做出违反法律的事情，从而降低了人为因素带来的风险。

4. 风险管理的预测原理

风险管理过程中风险的辨识、分析、决策、监控等活动均是建立在对未来的判断的基础上，风险管理的对象是风险源，风险管理的目标是对未来的控制，一旦风险难以控制形成危机，损失便已经产生，因而风险管理一定是事前管理。所以，需要进行计划、预测。预测原理是风险管理的最基础原理，预测原理也可以称为不确定性原理。当风险环境大体稳定或承担同一风险的风险主体趋近于“大数”（即确定）时，风险预测较为精准。

风险辨识常用方法基于统计学理论，风险的发生是离散随机事件，但是大量风险事件有其内在规律，概率是风险分析过程中考虑的最重要因素之一。根据大数定律、中心极限定理、类推与统计原理、惯性原理等理论，形成了故障树分析、马尔可夫方法等风险分析方法，在工程技术中应用广泛的风险预测模型的基础也是概率统计分析。

在应用预测原理时，需要注意的是不同情境下适用不同预测技术，当管理者拥有大量可靠数据时，定量预测更为适用，当难以用数据来描述风险时，可以采用经验丰富者的判断和观点来进行预测。定量预测方法更为复杂，但是简单的预测方法与复杂的预测方法效果不分伯仲。在进行预测时，让更多的人员参与预测，参与的人越多，预测效果越好，因为参与预测的人员也将是在未来生产中进行活动的人员。

5. 风险管理的木桶原理

木桶原理是指一个木桶能装多少水取决于木桶最短的一块木板，这种效应在风险管理中十分普遍。在风险管理中，风险单位能够承受的最大风险取决于系统中最薄弱的环节，但是风险管理中的木桶原理有更丰富的内涵。

将一个木桶能够容纳的水的容量视作一个系统能够承受的风险，当木桶中的水不断增加，水面上升，水面上升到与最短的一块木板高度平齐时，水将会漫出。类似地，当系统中的风险不断积累，风险水平达到最薄弱的环节能够承受的极限水平时，风险便会像水一样溢出，失去控制的话便会发生风险事故，所以在进行分析时，应明确系统内的薄弱环节。然而，并非每个人所看到的最短的一块木板都是同一块，当这个木桶非常大时，人们不能在一个角度完全观察到整个木桶的全貌，从左边观察木桶和从右边看，人们可能会认定不同的木板为最短的木板，所以观察视角也是重要的影响因素。随着科学技术的发展，人们进行的活动越发复杂，系统结构也越发复杂，因此在分析系统风险时，出于不同的分析角度，可能获得不同的风险薄弱环节。对于木板长度参差不齐的木桶，人们会采取一定的措施进行修补，在修补后可能所有木板的长度变得一样，不存在最短的木板，却存在潜在的“最短的木板”，即木板修补的可靠性，可靠性最低的木板即潜在的“最短的木板”。风险管理同样会采取措施对系统中的薄弱环节进行控制，考虑到风险成本，往往不会将每块木板修补到一样的长度，而是会将长度短于可接受长度的木板修补到可接受长度，可接受长度即略高于水面最高处，在风险管理中应关注的不是最初的最短的木板，而是采取风险管理措施后最短的木板。对于其他的管理工作，风险管理人员更重要的能力是敏捷的发现能力，必须能够及时地发现哪块木板出现了裂痕需要修补。在木桶修补的过程中主要关注三个方面：木桶内的水、木桶应修补的地方、修补后木板的可靠性；同理，在风险管理过程中主要关注以下三个方面：风险因素、风险因素所处环境、风险因素和其所处环境之间的相互作用。

通过以上的分析可知，风险管理过程中的分析过程有三个重要影响因素：观察的角度、观察的标准、观察的方法，即木桶观察中的观察的角度、水平高度的标准、判断薄弱短板的方法（图4-5）。

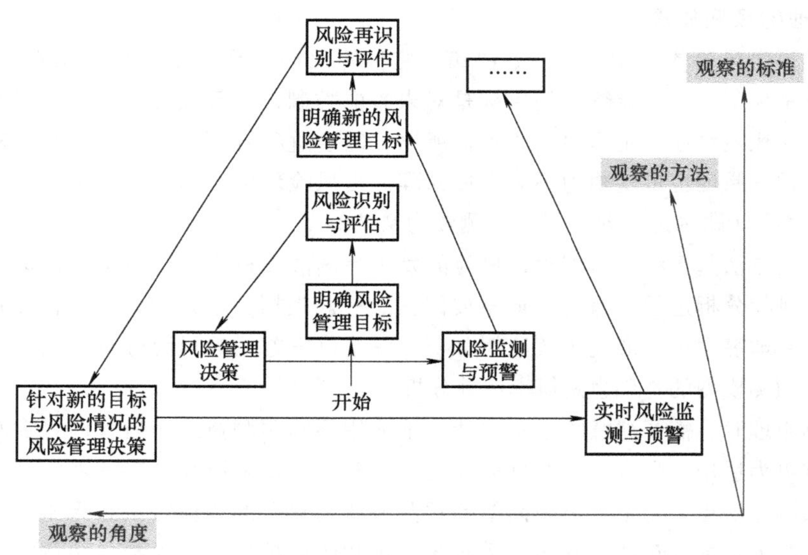

图4-5　依据木桶原理获得的风险管理步骤

6. 风险管理的诱导原理

人是风险管理中最重要的因素，也是风险管理中最不可靠的环节之一，这与人的天性有关。安全人性是由生理安全欲、安全责任心、安全价值取向、工作满意度、惰性、疲劳、随意性等多种要素构成的，各要素之间是相互矛盾、又相互平衡的，即安全人性在一定的范围内波动，大体上处于平衡。从安全人性学的观点可以看出，人类与安全相关的天性中一部分是与先天有关的，如安全生理欲，而另一部分则与后天有紧密关系，如安全价值取向、工作满意度等。因此，在生产、生活中，人类的行动部分受天性的驱使，部分受后天环境的影响。那么，在生产、生活过程中，是应该人来适应环境，还是应该设计适应人的环境，答案应该是介于两者之间的。对于受先天因素影响的天性，如心理因素，应该利用管理手段加以诱导，使之在平衡状态趋向于有利于风险管理的方向；对于受后天影响的因素，如价值取向，则应利用教育等手段使之有利于风险管理。风险管理的诱导原理主要包括以下内容：

（1）期望诱导。期望理论是指如果个体预期某种行为会带来某种特定的结果，而该结果对自己具有吸引力，那么该个体往往会采取这种行动。因此个体行动的努力程度与期望有很大的关系，对自己有吸引力的结果也就是对自己有利的结果，对不同层级的管理人员而言，期望自然不同，执行层员工的期望大多数是奖金或者升职，高层员工可能期望的是分红或者权利等，但是不管是哪种，期望的本质都是额外的奖励，因此当人们意识到可以获得额外的奖励时，其行动更有动力。如图4-6所示，在风险管理中，可以借鉴该理论，通过考核绩效、设置目标、进行表扬等多种方式，使人们对风险管理带来的期望有更高的关注度，从而付出更多的努力。

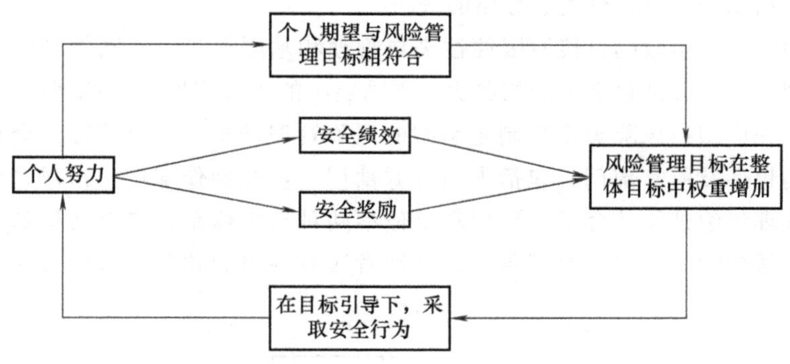

图4-6 风险管理中的期望诱导作用表达

（2）工作诱导。工作诱导即通过设计工作的内容、工作方式、工作特征等，诱导个体在工作中做出正确的行为，安全操作规程可以看作最基本的工作诱导。现代工业带来最基础的影响便是劳动的分化，一项工作应该专业化和细化到何种程度会使个体具有最佳的风险管理能力，需要从风险管理的角度考虑。已经有很多研究表明工作单一化和任务高度重复会导致个体容易产生心理上的疲劳，而工作过于复杂又可能导致员工没有必需的精力进行风险管理。因此，应根据岗位的风险水平设计工作的复杂性。此外，个体在工作中的自主性也是影响风险管理效果的因素之一，因为个体的自主性影响个体在工作中的自由度。许多公司在进行招聘时，会要求求职者进行心理测试，以考察求职者的人格是否和其所应聘的岗位匹配，在心理学研究领域关于人格类型的研究非常多，不同类型的人格在工作中的积极性、责任感、沟通能力等都不同，应就其人格特征匹配合适的岗位。

（3）学习诱导。安全人性是双轨运行发展的，一条是先天遗传，一条是后天培养。对于先天遗传的安全人性，管理过程中通过设计工作、岗位匹配、期望诱导等方法诱导个体做出正确的行为，对于后天培养的安全人性，最重要的诱导方式便是学习，学习并不是传统的师传生受的教育，而是通过经历而发生的相对持久的变化，通过后天的学习可以提高技能、端正态度、加强风险管理的意识。风险失控的后果是产生损失，这是人们不希望得到的结果，所以在管理过程中应对个体明确风险失控带来的风险事故，因为一旦人们意识到行动的后果是自己想要的或则不想要的，就会产生操作性条件反射，即自觉地学习，当个体产生操作性条件反射后，管理者再加以干预，使之加强，则个体会更倾向于做出符合要求的行为。

行为塑造中有正强化、负强化、惩罚和忽视，只有正强化和负强化会导致较好的学习，也就是在实践中通常所说的表扬和批评，而学习是伴随人一生的行为，在行为塑造正确的情况下，个体会通过社会学习来获取自身所需的信息，所以加以诱导使之主动学习正确的风险管理行为是从人自身出发进行诱导管理。

7. 风险管理的层次原理

风险管理虽然是管理工作，但是却不同于传统的管理工作，风险管理是组织内所有成员共同参与的活动，不同层次的管理者的管理对象不同，如在传统组织结构的组织中，管理者分为高层管理者、中层管理者、基层管理者。高层管理者所面对的管理对象是组织整体的风险管理方针、风险管理计划、风险决策；中层管理者负责向上层反馈基层风险管理情况，向基层传达高层的风险管理决策；基层管理者则主要负责现场的管理工作和基层员工的管理。随着社会的发展，许多组织不再是这种单一的金字塔型管理结构，风险也随之发展，风险来源、发展方式不断发展，因此应对风险管理的组织结构进行分类、分层的分析。

在工业生产中，风险事故的直接原因往往来自管理和基层人员。不同领域的风险管理重点有所偏差，不同类型的风险源来自于不同的层次，不同层次的管理者所面对的风险管理也有所差异，所以风险管理中首先应根据风险类型来制定组织的风险管理结构。风险管理是全员参与的管理工作，因此组织结构也涉及所有部门，包括人力资源部门、生产操作部门、市场营销部门、财务部等。传统的风险管理组织结构结合了直线型和幕僚型两种结构体系，在该结构基础上注重风险管理的分类和层次，每个管理层次应有其重点，管理者应有各自的角色，管理方法也有所不同，如图4-7所示。

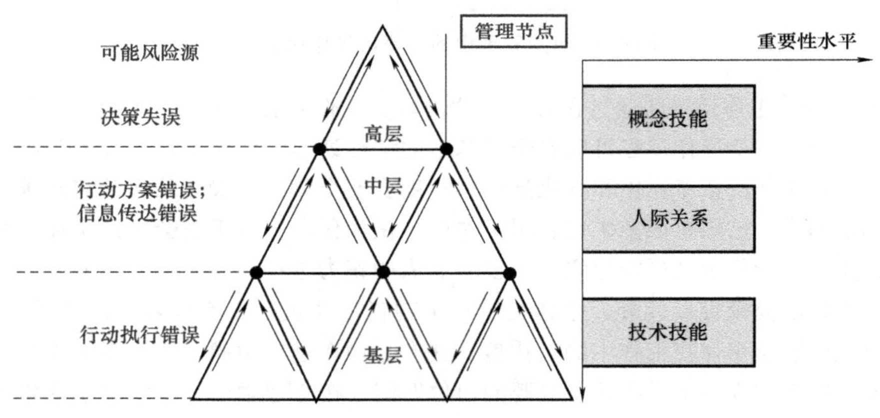

图4-7　风险管理组织的层次结构

根据风险管理的层次原理，在基层的风险管理中，管理人员更要掌握技术技能，增加在生产实践过程中机械、物料、人员的风险因素识别的敏感性；中层管理人员的人际交往能力十分重要，需要正确地向基层员工传达正确的风险信息，并制定对基层员工而言有可操作性的风险管理措施；高层管理人员则需要掌握抽象概念的能力，并对管理过程中决策的潜在风险有敏锐的辨识能力。

组织结构中涉及的一项关键要素是工作专门化，风险管理的工作专门化应达到何种程度值得深究，当工作专门化程度低时，风险单元风险源繁杂，风险控制困难，因此风险管理效果不佳。随着工作专门化程度的增加，风险管理工作的成效也随之增加，当工作专门化程度超过一定限度后，工作系统结构变的单一、脆弱，因此更易受到环境或人的不可控因素的影响，因而风险管理成效再次下降。

8. 风险管理的平衡原理

风险管理的平衡原理是指在风险管理系统中存在许多微妙的平衡以达到整体的平稳状态，在正常情况下，风险控制手段与风险水平达到平衡，当发生某个随机事件后，导致风险控制手段不能完全控制风险水平，风险平衡发生倾斜，向风险事故方向发展，若不能及时做出正确的应急措施，则平衡便会变彻底打破，发生事故，直至完全达到新的平衡状态。在实践中风险平衡主要体现在风险是介于安全与事故之间的平衡状态、风险投入与期望损失之间的平衡、期望损失之间的平衡。

风险管理不是一味地加大风险管理手段来抑制风险水平，而是根据经济、技术、管理等水平以及需达成的风险水平进行风险决策来确定风险投入，风险投入与风险水平之间存在平衡点，管理者应通过分析使风险投入与风险水平达到平衡。因为这里讨论的是纯粹风险，因此只存在损失的可能性，损失的组成包括风险成本和可损失的资产，可以将风险成本视为动态成本，将可损失的资产视为固定成本。设损失是 E，总动态成本是 U，总固定成本是 V，单位动态成本是 u_i，单位固定成本是 v_i，随机事件导致单位成本损失的概率分别是 $p(u_i)$ 和 $p(v_i)$，损失与动态成本、固定成本之间存在下式的关系：

$$E = U + V = u_i \sum p(u_i) + v_i \sum p(v_i) \tag{4-2}$$

当没有风险投入时，损失就等于固定成本，当存在风险投入，也就是动态成本时，损失在平衡点之前的值大于固定成本，即风险投入不能完全避免固定成本免遭损失，当风险投入增加到平衡点后，损失将少于没有风险投入时的损失。

平衡是指风险状态并不是一种固定不变的状态，而是出于事故与安全之间的动态平衡（图 4-8），风险是类似于天平一样的平衡状态。不同的风险来源作用于系统，使天平向事故的方向倾斜，针对风险采取的各种风险管理措施，使天平向安全的方向倾斜，在两方面的作用下，达到风险的平衡。

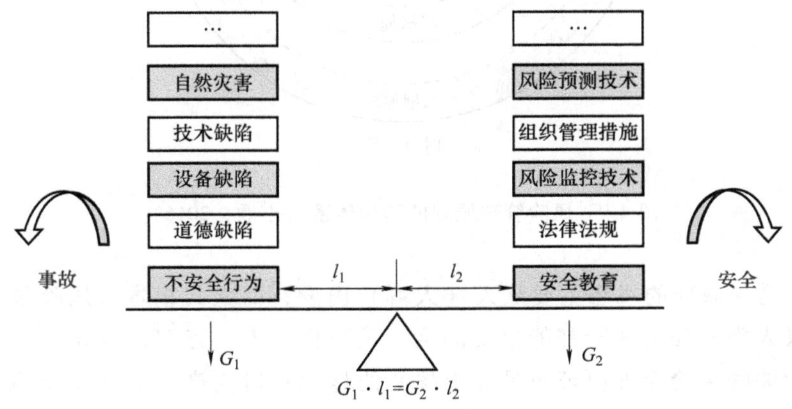

图 4-8　风险平衡的图形表达（李顺，2016）

4.3.2　风险管理原理体系

上面提出的八个风险管理原理虽然出发点不同，描述的对象不同，作用的机理不同，八个风险管理原理虽尚不能构成完整的风险管理原理体系，但是各原理之间存在一定的联系，通过研究以上风险管理原理在风险管理实践中的地位、作用机理、指导方向等，提出以下风险管理原理的结构体系以及应用原理。

风险管理原理应用于风险管理的各个阶段，通过不同的作用机理指导风险管理活动，但各原理之间不是孤立的，而是相互影响、相互联系的，风险管理原理的结构体系如图4-9所示。

偏差原理表达的是风险的产生与发展的实质，因此偏差原理是关于风险本身的理论；在风险识别的过程中，可以依据木桶原理从不同的角度和出发点去寻找系统中的薄弱环节，木桶原理是从风险系统的角度出发去分析风险；在风险分析的过程中，首先要明确风险因素在时空上的分布，时空原理是从风险系统所处的时间和空间维度去考察风险的变化；预测原理是从如何利用技术手段的方法来判断风险；层次管理则是从管理的层面去分析风险控制措施；导向原理、诱导原理是从风险管理系统中最重要的部分，即人（人群）这一角度去研究风险管理；平衡原理是从整个风险管理系统的层面去衡量风险系统的稳定性。

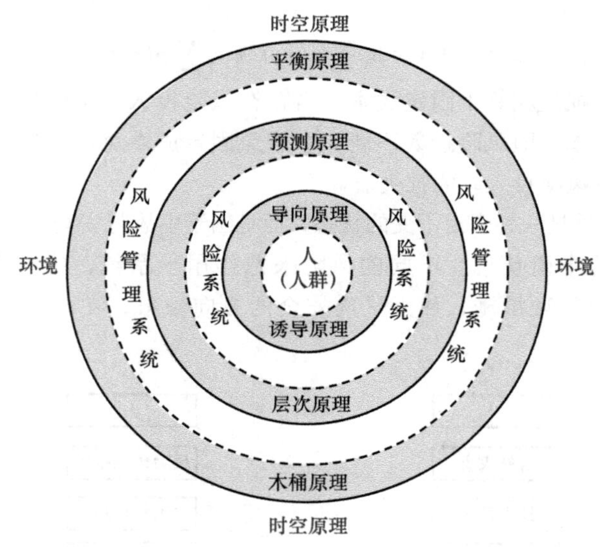

图4-9　风险管理原理的结构体系（李顺，2016）

导向原理与诱导原理的思想主要从人（人群）出发，而究其根本，风险是相对人的存在而存在的，如果人类对任何风险都能接受的话，风险也就不复存在，因此人（人群）是风险管理的核心，相关的风险管理原理也是处于核心的地位；对人产生威胁便是风险系统，因此风险系统处于人（人群）的外一层，相关的风险管理原理包括层次原理和预测原理，两条原理均是从控制风险的角度去考察风险管理；人（人群）和风险系统组合起来是风险管理系统，从整体的角度去考虑，风险管理需要利用木桶原理、平衡原理的思想，从系统整体上把握风险管理；最后的一环是环境，时空原理的思想考察环境的时间维度和空间维度，使风险管理动态化。

4.4 风险管理原理的应用方法

4.4.1 风险管理原理应用程序

普遍之中存在特殊，特殊之中也存在普遍，原理的应用有其普遍方法，不同领域的原理应用又有其特殊性，需结合其特殊性进行应用方法的研究。风险管理原理是关于风险管理实践的普遍规律的概括，研究风险管理原理的目的与意义在于指导风险管理实践，应用风险管理原理的首要步骤是了解风险管理原理的应用程序，即应该如何应用原理指导实践。原理在指导实践的过程中，应有确定的指导对象和指导目的，风险管理原理也是如此，但风险管理原理的具体应用程序需要更为细致的推敲，在原理的应用普遍规律和风险管理原理应用的特点基础上，得到风险管理原理的应用程序，如图 4-10 所示。

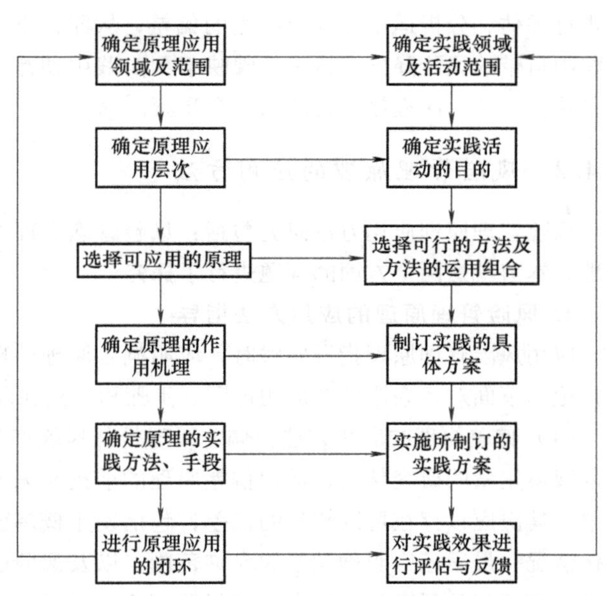

图 4-10 风险管理原理的应用程序

风险与人类活动如影随形，不同的风险有不同的控制方法，因此风险管理原理应用的第一步应是确定风险管理原理应用的领域，即确定该领域存在的风险及该领域风险管理的特殊性，如此才能在后续工作中选择适用的指导原理，避免选择不适用的原理，从而导致实践方向的错误。确定原理的应用领域与范围的重要依据是实践活动所属的领域和范围。

风险管理实践可以分为许多种，如确定风险管理的方针政策、制定企业风险管理的制度、建立风险管理体系结构、解决系统中存在风险的故障等，不同的风险实践处于不同的实践层次，因此选择的风险管理原理不同，风险管理原理指导实践的具体程度就不同，也就是说，风险管理原理的应用层次不同，确定风险管理原理的应用层次即确定风险管理原理指导实践的深度也不同。确定风险管理原理的应用层次，应参考风险管理实践活动所属的层次，即实践活动是处于理论实践层次、技术实践层次、物质改造层次中哪一层次，以此确定风险管理原理是应用于理论创新、技术革新还是物质改造。

根据上述的风险管理原理的应用领域和层次，结合实践的需要，在风险管理原理体系中选择适用的原理，这是应用程序中的关键步骤，选择正确的原理的前提是确定明确的应用领域和应用层次，选择正确的原理又是后续实践工作顺利进行的前提，即确定实践过程中运用的方法和方法的组合。选择所应用的原理应从以下几个方面进行考虑：风险管理实践活动中可能出现的风险种类，风险因素的大致范围；风险管理实践活动所横跨的时间与空间；风险管理实践活动中定量分析与定性分析之间的关系；风险管理实践活动中的风险主体的内部环境与外部环境；风险管理实践活动中确定的局限区域。

在确定所应用的具体风险管理原理后，需要明确原理的运用机制，即各原理之间的相互关系与作用、原理与实践之间的关系和原理的运行，原理的运用机制映射到实践过程中即风险管理的具体实践方案的设计，包括依据指导原理确定如何建立管理机制、如何选择管理手段、如何配置管理人员、如何选择管理的方法、如何制定管理的程序等。原理的运用机制是将各原理联系起来的桥梁，是指导实践方案的方法，使实践方案具有系统性，避免确定的实践方案缺乏内在的逻辑性，避免使实践工作分散、零碎。

在上述步骤的基础上，最后选择原理实践的具体方法和手段，包括技术方案和管理方法，将实践的方案具体化，进行具体的操作，也就是建立管理机制、运用管理手段、配置管理人员、选择管理方法、运行管理程序等，实践方案的实施实际上是依据原理所选择的方法、手段的运用。

风险管理的程序是呈螺旋上升的循环过程，风险管理原理的应用程序同样也是循环的过程，在程序的一次运行过程中，最后一个步骤是风险管理原理应用的反馈，即对风险管理原理运用过程进行评估，分析运用过程中产生的偏差，从而在下一次程序运行过程中修正偏差，将程序运行过程中自带的风险降低，这一步骤映射到实践中便是对实践工作效果的评估和反馈，这一步骤也可以认为是下一次程序运行的第一个步骤。

4.4.2　风险管理原理的应用方法

风险管理原理应用方法研究包括：风险管理原理的应用方法指导和风险管理原理的应用方法梳理，本节就这两个方面的问题进行了探究。

1. 风险管理原理的应用方法指导

应用风险管理原理指导实践时，应明确各原理的应用范围和步骤，从而对风险管理的方法进行推论。下面对各条原理的应用范围、步骤和方法加以讨论。

（1）偏差原理的应用方法。偏差原理是从风险产生的角度来描述风险的，单一运用偏差原理难以取得定量的研究结果，运用偏差原理的前提是未来事件发生的期望明确，即存在可以比较的对象，其次应该存在可以想象的偏差，包括发生概率已知的风险变化情况和发生概率未知的风险变化情况，最后还应明确偏差的允许范围，以及风险的属性允许波动的范围。偏差原理可以通过假设的偏差与计划进行比较来分析风险因素，但是这种分析方式过于依赖主观认识，即在分析过程中带来了人的认识不足而产生新的风险。根据上述分析，在偏差原理的基础上可以延伸的方法包括：风险主体期望确定的方法、分析风险发生的方法、分析可接受风险水平的方法。

根据偏差原理的分析可以知道，偏差原理的应用范围主要在风险管理的前期，即对风险主体的研究、风险可接受水平的研究和风险发生的分析，偏差原理的应用步骤如图4-11所示。

对风险因素进行评估的第一步是明确研究的对象，系统内的风险因素在合理范围内明确其定义、影响范围以及风险因素的各项属性，风险因素的各项属性应包括物质性的属性与非物质性的属性，然后确定风险因素的各项属性值的允许范围，即风险因素处于稳定状态时各项属性的值。在评估过程中要分析环境和其他系统要素对风险因素的影响会引起怎样的偏差，即风险因素的各项属性的值的异常范围，通过比较风险因素属性值的正常范围与异常范围，得到多种不同的偏差组合，分析到该步骤得到的是定性结论。通过基础数据计算各偏差发生的概率和后果严重程度的综合结果，这一步骤需要运用到统计学原理，比较各偏差综合结果的期望值，得到风险性最高的偏差，即风险水平最高的风险事故，针对其对应的风险因素属性异常值，可采取相应的管理控制措施。

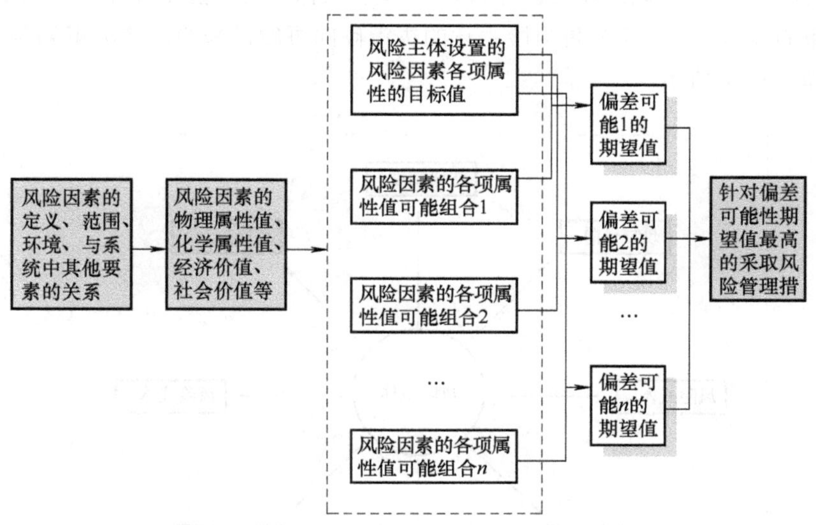

图 4-11　偏差原理的应用步骤

（2）时空原理的应用方法。时空原理是从时间和空间的维度去考察风险，时空原理的主要应用范围是分析系统中影响风险因素的环境中各要素的变化和风险主体随之变化的规律。在明确风险主体与风险因素后，应描绘出风险主体与风险因素所处的系统环境的要素组成及其特定属性，从而搜集以往数据资料和现有属性值，推断出环境的变化趋势。因现在系统越发复杂，时空原理难以明确和风险因素相关的主要环境因素，对所有的环境因素进行分析，势必会浪费大量的人力、物力，从而导致风险成本增加，难以达到平衡。从时空原理的角度考虑，降低风险的方法主要分为两种：改变风险主体的时空环境和改变风险因素的时空环境，改变风险主体的时空环境即将风险主体从风险水平较高的时间和空间中转移出来，改变风险因素的时空环境即将威胁到风险主体的因素转移到使其不具备威胁的环境中。

时空原理在实践过程中，可以建立相应的风险发展模型，以便于调控系统中各要素的变化，降低系统的风险。

（3）导向原理的应用方法。导向原理说明的是风险主体及其所处的环境对风险决策的影响，风险管理的主体是风险主体，风险事故的承担者也是风险主体，因此风险主体在风险管理实践过程中处于核心地位，导向原理主要分析风险主体能够做出正确的风险决策的可能性，从另一角度而言，就是说风险主体在进行风险决策时可能发生的偏差，每个维度都存在两个方向，导向原理就是指导分析风险主体会选择的方向。但是导向原理在很大程度上存在定义判断的局限性，不能排除在分析过程中引入新的风险。基于风险导向原理的思想，可以推论出风险管理的几种方法：分析有效进行风险成本投入的方法、分析道德和文化因素的影响的方法、制定合理的管理制度和法律制度的方法，仅仅利用导向原理很难建立这些方法，在研究过程中需要借鉴经济学、社会学、管理学等学科的理论方法。

风险导向原理应用于分析风险主体的风险决策正确性，在风险决策的环境中存在多种维度，包括风险成本、法律约束、政策解读、风险态度、市场现状、道德约束等，每个维度都可以抽象地看作有正、反两个方向，风险主体受每个维度的影响，在每个维度可能从维度的正方向做决策，也可能从维度的负方向做决策，因此风险主体在进行决策时，存在决策的正确性的偏差。在实践过程中，首先要收集风险主体在各个维度的相关信息，从而分析风险主体在受各维度因素影响时，可能做出的决策的倾向，进一步分析风险主体的决策倾向可能带来的风险决策偏差，导向原理的应用分析路径如图 4-12 所示。

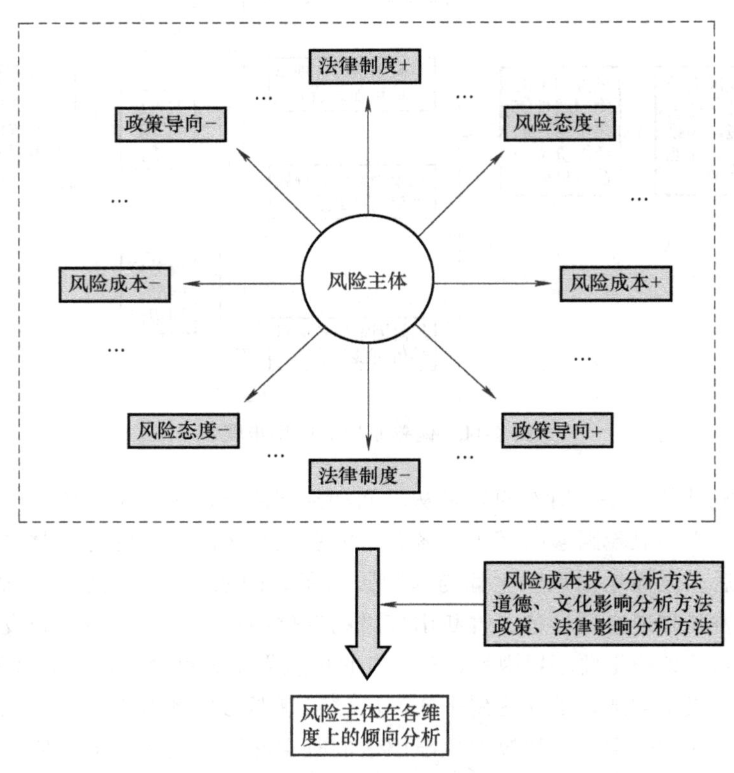

图 4-12　导向原理的应用分析路径

（4）预测原理的应用方法。预测原理是应用统计学的定律对风险的发生规律进行描述，推断风险的发生趋势。应用预测原理可以建立风险发展模型、进行风险决策等，风险预测原理应用范围广泛，在众多领域存在相应的应用方法，实践过程中需要通常借助计算机技术实现风险的建模，但预测原理也存在其局限性：对于难以定量的因素，难以应用预测原理，如风险管理过程中人如何遵循人的本性管理行为；预测原理的应用需要大量的基础数据，然而这正是目前许多领域风险管理工作的难点。基于预测原理，借助统计学、计算机科学的理论和方法，可以对风险因素属性的变化规律进行研究，对采取风险管理措施后风险的发展进行模拟，对一定时空条件下损失的分布进行研究。

预测原理应用领域广泛，是定量分析的指导原理，其应用步骤如图 4-13 所示。在历史数据资料的基础上，利用统计学的理论方法，结合计算机技术，统计出风险发展的规律，在现有资料的基础上，依据风险的发展规律，建立风险模型。在实际应用过程中，要确定一定的置信区间，因为虽然模型是在数据的基础上建立的，但是数据取样、选择的模型都可能不完全准确，因此风险模型的可靠性也只是在一定的范围之内，针对不同的风险等级，存在不同的风险可接受水平，因此其置信区间也存在差异，如应用在风险等级较高的航空领域的风险模型的置信区间一定比应用在手工制作业的风险模型的置信区间更为严格，在置信区间范围内，根据风险模型对风险发展进行分析，并有针对性地制定风险管理措施，如此才是完整地应用预测原理。

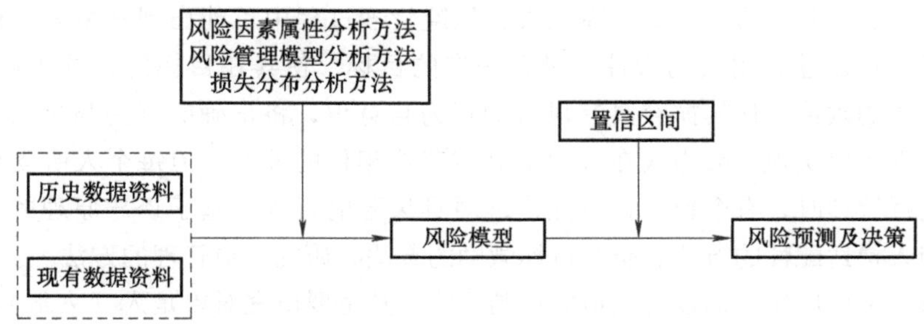

图 4-13 风险管理预测原理的应用步骤

（5）木桶原理的应用方法。木桶原理是描述性的风险辨识过程的规律，风险主体进行风险辨识时，辨识的出发角度、辨识的范围、辨识的过程等可以应用风险管理中的木桶原理，在风险辨识实践中，应明确系统能够承受的风险水平、系统的风险薄弱环节、计划采用的风险控制措施，即要知道木桶中最多能装多少水，木桶的最短木板，计划采用的修补木桶的方法，单一地运用木桶原理会带来主观判断的风险，因此在运用的过程中应结合定量的分析方法。根据木桶原理的思想，可以发展研究风险辨识程序及方法论、研究风险决策结构的方法、研究风险管理反馈程序的方法等。

木桶原理应用于风险管理的风险辨识过程，风险管理的首要任务就是了解风险、了解系统可以控制的风险，其次便是了解可供采取的风险管理措施，木桶原理的应用步骤如图 4-14 所示，在辨识风险时，首先是对系统的相关要素进行分析，包括管理、组织、技术、经济、设备、人员等，类似于将盛装水的木桶的外形刻画出来，然后是通过对各要素进行分析，确定系统的风险水平和系统可接受风险水平，即通过分析确定所刻画的木桶中每块木板的长度和希望木桶能够盛装的水量，其次是在分析的基础上确定系统中的薄弱环节，即确定哪些木板是导致木桶中的水溢出的原因，紧接着就是进行风险决策，制定风险的控制措施和方案，也就是明确那些需要修补的木板的修补方法，然后是对控制措施的评价分析，类似于完成对木桶的修补后，评价每块木板修补的牢靠程度，最后是回到对系统的分析，形成风险管理的闭环。

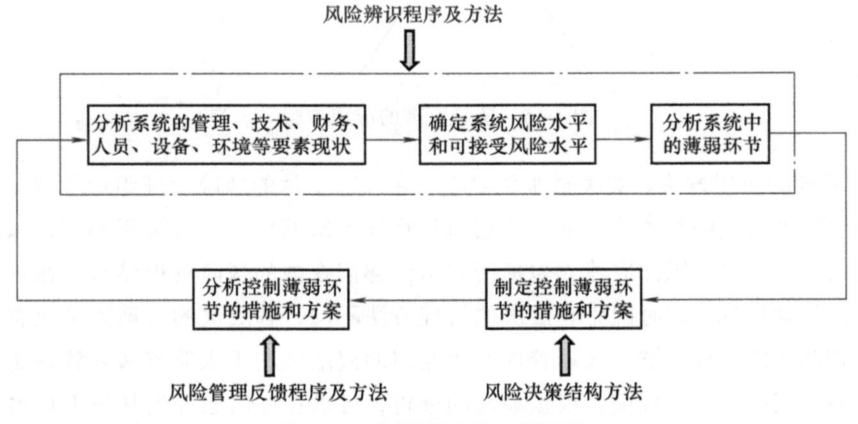

图 4-14 木桶原理的应用步骤

（6）诱导原理的应用方法。风险管理的诱导原理是针对风险管理系统中自由度最大的人（人群）的管理，诱导原理利用人的本能、人的心理因素作用、人的性格因素作用等，通过合理地布置工作、设置岗位、加强学习等方式，降低人在风险管理过程中可能出现的偏差，诱导原理主要分为两个部分：一是通过利用人的天性，设置一定的目标，使其在目标的诱导下做出正确行为；二是通过强化对人的改造，使其摒弃具有风险的行为与意识，将正确的行为强化为其习惯。诱导原理主要通过管理手段实现，因为人在天性上具有普遍相似的地方，但每个人所受到的后天影响不同，因此在进行管理时，有个别个体可能出现更具风险的行为。基于诱导原理的思想，可以发展出分析岗位与人员适配性的方法、研究目标激励的方法、研究人员管理的方法等。

风险诱导原理主要应用于通过管理措施控制风险，其主要研究对象是人（人群），诱导原理的应用步骤如图 4-15 所示。人与外界环境之间的相互联系、相互作用，影响人的认识与意识，在管理过程中，使工作岗位符合人员性格、生理特征、心理特性等，降低人员在活动过程中因潜意识引起的行为偏差。另外通过外界的直接影响，提高人员的风险认识和风险意识，降低有意识的行为偏差，常用的方法主要包括加强学习和设置期望，加强即通过强化行为，将正确的行为转化为习惯，期望诱导则是利用符合人员期望的目标，使其将该目标作为活动的期望，并为之付出相应的努力。

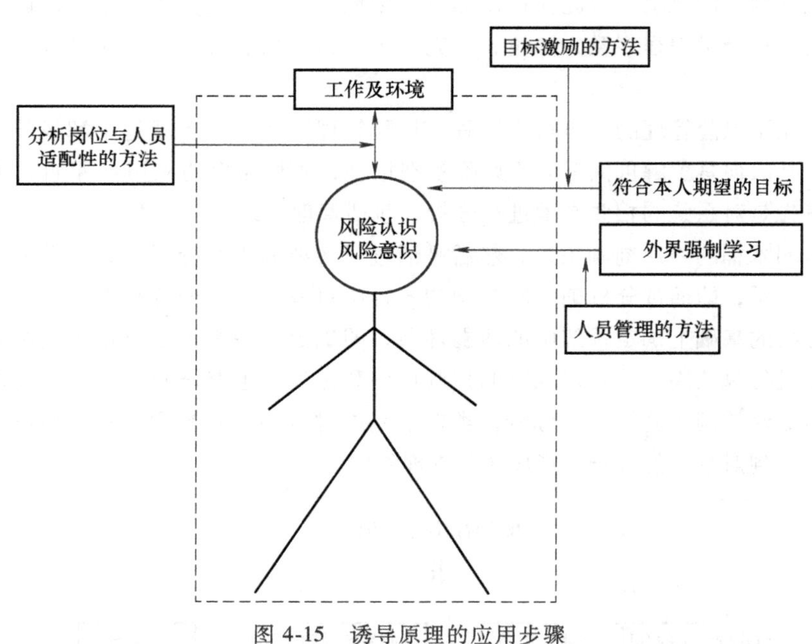

图 4-15　诱导原理的应用步骤

（7）层次原理的应用方法。层次原理主要应用在风险主体的风险管理组织构建、风险管理体系的建立、风险管理人员的配置等方面。依据风险管理层次原理，风险类别不同，风险的管理方式方法也存在巨大的差异，因此应建立包括所有组织部门在内的风险管理结构，在管理体系方面要明确各层次的管理目标，同时因为各层次的管理方法不同，各层次的管理人员应有与岗位匹配的风险管理认识和风险管理技能。风险管理层次原理的局限性在于未明确风险管理组合、管理体系以及人员配备之间的深层次技能。根据前面的分析，可以在层次原理的基础上拓展出风险管理组织结构研究方法和研究风险管理机制的方法。

管理工作的前提是有管理机构、管理机制、管理体系，所以层次原理指导的是风险管理实践工作的基础建设，层次原理的应用思路如图 4-16 所示。在实践过程中，首先要建立管理机构，并根据机构的结构确定管理的运行体系，最后在关键的管理节点上配置具备相应风险认识和风险管理技能的管理人员。

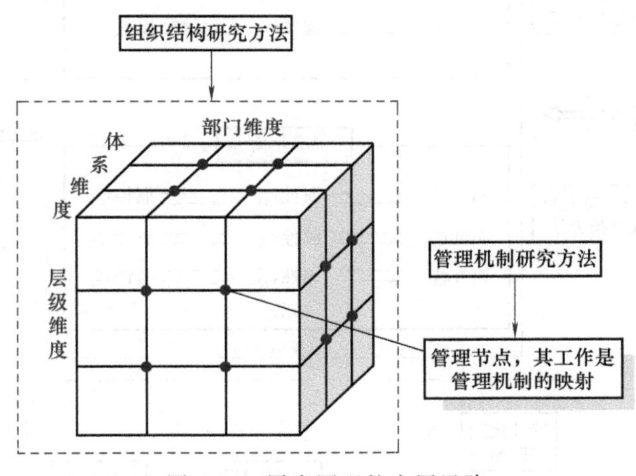

图 4-16 层次原理的应用思路

（8）平衡原理的应用方法。平衡原理是从系统内部达到稳定的角度描述风险的控制，通过局部的平衡达到整体的平衡，通过内部与外部的平衡达到整体的稳定性，当平衡被打破时，即风险发生了新的变化，因此风险平衡原理可以用于风险的监测与预警。当所监测的风险因素发生变化达到一定程度时，风险平衡被打破，通过监测与预警机制的响应，及时采取控制措施，降低可能发生的损失，从而降低风险。风险平衡原理应用的难点是如何选取关键的监控对象及其关键属性，同时，选取响应机制也是应用过程中的难点。根据风险管理平衡原理的思想，可以在成本-损失期望分析方法、管理措施权重分布分析方法、风险预警响应机制方法等方面进行深入研究。

平衡原理主要应用于风险管理实践中的风险监测及预警，平衡原理的应用步骤如图 4-17 所示。系统内的风险要素属性值保持在正常范围之内，即该要素的子系统是局部平衡的，子系统之间的平衡构成了系统的整体平衡，当所监测的风险因素的属性值发生变化时，应判断该属性值的变化是否已超出正常范围，其次判断该属性是否属于关键属性，即通过这两点判断系统的平衡是否被打破，当系统平衡未被打破时，继续对风险因素进行监测；当风险平衡被打破时，则立即启动响应机制，控制风险的发展。

2. 风险管理原理的应用方法梳理

风险管理原理的应用方法有：风险主体期望分析方法、分析偏差产生的方法、风险可接受水平分析方法、改变风险主体或风险因素所处时空环境的方法、风险成本投入分析方法、道德文化影响分析方法、管理制度和法律制度研究的方法、建立风险因素变化模型的方法、损失分布研究的方法、风险管理反馈程序及方法、风险决策结构研究的方法、人员与岗位适配性研究的方法、目标激励方法、人员管理研究方法、管理组织结构及管理机制的研究方法、成本-损失期望研究方法、管理措施权重分布的研究方法、风险预警机制研究的方法等，表 4-2 对上述方法的作用对象、作用范围、方法属性等进行了具体的分析。各种方法的具体内涵可参阅相关著作和教材。

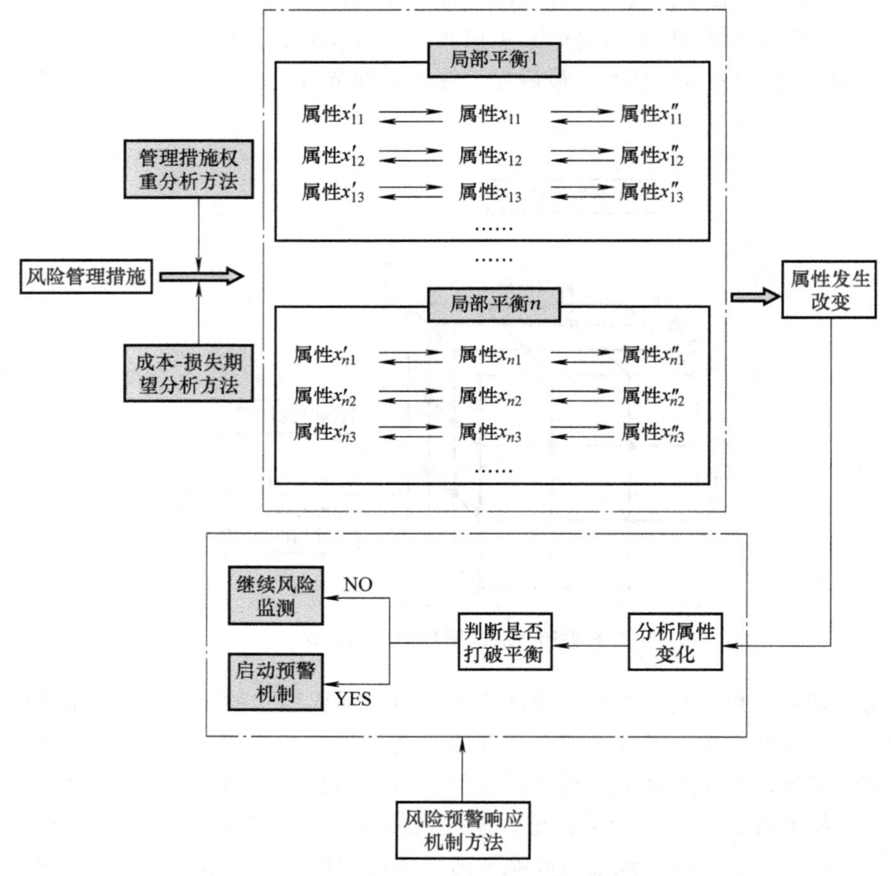

图 4-17 平衡原理的应用步骤

表 4-2 风险管理方法的应用分析

风险管理方法	作用对象	作用范围	方法属性
风险主体期望分析方法	风险主体	风险分析、风险决策	定性、定量结合的方法
分析偏差产生的方法	风险	风险辨识	定性、定量结合的方法
风险可接受水平分析方法	风险主体及其所处环境	风险分析、风险决策	定性、定量结合的方法
改变风险主体或风险因素所处时空环境的方法	风险主体或风险因素	风险决策	定性、定量结合的方法
风险成本投入分析方法	风险控制措施	风险决策	主要为定量研究的方法
道德文化影响分析方法	风险主体	风险评价、风险决策	主要为定性研究的方法
管理制度和法律制度研究的方法	风险主体及风险因素	风险管理全过程	主要为定性研究的方法
建立风险因素变化模型的方法	风险因素	风险分析、风险决策	定性、定量结合的方法

（续）

风险管理方法	作用对象	作用范围	方法属性
损失分布研究的方法	风险主体及风险因素、环境	风险分析、风险评价	主要为定量研究的方法
风险管理反馈程序及方法	风险控制措施	风险决策、风险监测	定性、定量结合的方法
风险决策结构研究的方法	风险控制措施	风险决策	定性、定量结合的方法
人员与岗位适配性研究的方法	风险主体、风险因素及环境	风险分析、风险评价	定性、定量结合的方法
目标激励方法	风险主体或风险因素	风险决策	主要为定性研究的方法
人员管理研究方法	风险主体或风险因素	风险决策	主要为定性研究的方法
管理组织结构及管理机制的研究方法	风险主体	风险管理全过程	主要为定性研究的方法
成本-损失期望研究方法	风险管理措施	风险决策	主要为定量研究的方法
管理措施权重分布的研究方法	风险管理措施	风险决策	主要为定量研究的方法
风险预警机制研究的方法	风险管理措施	风险监测	定性、定量结合的方法

从表4-2的分析可以看出，任何一种风险管理方法都存在作用对象、作用范围、方法属性等维度，同时各方法不仅需要风险管理理论的支撑，还需要借鉴其他学科的理论方法，如主要为定性研究方法的道德文化影响分析方法、管理组织结构及管理机制的研究方法等，需要社会学、管理学、心理学等学科的理论方法来支撑，通过上述分析，建立风险管理方法的四维结构体系，如图4-18所示。

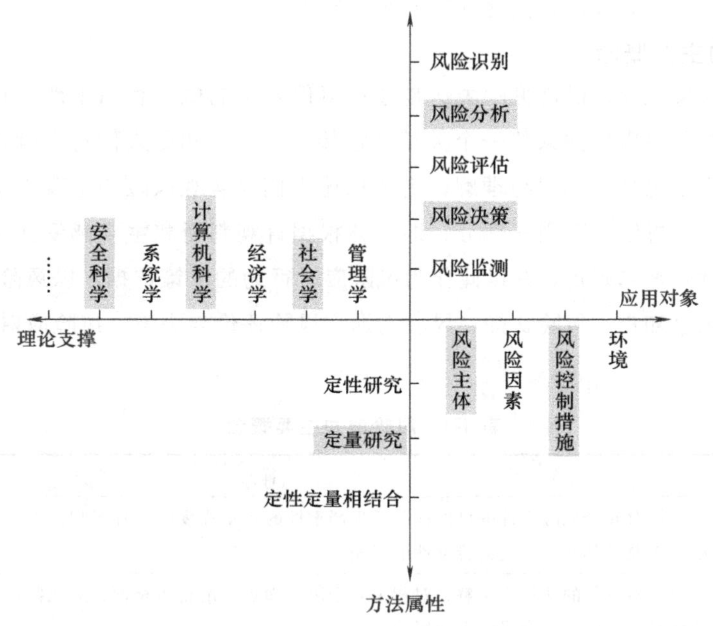

图4-18 风险管理方法的四维结构体系（李顺，2016）

风险管理方法的四维结构体系概括了风险管理方法的四种主要属性，即风险管理方法的应用对象、风险管理方法的应用范围、风险管理方法所需要的理论、风险管理方法的属性，在实践过程可依据所研究对象的这四个维度来选择合适的风险管理方法。

随着计算机技术的发展，风险管理广泛运用的技术方法有故障树分析法、效用理论、模糊分析法、计算机仿真模拟、层次分析法等。

4.5 风险管理的典型模型

风险管理内容非常丰富。风险管理模型与上一章介绍的事故致因模型和下一章将要介绍的安全模型相互交叉和密切相关。本节从安全风险感知偏差的视角和事故分析预防的目的介绍两个典型的模型。有关风险识别、衡量与估计、评价、决策、控制、管理体系等内容与安全系统工程、安全评价和安全管理等相互交叉，若读者需要可以阅读相关的书籍。

4.5.1 风险感知偏差机理概念模型

人的风险感知必然影响其对待事物的风险态度，进而影响其风险应对行为。公众在生活、生产活动中主观感受的风险与客观风险之间存在的偏差是导致不安全行为的根本原因。换言之，风险感知偏差研究在事故预防与风险管控中具有重要作用。

风险感知已有诸多研究，如对驾驶员风险感知因素、城市大气污染的风险认知、建筑施工场所危害辨识与风险感知、安全行为与风险感知关系、风险感知理论模型及影响因子、安全氛围感知对不安全行为影响、公众防护行为、环境风险感知心理测量范式等的相关研究。

通过剖析风险感知偏差形成的内因、外因，以及风险感知偏差的放大与干预，构建风险感知偏差机理概念模型，可以为风险管控提供基础理论支撑。

1. 风险感知的主要概念

安全风险属于狭义风险，最常见的表达是通过事件发生的概率和后果严重程度描述。心理学视阈下的感知是人对外界事物抽象的一个关键性链接。风险感知是人们对影响正常生活、生产和生存的各种因素的心理感受、认识与理解，主要描述人们对客观风险的主观态度和直觉判断，包括感知觉、认知加工、思维与应用三部分，即个体根据直观判断和主观感受获得的经验，对环境风险信息的刺激进行处理与判定，并以此作为风险应对行为的决策依据。以风险感知过程为主线，风险感知主要涉及风险知觉、风险认知、风险沟通、风险评价与决策、风险应对行为和风险态度，见表4-3。

表4-3 风险感知主要概念

概念	释义
风险知觉	个体对安全风险事件的可能性与后果严重性的知觉程度的一种意识，主要受个体对危害的敏感度，以及对其所处情境的警觉性的影响
风险认知	对风险事件的认识和了解，对相关安全风险知识了解得越全面，对风险的认知越客观，越能辩证地看待和评价安全风险潜在影响

（续）

概念	释义
风险沟通	个体、群体以及组织之间交换安全风险信息和看法的过程，它不仅直接传递与风险事件有关的信息，还包括对安全风险事件的关注、意见以及反应。风险沟通方式不当，极易导致公众产生认知上的偏差
风险评价与决策	对安全风险事件发生可能性和影响程度做出主观判断，并采取相关风险应对措施
风险应对行为	对风险事件采取的风险控制措施，风险态度和风险知觉，对风险应对行为起到正向预测和导向作用
风险态度	个人或组织对安全风险事件的看法、态度和认知，是对风险事件所采取的一种比较稳定、持久的心理结构。风险态度作为公众内在的心理动力，会引发相应的风险应对行为，直接影响风险感知水平

2. 风险感知偏差机理概念建模基础

风险感知偏差即客观风险与主观风险之间的偏差。根据有限理性理论，人在对客观事件进行主观建构过程中（信息的获取、加工与输出），无法排除各种因素的干扰，都会产生与事实本身、标准或规则间的某种差别和偏离（或偏离的倾向和趋势）。风险感知偏差产生于风险感知过程之中，因此根据风险感知过程的划分，可将风险感知偏差的形成阶段划分为风险感知信息的识别与收集、编辑与处理、评估与决策。

（1）风险感知信息识别与收集。风险感知信息收集通常有三条路径：以技能为基础的风险感知信息收集、以规则为基础的风险感知信息收集和以知识为基础的风险感知信息收集。由于风险信息的广泛性、个体感知能力的有限性（风险知识、风险感知技能的不足），以及组织规则与组织文化的影响，个体在感知风险时总是有选择性地获取风险信息。

（2）风险感知信息编辑与处理。个体对特定风险信息进行简化与编码，此过程因受个体情感和心理等主观因素的影响、控制和限制而出现风险感知偏差现象。个体在根据风险信息判断风险事件发生的可能性与损失程度时，往往是以实际（或思维抽象的实际）的某个参考点为依据，参考点的选择决定风险感知偏差的大小和趋势，并影响个体风险决策。

（3）风险感知信息评估与决策。根据风险信息简化和编码结果，合并不确定性相同的风险信息，并根据风险感知结构，将其分解为无风险因素（风险事件发生时间、空间、概率、损失程度等满足个体接受水平）和风险因素（风险事件发生时间、空间、概率、损失程度等不满足个体接受水平）。由于风险感知活动具有自下而上和自上而下的特点，所以风险信息评估与决策阶段的感知偏差还会对风险信息的收集与处理产生影响，在这个过程中可能会出现与理性人不同的心理感知特征。

3. 风险感知偏差形成原因

风险感知偏差的形成既有内因（心理方面的因素）又有外因（文化方面的因素）。

（1）感知偏差的内因。基于心理学视角，风险感知偏差产生的内因主要是指个体的心理机制，包括简捷化直觉、心理情景因素和心理距离。

1）简捷化直觉是个体在风险感知过程中，遇到风险信息过度或不足的影响时所采用的提取有价值风险信息并做出风险直觉判断的方式。简捷化直觉是在以实践为基础的风险感知活动中产生的，感知主体的知识、经验决定着风险直觉水平的高低。此外，在简捷化直觉过程中存在直觉思维陷阱，导致感知者在利用其经验进行风险感知时出现偏差。

2）心理情境因素的影响是指风险感知在很大限度上取决于感知者心理情境，即感知者并不是孤立地去感知某个事件，而是根据他们所处的心理情境去认识与抽象风险信息。基于社会心理学的对比效应、初始效应、近因效应和刻板印象（表 4-4），在不同情况下，同一个人对同一风险信息的感知可能会完全不同。

表 4-4　影响风险感知偏差的心理情境因素

情境因素	因素释义
对比效应影响	个体通过风险信息的对比获取感知信息，在此过程中，由于选取参照点（过高或过低）的原因，个体就会犯对比效应的错误，从而产生感知偏差
初始效应影响	风险信息出现的先后顺序会对风险感知和决策产生不同的影响，进而产生初始效应。例如，对于连续出现的风险信息，顺序靠前的比靠后的对人们的风险感知影响更大
近因效应影响	与初始效应相对，人们能够更加清楚地记得最后出现的风险信息而不是最先出现的风险信息，后出现的风险信息比先出现的风险信息对风险感知的影响更大，进而可能产生风险感知偏差
刻板印象影响	个体对某一类风险事件的一般特征持有僵化思维和印象，这种思维往往不准确，过于泛化，忽略风险信息之间的差异，导致个体仅仅根据风险信息所述类别过早做出感知判断。尤其是在风险社会背景下，由于公众对风险事件的特征感到陌生，很可能依赖刻板印象进行风险感知

3）心理距离。个体的感知是基于对事物的建构而非客观事物的本身，其建构过程不仅取决于感知对象的实体属性，还取决于建构主体对客体的心理距离（即在一个抽象的心理空间中所感知到的客体的远近），而个体对特定事件的建构层次随着心理距离的远近而发生系统性改变。因此，个体在感知、预测与评价过程中很难进行完全意义上的理性思考。

个体通常最重视对立即发生［时间立即性（此时）、空间相近性（此地）、概率确定性（确定）、风险切身相关性（本人）］风险事件的建构，但个体需要面对的绝大部分风险事件都不是立即发生的，而是在一定时间后（时间维度）、以一定概率（概率维度）、发生在一定位置（空间维度）、影响特定人群（社会性维度）。因此，概率维度、时间维度、空间维度和社会性维度在心理距离上具有统一性，都属于心理距离属性，即这些因素共同决定风险感知，这也是统一上述多重维度的本质原因和理论基础形成的。根据上述分析，建立风险感知偏差心理距离模型，如图 4-19 所示，各维度内涵见表 4-5。

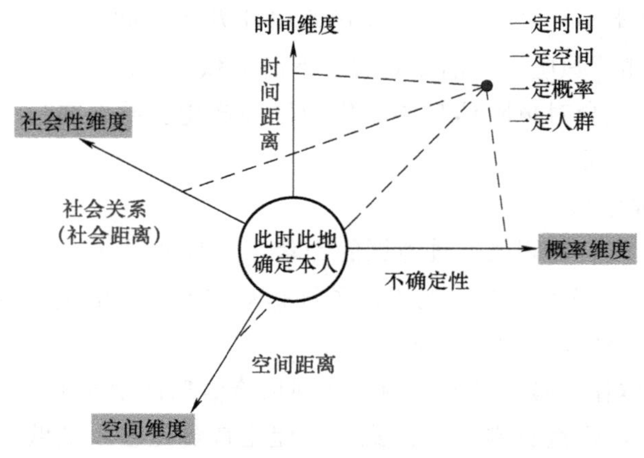

图 4-19　风险感知偏差心理距离模型（黄浪和吴超，2017）

表 4-5 风险感知偏差心理距离模型各维度内涵（黄浪和吴超，2017）

维度	维度内涵
概率维度（不确定性）	风险事件不确定性感知可分为：影响程度大小（影响程度）、可控-不可控（可控性）、熟悉-陌生程度（熟悉性）、发生可能性大小（可能性）、结果严重性大小（严重性）、持续时间短-持续时间长（持续性）等方面的不确定性。根据心理距离理论，概率维度上越远（即不确定性越小）的事件越不被重视，人们只关心有可能发生的事件（这取决于风险事件发生的客观规律，同时取决于个人的质疑、认知和主观判断）
时间维度（时间距离）	风险事件具有即时性或远时性，时间距离以“此刻”为参照点，是个体对风险事件发生时间远近的知觉。心理距离研究发现，人们对风险严重性的判断通常随时间的延迟而减弱，即时间距离越远的事物所感知的不确定性越大，对其进行心理表征和评价时更加模糊与抽象，因而越不受重视。相比时间距离越近时人们更容易做出行为上的判断，进而采取有效的风险应对行为
空间维度（空间距离）	空间距离以“此地”为参照点，是指个体对空间远近的知觉。由于风险事件的物理空间属性，空间距离将影响人们的风险感知和判断。人们通常认为空间距离越远的风险事件发生的概率越小，因此就会从主观上弱化对该风险的感知和判断（即便环境风险已经存在）。空间距离在弱化对风险事件危害程度感知的同时也减弱了对危害发生的可能性的感知，即弱化了主观风险的感知水平
社会性维度（社会距离）	它是指两者之间的社会距离（即社会关系，如血缘关系的亲疏、种族、文化背景、地缘关系等），其参照原点（零距离点）是本人。社会伦理学家研究发现，社会距离越远，个体对他人面对的事情的重视程度越低，即对发生在他人身上的事件（或涉及他人的事件）的重视程度越弱。类似地，在风险领域面对如此复杂的社会关系，风险感知也会涉及社会伦理方面，人们所做出的风险感知判断和风险应对决策也会随着社会距离的远近有所改变
原点	定义零距离点作为风险感知维度框架的原点（即四个维度的交汇点），表示“此时、此地、确定、本人”，从这个原点对应四个维度衍生四根轴线，随着各维度距离的增加会影响个体风险感知的变化

（2）感知偏差产生的外因。个体风险感知偏差的外在原因有很多，从组织层面剖析，主要有以下几个方面：

1）组织赋予个体不同的角色（如基层操作工、班组长、车间组长、安全分管领导等）决定个体不同的风险感知。

2）组织文化对个体风险感知偏差的影响，不同的组织文化背景下个体的感知方式会有所不同，这些不同就会导致个体的认知偏差。

3）组织的决策失误（如不作为、错误刺激、指令、决策等）导致个体的风险感知出现偏差。

4）组织制定的风险感知偏差干预措施失效。

（3）风险感知偏差放大与干预。风险沟通无效或不当造成公众不能做出正确的风险感知、决策和行为，由于涟漪效应的作用，个体风险感知偏差进一步放大为团体风险感知偏差和社会感知偏差。风险事件影响范围不断放大，由直接受害人、间接受害人，波及相关单位，到最后波及整个社会。上述涟漪效应的深度与广度决定于风险事件本身的性质（如危害程度、方式、性质等）和公众对风险信息的感知、沟通、评价与控制。

控制公众风险感知偏差可以有效避免不安全行为的发生，并可帮助公众在现实生活中更好地实现风险感知和决策。但人们都通常很难认识到或承认自己的感知偏差，从风险感知偏差的形成原因可以看出，风险感知偏差的干预需要个体自身和组织的协同配合。

基于此，从“个体”和“组织”两个维度提出风险感知偏差的干预对策：

1）个体维度——自助，即公众对风险感知偏差的自我调节，如自助学习、参加培训、吸取经验，风险意识、风险知识、风险态度、风险意愿、风险偏好等的自我评估与提升等。

2）组织维度——他助，即组织对个体风险感知进行专业干预，如教育培训、风险情景模拟、行为观察等。

4. 风险感知偏差机理概念模型

风险感知偏差机理概念模型以形式化的方法揭示风险感知偏差的主要概念、定义以及它们之间的逻辑关系，是对风险感知偏差理论研究对象和内容的第一次抽象与假设，它将零散、非结构化的风险感知知识转换为系统、结构化与可读性强的基础理论知识，为后续研究的开展奠定良好的知识表达基础。基于上述分析，构建风险感知偏差机理概念模型，如图 4-20 所示。

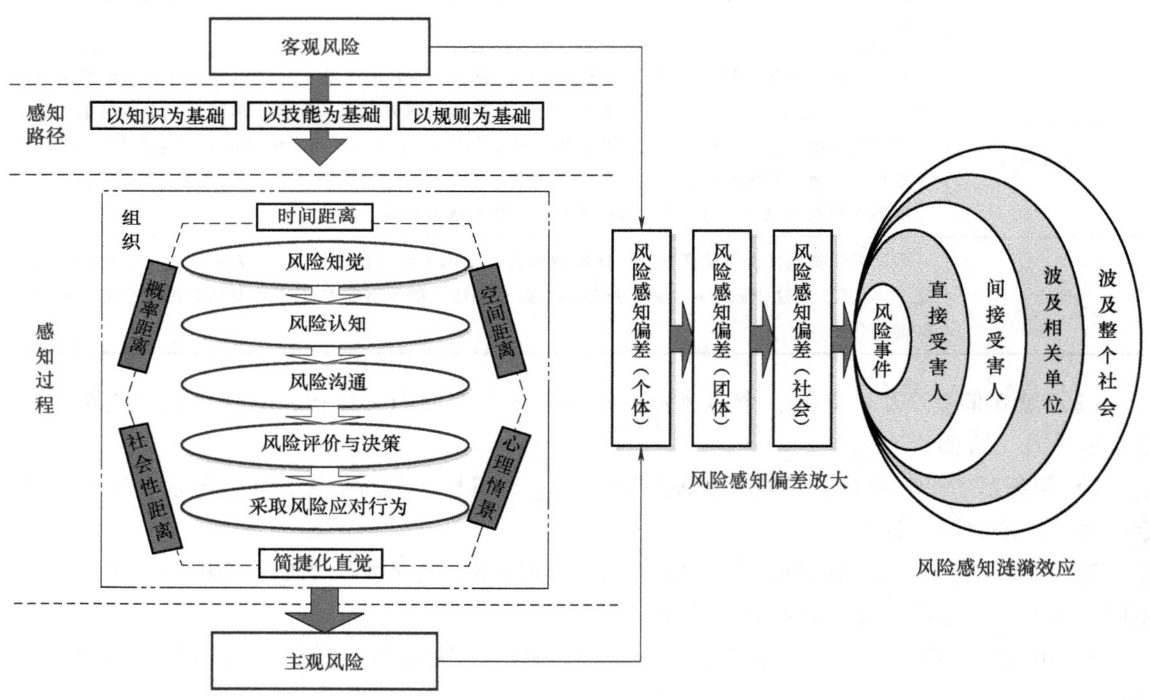

图 4-20　风险感知偏差机理概念模型（黄浪和吴超，2017）

风险感知偏差机理概念模型给深入分析个体感知偏差提供理论框架，对有效开展风险沟通乃至风险管理具有重要的理论与现实意义。在安全风险管理与控制中，当某个风险在概率维度上的风险无法再降低，或者风险降低的边际成本非常大，此时可通过增加时间距离或空间距离来降低人们的风险感知程度。例如，在现有技术条件下，核电站的安全防控已经达到非常高的水平，发生事故的概率已经很小。但由于核事故所带来的极端灾难使得人们心存恐惧，为获得民众的认可和支持，与其将大量资金投入到提升核电站的安全技术上，不如选择将核电站建设在偏远地区，这样同样能够增加人们对于核风险的心理距离，从而在一定程度上增加风险接受度。因此，风险感知偏差机理概念模型可为系统的安全风险管控提供理论依据和现实指导。

4.5.2　风险分析的蝴蝶结模型

蝴蝶结分析法（Bow-Tie Analysis，BTA）是将事故树分析方法和事件树分析方法融为一体，全面分析某一事件的发生原因和事故后果的事故建模方法。其具体是指用绘制蝴蝶结图的方式来表示事故（顶事件）、事故发生的原因、导致事故的途径、事故的后果以及预防事故发生的措施之间的关系来进行风险分析方法。

一般认为 Bow-Tie 最初被称为蝴蝶图（Butterfly Diagrams），源于 20 世纪 70 年代的因果图（Cause Consequence Diagrams）。在 20 世纪 70 年代末，由英国帝化学工业公司（ICI）的 David Gill 完善了这种方法，并将其改称为 Bow-Tie。它是一种风险分析和管理的方法，采用一种形象简明的结构化方法对风险进行分析，把安全风险分析的重点集中在风险控制和管理系统之间的联系上。因此，它不仅可以帮助安全管理者系统、全面地对风险进行分析，而且能够真正实现对安全风险进行管理。2001 年以来，欧洲多家安全咨询研究机构和公司比较热衷推荐这一风险分析模型。

典型的风险分析的蝴蝶结模型可以用图 4-21 表示。

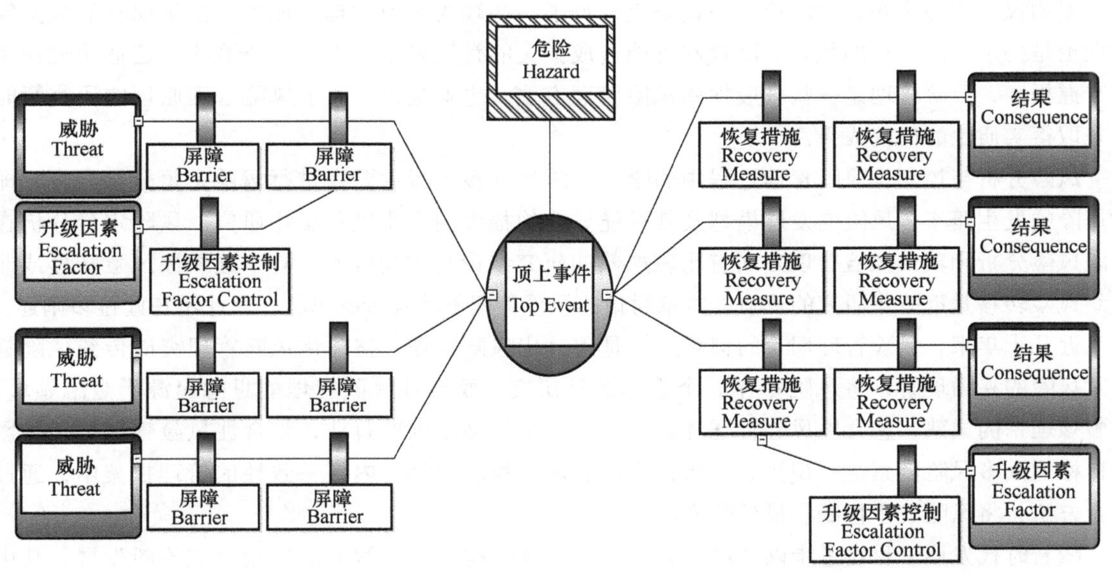

图 4-21　典型的风险分析的蝴蝶结模型

图 4-21 的左侧是事故树，用来分析造成某一事件发生的原因。右侧是事件树，用来分析某一事件发生后如何造成人和财产的损失。从图中可以看出，安全屏障是蝴蝶结模型的基本元素。左侧的安全屏障是预防事件发生的屏障，右侧的屏障是保护人和财产安全的屏障。

该方法主要包括五部分要素：①起因——事故发生的可能原因；②事前的预防措施——为降低事故发生概率而采取的行动；③事故——可能造成不良后果的意外事件；④事故后的

控制措施——事故发生后，为减少不良影响（或降低后果严重程度）所采取的行动；⑤后果——事故可能造成的后果。

由图4-21可以看出，蝴蝶结分析法是一种很容易使用和操作的风险评估方法，它具有高度可视化、允许在管理过程中进行处理的特点。

（1）它能够使人们详细地识别事故发生的起因和后果，能用图形直观地表示出整个事故发生的全过程和相关的定性分析，并能帮助人们在事故发生前后分别建立有效的措施来预防及控制事故的发生。它能形象地表示引起事故发生的原因。

（2）它能直观地显示危害因素→事故→事故后果的全过程，即可以清楚地展现引起事故的各种途径；分析人员利用屏障设置可获得预防事故发生的措施，以加强控制措施或采取改进措施来降低风险或杜绝事故。

4.6 风险管理理论研究的展望

在人类社会的发展进程中，风险一直存在，但是风险的形式不断发展，风险发生、发展模式也不断变化，相应地，人类对风险的研究也在不断前进，出现众多的风险管理理论、方法、原理、技术等，其目的都在于降低风险水平，减少风险带来的损失。

风险管理理论至今已发展了近一个世纪，从单一传统的风险排除和转移理论，到今天各个不同流派的风险管理思想，风险管理理论研究取得了一些较为成熟的理论成果，但是现有的风险管理理论是揭示风险存在的状态、因素和可能造成损失的管理科学，人们对风险的普遍适用规律仍然掌握极少，风险管理是一些一般性的风险管理方法，也就是说，关于风险管理原理的研究暂时还未取得实质性的研究成果。

风险分析与控制是风险管理过程中的重点。国外许多学者主要在进行风险定量分析研究，即对风险的发生概率、风险的发展模型及其可能导致的损失的大小进行量化研究。风险定量分析在金融风险分析和项目风险管理方面有比较成熟的研究结论与应用成果，其中选择性风险转移或非传统风险转移是近些年研究的热点，本章讨论的风险管理不涉及金融风险，因此不在此过多阐述。

近几十年来，风险管理理论的创新之一是整体化风险管理，整体化风险管理突破传统风险管理对风险的狭隘理解，将风险看作一个整体进行研究。整合性风险管理的思想起源于金融领域，随着该理论的成熟，整合性风险管理理论广泛应用于许多不同的行业，整合性风险管理是指将影响目标的众多风险因素进行识别、分析，将所有风险控制在具有内在一致性的管理框架中，通过整合方法，将风险成本控制在最低限度。

随着时代发展、科技进步以及经济发展，国外风险构建理论学派的理论研究不断发展，其中风险文化理论、风险社会理论的研究较为成熟。风险文化理论认为，每个社会都会有它的伦理道德文化习性，人们对文化、道德与制度等的判断的冲突成为主观建构思维下的风险议题；风险文化理论强调不同团体对有关风险的认识与风险是否可被接受有文化差异。风险社会理论将风险的外延拓展至整个人类活动的范围，风险社会理论认为当代社会承受着潜在风险，因为人的有限理性，人为的风险只能有限可控，重大的灾难很有可能引起一系列对当前的社会基础、制度目标和伦理规范进行批判性的反思。

近二十年来，国内许多风险管理研究者从不同的视角和层面开展了许多研究，如从系统角度出发研究风险管理的三个基本要素：风险管理的目标与原则、风险管理程序、风险管理对策；从契约经济角度研究企业风险的两个方面：企业内部交易的不确定性及外部经营环境的复杂和变化，企业内部契约的不完备性和经营管理人员的认识有限；从补偿损失的角度出发，提出了运用保险手段转移企业风险是行之有效的方法；从金融角度对综合风险管理进行研究，建立了综合风险管理发展的模型等。一些风险管理研究者提出了许多有益的方法和见解，如提出了企业集成风险管理系统框架，包括企业风险管理目标、企业文化、企业风险管理组织、企业风险管理系统方法及企业风险管理信息系统；整体风险管理思想应用的两种方法：基于价值的风险管理方法和平衡计分卡法；提出整合风险管理的三个要素：整合风险轮廓、整合风险管理机制、整合风险管理方法；指出完整的风险管理体系应包括：法人治理结构、风险管理组织、财务运营和企业运营的政策与程序、内部审计系统；提出集成风险管理可以以企业的管理控制系统为运行载体，以财务、技术和人文为导向，构建机构化的、网络化的风险管理系统等。

通过中国知网查找风险管理相关学术研究热点，在 10 个涉及经济、金融、医学、体育、工业、安全科学等不同的学科中，国内风险管理相关研究热点见表 4-6。国内风险管理研究热点集中于保险、全生命周期、全面风险管理、风险评价技术、风险分析技术、风险控制技术等。

表 4-6　国内风险管理相关研究热点

学科	热点主题
金融	金融工程、金融工具、金融抑制、金融风险等
经济理论及经济思想史	全生命周期、风险管理、项目管理、价值管理、成本管理等
保险	工程保险制度、工程担保、保险费率、工程风险管理等
企业经济	企业技术长信用、风险投资公司、全面风险管理、项目决策、安全等
环境科学与资源利用	环境风险、健康风险评价、环境风险评价、危机管理、区域环境等
石油天然气工业	长输管道、油气管道、风险分析、安全管理、应急预案等
宏观经济管理与可持续发展	风险分析、大型工程项目、风险控制、工程项目风险、风险矩阵等
安全科学与灾害防治	企业事故损失、风险分析、风险评估、企业风险管理等
临床医学	护理质量、护理纠纷等
体育	体育赛事、域名争议解决、风险管理等

从表 4-6 可以看出，国内风险管理研究主要集中在应用方面，但风险管理理论研究存在许多不足：如风险管理理论侧重于风险分析、评估、控制等技术方法的研究，基础理论研究还较为薄弱，表 4-6 中的 10 个学科中都很少涉及风险管理原理等基础理论的研究；我国风险管理研究许多都是在外国已有研究基础上展开的，许多研究都是针对某一领域，还没有形成系统的风险管理研究，自主创新的风险管理基本理论目前还比较少；全面风险管理理论和全生命周期管理理论方面已经较为成熟，但是在应用研究方面存在不足，只是在金融、项目管理等领域应用较为普遍，安全等领域的应用需要加强。

本章内容介绍了风险管理原理的研究方法系统，依据其方法指导对象，常用研究方法可以分为五个层次，研究方法具有专业维、时间维、理论维、技术维四个维度，同时在逻辑上存在纵向维和横向维；常用风险管理原理包括：大数定律、中心极限定律、类推与统计管理、惯性原理、风险分散原理、可接受风险水平标准等；风险的发生是系统内各风险因素与组成部分之间关系的改变，发展模式包括多种风险源转化为一种、单一风险源转化为多种风险源、风险主体转变、多种风险源之间相互影响等，风险的发展过程主要有四个影响因素：能量的积累、转变的节点、发展的方向及速度、损失的大小；给出风险管理的偏差原理、时空原理、导向原理、预测原理、木桶原理、诱导原理、层次原理、平衡原理，并对各条风险管理原理的含义进行了分析解释，对风险管理原理之间的关系进行探究，提出风险管理原理结构体系；风险管理原理的应用有其普遍规律，原理指导实践工作应遵循一定的程序，对风险管理的方法指导应依据应用的对象、应用的范围、可利用的资源，在原理的指导下，风险管理的方法具有其四维结构体系；风险管理模型与技术的内容和安全系统分析、评价等交叉，还可以运用本书第 5 章的内容。风险管理存在于人类生产生活的所有领域，风险管理是降低风险事故、避免发生损失的重要途径，而风险管理原理是指导风险管理实践的基础理论，风险管理原理有广泛的应用前景，在风险管理原理的基础上可以结合具体领域提出更多具有重要意义的风险管理理论。本章内容补充了已有风险管理研究和理论的不足。

本章思考题

1. 着眼于（或基于）风险的安全工作有什么优点？
2. 风险的理解在生产安全领域与经济领域有什么不同？
3. 风险的相关术语（或概念）主要有哪些？
4. 风险管理的主要工作内容有哪些？
5. 风险管理研究的方法论可以分为几个层次？
6. 试列举五种常用的风险管理研究方法。
7. 风险管理有哪些预防为主的原则？
8. 风险管理的主要原理有哪些？
9. 风险管理与隐患管理有什么区别？
10. 风险评价与安全评价有什么不同？
11. 请将某一风险管理原理用于一个具体的项目风险管理，并归纳其应用步骤。
12. 试检索某一文献数据库，综述风险管理理论的新动态。

第 5 章 安全模型原理（正向范式）

【本章导读】

通过构建模型来揭示原型的形态、特征和本质，是人类在认识世界和改造世界的实践过程中的一大创造，也是科学研究的最常用方法。同样，在安全科学研究领域，安全模型方法也得到广泛应用。安全模型从本原安全出发，构建保障系统安全的体系，比第 3 章和第 4 章的事故致因模型和风险管理原理更加系统、全面，也更能体现安全的主动性和安全促进的积极功能。这类问题的研究范式在 1.1.3 节中定义为“正向范式”，简称“安全 A2”。

安全模型的种类很多，可将安全模型分为实体安全模型和理论安全模型，本章仅介绍理论安全模型（本章以下内容均简称为安全模型）。安全模型被广泛应用于阐释事故发生机理、风险控制与管理原理、安全系统的机制与分类、安全学科建设等，也为系统提供了保障安全的体系和要素，这些功能本身就是安全科学原理，因此本章起名为安全模型原理。现有安全模型已经有很多，而且还在不断涌现，本章仅选择一些具有通用性和适用现代安全需求的典型安全模型供读者学习。

5.1 安全模型的建模理论

随着安全科学内涵和外延不断拓展，其研究对象日益复杂，而建模却能化繁为简。因此，安全模型构建在安全科学研究中具有不可替代性。但如何构建科学的安全模型？这需要以安全模型基础理论及构建方法论为指导。本节论述安全模型的定义、结构与特征等基础问题，从科学方法论的视角出发，分析不同类型安全模型的研究取向，给出其构建的一般方法、步骤、范式体系（黄浪等，2016）。

5.1.1　安全模型概述

1. 安全模型的定义与内涵

安全模型是在安全科学研究中构建的反映研究对象安全或危险本质规律的抽象表述。其内涵如下：①安全模型是对安全科学客体的一种合理抽象，与实际原型相比，具有简化和理想化的特点，可直观地体现科研路径、方法和科研成果；②安全模型是安全科学研究与实践活动中主体与客体之间的一种特殊中介，既是研究工具，又是研究对象；③安全模型是安全科学认识的阶段性成果，其构建过程实际上是对已有的安全经验和知识进行去伪存真的思维加工过程；④安全模型融入安全科学工作者新的猜测和假设，含有新的思想和概念，因此安全模型又是进一步研究原型客体的新起点；⑤随着安全科学的发展、安全内涵和外延的不断拓展以及安全科学研究对象复杂性的提高，安全模型可将相互隔离的自然科学和社会科学的概念和方法汇聚起来。

2. 安全模型的结构

任何模型都具有一定的系统性，任何系统又都有一定的结构。安全模型由四要素构成，即模型目的、知识、程式和规则，安全模型构成要素如图5-1所示。这四种要素在安全模型中具有不同的功能和作用：①目的是安全模型的灵魂，它决定着知识、程式和规则，其他的要素都是为目的服务的，并随着目的的改变而改变；②知识是构建安全模型的基础和依据，它为目的、程式、规则提供经验和理论；③程式是安全模型的实践程序和规定，它标志着安全模型构建和应用所遵循的路径；④规则是安全模型中诸要素的规定，它规定着诸要素的适用范围，并从总体上指导研究主体应用安全模型的行为。

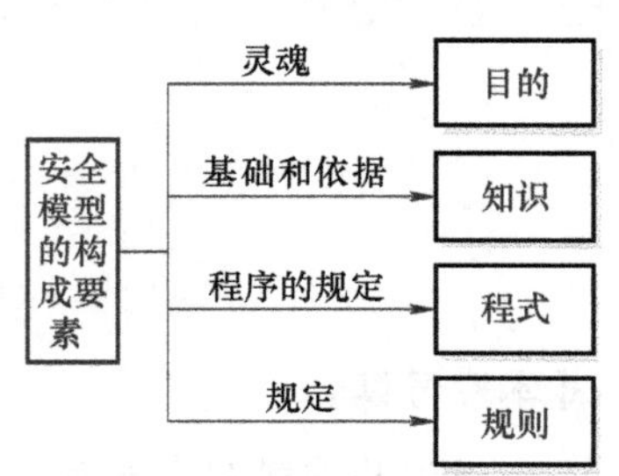

图5-1　安全模型构成要素

5.1.2　安全模型分类和模型体系空间

1. 安全模型的分类

科学的安全模型分类是其构建方法论的基础，下面介绍三种视角的分类方式：①从系统粒度层面分类；②从安全科学原理研究路径分类；③从模型表达形式抽象程度层面分类。

（1）从系统粒度层面分类。由于实际安全系统都可分解为若干“子系统”，而子系统又可以分解为若干“子子系统”。因此，可对大安全系统（宏系统）、子安全系统（中系统）、子子安全系统（微系统）分别通过粗粒度（宏匹配）、中粒度（中匹配）与细粒度（微匹配）构建相应的安全模型：①微系统安全模型，即用细小的量化单位或知识基元描述子子系统本质特征所形成的安全模型，如果对微系统包含的人事物范畴做比较明确的说明，它主要是指类似一个工厂车间范围的安全生产系统；②中系统安全模型，即利用中等规模的量化单位或知识基元描述子系统本质特征所形成的安全模型，如果对“中系统”的范围做具体的说明，它主要是指安全生产范畴；③宏系统安全模型，即用粗大的量化单位或知识基元描述大系统本质特征所形成的安全模型，如果对“宏系统”的范围做具体的说明，它主要是指大安全范畴，超出生产安全的领域。

系统粒度层面的安全模型研究取向如图5-2所示。安全模型可以将过去相互隔离的自然科学和社会科学知识汇聚在一起，可以形成一个复杂的系统模型，这也是安全模型方法原理的优势之一。

（2）从安全科学原理研究路径分类。按照安全科学原理研究的三条路径，将安全模型构建路径分为三类（见图5-3）：①逆向构建路径，即从事故出发，以系统事故预防为主线进行安全模型构建（此类安全模型简称“逆向安全模型”）；②中间构建路径，即从未形成事故的隐患出发以系统风险控制为主线进行安全模型构建（此类安全模型简称“中间安全模型”）；③正向构建路径，即从本原安全开始以系统安全为主线构建安全模型（此类安全模型简称“正向安全模型”）。第三种安全模型通常需要以第一种和第二种安全模型为基础。

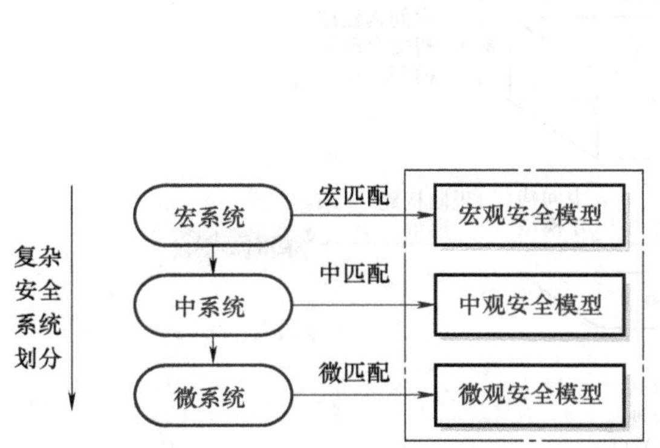

图 5-2　系统粒度层面的安全模型研究取向

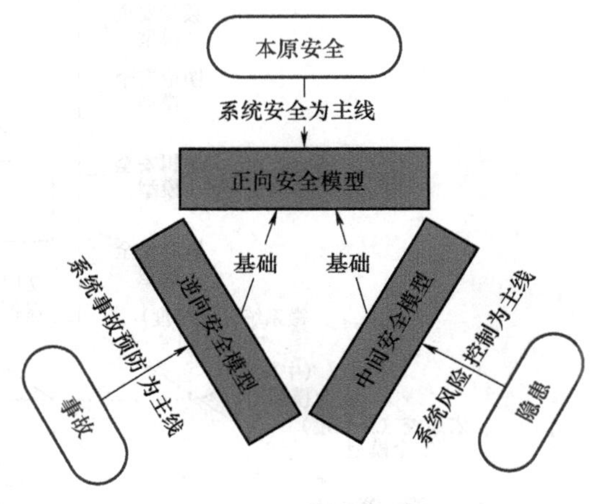

图 5-3　安全科学原理研究路径层面的安全模型研究取向

（3）从模型表达形式抽象程度层面分类。依据模型表达形式的抽象程度，可将安全模型分为：①概念安全模型，即以形式化的方法揭示安全科学领域人们关注的主要概念、定义以及它们之间的逻辑关系，是对安全科学研究对象和内容的第一次抽象与假设，它将零散、非结构化的安全科学知识转换为系统、结构化、可读性强的学科共享知识，为后续研究的开展奠定良好的知识表达基础；②逻辑安全模型与图论模型，在安全系统中存在各种各样的关联关系，可用“逻辑学”和“图论”方法表达与建立相应的关联关系模型，其中逻辑模型是指安全问题研究与实践时的逻辑表达方式，着重用逻辑过程描述对象系统，主要包括演绎逻辑模型和归纳逻辑模型；③数学安全模型，是指运用安全科学理论和数学理论，将系统安全问题归结为相应的数学问题，在此基础上利用数学的概念、方法和理论建立起来的描述系统安全与危险的内在本质关系的数学结构。数学安全模型从定性或定量的角度刻画系统安全与危险变化发展趋势，并为实现系统安全提供精确的数据和可靠的决策指导。

2. 安全模型的体系空间

在上述安全模型研究分类的基础上，可用“模型空间”表示安全模型体系（图 5-4）。图中 X 表示从逆向范式、中间范式和正向范式构建的安全模型；Y 表示从系统粒度层面划分的微系统安全模型、中系统安全模型和宏系统安全模型；Z 表示从定性到定量层面划分的概念模型、图论模型、逻辑模型和数学模型。值得注意的是，在该体系中的坐标维度可以增加，各个坐标轴都还可细化，以便表示任意粒度、不同构建范式、不同抽象程度的安全模型。

安全模型体系空间的某一子空间表示某类安全模型，如：$S(X,Y)$ 表示通过中间构建范式构建的中系统安全模型；$S(X,Z)$ 表示通过中间构建范式构建的安全逻辑模型；$S(X,Y,Z)$ 表示通过中间构建范式构建的中系统安全逻辑模型。该安全模型体系空间具有类似于化学元素周期表的作用，利用它可对安全模型进行分析与综合：①可对现有的各种安全模型进行统计和分类，以便于加以适当交叉、组合与集成；②可查询与分析安全模型体系的“空白区”，为安全模型的构建和发展指明方向。

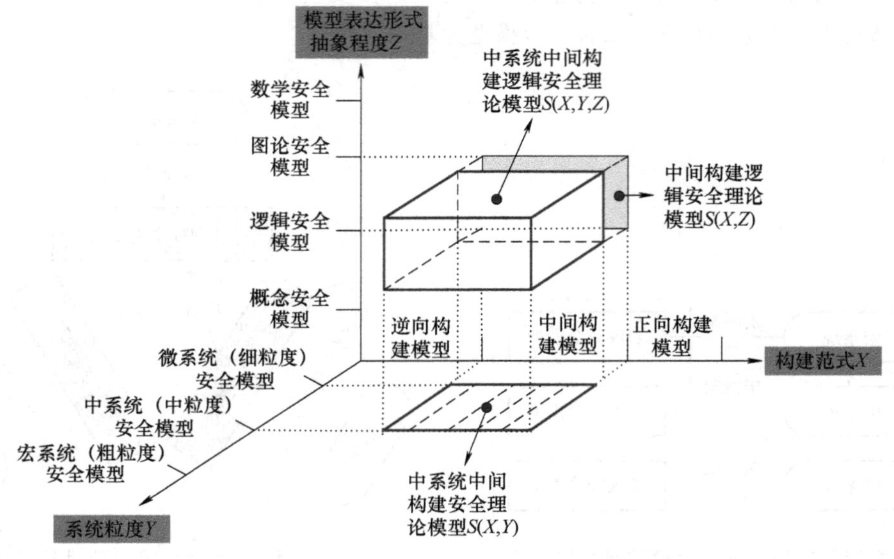

图 5-4　安全模型体系空间（黄浪和吴超，2016）

5.1.3　模型构建的原则、方法、步骤与范式体系

1. 安全模型的构建原则

安全模型构建的方法论是关于安全模型构建一般方法的理论、指导思想和基本原则，是为解决安全模型研究与实践问题而形成的一套关于选择具体方法和程序的思想、原则和步骤的知识体系。在进行安全模型构建时不能把其研究方法论等同于研究方法，而应该用完备的方法论体系去指导和探讨具体研究方法。此外，安全模型需要不断地经受实践检验和不断地加以改进，还需要安全科学工作者在综合运用多种方法的同时遵循一定的构建原则（表 5-1）。

表 5-1　安全模型的构建原则

原则	原则释义
有效性	能够反映安全科学客体的基本特征和属性，通过研究安全理论模型足以获得有关原型的一切必要信息，谨防片面地追求理论的漂亮而忽视原型的倾向，避免出现 X 的模型不反映 X 原型的情形
简单性	安全理论模型比原型简单，力求把原型的一切可压缩的信息压缩。从原型到模型是一类信息压缩的操作过程，即在保持原型主要特征的前提下，把信息压缩到最低限度
可操作性	能进行实验和理论研究与实践的安全理论模型才具有学术价值。对于物质形式的安全模型，就是便于进行观察和测量等实验性操作；对于思维形式的安全模型，就是要便于进行逻辑推理和数学演算等理论性操作
可检验性	如果一个安全理论模型不具有可检验性，就不是一个科学的模型。安全科研工作者应主动、自觉地利用模型的可检验性进行检验。如果通过检验发现模型的缺陷，就要对模型进行修正，甚至代之以新的安全模型

2. 安全模型构建一般方法

基于科学方法论的视角，通过分析与归纳现有安全模型构建思路与方法，提炼安全模型构建的一般方法：相似-简单法、结构-功能法、演绎-归纳法、分解-联合法（表 5-2）。对于安全科学研究来说，一个新的安全模型实际上是一条新的研究路径和一种新的研究思路，通过这些方法构建的安全模型必须经过实践的检验，并加以不断完善。

表 5-2 安全模型构建的一般方法

方法	方法释义
相似-简单法	在相似性方面，按照所要研究的安全科学问题的性质和目的，通过对原型客体进行科学抽象，突出主要因素、主要矛盾和主要关系，抓住原型关键属性，从而建立与原型具有本质上相似性的安全模型。在简单性方面，对原型所处的状态、环境和条件进行分析比较，做出一些合理的简化与假设，以便能够运用已有的科学知识和科学工具，用低层次事物和比较简单的模型去解释高层次复杂性安全问题
结构-功能法	结构方法和功能方法相结合在现代科学认识中具有极其重要的作用。根据模型的结构决定功能这个辩证关系原理，在构建安全模型时，通过优化模型结构使模型发挥最佳功能；同时，可根据安全模型的内部结构来推测和预见它的功能。此外，安全模型的功能以不同方式反作用于结构，因此可以通过改变安全模型的输出功能来调整安全模型的结构，也可从所期望的安全模型功能来推知安全模型的内部结构
演绎-归纳法	演绎-归纳法通常采用演绎法或专家经验法确定安全模型的类别和结构，然后用归纳法辨识和确定模型参数。其中，演绎法是根据安全系统的一般原理、定律、系统结构和参数等的具体信息和数据，进行从一般到特殊的演绎推理和论证，建立面向子系统的安全模型。归纳法是利用实际安全系统的输入或输出的观测数据与统计数据，运用记录或实验资料，进行特殊到一般的归纳和总结，建立系统的外部等效模型
分解-联合法	在大系统安全模型构建中，建议采用“分解-联合”建模法，首先将大系统分解为若干子系统，不计各子系统之间的相互关系，根据子系统的具体情况，采用相应的方法和粒度，建立各系统局部的子模型。其次，根据子系统之间的定性、定量、静态、动态的相互影响和相互联系，建立各子系统之间的关系模型，利用各种关联关系，将子模型联合起来，构成大系统的全局的总模型

3. 安全模型研究与构建一般程式

安全模型在安全科学研究中的纲领性与指导性主要体现在其对安全现象的解释与预测、对安全规律和安全科学的刻画方面，其构建方法论的研究应该着眼于各类安全模型构建一般步骤与方法的升华。因此，按照安全模型的存在形态，从已有安全模型和新安全模型（未知）两个层面论述安全模型构建程式。

（1）基于已有安全模型的构建程式。在进行安全科学研究时，很多时候需要已经存在的安全模型。由于安全模型本身固有的局限性，决定已有安全模型的使用范围和作用是有限的。因此，在运用已有安全模型进行安全科学实践时，需要对不同的安全模型进行比较、评价和筛选，其研究步骤如图 5-5 所示。

（2）新安全模型的构建程式。安全模型的构建过程实际上也是对原型客体本质属性和内在矛盾的认识过程，科学抽象的作用在于发现并析取客体的某一或某些本质属性、关系和联系。因此，按照科学抽象的一般程式（即从“感性的具体”到“抽象的规定”，再到“思维

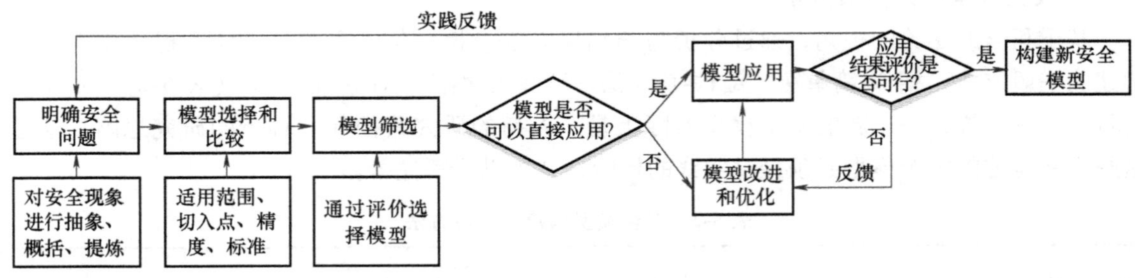

图 5-5　基于已有安全模型的研究步骤（黄浪和吴超，2016）

的具体”，最后到“实践中的检验”），提出构建新安全模型的一般步骤（图 5-6）：模型准备、模型假设、模型建立、模型分析、模型求解、模型检验、模型应用、模型优化。

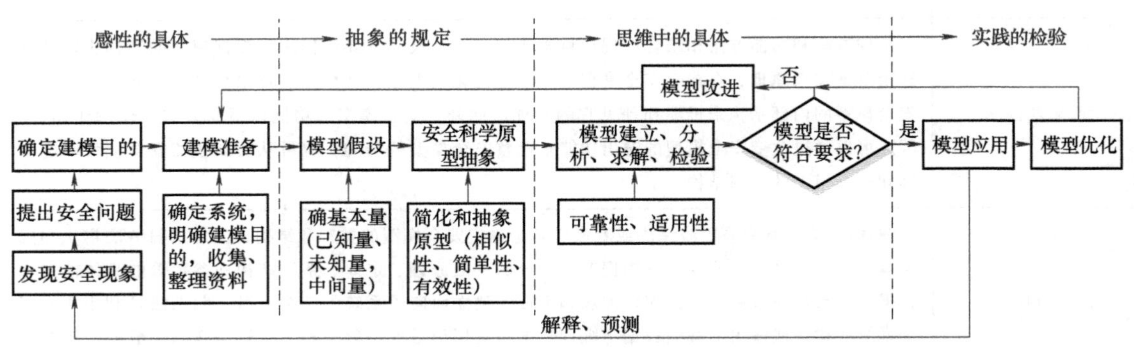

图 5-6　构建新安全模型的一般步骤（黄浪和吴超，2016）

其中“感性的具体”是指在实践过程中得到的关于安全科学客体的感性直观；“抽象的规定”是指运用安全科学思维对系统整体进行分解与分析，过滤其中偶然的和非本质的要素，抽出必然的和本质的要素，并对系统各方面的本质加以规定；“思维中的具体”是指客观系统与主观思维形式的统一，它使安全科研工作者掌握原型各方面的本质以及它们的相互联系，进而对各种安全现象做出深刻而全面的解释和预测。“实践中的检验”是指用实际现象、数据等检验安全模型的合理性和适用性。安全模型在实践中的运用既是安全科学研究的终点，也是更高基础上的起点，从而构成安全科学研究与实践的螺旋式上升运动。安全模型的生命力及其科学价值也正在于此。

4. 安全模型构建的基本范式

综合安全模型构建的类型、一般方法以及安全模型的构建程式，建立安全模型构建基本范式，如图 5-7 所示。安全模型的构建是以安全科学研究者为主体的一个动态、有序和系统的过程，研究主体的思维、知识、背景与技巧等，影响着对安全现象和安全问题的抽象以及安全模型构建取向的判断，进而影响着研究成果的客观性和科学性。新的安全模型要能够说明各种有关的安全实验现象、能够对过去已知的事实做出回溯性的科学解释、能预见新的安全事实。此外，安全模型的使用过程同时是经受检验、获得评价和逐个更替的过程。

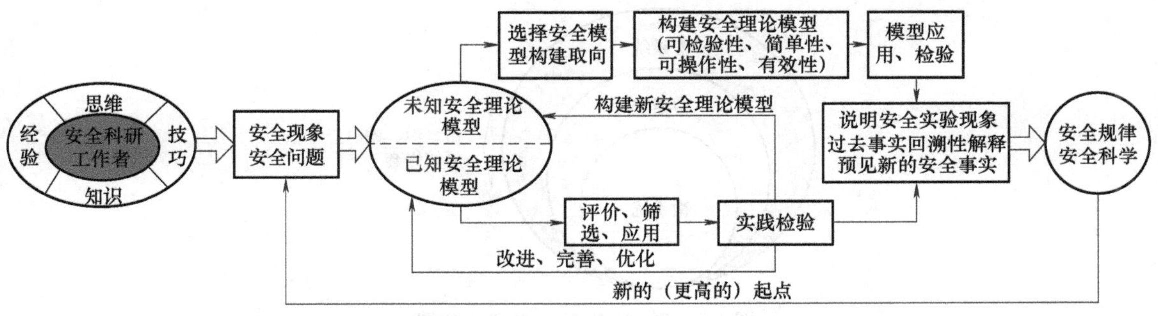

图 5-7 安全模型构建基本范式（黄浪和吴超，2016）

5.2 安全系统模型 3MS-5Meic

在早期构建的安全系统模型中，具有经典意义的安全系统模型是基于人机工程学的安全人机系统模型，该模型以普遍存在的人工操作各种工具的作业场景为原型，经过抽象化之后，形成一个人-机系统，在系统中只有两大类要素——人和“机”，人以外的因素都划归为“机”的范畴。由于“机”的范畴太大，而且人更加关注实际意义的“机”，后来就把“机”分为真正意义的机（“机”包括“物”），其他因素称为环境因素，简称“环”，由此形成了人-机-环系统。后来，随着作业场景的复杂化和扩大化，人-机-环系统拓展到人群-机群-环境系统，人-机-环系统成了人群-机群-环境系统中的一个最简单例子。由于系统越来越复杂，为了管控系统的安全，在已有安全法规的基础上，安全管理学也随之诞生，安全管理（简称“管”）也成为安全系统的要素。近二三十年来，随着人们对安全文化的深入理解和认同及安全文化建设与推广，安全文化要素也成为构成安全系统的基本要素之一。人、机、环、管、文这些要素都具有普适性。上述安全人机系统模型要素扩充的发展沿革如图 5-8 所示。

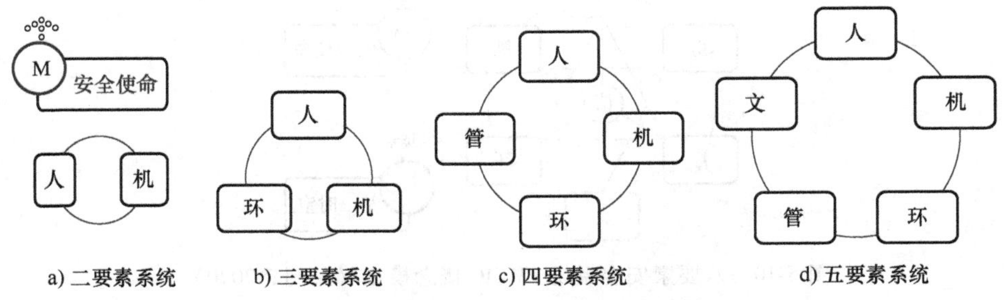

图 5-8 安全人机系统模型要素扩充的发展沿革（发展方向从 a 到 d）

随着社会和技术的发展，如数字化和人工智能的出现，传统的人-机界面发生了巨大的变化，大量的机器运行不需要人的直接操作，机器人也可以取代人的一些实际作业，很多情况下人只要在远程关注着屏幕数据、曲线、声音等信号并赋予相应的反馈，就能完成各种各样的复杂作业和生产出多种多样的产品，此类系统及其空间也不同于过去的人-机-环-管-文系统，此时出现了大小不一的系统嵌套等情况，系统的时空不断地发生着变化。微-中-宏系统嵌套示意图如图 5-9 所示。

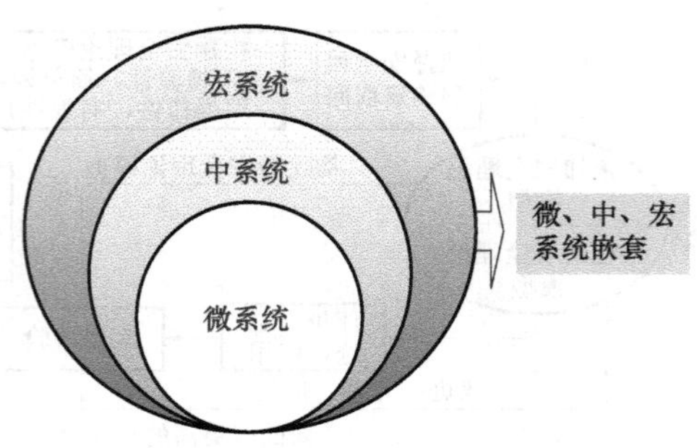

图 5-9　微-中-宏系统嵌套示意图

5.2.1　安全系统模型 3MS-5MEIC 构建

安全问题更多的是复杂问题，不同的应用目的、视角、思路和时空界定，构建出来的系统所包含的要素非常多，它们互相纠缠在一起，形成复杂系统。下面依据图 5-8 和图 5-9 的结构，构建新的安全系统模型，同时给出模型应用的方法论。

拟构建的安全系统模型为通用性的模型，可联系目前在实践中最常用、最普适和被广泛认同及广泛使用的安全系统要素，在安全系统构成通用要素方面，选用人-机-环-管-文最常用的系统要素，并考虑到随着安全内涵的不断拓宽和复杂安全系统的普遍存在，原有安全系统的通用要素的内涵需要拓展，也需要增加一些新的通用要素。由吴超（2019）提出了 5MEIC 复杂系统八要素新概念模型，即使命（Mission，M）、人（Man，M）、机（Machine，M）、物（Material，M）、管（Management，M）、环（Environment，E）、信（Information，I）、文（Culture，C）的简称，如图 5-10 所示。由于使命要素一般是安全系统研究的前提或目标，需要首先加以确定，因此将其表达在要素图的右上方。安全系统研究都需要做预设，即时空的界定，表达在图 5-10 的右下方。信息是关联一切的，将信息要素放在图 5-10 的中间，并用连线与各要素关联起来。

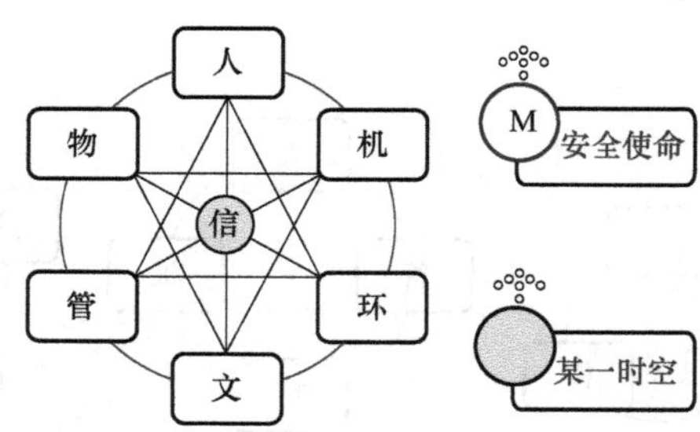

图 5-10　八要素安全系统 5MEIC 概念模型（吴超，2020）

另外，如上所述，复杂系统涉及多个系统嵌套的情况，微-中-宏系统嵌套是系统最常见的方式，因此构建安全系统模型时，仍沿用“微-中-宏”这一系统尺度分类方法，即图 5-9 的方式，图 5-9 的三层系统每层同样包含图 5-10 的八要素。将图 5-9 和图 5-10 结合起来，就可以构成一个由微-中-宏三尺度与使命-人-机-物-管-环-信-文八要素构成的安全系统新模型，简称 3MS-5MEIC 模型，如图 5-11 所示。

由于图 5-11 的形状类似方向盘，故其也可以称为方向盘模型，同时“方向盘”控制方向比喻向安全方向发展的内涵。图 5-11 模型中三层系统的匹配构成三层安全系统的耦合系统。

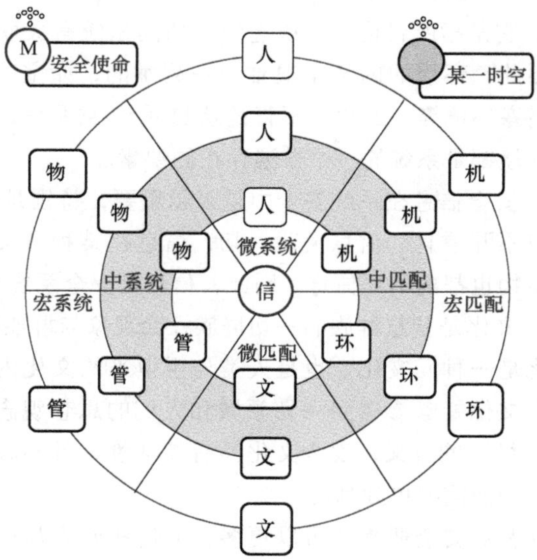

图 5-11　3MS-5MEIC 模型或方向盘模型（吴超，2020）

5.2.2　模型分析及其应用方法

1. 要素说明和界定

3MS-5MEIC 模型中的各要素可以赋予更加丰富的内涵，内容分别说明如下：

（1）使命，也可表达为愿景或目标。这是系统的特性之一，也是系统的首要特性。它表达了系统的目的性，同时界定了系统的范畴。对于安全系统来说，目的是显而易见的，就是安全。但安全的问题多种多样，对于具体的安全系统而言，系统的目的性还是需要陈述的，而且是需要首先指出来的，这样有利于模型的读者或使用者能够了解模型的具体目的。本安全系统模型是通用性的，在系统中可以不出现“使命”这个词，图 5-11 将其表达在要素之外的左上方。

（2）人。模型中的人可以是各式各样的，在数量上包括人群；在人的作用上，包括对安全起积极作用的人，也包括受害人，还包括有意破坏安全的人。对于具体研究的安全问题，可以先做必要的预设。

（3）机。传统人机工程中的“机”包括“物”，但本模型中把“机”与“物”分开，主要是考虑这两类对象的内涵非常多，二者之间的侧重点有所不同。这里的“机”主要是指人造物，包括机器人等；对于工作场所，就是人类操作的机器、工具、使用的各种东西。

（4）物。模型中的物表达自然界的物，也包括人以外的生物。本模型的物还可代表能量，如势能、化学能、辐射能、电能、生物能等；物还可代表资金、人类认为有价值的物等，如金钱、电子货币等，这样“物”的内涵的确丰富了很多，也与传统指的人机学中的物区别开来。这也说明本模型将物与“机”要素分开是必要的。

（5）管，即管理的简称。安全管理是一个很宽泛的概念，安全管理包括安全法律法规、安全教育、安全伦理道德、应急管理、灾难处置等。传统意义的事故预防一直把管理作为三大策略之一。对于现代社会，安全管理也是一个普遍存在的行为，人类不管在哪里，都在安全管理的范畴之内，因此也是系统的一个基本要素。

（6）环，即环境的简称。它是指所讨论的系统之外一切同系统有关联的事物的总和，即指系统的外部环境，简称环境。因此，环境的内涵是很难一一列举的，如空间环境、时间环境，又如真空、太空、高压、高温、高寒环境等。因此，不管是从自系统-它系统的概念出发，还是从人类经常所处的实际场景来说，环境都是系统的一个普遍存在的要素。

（7）信，即信息的简称。安全信息在系统安全中越来越重要，特别是21世纪以来，安全信息的作用巨大，所有的安全都离不开信息。信息关联一切，信息在某种意义上也是场的概念，信息可以反馈。除了人类的所有生物也都离不开信息。因此，信息是安全系统的一个普遍存在的要素。

（8）文，即文化的简称。文化是智慧群族的一切群族社会现象与群族内在精神的既有、传承、创造、发展的总和。安全文化是一种元文化，也是人类与生俱来的文化内容之一。现代安全文化对安全的作用日趋重要，安全文化能够渗透到一切领域和人们的思想观念之中，从而左右着人们的安全行为。安全文化具有“场”的意义，安全文化具有持久性，且不容易消失，它通过信息传达和表征，比管理更加泛化，因而需要单独列出。

对于一个复杂巨系统，涉及的安全要素还可以更多，但这些要素都可以被上述八大要素所涵盖，即更多的安全系统要素可以作为上述八大要素的下属内容。另一方面，对于具体研究或讨论的安全系统，如果涉及的要素不需要那么多，该模型也可以不断简化，直至变成最简单的人-机二要素系统，如图5-8a所示。

2. 时空说明和界定

当人们探讨具体的安全问题时，一定需要在一定的时空里，如果没有时空边际的限定，是没有具体答案和不能解决实际问题的。上面构建的模型所表达的系统特征显然是指某一时刻系统的共时性特征，系统一般都是动态的，系统各要素都可以是时间的函数，当把时间参变量加入以后，安全系统模型就成为可以表征历时性的系统模型。因此，图5-11模型的右上角专门标注了时空界定标志。此外，系统理论实践表明：三尺度三层系统的表达是最常用的复杂系统表达方式，模型中系统的三尺度三层次之间是没有明显界限的，在限定时空时需要根据实际情况给予说明和界定。

3. 模型的意义分析

（1）由图5-11可以看出，要保障系统的安全，离不开三层系统及各层次的要素和信息的共同作用，而且要使它们达到动态相互协同、协调、匹配、耦合。当需要深化研究时，也可以进一步对它们的结构与秩序等开展研究。

（2）为了确保系统的整体安全和耦合，需要系统做到微匹配、中匹配和宏匹配。同时，为了实现各层次系统及其各要素间的匹配，很重要的问题是确保信息的畅通、信息传达到位，不出现信息不对称和信息缺失。

（3）如果需要开展定量分析，由该模型可以进一步研究安全各层次相关因素的结构重要度乃至概率重要度及其故障分析；可以检查发现系统中安全管理缺陷及其部位。根据该模型各层次的要素，可以对各要素进一步细化分类并纳入模型，进而形成一个更加复杂的系统模型。

（4）该模型是一个通用的安全系统匹配模型，只要根据实际需要，对微-中-宏系统的范围做出界定，就可以用于各种安全领域的安全分析工作，也可以用于很多领域的安全评价研究工作。

（5）由该模型可以看出，安全系统涉及的要素是多学科、多领域的，包括生命科学、环境、管理、人文、信息、系统等相关学科。安全系统是一个高度复杂的系统科学与工程问题。

（6）由该模型可以构建安全学科体系和研究领域，也可以开展相关政策措施的制定研究。

4. 模型应用的方法论

图5-11是一个通用性的安全系统模型。将其运用于具体的安全问题时，就需要做具体化。下面介绍应用该模型的方法论。具体的步骤如下：

（1）安全系统使命界定。根据研究对象，给出模型表征和需要解决具体问题的目标或愿景。

（2）系统的时空界定。时间的界定如某一时间段，或短期、中期、长期等，或1年、3年、5年等；空间的界定比如某一作业场景、车间、组织、企业、社区、城市等。

（3）系统模型各要素的内涵界定。包括人、机、物、管、环、信、文等七要素的内涵界定或说明。必要时，可以将上述七要素设为一级指标，再将七要素之下所涵盖的指标进行细化分类和分层。如果系统要素比较简单，则不一定涵盖所有的要素，只要涵盖需要的一部分即可。

（4）根据图5-11，构建具体安全系统模型，并给出相应的模型名称。模型的构建是一个可以循环反复的过程，直到满足需要或达到目的为止。

（5）模型的分析和应用。对构建的模型开展应用分析如各要素关联分析、结构重要度分析、概率重要度分析、要素权重调查表设计、系统安全对策和策略制定等。

上述描述的模型应用模式及流程可用图5-12表示。

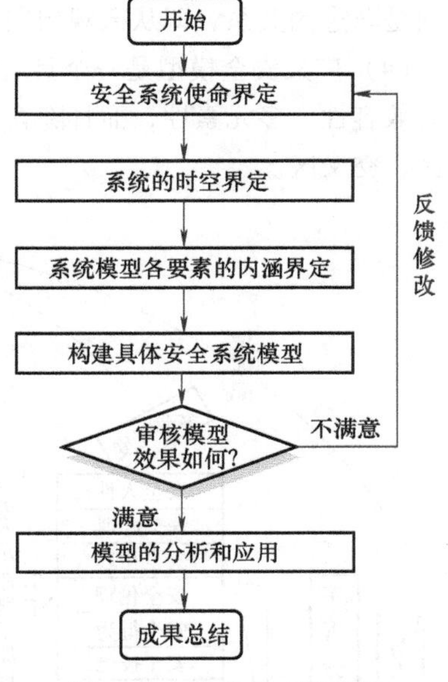

图5-12　模型应用模式及流程（吴超，2020）

5.3 广义安全模型

5.3.1 广义安全模型（GSM）的提出

根据第1章提出的科学层面的安全定义的内涵，研究安全首先需要界定在某一时空或系统。本着以人为本和天人合一的思想，基于已有的安全知识体系和安全一体化的思维模式，以系统安全为主线，从本原安全开始构建安全模型，并把通过这种范式构建的安全模型称为广义安全模型。广义安全模型表现了实现大安全所关联的各个学科知识，能够有效划分安全科学理论探索活动的领域和研究活动的分工、合作，也能更好地指导安全实践，而且可以拓展到大安全的范畴。广义安全模型如图5-13所示，该安全模型的内涵见以下的诠释。

广义安全模型是从安全科学学的高度和大安全的视角，运用系统工程的原理和方法，通过“微匹配”表征人群与机群的相互作用关系、“中匹配”表征安全科学体系内学科的关系、“宏匹配”表征安全科学与其他学科的关系，并由微观到宏观分别形成“微系统”“中系统”和“宏系统”，从而构成的具有特定功能的有机体系。

（1）模型中的“人群”是广义的，可指单个的人或多人组合；模型中的“机群”是广义的，可指系统中人以外的其他要素，如机器、物质、环境等，也可以是多因素的组合。“人群”和“机群”的匹配模型，比已有的“人、机”匹配模型更具普适性和更加符合实际。

（2）模型的目标是以人为中心，实现人在系统中的生存、生活、生产活动的安全、健康、高效、舒适等，即无伤害事故发生、无职业病危害、满足人的心理要求和达到最优的安全效益。

（3）通过模型中的“微匹配、中匹配、宏匹配”以及“微系统、中系统、宏系统”之间的和谐匹配，实现系统和谐，进而实现模型目标——安全健康舒适高效。“微系统、中系统和宏系统”之间是渐进的关系，即从微观到宏观，从局部到整体的关系。

（4）广义安全模型是一个具有综合性、边缘模糊性、多学科交叉性的复杂系统，其本身不仅具有兼容性、多元素性，而且隐含着链式、网链式和系统模型关系，以及边界之间的清晰区、模糊区、交叉区。

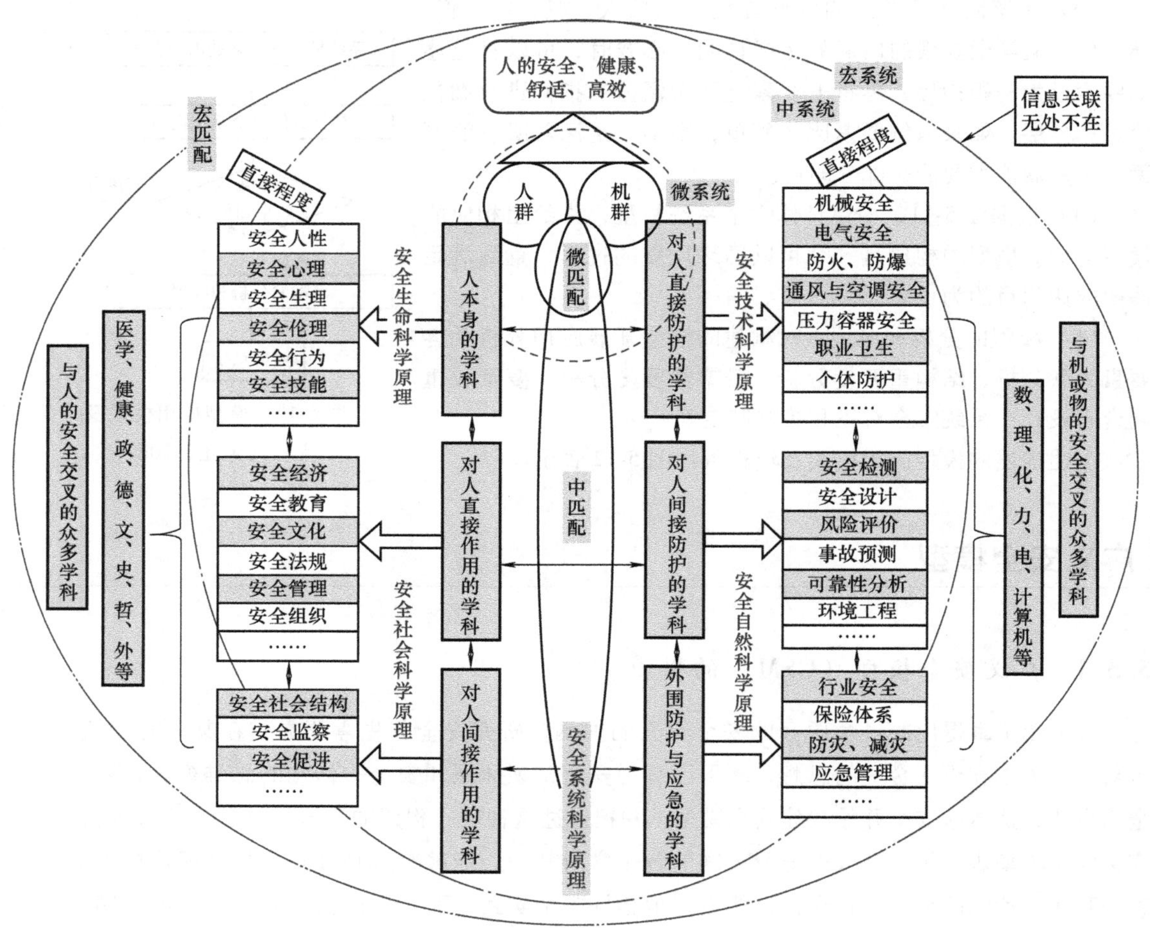

图5-13　广义安全模型（GSM）（吴超、黄浪，2018）

5.3.2　广义安全模型的内涵解析

从图5-13看出，广义安全模型由“微系统”（图5-13中虚线的范围）、“中系统”（图5-13中点画线范围）、“宏系统”（图5-13中双点画线范围）三级子系统构成，这三级子系统各自的匹配关系由“微匹配”“中匹配”“宏匹配”分别表征，下面分别做深入的剖析。

1. 广义安全模型中的子匹配-子系统内涵解析

（1）微匹配-微系统的含义。在图 5-13 的广义安全模型中，把人群既视为中心和服务对象，也看作实现模型目标的要素，这体现了以人为本的理念和人的主观能动作用。人群的主要活动都是与机群相互联系的，即模型目标的实现也离不开机群这个要素，人群与机群之间的相互作用（物质、能量、信息的传递与交换）关系通过微匹配表征，微匹配是微系统人群与机群之间的关联关系，因此由人群、机群、微匹配构成微系统。如果对微系统包含的人、事、物范畴做一个比较明确的说明，它可以指类似一个工厂车间范围的安全生产系统，人群与机群通过微匹配关联而成的系统。微匹配-微系统的范围如图 5-13 中虚线部分所示，内涵进一步解析如下：

1）安全科学是一门以人为本的学科，人是安全的主体。人既可以是事故灾害的受害者，也可以是制造事故灾难的始作俑者或参与者，更是减少危险发生的防治者，安全系统的设计者、开发者及管理者等。在广义安全模型中，人群是人、机匹配链条上的决定一环，“人群”比“机群”更加不稳定，由其主导系统安全性，其自身依靠的科学基础需要借鉴人性学、生理学、心理学、人体生物力学、解剖学、医学、卫生学、人类逻辑学和社会学等科学的研究成果。

2）在广义安全模型中，通过微匹配实现人、机之间的沟通和协调，把人群和机群结合起来形成一个有机整体。微匹配可以分为硬匹配和软匹配，硬匹配是一般意义上的人机界面或人机接口，软匹配不仅包括点、线、面的直接接触，还包括存在距离的能量、信息的传递和控制作用等非直接接触。另外，传统的人机学模型更多的是单人单机，而广义安全模型中微系统包含人群与机群的匹配，也就是多人多机模式。

（2）中匹配-中系统的含义。所构建的广义安全模型应该体现安全学科的综合属性和安全学科的性质特点、关系结构、运动规律、社会功能等，并能在此基础上进一步研究促进安全科学发展的一般原理、原则和方法。在微系统的基础上，围绕人群和机群，分别构建以人为主线的“直接-间接”学科链（人本身的学科-对人直接作用的学科-对人间接作用的学科）和以机为主线的“直接-间接”学科链（对人直接防护的学科-对人间接防护的学科-外围防护与应急的学科）。在安全科学体系内，按照上述两条主线构建的学科链（两个要素）不是独立存在的，而是通过相互配合以实现模型目标，把这种相互配合关系称为“中匹配”，进而构成“中系统”。如果对“中系统”的范围做一个具体的说明，它主要指安全生产范畴，图 5-13 中列出的学科知识就是目前各个行业安全生产所共同涉及和需要的，范围如图 5-13 点画线部分标示。

1）以人为主线的“直接-间接”学科链。

① 人本身的学科：进行安全科学研究是为了保障人类生命安全与健康，因此首先关注安全科学与人本身的学科交叉形成的安全生命科学（安全人性学、安全心理学、安全生理学、安全行为学、安全人体学和安全生物力学等），研究生命特征、生命运动规律、生命与环境的相互作用等现象对人的安全状态造成的影响，从而顺应生命规律、保障人的安全、实现人的健康和舒适。

② 对人直接作用的学科：对人直接作用是通过对人的安全心理、安全行为产生直接影响，从而提高人的安全意识和安全技能，进而实现人的安全状态。对人直接作用的学科是从社会科学角度探索安全教育、安全经济、安全法规、安全管理等多方面对人安全的影响（安全现象），并总结保障人的安全健康的基本规律（安全规律）所形成的安全学科（安全科学）。

③ 对人间接作用的学科：对人间接作用的学科主要是探讨社会环境（安全社会结构、安全文化和安全监管、监察等）对人安全行为的影响形成的知识体系。这些学科的研究对象并不是人本身，但其最终目标是为实现人的安全状态提供更加有利的环境、文化等支持或约束人的不安全行

为。例如，安全监管监察的目的是降低并消除企业风险，从而保障人的生命和财产安全。

2）以机为主线的“直接-间接”学科链。安全科学从人体免受外界因素（机群）危害的角度出发，并以创造保障人体安全健康条件为着眼点。在广义安全模型中，这种保障条件可从对人直接防护、对人间接防护、事故后和外围防护三个层面阐述。

① 对人直接防护的学科：是指通过机群对人群的安全健康产生直接保障作用的学科，涉及对人群直接防护的学科，通过运用安全自然或技术科学原理，采用如机械安全、电气安全、防火防爆、通风与空调、压力容器安全和职业卫生防护等科学技术，为保护人群提供各种有效的手段、装备及人造空间等。

② 对人间接防护的学科：是指通过保障机群的可靠运转从而对人产生间接防护作用的学科，对人间接防护的学科通过安全自然或技术科学原理，采用安全检测、安全监测、安全设计、风险评价、事故预测和可靠性分析等科学技术，为人群提供间接防护作用。这些科学技术虽然不是直接作用于人群和为人群提供直接保护作用，但也为保护人群提供更进一步的安全保障作用。

③ 外围防护与应急的学科：尽管人们千方百计地预防事故，但客观上还是有导致伤害和损失的事故发生。因此在做好事故预防和预控的同时，还应关注事故发生后如何减轻事故的损失，也就是通过事故后的应急救援与外围防护最大限度地减少人员伤亡、财产损失、环境破坏以及事故处置等，这些涉及保险体系、防灾减灾、应急管理等。

3）中系统-中匹配。上述以人为主线的“直接-间接”学科链和以机为主线的“直接-间接”学科链之间仍然存在着千丝万缕的联系且互相影响、作用，并构成了比微系统更大的子系统，在此称之为“中系统”，而实现这个“中系统”各要素之间的匹配问题，可称之为“中匹配”。在“中系统”中，通过安全系统思想对安全科学体系内的各要素进行匹配，并实现“中系统”安全的目标。在确保“中系统”的目标实现过程中，在不同的场合和环境条件下，以人为主线的“直接-间接”学科链和以机为主线的“直接-间接”学科链所发挥的作用或贡献率是不一样的，就生产领域发生的事故致因的比例统计结果而言，以人为主的学科链往往发挥更大的作用。

（3）宏匹配-宏系统的含义。从图5-13和上述分析可知，以人为主线的“直接-间接”学科链所关联的各门安全学科又与许多社会科学相互交叉并得到它们的支持，以机为主线的“直接-间接”学科链所关联的各门安全学科又与许多自然科学相互交叉并得到它们的支持。这种关系也是由于安全科学的综合交叉的学科属性所决定的，安全学科的外延几乎涉及所有的领域。如果将安全学科的外延涵盖进来，它们构成一个庞大的学科体系，这里称之为“宏系统”，如图5-13双点画线所示的范围。讨论研究“宏系统”的协同和谐（安全科学与其他学科之间的关联关系），则称为“宏匹配”。如果对“宏系统”的范围做一个具体的说明，它主要涉及大安全范畴，远远超出了生产安全的领域。

“宏系统”和“宏匹配”也表达了安全学科的浩瀚时空属性，说明了要深刻理解安全规律、研究与开发事故的预防策略和控制事故损失，还必须吸收其他学科的原理和方法，其知识体系存在着由安全学科和哲学、法学、文学、历史学、工学、军事学、管理学、医学、农学、理学、教育学和经济学等其他领域学科交叉形成的立体网络结构。

在广义安全模型中，通过宏匹配表征上述立体网状结构关系，宏系统是安全科学按照其研究对象的内在规律通过宏匹配的“跨学科”研究活动而形成的有机系统。“宏系统”包括了“中系统”，“中系统”包括了“微系统”，具体例子如：大安全包括了生产安全，生产安全包括了各类厂矿车间等的安全。

2. 广义安全模型特征分析

从广义安全模型的内涵、构建及解析可以归纳出其具有系统性、整体性、实践性、目的性、开放性和动态性的特征，见表5-3。

表5-3 广义安全模型特征

特征	特征释义
系统性与整体性	系统安全是系统整体涌现性的表现。广义安全模型中的微匹配-微系统、中匹配-中系统、宏匹配-宏系统构成一个有机整体，脱离任何部分都谈不上整体涌现性。广义安全模型的系统性和整体性还体现在从人类活动及社会发展中的任何一个侧面、过程都不能全面反映安全的本质和运动规律，只有全时空、全过程、多维、静动结合地观察和探索，才能找出安全科学需要研究的问题
目的性与实践性	广义安全模型是以人的身心不受外界因素（机群）危害的角度去研究、认识和揭示安全学科的基本规律为目的，探讨如何使人群和机群保持和谐匹配，从安全科学学的高度研究安全体系内的学科联系，以及安全学科体系与其他学科的关系，因此模型具有特定的目的性。另外，定理、原理都是从实践中发现和总结得出的，再运用到实践中去指导实践并不断完善，这决定了广义安全模型的实践性特征
动态性与开放性	人类一切活动领域的安全，是人类生存、繁衍和发展历程的动态安全，因此安全科学需要与时俱进，这决定了广义安全模型的动态性特征。安全科学综合学科属性决定了安全科学研究需要和能够从其他所有学科中吸收知识，以及安全科学技术的研究要从更高的视野借鉴和引用其他所有学科的精髓，这决定了广义安全模型的开放性。动态性和开放性是广义安全模型在动态中保持稳定存在的前提，也是安全系统复杂性及安全与事故转换机制复杂性的重要体现

5.3.3 广义安全模型的功能及应用分析

由图5-13可知，为了实现系统和谐，进而实现系统中人的安全、健康、舒适、高效的目标，理论上必须通过模型中的“微匹配、中匹配、宏匹配”以及“微系统-中系统-宏系统”之间的和谐匹配来实现。广义安全模型还具有事故致因模型和事故预防与安全管理模型所表达的功能，也具有促进安全科学研究、指导安全学科建设、指导安全科学综合实验室创建等的功能，见表5-4。

表5-4 广义安全模型功能及应用分析

功能	功能释义
创新安全系统学子系统划分方法	广义安全模型把安全系统分为微系统、中系统、宏系统，并阐述了这三级子系统的微匹配、中匹配、宏匹配的特征和范围，为安全系统学子系统划分提供了新方法
促进安全科学原理深入研究	用于阐释安全科学的综合学科属性，厘清安全科学和其他相关学科的交叉关系，使安全科学的研究与安全内涵、外延的拓展匹配。指导安全生命科学原理、安全社会科学原理、安全技术科学原理、安全自然科学原理和安全系统科学原理下属原理的研究与体系构建
指导安全学科建设	指导设置以“人群”为中心的“人本身的学科-对人直接作用的学科-对人间接作用的学科”学科链和以“机群”为中心的“对人直接防护的学科-对人间接防护的学科-事故后和外围防护的学科”学科链所涉及的学科建设和发展，为确定安全科学学科方向、构建学科体系、厘清各安全学科逻辑层次关系，以及安全科学与其他学科之间的交叉关系提供理论指导

（续）

功能	功能释义
提供事故预防与安全管理途径	模型中的"人群"和"机群"构成了事故预防与安全管理的两个方面，从"人本身的因素-对人直接作用的因素-对人间接作用的因素"和"对人直接防护的因素-对人间接防护的因素-事故后和外围防护的因素"出发，以及它们的协同，可形成和谐安全文化氛围、制定科学合理的安全管理制度，从而促进事故预防与安全管理工作
提供事故致因分析层次	按照广义安全模型分析事故致因，可将事故原因分为"人群"的原因和"机群"的原因，围绕"直接-间接关系"继续追溯至人本身的原因、对人直接影响的原因、对人间接影响的原因，以及对人直接和间接防护的安全技术与自然方面的原因，从而形成系统的事故致因因素
安全科学实验室构建	指导安全科学综合实验室建设，如安全人机实验室、安全心理实验室、行为安全实验室、电气安全实验室、防火防爆实验室和职业防护实验室等

5.4 行为安全管理元模型

管理模型可为管理方案设计与实施提供有效的理论依据和思路方法，管理模型化是现代管理学的主要特征和发展趋势之一。在现代安全管理模型中，最主要的一类模型是行为安全管理模型。本节介绍一个直接从人的行为本身出发表达安全行为产生及作用的完整过程和机理的模型。由于该模型从行为本体出发，而且功能完整，故将其称为行为安全管理元模型（吴超和王秉，2018）。

5.4.1　行为安全管理元模型（BBS-3M）的构造

1. 模型的构建

以某一具体组织系统（如企业及其子部门）为对象，以组织系统安全绩效的变化为结果事件，以探求行为主体的安全行为的产生机理、作用过程、行为结果及处置方式（即行为安全管理的基本思路和流程）等为目的，直接从安全行为本体出发，结合心理学与行为科学相关知识，运用时序动态分类法和严密的逻辑推理思维，融合对人（包括个体与组织）的安全行为有重要影响的因素，构建行为安全管理元模型，如图5-14所示。

在使用该模型时，为区别于其他组织系统，不妨将模型中选定的某一具体组织系统称为自组织系统，而将其他组织系统统称为他组织系统（如家庭、社会或政府安全管理部门等）。此外，为进一步明晰所构造的行为安全管理元模型的科学性、有效性和适用性，有必要对"以某一具体组织系统为对象""以组织系统安全绩效的变化为结果事件"和"直接从安全行为本体出发"的原因进行扼要说明，具体如下：

（1）以某一具体组织系统为对象的原因：①限定或圈定研究和讨论的范围，以便于具体问题的分析与探讨；②行为安全管理的直接目的之一是预防人因事故，而任何事故均发生在组织系统（包括所有社会组织）之中，故须将事故置于某一具体组织系统之中来分析其人为原因；③就（安全）管理学角度而言，人（包括个体人与组织人）的所有安全行为活动都在组织系统之中进行。

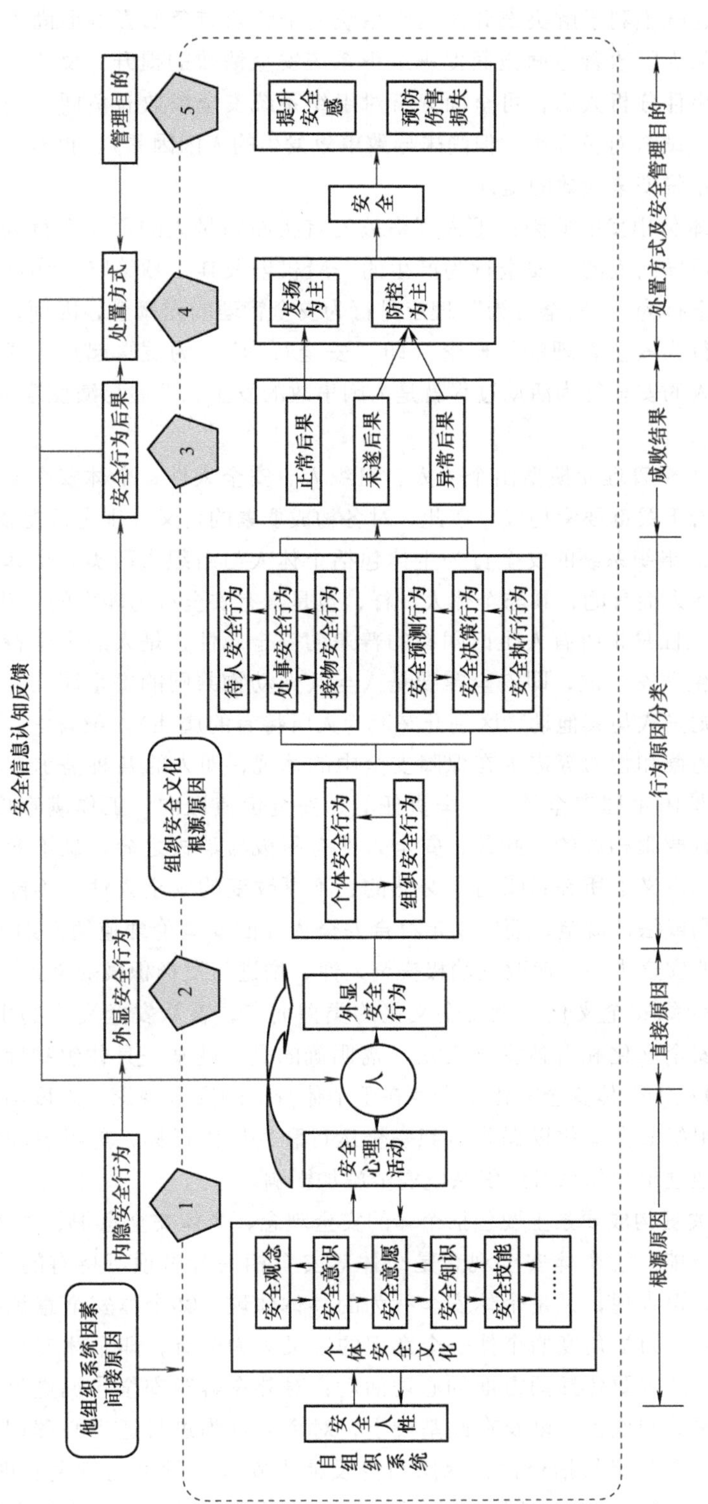

图 5-14 行为安全管理元模型（BBS-3M）（吴超和王秉，2018）

（2）以组织系统安全绩效的变化为结果事件的原因：在传统的行为安全管理研究中，均以事故为结果事件分析人因，这既不利于解决部分对组织系统安全绩效有负面影响但尚未导致事故发生的人因因素，也不利于从人因改善方面正面促进组织系统安全绩效的提升。反之，若以组织系统安全绩效的变化为结果事件分析人因，可全面分析对组织系统安全绩效有负面影响的所有人因因素（包括对组织系统安全绩效有负面影响但尚未导致事故发生的人因因素），也有利于从人因因素改善方面正面促进组织系统安全绩效的提升。

（3）直接从安全行为本体出发的原因：①人因事故的直接原因是人的不安全行为，唯有直接从安全行为本体出发，才可导出人的不安全行为产生的一般机理及其干预策略；②行为安全管理的直接管理对象是人的安全行为，“安全行为”理应是行为安全管理的元概念，因而，行为安全管理元模型的构造需直接以行为安全管理的元概念（即“安全行为”）为逻辑起点；③就事故致因角度而言，个体人或组织人的安全行为活动过程就是人因事故的发生、发展与演变等过程。

2. 模型的构成要素

由图5-14可知，行为安全管理元模型由个体人、组织人、安全人性、个体安全文化、内隐安全行为与显性安全行为等若干关键要素构成。在此，对各构成要素的含义分别进行扼要说明：

（1）个体人与组织人。组织系统的安全行为主体包括个体人与组织人两类。个体人即组织个体，而组织人是相对于个体人而言的，其与个体人一样，也是具有安全行为能力的“生命体”。

（2）安全人性。安全人性是指所有人生而固有的普遍的安全属性，是人的安全特性与人的动物安全属性之和（例如，生理安全欲，即安全需要是人与其他动物共同的安全属性，而安全责任心与人的理性安全选择等则是人与其他动物区别开来而为人所特有的属性）。细言之，安全人性主要是指人的精神、物质、道德和智力等需求在保障安全中的体现，即人的各种需求在涉及安全问题时，人的本能反应，其是由生理安全欲、安全责任心、安全价值取向、工作满意度、好胜心、惰性、疲劳与随意性等多种要素构成的。此外，安全人性有积极与消极之分，是不变与变化的统一体，这是安全人性研究的意义之所在：①对于必然的、不可改变的安全人性，不能制定违背安全人性的安全伦理道德准则或法律规范，而应制定符合安全人性的安全伦理道德准则或法律规范；②对于偶然的、可以改变的安全人性，应改良消极安全人性，增进与发扬积极安全人性。

（3）个体安全文化与组织安全文化。就安全文化的类型而言，若从安全文化的主体来划分，可将安全文化划分为个体安全文化和群体安全文化（需明确的是，就某一具体组织而言，群体安全文化即为组织安全文化）。①个体安全文化是指存在于个体身上的安全观念、态度与知识等个体安全素质要素的总和；②组织安全文化以保障组织安全运行和发展为目标，是组织的安全价值观与安全行为规范的集合，通过组织体系对组织系统安全施加影响。

（4）个体安全文化的关键构成要素主要包括个体的安全观念、个体安全意识、个体安全意愿、个体安全知识与个体安全技能。①个体安全观念是个体对安全相关各事项所持有的认识和看法，它既是个体对安全问题的认识表现，又是个体安全行为的具体体现。②个体安全意识存在诸多定义，在该模型中，心理学与行为学角度的个体安全意识的定义更为适宜，即个体安全意识是个体对待安全问题的心理觉知，其主要包括两方面的心理活动：对外在客观安全状况进行认知、评价和判断，即对危险因素的警觉和戒备；以及在此基础上，对个人行为进行适当心理调节，使自己或他人免受伤害。③个体安全意愿是指个体为保障自身及他人安全而付之的自主心理努力程度。④个体安全知识是指个体在安全学习和实践中所获得的安全认识和经验的总结。⑤个体安全技能是指个体在练习的基础上形成的，按某种安全规则或操作程序安全顺利地完成某项任务的能力。

（5）安全心理活动与内隐安全行为。个体安全心理活动是指个体大脑对客观安全问题的反映过程。若从安全信息加工的角度看，安全心理活动是个体通过大脑进行安全信息的摄取、储存、编码和提取的活动。人的安全心理活动包括安全认知、安全思维与安全情感等活动。根据现代心理学研究习惯，由于人的安全心理活动一般不能被外界直接观察、测量和记录，即其具有隐蔽性，故习惯于将其称为内隐安全行为。简言之，在该模型中，安全心理活动近似等同于内隐安全行为。

（6）外显安全行为及其类型划分。外显安全行为是指组织或个体所产生的可对组织安全绩效产生影响的外在行为活动。显然，上述所定义的“安全行为”的含义完全有别于传统的“安全/不安全行为（不会/有可能造成事故的行为）”之意。需说明的是，为方便起见，除特别指明外，本节所提及的“安全行为”一般均指“外显安全行为”。就安全行为的类型而言，可从不同角度对其类型进行划分（表5-5）。显然，表5-5中对安全行为类型的划分十分契合组织行为安全管理实际。

表5-5 安全行为的类型划分

分类依据	类型	具体解释
不同的行为主体	组织人安全行为	组织为预防组织发生事故和实现组织安全目标而做出的现实反应，如安全投入行为等
	个体人安全行为	个体在任务执行过程中为实现安全目标而做出的现实反应，如安全遵从行为和安全参与行为等
不同的行为活动内容与目的	安全预测行为	安全行为主体对某一系统未来的安全状态做出推断和估计的行为
	安全决策行为	安全行为主体根据某一系统的安全预测信息，对系统未来安全状态的控制与优化方案或策略做出决定的行为
	安全执行行为	安全行为主体根据某一系统的安全决策信息，对系统未来安全状态的控制与优化方案或策略进行落实的行为
不同的行为的目标、对象	待人安全行为	安全行为主体对保障自身或他人安全方面的行为反应，如个体层面的保护自身或他人免受伤害的行为等，及组织层面的对组织成员的安全保护行为或对肇事者的处置行为等
	处事安全行为	安全行为主体在处理安全相关事务中的行为反应，如安全沟通与安全教育等行为
	接物安全行为	安全行为主体在免除“物的不安全状态”方面的行为反应，如个体层面的个体安全防护行为及对设施设备的操作行为等，及组织层面的安全功能设计、技术更新与设施、设备淘汰等

（7）安全行为结果包括正常后果、未遂后果和异常后果三种基本类型。就理论而言，安全行为的作用结果可能会对组织安全绩效产生三种影响，即正面影响（促进组织安全绩效提升）、负面影响（降低组织安全绩效或阻碍组织安全绩效提升）或无影响（对组织安全绩效基本无影响）。基于此，并根据实际中安全行为的作用结果对组织安全绩效的影响是否已真正发生，可将安全行为结果划分为正常后果、未遂后果和异常后果三种基本类型：①正常后果是指对组织安全绩效所产生正面影响或无影响的安全行为结果（如遵章守纪或积极的安全参与行为）；②未遂结果是指实际中尚未发生的，但理论上会对组织安全绩效产生负面影响的安全行为结果（如未遂事故）；③异常结果是指实际中已发生的理论上会对组织安全绩效产生负面影响的安全行为结果（如已发生的事故）。

（8）安全行为结果的处置方式主要包括“发扬为主”与“防控为主”两种。概括而言，为确保组织安全绩效不下降，根据安全行为结果对组织安全绩效所产生的影响不同，可对安全行为结果采取两种处置方式（即“发扬为主”与“防控为主”）：①对正常后果，特别是对组织安全绩效会产生积极影响的正常后果，应采取“发扬为主”的处置方式，以保持良好的组织安全绩效或促进组织安全绩效的进一步提升；②对未遂后果和异常后果应及时分析原因，并在此基础上，采取多种有效措施进行防控，即应采取“防控为主”的处置方式，以避免其对组织安全绩效再次产生负面影响。

（9）行为安全管理的基本目的包括“预防伤害损失”与“提升安全感”两种。在该模型中，将组织（行为）安全管理的目的概括为两方面，即“预防伤害损失”与“提升安全感”：①在传统的安全管理研究与实践中，人们一致认为，预防事故（即预防因事故造成的伤害、损失）是安全管理的直接目的；②就安全管理的延伸目的（或深层目的）而言，其应是为组织安全发展提供安全感，即提升组织安全感。所谓组织安全感，从安全学角度看，可分两个层面来理解：①就组织个体而言，组织安全感是指组织成员对可能出现的会对其身心产生伤害的危险有害因素的预感，以及组织成员对可能产生的外界伤害的可控感；②就组织而言，组织安全感是指组织对可能产生的危险有害因素及伤害损失的预感，以及组织应对危险有害因素及其伤害损失时的信心（即有力或无力感）。总而言之，无论组织个体还是组织，组织安全感主要表现为组织个体或组织本身对危险有害因素及伤害损失的确定感与可控感。显而易见，组织安全管理水平直接影响组织安全感的高低，提升组织安全感极为重要。企业员工在生产作业过程中获得的安全感，直接影响着员工的生理和心理的变化，以及员工的工作态度和对企业的态度，这一切都将导致员工相关安全行为的改变。此外，“提升安全感”包括“预防伤害损失”这一安全管理目的，其内涵与内容更为丰富。

5.4.2　行为安全管理元模型的内涵及应用

1. 模型的基本内涵

显而易见，行为安全管理元模型的主体部分是组织系统中安全行为主体的安全行为的产生及作用过程，其旨在阐明组织系统内的行为安全管理的程式与框架。细言之，可从以下六个方面来解释行为安全管理元模型的内涵：

（1）个体人或组织人层面的安全行为作用机理：就个体人或组织人而言，其安全行为的基本作用过程是“内隐安全行为→外显安全行为→安全行为结果”。细言之，内隐安全行为决定外显安全行为，外显安全行为决定安全行为结果。因而，行为安全管理的重点在于内隐安全行为控制，其次是外显安全行为控制。

（2）组织系统层面的安全行为管理内容：显然，组织系统内的完整的安全行为管理内容应包括两个方面，即个体人安全行为管理与组织人安全行为管理。简言之，就某一具体组织系统而言，行为安全管理=个体人安全行为管理+组织人安全行为管理。

（3）行为安全管理的逻辑起点：①从正向看，行为安全管理的逻辑起点应是“内隐安全行为”，即控制人的安全行为“源头”，以保证人的外显安全行为正确，进而确保安全行为结果正常；②从逆向看，行为安全管理的逻辑起点应是“安全行为结果”，即根据安全行为结果采取相应的处置方式。显然，在实际的行为安全管理过程中，需正向、逆向逻辑起点相结合，实施行为安全管理工作。细言之，应根据安全行为结果，并沿着安全行为“内隐安全行为→外显安全行为→安全行为结果”的基本作用过程，分析内隐安全行为与外显安全行为方面的原因，以避免安全行为结果出现异常情况。

（4）行为安全管理包括四个关键节点（即内隐安全行为、外显安全行为、安全行为结果与处置方式）和一个辅助节点（管理目的）。显然，上述四个关键节点是行为安全管理的要点，且应按先后次序依次做好防控：①识别不良的内隐安全行为，分析原因并进行早期防控；②识别不良的外显安全行为，分析原因并进行干预或改良；③判别安全行为对组织安全绩效的影响类型，即正常后果、未遂后果和异常后果；④根据安全行为结果的类型，有针对性地采取相应的处置方式（即“发扬为主”的处置方式或“防控为主”的处置方式）。此外，安全行为结果的处置方式选择不仅应以安全行为结果的类型为根本依据，还应考虑安全管理目的。简言之，需将安全行为结果的类型与安全管理的目的二者相结合，来选择和实施相应的安全行为结果的处置方式。

（5）安全信息认知反馈环节是组织系统的行为安全管理的重要环节。安全行为结果及其处置方式会通过安全信息形式反馈于安全行为主体，以促进安全行为主体完善或改良自身的内隐安全行为与外显安全行为，这是行为安全管理发挥作用的基本原理。

（6）行为安全管理失败的直接原因、根源原因与间接原因。由图5-14可知，根据行为安全管理元模型，可清晰地划分行为安全管理失败的原因，具体见表5-6。

表5-6 行为安全管理失败的原因

原因类型	原因定位	备注说明
直接原因	外显安全行为	由于外显安全行为直接导致不同的安全行为结果，因此外显安全行为应是行为安全管理失败的直接原因。此外，根据安全行为的类型可对行为安全管理失败的直接原因进行分类，此处不再赘述
根源原因	安全文化缺失	诸多研究一致认为，事故的根源原因是安全文化。基于此，在该模型中，分两方面来剖析行为安全管理失败的根源原因：①就个体人而言，其安全行为结果出现异常情况的根源原因是个体安全文化缺失；②就组织人而言，其安全行为结果出现异常情况的根源原因是组织安全文化缺失。此外，需特别说明的是，个体安全文化与组织安全文化缺失二者之间相互影响，且个体安全文化主要由组织安全文化来决定。因此，概括而言，行为安全管理失败的根源原因主要是组织安全文化缺失
间接原因	他组织系统因素	就某一具体组织系统而言，其行为主体的安全行为还受他系统的影响（如就企业而言，其安全行为受政府安监部门、安全中介机构与社会系统等影响），其可视为行为安全管理失败的间接原因，这里不再详述

2. 模型的延伸内涵

除基本内涵外，行为安全管理元模型还具有两层重要的延伸内涵。具体言之，可基于行为安全管理元模型，提出两个具有前瞻性与时代性的安全管理理论，即安全行为信息的“长尾”理论与安全管理的“二阶段”论。

（1）安全行为信息的“长尾”理论。信息是一切管理活动的基础和依据。同理，就行为安全管理而言，其实质也是对安全行为信息（如人员基本信息与行为观察记录信息）的管理。

显然，根据安全行为结果的类型（即正常后果、未遂后果和异常后果），可将安全行为信息划分为正常后果型安全行为信息、未遂后果型安全行为信息和异常后果型安全行为信息三大类。就理论而言，在某一具体组织系统内，正常后果型安全行为信息和未遂后果型安全行为信息的信息总量远远大于异常后果型安全行为信息的信息量，但就等量的三类安全行为信息而言，显然从前两类行为安全信息中获得的有用行为安全管理信息会明显少于从异常后果型安全行为信息中所获得的有用行为安全管理信息。换言之，前两类行为安全信息的有效度（安全信息有效度指单位安全信息中的有用安全管理信息量的占比，是对安全信息与实际安全管理需要的相符合程度的一种评价）显著低于后果型安全行为信息的有效度。基于此，提出安全行为信息的“长尾”理论模型，如图5-15所示。

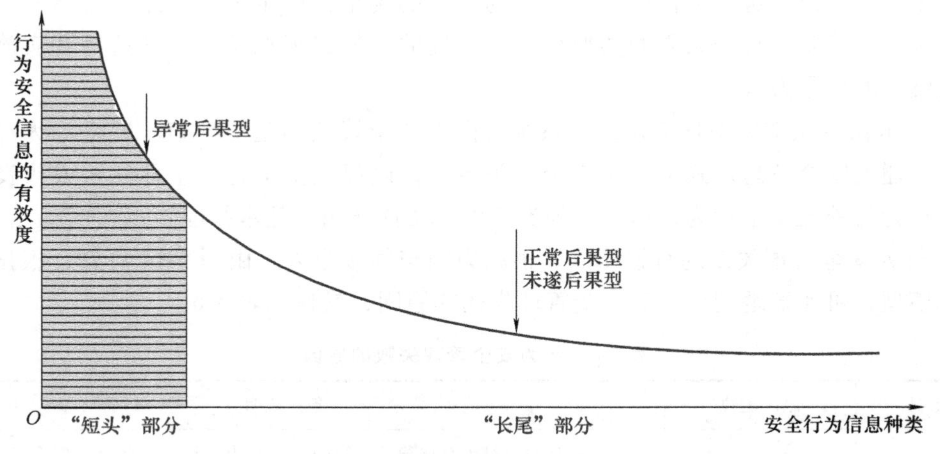

图5-15 安全行为信息的“长尾”理论模型（杨冕和王秉等，2017）

由图5-15可知，安全行为信息的“长尾”理论用一半正态分布曲线来描绘安全行为信息的种类与行为安全信息的有效度之间的关系。安全行为信息的“长尾”理论的基本内涵是：①若仅关注异常后果型安全行为信息进行行为安全管理工作，由此获得的行为安全管理绩效（就安全信息角度而言，行为安全管理绩效可用式“行为安全管理绩效=行为安全信息的有效度×行为安全信量”来衡量）是极为有限的，这相当于仅关注图5-15曲线中的阴影部分（即“头部”）的安全行为信息（如人因事故与人员违章等信息），阴影部分的面积则表示基于异常后果型安全行为信息所获得的行为安全管理绩效；②处于图5-15曲线中的非阴影部分（即“尾部”）的安全行为信息（如组织成员的安全参与和遵章守纪等信息）的有效度较低，但其信息量是极大的，甚至是无穷的，因而，就理论而言，基于正常后果型安全行为信息和未遂后果型安全行为信息所获得的行为安全管理绩效是无限的，具有巨大的追求空间。

其实，安全行为信息的“长尾”理论与“正向安全管理（包括行为安全管理）研究实践（即从安全现象出发进行安全管理研究实践）不仅比逆向安全管理（包括行为安全管理）研究实践（即从事故出发进行安全管理研究实践）的内容更为丰富，且更能体现‘预防为主’的安全核心思想”，这与安全科学研究实践方法论也完全吻合。由此易知，安全行为信息的“长尾”理论也可拓展至一般的安全管理领域，即提出更具普适性的安全信息的“长尾”理论。

在传统的行为安全管理中，由于侧重点、精力、成本与技术等因素的限制，行为安全管理者更多关注的是少量的异常后果型安全行为信息，“无暇”顾及在安全行为信息总量中占比极大的正常后果型安全行为信息和未遂后果型安全行为信息。鉴于仅基于异常后果型安全行为信息的行为安全管理效果是极其有限的，也是极为狭隘的，这种做法会严重阻碍组织系统安全绩效的持续提升。在信息时代，特别是大数据时代，由于信息收集与分析等的成本大大降低，行为安全管理者极有可能以很低的成本关注处于图5-15中的正态分布曲线“尾部”的安全行为信息，且关注曲线“尾部”的安全行为信息所产生的总体行为安全管理绩效甚至会超过关注曲线“头部”的安全行为信息所产生的总体行为安全管理绩效。

此外，就绝大多数组织系统而言，由于过去的安全绩效较好，当前均面临提升安全绩效的“瓶颈”问题。综上分析，提出一个大胆假设：就信息时代，特别是大数据时代的行为安全管理而言，需同时关注处于图5-15曲线中的“头部”与“长尾”的行为安全信息，且应最大化发挥处于图5-15中的“长尾”的行为安全信息的安全管理绩效，这应是突破当前组织系统所面临的提升安全绩效的“瓶颈”的有效思路和方法。

（2）安全管理的“二阶段”论。通过上述分析，显而易见，根据安全管理目的与安全管理关注点的不同，可将安全管理研究实践大致划分为两个阶段，由此构建安全管理的“二阶段”论的时间轴模型，如图5-16所示。

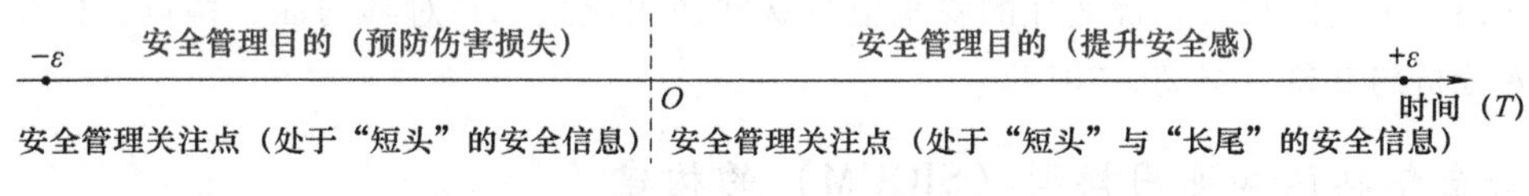

图5-16　安全管理的“二阶段”论的时间轴模型（王秉和吴超，2018）

由图5-16可知，安全管理的“二阶段”论的时间轴模型以O为原点（分界点），将安全管理研究实践过程划分为两个阶段，即$T_1=(-\varepsilon,0)$与$T_2=(0,+\varepsilon)$。其实，安全管理的“二阶段”论是在行为安全管理元模型与安全行为信息的“长尾”理论基础上提出的推论，其内涵已在上文做了分析，这里仅扼要剖析其主要内容：①在安全管理的T_1阶段：安全管理的目的是“预防伤害损失”，安全管理的关注点是处于图5-15中曲线“短头”的安全信息；②在安全管理的T_2阶段：安全管理的目的是“提升安全感”，安全管理的关注点是处于图5-15中曲线“短头”和“长尾”的安全信息。由该模型易知，安全管理的T_1阶段表示传统的安全管理模式，而安全管理的T_2阶段表示未来的安全管理模式，显然，就安全管理的系统性、超前性、前瞻性及内容而言，安全管理的T_2阶段均具有明显优势。

3. 模型的应用价值

行为安全管理元模型不仅具有极其丰富的内涵，且具有广泛而重要的应用价值。限于篇幅，本节不再详细分析行为安全管理元模型的具体内涵，仅对其应用价值进行概括总结。显然，行为安全管理元模型不仅在理论层面可为进一步深入开展行为安全管理研究提供一种新的研究视野、方法、思路与框架，也在实践层面对行为安全管理工作具有重要的指导意义。因此，概括而言，行为安全管理元模型的应用价值主要包括理论价值与应用价值两方面，具体举例如下：

（1）理论价值举例：①为宏观层面的行为安全管理研究框架的设计提供依据和思路；

②为安全行为的控制原理与方法研究提供了基本路径和切入点，即从安全行为的整个作用过程着手，开展全过程与全方位的安全行为的控制原理与方法研究；③若将安全管理学界定为“安全管理学是一门研究安全行为的控制原理与方法的科学”，那么行为安全管理元模型可指导安全管理学学科体系的建构；④拓宽了安全管理（包括行为安全管理）的研究疆域和视野，为安全管理（包括行为安全管理）的未来发展指明了方向等。

（2）实践价值举例：①为组织系统内的人因事故原因调查与分析提供依据；②为组织系统内的人因事故预防的基本理论路线与方法框架的设计提供依据；③指导行为安全管理失败的原因剖析；④指导组织系统行为安全管理过程中的安全行为信息收集；⑤指导安全行为结果的处置方式的选择与制定；⑥为组织系统行为安全管理或行为安全管理信息系统的设计与开发提供依据等。

5.5 安全信息认知通用模型

大多数理性人在判断自己的行动是否安全或能否行动时，往往是基于自己对周围安全信息的认知，进而判断有无危险或采取决策并做出行动。当人们接收的安全信息准确无误和能够正确认知进而采取行动时，一般都不会发生事故。这也是现代比较推崇的基于风险决策的先进安全策略。

本节介绍一个新的和具有普适性的安全信息认知通用模型，并对其内涵、特点、分类和应用等进行深入分析与展望（吴超，2017）。

5.5.1 安全信息认知通用模型（SICUM）的构建

为了构建一个系统中的安全信息认知通用模型，首先有必要给出一些相关的定义。

（1）将系统的主体（安全信息的认知者）称为信宿（Information Home，用 H_I 表示）；将认知者所要感知的主要内容称为信源（Information Source，用 S_I 表示），信源体可以是人、事、物、社会现象、组织、制度、体系、文化等，甚至是一个子系统。

（2）认知者感知的信息通常是信源的载体。因此，将表征信源的本原（原原本本的东西）称为真信源（Real Information Source，用 S_{RI}表示），真信源转化成能够被信宿感知的信息称为信源载体（Carrier of Information Source，用 C_{IS}表示），信源载体可以与真信源完全一致，也可以完全不符，或是在一致与不符之间。

（3）将信宿与信源载体之间的媒介称为信道（Channel，用 C 表示），信道中存在着影响信宿感知信源载体的各种因素，这种因素称为信噪（Signal Noise，用 N_S 表示）。信噪可以有也可以无；信噪的影响效果可以是负的，也可以是正的；信噪可以影响的不仅是信宿，还可以影响信源载体等。

（4）信源载体经过信噪的干扰之后，通过信宿的感知器官功能（如视、听、触、嗅等）变为信宿的感知信息（Sense Information，用 I_S 表示）。之后，信宿还需要根据大脑的功能和其中的知识储备等，对感知信息进行检测、转换、简约、合成、编码、储存、重建、判断等复杂生理和心理过程，形成认知信息（Understood Information，用 I_U 表示）。被认知的信息与感知的信息可能相同、相似、相关，甚至可能相异、相反，还可以添加大脑的创新思维、意识等。

（5）信宿根据理解的认知信息，得出优化方案并形成决策，然后通过大脑指挥其功能器官（如手、脚等）采取动作（Action，用A表示），并达到或是获得某一行动结果（Result，用R表示）。

（6）行动结果又可以反馈给信宿，并做出循环调整，简称为“信馈”。信馈可以是简单的信息反馈，也可以是一个新的复杂的安全信息认知过程，后者是因为信宿能感知到的行动结果（其实也是属于一种信源），可能只是其真实结果的表象或载体。

（7）上述讨论的这个系统可能与其他系统关联和相互作用。我们把这个正在分析的系统称为自系统，把与之相互作用的系统称为他系统。自系统是随时间变化而动态变化的，并且与他系统相互影响、相互作用。

基于上述的定义和描述，可以构建出一个系统某一瞬间的安全信息认知通用模型，如图5-17所示。

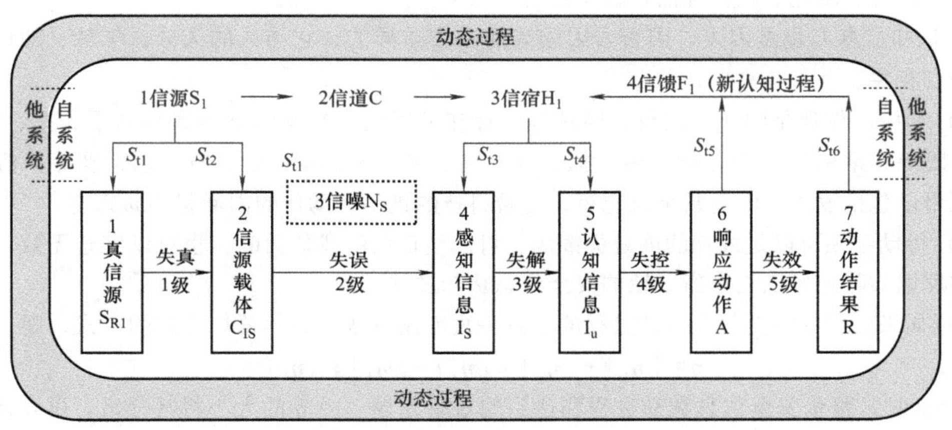

图5-17 安全信息认知通用模型（SICUM）（吴超，2017）

5.5.2 模型的内涵

从图5-17可以分析得知，建立的安全信息认知通用模型包含以下的内容：

（1）安全信息认知过程主要由七个事件组成。它们内容和所处的时间状态分别是：1—真信源S_{RI}，时间状态S_{t1}；2—信源载体C_{IS}，时间状态S_{t2}；3—信噪N_S；4—感知信息I_S，时间状态S_{t3}；5—认知信息I_U，时间状态S_{t4}；6—响应动作，时间状态S_{t5}；7—行动结果，时间状态S_{t6}。

（2）安全信息认知过程的六个时间状态，两两之间分别形成了五级时间差和五级信息失真或信息不对称。它们分别是：真信源转化成信源载体的时间差等于$S_{t2}-S_{t1}$，其信息失真值称为1级误差Δ_1，失真率为η_1；信源载体到被信宿感知的时间差等于$S_{t5}-S_{t2}$，其信息失真值称为2级误差Δ_2，失真率为η_2；感知信息变成认知信息的时间差等于$S_{t4}-S_{t3}$，其信息失真值称为3级误差Δ_3，失真率为η_3；信宿将认知信息付诸行动的时间差等于$S_{t5}-S_{t4}$，其信息失真值称为4级误差Δ_4，失真率为η_4；从采取动作到有了行动结果的时间差等于$S_{t6}-S_{t5}$，其信息失真值称为5级误差Δ_5，失真率为η_5。

（3）如果参照香农（Claude Shannon）和韦弗（Warren Weaver）提出的信息传播模式，图5-17的安全信息认知过程七事件可以简化为信源、信道、信宿和信馈四要素。但两者有很大不同，香农模型描述的是信息传播过程，本节模型表达的是安全信息认知过程。从上述对信源、信道、信宿和信馈的定义可知，它们与香农和韦弗的相关定义有很大的不同。

（4）如果要给本节建立的安全信息认知通用模型起个更加具体的名字，根据（1）~（3）点的说明可知，此模型可称为安全信息认知7-6-5-4模型，其中“7-6-5-4”的由来和表达的意义如上述。

（5）真信源 S_{RI} 是指信宿要感知的真实东西，不仅是指人可见的物体，还可以包括他人、事件、现象、组织、制度等，其实这些内容也是可以用子系统表达。

（6）信源载体 C_{IS} 主要是指信宿用人体能感知的信息：如电、光、声、热、色、味、形等，当借助仪器设备感知的，问题会更加复杂，实际上已经变成新的安全信息认知子系统。

（7）信噪 N_S 是对信源载体和信宿感知产生影响的相关因素，它包括的内容可以非常广泛，不仅是我们通常理解的自然环境因素，还可以包括情感、文化氛围、爱好、诱惑、思想压力等。

（8）感知信息 I_S 通常是指人的感知器官功能（视、听、触、嗅等）获得的信息，它感知的效果是因人、因时、因地、因情等而存在差异的。

（9）认知信息 I_U 也是因人、因智、因脑等而存在差异的，它与人的天分、年龄、知识、健康程度等密切相关。

（10）响应动作也是因人、因机、因环等而存在差异的，常用的动作器官如手、指、腕、臂、身、腿、脚等，常用的动作如碰、触、抓、放、踏、走、压、按、旋、弯、起、坐等。信宿的响应动作还可以包括发声、眼动甚至意念等，随着科技的进步，动作的内涵将不断拓宽。

（11）行动结果可以是成功的或是失败的，可以是正面的或负面的，也可以完全无效。而对行动结果的反馈实际上可以当作新一轮的安全信息认知过程。

（12）如果系统的安全信息认知过程的信息失真率用 η 表示，用简单叠加的方式，则

$$\eta = |\eta_1| + |\eta_2| + |\eta_3| + |\eta_4| + |\eta_5| \tag{5-1}$$

当 $\eta=0$ 时，整个安全信息认知过程和达到的效果无误。由 η 的大小将其分级，可以评价系统中安全信息认知过程失真的程度和等级。同样，由各级 $|\eta_i|$ 的大小并将其分级，可以评价系统中安全信息认知过程各级失真的程度和等级，并找出最大的失真环节，这一点更加重要。η_i 用绝对值表示，是由于它可正可负。

（13）由于系统的安全信息认知过程存在信息失真或信息不对称，也证明了认知过程存在故障，并由此可以导致信宿对风险的错误认知，从而造成错误的动作和行动，以致发生事故和灾难。另一方面，如果信宿的感知和认知过程有超常或创新的效果，则可能抵消由于信噪和信源载体带来的误差或负面影响。

（14）如果把安全（或不安全）行动结果当作新信源，新信源被新信宿所认知又产生新的安全（或不安全）行动结果，这样不断循环下去，就构成了多级安全认知的过程模型；当新信源同时被多个新信宿所认知，并形成不断传递循环下去的情景，就可能构成了复杂的安全（或不安全）信息串、并联过程，甚至出现类似“蝴蝶效应”的过程。例如，有些谣言恶性传播，造成人群发生恐慌，以至于引发重大恶性事件就属于上述过程。

（15）由以上分析可知，建立的安全信息认知模型具有普适性和元模型的功能。

5.5.3　模型的特点和价值

建立的安全信息认知通用模型有以下特点和意义：

（1）模型以信宿为主体，即以人为主体，这与以人为本的理念完全契合。模型考虑了认知过程的时间差，尽管时间差都极为短暂和有些情况可以认为等于零。这符合许多事故是由于一念之差引发或瞬间发生的突发动态问题。模型以一个系统（自系统）加以分析，同时考虑了自系统与

外界（他系统）的互动和关联。

（2）模型将一个系统主体（信宿）主要感知的安全信息（信源）分解成里外两层，里层称为真信源，外层称为真信源载体，两者往往是不一样的。俗话说，知人知面不知心，大多数人对他人仅仅知面，但不知心，能知面知心的人比较少。将安全信息（信源）分解，揭示了里外存在信息不对称和信息失真差，也给深入研究安全信源的真实表达指出了新方向。

（3）模型将安全信源的含义由通常是指“物”拓展到物、事、人、社会现象、组织、体系等，甚至各种组合的复杂系统。这样就增强了模型的普适性，使模型可大可小，并且可以是模型之中套模型。

（4）模型将一个系统主体（信宿）对主要安全信息（信源）的接收过程分解成外部接收和内部消化两阶段，外部接收阶段称为感知，内部消化阶段称为认知。外部感知和内部认知存在着信息不对称和信息失真差。因为人类的大脑接收信息不像计算机拷贝文件，计算机能100%存取无误且不会失真，而人不能。这一分解和表达也开拓了安全认知心理学和安全教育心理学的研究思路。同时，有些人的超强感知和认知能力也可以克服信源载体的假象和信噪的影响。

（5）模型中的“信馈”不是传统意义上的简单信息反馈，“信馈”可以是一个复杂的安全认知过程的循环，这也阐明了信息反馈可能放大与缩小，也可以失真和失控，也可能出现信息意外释放，也可以解释现实中信息反馈发生的事故或故障。

（6）模型引入了信息认知过程的参变量、信息不对称和失真值等，这为开展模型的定性和定量表达和分析奠定了基础和可能。

（7）模型表达了由于安全信息失真或不对称引发的事故致因机理，也提供了事故的干预、预防、控制途径及系统安全设计的策略等方法论层面的信息。

（8）由模型的真信源-信源载体-感知信息-认知信息-响应动作-行动结果的事件链，还可以构建一些安全科学技术新学科分支或新学科方向，例如：物质安全信息可视化、安全信息载体及其优化、安全感知界面技术、安全认知信息学、安全信息学、安全认知心理学、安全行为与动作学、安全控制学、安全仿真学、安全智能化技术等。

（9）模型将引导安全科技工作者从安全模糊化、灰色化、隐蔽化向着安全可感化（可视化、透明化、真实化）、安全可知化和安全可能化的方向发展，也延伸出安全可感化、安全可知化和安全可能化的安全“三可”思维-“三化”发展模式。安全科技工作者根据这一新思维模式可以在安全管理、安全创业等领域找到各自所需的切入点。

5.5.4 模型的用途分类

由于构建的安全信息认知模型具有通用性，在具体运用上，可以根据其不同的用途进行多种分类，进而可以结合具体的场景开展应用研究。模型的用途分类见表5-7。

表5-7 安全信息认知通用模型的用途分类（吴超，2017）

编号	分类依据	分类实例及其应用启示
1	根据真信源 S_{RI} 的主要类型	①物质类安全信息认知模型；②人物类安全信息认知模型；③事件类安全信息认知模型；④现象类安全信息认知模型；⑤组织类安全信息认知模型等
2	根据信源载体 C_{IS} 的主要类型	①电信号安全信息认知模型；②光信号安全信息认知模型；③声信号安全信息认知模型；④热信号安全信息认知模型；⑤色信号安全信息认知模型；⑥味信号安全信息认知模型；⑦形信号安全信息认知模型等

（续）

编号	分类依据	分类实例及其应用启示
3	根据信噪 N_S 的主要类型	1）根据信噪影响程度等级，可分为：①弱信噪安全信息认知模型；②中等强度信噪安全信息认知模型；③强信噪安全信息认知模型等 2）根据信噪的状况，可分为：①普通环境下的安全信息认知模型；②特殊环境下的安全信息认知模型等 3）根据信噪源自系统的不同，可分为：①来自自系统信噪的安全信息认知模型；②来自他系统的安全信息认知模型
4	根据人感知信息 I_S 的主要器官	①视安全信息认知模型；②听安全信息认知模型；③触安全信息认知模型；④嗅安全信息认知模型；⑤多媒体安全信息认知模型等
5	根据认知信息 I_U 主体的主要情况	1）人脑处理问题不像计算机的存储那么简单，人对问题的理解、认知是一个非常复杂的过程。根据理解信息人的年龄可分为：①小孩安全信息认知模型；②成年人安全信息认知模型；③老年人安全信息认知模型等。还可以根据更细致的年龄段分类 2）根据人的理性程度，可分为：①正常人的安全信息认知模型；②非理性人（精神病人、残疾人等）的安全信息认知模型；③特殊人群的安全信息认知模型等 3）还可以有更多的分类
6	根据认知主体的主要动作	1）人的动作或行动非常之多。根据人的动作器官不同，可分为：①手动作的安全信息认知模型；②腿动作的安全信息认知模型；③身动作的安全信息认知模型；④头动作的安全信息认知模型等 2）还可以根据声音、眼球、指纹、意念等来分解的安全信息认知模型
7	根据行动的主要结果	1）根据行动结果的恶化程度，可分为：①未遂事故的安全信息认知模型；②发生伤亡事故的安全信息认知模型；③出现重特大伤亡的安全信息认知模型等 2）根据伤害的结果可视化，可分为：①心理伤害的安全信息认知模型；②生理伤害的安全信息认知模型等
8	根据信息反馈的形式	①人工反馈的安全信息认知模型；②机械反馈的安全信息认知模型；③信号提醒的安全信息认知模型；④自动反馈的安全信息认知模型等
9	根据一段时间的静、动状态	系统运动是绝对的，静止是相对的。根据一段时间的静、动状态可分为：①相对静止的安全信息认知模型；②有规律变化的安全信息认知模型；③无规律变化的安全信息认知模型等
10	根据故障干预的形式	①主动干预的安全信息认知模型；②被动干预的安全信息认知模型等
11	根据安全信息认知过程的时间	①接近同步认知的安全信息认知模型；②异步嗣后认知的安全信息认知模型等
12	根据各行业具体工作场景	不同职业工种有数千个，这里不便一一分类和举例

根据表5-7的分类和借助图5-17的内涵，可以构建出各种新的、具体的和用于不同目的的安全信息认知模型，并由具体模型开展相关的应用研究。

5.5.5　模型的故障分析及安全策略

根据图5-17，安全信息认知过程主要由七个事件组成，它们两两之间分别形成了信息失真或是不对称。由此可以开展各层次之间故障的定性和定量分析，并确定关键故障和采取预防和控制措施。显然，减少事件之间的信息失真或是信息不对称是基本的思路和原则；发挥人的正确认知和预见能力也非常重要。

（1）真信源转化成信源载体的信息失真。这个阶段的故障诊断非常复杂，因为涉及的因素非常多。例如物质类的安全信息，要搞清楚所有物质及其被加工制造以后组成的无穷多种形式的危险特性，并把这些信息表达成为人类可以感知的载体信息，这是巨大的工程。但对于具体某一种物质和人类经常接触使用的特定物质，其安全信息却是可以研究、获取的，其信息认知故障概率是可以测定的。通过将物质危害真信息真实化、可视化、透明化、数字化等，就可以减少物质安全的虚假信息出现或降低信息不对称。而研究这类问题涉及的学科主要依靠自然科学技术。关于人类、社会现象、组织行为、文化氛围等的安全信息研究及其透明化，这是一个更加广泛和复杂的问题，本节只是作为信源在安全信息认知模型中加以纳入，但不可能作为主要问题予以具体讨论，这方面的问题涉及大量的社会科学和人类科学知识。

（2）从信源载体到被信宿感知的信息失真或信息不对称，这是本节构建模型中关注的重点，这也是人机界面研究的重点。目前广泛使用的降低信息失真或信息不对称的主要方法是可视化方法。安全可视化涉及安全信息学、信息技术、人机学等学科。

安全可视化包括：①安全信息视觉化。通过标示标识、色彩管理等，将安全管理的信息转换成视觉信息。视觉化将信息传递模式转换成统一的视觉信号模式，实现了信号传递的简单、准确、快速。②安全透明化。将需要被看见的隐藏信息显露出来，能使可视化安全管理更加完整。③安全界限化。标明正常与异常的界限，可将可视化安全管理变得更加精细。

安全可视化使用的工具有：文字、颜色、图形、照片、视频、漫画、宣传牌和宣传栏、标识牌、指示牌、警示牌、警示线、禁止牌、禁止线、路线图、定位线、方向箭头、LED 屏等。

（3）感知信息变成认知信息的信息失真。这是一个复杂的心理和生理过程，其研究涉及安全认知心理学、安全教育心理学、认知科学等领域。

（4）信宿由认知信息做出决策，通过大脑指挥身体动作器官付诸行动的效果失真。这一问题的研究和解决需要借助安全生理学、行为安全学、人工智能、控制学等学科。采取行动，并不一定就可达到理想的效果，从付诸行动到有了结果也存在着失真，这个问题涉及更多其他学科领域。

（5）信息反馈过程同样存在失真。要研究这一问题，可以认为是新一轮的安全信息认知过程。

由上述故障分析也可以获得故障预防和控制的基本途径，即可以从真信源、信源载体、信噪、感知信息、认知信息、响应动作、结果反馈七个方面以及它们之间的交互界面信息传播失真或不对称减少来预防和控制事故的发生，保障系统的安全。

5.5.6 模型的推论与拓展

由安全信息认知通用模型可知，各事件之间如果存在信息失真或信息不对称，就可以产生信息传达过程故障，进而出现事故。基于这一原理，可以推论出一组安全科学基础理论的新概念：

（1）安全是理性人在一定的系统里（或时空里），对安全信息认知不存在信息失真或信息不对称的存在状态。具体地说，在该系统里的真信源-信源载体-感知信息-认知信息-响应动作的事件链中，相邻两两事件之间不存在信息失真或信息不对称，此存在状态就可称为安全。

（2）危险是指理性人在一定的系统里（或时空里），对安全信息认知存在信息失真或信息不对称的存在状态。具体地说，在该系统里的真信源-信源载体-感知信息-认知信息-响应动作的事件链中，相邻两两事件之间存在信息失真或信息不对称的状态。两两相邻事件之间存在信息失真的绝对值越大，就可能越危险；反之就越趋近于安全。

（3）危害是指在一定的系统里（或时空里），由于安全信息认知存在信息失真或信息不对称，而引发人的身心受到伤害或财产受到损失的结果。

（4）风险是指理性人在一定系统里（或时空里），安全信息认知的信息失真率的绝对值与由此产生的危害的严重度的乘积。如果从不确定性来定义，风险是安全信息认知各个阶段过程中存在着信息不确定性。

（5）隐患（或危险源）是指在一定系统里（或时空里），安全信息认知的事件链中存在可能造成危害的信息失真或信息不对称。当这种信息失真或信息不对称可能造成人的身心受到严重伤害或财产受到严重损失时，则称为重大隐患。

（6）事故是指安全信息认知的事件链中存在信息失真或信息不对称，致使信源不透明、信息传达不清、信道不畅，或信宿故障等状态后，发生了有形或无形的伤害或损失。当对人的身心和财产未造成危害时，称为无害事故；当对人的身心和财产造成重大危害时，则称为重大事故。

由以上新概念还可以推论出更多的安全科学基础理论相关定义。

将上述各部分内容阐述的要点结合到图5-17中，可以构建出如图5-18所示的安全信息认知通用模型的拓展图。

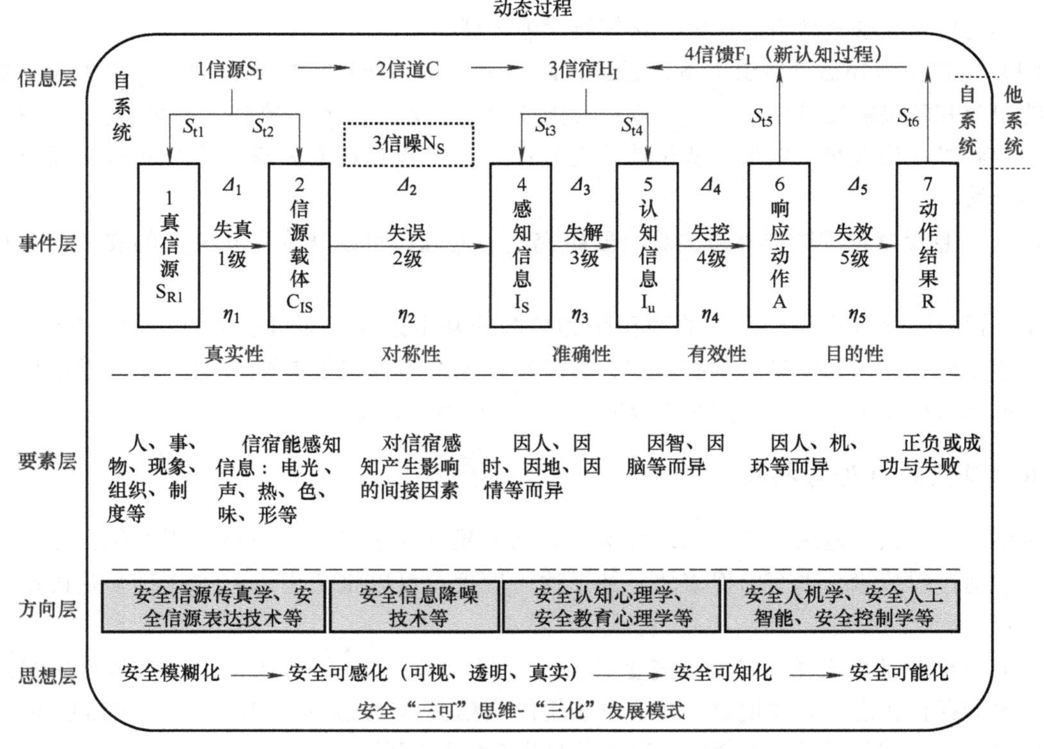

图5-18　安全信息认知通用模型（SICUM）的拓展图（吴超，2017）

5.6 安全信息与行为的系统安全模型

本节从系统与系统安全信息传播相结合的角度，基于典型的香农通信模型与系统主要的安全行为活动，构造安全信息与行为的系统安全模型（Safety-Related Information-Safety-related Behavior，SI-SB），并深入剖析其基本内涵、延伸内涵与应用前景，以期明晰系统安全信息传播机理及系统安全信息缺失形成机理（包括系统安全信息缺失导致事故的内在机理），从而为更好地解释现代事故致因和开展现代系统安全管理工作提供指导，并促进安全科学，特别是系统安全学研究发展（王秉和吴超，2017）。

5.6.1 SI-SB 系统安全模型的构造

首先，在构建 SI-SB 系统安全模型之前，有必要明确安全信息及其相关概念。王秉等基于系统视角将安全信息定义为：系统未来安全状态的自身显示，即是安全信息是表征系统未来安全状态的信息集合。与安全信息紧密相关的五个概念，即安全信源（安全信息的产生者）、安全信宿（安全信息的接受者）、安全信道（传递或传输安全信息的通道或媒介）、安全信息缺失（系统安全行为活动所需的安全信息集合与实际获取的安全信息集合之间的差异）与安全信息不对称（在系统安全行为活动中，各类人员拥有的系统安全信息不同）。此外，基于讯息与安全信息的定义，给出安全讯息的定义，安全讯息是指用来表达特定安全信息的有序安全数据集合，即安全讯息是安全信息的表现形式。

由于系统安全行为活动过程就是系统安全信息的流动与转换的过程，即系统安全信息与系统安全行为之间存在必然的重要联系。因而，从系统安全信息传播角度，可有效而清晰地分析系统安全信息对系统安全的影响。

基于此，从系统与系统安全信息传播相结合的角度，根据香农通信模型与主要的系统安全行为活动（根据系统安全行为的逻辑顺序，系统安全行为活动依次包括安全预测行为活动、安全决策行为活动与安全执行行为活动三种），构建 SI-SB 系统安全模型，如图 5-19 所示。

5.6.2 模型关键构成要素的含义

由图 5-19 可知，SI-SB 系统安全模型的主体由系统安全信息空间与系统安全行为空间两大部分（即子模型）构成。为揭示模型的主旨，以及方便和简单起见，不妨分别选取安全信息（SI）与安全行为（Safety Behavior，SB）的英文简称，将该模型命名为“SI-SB 系统安全模型”。这里，对它的一些关键构成要素的含义进行扼要说明。具体如下：

（1）系统安全信息（SI）空间表示系统安全信息的整个传播过程。①其关键节点依次为安全信源、安全信道 A、安全信宿Ⅰ（安全预测者）、安全信道 B、安全信宿Ⅱ（安全决策者）、安全信道 C 和安全信宿Ⅲ（安全执行者）；②其主体为支持系统安全行为的安全信息，涉及七类安全信息，依次为安全信息 I_b、安全信息 I_g、安全信息 I_s、安全预测信息 I_f、安全信息 I_k、安全决策信息 I_d 与安全信息 I_y。此外，由香农通信模型可知，安全信息实则是以安全讯息（安全信息的表现形式）传播的，人对安全信息加以整合就可表达出具体的安全信息。因此，为表达严谨起见，该模型统一采用“安全讯息”来描述系统安全信息的传播过程，但为方便起见，在

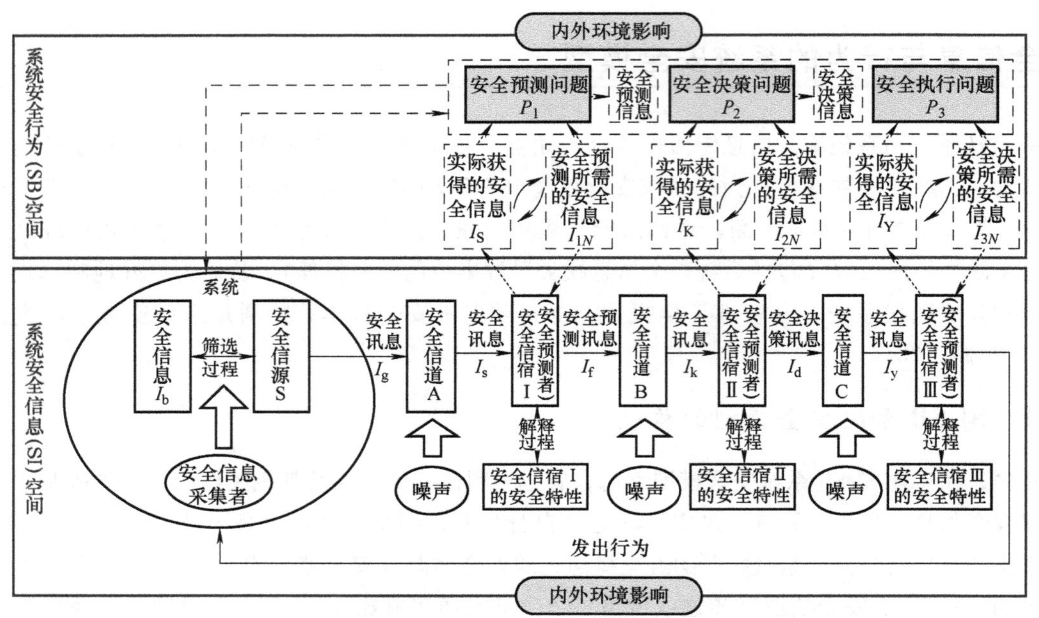

图 5-19　SI-SB 系统安全模型（王秉，吴超，2017）

实际理解与应用该模型时，也可将“安全信息”与“安全讯息”看似等同（本书统一使用“安全信息”）。

（2）系统安全行为（SB）空间表示系统安全行为（包括安全预测行为、安全决策行为与安全执行行为，由于从时间先后逻辑顺序看，它们三者按“安全预测行为→安全决策行为→安全执行行为”的顺序依次排列，并环环相扣，故图 5-19 中按此顺序依次排列）主体主观面对系统安全行为问题时，对系统安全信息的认知和处理过程。假设系统安全行为主体所面临的系统安全行为问题域为 P，则 $P=\{P_j\mid j=1,2,3\}$，这里不妨设安全预测问题、安全决策问题与安全执行问题域分别为 P_1，P_2 与 P_3。假定安全信息集合 $I_j=\{I_{ji}\mid j=1,2,3\ ;i=1,2,\cdots,n\}$ 能解决系统安全行为问题 P_j 的能力记作 $CE_P(I_j)$，取值满足 $CE_P(I_j)\in[0,1]$，$CE_P(I_j)=\{CE_P(I_{ji})\}$，当 $CE_P(I_j)=1$ 时，称此时安全信息为解决系统安全行为问题的安全信息集合，记为 I_{jN}，满足 $CE_P(I_{jN})=1$。需特别指出的是，理论而言，系统安全信息缺失问题无法完全克服。因此，为便于实际操作，极有必要假定一种系统安全信息充分（即无缺失）的情况（这与“安全是免除了不可接受的损害风险的状态”的实质内涵也完全相吻合）。基于此，不妨将满足 $CE_P(I_{jN})=\lambda$ 时（λ 的取值可由各安全科学领域专家确定）的安全信息 I_{jN} 称为必要（关键）系统安全信息，此时我们认为系统安全信息充分（即无缺失）。

5.6.3　系统安全信息的传播机理

概括而言，SI-SB 系统安全模型主要包含两层基本内涵，即系统安全信息传播机理和系统安全信息缺失形成机理（包括系统安全信息缺失导致事故的内在机理）。基于 SI-SB 系统安全模型，可完整阐释系统安全信息传播机理和系统安全信息缺失形成机理。

系统安全信息传播机理主要是指系统安全信息传播过程及其影响因素。显而易见，系统安全信息（SI）空间模型可表示安全信息双向传播的一个完整过程，即其可说明系统中的安全信息的整个传播过程，且可说明影响系统安全信息传播效率和质量的因素。具体解释如下：

（1）宏观而言，安全信源就是系统本身。但严格与实际而言，根据香农通信模型（信源并非单纯是一个包含任何信息的信息集合，而是一个经筛选的有意义的且可被人理解的信息集合），安全信源并非将系统所有安全信息（包括系统安全数据）直接进行发送，而是有选择性地进行发送（即应具有一个双向筛选过程，以实现系统安全信息可被多次筛选和传输的目的，这一筛选过程主要由安全信息采集者完成）。因而，图 5-19 中将安全信源 S 作为系统安全信息传播的真正信源。

（2）安全信息 I_b（包括系统安全数据）是系统所表现出的客观现实的系统安全状态（即系统表现出的总的安全信息集合），其包括安全信息采集者能够感知和不能感知的系统安全信息。为尽可能采集到系统安全行为问题域 P 所需的安全信息，系统安全行为者可对安全信息采集者加以指导。将安全信息 I_b 用客观状态集 E 表示为

$$I_b = E = \{e_1, e_2, e_3, \cdots, e_n\} \tag{5-2}$$

（3）安全信息 I_g 是指通过安全信息采集者可获取的系统安全信息，一般是在现有条件下可被人们感知和检测到的系统安全信息（显然，$I_g<I_b$），这类系统安全信息绝大多数可通过安全传感器或安全统计等方式获得，系统内存在一个安全信源 S 将安全信息 I_b 中的部分系统安全信息转换为可被感知的安全讯息 I_g，不妨可将其用安全信息集 S 表示为

$$I_g = S = \{s_1, s_2, s_3, \cdots, s_m\} \quad (S \subset E) \tag{5-3}$$

（4）安全信息 I_s 是指已传递至安全信宿 I（安全预测者）的关于系统安全状态状况的安全信息（显然，$I_s \leqslant I_g$），是解决系统安全预测问题 P_1（即开展系统安全预测行为）的重要依据，其可用数学表达式表示为

$$I_s = f(S, x^{\mathrm{I}}) \tag{5-4}$$

式中，x^{I} 表示影响安全信宿 I（安全预测者）获取安全信息 I_s 的影响因素。

理论而言，安全信宿 I（安全预测者）获取安全讯息 I_s 的影响因素来源于安全信道 A 和安全信宿 I（安全预测者）两方面，因此有

$$x^{\mathrm{I}} = f(x_{\mathrm{I}}, x_{\mathrm{A}}) \tag{5-5}$$

式中，x_{I} 表示安全信宿 I（安全预测者）自身的影响因素，即自身的安全特性（如安全知识、安全经验、安全意识、安全态度与安全意愿等）；x_{A} 表示安全信道 A 的影响因素。

其中，x_{I} 还可进一步表示为

$$x_{\mathrm{I}} = f(x_{\mathrm{I}1}, x_{\mathrm{I}2}) \tag{5-6}$$

式中，$x_{\mathrm{I}1}$ 表示安全信宿 I（安全预测者）的安全心理智力因素（如安全意识、安全态度与安全意愿等）；$x_{\mathrm{I}2}$ 表示安全信宿 I（安全预测者）的安全预测方面的知识与经验等因素。

安全预测信息 I_f 是指安全预测者对系统未来安全状态所做出的预测信息（如系统风险度、系统主要危险有害因素与系统安全防范重点等），不妨将其用安全信息集 F 表示为

$$I_f = F = \{f_1, f_2, f_3, \cdots, f_m\} \tag{5-7}$$

（5）安全信息 I_k 是指已传递至安全信宿Ⅱ（安全决策者）的对系统未来安全状态的安全预测信息（显然，$I_k \leqslant I_f$），是解决系统安全决策问题 P_2（即开展系统安全决策行为）的重要现实依据，其可用数学表达式表示为

$$I_k = f(F, x^{\mathrm{II}}) \tag{5-8}$$

式中，x^{II}表示影响安全信宿Ⅱ（安全决策者）获取安全预测信息I_f的影响因素。理论而言，安全信宿Ⅱ（安全决策者）获取安全预测信息I_f的影响因素来源于安全信道B和安全信宿Ⅱ（安全决策者）两方面，因此有

$$x^{\text{II}}=f(x_{\text{II}},x_B) \tag{5-9}$$

式中，x_{II}表示安全信宿Ⅱ（安全决策者）自身的因素，即自身的安全特性（如安全知识、安全经验、安全意识、安全态度与安全意愿等）；x_B表示安全信道B的影响因素。

其中，x_{II}还可进一步表示为

$$x_{\text{II}}=f(x_{\text{II}1},x_{\text{II}2}) \tag{5-10}$$

式中，$x_{\text{II}1}$表示安全信宿Ⅱ（安全决策者）的安全心理智力因素（如安全意识、安全态度与安全意愿等）；$x_{\text{II}2}$表示安全信宿Ⅱ（安全决策者）的安全决策方面的知识与经验等因素。

（6）安全决策信息I_d是指安全决策者对优化与控制系统未来安全状态所做出的决策信息（如所要采取的安全措施、安全方案与安全计划等），不妨将其用安全信息集D表示为

$$I_d=D=\{d_1,d_2,d_3,\cdots,d_m\} \tag{5-11}$$

（7）安全信息I_y是指已传递至安全信宿Ⅲ（安全执行者）的对系统未来安全状态进行优化与控制方面的安全信息（显然，$I_y\leqslant I_d$），是解决系统安全执行问题P_3（即开展系统安全决策行为）的重要现实依据，其可用数学表达式表示为

$$I_y=f(D,x^{\text{III}}) \tag{5-12}$$

式中，x^{III}表示影响安全信宿Ⅲ（安全执行者）获取安全决策讯息I_d的影响因素。

理论而言，安全信宿Ⅲ（安全执行者）获取安全决策信息I_d的影响因素来源于安全信道C和安全信宿Ⅲ（安全执行者）两方面，因此有

$$x^{\text{III}}=f(x_{\text{III}},x_C) \tag{5-13}$$

式中，x_{III}表示安全信宿Ⅲ（安全执行者）自身的安全执行能力，即自身的安全特性（如安全知识、安全经验、安全意识、安全态度与安全意愿等），x_C表示安全信道C的影响因素。其中，x_{III}还可进一步表示为

$$x_{\text{III}}=f(x_{\text{III}1},x_{\text{III}2}) \tag{5-14}$$

其中，$x_{\text{III}1}$表示安全信宿Ⅲ（安全执行者）的安全心理智力因素（如安全意识、安全态度与安全意愿等），$x_{\text{III}2}$表示安全信宿Ⅲ（安全执行者）在实际安全执行过程中的安全知识、安全技能与安全经验等。

（8）系统安全信息传播形成的最终结果是安全执行者发出相应的行为，其对系统安全所造成的影响可大致分为两方面：①安全型行为（如正确的安全指挥、科学的安全管理、及时整改系统安全隐患、正确操作机械设备与科学有效的应急救援等）对保障系统安全（包括避免事故负面影响扩大）产生积极影响；②不安全型行为（如违章指挥、错误指令、冒险作业、违章作业、盲目施救和未按安全方案开展工作等）对保障系统安全产生消极影响，甚至导致系统发生事故（或使事故负面影响扩大），进而降低系统安全绩效。

此外，需特别补充说明四点：①由上分析可知，安全信道A、安全信道B与安全信道C本身的通畅程度会对系统安全信息传播产生显著影响，这是因为它们在传播安全信息时会受到诸多干扰因素的影响，根据香农通信模型的要素的命名方式，图5-19中将诸多干扰因素统一为“噪声”；②显然，安全信息采集者、安全信宿Ⅰ（安全预测者）、安全信宿Ⅱ（安全决策者）与安全信宿Ⅲ（安全执行者）可以是同一或不同的个体或组织（包括自系统和他系统，以企业为例，包括企业整

体、企业各部门或政府安监部门等）；③安全信宿获取相关系统安全信息的自身影响因素可简单概括为其自身的安全特性，当安全信息传至安全信宿后，系统安全信息传播过程并未终结，安全信宿接收到的安全讯息会通过解释过程，对安全信宿的安全特性（主要是安全知识结构）产生一定程度的作用，反过来，安全信宿的安全特性也会对其获取相关系统安全信息产生作用；④系统安全信息的传播必然受系统内外环境因素（如系统内外的安全文化环境）的影响，同样，系统安全行为活动亦是。

5.6.4　系统安全信息缺失的形成机理

由上节可知，在系统安全信息传播（或系统安全行为活动）的整个过程中，主要涉及七类安全信息（安全信息 I_b、安全信息 I_g、安全信息 I_s、安全预测信息 I_f、安全信息 I_k、安全决策信息 I_d 与安全信息 I_y）及其相互作用关系。显然，系统安全信息缺失的形成机理就体现在系统安全行为（SB）空间中的安全信息的相互作用、系统安全信息空间（SI）中的安全信息的相互作用，以及系统安全行为（SB）空间与系统安全信息空间（SI）之间的安全信息的交互作用之中。在此，对系统安全信息缺失的形成机理进行深入分析，具体如下：

（1）系统安全信息（SI）空间中的系统安全信息缺失现象：①就系统安全行为主体（即安全信宿）而言，由于系统安全信道的不畅通、系统安全行为主体的自身安全特性或系统安全行为主体间的安全信息不对称因素，导致系统安全行为主体无法有效获取、识别或理解相关系统安全信息，即 $I_s \leq I_g$，$I_k \leq I_f$ 与 $I_y \leq I_d$，表示系统安全行为主体一般均未能成功获取和理解传至其的全部系统安全信息。因此，保障系统安全信道畅通、完善系统安全行为主体的安全特性（如提升安全意识与扩展安全知识结构等）、加强系统安全行为主体间的沟通交流或采用群体（联合）系统安全行为（其可有效弥补单一系统安全行为主体的个体安全认知、安全心理与安全知识结构局限等因素带来的不良影响），可有效克服这部分系统安全信息缺失；②就安全信息采集者而言，当 $I_g < I_b$ 时，表示安全信息采集者未能获取客观系统所显示出的所有安全信息，存在系统安全信息缺失，这主要是由于人们对系统的安全认识程度决定的，因此唯有不断提升人们对系统的安全认识程度，才可部分克服这种系统安全信息缺失，但理论而言，这种系统安全信息缺失又是客观存在的，是无法彻底避免的。

（2）系统安全行为（SB）空间中的系统安全信息缺失现象：系统安全行为主体，即安全预测者、安全决策者与安全执行者分别实际获得的系统安全信息集合分别为 I_S、I_K 与 I_Y（一般而言，$I_S = I_s$，$I_K = I_k$，$I_Y = I_y$），若 $CE_{P_1}(I_S) < 1$，$CE_{P_2}(I_K) < 1$，$CE_{P_3}(I_Y) < 1$，则称系统安全行为主体面对系统安全行为问题 P 存在安全信息缺失，即系统安全行为问题域的安全信息缺失。采用群体（联合）系统安全行为可有效克服这部分系统安全信息缺失。

5.6.5　系统安全信息缺失的分类

由上节分析可知，可有效克服的系统安全信息缺失情况及其所造成的负面影响主要在系统安全行为活动之中。换言之，主要的系统安全信息缺失是系统安全行为主体的安全信息缺失，其形成的机理应体现于系统安全行为（SB）空间与系统安全信息（SI）空间之间的安全信息的交互作用之中。显然，系统安全行为主体的安全信息缺失现象可分为两类，即系统安全行为（SB）空间的安全信息缺失与系统安全信息（SI）空间的安全信息缺失。基于此，还可分别对上述两类系统安全信息缺失进行细分，具体见表 5-8。

表 5-8　系统安全信息缺失的分类

大类	小类	具体解释
系统安全行为（SB）空间的安全信息缺失	安全信息内容缺失	系统安全行为主体面对某一系统安全行为问题 P 时，知道针对问题 P 所需的系统安全信息（即 I_{jN} 已知），但这些系统安全信息的具体内容在实际中未知，即 $CE_P(I_{jN})<1$
	安全信息认知缺失	系统安全行为主体面对某一系统安全行为问题 P 时，不知针对问题 P 所需哪些系统安全信息（即 I_{jN} 未知），例如：安全专业人员与普通人员在对待安全专业问题时，有时反应差异巨大
	安全信息识别缺失	系统安全行为主体面对某一系统安全行为问题 P 时，本应知道针对问题 P 所需的系统安全信息，但因内外环境影响，导致其暂时性不知所需哪些系统安全信息，随后才可逐渐恢复（即 I_{jN} 暂时未知）。如一般人面对紧急情况或过大的外界压力（最为典型的如应急决策与危险紧急处置等）时，就会出现此情况
系统安全信息（SI）空间的安全信息缺失	永久性安全信息缺失	理论而言，在现有技术条件下，一定存在系统安全信息采集者尚无法获取的系统安全信息，这是客观存在的，无法彻底克服，即 $I_g<I_b$ 恒定满足
	暂时性安全信息缺失	它是指在开展系统安全行为活动初期未能及时获得的系统安全信息（一般是无意的），随着时间推移与方法改进等，在系统安全行为活动中后期可逐步获得的系统关键（必要）安全信息，即 $I_S=I_s=\int_{T_0}^{T}I(t)\mathrm{d}t\geqslant I_{1N}$，$I_K=I_k=\int_{T_0}^{T}I(t)\mathrm{d}t\geqslant I_{2N}$ 与 $I_Y=I_y=\int_{T_0}^{T}I(t)\mathrm{d}t\geqslant I_{3N}$ 同时满足
	有意性安全信息缺失	它是指因多种原因导致的系统安全行为主体所获得的系统安全信息存在虚假情况，真实性偏低，即 I_s、I_k 与 I_y 不真实。究其根本原因，这主要是由于系统安全信息传递过程中的人为有意地欺骗所致（如安全信息瞒报与迟报等），使相关系统安全行为主体无法及时、迅速地获得真实的关键（必要）系统安全信息

此外，还可根据三种主要的系统安全行为（即系统安全预测行为、系统安全决策行为与系统安全执行行为，它们是系统安全信息最终产生作用和影响的关键节点），大致将系统安全信息缺失分为系统安全预测行为活动、系统安全决策行为活动与系统安全执行活动三方面的安全信息缺失。基于此，可根据系统总的安全信息缺失程度来度量系统安全风险（即对系统进行安全评价）。显然，系统总的安全信息缺失程度约为系统安全行为活动中的安全信息缺失之和，可用数学表达式表示为

$$\Delta I=\Delta I_{\mathrm{I}}+\Delta I_{\mathrm{II}}+\Delta I_{\mathrm{III}}=(I_{1N}-I_S)+(I_{2N}-I_K)+(I_{3N}-I_Y) \tag{5-15}$$

式中，ΔI 为系统总的安全信息缺失程度，ΔI_{I}，ΔI_{II} 和 ΔI_{III} 分别表示系统安全预测行为活动、系统安全决策行为活动与系统安全执行活动三方面的系统安全信息缺失程度；I_S、I_K 与 I_Y（一般而言，$I_S=I_s$，$I_K=I_k$，$I_Y=I_y$）分别表示系统安全预测行为活动、系统安全决策行为活动与系统安全执行行为活动三方面实际获得的系统安全信息；I_{1N}、I_{2N} 与 I_{3N} 分别表示系统安全预测行为活动、系统安全决策行为活动与系统安全执行行为活动三方面所需的必要（关键）系统安全信息。

5.6.6 系统安全信息缺失的成因

根据系统安全信息缺失的形成机理与分类，概括而言，系统安全信息缺失的直接原因主要有：系统安全信息无法获取，系统安全信息监测、监控不足，系统安全信息挖掘不够，系统安全信息管理不当与系统安全信息利用不充分等。若究其根本原因，就可归结至系统安全行为主体、系统安全信息采集者与系统本身的一些主客观因素。鱼骨图分析法是一种分析与表达问题原因的简单而有效方法（其基本步骤包括分析问题原因与绘制鱼骨图两步），基于鱼骨图分析法，可提炼并表示出系统安全信息缺失的主要的深层次原因，系统安全信息缺失原因的鱼骨图如图 5-20 所示。

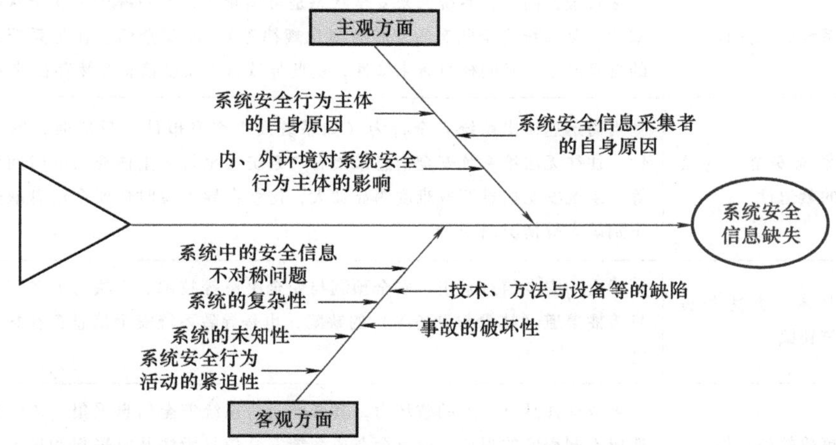

图 5-20　系统安全信息缺失原因的鱼骨图（王秉和吴超，2017）

由图 5-20 可知，系统安全信息缺失的原因主要包括主观原因与客观原因两方面，每一方面原因又可细分为若干个具体原因（见表 5-9）。

表 5-9　系统安全信息缺失的主要原因

大类	小类	具体解释
主观原因	系统安全行为主体的自身原因	①系统安全行为主体的安全心智因素（如安全意识、安全态度与安全意愿等）偏低；②系统安全行为主体的有限意识（人们在开展某行为活动时，有限意识会导致人们忽略关键信息，妨碍人们收集到高度相关的信息，进而可导致认知障碍），如系统安全预测者是否可正确识别出 I_{1N} 及 I_S 中是否存在 I_{1N} 所需的系统安全信息元素；③系统安全行为主体的自身安全知识、技能与经验等的局限性
	系统安全信息采集者的自身原因	指系统安全信息采集不足，具体原因是：①系统安全信息采集者的安全心智因素（如安全意识、安全态度与安全意愿等）偏低；②系统安全信息采集者的安全信息采集能力不足（如信息采集技术与方法等掌握不足）；③系统安全信息采集者的自身安全知识、技能与经验等的局限性
	内、外环境对系统安全行为主体的影响	复杂的系统内、外环境会影响系统安全行为主体的开展相关系统安全行为的能力。例如：系统安全行为主体需具备敏锐的观察力和思维能力，但当急需做出系统安全行为（如系统发生突发事件）反应时，鉴于时间的紧迫性与系统内、外环境的高压力等，极有可能出现暂时性安全信息缺失情况

（续）

大类	小类	具体解释
客观原因	系统中的安全信息不对称问题	若安全信息采集者与系统安全行为主体不同（或部分不同），则他们之间必然存在安全信息不对称（即这是客观存在的），这也是系统安全信息缺失的一个关键原因。因此，为克服这部分系统安全信息缺失，应加强他们之间的有效安全信息沟通和交流
	系统的复杂性	系统的复杂性（如系统各子系统或元素间的复杂的相关性与系统本身的动态性等）会导致系统安全信息具有高度不确定性，而安全信息缺失正是安全信息不确定的一种表现形式
	系统的未知性	尽管理论而言，系统未来安全状态是可预测的，但系统未来安全状态本身又是未知的（如系统安全状态的发展与演化规律等），而安全信息作为系统未来安全状态的自身显示，其同样具有未知性，由此导致系统安全信息必然存在缺失
	系统安全行为活动的紧迫性	当需迅速做出系统安全行为（如系统发生突发事件）反应时，鉴于时间的紧迫性，往往无法给系统安全信息采集者与系统安全行为主体充足的时间做准备和反应等，系统安全信息获取难度明显加大，这就会导致暂时性安全信息缺失或安全信息识别缺失等情况出现
	技术、方法与设备等缺陷	现有的安全信息采集、安全预测与安全决策等技术、方法与设备等，以及安全信息传播渠道（技术与设备等）的缺陷，也是导致系统安全信息存在缺失的客观原因之一
	事故的破坏性	事故往往具有巨大的破坏力，其必然会对系统安全信息采集、传输设施与设备等造成不同程度的损坏，这就会造成系统安全信息无法及时采集和传输，严重影响事故的应急救援效果，甚至还会导致二次事故发生，进而扩大事故的负面影响

5.6.7　系统安全信息缺失的负面影响

显然，根据SI-SB系统安全模型（即系统安全信息传播过程，及系统安全信息缺失的形成机理、分类与原因），并结合系统（一般指组织）安全管理实际，易得出系统安全信息缺失的负面影响作用（即后果）。系统安全信息缺失的负面影响间的逻辑关系如图5-21所示。

由图5-21可知，概括而言，系统安全信息缺失的直接负面影响主要是影响系统安全行为活动（即安全预测、安全决策与安全执行）的效率与质量，其最终负面影响是导致系统发生事故或事故扩大和系统既定安全目标不能按时完成，进而影响系统安全绩效。需特别说明的一点是，安全执行失误，即个体或群体（组织）发出不利于保障系统安全的行为，并非全会导致系统发生事故或事故扩大，而部分不安全型行为仅会对完成系统既定安全目标产生负面影响，如安全投入使用不当就会阻碍系统既定安全目标的完成质量和效率。

5.6.8　SI-SB系统安全模型的主要优点

由SI-SB系统安全模型的构造思路与基本内涵易知，其至少具有以下七方面优点：

（1）该模型可基本统一已有的所有事故致因理论模型。从安全信息角度，可将所有事故

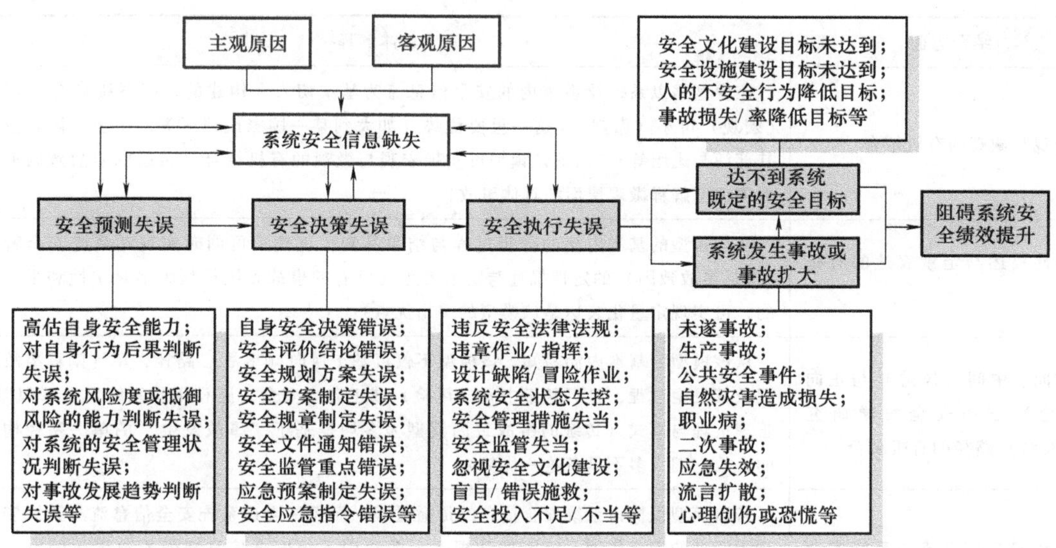

图 5-21 系统安全信息缺失的负面影响间的逻辑关系（王秉和吴超）

致因因素有机地统一起来。换言之，从安全信息角度构造的事故致因理论模型，具有统一已有事故致因理论模型的优点。同样，SI-SB 系统安全模型也具有这一优点。

（2）该模型可基本统一系统所有安全（风险）管理要素。从信息论的角度看，系统安全行为活动过程就是系统安全信息的流动与转换的过程。换言之，系统安全行为活动过程中涉及的各种要素都可用安全信息表达，而系统安全行为活动过程为系统安全（风险）管理活动的实际表现形式。鉴于此，从安全信息角度来看，可用系统安全信息基本统一系统所有安全（风险）管理要素，这可有效减少系统安全（风险）管理的维度，从而降低系统安全（风险）管理的冗杂性。

（3）该模型可基本统一各涉事者（与导致事故发生相关的个体或组织）的事故致因因素。各涉事者因素均可用安全信息来表达。该模型通过转换不同的安全信息采集者和安全信宿，可分析各涉事者，即组织或个体，以及自组织与他组织（如政府安监部门与安全评价机构等）的事故致因因素。简言之，运用该模型可基本分析出所有涉事者的事故致因因素。

（4）该模型可实现六个方面的有机结合（表 5-10），这可显著提升该模型的科学性、准确性、创新性、适用性与普适性。

表 5-10 SI-SB 系统安全模型实现的六个方面的有机结合

结合方面	具体解释
过去与现在的有机结合	该模型从安全信息这一新视角（更为契合现代安全管理模式），实现了对已有所有事故致因理论模型的有效统一，取其优点，避其缺陷，实现了过去研究成果与本节研究视角的有机结合
理论与实践的有机结合	该模型是根据从系统与安全信息相结合的角度研究系统安全问题的优势，并结合实际的系统安全行为活动构建的，即其实现了理论与实践的有机结合

（续）

结合方面	具体解释
宏观与微观的有机结合	该模型是以系统及系统内的安全信息流为基本切入点构建的，而系统具有“可大（宏观）可小（微观）”这一重要优势（如大到某一国家或地区等，小至具体企业及其部门与班组等），因此该模型可实现宏观与微观的有机结合（传统的事故致因模型大多仅可解释微观层面的具体事故）
定性描述与定量表达的有机结合	从该模型的基本内涵的分析过程与结果易知，该模型可同时实现对系统安全管理（包括事故致因）的定性描述与定量表达（已有的事故致因模型大多是定性和半定量的，可实现定量化表达是该模型的突出优点）
逆向、中间（风险）与正向（安全）三条安全科学研究（或实践）路径的有机结合	从该模型的基本内涵易知，该模型不仅可基于逆向（事故）路径，单纯阐释事故致因及其发生过程，且可基于中间（风险）或正向（安全）路径阐释系统安全（风险）管理机理与模式（传统的事故致因模型大多均是基于“事故发生”的单一路径构建的，故它们大多不具备这一优势）
系统安全信息流与系统安全行为活动的有机结合	若该模型仅探讨系统安全信息的传播过程，而无法表达系统安全信息流与系统安全行为活动的交互作用，就不能从根本上明晰因系统安全信息缺失所致事故的发生机理，亦就无法有效指导系统实际安全管理工作。显然，该模型可实现系统安全信息流与系统安全行为活动的有机结合

（5）该模型基本适用于解释所有系统中发生的事故（包括生产事故、职业病、公共安全事件、自然灾害所造成的损失或伤亡事件、一次事故与二次事故，甚至是信息安全事件）的致因与本质。①传统的事故致因理论大多仅适用于解释生产事故与一次事故的致因，但很难适用于解释一些公共安全事件、自然灾害所造成的损失或伤亡事件与二次事故（即一次事故扩大）的致因，由该模型的基本内涵可知，该模型基本可解释上述所有事故。此外，需特别指出的是，由“安全信息”与“信息安全”间的关系易知，若将信息安全事件当作事故，该模型同样可解释信息安全事件的致因；②根据该模型的基本内涵，严格地讲，事故的本质是：系统内的事故是因必要（关键）系统安全信息缺失而引发的人们不期望发生的并造成损失的意外事件。

（6）该模型适用于解释系统（组织）未能达到系统（组织）既定安全目标的原因。通过对系统安全信息缺失的负面影响的分析易知，尽管部分安全执行失误并非会直接引发事故，但会直接影响系统（组织）既定安全目标的完成质量和效率。因此，显然，以安全执行失误为分析起点，可分析得出系统（组织）未能达到系统（组织）既定安全目标的一系列深层原因。

（7）该模型符合安全数据、安全信息与安全知识间的递进逻辑关系。①系统安全信息（SI）空间的安全讯息 I_b 主要是指系统安全数据集合，其经筛选与整合，才可表达出具体的系统安全信息；②安全信宿在感知和理解安全信息时，安全信息与安全信宿的安全特性（安全信宿的安全知识是其主要的安全特性之一）存在一个互为解释的过程，这与“安全信息与安全知识间的互为作用关系”也相吻合。

5.6.9 SI-SB 系统安全模型的主要价值

综上分析易知，SI-SB 系统安全模型具有重要的理论与实践价值。在此，仅从宏观层面选取其较为主要的理论与实践价值进行简析（表 5-11）。就其具体价值而言，可基于其宏观层面的主要价值进行推理并细分。

表 5-11 SI-SB 系统安全模型的主要价值

大类	小类	具体解释
主要理论价值	指导系统安全学学科体系的构建	根据该模型的核心构成要素，可构建出完整的系统安全学学科体系。例如：①系统安全学的研究侧重点应是系统安全信息传播及系统安全信息缺失对系统安全的影响；②系统安全学至少具有四个主要学科分支，即安全信息论（学）、安全预测论（学）、安全决策论（学）与安全执行论（学）等
	指导系统安全学分支学科体系的构建	针对模型的四方面重点内容，即系统安全信息传播、系统安全预测行为、系统安全决策行为与系统安全执行行为，分别深入研究各自的内在机理，就可分别得出系统安全学分支学科，即安全信息论（学）、安全预测论（学）、安全决策论（学）与安全执行论（学）的定义，并可构建出它们各自的学科体系。例如，由该模型易知：①安全信息论（学）主要是研究系统安全信息传播及系统安全信息与系统安全行为活动交互作用的科学；②安全预测论（学）主要是基于系统安全信息，研究如何判断系统未来安全状态的科学；③安全决策论（学）主要是根据系统安全预测信息，研究如何寻找或选取最优的系统未来安全状态的控制与优化方案的科学；④安全执行论（学）主要是根据系统安全决策信息，研究如何落实系统安全决策信息（即指导或控制人发出安全型行为）的科学
	指导新的安全科学概念体系的构建	由上分析可知，从系统与安全信息（包括安全信息缺失）角度，可重新定义“安全（系统安全行为活动所需的安全信息集合与实际获取的安全信息集合之间的差异能被人们所接受的状态）”和“事故（事故是因必要系统安全信息缺失而引发的人们不期望发生的并造成损失的意外事件）”。同理，从该角度出发，基于安全信息（包括安全信息缺失）的定义，还可推理演绎“隐患”“危险源”“安全管理”“安全知识”“安全预测”与“安全决策”等的定义，从而构建新的安全科学概念体系，以促进安全科学研究与实践更为科学化与适用化，即使其摆脱学科危机
主要实践价值	指导开展系统安全评价工作	由上分析可知，基于该模型，不仅可对系统进行定性安全评价，且可对系统开展定量安全评价，这可谓是一种新的系统安全评价方法。本节已在理论层面深入阐释了该模型在系统安全评价中的应用，其必会对实际的系统安全评价工作起到重要的理论指导作用
	指导开展事故调查分析工作	通过对该模型基本内涵的分析可知，根据该模型，可分析得出事故的整个发生过程及其关键节点、原因及涉事者（包括组织或个体）的责任等，并可找出预防类似事故的关键节点或措施等
	指导系统安全（风险）管理工作	鉴于现代安全管理强调系统思维（即事故预防重点应是系统因素），强调预防事故或保障组织安全的责任应从普通组织成员转向设计者、管理者，从个人转向组织和政府，强调与计算机信息科学进行相结合（即安全管理者的信息素养），因此该模型可有效指导系统安全（风险）管理工作的开展
	指导企业或政府安全部门或人员的设置	根据该模型的系统安全信息（SI）空间（即系统安全信息传播的关键节点）与系统安全行为（SB）空间（即主要的系统安全行为活动），可有针对性地配置企业或政府安全部门或人员
	指导安全科学与工程类专业课程设置	“系统安全学”一直是安全科学与工程类专业学生的核心专业主干课程之一。根据该模型所构建的系统安全学及其分支学科的学科体系，不仅可使“系统安全学”的课程内容逐步完善和科学，而且可大大丰富安全科学与工程类专业课程的内容，更加适用于培养适合现代安全管理需求的安全专业人才

5.7 安全教育信息传播模型

安全教育过程的实质是信息传播的过程，因此构建安全教育模型的意义重大，它对有效开展安全教育具有重要的方法指导作用。本节从信息传播视角构建安全教育通用模型，根据实际情况进行安全教育方法评价，提出优化措施（高开欣和吴超等，2017）。

5.7.1 安全教育基本要素

安全教育是以规范受教育者的安全行为为基本目的的社会活动，这一活动被普遍认为是双主体信息传播的动态过程，目前对双主体理论有两种理解：①从施教和受教两个不同的视角，施教者和受教者互为主、客体身份；②施教者和受教者均为主体。基于信息视域下的双主体理论、教育学、文化学以及交往教学论的思想，安全教育双主体存在对称性和补充性，即参与者具有同样的自由活动余地和说话权利，可实现教与学双方对各教学影响因素共同分享、占有和积极互动。另外，补充形式意味着施教者对受教者经验、知识和理解等多方面的补充，也包括受教者对施教者教学方法和信息传播过程中的其他具体情况的补充。

实施安全教育需多种要素互相配合，如学员、目的、内容、方法、环境、反馈和教师七要素。以信息传播为研究视角，综合考虑以上七要素及安全教育过程中可能涉及的内容，将安全教育要素分类整理为五类要素，分别为：参与者、信息、软件、硬件、环境。从系统的角度出发，安全教育这五方面内容强调以信息为桥梁各要素之间相互作用与影响的关系，如果将各类要素看作各子系统，那么信息便是各子系统之间及其内部交流的关键。

五类要素中，参与者包括施教者和受教者，信息是指所有涉及安全教育的信息内容，是其他四要素相互作用的桥梁；软件是规范安全教学体系和提升教学的方法和文件类服务；硬件是保障安全教育活动正常开展的基础设施和辅助性服务；环境包含自然环境、科技环境、经济环境、政治社会环境、文化氛围等。在自系统中，只包含具体实施安全教育活动时的要素，维护教学秩序、制定法律法规等功能所涉及的要素（包括功能和其他参与者）在他系统中，本节不做详细分析。

运用“七何”分析法对安全教育实施进行要素填补与细化（表5-12），解释了各要素的内涵，基于安全教育的对称性和补充性，从信息传播的视角出发，融合安全教学系统的双主体特征，将“七何”分析方法扩展为九要素，齐全的安全教育要素可用以安全教育设计功能，有助于完善安全教育的宏观管理和弥补可能出现考虑问题疏漏的情况。

表5-12 安全教育的拓展要素分析（高开欣和吴超，2017）

五类要素	拓展要素	内涵
参与者	WHO1	①施教者，有明确的教育目的及使命，主要目的是设计特定安全教育体系和传递安全信息 ②施教者根据不同情况引导、促进、规范个体，能够接收信息反馈再学习，通过反馈提升教学水平，完善安全信息
	WHO2	①受教者，主要目的是接受安全信息，增长安全知识，提升安全技能，改善安全行为，提高安全意识 ②不同受教者有不同的学习目的、不同的学习背景和基础、不同的困难和问题以及不同的反思和再学习能力

（续）

五类要素	拓展要素	内涵
信息	WHAT	①主要过程为：信源→信道→信宿→信馈 ②传播过程包括其他影响因素，如信息失真、信息干扰等，因此信息反馈是改善信息传播方式方法的关键，不容忽视
环境	WHERE	安全教育的地点：①室内或室外；②学校、政府或企业
	WHEN	安全教育的时间，包含实施安全教育的时间（发生事故后、日常培训等）和时间范围（时长）
	WHY	安全教育的目的和原因，例如新员工进厂培训、学生专业课教育或发生事故后警告教育等
软件设施	HOW MUCH	教学程度，梅瑞尔的成分显示理论的“目标-内容”二维模型可以用以指导这一要素的使用
	HOW1	教学方法、教学计划、法律法规、规章制度等成文规定
硬件设施	HOW2	①教学楼、教学工具、教学媒介等教学资源或辅助性服务物品 ②硬件设施保障安全教学有序开展，硬件设施的深入研究可向现实模拟、信息化等方面延展

5.7.2 安全教育DIA通用模型的构建及作用机理

1. 模型构建

基于安全教育三阶段原理，构建了如图5-22所示的DIA通用模型，模型主要包含三大板块，分别是安全教育设计（D）、安全教育实施（I）和安全教育评估（A）。

需要指出的是，为进一步明晰DIA通用模型的科学性和适用性，对“以具体系统为对象”“以安全信息为研究视角”及“以信息传播为建模范式”的原因进行详细说明，具体如下：

（1）以具体系统为研究对象的原因：①限定研究和讨论范围，以便于具体问题的分析与探讨；②就教育学角度而言，教育活动均发生在特定系统之中，故须将模型置于具体系统之中来分析；③就管理学角度而言，人都在系统之中进行所有行为活动。

（2）以安全信息为研究视角的原因：①从信息论角度出发，个体或组织的行为活动过程就是安全信息的流动过程。那么，安全教育培训的实施过程实际是安全教育实施者与安全教育接受者信息传播的过程；②系统问题一般均涉及参与者、硬件、软件和环境等诸多要素，而以信息为纽带，正好可使系统所有要素建立联系；③个体或组织的教育行为始于信息，故其安全教育始于安全信息。

（3）任何教育过程都是信息传播的过程，安全教育也不例外。本节模型建立是基于信息传播最重要的两个方面：①信息传播要素（即上文提到的“七何”分析法，并根据安全教育的特征，将其拓展为九要素）；②信息传播路径，根据安全教育模型的需求，抽取信息传播的核心概念及信息传播过程（信源→信道→信宿→信馈），将其融合于主模型中，并根据实际情况提出在这一信息传播过程中需着重注意的方面。

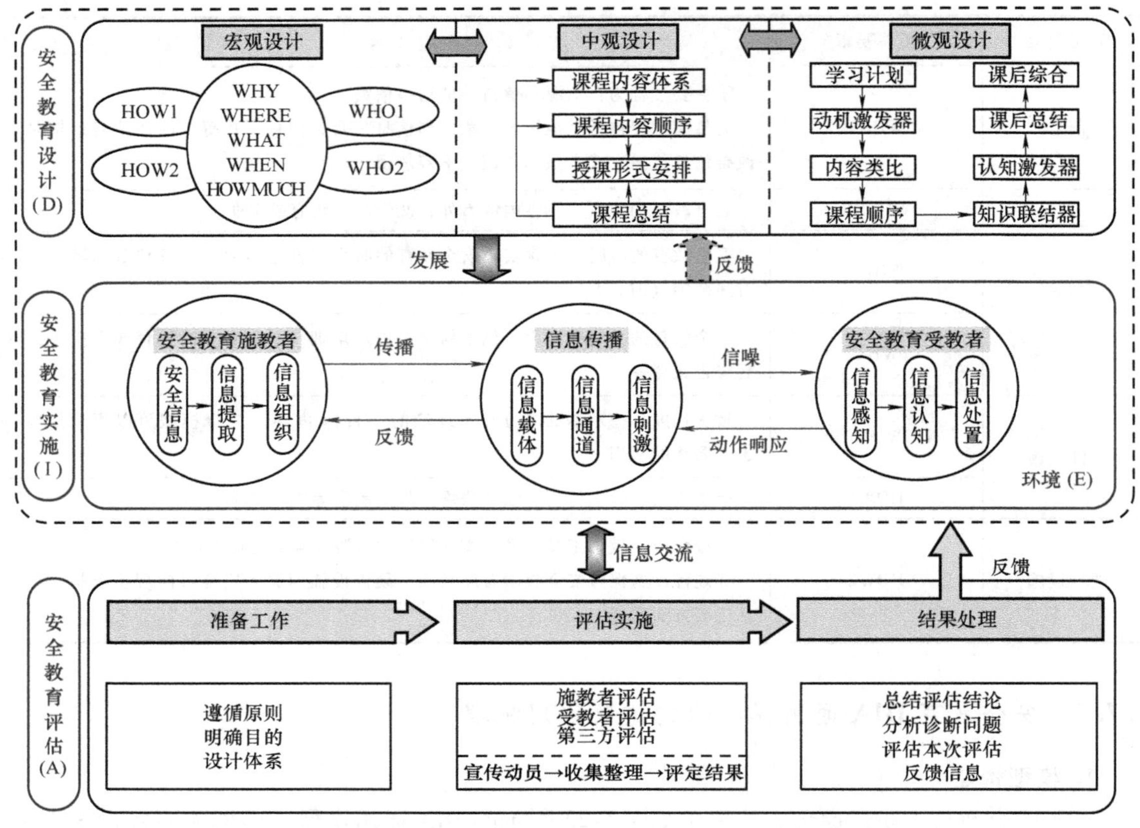

图 5-22　安全教育的 DIA 通用模型（高开欣和吴超等，2017）

2. 模型的内涵

（1）概念内涵。

1）安全教育设计包含宏观、中观和微观是三个层次的设计：①宏观设计强调体系的要素齐全（9W），体现系统的完整性，是保障安全教育正常有序开展的基础设计；②中观设计强调对某一视角下安全教育（如专业课的分类或不同行业安全分类所呈现的安全系列教育课程）的授课体系的设计；③微观设计强调施教者对每一具体堂课的设计。三者之间并不独立存在，宏观设计指导中观设计，中观设计指导微观设计，微观设计和中观设计又反作用与上一级设计。

2）安全教育实施功能，这一功能包含施教者的信息处理过程、信息传播过程、受教者信息处理过程以及信息反馈过程；在传播过程中，会存在很多干扰情况：①施教者的信息处理过程可能存在的问题是施教者本身对安全信息的认识不够、对安全信息的提取和组织能力不够；②信息载体、信息通道和信息刺激三方面可能存在语言表达能力不足或媒体设计不当等问题；③受教者的感知认知能力不足，将导致其很难获取有效信息，理解记忆能力不足可能影响知识存储能力和转换成实践操作的能力；④在反馈过程中，可能存在受教者不善于发现问题或存在沟通障碍，施教者不善于接受意见，存在动作响应失败等问题。

3）安全教育评估功能是再学习过程，分为阶段性安全教育评估和总结性安全教育评估，从评估中获取经验教训，修复系统薄弱环节。由于反馈和评估机制的存在，在具体实施安全教育时，不一定完全符合初始设计，另外微观设计可能也存在与宏观设计或中观设计不一致的情况（例如教学场地的变更，教学顺序的调整），这一情况表明了安全教育整体的动态性和可拓展性。DIA 模型的功能及要素解析见表 5-13。

表 5-13 DIA 模型的功能及要素解析

模型功能	要素	解析
安全教育设计功能	宏观	从宏观教学体系入手，运用 9W 要素进行安全教育设计，撰写方案书，这是保障教学活动有序进行的基础设计。以本科教学为例，由学科主任和教导主任共同完成这一设计
	中观	从中观学科体系入手，主要包含所授课程内容体系、内容顺序、理论与实践配比，以本科教学为例，由学科主任和施教者共同完成这一设计
	微观	从微观教学内容入手，对每一堂具体课程进行设计，包含本堂课的教学计划、学习动机激发器，由施教者完成这一设计
安全教育实施功能	施教者	以施教者为中心的安全信息传播，主要包括施教者所具有的安全信息、提取和组织安全信息的能力
	受教者	以受教者为中心的安全信息传播，主要包括受教者感知、认知和处置安全信息的能力
	信息传播	强调安全信息在系统中的传播过程，包含信息载体、信息通道及形成的信息刺激
	信息反馈	强调受教者对接受信息的过程及所接受到的安全信息做出反应，包含感知、认知和处置过程中存在的问题以及对信息所持有的态度，这一过程也包含在系统中的传播
安全教育评价功能	准备工作	从教学实践中总结经验，是教与学的信息反馈，修复体系薄弱环节。①准备工作是根据评估原则与目的，制定评估体系；②评估实施应从施教者、受教者和第三方三个方面全面开展；③根据评估结果采取相应措施
	评估实施	
	结果处理	

（2）应用内涵。

1）构建安全教育体系。在安全教学系统中，施教者、受教者、安全信息、软件和硬件等形成了相互交错的结构。其中，人作为教学要素中的双主体最具变化性，所以教学活动的最优化应当是教与学最优化的有机统一，是充分发挥双主体能动性的过程。

根据 DIA 模型，安全教育体系应该包含安全教育设计功能、安全教育实施功能和安全教育评估功能。在构建安全教育体系时，首先，要实现安全教育设计，根据九要素（9W）进行全面的考虑，并且要注重各要素之间的关系（如人机界面、人-人交流、信息失真等）；其次，从教与学不同的视角来看，安全教育实施的信息传播链应分别以施教者和受教者的视角发散考虑（本节以学为研究视角，进行进一步分析），在已有的安全教育设计体系的基础上，结合实际的安全教育实施过程，提升信息传播率；最后，安全教育评估功能与安全教育实施功能同时存在，相互作用。

2）评价与优化安全教育体系。建立评价体系需满足全面完整性原则、实用可操作原则、可拓展性原则和强韧性原则这四条基本原则：①从设计出发，对各要素进行考察评价，制定相应的评价机制，保障安全教育体系的完整性；②在安全传播过程，采取旁听等形式进行最直观的评价，观测安全教育的可操作性和可拓展性；③可从受教者和施教者两方面同时进行安全教育评估与反馈，以问卷调查、教育成果验收（学生知识考试或实践能力检验）等形式开展。另外，施教者、受教者、教育方法和教育硬件设施是提升安全教育水平的关键要素，在考虑优化安全教育体系时，可从这四方面找寻突破口，如在受教者信息处理与利用过程模型分析中提到的优化手段。

3. 受教者安全信息处理及利用的过程模型

在DIA模型中，安全信息实施是一个从施教者到受教者的完整的闭环安全信息传播过程，时间维度上，安全信息从施教者流向受教者，再由受教者反馈信息给施教者，但分别以施教者和受教者为中心的信息传播并非独立存在的，两者互相促进，信息传播与反馈交叉进行，受教者对安全信息处理过程实则是一系列事件的链式效应。为方便研究，提升安全教育的整体质量和效率，以受教者学习安全信息为研究对象，对DIA模型进行补充说明，建立并分析以受教者为中心的信息处理和利用的过程模型，这一模型全面覆盖了受教者安全信息处理及利用的过程（受教者安全教育信息输入；受教者所感知记忆的安全教育信息刺激受教育的信息需要；受教者的信息需求促使其产生相关信息行为；受教者利用的安全教育信息可优化其安全行为），并对各阶段可应用于实践操作的内容进行补充说明（图5-23）。

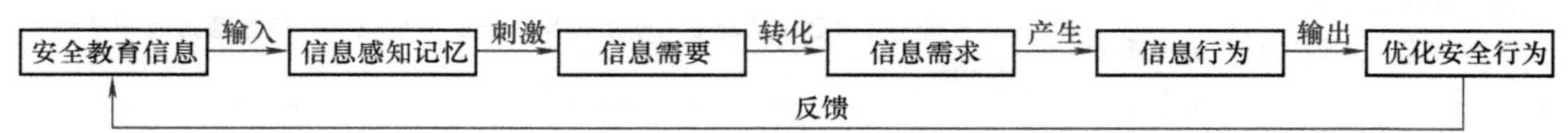

图5-23　受教者安全信息处理及利用的过程模型

模型内涵主要包含以下四点：

（1）受教者通过视觉或听觉将安全教育信息输入，并记忆存储。这一过程是受教者感觉和知觉对安全信息的初识阶段，在感觉和知觉上增强刺激（利用可视化技术，如虚拟现实），能提升对安全信息的记忆。

（2）受教者所感知记忆的安全教育信息刺激受教育的信息需要，并使其信息需要转化为其信息需求。受教者根据自己的需求与兴趣会对安全信息进行选择、认知和记忆，会发生部分重要安全信息由于受教者的偏好问题未被接受，因此引入考核机制、惩罚机制和激励机制等使其被动学习。

（3）受教者的信息需求促使其产生相关信息行为，如安全教育信息记忆、安全教育信息组织与安全教育信息利用。在接受和认可安全信息的基础上，受教者可形成自我约束和自我承诺的状态。

（4）受教者利用的安全教育信息可优化其安全行为。根据所学安全信息规范自身行为，从观念上改变自己，形成良好的习惯，并给他人带来正面影响。

5.7.3　具体场景下安全教育DIA通用模型的应用说明

图5-24是运用安全教育DIA通用模型所构造的某企业日常安全管理培训体系设计，从宏

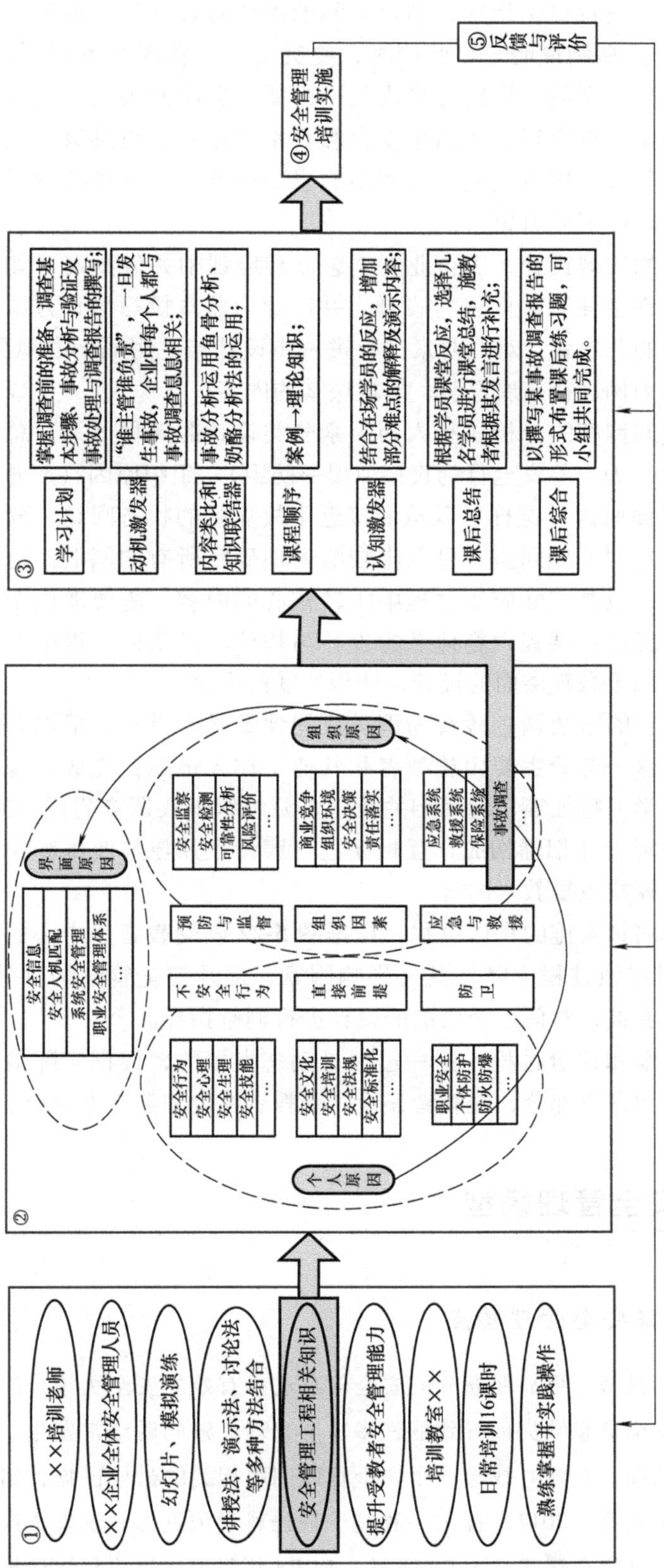

图 5-24 某企业日常安全管理培训体系设计

观管理视角对模型多层次设计进行说明指导，结合实际的操作对设计进行调整，并在各层次选择某个具体事项为代表进行举例说明。与此同时，要突出安全管理教育培训的学科特性。一方面，从实际操作的角度进行说明，指出每阶段工作由哪一层次的人员配合完成工作，具体操作根据实际情况进行调整，符合现实生活中安全教育培训场景，更具有实用价值；另一方面，以经典的奶酪模型为蓝本和事故漏洞逆向回望的思路设计安全管理的学科体系，保证学科内容的完整性和创新性。应用说明如下：

板块①是系列培训课程的宏观设计，由企业安全总监和培训相关负责人（如第三方安全培训公司、企业安全管理培训主任）共同进行设计，并以此为蓝本撰写培训方案书，方案书所涉及的内容应包含体系中的九要素，对九要素进行进一步设计与说明属于中观层次的内容，以对安全管理工程相关内容为例进行拓展说明，即板块②的内容。

板块②是以事故发生时间倒序的分析法和人为因素分类设计的课程体系，总结事故发生的原因为个人原因（不安全行为→不安全行为直接前提→防卫）、组织原因（应急与救援→组织因素→预防与监督）和界面原因。这样可以从最接近事故症候的状态回访、分析各层次的核心因素，从光线最终透出的漏洞处回望，可以比较清晰地确定所有的漏洞。这是对本次系列安全教育内容体系的构建，也是实际应用过程中比较核心的内容，需要考虑企业的生产状况、员工素质及其他实际情况进行课程内容体系的设计与构建。以系列课程中的事故调查为例，进行具体课堂设计，这属于微观层面的设计，即板块③的内容。

板块③是以系列安全教育的事故调查教育为例进行的课堂微观设计，根据课堂所需进行当堂课的内容和形式设计，这一部分主要由施教者和其他工作人员配合完成，施教者根据经验判断受教者的准备情况、学习特征等，利用相关教学资源组织事故调查的课堂内容和形式，课堂设计应与宏观设计和中观设计相辅相成，互相促进与磨合，并与其他微观课堂设计者讨论实施内容与形式，避免漏掉或重复教学内容。

板块④是企业安全管理培训实施的具体过程，根据图5-22以受教者为中心的信息传播过程的指导作用，在具体培训实施过程中降低其他影响因素，提升安全管理培训效率和质量，并根据实际发生的问题进行反馈，对前三个层次的设计进行调整指导。

板块⑤是安全教育的反馈和评价过程，这一过程是动态发展的，根据实际情况，可分阶段进行反馈和评价。评价应包含三部分，施教者评价、受教者评价和第三方评价。

5.8 基于大数据的循证安全管理模型

5.8.1 基于大数据的循证安全管理特点

在安全管理中，最重要的是基于可靠而充分的安全信息进行有效的安全决策。但令人遗憾的是，因安全决策所需的必要安全信息缺失而导致的许多安全管理失败问题经常发生。由于事实是最重要的决策依据和基础，因而，若能寻找与一个安全管理问题相关的最佳证据，则必将获得一个更有效的安全管理方案。王秉等（2017）提出一种基于最佳科学依据与系统安全风险的系统安全管理方法——基于风险的循证安全管理方法ERBS法，ERBS法强调将最佳科学证据运用至基于风险的安全管理的整个实施过程，即“风险识别→风险评价→风险控制”，这种方法简称为循证安全管理法。

1. 大数据和安全大数据与安全证据的关系

循证安全决策是循证安全管理的重要内容，循证安全管理要求做出的循证安全决策必须切实可行，能够取得预期效果，这就需要有相当的证据支撑。所谓安全证据是指对某项循证安全决策能够起到正面效应，且能够产生积极安全效果的数据信息。显然，大数据能为循证安全决策提供广阔的证据支撑，只是安全大数据价值密度低，有很多无关甚至具有负面效应的数据信息混杂在安全证据中。通过大数据方法可从大数据中提取安全证据，换言之，安全证据的来源正是大数据，而大数据为提取安全证据提供了数据来源和技术支撑。图5-25从信息流的角度展现大数据、安全大数据与安全证据的关系，从安全证据中选出最佳安全证据辅助循证安全决策，决策结果也会再次成为安全大数据被采集。

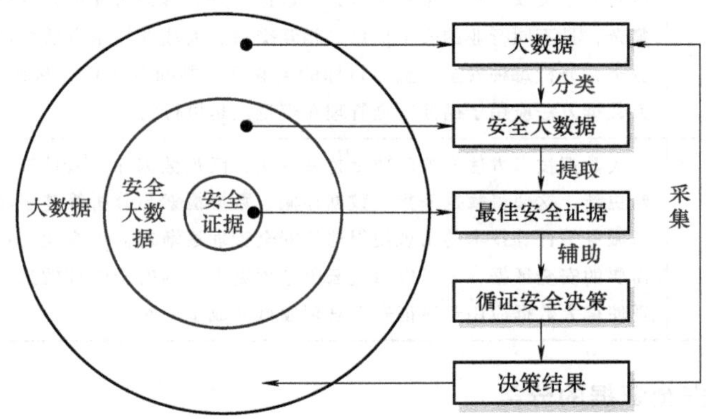

图5-25 从信息流的角度展现大数据、安全大数据与安全证据的关系（闪顺章等，2018）

2. 大数据应用于循证安全管理的优势

随着安全大数据理论和技术的研究日益成熟，安全大数据将是企业、事业单位进行安全决策的主要依据。循证安全决策也在逐渐从经验驱动转向数据量化驱动，而大数据将使得循证安全产生质的飞跃。大数据应用于循证安全管理有巨大的优势，见表5-14。

表5-14 大数据应用于循证安全管理的优势

序号	优势	内涵释义
1	提高数据采集效率	循证安全管理中的数据采集也叫证据采集，传统的数据采集主要以人工为主，或者极度依赖人工，所以传统方式难以满足安全大数据的需求。将大数据方法应用于安全大数据采集，可极大提高数据采集的广度和采集效率
2	升级数据存储方式	传统安全管理的数据存储主要以纸质存储或计算机本地存储为主，前者成本较高、检索难度大，且数据易损毁；后者检索效率略有提高，但受到计算机性能的限制，且存储量也无法满足大数据要求。将大数据方法应用于循证安全管理，可采用云服务平台等技术手段，既可联动安全信息的采集、获取及存储，又能极大地提高安全证据的利用效率

（续）

序号	优势	内涵释义
3	强化证据分析方式	传统安全管理工作中的安全决策主要依靠经验获得，可靠性较低，且对半结构化和非结构化数据的利用度较低。大数据方法可通过一定的程序语言将安全大数据进行虚拟化、可视化，并可提取有效的安全证据，甚至能对安全证据进行级别划分，这将极大提高安全证据的利用效率和循证安全决策的可靠性
4	推动动态安全决策	通过大数据方法产生的安全决策以及产生的安全效果能够成为新的安全信息储存于云平台的数据库中，同时循证安全管理的结果也可交付云平台、第三方或利用其他技术手段等进行安全评价。大数据方法的应用可使企业、事业单位在生产制造过程中仍存在的安全问题进行不断优化、更正，每一次的更正优化都是一次新的循证安全决策，这个过程称为动态安全决策
5	理论可行性	大数据包含结构化数据、半结构以及非结构化数据，这些数据有些是强烈相关的，有些则互不关联，看似杂乱无章，但数据式是有规律可循的。安全信息的种类繁多、类型复杂，且不同行业的安全信息又相互交错。大数据技术方法可以针对这些安全信息进行分类，分析每种安全信息与目标的关联性，判断其价值，从而提取成安全证据。因此，大数据方法应用于循证安全管理在理论上是可行的
6	技术可行性	大数据技术方法发展的速度越来越快，巨型数据库、云计算、移动式互联网等技术不断更新，这使得数据采集、数据存储、数据检索与分析等越来越便捷。虚拟化技术以及云服务平台等技术的出现使得巡诊安全管理逐渐走向可视化。用户不仅可以快速检索到需要的安全证据，还可以通过云服务预见未来的安全管理效果。各种新兴信息技术的出现使得大数据应用于循证安全管理领域变成了可能

3. 大数据视域下安全证据的分类

如图 5-25 所示，安全证据能为循证安全决策提供正确指导的数据信息，是安全大数据的一部分，也包含在大数据中，所以安全证据具有大数据的部分特征。循证安全管理的核心内容就是从大数据中提取出有用的安全证据，并从安全证据中进一步选出最佳安全证据来辅助安全决策。

由于大数据体量巨大，要想从巨量数据中找到有效的循证安全决策数据，就需要对安全大数据和安全证据进行分级。通过信息检索与分级，安全证据将按照其自身属性分成不同的证据级别：原始数据、数据概要、数据研究、安全证据以及安全证据系统。

（1）原始数据：是指未经处理过的原始信息，包含设备信息、安全状态信息以及行业内实时获得的安全信息等。这种原始数据的有效度和可利用率较低，且体量巨大，属于安全大数据的一个部分，需要进一步研究才能利用。

（2）数据概要：是指通过计算机或人工初步分析之后得到的相关数据，得到的数据概要应是按照行业或其他标准进行了初步划分，对生产研究具有一定的指导作用，但可利用度仍然很低，如各种事故案例、行业标准、操作规程等。

（3）数据研究：是指通过人工或智能软件分析的安全信息数据。数据研究成果一般具有一定的规范性特点，且针对的行业或领域比较具体，能为行业决策提供比较清晰的指导，如相关的设计图、专项应急救援预案等，但这种研究成果往往具有一定的行业局限性。

（4）安全证据：是指通过系统总结和归纳，对循证安全决策有指导性意义的证据。通过获得的安全证据即可以进行相应的安全决策，且不会产生大的决策失误。从安全证据中能够提取最佳安全证据，利用最佳安全证据可进行循证安全决策。

（5）安全证据系统：安全证据系统是多方面安全证据的集合，具有完备的安全证据信息，对循证安全决策具有决定性作用。从安全证据体系能够获取最佳安全证据的概率将比单一的安全证据的概率大，换言之，安全证据体系是所有相关安全证据的综合体，是提取最佳安全证据的最佳数据来源。

5.8.2 基于大数据的循证安全管理模型

1. 模型提出

大数据循证安全管理将使安全决策从经验驱动走向数据量化驱动，从大数据中分类出安全大数据，进而提取安全证据，其需要先进的技术，更离不开理论的支撑。为使大数据方法与循证安全管理紧密结合，需要建立大数据视域下的循证安全管理模型。循证安全决策是循证安全管理的重要内容，循证安全决策的第一任务就是寻找能够产生正向安全效果的安全证据。大数据视域下的循证安全管理模型从大数据中获得安全证据的具体理论与技术方法。由于大数据体量巨大，通过大数据方法获得的安全证据应是充分且有效的。基于大数据的循证安全管理模型如图5-26所示。

模型从信息流的角度出发，以循证相关理论为基础，表征安全证据从大数据中的产生过程，界定了安全证据的级别，给出动态安全决策以及安全效果的反馈评价等内容。

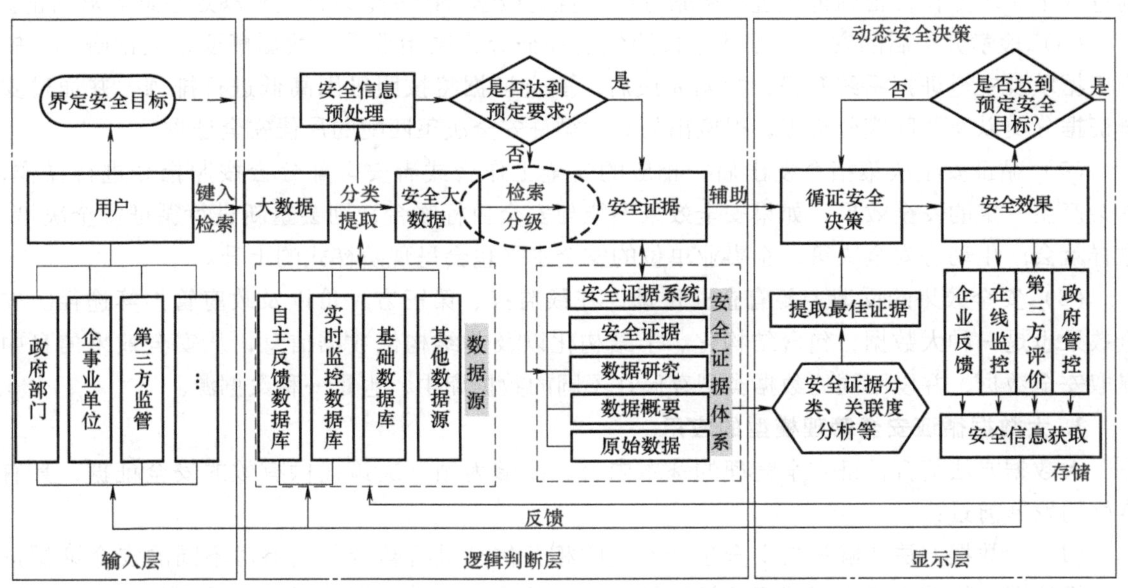

图5-26 基于大数据的循证安全管理模型（闪顺章等，2018）

2. 模型内涵解析

图5-26详细显示了基于大数据的循证安全管理模型，大数据方法能够在循证安全管理体系中良好运用，此时的循证安全管理与数据信息密切相关，循证安全决策主要分成三个层次：输入层、逻辑判断层以及显示层，模型的具体内涵如下：

（1）输入层，又叫用户层，是循证安全管理的信息入口，其主要代表有政府部门、企事业单位以及第三方监管单位等。用户层的个人信息是包含在整个循证安全管理体系中的，当用户需要做出决策时，只需要通过键入检索的方式向云平台发出请求即可获得相关决策依据，是整个体系的指令发出者。

（2）逻辑判断层是整个循证安全管理体系中最为重要，也是最为复杂的环节。逻辑判断层包含安全大数据检索分级、安全大数据存储、安全大数据采集与监管等功能，是循证安全管理体系的心脏，能够根据指令做出相关的判断，并进行相应的操作，是指令接收者和处理者。

（3）显示层是指在采取相关措施之后所能达到的效果显示。显示层也可以理解为执行层，即当决策指令下达后，根据指令采取相应的循证安全决策，并采取相关安全措施，达到的安全效果将以数据形式显示，通过逻辑判断安全效果是否与预期目标相合，并决定是否采取进一步优化措施以达到动态安全决策的效果。

（4）安全证据来源于大数据，安全大数据的数据来源有自主反馈数据库、实时监控数据库、基础数据库以及其他数据源等形式。各个数据库中的数据信息既包含其本身含有的信息，又可以通过用户反馈收集并存储，如在一次循证安全决策完成之后，其决策过程以及安全效果会通过信息反馈的方式存储到基础数据库中，并可以给下次决策过程调用。

（5）安全证据的检索过程是分多次进行的，首先对大数据进行分类提取，对安全大数据进行安全信息预处理，并进一步检索分级，通过逻辑判断安全证据是否符合要求，符合要求则进入下一步操作，否则再次进行检索分级，直到检索后的安全证据能够满足检索需求为止。

（6）检索分级后的安全证据体系按照级别高低分为原始数据、数据概要、数据研究、安全证据以及安全证据系统五级，检索完成后，安全证据将按照级别高低进行排列，并通过安全证据分类以及关联度分析等，提取出与具体循证安全决策匹配的最佳安全证据。

（7）循证安全决策指令发出后，相应的安全工作者或者安全部分会按照指令进行操作，并会产生一定的安全效果，如果安全效果不能与安全目标吻合，则会重新进行循证安全决策，这样就会产生动态安全决策，企事业单位的安全水平也会呈现阶梯式的上升。

（8）安全效果的反馈主要有企业反馈、在线监控、第三方评价以及政府管控等途径。安全效果也是一种大数据，包含结构化、半结构化以及非结构化数据信息，从安全效果信息中提取安全数据，并以不同的数据类型存储在不同的数据库中，也是一种数据源。

3. 大数据循证安全管理模型的应用

大数据方法契合循证安全管理的基本内容，能够为循证决策提供有效的安全证据，具有良好的发展前景：

（1）大数据方法能够将与安全生产有关的相关信息进行整合，能够对不同的安全证据进行分级处理，能够实现为不同行业提取关键信息的作用，大大提升了信息处理的效率，缩短了搜寻数据的时间。

（2）转向云计算将成为大数据时代发展的必然趋势，循证安全管理平台的建设可以实现不同行业的信息互联，能够实现多种信息的有效共享，从某种程度上来讲，循证安全管理云平台也是一种大数据共建、共享平台。

（3）大数据方法可推动动态安全决策，企业将会通过大数据循证安全管理云平台不断更正企业安全隐患，通过不断整改，企业的整体安全水平将会呈现阶梯式增长的变化。同时，大数据利用以及安全证据获取的便捷性将会大大提升安全管理的效率，减小企业投入的成本。

（4）大数据方法还将企业的安全决策过程可视化、公开化、透明化，安全决策不再仅仅依赖少数人的经验，这将大大提升安全管理的力度，并能为政府安全监管提供便利。

基于大数据的循证安全管理模型是比较新颖的安全管理模式，基于大数据的技术手段也是未来安全管理的重要技术力量。

本章思考题

1. 一个有内涵的理论安全模型主要有哪些方面的价值？
2. 安全模型的建模途径主要有几种？
3. 试枚举一种安全模型，并说明其建模程式。
4. 安全系统模型的常见组分有哪些？
5. 结合一个熟悉的场景，试将3MS-5MEIC模型用于构建该场景的具体模型。
6. 为什么说图5-13可以表达出安全科学与工程的学科体系？
7. 参考图5-13的内涵，讨论各要素之间的对保障系统安全的直接作用。
8. 为什么说由图5-14可以构建出新的安全管理知识体系？
9. 基于图5-14的行为安全管理与基于事故预防的安全管理有什么主要差别？
10. 为什么说图5-17的安全信息认知模型具有通用性？
11. 根据图5-17的安全信息认知通用模型，讨论出现信息不对称或信息失真时可能导致的安全问题。
12. 试运用图5-17分析一个具体的信息认知故障场景和导致发生事故的过程，并归纳其应用步骤。
13. 为什么安全信息与安全行为总是互为关联的？
14. 参考图5-19的SI-SB系统安全模型，分析某一具体组织场景的安全信息与安全行为互动过程。
15. 系统安全信息缺失的主要原因有哪些？
16. 安全教育的基本要素有哪些？
17. 为什么说研究信息传播机理对提升安全教育效果具有重要意义？
18. 试解释基于大数据的循证安全管理方法的内涵。
19. 试展望大数据技术与安全管理创新的关系。
20. 请查阅有关资料，列举几个本教材以外的理论安全模型，并讨论其意义。
21. 试构建一个新的理论安全模型并撰写一篇相关学术论文。
22. 试讨论和比较事故致因模型、风险管理模型和理论安全模型三者之间的区别和联系。

第6章 安全人因科学原理

【本章导读】

本章介绍安全人因科学原理不涉及医学或生命科学领域所研究的生命、生死问题，而是关于人因与安全之间的关联性及其规律的问题。安全人因科学是安全科学与人因学的交叉学科，主要研究人性、安全态度、安全情感、人体参数、运动特征规律、心理和生理及其与环境的相互作用等现象，以及对人的安全状态造成的影响，以顺应人的生命规律、保障人的安全、实现人的健康和舒适为根本目标。安全人因科学涉及人类学、心理学、医学、认知学等学科，这些学科有大量的知识可以用于安全科学的领域，尚待安全科技工作者去不断挖掘。本章介绍的安全人因科学原理，客观地说仅仅是一些重要的例子而已。

6.1 安全人性原理

6.1.1 安全人性的特征及要素

1. 安全人性的特征

在安全系统中，人既是主体也是客体，不管设备多么坚不可摧，防御流程多么高效严密，最薄弱、最易被入侵的环节和最易产生失误的是人。因此，以人为本是安全科学的重要指导思想。在以往以人为本的研究中，将安全心理、安全生理、安全生物力学、人体参数等作为研究的主要对象，却忽略了对人类的心理及行为有潜移默化影响的安全人性的研究。

安全人性不同于一般的理工学科，可以通过实验验证和数据测量等客观方法来获取事物的一般规律，揭示其蕴含的本质。而人性是人类天然具备的基本精神属性，是难以进行客观衡量的主观存在。人性论是传统伦理学说的重要理论基础，是对人自身本质的认识。人性的理论抽象只有上升为理论具体才是深刻和全面的，才能有效指导并解决人和社会中的实际问题。因此，对安全人性的研究，有利于从人性本质上解释人的不安全行为，并进一步提高人的安全状态。安全人性具有的一大特性是主观性，对于这种看不见、摸不到、主观性极强的学科，如何有效切入并深刻研究，是安全学科建设及发展的一大难题。

安全人性、安全心理、安全行为三者是呈动态关联的，人的后天心理及行为都是在安全人性基础上发展而来的，并受其影响。安全人性具有以下特性：①先天遗传性。安全人性具有先天性。安全人性指导着人的安全行为，安全人性的遗传性也决定了安全心理和行为具有一定的遗传性。②后天可塑性。安全人性具有后天可塑性，主要体现为后天培养方面，如安全技能培养、安全知识培养、安全观念培养。③复杂性。安全人性是复杂的，后天的安全人性受思维、情感、意志等心理活动的支配，同时受道德观、人生观和世界观的影响。

安全人性的先天遗传性是无法改变的，而后天的塑造与改变对于人类的发展具有更加实际的研究价值，现阶段主要聚焦于后天可塑的安全人性。安全人性与安全心理、安全行为以及周边环境、物质等的动态关联。

安全人性的基本原理就是通过对人性的基本特征规律及其对人的行为影响的研究，获得的普适性规律，设计符合人性需求的生活、生产环境和制度等，以实现人身安全。

2. 安全人性的核心要素

安全人性由安全价值取向、生理安全欲、安全责任心、惰性、工作安全满意度、随意性、疲劳等多种要素构成，这些要素综合指导着劳动人员的安全行为。安全人性要素可分为正要素、中性要素和负要素。其中，正要素即促进安全行为的要素，如生理安全欲、安全责任心等；中性要素既可能会促进安全行为也有可能会抑制安全行为，如工作安全满意度等；负要素是指引起人们不安全行为的要素，如惰性、疲劳等（周欢和吴超，2014）。

下面以生理安全欲、工作安全满意度和疲劳三个要素为例加以说明。

（1）生理安全欲。生理安全欲是安全人性的第一大要素，可表述为维持自身的生命所产生的欲望，如食物、住所、衣着等。生理安全欲随着社会的发展、人类安全意识的提高，有不同的表现形式。在人类历史发展和安全科学发展的初始阶段，由于安全知识不足，人们对于外来伤害只能被动接受。此时，人类生理安全欲的追求主要是生存和繁衍。经过一段时间的经验积累，人类掌握了抵御外界伤害的基本技能。此时，人类的生理安全欲发展为对身体安全要求，即避免外界的不安全因素对劳动者造成生理伤害。随着安全科学技术的发展，人们不再轻易受到伤害，将生理安全欲提升为保证生理健康，对医疗水平、工作环境等有了更高要求。由于社会和安全技术的高度发展，人类的生理安全欲的内涵发生质变，追求优质安全生活成为主要内容。

（2）工作安全满意度。心理动力理论认为，事故是一种无意识的希望或愿望的结果，所以增强工作安全满意度对于实现安全作业有指导性意义。工作安全满意度可分为两个层次：安全硬件满意度和安全软件满意度。安全硬件满意度与工艺设计、设备安全防护、原料的危险度等相关；安全软件满意度与公司安全政策、安全文化、安全培训等相关。当工作安全满意度较低时，安全人性中的责任心和进取心就会收缩，造成安全人性失衡，进而引发事故。劳动者不仅有安全硬件需要，而且有高级的安全软件需要。其中，安全硬件满意度是工作安全满意度的基础，是安全软件满意度的前提，但其无法起到激励作用；安全软件满意度实现了劳动方式从消极被动到积极主动的本质改变；仅增加安全硬件满意度，并不能使劳动者感到满意，只有满足安全软件满意度，才能让劳动者感到满意，从而促进其责任心、生理安全欲等安全人性正要素的发展。

（3）疲劳。疲劳是导致事故的主要原因之一，其存在两方面的含义：一方面是指个人的生理疲劳与心理疲劳。生理疲劳是由人体短期的高强度活动或连续不断的活动引起的；心理疲劳主要是由情绪抑郁、精神压力造成的。生理疲劳与心理疲劳会降低劳动人员的感知、信息处理以及操作能力，从而引发事故。另一方面是指群体安全人性的疲劳，如果一个群体的安全制度明确、完整，安全设备完善，工作人员的安全素质较高，接受定期、不同层次的培训，有良好的安全文化，个人的安全不安全行为减少，即出现安全人性疲劳的周期长；反之，如果一个群体的安全制度不完整，安全设施欠缺，教育培训不重视，那么这个群体安全人性疲劳极限值较小，在这种情况下，易造成恶性循环。

6.1.2 安全人性的基本规律

根据安全人性的研究内容及研究目的，结合安全科学及人性学文献资料，本节归纳出以下安全人性的基本规律（周欢和吴超，2014）。

1. 追求安全生存优越原理

追求安全生存优越原理，即人总是追求更好的安全环境。马斯洛需求层次论认为：人的需求是由低层次向高层次发展的，当较低层次的需求被满足之后，其上一级需求将转化为强势需要；安全人性需求也是逐级上升的，并提出了安全生存优越层次，可表述为：由上至下分别是生理安全、器物安全、人-机安全、人本型安全、本质安全五个层次，具体如图6-1所示。

由图6-1可知，经济与科学技术是安全需求发展的基础。经济的发展、科学的进步促使人们对于安全需求层次的上升，也使安全人性需求的满足得到保障。当某些低层次的安全需求得到满足以后，其对应的上一级安全需求将被激活，表现为沿经济与科技基础平台向上发展。同时，安全生存优越层次中各层次存在反馈，当达到某高层次时，同样需要继续满足其较低层次的安全需求。各安全需求层次的含义如下所述：

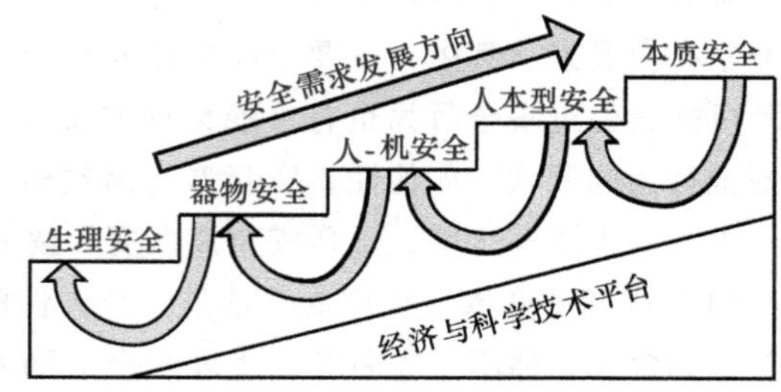

图6-1 安全生存优越层次

（1）“生理安全”是指维持个体生命所必需的安全需求。在该层次，个体对所处领域的安全认知程度低下，缺乏基本的安全自护知识、技能及意识，对危险本能地予以抗争。该层次是安全需求的基础阶段。

（2）“器物安全”是指为实现机的安全所产生的安全需求。在该层次，人类对所处领域的安全有了初步的认识。依据在安全活动中积累的经验，改善机的安全状况，实现机的相对、暂时的安全。该层次对于安全技术的发展，减少或控制伤亡事故、财产损失具有重要作用。

（3）“人-机安全”是指为实现人机匹配的安全需求。在该层次，提出了改善人与机的关系的要求，使之实现协调、匹配。该层次对避免、减少或控制伤亡事故、财产损失，提高安全效率具有指导性作用。

（4）“人本型安全”是指为实现人的身心安全与健康的安全需求。在该层次，以人为本的理念引导着人类的安全生命观、安全科技能力以及安全行为的发展。该层次为保障人们的身心健康、激发生产的积极性起到巨大的推动作用。

（5）“本质安全”是指为实现安全人性自由的安全需求。在该层次中，个体以事物自身特性、规律为基础，通过消除或减少工艺、设备中存在的危险物质或操作的数量，避免危险而非控制危险。本质安全是“追求安全生存优越”的最高层次，是个体不断追求的目标。

2. 安全人性平衡原理

安全人性是由生理安全欲、安全责任心、安全价值取向、工作满意度、惰性、疲劳、随意性等多种要素构成的。诸要素之间是相互矛盾、又相互平衡的，这些因素的综合与时间的关系可以抽象为安全人性平衡模型，如图6-2所示。

如图6-2所示，当安全人性处在正半轴时，为安全人性状态；其振幅越大，该个体或群体越安全。当安全人性处在时间轴时，为平衡态。当安全人性处于负半轴时，为事故多发人性状态；其振幅越大，该个体或群体失衡程度越严重，就越容易发生事故；其中，OA 区为轻度失衡区，A 点以下为严重失衡区。

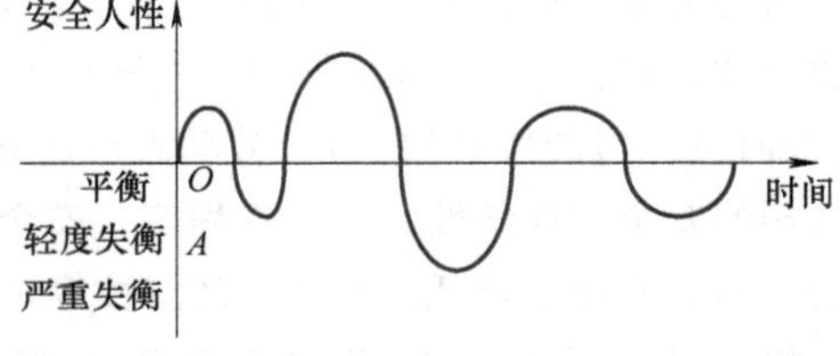

图6-2　安全人性平衡模型

（1）安全人性轻度失衡状态。安全人性轻度失衡是个体或群体中某个或某些安全人性负要素取得一定优势。例如，当惰性在安全人性中占一定优势，且其他安全人性正要素如责任心、义务感等未适度扩张时，个体或群体就会出现安全人性轻度失衡。人类安全活动中可能经常发生安全人性轻度失衡，之所以能够从中恢复过来，一方面，依赖于安全人性诸要素之间的自动调节机制；另一方面，得益于安全制度、安全检查以及同事之间的相互监督。人类在安全活动中总是经历着“安全人性轻度失衡→安全人性总体平衡→安全人性轻度失衡→安全人性总体平衡”这样一个反复的过程。

（2）安全人性严重失衡状态。安全人性严重失衡是指在个体或群体安全人性中的某个或某些负要素处于完全主导地位。严重失衡分为两种情况：①个体或群体在面对突发安全事件时，其安全人性诸要素发生重组，安全人性负要素迅速取得绝对优势；②个体或群体由于其生长环境、受教育程度等因素的影响，其安全人性负要素在安全人性组合中长期处于优势地位。安全人性严重失衡比较难恢复，所以安全人工作的首选是避免出现安全人性失衡，其次是避免轻度失衡发展为严重失衡，最后才是避免安全人性严重失衡引发事故。

（3）安全人性失衡运动模式。安全人性由总体平衡进入失衡状态，包括轻度失衡与严重失衡两种情况。如图6-3所示，安全人性失衡运动模式大致为：安全工作者受到刺激未及时调节进入轻度失衡状态，刺激的强度过大也有可能直接进入严重失衡状态；轻度失衡状态未及时调节，状态恶化，进入严重失衡状态；进入严重失衡状态时如果调节不力就容易引发事故。一般情况下，个体或群体的安全人性易从平衡发展为失衡，而从安全人性失衡恢复到安全人性平衡则较难。个体或群体受到的刺激多种多样，一般可分为两类：①自身机体的刺激，如眩晕、过度疲劳、酒精、药物的作用等。其受一定的年龄、生理等特点的制约。②外部的刺激，它是通过感觉器官感受到的，是工作环境中各种安全事件在人脑中的反映，如起火、设备运行不正常等。

（4）安全人性失衡浴盆曲线。参考失效浴盆曲线提出安全人性失衡浴盆曲线，如图6-4所示。人性失衡浴盆曲线是指劳动者从进入一个公司到离开该公司为止的整个周期内，安全人性平衡状态呈现一定的规律。详细表述如下。劳动者的工作周期可简单分为三个阶段，即早期失衡期，偶然失衡期和晚期失衡期。在早期失衡期（劳动人员刚入职时期），工作环境发生改变，劳动人员要

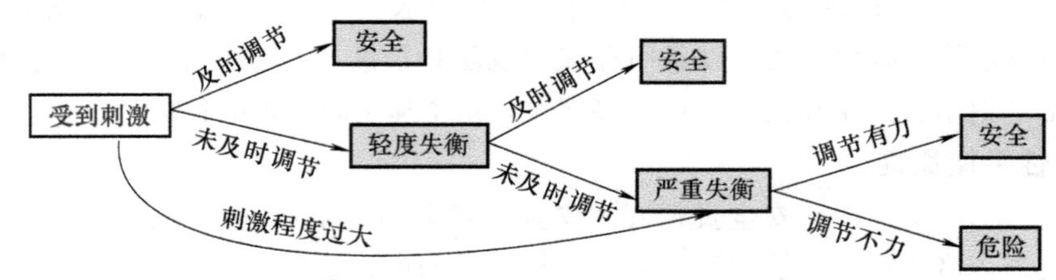

图 6-3　安全人性失衡运动模式（周欢和吴超，2014）

建立新的人际交往关系，适应新的安全工作环境。此时，对公司的归属感较低，环境变化有可能造成事故，即在工作初期易发生安全人性失衡，其失衡率随时间推移逐渐下降。在偶然失衡期（这段时间一般能维持较长），劳动人员建立起稳定的交际圈和对公司的归属感，能有效理解并遵守公司的安全管理制度、安全规程等，安全人性失衡率较低。在晚期失衡期（一般在离职之前），劳动人员的责任心降低，惰性、随意性等负要素占主导从而造成安全人性失衡率增加。

根据以上分析，加强安全管理注意以下两点：①在员工刚入职时，注重对新员工的教育培训，加快员工对公司安全制度、操作规程的熟悉进程，同时通过正式与非正式沟通增强员工之间的交流；②在员工即将离职时，做好监督工作，保证交接工作的安全进行。

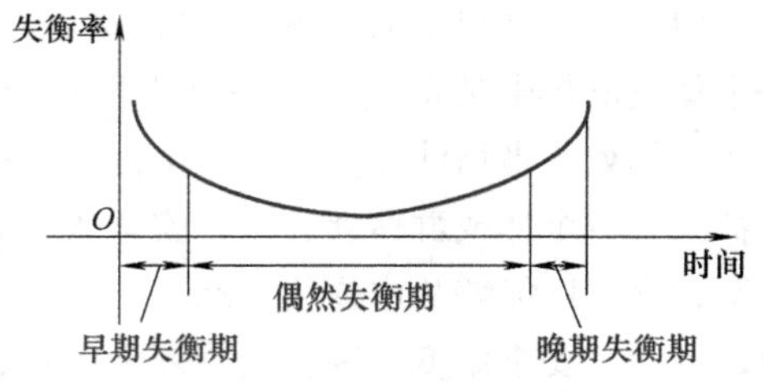

图 6-4　安全人性失衡浴盆曲线

因社会环境、安全文化的制约及个体安全修养的差异，在不同的地点、时期，安全人性各要素叠加可能出现三种不同的结果：①可以趋于平衡稳定；②可以上升为安全人（时间轴上部）；③也可以下降变为事故多发人（时间轴下部）。安全人性随着时间发展，沿着平衡轴线上下波动，但总趋势上，安全人性的运动变化是平衡的。

安全人性平衡规律如下：①安全人性是一个整体，任何要素都不可缺失；②安全人性要素的发展受到限制；一方面，安全人性某些要素的扩张要受到其他安全人性要素的限制，例如，责任心对好胜心的限制；另一方面，安全人性要素发展受到社会的安全法律制度、公司的安全管理制度等的限制；③安全人性某要素的发展或减弱，必须伴随着其他要素相应的发展或减弱，才能保证安全人性整体平衡。例如：好胜心的扩张必须以责任心、义务感等要素的相应扩张为条件，如果有很强的好胜心却没有相应的责任心、义务感，那么有可能会引发决策上的失误从而造成事故。

3. 安全人性层次原理

根据群体观，从人文主义的角度，把安全人性分为两个层次：个体性和群体性。两个层次之间相互依存、相互制约、相互平衡，而且同时展开、缺一不可。

个体性与群体性层次的含义如下：①安全人性的个体性是指每一个完善的人都具有独特的安全个性。个体性主要体现在以下两方面：一方面，任何一个完善的人类个体都具有生理安全欲、安全责任心、安全价值取向等；另一方面，个体之间因所处的安全文化背景、个人性格等方面的差异，使得安全人性诸要素的组合形式、运动形态、表现程度会有区别。②安全人性的群体性是指两个或多个人有目的地结合在一起所具有的安全人性。群体性主要有两方面的含义：一方面，群体具有安全人性的任何一个要素，而且一个群体的安全人性容易受到其他群体的安全人性的影响；另一方面，群体经济政治环境、安全文化的重视程度、安全培训的强度等的独特性，决定了安全人性诸要素组合形式的独特性。

对层次原理的内涵可以从以下两个方面解释：①牺牲群体的安全，过分追求个人安全，也会造成自己的不安全；反过来，实现了群体安全，也就实现了个人安全，即人人需要安全、安全需要人人；②个体安全是群体安全的保障，群体安全是安全工作的追求。

4. 安全人性双轨原理

有专家指出，基因决定人性，但基因在进化过程中又受环境的影响。安全人性双轨原理包含安全人性发展的双轨性和安全人员对安全人性态度的双轨性两方面。

安全人性发展的双轨性是指在人的发展过程中，安全人性的发展是双轨运行的，一条轨道是先天遗传，另一条轨道是后天培养。在对安全人性进行研究时，要坚持先天和后天相结合的研究方法：①安全人性的先天遗传是指安全人性具有“遗传性”。安全人性指导着人们的安全行为，所以安全人性的先天遗传性决定了安全行为具有先天遗传性。②安全人性的后天培养是指安全人性具有后天“可塑性”。安全人性的后天培养主要有三种方式，即安全技能培养、安全教育培养、安全管理培养。从以人为本的观点出发，后天培养不仅要实现安全人性的积极要素的发展，而且要为劳动人员提供舒适的工作环境。基于此，安全技能培养是安全工作人员的首选，其次是安全教育培养，最后才是安全管理培养。

基于安全人性发展的双轨性，安全工作人员对安全人性的态度也应是双轨的，一条轨道是利用安全人性，另一条轨道是改造安全人性。从社会经济发展角度看，依循人性、利用人性，则成本较低、效果更好；通过改造人性来实现社会经济发展，则成本较高、效果较差。因此，在安全工作中，主张利用安全人性为主，改造安全人性为辅，同时值得注意的是，对安全人性的改造必须建立在尊重安全人性的基础上。

5. 安全人性回避原理

人有一种最基本的感觉：驱乐避苦。基于此可提出安全人性回避原理，即人们趋向安全、回避危险、避死减伤的原理。该原理兼具消极意义与积极意义。

（1）安全人性回避原理的积极意义即对于危险采用积极应对的方式。它包含两方面的内容：①当人们认定某一领域存在危险时，趋向安全、回避危险的安全人性，促使人们通过各种方法积极探索、解决该领域的安全问题，这是安全科学发展甚至社会发展的动力之源。②安全人性回避原理有着更深层的含义。当发现危险不能正面应对时，安全人性会引导人们采用迂回的方式。如对洪灾的防治，基于人类的科技水平采用直接抵抗作用不大，只有采用迂回的方式，即对水道的疏通、引流。这一理论观点是实现安全的重要途径。

（2）安全人性回避原理的消极意义即对于危险采取直接躲避的方式。当人们认定某一领域存在危险时，会直接放弃对该领域的探索，使得在面对该领域的危险时无能为力。这对于安全科学发展极其不利。积极意义与消极意义之间的逻辑关系可用安全人性回避原理事件树来描述，如图6-5所示。

（3）安全人性回避原理的消极意义和积极意义之间的关系如下：①它们是相互矛盾、相互制约、相互联系的。②两者在一定条件下可以相互转化。当安全科技、经济水平以及对该领域的重视达到一定的程度时，安全人性回避的积极方面将占主导地位，进而推动对该领域安全的探索。③当积极方面占主导地位，但安全科技、经济水平又达不到一定高度时，采用迂回的方式解决安全问题是一条重要的途径。

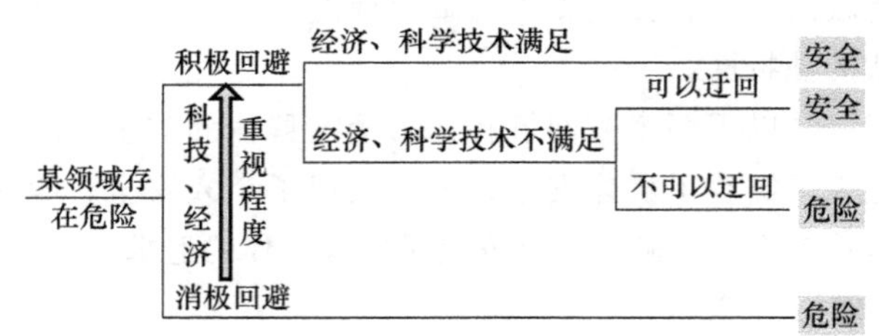

图 6-5　安全人性回避原理事件树

6. 安全人性的多面性和多样性原理

人性是自然性与社会性的统一，人性的自然属性包括占有性、竞争性、劳动性、食弱性、欺骗性、报复性、自卫性、好奇性、模仿性、从属性等，而人性的社会属性则包括信仰性、阶级性、法控性、道德性、献身性等。由于人性构成因素的多样性，导致每一个人都是一个独一无二的个体，每个人的形态、智力、生理、心理等均有差异，这就是人性的多样性。同时，由于人类社会的复杂性，使得一个人会同时处于多个系统中，面对不同的社会系统时，会有不同的人性显现，这就是人性的多面性。

同理，人员的安全人性也具有多样性及多面性。在不同的环境下，人对于危险的处理能力是不同的。相同的环境，不同时间，面对相同的风险处置，人也会呈现不同的应激性。不同时间、空间、环境、压力、氛围、刺激等表现出来的安全人性经常变化和波动，有时可能判若两人。了解了安全人性的这一特性，在安全管理及培训中，要充分尊重安全人性的多面性并允许安全人性多样性的存在。并且，充分利用安全人性的这一特性，发挥每个人在团队中不同的角色及作用，调动人员的积极性，取得“1+1>2”的团队效果。

7. 安全人性教训强度递增原理

事故和案件每天都会发生，但并不是所有的人都能从这些惨痛的事件中得到教训和启发。这种现象可以用安全人性教训强度增强原理来解释。例如，“事不关己，高高挂起”是人躲避危险、避免麻烦的惰性的表现形式之一。人从事件中得到教训的程度是不同的，由小到大为：别人的事件、别人的教训、别人的惨痛教训、自己的教训、自己的惨痛教训。

同时，事件的严重程度不同给人带来的教训也是不同的，如，长江游轮惨案 442 人死亡给人带来的教训比河南鲁山重大火灾 38 人死亡带来的教训更加惨痛、深刻。

8. 安全人性与利益的对立统一原理

对利益的追求是社会人的本性之一。出于对利益的追求，有些企业或个人，为获取更高的利益，会选择牺牲在安全措施、安全防护装置、人员安全培训等方面安全成本的支出，这可以理解为安全与利益的对立性。但是，如果增加安全投入，会相应地提高生产的安全性，避免不必要的人员伤亡和财产损失。因此，某种程度下，安全与利益又是统一的。

9. 安全人性淡忘原理

安全人性淡忘原理最明显的表现就是“好了伤疤忘了疼”。对于很多人来说，2015 年长江游轮“东方之星”惨案能记住的不多了，对于 2008 年汶川地震，又有多少人还记得。当面临灾害时深刻的痛感及危机感会随着时间的推移而淡化，而当初的那种面对危险后的醒悟和事后对于风险排除的信念也会渐渐减弱。图 6-6 是人对事故的记忆程度随时间变化的事故教训淡忘曲线，其中细实线表示初始记忆深度，虚线表示在没有事故刺激及其他的刺激形式下的记忆深度曲线，粗实线表示在不同刺激下的记忆曲线。

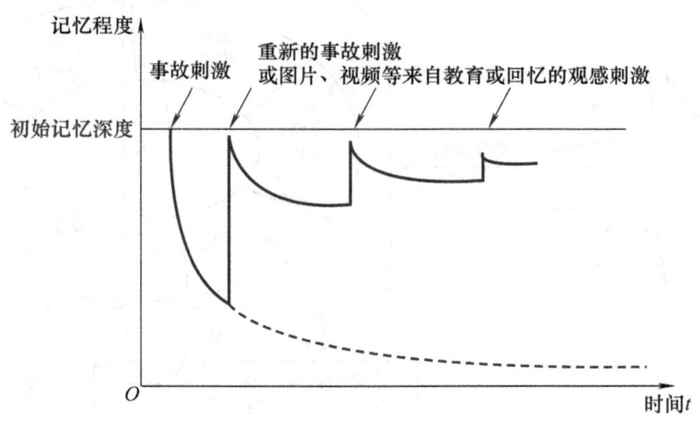

图 6-6 事故教训淡忘曲线（吴超和贾楠，2016）

由图 6-6 可知，在最初事故刺激后，如果有再次的事故刺激，相似的观感刺激或者是记忆点的反复回忆会使人重拾对于初次事故的记忆深度和接受教训的高度谨慎的心态。因此，在生产及生活中，企业或相关部门应采取相应措施，不断提醒人们可能面临的风险，增加群众自我保护意识以及对危险的危机感，时刻保持好的状态，以面对可能的突如其来的灾难。

10. 当下为安而逸的人性原理

惰性是人的本性之一，是不宜改变的落后习性。“当下为安而逸的人性”表达的是，在多数情况下，人们会将安全的状态作为想当然的理想状态，在还没有遇到可见的风险时，一般很少会有主动思考有哪些潜在风险的可能性，并采取措施来避免风险。这种安全惰性存在的原因是：人危机感过低，认为自己不会碰到危险。例如，长途客车上，尽管工作人员一再要求乘客系好安全带，但还是有很多乘客为了乘坐的舒适感而放弃使用安全带，这一行为反映的人性就是惰性，人会心存侥幸，认为自己不会真的遇到车祸等危险。面对这一现象，客运公司采取的措施是，播放相关车祸案例，并以实际数据来告知乘客安全带可在车祸中挽救 95% 的人员的生命。事实表明，在观看视频之后，绝大多数乘客自觉地系上了安全带。

在上述实例中，客运公司播放的车祸视频是正面的给予乘客危险事故的直观概念，打消了当下为安的惰性，提高人的危机意识，并自发地采取措施，进行风险的排除。该案例给予的启示是：在生产生活中，要正面、适时地予以人员危机感的提升，以减少由于“当下为安而逸的人性”带来的不必要的损失。

11. 安全感性先于理性原理

人在某种可能存在危险的环境中对于风险的判断，最开始往往是依据感性的直观判断，凭表象感知危险。对某种安全现象的判断，人会更加倾向于利用肉眼观察到的分析风险，这就是所谓的安全感性先于理性原理。但在现实中，理性的安全分析比感性的表象分析更具有指导意义，也是更加客观的。图 6-7 为风险感知判断感性先于理性原理模型。应针对该原理，对人员进行危险认知的理性的指导，可使人员能克服感性判断先于理性判断的缺陷，更加客观地评估可能面对的风险。

12. 忽视小概率事故的人性原理

面对小概率事件时，人会表现出侥幸心理和冒险心理，由于小概率事件发生的概率低，人在

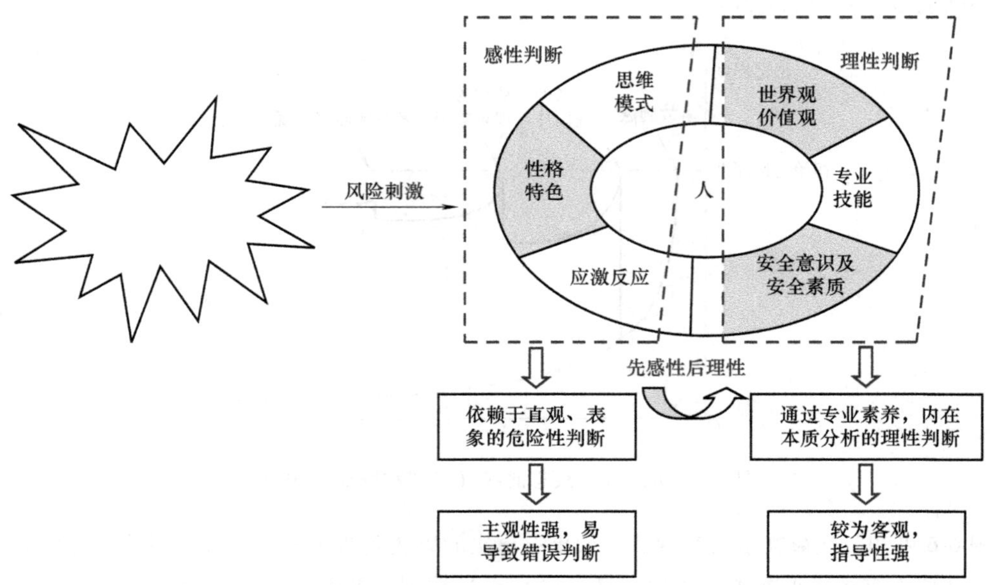

图 6-7　风险感知判断感性先于理性原理模型（吴超和贾楠，2016）

活动或工程操作时，会侥幸地认为自己不会遇到危险，从而忽略了必要的安全防护，进行心存侥幸的冒险行为。在实际工程中遇到小的事件时有人会做出“小事一桩”这样的结论论断，这体现的就是忽视小概率事件的人性特征。在安全生产中，最怕的就是这种忽视小概率事件的人性，多数事故的发生，都是操作人员没能正视看似小的安全隐患，从而引起事故的发生。因此，在对人员进行安全培训教育时，应针对这一安全人性特点，提高人员对于操作中看似不可能发生的事故的警觉性，建立人员“防微杜渐”的安全意识。

6.1.3　影响安全人性组合形态的主要因素

安全人性的组合形态取决于诸要素的相互作用，同时，安全个性、安全人性观、安全环境对安全人性的组合形态也至关重要。

1. 安全个性与安全人性的组合形态

安全个性是指个体基于一定的社会安全条件和生理素质，通过社会安全活动逐步形成的安全态度、习惯、性格与观念等。其有两方面的内容：①安全个性的形成与发展与先天遗传有一定关系，遗传是产生个体安全个性差异的生理基础；②社会安全环境、安全实践活动对安全个性的形成具有重要作用。

以安全个性中的安全性格为例，安全性格是表现在个体的安全态度和安全行为方面较稳定的心理特点，如面对安全问题时刚强、寡断、软弱等。对于安全性格刚强的个体，其安全人性中的生理安全欲会在大部分时间内占主导地位。这种人在遇到突发安全事件时安全人性失衡的时间较短，能迅速做出反应从而控制或减少事故损失。而安全性格软弱的人其惰性、随意性往往会占主导地位，在遇见突发安全事件时反应迟钝、易做出错误的反应，而且，在事故发生后不能很快走出事故的阴影。

2. 安全人性观对安全人性组合形态的影响

安全人性观对安全人性诸要素的运动与组合有重要影响。拥有正确安全人性观的人，能重视安全问题，遵守安全规章制度，并能正确处理工作中的安全问题，其安全人性大多数情况下处于安全人状态。而拥有错误安全人性观的人，则轻视安全在工作中的地位，不遵守安全规章制度，其安全人性在大多数情况下处于事故多发人的状态。

对安全人性观有影响的因素主要有社会舆论、人的价值、人员素质等：①社会舆论对安全事件的关注程度以及其对安全问题的剖析深度，将直接影响人们对于某些安全问题的认识、看法与重视程度；②在实际工作中，人的价值过低会造成经营者在安全-利益决策时，为换取更大的利益牺牲劳动者的安全；③人的素质，尤其是安全素质对安全人性观有很大影响，而政府有关部门官员、公司管理决策人员、设计人员的安全素质最为重要。

3. 安全环境对安全人性组合形态的影响

影响安全人性诸要素的运动形式与组合形态的外在环境主要有：法律的完善程度、总体管理水平、教育培训、学校教育、社会历史等。具体说明如下：①完善的安全法律法规体系，能遏制安全人性负要素的扩张、促进安全人性正要素的上升，实现安全生产。②安全人性管理是总体管理的重要子系统，其管理水平随着总体管理水平的提高而提高。③学校教育和培训能促进安全人性正要素的发展，从而引导劳动者发展为安全人。但教育培训的内容应与所从事的工作相符合，而且教育培训要保持阶段连续性。④社会历史的影响是指民族在其长期发展的过程中形成的各种传统的观念或模式（如民族传统、风俗习惯等）的影响，其对安全人性组合形式有重要作用。

4. 各因素之间的相互作用

安全个性、安全环境、安全人性观均通过各自的方式影响着安全人性，同时它们之间又相互联系、相互制约。应注意把安全个性、安全环境、安全人性观三者统一起来，不断调整、理顺它们之间的关系，使其发生良性互动，达到三者组合效果最优，从而实现安全人性各要素组合合理性最优。

各要素与安全人性的关系如图 6-8 所示，应从以下三个方面理解：

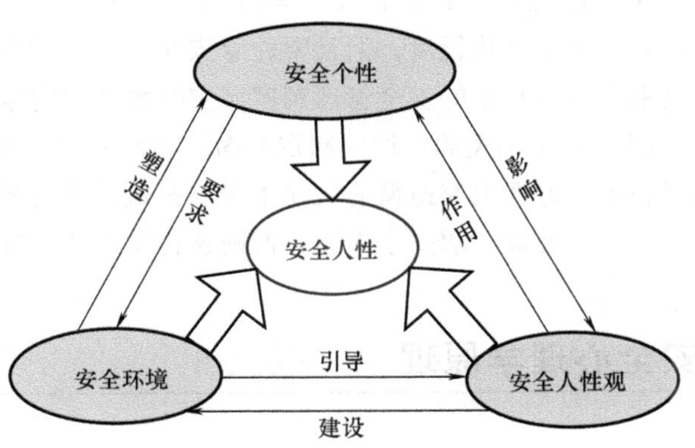

图 6-8 各要素与安全人性关系图

（1）安全个性与安全环境。每个个体都有其独特的安全个性，每种安全个性有其适宜安全环境，所以应针对不同安全个性建立适宜的安全环境，通过良好的安全环境塑造安全个性。例如：安全个性软弱的人，缺乏事故应对能力，应避免安排到第一线，并对其进行安全培训，增强其事故应对能力。

（2）安全个性与安全人性观。一方面，安全个性影响安全人性观的形成，例如，安全个性保守的个体，不愿学习并理解新的安全知识，那么就会造成落后的安全人性观；另一方面，安全人性观能反作用于安全个性，例如，正确认识到安全的重要性，积极学习安全操作规程，按照规程操作就会避免安全个性粗心造成的事故。

（3）安全环境与安全人性观。首先，安全环境引导着安全人性观的形成，例如，社会安全环境过度推崇舍己救人就会导致不会游泳的人为救溺水的人而死亡；其次，安全人性观辅助建设安全环境，例如，如果公司领导不重视安全，那么该公司的安全设备、规章、培训等安全环境就可能不完善。

6.1.4　安全人性学原理应用分析

将安全人性系统依时间维进行分析，可分为：安全人性规划、安全人性设计、安全人性践行、安全人性更新，这四个阶段是不断循环发展的。上述四个阶段的循环还有以下的要求：

首先，在安全人性规划时，应把握所处的安全人性需求层次，进行宏观决策，即关注追求安全生存优越理论；其次，在安全人性设计阶段，要促进安全人性的各层次的稳定和各要素之间的平衡，即安全人性层次原理和平衡原理；再者，在安全人性践行时，要注重先天遗传和后天培养的作用，避免对安全问题的消极回避，促进安全人性的积极回避，落实双轨和人性回避原理；最后，对于安全人性的更新，要认识到安全人性的需求层次是逐级上升的，即应用追求安全生存优越理论。安全人性学原理应用与安全人性系统流程如图6-9所示。

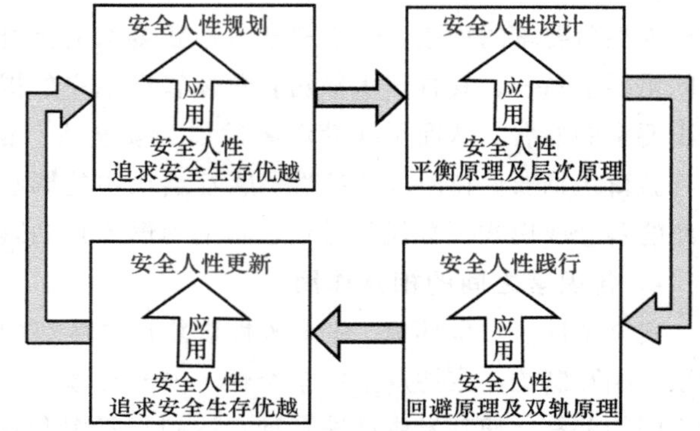

图6-9　安全人性学原理应用与安全人性系统流程

从安全人性的角度研究安全科学，对于安全科学的建设是极有价值的。安全人性学理论将在以下安全活动方面得到很好的应用。

（1）工业设计方面。通过对安全人性的研究，把握其运动规律，关注人-机接口问题。在工业设计时融入安全人性学的理念，实现系统安全中的超前预防，以提高人们在生产过程中的安全、健康程度，从而实现社会效益与经济效益、安全生产与生命价值的有机统一。

（2）安全预防管理方面。安全科学的发展不仅要通过新材料、新技术来提高物的可靠性及本质安全化程度，而且要注意安全管理方式的优化。只有掌握了安全人性的发展规律，才能有助于提出科学的安全管理制度、安全教育制度等，实现预防管理。

（3）安全相关的法律的制定方面。法治有两方面的含义，一方面是已成立的法律获得普遍的遵循，另一方面大家遵循的法律本身就是制定良好的法律。安全相关的法律要做到这两点就必须要正确、全面地了解安全人性，否则该将起不到应有的作用，甚至还会起负面作用。

6.2　安全心理学原理

本节从安全心理学原理的定义和内容出发，归纳安全心理学下属的五条重要原理和内涵，并总结出五条重要原理与心理学中人的五种心理现象的内在联系，构建五条重要安全心理学原理的车轮式体系结构（张文强和吴超，2017）。

6.2.1　安全心理学原理的定义及其内容

安全心理从简单意义上来说，就是人们在特定的环境中从事物质生产活动过程中所产生的一种特殊的心理活动。安全心理学是在心理学和安全科学的基础上，结合多种相关学科成果而形成的一门独立学科。它是一门应用心理学，也是一门新兴的边缘学科。安全心理学是应用心理学的原理和安全科学的理论，探讨人在劳动生产过程中各种与安全相关的心理现象，研究人对安全的认识，人的情感以及人与事故、职业病做斗争的意志。

安全心理学主要是研究人的心理现象与安全行为的关系的学科，安全心理学原理是通过研究人的行为特征和对各种事故的安全心理过程，并基于上述目标和过程获得的普适性基本规律。

人的心理是同物质相联系的，它起源于物质，是物质活动的结果。心理是人脑的机能，是客观现实的反映，是人脑的产物。人的心理现象是心理学研究的主要对象，它包括了既有区别而又紧密联系的心理过程和个性心理这两个方面。

根据人的心理现象的划分、安全心理学的定义以及安全心理学研究涉及的相关内容，提炼出五条重要原理，即环境适宜原理、情绪积极原理、知识教育原理、行为激励原理和职业适应原理。

1. 环境适宜原理

心理过程是人的心理活动的基本形式，是人脑对客观现实的反映过程。最基本的心理过程就是认识过程，它是人脑对客观事物的属性及其规律的反映，即人脑的信息加工活动过程。这一过程包括感觉、知觉、记忆、想象和思维等。人的行为是与人们对环境的认识相关联的，格式塔学派心理学家特别重视物理环境作为刺激物在感觉、知觉过程中的作用。

对环境的感知有视觉、听觉、嗅觉、味觉、皮肤感觉得到的触摸觉、压痛觉、振动觉和温度感觉等。物理环境的信息通过这些感觉通道传递到人的大脑，大脑把这些信息进行分析、综合、加工，因而产生了一系列的心理过程和相应的行为。能够感觉到的最小刺激强度到能够忍受的最大刺激强度的范围叫作感觉阈限，人的感觉阈限是有限的。感觉反映事物的个别属性，知觉是在个人知识和经验的影响下认识事物的整体。

在生产环境中，经常会有高温、辐射、噪声、振动、毒物、粉尘等职业性有害因素，可使人的感知觉机能下降，此外，生产环境中的其他物理环境因素（如通风、采光照明、色彩等），都直接或间接地影响人的心理状态和生理功能，从而影响人们作业的安全性、舒适性和工作效率。

充分考虑以上这些因素对安全心理影响，就是环境适宜原理。即在生产活动中，应创造适宜的生产环境和和谐的人机界面，减少职业性有害因素，消除其对心理的不良影响，以保证作业的安全性、舒适性和工作效率。

2. 情绪积极原理

人在认识客观事物时，决不会无动于衷，总会对客观事物采取一定的态度，并产生某种主观体验，这种认识客观事物时所产生的态度及体验，称为情绪和情感。任何情绪都是由客观现实引起的，当客观现实符合人的需要时就产生满意、愉快、热情等积极的情绪；相反，就产生不满意、郁闷、悲伤等消极的情绪。情绪对人们的动作效率、工作质量有重要的影响，关系到人的能力的发挥及身心健康。情绪影响着人对信息的接收、加工和反应过程。

从性质上来看，情绪有积极与消极之分。消极的情绪（恐惧、悲伤、失望、愤怒等）会使人变得急躁、轻浮，或反应迟钝、态度冷漠，从而容易出现怠工、脱岗，工作能力下降，判断失误，违章操作等现象。积极的情绪（愉快、兴奋等）对安全生产的影响则需结合情绪的强度进行考察。

按情绪的状态，也就是按情绪发生的速度、强度和持续时间的长短，可以把情绪划分为心境、激情和应激。心境是一种微弱、持久而又具有弥漫性的情绪状态，通常叫作心情。激情是一种强烈、爆发式、持续时间较短的情绪状态，这种情绪状态具有明显的生理反应和外部行为表现。在激情状态下，人往往出现“意识狭窄”现象，即认识活动的范围缩小，理智分析能力和自我控制能力减弱，甚至做出一些鲁莽的行为。应激是在出现意外事故或遇到危险情景时出现的高度紧张的情绪状态。多数情况下，应激会缩小人的认知范围，使人手足无措，陷于混乱之中。

安全心理学的情绪积极原理是指在生产过程中安全管理人员应采取措施，尽力满足职工的合理要求，以调动职工积极乐观的情绪，避免和防止产生消极的情绪、过度的激情与应激。

3. 知识教育原理

意志是有意识地确立目的，调节和支配行动，并通过克服困难和挫折，实现预定目的的心理过程。良好的意志品质有自觉性、果断性、坚韧性和自制性。为了出色地完成各种工作，人们应当重视个人意志力的培养和锻炼。

在安全生产活动中，意志对作业人员的行为起着重要的调节作用。一方面，意志促进人们为达到既定的安全生产目标而行动；另一方面，意志阻止和改变人们与企业目标相矛盾的行动。人的意志行动是后天获得的复杂的自觉行动，人的意志的调节作用总是在复杂困难的情况下才充分体现出来。

因此，为了加强安全生产活动中的良好意志品质的培养的锻炼，安全管理人员应该通过安全教育的方式从各个方面提高职工的思想素质、文化素养、技术素质和安全素质，这就是安全心理学的知识教育原理。

4. 行为激励原理

个性倾向性是指一个人所具有的意识倾向，也就是人对客观事物的稳定态度。它是人从事活动的基本动力，决定着人的行为方向，主要包括需要、动机、兴趣、理念、信念和世界观等。动机源于需要，是激发个体朝着一定目标活动，并维持这种活动的一种内在的心理活动或内部动力。动机和行为之间有着复杂的关系，同一行为可以由不同的动机引起，不同的活动也可以由相同的或相似的动机引起。动机和效果之间一般来说是一致的，即良好的动机会产生积极的效果，不良的动机会产生消极的结果。由于动机的不同，工作态度和效率是千差万别的。激励是指激发人的动机使其朝向所期望的目标前进的心理活动过程。

在安全生产中，企业通过将物质激励和精神激励结合起来，适时地应用多种形式的奖励方法，丰富激励的内容，满足职工的合理需要，以使职工处于最佳激励状态，从而达到充分调动职工的积极性、主动性和创造性的效果，这就是安全心理学的行为激励原理。

5. 职业适应原理

个性心理特征是一个人身上表现出来的本质、稳定的心理特点。能力、气质和性格统称为个性心理特征。

能力是顺利、有效地完成某种活动所必须具备的心理条件。按照能力的结构，可以把能力分为一般能力和特殊能力。一般能力即平常所说的智力，是指完成各种活动都必须具有的最基本的心理条件。特殊能力是指从事某种专业活动或某种特殊领域的活动时，所表现出来的那种能力。

气质是表现在心理活动的强度、速度和灵活性等动力特点方面的人格特征，性格则是表现在人对客观事物的态度，以及与这种态度相适应的行为方式上的人格特征。气质具有稳定性和可塑性。气质类型没有好坏之分，任何一种气质类型都有其积极的一面和消极的一面。在每一种气质的基础上都有可能发展起某些优良的品质或不良的品质。气质类型虽不决定一个人成就的高低，但能影响工作的效率、性格特征形成的难易程度以及对环境的适应和健康。

性格不同于气质，它受社会历史文化的影响，有明显的社会道德评价的意义，直接反映了一个人的道德风貌。在性格方面，事故倾向者与安全操作人员存在明显差异。其中，不成熟、攻击性、沮丧、冲动、犹豫不决等是事故倾向者的特点，而做事尽职、自信沉着、行为现实、力求稳妥是安全操作人员的重要品质。

职业适应性原理就是从安全生产的角度出发，在选择人员、分配工作任务时要综合考虑职工的个性心理特征，使职工与其职业合理、科学匹配，以提高工作效率、减少事故。

6.2.2 安全心理学原理体系结构与应用

安全心理学的五条重要原理以心理学为中心，以人的五种心理现象为支点，相互融合、渗透，由此可以绘出车轮式原理体系结构图（图6-10）。

通过分析人的认识过程提出了环境适宜的原理，但环境的好坏也影响着人的情感过程，现代实验心理学的研究结果表明，环境条件制约着人的情绪或情感，这是因为人的情绪或情感既依赖于认知，又能反过来作用于认知，这种反作用的影响既可以是积极的，也可以是消极的，也就是说，适宜的环境能够给人带来愉悦的心情，提高工作效率；糟糕的环境则会令人产生消极的情绪，从而易于导致不安全行为。

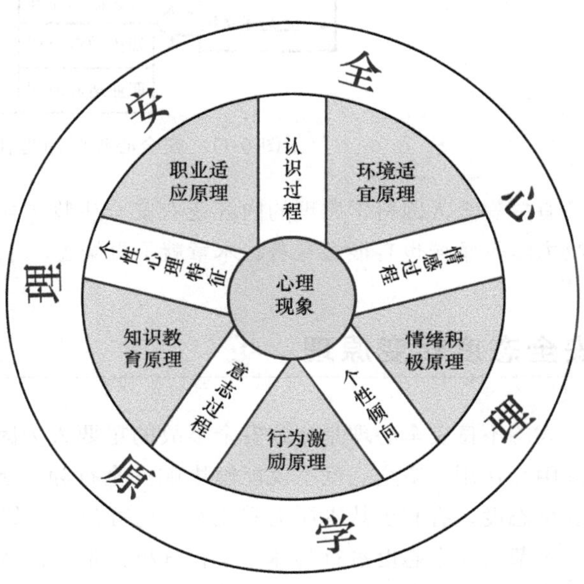

图6-10 安全心理学五条重要原理的体系结构

由情感过程提出的情绪积极原理同样对个性倾向有一定的作用。这是因为情绪也具有动机的作用，情绪和情感动力是人的需要。积极的情绪可以加深人们对安全生产重要性的认识，具有“增力作用”，能促发人的安全动机，采取积极的态度投入到企业的安全生产活动中去；而消极的情绪会使人带着厌恶的情感体验去看待企业的安全生产活动，具有“减力作用”，采取消极的态度，从而易于导致不安全行为。

行为激励原理是通过分析个性倾向对安全生产的作用得到的，安全管理人员可以通过行为激励原理，采取物质激励和精神激励相结合的方式来激发、培养和锻炼职工良好的意志品质。

由安全心理学下属的知识教育原理可知，良好的意志品质不仅可以通过激励的方式来激励、培养和锻炼，更主要的应该还是通过安全教育培训的方式。在教育过程中，要充分考虑到教育受众的个性心理特征，因材施教地开展安全教育，防止人为失误，使得安全心理学为预防事故服务。

职业适应不仅与个性心理特征有关，还与人的认知过程有关。这是因为职业适应包括心理和生理两方面。最典型的例子就是航空公司既要求飞行员要有良好的心理素质来应对各种突发状况，也对飞行员的视力等身体素质有着严格的要求。

总而言之，心理学的五种心理现象与安全心理学的五条核心原理是互相渗透、互相影响的。安全管理人员在应用过程中应该全方位考量，以期达到更高的安全目标。

任何一个生产系统都包括“人、机、环境”三个部分，只有从这三个系统内部及三个子系统之间的关系出发，才能真正解决系统的安全问题。安全心理学的五条重要原理符合安全系统工程的要求。其中，环境适宜原理讨论的是机器和环境两个子系统中的问题，强调机器与人的匹配和环境对人的影响。情绪积极原理、行为激励原理、知识教育原理和职业适应原理则强调了人子系统的重要性。这与系统工程中所说的“人在系统中是主要因素，起着主导作用，也是最难控制和最薄弱的环节”不谋而合。安全心理学原理在安全系统中的应用如图6-11所示。

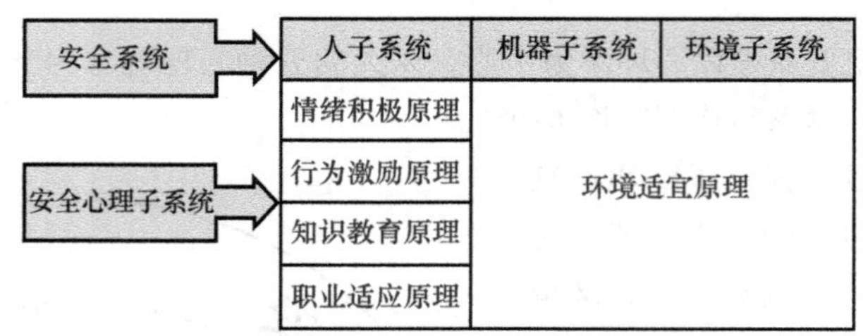

图6-11 安全心理学原理在安全系统中的应用

有关安全人因科学原理的内容还有安全生物力学原理等，由于这方面的内容在人机工程学和生物力学等领域也有很多专著，本章就不再阐述。

6.3 安全态度转变原理

人的不良安全心理是导致安全事故的重要人为因素之一。安全态度在风险感知和安全行为中起到中介作用。安全态度不仅能够影响安全行为，还能够显著关联安全绩效。因此，纠正人员的不安全态度，有利于从本质上避免不安全行为，达到预防事故的效果。

本节对安全态度进行具体定义，分析其形成过程，并从内部改变和外部作用两个方面阐述安全态度的改变过程。同时从信息传递的角度分析安全态度改变过程的主要组成因素，依据劝服者、安全信息、受众和周围环境四个方面，提出改变安全态度的具体措施（黄玺和吴超，2018）。

6.3.1 安全态度及其形成

1. 安全态度定义及内涵

心理学研究认为，态度是指个人对某一对象所持有的评价和行为倾向。个人不正确的态度是导致其不安全行为的重要原因。本节的安全态度是指人对所在社会组织中的不安全因素、安全状态及其保障措施所具有的认识、情感倾向和内隐的行为反应。安全态度的内涵结构框架如图6-12所示。

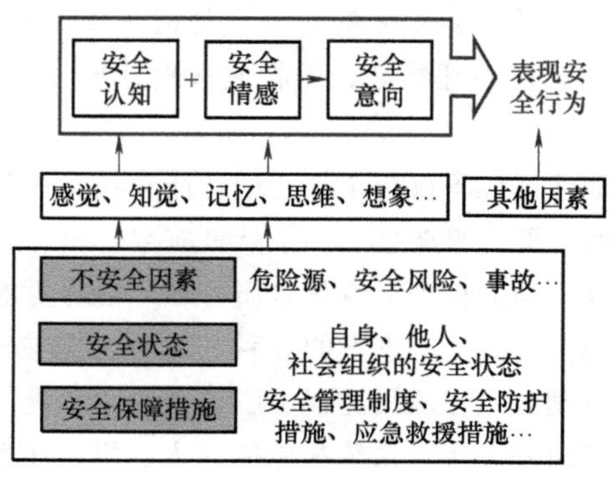

图6-12 安全态度的内涵结构框架

安全态度在内在结构上与一般态度类似：由安全认知、安全情感和安全意向三个心理成分组成。其中，安全认知成分是主体通过自身的感觉、知觉、记忆、思维、想象等对安全态度客体形成的知识、概念、意向或观念，充分了解是人对安全事物、安全现象形成稳定态度的前提，不具备一个清晰认识，则安全态度也会是模糊的、易变的；安全情感成分是在个体对安全态度客体所具有的某种情感反应，如喜爱或厌恶、重视或轻视、接受或拒绝、热情或冷漠等；安全意向成分是人对安全事物或现象的内隐行为倾向，它建立在安全认知和安全情感基础上，是其行为的准备状态。而个体是否会在某种安全意向下表现出相应的外显行为，还受其他因素的影响，如环境因素、社会准则、其他心理因素等。

图 6-12 中，个人持有安全态度，是安全态度的主体，安全态度研究中的主体不仅仅局限于安全生产组织或某些特定领域的人员，大到国家、小到社会团体，任何社会组织的人都属于安全态度的主体；安全态度作用的客体包括了不安全因素（危险源、安全风险、事故等）、安全状态（自身、他人乃至社会组织的安全状态）以及安全保障措施（安全管理制度、安全防护措施、应急救援措施等）；安全态度是一种内隐倾向性反应，是人接近或回避安全态度客体的隐性回应，人的安全态度只能通过生产劳动、生活、学习、人际交往等实践活动表现出来。

2. 安全态度的形成

心理学研究者认为，态度的形成既可能来源于先天遗传，又可能由后天习得。其中，受到行为遗传学的影响，心理学研究发现与先天智力、能力等密切相关的态度表现出了高度遗传性。基于后天习得的态度形成理论主要包括学习理论、价值-账户模型理论、诱因理论、接触效应和条件反射作用等。安全态度的形成同样兼具遗传因素和后天习得因素。比如，人出于本能而重视自身安全状态，这种安全态度大多情况下来自于先天遗传，而人对于某类危险源的安全态度，可能是通过受教育获得了某些类似于“该危险源失控会导致严重的事故损失”的认知信息，从而结合情感和评价结果而形成的，也可能是由于经历过由该类危险源引发的事故，受到了刺激而形成某种评价结果，继而形成安全态度。在后天习得的安全态度中，不论某种安全态度是基于何种信息形成的，其形成始终遵循安全认知→安全情感→安全意向的形成顺序，安全态度形成过程如图 6-13 所示。

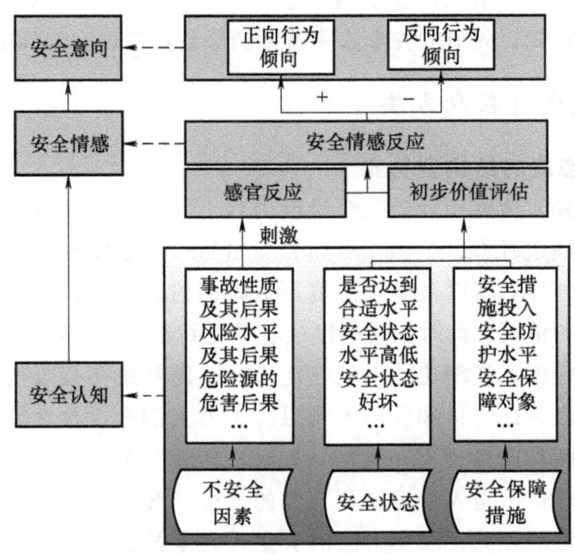

图 6-13　安全态度形成过程（黄玺和吴超，2018）

对不安全因素、安全状态和安全保障措施的认知是形成安全态度的基础。其中，对不安全因素的安全认知是通过受到刺激引起感官反应而产生的，而对后两者的安全认知则主要通过个体对态度客体的价值评估。感官反应和初步价值评估的结果均能促使个体产生安全情感，其中，正向的安全情感引发正向的行为倾向，负向的安全情感引发反向的行为倾向。

3. 安全态度的类型

基于不同的角度，安全态度有着不同的类型划分。本节从安全态度形成的信息来源的角度，将安全态度划分为情感型、认知型和记忆型安全态度。

（1）情感型安全态度。建立在情感基础上的安全态度可能来自于人们对某项态度客体的自身情绪体验，也可能是由于他人的情绪感染、组织的情感氛围而形成相同的情感。例如，人们对火灾事故的规避态度，既可能是由于自身先前经历过而产生了恐惧的情感，也可能是自身并未经历过但受到周围经历过的人的消极情绪影响，或者是受到所在组织的安全氛围的影响。情感型安全态度往往在内在成分上更偏重于情感成分，而在认知成分上有所欠缺，因此表现出不稳定性和易变性。

（2）认知型安全态度。建立在认知基础上的安全态度表现为人们对态度客体的评估性判断，是认知过程的结果。与情感型安全态度相比，认知型安全态度的形成涉及了更多的思维参与。例如，同样是面对火灾事故，情感型安全态度主要源于自身的情绪，而认知型安全态度的形成可能包含了对火灾事故中的人员伤亡、财产损失和事故恶劣影响的考虑以及利弊权衡过程。认知型态度比情感型态度稳定，但不如情感型态度通达，容易受到情感性信息的影响。

（3）记忆型安全态度。态度研究中的一般假设认为，态度能够作为知识结构，以内在关联的形式在记忆中进行表征，且具有高度的通达性。价值-账户模型理论强调了这一观点，并认为个体的记忆系统能够储存特定的价值负载的事件片段，并与其指代的态度紧密联系。上述研究启发我们，安全态度在形成后，能够与其指代的态度客体的特征片段相互联系，共同储存于记忆系统中。在面对相同或相似的安全态度客体时，这种安全态度能够被高速激活，影响甚至决定了人们当时的安全态度。若人们一旦对某类事故产生了规避态度，在面对下次类似的事故时，尽管其还未经历过或者还不具备相应的认知，先前的安全态度就可能导致其在这次选择中，依旧采取规避态度。

6.3.2　安全态度的改变过程和方法

1. 内容失衡—安全态度的结构型易变

安全态度是个体在认知、情感和意向三个维度内容上的总体性评价。只有在三种成分互相协调一致时，安全态度才能稳定可靠，个体才可能表现出与安全态度相一致的安全行为。但由于受到人的个性特征、所处的外界环境以及安全态度形成时的信息来源偏重等因素的影响，安全态度的内容结构往往存在失衡的情况，此时安全态度最容易受到新信息的影响而发生改变。

在安全认知成分上，根据认知理论，人们在沟通时，尤其是在被改变时，能够主动地加工接收到的信息并产生认知反应，这些认知反应的结果决定着人们是否改变其安全态度。而当一个人对同一安全事物同时持有两种或多种不一致的认知时，他就会感到心理上的不舒适，这一观点来自于费斯汀格的认知失调理论。当人们感觉到自身的安全认知失调时，会采取行动消除或减少这种不舒适感，往往有两种行动方式：改变自己的安全行为来符合安全认知，或者改变安全态度以协调自己的安全行为。例如在安全管理中，员工的侥幸心理是认知失调后果的典型例子。某些员工了解自身不安全行为的危险后果，但做出了多次不安全行为后并未发生事故，“不安全行为会引发事故”与“我的不安全行为没有引发事故”两种认知之间存在矛盾，因此员工很可能改变以往对不安全行为的否定态度而代之以趋近态度，并产生侥幸心理。

在安全态度的内在结构中也存在着失衡。虽然人们天生都具有安全需求，但是个体的安全态度往往具有较强的个人倾向性。安全态度受到环境和个人差异的双重影响。个人的安全态度的形成不仅与其生理需求有关，还受到自身性格、气质、能力、以往经历以及周围环境的影响。因此，在对待某些安全态度客体时，个体的安全认知、情感和意向之间难免存在不一致的情形，三种成分的不一致将导致安全态度结构的不稳定。此外，信息来源存在偏重时形成的安全态度，即认知型安全态度和情感型安全态度，其三角形结构也是不稳定的。

2. 心理需求—安全态度的功能型转变

建立在正确的安全认知和评价基础上的安全态度，对于个体避免不安全行为并维持自我安全状态非常重要。但个体往往对自身的认知过程是无意识、无控制行为的。满足人的心理需求或某种行为动机是态度的重要功能之一。在无法影响安全认知的情况下，寻求新的安全动机或许是改变安全态度的一个可行办法。期望-价值理论将人的态度看作是理性的主动决策过程并强调了动机带来的重要影响：由于外界诱因的复杂性，人在做抉择时会尽可能对所有可能情况进行评价，力图采纳能带来最好效果的选择，拒绝可能会带来坏结果的选择。

安全动机是人表现出安全行为的动力，有内部安全动机和外部安全动机的分别。内部安全动机主要来自于人的自我安全需求、安全价值观等，外部安全动机则来自于人为了达到除自身安全满足以外的其他目标，如为了完成某项安全生产任务、避免受到违章惩罚、得到奖励等。两种安全动机作用下，安全态度的转变形式也不同。在内部安全动机下，个体将建立一种新的安全态度，甚至取代以往的安全态度。而在外部安全动机下，由于受到了大部分程度的外界因素影响，虽然人们可以根据当前的社会情境、机制约束等，建构一种新的安全态度，但旧的安全态度依旧存在，并有可能在外部安全动机消失时继续出现。

3. 安全态度的改变方法

（1）外部作用模型建立。著名心理学家霍夫兰德提出了信息传递理论，用于分析态度改变过程中的影响因素，并在此基础上提出态度改变的传播说服模型。他认为，态度改变过程中一般存在着发信者、受信者、传递的信息和传递情境四大因素，说服的效果受到四类因素的相互作用的影响。从外部作用来看，安全态度的改变实质上是人际互动的过程，依据霍夫兰德的传播劝服模型，从安全信息传递的角度，建立安全态度改变的外部作用模型，如图6-14所示。

在安全态度改变的外部过程中，存在着劝导者、安全信息、受众和周围环境四大主要因素。劝导者将安全信息传递给受众以改变其安全态度，周围环境则影响着劝导者的传播方式、受众对安全信息接受程度以及安全态度的改变效果，同时作为信息传递的信道影响到安全信息的传递效率。此外，影响安全态度改变的因素包括劝导者本身具有的权威性、可信度、目的性、表现力等，以及安全信息的可靠性、一致性、逻辑性等，还包括受众自身的因素，如其智力、能力、个性特征、心理抵抗力和内心需求等。

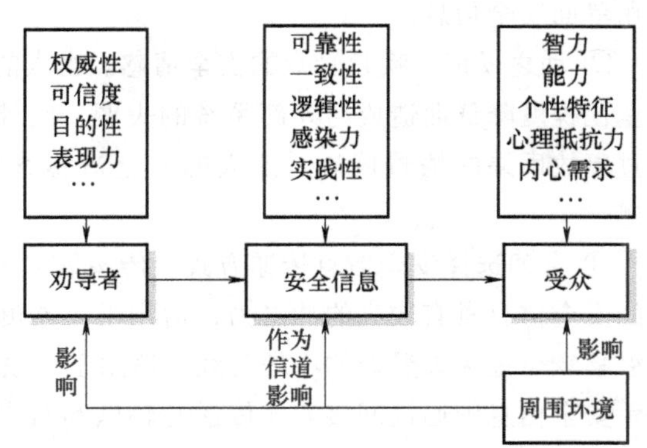

图6-14　安全态度改变的外部作用模型

（2）安全态度改变的外部方法。在安全态度改变的外部作用过程中，每个因素都有其较为固定的效能和特性。要想成功地说服受众改变其态度，就需要劝服者根据四元素的构成及其特点，运用合理的步骤，在与受众进行双向交流的基础上，不断地对传播的信息进行调整，从而达到说服的目的。从心理学角度来看，态度改变是否有效是改变者和被改变者之间的心理能量碰撞的结果。由于心理能量无法量化，因此在安全态度改变过程中，劝导者和受众的心理能量碰撞可表现为劝导者的影响力与受众的抵抗力的对比，此外，安全信息的影响力和周围环境的一致性也是影响安全态度改变效果的核心原因。由此，可总结归纳出以下四种改变安全态度的外部方法：

1）提高劝导者的影响力。大众媒介在态度改变方面的效果远远低于组织中具有较强影响力的人。这类人在大众传播学中通常被称为“意见领袖”。意见领袖之所以具有较强的劝服力，主要是由于其与周围人群达成互信，且拥有共同的群体规范和群体利益。安全态度改变中的劝导者通常是组织中的管理人员，既包括安全管理人员也包括非专业安全管理人员。在实际的情况中，安全态度的改变效果不佳，其原因包括管理人员的专业性不强、惩罚机制下的利益不一致等。提高劝导者的影响力可以从以下几个方面进行：①提高劝导者的才能水平。劝导者不仅要具备安全专业知识和安全专业素养，也要具备传播安全信息的技能，尤其是在安全培训教育中，劝导者要具有最基本的培训能力和教育技巧。②提高受众认同感。相同的利益立场能够从根本上确保劝导者与受众达成共识的可能性，受众的认同感能够显著提高传播信度和效度。因此在安全劝服中需要避开利益不一致，强调利益一致的立场以获得认同感。③发挥权威性。人们普遍对来自权威者的信息有更多的信服，劝导者的权威性和声誉有利于安全态度的改变。劝导者一方面可以通过提高自身专业水平和人格魅力来获得权威性，另一方面可以通过权威性泛化，即转移权威影响力至安全领域以改变目标的安全态度。

2）提高安全信息冲击力。信息冲击力的提高主要通过对信息的合理组织实现。有机、有序且高度逻辑化的信息对他人具有较大的感染力。在改变安全态度的过程中，对传递的安全信息可通过以下三种方式提高其冲击力：

① 晓之以理，改善受众对安全态度客体的认知。在认知心理学中，正性材料和负性材料的不同组织形式能带来不同效果。使用单面信息能获得更多的一致性，而使用双面对比信息时能增强信息的可靠性。根据受众能力、自身能力水平以及环境情况，可以采用不同组织形式的安全信息材料。例如，当受众的认知能力较强时，应当应用双面安全信息，而当其认知能力较低时，一般采用单面安全信息。

② 动之以情，唤起受众的安全情感。当人的内部情感机制发生混乱或受到抑制时，人的本质安全化程度降低而造成与外部系统的失调。此外，人的情感具有情境性、感染性和实践性，因此通过事故后果的情景展现、他人的安全情感感染和安全行为后果的展现，有助于受众产生安全情感。

③ 合理选择安全信息传递方式。传递信息一般有明示、暗示和诱示三种方式。一般而言，明示的安全信息具有较高的冲击力，适用于对态度客体具有较少认知的受众群体；暗示安全信息则是潜移默化地突破受众的心理防线，适用于有较强心理抵抗力的受众群体，如灾后或事故受难者；诱示安全信息则通过间接方式传递并辅以利益满足，安全管理的奖励机制中便存在这种安全信息传递方式。

3）降低受众的心理抵抗力。通常在某种范围内，人的态度系统会自我维持平衡，而当各种成分出现过多的不协调时，就会导致态度失衡。安全态度失衡往往会激发人的恐慌和不适感，此时虽然安全态度较易改变，但也可能导致人对新的安全信息产生对抗性的反应。因此需要从两个方面减少人的心理抵抗力：①主动打破受众的认知平衡，填补安全态度成分空缺。在某种程度上，当个体安全态度失衡时，其会主动寻求新的认知或形成新的情感来重新平衡自身安全态度。遵循“补缺补差”原则，对认知型安全态度应当予以安全情感信息；反之亦然。②刺激安全需求，予以需求满足。激发人的情感性安全需要能引发人积极的行为反应，并有利于保障个人和他人安全。同时要基于人的安全需求，关心、理解、激励受众并满足其需求，以保障其安全认知协调，促使受众发挥自身主观能动性，积极接受新的安全信息。

4）增强环境一致性。当人认同并接受了所在群体的态度和价值观后，态度受其影响发生改变的概率就显著提高。研究表明，组织安全氛围能够通过影响不安全行为意向，进而影响组织成员的安全行为。因此，从改善周围环境着手进而改变人的安全态度，其重点在于营造良好的安全氛围，以减缓人员的心理压力，调整人的不良心理状态。同时要着力于改善人的工作及生活质量。对于安全满足感较低的人员，应当根据其心理需求，提供持续的心理健康疏导和安全培训，帮助其改善自身的安全心理状态，进而纠正不安全态度。

6.4 情感性安全氛围原理

人是情感动物，一般来说，每个身心健康的人都具有强烈的情感需要。情感需要对人的认识和行为具有显著影响。因此，情感对改变人的不正确安全观念和控制人的不安全行为等具有重要价值。本节通过分析人的情感性安全需要的内涵，从安全氛围和心理相结合的角度提出情感性安全氛围，并阐述其内涵、功能、作用机理等，进而促进人的安全行为（王秉和吴超，2016）。

6.4.1 情感性安全氛围概述

情感需要是人类特有的需要，包括给予和接受，它是一种感情上的满足和心理上的认同，其主要包括表达悲欢的需要、倾诉的需要、爱与被爱的需要、尊严的需要和完善生命的需要五种。情感对于人的实践活动的作用具有积极和消极双重特性。本节所说的人的情感性安全需要特指能够引发人的积极的行为反应，并有利于保障个人和他人安全，促进人的安全素质提升的情感需要。

1. 情感性安全需要类型及功能分析

情感性安全需要划分为爱与被爱的需要、完善自我安全人性的需要和实现自我保安价值的需要三种，具体解释如下：

（1）爱与被爱的需要：一般来说，人都具有被他人爱和爱抚他人的需要。其在人的情感性安全需要方面的具体表现为：①“被爱”的需要使人明白个人安危不仅是个人需要，更是别人（如亲人、同事等）的需要，从而使其更加注意个人安全问题；②“爱”的需要可以使人做到不伤害他人或尽可能保护他人不受伤害，促使人思考自己的行为等是否会给他人带来伤害，进而纠正自己的不安全行为或判断做出有利于他人安全的行为。总的来说，爱与被爱的需要可激发人产生安全责任感，使人明白重视安全是值得且幸福的。

（2）完善自我安全人性的需要：马斯洛（Maslow）认为，人的高层次的需要主要体现了人对“完满人性”的追求，同样，大多数人都有完善个人安全人性的需要，即逐渐摒弃马虎、侥幸、鲁莽、懒散等个人安全人性弱点，尽可能把个人塑造成一个拥有更多安全人性优点的人。

（3）实现自我保安价值的需要：Maslow 认为，人的最高层次的需要是自我实现的需要。因此，一般情况下，人都具有主动、自控的一面，且都具有很强的生理安全欲和安全责任心，并想方设法尽其最大努力来确保个人和组织安全，即实现自我保安价值。

需要指出的，人的爱与被爱的需要是最基本的情感性安全需要，完善自我安全人性的需要是较高层次的情感性安全需要，实现自我保安价值的需要是最高层次的情感性安全需要，人的高层次的情感性安全需要是基本的情感性安全需要的升华。此外，由上所述可知，情感性安全需要至少具有刺激与动员功能和提醒与说服功能两项基本功能，其深层次功能在于激发人的安全责任感和规范、约束人的不安全行为。人的情感性安全需要的分类及功能如图 6-15 所示。

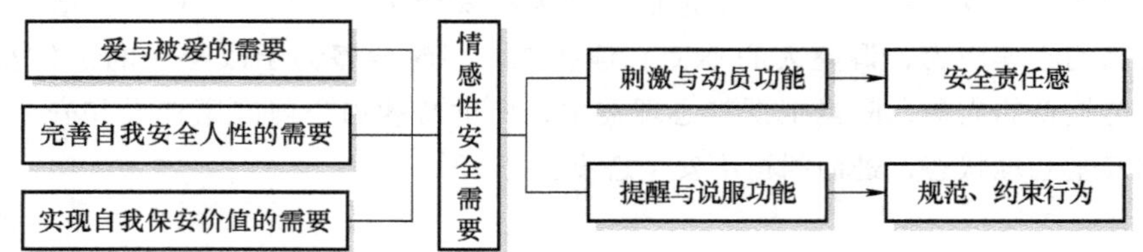

图 6-15 人的情感性安全需要的分类及功能（王秉和吴超，2016）

2. 情感性安全氛围的内涵

从安全科学角度看，安全氛围是由安全物质、制度、行为和观念等方面形成的氛围。鉴于组织（包括家庭、社区、企业等）安全氛围受人的情感性安全需要影响较大，情感性安全氛围是安全氛围的重要组成部分。情感性安全氛围的具体含义如下：

（1）情感性安全氛围是组织安全氛围中具有重要意义的内容，是组织安全氛围的基础和内在需要，贯穿于组织安全氛围的其他层次，并对它们产生巨大影响，是建设好组织安全氛围的前提条件（图 6-16）。其主要表现在两方面：①实施组织安全氛围营造的关键是确立并贯彻以人为本的理念，即基于人的情感性安全需要，关心、理解、激励、信任组织成员，使组织成员主动发挥其主观能动性，从而充分展示组织成员的安全创造力；②情感性安全氛围强调用情感激发组织成员的安全责任感并纠正组织成员的错误安全认识和不安全行为，将个人、亲人和组织的安全和发展融为一体，用美好的愿景（亲人团聚，同事互助、互安，组织成员与组织共平安等）激励人、鼓

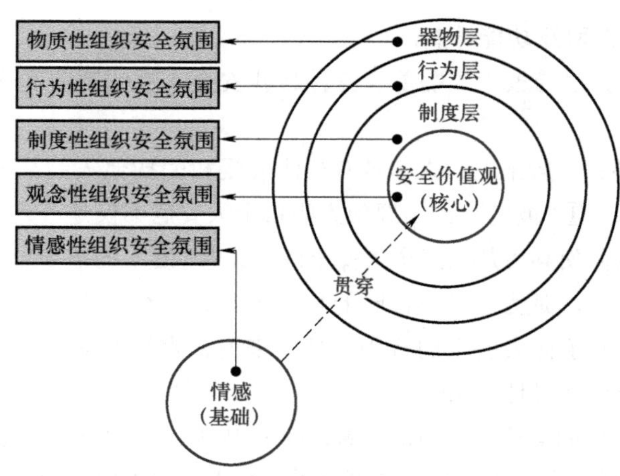

图 6-16 情感性安全氛围对其他层次的安全氛围的影响（王秉和吴超，2016）

舞人，这更容易让组织成员接受和认同组织的安全制度、规范等，进而调动组织成员的安全主动性、积极性和创造性。

（2）情感性安全氛围是依赖于人的情感性安全需要形成并发挥作用的，其中，人的爱与被爱的需要是其形成的基本条件，而人的自我安全人性的需要和实现自我保安价值的需要是其追求的最终目标。

3. 情感性安全氛围的功能分析

基于情感性安全氛围的具体含义，提炼出情感性安全氛围的四项重要功能，具体解释如下：

（1）情感性安全氛围有助于减小组织安全管理和安全氛围营造阻力。①情感是组织成员对组织成员和组织事物的心理体验和心理反应，正是这份情感促成了组织成员的安全责任，即爱自己、爱组织成员、爱组织财产和环境等，组织成员之间才能够实现安全思想意识的一致，安全理想信念的相投和安全行为习惯的相近等；②情感性安全氛围能增强组织成员对组织安全管理制度和安全氛围理念等的认同感，进而自觉纠正自己的错误认识并规范自己行为等。

（2）情感性安全氛围有利于提高组织安全氛围的品位和层次。情感性安全氛围是维系组织成员之间良好关系的纽带，营造情感性安全氛围能够增进管理者和被管理者之间的沟通和理解，能够增强组织成员的安全主人翁意识，特别是能使组织的先进的安全理念迅速深入人心，并得到组织成员的拥护支持和切实贯彻，从而提高组织安全氛围的品位和层次。

（3）情感性安全氛围有利于组织安全氛围向生产力的转化。组织安全氛围不是片面追求组织安全，而是挖掘组织成员的安全智力资源，提高劳动绩效，关心、尊重、成就人。情感性安全氛围是组织安全氛围力向生产力转化的催化剂，其不但能使生产效率得到巨大提升，而且会提高组织形象，从而增强组织知名度和美誉度，增强市场竞争力。

（4）情感性安全氛围有利于组织安全氛围的突破与创新。只有将组织安全氛围理念根植于组织成员，组织才能具有永久安全发展的生机与活力。情感性安全氛围鼓励组织成员挖掘自身潜力，勇于创新，突破自我，鼓励组织成员的自主保安价值的实现，实现组织与组织成员的双安效果，这是组织安全氛围创新与突破的动力来源。

6.4.2　情感性安全氛围的作用机理

1. 爱与被爱需要作用下的人的安全选择行为模型的构建与解析

爱与被爱的需要是人的最基本的情感性安全需要，是情感性安全氛围发挥作用的核心基础。换言之，组织安全氛围的核心基础是人的情感性安全需要，尤其是人的爱与被爱的需要，若没有其作为基础，组织安全氛围也就失去了其存在的本质意义和价值。因此，了解人的爱与被爱的需要对人的安全选择行为的影响就显得极为必要且关键。基于人的本性（一般来说，人们普遍重视亲情、爱情和友情等情感，三者相比，更加侧重于前两者感情）和行为动机（情感需要等）等特征，由此建立爱与被爱需要作用下的人的安全选择行为模型，如图6-17所示。

该模型的具体含义如下：

（1）在人的“被爱”的需要的刺激作用下，人按“要我安全→我要安全（安全责任）→我会安全（自主保安）”的次序完成了动态的心理认知过程，最终使人有了强烈的安全意识和安全意愿，并开始主动学习安全知识和掌握安全技能（包括对个人安全人性的完善）。

（2）安全责任是促使人选择安全行为的心理驱动力，它是人的被爱与爱的需要共同作用的结果，即它既是在人的“被爱”的需要刺激作用产生的，又是人的“爱”的需要的具体体现。总的

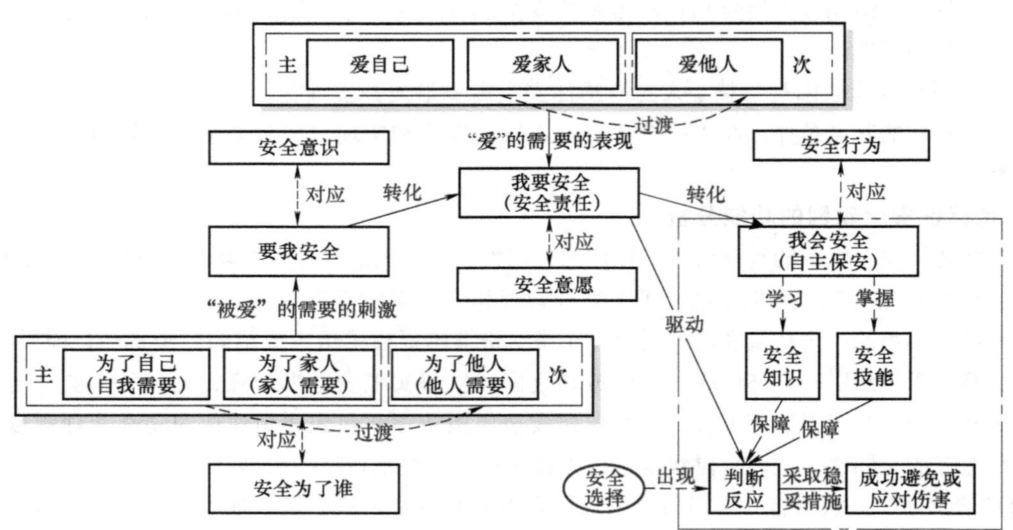

图 6-17　爱与被爱需要作用下的人的安全选择行为模型（王秉和吴超，2016）

来说，两者是互相促进的关系，即两者作用于人的安全责任上表现出叠加效应。

（3）当人面临安全选择（指面临潜在或外显危险时，人所做出的具体行为选择，如采取冒险行为或避险措施等）时，一般来说，人若具备了必要的安全知识和安全技能就可以成功避免或应对伤害，但还是有人会表现出冒险等不安全行为，这就是因为其忘记了个人的安全责任，这最终归结于人的被爱与爱的需要。

（4）在人的被爱与爱的需要的作用下，人也表现出对完善自我安全人性的需要和实现自我保安价值的需要的高层次的情感性安全需要的趋向和追求（如自主保安等具体表现），表明了人的被爱与爱的需要的基础作用。

（5）组织安全氛围建设的基点在于促进组织成员间的情感（尤其是人的"被爱"与"爱"的需要）的涌动，让组织成员明白保护个人或其他组织成员安全不仅是个人需要，而且也是一份组织（包括家庭）责任，必须要抱着严谨、认真的态度去承担这份责任，这就是将情感载体置于组织安全氛围的重要意义和价值。

（6）人的爱与被爱的需要的最终作用结果是实现人的"被爱"的需要从"为了自己（自我需要）、为了家人（家人需要）"向"为了他人（他人需要）"的过渡和人的"爱"的需要，从"爱自己、爱家人"向"爱他人"的过渡，这才是使组织成员把组织安全视为个人安全责任的根本动力和保障。

2. 安全氛围作用下的人的行为取向的自控模型的构建与解析

人的行为动机是为了满足个人的某种需要，但无论哪种社会的人，其需要的满足都会受到限制，从一定意义上讲，文化、伦理等为限制（也是更好地满足）人的各种需要而营造，并对人的行为选择产生显著影响。为了满足人的各种安全需要，人们积累了许多物质生产所需的安全知识和技能，制定了规范人行为的一系列安全法律法规、安全制度和安全行为规范等，产生了旨在保障人们生产、生活安全的安全价值观和安全道德等，即安全氛围。为了阐明情感性安全氛围对人的安全选择行为取向的影响，建立安全氛围作用下的人的行为取向的自控模型，如图 6-18 所示。

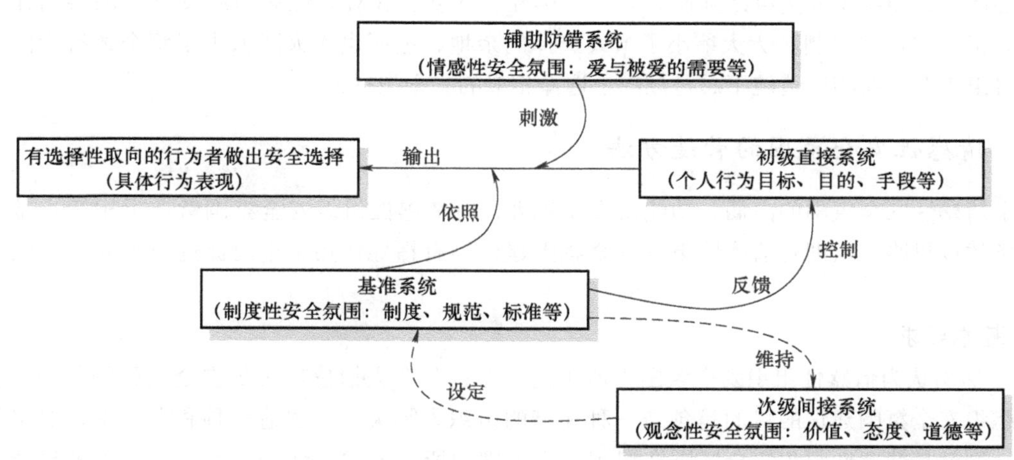

图 6-18　安全氛围作用下的人的行为取向的自控模型（王秉和吴超，2016）

对于一个组织来说，该模型的具体含义是：

（1）组织个体为了满足个人的某种的需要开始行动，要确定目标，明确所要达到的目的，要考虑、整合并利用现有的资源与手段，计算投入与回报比率，分析其行为的安全性，最终决定具体采取何种行为，这就是模型中的“初级直接系统”。

（2）组织个体在情感性安全需要的刺激下产生极强的安全责任感、安全意识和安全意愿，促使其根据个人的安全经验及组织的相关安全规定等来判断其行为的安全性，即是否有损于个人或其他组织成员的安全，保证尽可能选择安全性相对高的行为，这就是模型中的“辅助防错系统”，即情感性安全氛围。需要说明的是，从理论上讲，组织个体的这一行为选择过程是在其情感性安全需要作用下的主动行为。

（3）组织个体的行为不是随心所欲的，组织为了保证组织个体行为的安全性，需要制定一些组织安全基准来供组织个体作为参考依据，进而做出相对安全的行为选择，即其行为受到组织安全基准的限制，这就是模型中的“基准系统”，即制度性安全氛围。具体内容包括组织安全法律法规、安全制度、安全行为规范和安全标准等。经过基准系统的过滤，去掉一些不符合组织安全基准的需要和行为。基准系统影响目标的设定和行为手段的选择，它反馈给行为体，使其调整行为。需要说明的是，从理论上讲，组织个体的这一行为选择过程是在组织安全基准作用下的被动行为。

（4）基准系统是由一个层级间接设定的，这个系统包括组织的安全价值观、安全态度和安全道德等，即观念性安全氛围。同时，基准系统又起着维持组织的安全价值观和安全态度等的作用。

由上所述可知，情感性组织安全氛围不仅会激发组织个体的安全责任感，进而促使其注意安全问题并规范个人行为，而且它也是制度性和观念性组织安全氛围有效发挥作用的必要保障，其作用相当于一个“辅助防错系统”，尽可能激发、说服组织个体纠正其不安全的认识和行为。总的来说，在组织安全氛围作用下，组织个体的行为选择过程就是一个趋向选择安全型行为的决策过程。从理论上说，决策是自由的。其实不然，决策要受各种主客观因素的影响，如组织个体所采取的具体行为就要受组织安全氛围的制约，即组织安全氛围为组织个体行为选择与决策提供了一些有力的制约，即组织安全氛围强制，它是情感性、制度性和观念性等组织安全氛围共同作用所产生的。正是这种“强制”大大缩小了个人选择的余地，进而也大大降低了组织个体行为的危险性，使得组织个体在相同情境下总是倾向于选择相似的安全型行为。

6.4.3　情感性安全氛围的营造方法

基于情感性安全氛围的内涵、功能及作用机理，对情感性组织安全氛围营造提出三点基本要求和两条建设思路，以期对情感性组织安全氛围建设具有指导作用，进而促进组织安全氛围的整体提升。

1. 基本要求

（1）切勿认为情感性组织安全氛围无所不能，即过分夸大情感性组织安全氛围的作用。倡导情感性组织安全氛围建设的目的是创造一种和谐的组织人际关系，创造一种和谐、主动的组织安全氛围，这就是情感性组织安全氛围在组织安全氛围中所起的关键作用。但组织管理者也要认识到，情感性组织安全氛围不是组织安全氛围的唯一模块，优秀的组织安全氛围需要组织观念、制度等安全氛围的综合作用，实施情感性组织安全氛围建设，并不是忽视安全工作的组织性、制度性和纪律性等，只有客观正确地认识情感性组织安全氛围的作用，组织安全氛围才会健康稳定地向前发展。

（2）切勿认为情感性组织安全氛围是务虚的，导致过分强调技巧。①情感性组织安全氛围集中体现为理解、尊重和关心组织成员的情感性安全需要，注重与组织成员的沟通交流，既要注重正式、制度化的沟通，更要注重非正式、坦诚的交流；②情感性组织安全氛围不应该被安全管理者当作笼络人心的工具，更不应该过分强调情感性组织安全氛围的建设技巧，虚情假意和功利性的做法在短期内可能会有比较好的效果，但最终只会使组织成员产生厌烦甚至产生逆反心理，结果可能会适得其反，得不偿失。

（3）切勿认为情感性组织安全氛围营造成本低廉。情感性组织安全氛围能够激发组织成员的内在安全动力，诱发组织成员的安全潜力，从而充分挖掘并有效利用组织成员的自主保安价值，无疑可以大大降低组织安全管理成本，即它是一种简单而有效的组织安全氛围营造手段。但是，情感性组织安全氛围的营造需要组织安全管理者等在组织成员的情感性安全需要上关心组织成员，在精神上感召组织成员等，需要付出巨大成本，尤其是精神成本。因此，将情感性组织安全氛围的营造简单化、模式化的做法是十分不可取的。

2. 建设思路

在情感性组织安全氛围建设过程中，应把握以下两条建设思路：

（1）以人的爱与被爱的需要这一最基本的情感性安全需要为基点，将亲情、爱情以及组织成员间的情感进行有效融合，将三方面情感植入情感性组织安全氛围性建设，并努力实现人的“被爱”的需要从“为了自己（自我需要）、为了家人（家人需要）”向“为了他人（他人需要）”的过渡和人的“爱”的需要从“爱自己、爱家人”向“爱他人”的过渡，从而为情感性组织安全氛围建设注入更强动力。

（2）在重视人的爱与被爱的需要的基础上，逐步引导组织个体向人的完善自我安全人性的需要和实现自我保安价值的需要的高层次的情感性安全需要提升，进而提升组织情感性安全氛围的作用效果。其次，高层次的情感性安全需要也会对低层次的情感性安全需要产生影响，共同促进情感性组织安全氛围建设。

6.5 安全生理学原理

通过对大量事故的分析可知，绝大部分的生产事故的发生与人的行为有着十分密切的关系。人是生产力中最活跃的因素，在生产过程中，情绪波动、注意力分散、疲劳、判断错误等生理因素对安全行为具有很重要的影响。生理学是研究人体机能活动及其规律的科学，它研究人体各系统器官和不同细胞的正常生命活动现象和规律以及其相互联系。人的生理状态时具有一定起伏波动，生理状况可以直接影响一个人的行为、生活和工作质量，成为人不安全因素的重要组成部分（游波等，2013）。

6.5.1 安全生理学原理定义及其内容

1. 安全生理学原理定义

安全生理学就是在安全科学和人体生理学的理论基础上，研究分析人体在生产作业过程中各种不安全因素对人体生理的影响、人的生理变化规律以及人体呈现的生理响应变化特征的学科。安全生理学原理研究人体在承受和处理作业过程中的不安全因素时生理特性产生变化的原因，对外界不安全事物的感觉特性、适应性以及产生警觉性的机理，以及各种恶劣环境因素对人体生理特征与工作效率的影响机制等。安全生理学原理探讨当安全环境发生改变时，人体各个生理功能与环境因素之间的联系，人体内、外环境之间维持相互平衡的过程及其机制，以及人体生理功能的变化对安全行为的影响。它研究生产工艺、劳动条件和作业环境因素等对劳动者健康影响的规律和危害程度，从而提出改善方案，以达到保护劳动者的健康和提高劳动能力的作用。安全生理学原理的研究对象主要是各种不安全恶劣环境因素如何影响人体生理健康，生产工艺过程中的有害因素，劳动过程中的有害因素和作业环境中的有害因素对人体生理的影响规律，进而影响到人体生理安全等问题（游波等，2013）。

2. 安全生理学原理研究内容

原理是对某一个学科领域所进行的研究内容的总结归纳，是便于人们认识和利用事物的本质规律。人们可以利用它从更高的思想高度、更深的层次来掌握所研究的对象。为了深入研究人体生理特征与安全生产、生活之间的关系，安全生理学诞生了。安全生理学原理就是立足于安全生理科学学科领域，将人体生理科学与安全科学联系起来进行研究。安全生理学原理的研究内容主要包括以下三个方面：

（1）研究人体在接受外界刺激信息时，通过感觉器官获取周围环境中关于安全因素的各种信息（如温度、湿度、噪声、照明度、空气压力、有毒有害气体等），对事故因素的安全特征的感觉和知觉特性（包括人的视觉、听觉、嗅觉、味觉、皮肤感觉、深部感觉和平衡感觉，它们是人了解自身生理状态和识别安全行为的开端）。

（2）研究人体对安全环境因素的生理适应性，对安全信息的传递、加工和控制能力（包括人体的生理调节、条件反射、疲劳以及各种的生理指标变化，如血压、心率、呼吸率、体温等），人体的适应能力，劳动条件和工作强度对劳动者机体的影响。

（3）研究人体在接受内、外环境的各种信息之后，恶劣环境因素对人体生命安全和生理健康的危害，机体呈现出的生理特征和生理响应对安全决策和安全行为的影响，及恶劣环境因素对工作效率和机体负荷承受能力的影响。

6.5.2　安全生理学的核心原理及内涵

安全生理学是安全科学与人体生理科学相互交叉的学科，它主要分析人体生理特征、生理变化规律、人体生理健康与环境之间的相互作用对人的安全行为产生的影响，以达到掌握人体生理规律、保证人体生命安全、保障机体健康和舒适为目的。基于安全科学的需求，通过对人类生理学的分析研究，提出安全生理学原理，涉及的主要原理有：安全生理需求原理、安全生理感知原理、安全生理反馈原理、安全生理稳态原理和安全生理作业效能原理，而不同的原理所涉及的人体生理系统也各不相同。五个原理相互联系、相互影响，构成了安全生理学原理的核心组成部分，安全生理学原理的结构体系如图6-19所示。

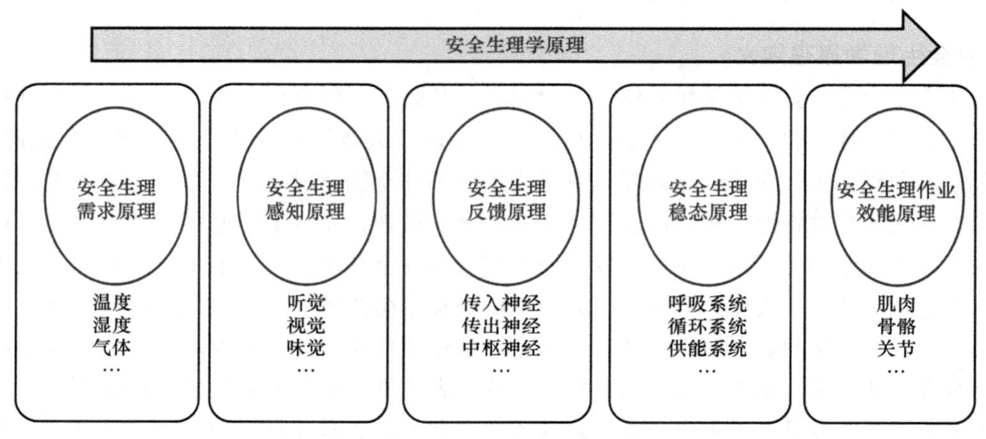

图6-19　安全生理学原理的结构体系（游波等，2013）

1. 安全生理需求原理

需求是在各种刺激的作用下产生的，刺激是自然和社会的各种事物在人脑中的反映，是需求产生的萌芽。当人体对某种刺激产生本能的、客观的依赖性时，这种刺激即需求。生理需求是人的身体维持正常平衡状态所需要的物质或动机，一般的生理需求包括水、空气、食物、衣服等物质和睡眠、运动、性欲等动机。如果人的基本生理需求得不到满足，就会有生命危险。

安全生理需求原理要求从生理层面上满足人体对安全的需求，即预防对人体生理健康有害的事故发生，控制影响生命安全保障的不安全行为，治理损害人体健康的恶劣环境条件。当人注重安全对生理需求的重要性，或认知到安全的必要性时，就会从主观意愿上追求对安全的需求，正如人的对水、空气、食物的追求一样强烈。当人体在危险事故中受到伤害，或在恶劣环境因素中人的健康受到威胁，出现疼痛、眩晕、恶心、疲劳、迟钝等生理反应现象时，人就会产生对安全需求的迫切感和感觉到安全的必要性，产生对安全的需求。安全生理需求原理强调，安全的生产条件和环境因素对人的生理健康具有重要性和必要性，是人进行生产、生活所必需的条件，鼓励人从生命安全、生理健康的角度重视安全，抵制不安全行为和危险因素。

2. 安全生理感知原理

感知是人脑对直接作用于感觉器官的客观事物的个别属性的反应。人体的感知器官接受内、外环境的刺激，并将其转化为神经冲动，传至中枢系统，产生感知。人体的感知系统包括视觉、味觉、听觉、嗅觉、肤觉、运动觉等，人体的这些感觉既能够接受外部环境信息，又能感知自身身体所处的状态。人体主要感知器官特征及作用见表6-1。

表6-1　人体主要感知器官特征及作用

感知类型	感知器官	适宜刺激	刺激起源	识别特征	作用
视觉	眼	可见光	外部	色彩、明暗、形状、大小、位置、远近、运动方向等	鉴别
听觉	耳	声波	外部	声音的强弱和高低、声源的方向和位置等	报警、联络
嗅觉	鼻	挥发的物质	外部	香气、臭气等挥发物的性质	报警、鉴别
味觉	舌头	被唾液溶解的物质	接触表面	酸、甜、苦、辣、咸等	鉴别
皮肤感觉	皮肤	物理和化学物质对皮肤的作用	直接和间接接触	触觉、痛觉、压力和温度感觉等	报警
深部感觉	机体神经和关节	物质对机体的作用	外部和内部	撞击、重力和姿势等	调整
平衡感觉	半规管	运动刺激和位置变化	内部和外部	直线运动、曲线运动和摆动等	调整

安全生理感知原理是体内神经系统反映内、外环境中各种安全因素变化的一种特殊功能，是客观世界在主观世界的反映，是内、外环境中各种信息作用于感受器官，转换为神经冲动后，进入中枢神经系统，最后达到大脑皮层的特定部位，产生相应的感觉。在各种外部环境因素中，人体的各个感知器官都有各自对某一种环境因素形式最敏感的反应，这种反应能引起感觉器官的有效刺激，而各种刺激的强度也是有阈值或范围的，这就决定了人体感知能力的大小。当环境因素超过人体生理所能承受的安全舒适标准时，生理感知系统会产生相应的非正常反应或逃避动作，因此人体具有感知、识别安全物质的能力。

安全生理感知原理从系统安全的角度出发，当人体接受外界刺激，经过传入神经和神经中枢产生感觉，对信息进行安全辨别、加工和控制来支配人体的行为动作。当人体在进行劳动作业时，安全感知系统主要通过感官、神经和运动三个系统与外界直接地发生关系。安全生理感知原理的应用主要研究人体如何通过视觉、听觉、嗅觉和味觉等感官系统来进行安全信息的识别以及如何做出合理的安全回应等内容。安全生理感知是指通过对客观事物的各种感觉的堆积，根据知觉对象的各种属性和特征，借助已有的知识经验对当前事物所提供的信息进行安全与不安全因素的选取、理解和解释的过程。

3. 安全生理反馈原理

安全生理反馈原理指的是当生产、生活过程中的异常、危险、潜变、特殊信息传递到人的大脑时，大脑会根据已形成的安全道德水平、安全伦理思想和安全意识来进行判断、决策，做出有方向、有目的性的生理反馈，来完成人的安全生理响应。当周围环境条件不同或事故对人体的影响程度不同时，人体会反馈出各种不同的生理响应，如兴奋、谨慎、粗心、麻痹大意、疲劳、乏力等症状，而这些反馈症状会对人体的工作效率和操作的准确性造成很大的影响。安全生理反馈原理指出：人体机体各种生理特征指标会因外界事物和环境特征的异常而产生有规律的变化，如人体的血压、心率、呼吸率、体温发生非常规变化跳动，机体注意力、记忆力、反应速度出现异常现象，这都是人体对外界不安全因素的反馈信息，警示人们对危险事故因素做出防治措施。安全生理反馈原理的内涵可从以下几方面来解释：

（1）外界不安全因素作用于人体时，人体会对大脑的决策做出相应的生理反馈，这些反馈特征一般通过机体各种生理指标的变化来呈现，从而会使人体产生相应的生理异常特征。因此安全生理反馈是机体对外界刺激中安全与不安全、健康与不健康因素的一种判断与识别。对同一性质的刺激，刺激信号的强弱、数目与可辨性、持续时间、清晰度等，都会影响反馈时间的长短。而生理反馈的准确性的影响因素主要有运动速度、运动类型、运动方向和操作方式等。

（2）人们可以根据安全生理反馈原理，由人体所反馈的异常生理特征和响应动作，来研究分析外界环境中的恶劣或不安全因素对人体生理健康的影响，也可以根据人操作的速度和准确性对人体的工作效率和安全可靠性的影响，从生理上来分析不安全因素对人体安全行为和事故率的作用机制。

（3）安全生理反馈原理为人体发掘危害环境因素和察觉人体安全行为能力的变化提供了理论基础，利用安全生理反馈原理可以进行相关的极端环境条件下危害和职业健康保护等方面的研究。

4. 安全生理稳态原理

安全生理稳态原理指的是只有当人体的生理状态维持在相对稳定的平衡状态时，才能保证机体正常运行和发挥正常生理功能。安全生理稳态是保持人体健康的基本条件，人体生理稳态包括体内能量、温度、氧气、酸碱、水、盐等各方面的稳态平衡，任何一个环节出现问题，都会对生理健康造成影响，从而影响人的安全行为作业能力。当人体受到外界不安全因素影响，发生生理变化，出现不稳定情况时，人体在神经、体液和循环系统的自身控制作用下，通过一系列的生理调节作用，产生机体组织、器官、系统形态或技能上的改变，来维持生理的稳态状况，以便控制人体的处理事故和做出安全决策的能力。安全生理稳态的调节就是一个从使人体对外界异常环境从不适应到适应的调整过程。提高人体的生理适应能力，对指导安全作业和提高工作效率有重要的意义。如人在安静状态下，人的心率会平缓，满足人体的正常呼吸作用；而当人体开始工作劳动时，特别是在恶劣环境中进行劳动时，人的心跳会开始加速，加强心脏的供血供氧动力，加速血液循环作用，进行全身组织器官的营养供应与代谢物排泄，来满足人体在特殊劳动和环境条件下的生理稳态状况，以此来保障人体安全作业的完成。

5. 安全生理作业效能原理

在从事各种活动时，人体一般能够完成一定的体力工作量。人体单位时间内完成的体力工作量可以用作业效能来表示。作业效能是作业者完成某种作业所具备的生理能力特征，综合体现人体所储藏的内部潜力。人体生理因素对作业效能的影响会因作业者的身材、年龄、性别、健康和营养状况的不同而产生差异。例如，在30岁之后，人的心脏功能和肺活量下降，氧上限逐渐降低，作业能力也相应减弱。在同一年龄阶段，身材大小与作业能力的关系远比实际年龄更重要。在性别对于体力劳动作业效能方面，由于生理差异较大，一般男性的心脏脉搏最大输出量、肺的最大通气量等均大于女性，故男性的作业效能一般也较强于同年龄的女性。而对于脑力劳动，智力的高低和效率与性别的关系不大。

安全生理作业效能原理是指人体完成的体力负荷对人体生理健康的影响以及人体能够承受的工作负荷能力评定。完成体力工作量越大，人体承受的体力作业负荷强度越大。人体的作业能力是有一定限度的，超过这一限度，不仅作业无法顺利进行，而且会使作业者处于高度应激状态，导致事故发生，造成人员伤亡和财产损失。因此应用安全生理作业效能原理就是对作业者承受负荷的状况进行准确的评定，既能保证工作质量，又能防止作业者超负荷工作。

6.5.3 安全生理学原理的应用

1. 安全生理学原理应用机理

安全生理学原理的五个下属原理，在整个原理体系结构中扮演着不同的角色，而各级原理对应的人体各器官或系统之间又相互联系，完成人体生理从接受外界信息到完成安全行为的整个过程。当人体接触到外界信息时，根据安全生理需求原理建立的人体生理需求标准，安全生理感知系统对信息进行识别，辨认出外界信息中存在的危险事物和恶劣环境因素。当感知信息传递到大脑后，做出相应的安全决策，根据安全生理反馈原理，人体表现出相应的生理特征和响应动作，做出相应的生理调整以此达到人体机体内的物质平衡和能力稳态平衡。最后根据安全生理作业效能原理，确定人体的作业能力和工作效率，并决定人体对外界信息所做出的安全行为动作，完成人体对外界事物的安全处理过程。安全生理学原理的应用如图6-20所示。

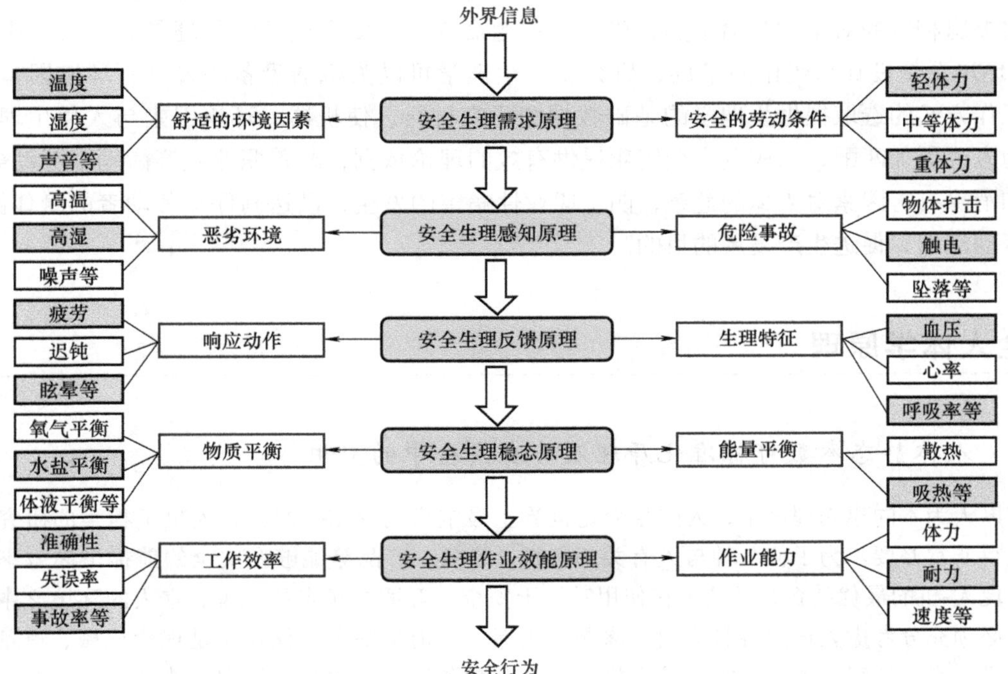

图6-20 安全生理学原理的应用

2. 安全生理学原理对安全的影响

把人的生命安全放在首要位置，这是科学发展的前提条件。生产发展要建立在安全形势持续改善、人力资源合理利用的基础上，不能以损害劳动人员的生理健康和人身安全为代价来换取盲目的经济发展。只有保证了生命安全，才能调动劳动人员的工作热情和积极性，才能有效防范事故发生，提高劳动效率，实现人、机、环的和谐相处。安全生理学原理对安全的影响作用主要表现在以下几个方面：

（1）在人体生理状况不佳时工作是一种不安全的行为。生理状况不佳（如饮食不周或受外界刺激过强），人体各器官的反应功能减弱，思维能力降低，人体手脚的协调性不够，容易产生误操作、误动作，进而影响到对生产工艺指标的判断或对异常情况的判断处理迟缓，从而发生事故。

（2）外界刺激容易引起生理保护性反应。避免机体过于衰弱，防止能力过度消耗的一种保护性反应，即疲劳也是引起事故的重要因素。连续的体力或脑力劳动使工作效率下降，这种状态就是疲劳，它会引起头晕眼花、乏力、无精神、腰酸腿痛等症状。

（3）生理状况影响人的职业健康安全。生理状况不佳容易使机体各系统的功能处在较低的水平，人体的免疫功能（机体抵抗外来病原物的能力）降低，自然杀伤细胞减少，人就极易生病。而且生理状况不佳与心脑血管疾病、癌症等高危病症有着密切联系，因而生理性疲劳也会使这些疾病的发生概率大大增加，严重威胁劳动者的职业健康，进而对职业安全造成负面影响。

3. 安全生理学原理的实际意义

安全生理学原理利用人体生理学的基本原理和特点，探讨和预测不安全事故和恶劣环境因素对人体的生理影响，评估作业人员的生理变化对人体健康、工作效率和安全可靠性的影响，并提出相应的对策和防治措施，确保人的生命安全。安全生理学原理是安全科学中进行人-机-环境系统设计与优化的基础，研究安全生理学可以为机器设备的设计、环境因素的治理、工作方式的选取提供生理学的基础数据和研究材料，使机器、环境因素与人体生理特性和行为方式更加匹配，为职业安全健康提供有效的理论依据，改善职业生产活动中劳动条件，控制和消除有害因素对人体的危害，防止职业性病害的发生，以达到保护劳动者的身体健康、提高劳动能力，促进生产发展的目的。

6.6 安全人体学原理

6.6.1 人体静态参数可标准化原理及其在安全中的应用

在以人为本的思想理念中，人的生命是世界上最宝贵的财富。因此，人机工程学的研究和应用就显得非常必要。为了使各种与人有关的机械、设备、产品等能够在安全的前提下高效率地工作，实现人-机的最优结合，并使人在使用时处于安全、舒适的状态和无害、宜人的环境之中，现代设计必须充分考虑人体的各种人机学参数。因而，不论是安全工程师还是现代机械、设备、产品开发设计者，了解有关人体的各种人机学参数及其测量方面的基本知识，熟悉、掌握有关设计所必需的人机学参数的性质和使用条件，都是十分必要的。由于人体静态参数相对固定，因此人体参数都被编入国家标准，以供设计时使用。

1. 常用人体有关测量参数

各种机械、设备、设施和工具等在适合于人的使用和实现本质安全方面，首先涉及的问题是如何适合于人的形态和功能范围的限度，相对应的人体参数主要是人体结构尺寸和功能尺寸。人体结构尺寸是静态尺寸；人体功能尺寸是指动态尺寸，包括人在各种姿势下或在某种操作活动状态下测量的尺寸。

(1) 我国成年人的人体结构尺寸（静态尺寸）。我国成年人人体尺寸的基础数据可参照国家标准，可用于各种设备、工业产品、建筑室内、环境艺术、武器装备、家具、工具用具的人机工程学设计。

(2) 我国成年人人体功能尺寸（动态尺度）。与安全有关的各种操作、空间、环境设计以及各种着装设计，不仅要考虑人体的静态结构和形体参数，而且还要保证使人在工作、活动时有足够的活动度、活动空间和合理的活动方向。在正常、动态条件下所测得的人体各肢体的活动角度参数和活动幅度系数，称为人体动态尺度。人体动态尺度是各种操作、空间、环境设计及各种着装设计的必要人体测量参数。国家标准提供了我国成年人立、坐、跪、卧、爬等常取姿势功能尺寸数据。

2. 现有人体参数测量方法

现在对人体参数具体数值测量的研究工作主要由医学生理学、人机工程学研究者进行。研究者们对可能用到的一些人体参数进行大量测量，通过一定的处理给出这些参数的定量的数值或者范围，以便进行数值计算和建立各种模型。测量对象十分庞杂，如身高、体重、体表面积、血压、脂肪含量、肌肉导热率、密度等。而人体热舒适模型中需要用到的基础参数也很多，包括身高、体重、各部位密度、表面积、导热率、血液流量、脂肪含量、新陈代谢率等。对这些参数根据不同的场合和对象，医学和工程学上都提出了一些测量方法，并且随着科技的发展和仪器的更新，测量方法和测量精度也在不断改进。这些测量方法促进了人体参数测量、统计的发展。

3. 成人人体的统计参数相对固定

(1) 性别上的相对固定性。例如，性别的相对固定性是指男性的人体统计参数符合某一分布，而女性的人体统计参数符合另一分布。以往数据研究表明，人的身高基本服从正态分布，而且男性平均身高比女性平均身高要高，所以身高这一人体统计参数在性别上是固定的。

(2) 地域上的相对固定性。例如，人体身高的发育水平是基因调控和环境影响双重作用的结果，是人体生长发育的一个重要生理参数。随着地区太阳总辐射量的增大，所在地区的群体身高水平呈现增高的趋势；随着降雨量和湿度的增大，群体的身高水平呈现降低的趋势；随着地区平均风速指数的增加，身高也呈现增高趋势。因此，身高在地域上是相对固定的。

(3) 人种上的相对固定性。例如，身高是人体生长发育一个重要的生理参数，其受遗传和环境双重因素影响，其中受遗传因素的影响更大——达80%。身高的遗传研究不仅可以阐明与人体生长发育有关的生理过程，在人类学、遗传医学、运动学、个体识别等领域都有非常重要的意义。不同的人种，基因差别很大，所以同一人种的身高是相对固定的。

(4) 时代的相对固定性。例如，人体身高从胎儿期到发育成熟是一个近20年的过程。身高的最终发育水平取决于遗传与环境的综合作用，在遗传条件确定后，不同的环境影响可导致身高发育水平产生很大的差异。

(5) 某一统计参数确定后，其他统计参数的相对固定性。人体结构形态是人类长期进化的结果，每一部分的结构都有相应的功能，从婴儿发育到成人的各个阶段，人体各个部位是有机地配合、协调发展的。对成人人体统计参数的分析可以为现代机械、设备、产品开发提供参考，开发设计人员在设计的过程中考虑人体统计参数是相对固定的，可以避免不必要的麻烦，设计出符合人机工程学的各种现代机械、设备、产品，达到安全、健康、舒适的目的。

6.6.2 人体动态统计尺度相对固定原理及其在安全中的应用

1. 人体几何活动范围

（1）人体活动的生理尺寸。人体测量包括人体形态的测量、生理的测量和运动的测量。人的静态尺寸只是人体测量的一部分，它是人体静止不动时裸身测量的结果。通常情况下，人都会有运动趋势和动态空间。例如，人体的身高、坐高、肩宽、手部活动范围、脚步活动范围、人体曲线等等数据都是与之相关的产品设计的尺寸基础。

（2）人体百分位和满足度。人体的尺寸都分布在一个范围之内，如亚洲成年人的身高一般在151~188cm，而我们的设计通常只取一个确定的数值，而且并不像我们一般理解的那样采取一个平均值。在设计中通常采用人体百分位尺寸来设计产品。例如，在设计卧室门时，一般采用第95百分位的数值，即人体测量数据中有95%的人尺寸等于或者小于这个值，即95%的人能正常通过，这样就能保证设计在一个较高的满足度情况下，既经济又能大批量生产。

（3）功能修正量。根据人体数据运用准则，凡涉及人体尺寸的设计，必须考虑到人的可能姿势、动态轨迹、着装等需要的设计裕度，所有这些设计裕度总计为功能修正量。

人体测量的尺寸是人体裸身测量的结果，不包括人所穿鞋子的厚度、衣服的厚度、头盔、手套等辅助尺寸，以及人体运动时的轨迹空间、操作时的手和腿活动范围。

有的桌椅坐上去感觉拥挤、不舒服，这可能是忽略了人体的功能修正量。人体百分位测量数据是人体裸身静态尺寸，设计时应该加上春、夏、秋、冬季的不同着装厚度、人的进出、交流所需空间。产品能否与人体生理相适应，也是人体工程学在设计中最重要的体现。

2. 人体活动范围的统计尺度相对固定

人体活动空间是指人体在生活空间中个人发生的可以观察到的移动与活动轨迹范围，也就是说，人体活动空间是现实空间中所有行为体系在空间上印迹的总和（包括起始地、目的地、交通方式、活动内容、时间）。人体活动空间可理解为个体为满足其自身需求而在人际交往开展各种活动，以及活动之间的移动所包含的空间范围。

人体工程学认为，人体的活动范围要有较强的适应能力，其中包括物理生理适应能力、心理适应能力、社会心理适应能力、狭义的社会适应能力、个人的自我管理等。随着科学技术的发展和人文主义精神的提高，人类越来越追求更高层次的生活质量，人体行动不仅包括人体测量学，还包括生理学、心理学、社会学等。

每个人都是一个特殊的个体，都有独一无二的特性，也就是说，人体的活动范围是相对可统计的。人体在活动时，要准确测量人体的尺寸（考虑人种，性别，年龄等因素），进行某种活动时，考虑功能的修正，同时要充分了解特定人群的心理和人际关系。为了最大限度地满足个人的自我需求，尊重人的行为和心理，在设计中应用人体尺寸数据不能忽略人的心理空间。人作为一种动物，有着自己的领域空间，对于侵犯自己安全空间的行为都会表现出反感的情绪。

3. 人体心理活动范围相对固定

（1）自我保护意识——心理空间。在城市公交车的车站，我们经常能看到长条座椅，为什么三个人的座椅或者两个人的座椅只有一个人坐呢？很多人宁愿站着，也不去坐。是椅子太脏吗？其主要原因是我们设计这些椅子的时候忽略了人的心理空间尺寸，人们不愿意与陌生人在椅子上有肢体接触，也不愿意与别人共享自己的个人空间。大街上的人群都是偶然聚合在一起的，人们对于入侵自己空间的行为很反感，所以如果设计椅子时没有考虑到人的心理空间尺寸，就会导致大多数人宁愿站着也不去坐。

人都有自我保护的意识，在大街上行走的时候，如果有人靠得太近，人就会产生心理上的警觉，会自觉地避开。人的这种领域性决定人有自己的个人空间，对于侵犯自己空间的行为，人会表现出压抑感和不安全感。对于自己亲密和熟悉的人，人们会开放自己的个人空间，接纳别人的进入；对于自己陌生的人群，人们会对侵犯自己空间的人产生反感和抵触。人的这种个人空间是无形的，但却是真实存在的，它是人的“心理安全”所需的空间。在设计的时候就需要考虑这些心理上的空间带来的尺寸修正量。尊重人的这种行为和心理对于人体活动范围的统计尺度具有重要意义。

在车站候车大厅、营业厅、餐厅等服务性设施中，我们尤其要注意人体的心理空间尺寸。而公交车、火车等空间中的人群个人空间就要相对小一些，这是由于封闭空间的约束导致了个人空间的压缩。所以在人体的活动场所应尽量保留一定的心理空间修正量，让人获得心理上的安全。

（2）人际距离——人际“场”。人是社会关系的总和，人际关系是人们在生产或生活活动过程中所建立的一种社会关系，人与人在交往中建立的直接的心理上的联系。中文常是指人与人交往关系的总称，也被称为“人际交往”。人体活动是在一定的人际关系中进行的，只有根据每个个体独特的思想、背景、态度、个性、行为模式及价值观，在人际交往活动中保持一定的人际距离，才能使社会人感轻松自在，工作、学习效率显著提高。

人与人之间距离就像物理学中的电磁场，人就像处在一个一个的“人际场”中，每一个人都是一个“场”的核心，向外辐射磁场力，人际关系中每个人的“场”交织作用，决定人与人之间的距离。换言之，人际距离取决于人们所在的社会集团（文化背景）和所处情况。熟人与生人，不同身份的人，人际距离都不一样（熟人和平级人员较近，生人和上下级较远）。赫尔把人际距离分为四种：亲密距离、个人距离、社会距离、与其他人的距离。

亲密距离是指与他人身体密切接近的距离。接近状态，是指亲密者之间发生的爱护、安慰、保护、接触、交流的距离，此时身体接触；正常状态，头脚部互不相碰，但手能相握或抚摸对方。在各种文化背景中，这一正常距离是不同的。

个人距离，是指个人与他人之间的弹性距离。接近状态，亲密者允许对方进入的不发生为难、躲避的距离，但非亲密者（例如其他异性）进入此距离时会有较强反应；正常状态，是两人相对而立，指尖刚能相触的距离，此时，身体的气味、体温不能感觉，谈话声音为中等响度。

社会距离，是指参加社会活动时所表现的距离。接近状态，通常为一起工作时的距离，上级向下级或秘书说话时的距离，这一距离能起到传递感情力的作用；正常状态，此时可看到对方全身，在外人在场的情况下继续工作也不会感到不安或干扰，为业务接触的通行距离。正式会谈、礼仪等多按此距离进行。

上述三种距离以外的属于与其他人的距离。

人体活动范围是人体工程学的延伸，它要求考虑人的生理和心理感受，人类活动场所功能上的满足不再是唯一的目标，还应考虑怎样使用起来更方便、省力、舒适。它涉及人体测量学、行为心理学、生物力学，要求设计出来的产品必须充分考虑人的生理、心理等承受范围，使人在环境中使用产品能够和谐匹配。总之，尊重人的行为心理需求是研究人体活动范围的一个重要因素。综合各方面因素分析，人体活动范围的统计尺度是相对可圈定的。

本章思考题

1. 为什么需要研究安全人性？
2. 人性在安全方面表现出哪些主要的共同规律？
3. 试举例说明安全管理为什么需要考虑和利用人性？
4. 安全心理学有哪些基本原理？
5. 为什么心理学很多知识都可以运用到安全管理之中？
6. 如何实现对人的安全态度改变？
7. 安全态度与人性的安全观有什么联系？
8. 试从自己切身体会谈谈情感与安全的关系。
9. 如何营造组织的情感性安全氛围？
10. 人体安全生理学中有哪些基本原理？
11. 为什么说人体参数测量是实现人性化和宜人化的基础？

第7章 安全自然科学原理

【本章导读】

安全自然科学是安全学科体系中的一个重要的基础分支，它主要研究自然灾害和生产安全等的各种类型、状态、属性及运动形式，揭示各种灾害和事故的现象以及发生的实质，进而把握这些灾害和事故的规律性，并预见新的现象和过程，为预防和控制各种灾害和事故开辟可能的途径。安全自然科学原理涉及数学、系统学、力学、物理学、化学、信息学、生物学等学科，这些学科有大量的知识可以用于安全科学领域，尚待安全科技工作者去挖掘。本章介绍的安全多样性原理、安全降维原理、安全降变原理、安全容量原理、灾害物理原理、灾害化学原理、安全毒理原理等，仅仅是安全自然科学一些基本内容。

7.1 安全多样性原理

对安全多样性原理的研究有利于正确认识安全问题复杂性的本质，有利于客观地对待各种各样的人和物的安全，有利于制定更加符合实际的安全法律法规和规定，有利于深入开展安全系统非线性问题的研究等，也为上述安全问题的解决奠定了理论基础（张一行和吴超，2014）。

7.1.1 安全多样性原理内涵

多样性，即一定空间范围内各个对象的变异性及其有规律地结合在一起的复合体的总称。在公众日常语境中，多样性常见于生态学名词，既生物多样性。生物多样性是对生物系统所有组织层次中生命形式的多样化的统称。换言之，生物多样性是指生物及其所组成系统的总体多样性和变异性。

目前，在其他领域中，也有很多人用多样性作为一个指标来衡量某一系统的复杂程度或不同系统间的差异性。例如，文化多样性这个概念被定义为各群体和社会借以表现其文化的多种不同形式。可以看出，对于一个系统来说，多样性有宏观上的多样性和微观上的多样性之分。宏观上的多样性是指在整个社会生产领域存在着各种各样的系统。微观上的系统多样性是指每一个不断发生变化的系统由于各种原因而表现出自身的多样性。

1. 安全多样性原理的定义

随着科技进步与经济社会不断发展，危险多样性的危害开始突显，无论是人类社会还是自然界中都存在着各式各样的危险，危险无处不在。其中，自然灾害包括地震、外来物种侵害、台风、山体滑坡、洪水、泥石流、飓风等；灾难事故包括火灾、矿山事故、建筑事故、交通事故、危险化学品事故等；公共卫生安全问题包括突发疫情、突发的食品安全事件、突发的检测检疫事件等；社会安全包括高科技犯罪、信息技术犯罪、黑社会集团犯罪、恐怖活动等。总之，安全系统是一个庞大的巨系统并且具有复杂非线性特征。

基于上述分析，安全多样性可以定义为在自然灾害、灾难事故、公共卫生、社会安全等领域中存在的各种各样安全问题的复杂表现形式的统称。不同形式的安全问题能产生不同的后果，其结果的表现形式也不同。安全多样性原理是以安全科学理论和实践为基础，以构成安全问题的人、物以及人与物的关系为研究对象，解决人们社会生产生活中安全问题，并实现预定安全目标的基本规律。安全多样性原理以大量的实践为基础，故其正确性为实验所检验与确定，从科学的原理出发，进而可以进一步对实践起指导作用。

2. 安全多样性原理内涵

安全多样性原理作为科学理论是在科学发现的基础上提炼而成的。要对安全多样性原理的下属原理进行深入的研究，就应当深入了解安全多样性原理是为解决什么问题而存在的。不难得出，安全多样性原理是解决多种多样的安全问题的，而构成安全问题整体的组成部分有以下三方面：

（1）人，安全人体，是安全的主体和核心，是研究一切安全问题的出发点和归宿。人既是保护对象，又可能是保障条件或者危害因素，没有人的存在就不存在安全问题。

（2）物，安全物质，可能是安全的保障条件，也可能是危害的根源。能够保障或危害人的物质存在的领域很广泛，形式也很复杂。

（3）人与物的关系，包括人与人，物与物，人与物的关系。广义上讲，人与物的关系是人安全与否的纽带，把“安全人与物”的时间、空间与能量的联系称为“安全社会”。

（4）上述三因素作为因素存在，并各自及其彼此发生内在联系，形成动态系统。我们把“安全人与物”的信息与能量的联系称为“安全系统”（刘潜，2010）。

“安全四要素”包括安全人体、安全物质、安全社会和安全系统。“安全四要素”构成了安全整体的组成部分，是安全多样性原理研究的主要内容。

研究安全多样性原理，可以加强对安全系统的认识，主要是对安全系统复杂性的认识。安全系统的复杂性在某种程度上是由系统的多样性所引起的，因此研究安全系统的多样性，可以加深对系统的复杂性的认识，有利于安全工作者从安全系统角度科学地认识多种多样的安全现象。

3. 安全多样性原理的特性

安全多样性是由安全系统的特征决定的。安全系统具有系统性特征，它是一个复杂的巨系统，它的构成因素众多、系统结构复杂，这就为构成安全物质和安全结构的多样性提供了可能。

（1）安全系统向上看是社会生产系统的子系统，而向下看可分解为诸多子系统，诸多子系统又可以拆分为更多子系统或元素。我们考量一个系统时往往需要一个指标，这个指标的选择即是我们考察系统的视角，不同的指标导致我们考察系统时更侧重实现指标的子系统。这样由于系统子系统众多，我们从不同的视角考察系统实际就是考察相关子系统或子系统的组合，因此就会使系统表现出多样性。

（2）安全系统具有开放性特征，所以它容易受到外界环境的影响如信息流、物质流、能量流导致内部的构成因素或结构的变化而产生系统的多样性，即由于内部变化而具有多样性。

（3）安全系统是社会系统的一部分，因此安全具有社会性，受到社会文化、经济、生产力水平的影响，不同的社会环境会影响安全系统，这使其具有独特社会文化色彩。

（4）安全系统具有确定性和非确定性，其中确定性是指系统演化规则和各种方向、结果是确定的、可预测的，非确定性决定其具体出现那种演化结果或演化方向是不确定和不可预测的。确定性和非确定性特征使安全系统具有过程和结果的多样性。

（5）安全系统具有动态性，因此在系统的不同阶段会呈现出不同的表现形式，即表现形式的多样性。

（6）安全系统具有功能目标的多样性。根据系统的定义，每个系统都是为了实现某一目标而或特定功能的有机整体。安全系统的功能和目标功能具有多尺度特性，安全系统的指标可以是人员伤亡情况，可以是生产设备的损失，可以是对环境的影响和破坏，也可以是造成经济的损失等。因此，安全系统具有功能目标的多样性。

4. 安全多样性原理研究意义

研究安全多样性原理，还可以丰富安全科学理论体系，完善安全的内涵。近年来我国对安全的关注力度越来越大，从事安全科学方面研究的学者也越来越多，但是目前在实践中存在很多用现有安全理论难以解释的安全问题。这说明随着安全科学的内涵不断深化、外延不断拓展和大安全理论体系的确立，以前针对安全生产所建立的有关安全科学原理，已经远远不能满足描述、演绎、归纳和解决当今诸多安全问题的需要，这就要求我们不断丰富安全科学理论体系，完善安全的内涵，更加科学地认识和解决安全问题。

研究安全多样性原理，可以为解决多种多样的安全问题提供途径。安全多样性原理，揭示各种灾害和事故的现象以及发生过程多样性的实质，进而把握这些灾害和事故的规律，并预见新的现象和过程，为预防和控制各种灾害和事故开辟了新的途径。

7.1.2 安全多样性原理下属原理及其内涵

根据安全多样性原理研究的主要内容，可以将安全多样性原理的下属核心原理分成四个原理：安全人体多样性原理、安全物质多样性原理、安全社会多样性原理和安全系统多样性原理（张一行和吴超，2014）。

1. 安全人体多样性原理

从人的生存和生活来看，人的本性表现为自然属性和社会属性。所谓人的自然属性，是指人的肉体特征和生物特性；所谓人的社会属性是指人作为社会存在物而具有的交往、精神等方面的特征，它是人的独特活动方式、组织结构、精神特质的统一。大多数学者也认为安全人具有双重属性。所谓安全人的双重属性，应当是指人在安全方面的自然属性与社会属性，而不是安全人的个体属性与社会属性，所以安全人应当是自然属性与社会属性的统一，而不是个体属性与社会属性的统一。

安全人体是双重属性，包括自然属性和社会属性，这就决定了安全人体存在方式的多样性。研究安全人体的时候，我们不仅要把人当作“生物人”“经纪人”等自然人，更要看作“社会人”，必须从社会学、人类学、心理学、行为科学角度分析、解决问题；更要把人看作自尊自爱、有感情、有思想、有主观能动性的人。基于辩证唯物主义思想，从安全存在形式的视角划分，可将安全人体在社会上某一时间段的存在方式划分为以下几类：①安全人体的自然性存在；②安全人体的意识性存在；③安全人体的实践性存在；④安全人体的社会性存在；⑤安全人体的文化性存在；⑥安全人体的自我性存在；⑦安全人体的历史性存在。

客观世界中安全人体存在形式的多样性是安全人体多样性原理的来源和依据。也就是说，安全人体是一个具有多样性存在方式的复杂矛盾体。应当从安全人体存在方式的多重意义上去理解安全人体多样性，把安全人体放到存在方式的综合坐标中去揭示其丰富而生动的本质，这不失为研究安全人体多样性的新思路。

2. 安全物质多样性原理

安全物质，可能是安全的保障条件，也可能是危害的根源。能够保障或危害人的物质存在的领域很广泛，形式也很复杂，甚至可以说它散布在人类身心之外的所有客观事情之中。

从哲学角度出发，物质是客观存在的，不以人的意志为转移，并能为人的意识所反映的客观实在，世界是物质的。因此，将辩证唯物主义哲学中的灵魂思想贯彻在安全科学中也具有重要的指导作用。物质的多样性存在是毋庸置疑的，在安全科学层面讲的“安全物质”也是多样性存在的，既有安全物质的存在，也有危险物质的存在。安全物质一方面可能是安全的保障条件，另一方面也可能是危害产生的根源。在重大危害设施内的一项活动过程中出现意外的、突发性的事故，如严重泄漏、火灾或爆炸，其中涉及防泄漏、防火、防爆的多装装置，还涉及一种或多种危险物质。也就是说，安全物质多样性原理在思想上让人们认识到危险物质多样性的存在，并指导人们及时采取措施排除隐患，维持安全保障物质的正常运行。

3. 安全社会多样性原理

安全社会有广义和狭义之分。广义的安全社会是指整个社会系统能够保持良性运行和协调发展，而把妨碍社会良性运行与协调发展的因素及其作用控制在最小范围内。对狭义的安全社会有两种理解：一种理解是把安全社会等同于社会保障体系的建立，其重要前提是假定社会弱势群体的基本权益如果得不到有效保障，将会对社会稳定构成威胁；另一种理解是在划分社会子系统的基础上提出的，认为所谓安全社会主要是相对于经济安全和政治安全而言的，是除经济子系统与政治子系统之外的其他社会领域的安全。

社会转型时期，社会各利益主体之间的矛盾、摩擦、冲突以各种不同的形式表现出来，给社会的安全稳定带来较大隐患。安全社会多样性呈现复杂的过程，所带来的结果也是多种多样的。总体上看，社会危机（如城乡贫困问题、失业问题、农民工问题、缺乏基本生活保障问题、教育危机等）、经济危机（尤其是金融危机）、环境危机是最受关注的三类社会安全问题。因此，上述三大类问题是安全社会多样性原理所研究的实质和主要内容。

4. 安全系统多样性原理

安全系统的构成要素是多种多样的，如由安全工程、卫生工程技术、安全管理、人机工程等组成，这就体现了安全系统多样性原理。因为与安全有关的因素纷繁交错，所以安全系统是一个复杂的巨系统。由于安全系统中各因素之间，以及因素与目标之间的关系多数有一定的灰度，所以安全系统是灰色系统。依据安全问题所涉及范围大小不同，各个安全系统的大小可能很悬殊。

考虑安全问题的系统范围，肯定不只是有机、物两方面因素，必须把人、机、环三方面的因素综合考虑进去，应包括安全问题的空间跨度和时间跨度两个方面。人、机、环三方面因素彼此相互联系，形成复杂的人-机安全系统、机-环安全系统、人-环安全系统、以及人-机-环的安全系统。因此，将多样性原理应用于安全系统之上，才会赋予安全系统多样性原理生命力。

以上四个安全多样性原理的核心原理分别在不同层面上涵盖了安全多样性原理的研究内容，前两个原理是基础，安全社会多样性原理是综合，安全系统多样性原理是升华。四个原理相互作用，将安全多样性原理的主要内容涵盖其中（图7-1）。

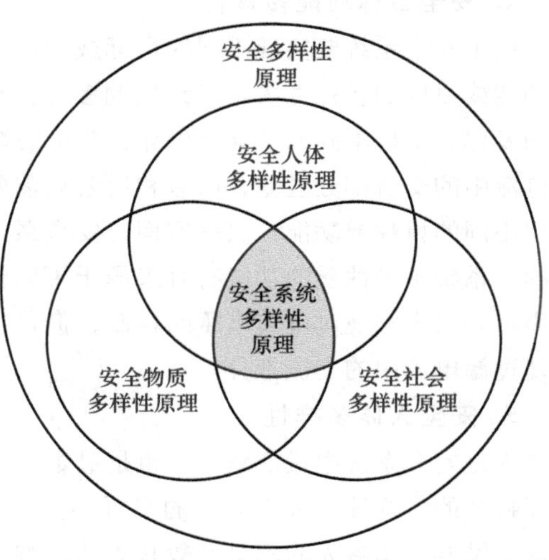

图7-1 安全多样性原理构成的关系图

7.1.3 安全系统多样性原理的实例及应用

1. 安全物质多样性

安全物质是指与人的安全健康有关的物质。这些物质的状态可以是各种各样的形状、大小，可以是固体、液体、气体或是混合体，安全物质大都是肉眼可见的，但也包括人的裸眼不可见的物质。

由安全物质的定义可以看出，安全物质包括生产过程中的物料、设备、作业环境、安全防护用品等。安全物质多样性主要体现在三个方面：不同安全系统间物料、设备、作业环境存在着差异性；同一个系统使用一种以上的物料、设备；在同一系统的同一生产流程中，物料的物理性质、化学性质会发生变化，这种变化甚至会影响到作业环境，使作业环境也发生变化。

2. 安全结构多样性

安全结构多样性主要是因系统内部的要素相同而结构不同所引起的。也就是说，即使两个安全系统的组成元素是完全一样的，但是因为元素之间的结构不同，两个安全系统表现出来的功能、表现形式完全不同，即差异性或多样性。例如，冰和液态水的组成元素都是H_2O分子，但是因为水分子排列结构不同，导致冰和水呈现出不同的外观和特性。又如，两个同样的安全系统，就因为构成因素的关系与结构发生了改变，其表现就可能是安全和事故这两个截然相反的状态。安全系统是多因素、多层次的复杂系统，其结构性（即安全因素和层级的有机结合）也具有复杂性。组成子系统的元素之间、由元素组成的子系统与子系统之间的关系与结构都是多种多样的，这种结构上的多样性就会导致安全系统的多样性。

3. 安全表现形式多样性

表现形式多样性主要是因外表形状不同、表现形式不同引起的，而系统构成的要素和子系统是相同的。安全系统的初始状态为系统中安全因素处于熵、自由度、无序度最大的无组织、无结构的状态。具体表现为人、机、环境三部分的混乱状态（即安全系统中人的安全意识薄弱、安全教育程度低下、安全管理薄弱等）趋于零；人的不安全行为、物的不安全状态、两者相互作用潜在的危险性都暴露无遗；安全防护缺乏；环境对人的不利影响和人对环境的破坏都非常严重等。因为安全系统具有社会属性和自然属性，这个属性决定安全系统不断远离原始态，所以安全系统处于不断改善的过程之中，即安全系统是动态的，因此不同时期、不同阶段的安全系统表现形式是不同的。

4. 安全目标功能多样性

由于安全系统要实现不同的目标或功能，因而在系统结构和构成因素方面体现出多样性。系统功能或目标的多样性决定了结构的多样性和构成因素的多样性。一方面，系统往往需要通过结构的变化，实现不同的功能。例如，两个安全系统的安全目标分别是将电流中的直流部分过滤和将电流中的交流部分过滤，前者和后者只需要将相同的组成部分通过不同的结构组织起来就可以实现不同的目标或功能。另一方面，安全系统要实现多种多样的功能，仅仅通过结构的变换是不行的，系统不同性质的功能有时来源于不同性质的构成成分。例如，一个安全系统可以通过电阻的串、并联来实现对电流电压的控制，但是在不使用电容的情况下，无论将电阻怎么组合也无法实现过滤电流中的交流部分。

5. 安全人体多样性

人是安全系统中最活跃的，也是最重要的主体因素，在安全人体多样性中考虑的是人生理和心理特征的多样性。人生理上的多样性主要是指生理参数和生理特点的差异：不同的地理区域、国家、民族、年龄人的测量参数和人体的解剖学特征可能存在不同程度的差异，例如，相同身高条件下白种人比黄种人臂展长。人心理上的多样性主要是指人和人之间智力、知识水平、能力的差距和世界观、知识结构、兴趣爱好的差异。每个个体之间的心理特点都不尽相同，如职业适应性、劳动影响负荷、工作能力及极限等。例如，对于同样的工作，有人觉得游刃有余，而有人觉得应付不来、心力交瘁等。

安全人体多样性不仅体现在个体之间，也体现在同一个个体的不同生命阶段中。每个人在幼年、少年、青年、中年、老年这五个阶段中人体参数和生理心理特点都是在不断变化的，尤其是心理特点可能在同一时间段内频繁变化。

6. 安全社会多样性

单纯的技术设备进步并不能完全避免事故，员工的态度影响操作的安全性，而员工的态度与组织的安全文化和制度息息相关。文化和制度是一个组织对外适应和对内整合的机制。若一个组织具有良好文化和制度，管理者和员工都能很好地融入进去，将会产生更强的组织承诺，使运行更有效率，也会有更好的效益。

安全社会多样性体现在大到不同的地域、国家，小到不同的地区、社区的安全文化、安全制度、安全生产力水平的多样性。当今社会是一个多样性的社会，由工业时代到信息时代的转变标志着安全社会多样性也受信息化的影响。工业社会是以标准化为特点的，因而同工业社会相比，信息社会则是“一个性质根本不同的社会”。

安全制度和安全生产力水平受社会对安全的重视程度和社会经济水平的影响，最根本取决于社会生产力水平。社会生产力水平低下，势必造成经济效益优先于安全效益，安全制度就不会完善、制度落实不能到位、安全生产力低下。因此不同国家、地区由于经济水平和生产力水平参差不齐也会使安全制度和安全生产力具有多样性。

7. 安全子系统多样性

安全系统由多层次的下级子系统根据其安全功能有机结合而成的。安全子系统多样性体现在两个方面：首先，不同的安全系统往往具有不尽相同的安全目标或安全功能，系统的功能是来源于构成系统的子系统具有的或子系统之间组合产生的新功能，因此功能或目标不同的安全系统往往具有不同的子系统。其次，俗话说“条条大路通罗马”，实现同一个安全目标的安全系统也可以由不同的子系统构成。例如，保护电路防止短路电流过大的安全系统可以是保险丝也可以是空气开关，两者的安全功能和目标是相同的，但是实现安全功能和目标所采用的物质、结构都完全不同。

8. 安全视角多样性

安全系统多样性还体现在多维视角上。因为安全系统是一个复杂的巨系统，安全系统具有多级层次，我们考量或评价一个安全系统时往往考虑的只是系统中的与被评价维度有关的子系统，因此从多维视角考察一个系统时，就可以体现出系统的多样性。例如，将一个工厂作为系统时，从防火这个维度考察系统时，我们其实考察的只是系统中实现防火功能的子系统。

9. 安全过程和结果多样性

相同的系统在发展变化过程中表现出多样性。安全系统的过程具有确定性和非确定性，其产生的随机行为可以是两种：第一种，约束系统演化过程的规则是确定的，其演化方向和演化结果也是可以预测的，但是系统最终的演化方向或结果是随机的、不确定的。第二种，因为安全系统是一个灰色系统，可能约束系统演化的规则也是不确定的，进而系统演化的方向和结果也不确定。

此外，安全系统可能受到外界环境的随机作用而产生随机行为，因为安全系统具有开放性特征，它和客体系统物质流、能量流、信息流是不断交换的，如果外部环境的能量流、物质流因为随机性涌入安全系统内部，就可能使安全系统产生随机的行为。

10. 内部变化呈现多样性

这种多样性主要是系统内因受到外部的影响而变化所引起的。例如，每个人是一个复杂的系统，人在生长发育过程中，由于环境因素、心理因素的影响和生活方式的影响，使身体器官病变，会发生各种各样的疾病，表现出系统变化的多样性。

安全系统由人、机、环等子系统组成，若各个子系统以及子系统内的构成因素发生变化，则系统一定会出现变化。对人这个子系统来说，人的心理虽然具有稳定性，但是也会受到外界环境的随机影响产生波动，情绪的波动往往通过人的行为变现出来，心理上较大的刺激也许会导致偏激行为的发生。对于机器这个子系统来说，随着生产活动的进行和外界环境对机器的作用，机器可能会发生老化、生锈、失控。机器的故障状态往往导致事故的发生，这时安全系统就发生了由安全到事故质的变化。对于环境子系统（指系统内部的环境）来说，它与系统的外部环境往往是没有明确的分界线的，因此它更容易随外界系统的变化而变化。系统内部环境的变化对人和机器子系统带来的影响程度更甚于外界环境带来的影响。

安全系统多样性原理的应用是多方面的，下面枚举一些实例。

（1）在安全工程专业人才培养上的应用实例。安全科学是一门正在成长中的新兴学科，安全问题本身又具有复杂性和多样性的特点。因此，需要建立一套既能适应市场经济对人才培养的要求，又能满足学生个体需求的安全工程专业多样性人才培养模式。安全工程专业技术人员是确保企业安全生产的中坚力量，担负着保障生产安全的历史使命。

在安全多样性原理理论指导下，肩负着人才培养的高等院校在安全工程人才培养模式上应做出相应的调整，建立安全工程多样化人才培养模式，结合本校具体实际，充分利用校内教师资源，依托校内优势或者特色学科，建设多样性安全工程专业。如具体消防安全、建筑安全、矿业安全、化工安全、电气安全、机械安全、核安全等方面特色的安全专业。对安全专业人才建立多样化的培养模式：①课程设置多样化；②实践环节多样化；③教育方法多样化。

（2）在安全文化多样性建设上的应用实例。安全文化建设在我国已经开展了二三十年，一些企业的安全文化建设都已取得丰硕成果。但是目前，我国安全文化建设虽然在核工业、铁路、石化、冶金、国防、民航、煤炭等领域得到了较快的发展，并取得了一定的成效，但从整体上看，特别是与安全的发展和建设和谐社会的要求相比，差距还很大。全民和从业人员的安全法律意识普遍不强，安全素质普遍不高，安全知识和技能普遍偏低等直接关系生命安全和职业健康的“软件”急需改善，安全文化建设的任务十分繁重。

针对不同行业，需要不同的安全文化。在不同行业运用安全多样性原理，建设与各个行业相适应的安全文化。不断提高全民的安全文化素质，是实现安全生产形势好转的治本之策，是当前和今后的重要任务。

（3）在学校安全教育形式上的应用实例。目前，一些学校平时只注重校园外在的安全防范管理，对学生的安全教育缺少整体规划，更没有实现科学化、制度化。另外，师生员工普遍认为安全教育是学校保卫部门的事，主要由保卫部门承担，其他部门对学生的安全教育参与比较少，未形成齐抓共管的局面。

有部分学校课堂上，校内安全、校外活动安全、卫生防病、饮食安全、交通安全、自然灾害防范等方面的教育至今仍是空白，安全教育未纳入课堂，只是在学生入学时由学校有关领导或管理人员对学生进行一次安全教育，学习校规校纪教育，安全常识教育很少，内容不明确。实际上，学生安全教育的内容繁多，涉及面广，而目前学生安全教育形式单一。因此，可以在安全多样性理论基础上，增加安全教育形式，在加强法律知识教育，增强道德法制观念；加强安全知识教育，提高防范意识和技能；加强规章制度教育，维护校园正常秩序；加强心理健康教育，注重心理疏导的同时，采取措施全面地进行大学生安全教育，如：加强舆论宣传，形成齐抓共管局面；提供制度依托，纳入正规教育行列；点面结合，突出安全教育重点；形成主观能动性，增强自我安全意识；进行安全咨询，提高教育管理效果。

7.2 安全降维原理

从哲学角度看，世界是多维的，世间万物均具有多维性。安全问题是由系统内人、物与环境等系统要素间相互作用或与外界发生作用而产生的，同样具有多维性，即安全具有多维性特征。其实，安全学科的综合交叉学科属性及安全的复杂性、非线性与动态性等也间接表明安全具有多维性。此外，随着人们所面临的安全问题或安全影响因素变得越来越复杂，安全科学日趋多维化，即安全主体、内容及影响因素等的多维性表现等日趋突出。因此，安全的多维性理应是安全科学领域值得关注和研究的安全的重要属性之一。

显而易见，事物的维数的增加会使得人们对事物的认识更加趋于本质化和系统化，但维数的膨胀也会提高所研究问题或对象的复杂性。同样，安全的多维性也会给安全科学研究，尤其是对安全系统学中的多维系统安全问题的解决与多维系统安全影响因素的控制带来诸多困难，如会显著增加对其进行科学分析、解释与应对等的难度，因此对它们进行降维处理就显得尤为重要。安全的多维性及其降维研究可为从正面视角（即基于安全的属性）提出系统安全保障对策，并为各安全系统学思想与系统安全保障对策的提出与应用提供理论依据，是安全科学理论研究发展的一个重要新进展。本节根据安全降维思维，提出安全系统降维原理，以便对安全的多维性情形之下的安全系统学研究与安全管理实践等提供理论依据和指导（吴超等，2019）。

7.2.1 安全降维原理的内涵

1. 安全的多维性的定义

维（即维度的简称）在不同学科领域有其不同的含义，如数学（几何学）中的维是指独立的参数；物理学中的维是指独立的时空坐标。基于广义哲学视角，可给出维的统一定义，即维是指事物“有联系”的抽象概念。维就是指事物的某一方面、某一属性、某一侧面或某方面联系等。所谓多维，一般指至少三种以上维度同时存在并发生作用的状态。

就哲学角度而言，事物的客观属性具有多维性。因此，为实现对某一事物的全面认识，需基于不同维度（即视角或出发点）考量研究该事物。由此推理，安全也具有多维性。安全的多维性可定义为：安全的多维性是指 n 种（一般 $n \geqslant 3$）维度的安全问题或安全影响因素同时存在于某一系统并对该系统的安全状态产生影响。

2. 安全的多维性的表现

由安全的多维性的定义可知，安全的多维性主要体现在三方面，即安全主体的多维性、安全内容的多维性与安全影响因素的多维性，具体解析如下：

（1）安全主体的多维性。安全主体的多维性是指就某一较大系统而言，安全主体一般均是多层面的。以全球与国家两个巨系统为例：①就全球而言，安全主体包括国际系统、国际子系统（即国际组织）、单元（如国家与民族等）、子单元（如各国政府机构与企业等组织）和个人等不同层面；②就国家而言，若按国家行政区划办法划分，安全主体包括国家、省（市）和县等，若按组织规模划分，安全主体包括国家、民族、企业（学校）、家庭与个人等。

（2）安全内容的多维性。安全内容的多维性是指安全所涉及的内容一般均是多方面的。例如：①从大安全视角看，安全内容覆盖传统安全（如国家安全、社会安全、政治经济安全、生产生活安全等）和非传统安全（非政治、非军事、非常规问题引发的安全问题）；②从生产安全视角看，可划分出很多行业的安全问题；③从具体安全保护对象看，安全内容包括生命（包括健康）安全与财产安全；④从安全知识类型看，安全内容包括诸多学科分支等。显然，还可以枚举出无数的安全内容分类方式，由此可知，基于不同维度可将安全内容划分为若干较为具体的安全内容，即安全内容具有多维性。

（3）安全影响因素的多维性。安全影响因素的多维性是指一般情况下，系统的安全状态同时受多维度安全影响因素的共同影响，它是安全的多维性特征的最重要与最明显体现。由此，根据常见的系统安全影响因素及其所属类别（即维度），可建立系统安全影响因素的多维结构模型，如图 7-2 所示。

由图 7-2 可知，一般而言，某一系统的安全状态会受到图 7-2 中的几个或所有维度的安全影响因素的同时影响。此外，需特别指出的是，物质维、心理维、环境维与管理维等一级维度下的若干较为具体的系统安全影响因素，一般也具有多维性，例如：就心理维下的安全态度与动机而言，不同个体具有不同的安全态度与动机，且每个个体的安全态度与动机在时刻保持动态变化（即具有随意性）；就物质维下的物质种类与性质而言，物质的种类成千上万，而各种物质的化学和物理性质等又不尽相同等。因此，显而易见，系统安全影响因素一般具有多维性。

综上所述可知，安全具有显著的多维性。换言之，多维性是安全的重要而普遍的特征之一。其中，安全主体与内容的多维性主要体现某一系统中所存在的安全问题的多维性，而安全影响因素的多维性则主要体现对系统安全状态有影响的因素的多维性。显然，安全主体的多维性、安全

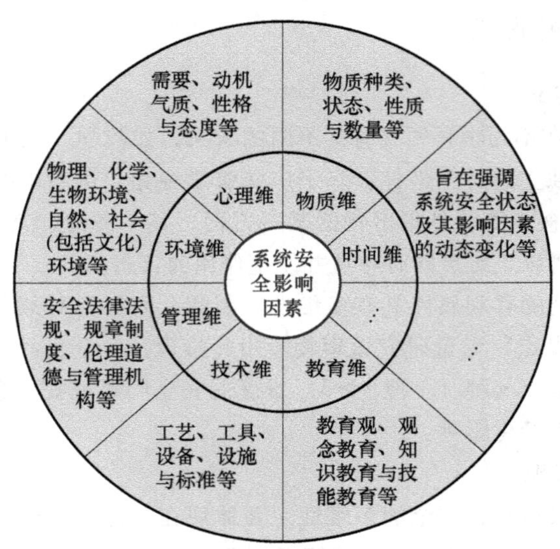

图 7-2 系统安全影响因素的多维结构模型（吴超等，2019）

内容的多维性与安全影响因素的多维性三者又可互相解释和说明，且相互关联，共同体现和决定安全的多维性特征。

3. 安全降维的必要性与可行性

在安全科学研究与实践中，人们一致认为，保障系统安全需从多角度、多因素、多手段与多环节着手。与此同时，人们不禁会思考并发问：①“人们能够解决具有多维性的系统安全问题吗？”；②“若能，那又如何从多维性的系统安全问题或系统安全影响因素中找到保障系统安全的具体安全对策呢？”显然，对上述两个问题的回答便是安全降维问题的基本出发点和关键所在。具体解析如下：

（1）对于问题①，其回答肯定是“能”，而事实也是如此，这也是安全科学研究与实践的重要价值的体现。具体而言，就是运用安全降维方法（即降低系统安全问题或系统安全影响因素的维数）来解决具有多维性的系统安全难题。这就需回答另一问题，即“为什么要进行安全降维？”这是因为：鉴于安全具有多维性，为了解具体的系统安全问题或系统安全影响因素，并探寻较为具体且较具针对性的系统安全保障对策，就必须要对系统安全问题或系统安全影响因素进行降维处理，以实现对多维系统安全问题的解决或多维安全影响因素的控制。

（2）对于问题②，显而易见，其答案也是“安全降维”。但是，该问题的答案的关键点并非仅为此点，还需回答隐含的另一关键问题，即“安全降维可行吗？”就理论而言，通过降维方法可实现对系统安全问题或系统安全影响因素的具体化（即低维化），从而找到较为具体且较具针对性的系统安全保障对策，即理论层面的“安全降维可行”；就实践而言，实则大量系统安全保障思路与对策等均是基于安全降维思想与方法得出的（将在下文通过举例进行详细论证），即实践层面的“安全降维亦可行”。总而言之，安全降维方法是可行的，即其能从多维性的系统安全问题或系统安全影响因素中找到保障系统安全的具体安全对策。

由以上分析可知，就必要性与可行性而言，安全降维同时具有极强的必要性与可行性，这充分表明安全降维原理的提出与研究具有极高的学术意义与实践价值。

4. 安全降维原理的内容与内涵阐释

基于安全的多维性及安全降维的必要性和可行性分析，提出安全降维原理。所谓安全降维原理，是指以保障系统安全为着眼点，针对安全的多维性特征，把多维系统安全问题或系统安全影响因素转化为较为简单具体的系统安全问题或系统安全影响因素，而且较容易对转化后的具体系统安全问题或系统安全影响因素进行科学理解和解释，以及有效解决和控制，进而提出较具针对性和最优或近似最优的系统安全保障对策的一种安全系统学思维和方法。简言之，安全降维原理的主体内容是“着眼点（保障系统安全）→针对现象（安全的多维性）→思维方法（安全降维）→直接目的（实现安全降维优势）→最终目的（获得可行安全方案，即保障系统安全）”，其示意图如图 7-3 所示。

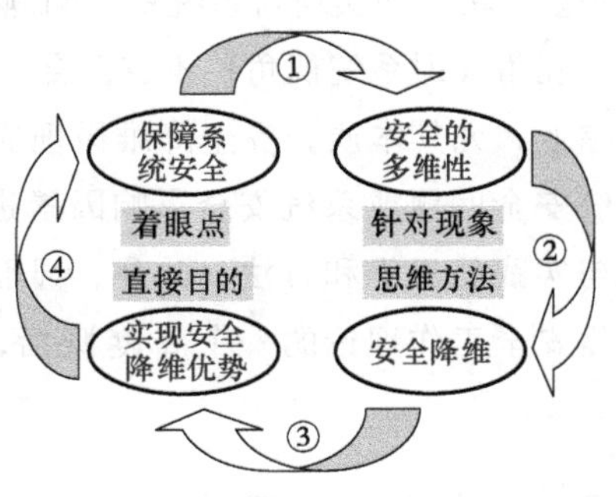

图 7-3 安全降维原理的主体内容示意图

基于安全降维原理的内容，阐释其内涵，具体分析如下：

（1）安全降维原理的着眼点是保障系统安全。由安全降维的必要性和可行性分析易知，安全降维的最终目的是找到保障系统安全的具体安全对策。换言之，保障系统安全是安全降维原理的基本着眼点（即出发点），也是安全降维原理的最终目的，即其着眼点与最终目的是相吻合的。

（2）安全降维原理是针对安全的多维性特征提出的。由安全的多维性的定义可知，多维性是系统安全问题或系统安全影响因素的重要特征，也正是它们的多维性特征致使解决系统安全问题或控制系统安全影响因素存在诸多困难。为克服这些困难，就需通过降维方法实现对多维系统安全问题的解决或多维安全影响因素的控制。换言之，安全的多维性是提出或催生安全降维原理的根本触发因素和驱动力。此外，正是安全的多维性特征才为安全降维提供了充分可能，换言之，若安全不具有多维性，安全降维也就失去了其必要与价值。

（3）安全降维原理的关键是对多维系统安全问题或安全影响因素进行降维处理。换言之，如何将多维系统安全问题或安全影响因素转化为低维系统安全问题或安全影响因素，并由此发现其内在结构与特点等是安全降维原理的关键。安全降维主要包括两方面含义：①多维系统安全问题的降维处理，即根据安全主体与安全内容等的不同，将存在于系统中的多维安全问题进行降维处理，以实现对具体安全问题的具体分析和解决；②多维安全影响因素的降维处理，即根据安全影响因素的属性，将系统安全影响因素进行降维（如一致化与标准化等）处理，以实现对具体系统安全影响的控制。

（4）安全降维原理的直接目的是实现安全降维优势。由安全降维的必要性和可行性分析易知，概括而言，安全降维的优点主要体现在两方面：①对解决多维系统安全问题或控制多维系统安全影响因素颇具优势；②可大幅度改善多维系统安全问题或系统安全影响因素的可理解性与可解释性，即有助于对系统安全问题或系统安全影响因素进行科学分析和解释。总而言之，安全降维可大大降低安全系统学中多维安全难题的研究和实际解决难度。由此观之，安全降维原理不仅对安全系统学实践具有重要的指导作用，还对安全系统学研究具有方法论层面的重要指导价值。正因安全降维具有上述两方面重要优势，才有必要提出安全降维原理并开展其研究与实践。因此，安全降维原理的直接目的实则是实现安全降维优势。

（5）安全降维原理是对系统安全问题或系统安全影响因素进行全面考察和认识的有效手段。由上分析可知，通过安全降维处理，并非仅是对某一视角或侧面的系统安全问题进行解决或系统安全影响因素进行控制，而实则可基于多角度、多因素、多手段与多环节考量与探讨保障系统安全的安全对策，即实现对系统安全问题或系统安全影响因素的全面考察和认识，这与安全系统学的研究视角（即系统视角）不谋而合。

综上，究其本质，安全降维原理实则是一种在安全的多维性情形之下，对现实系统中的多维系统安全问题或系统安全影响因素进行分析、建模、解决和控制的典型而有效的安全系统学研究与实践的思维和方法。此外，显而易见，安全降维原理可谓安全科学理论研究的一个新进展，是安全工作理论的一个高度概括，是遵循安全从繁到简的本质描述，是安全工作的基本法则。

7.2.2　安全降维原理的应用

由安全降维原理的内容与内涵可知，安全降维原理可广泛运用至安全系统学的理论研究层面与实践应用研究层面。下面基于上述两个层面，对安全降维原理应用的普适性进行论证，以表明安全降维原理具有重要应用价值和广泛应用范围。

1. 理论层面的应用

就理论层面而言，安全降维原理是一种安全系统学研究方法，其属于方法论的范畴。其在安全系统学理论研究中已被广泛应用，为方便和简单起见，运用归纳方法仅对安全系统学理论研究中的部分较具代表性的八种安全降维方法（即问题归类方法、因素归类方法、对策归类方法、系统分解方法、系统横断方法、局部安全方法、寻关键点方法与安全评价方法）进行举例和解释（表7-1）。

表7-1　理论层面的安全降维原理应用（吴超等，2019）

应用实例	具体解释
问题归类方法	问题归类方法是指根据系统中各安全问题的本质属性的相同点和不同点，将安全系统学的具体研究对象分为不同种类的具体安全问题的一种安全系统学研究方法，其本质是一种典型的多维系统安全问题的降维方法，如生产安全问题可分为矿山安全、建筑安全、化工安全与电力安全等具体安全问题
因素归类方法	因素归类方法是指根据各系统安全影响因素的本质属性的相同点和不同点，将安全系统学的具体研究对象分为不同种类的具体系统安全影响因素的一种安全系统学研究方法，其本质是一种典型的多维系统安全影响因素的降维方法，如系统不安全因素可归纳为人、物、环、管四方面，每一方面的系统安全影响因素又可细分为若干小类（如人方面包括生理、心理与人性等方面）
对策归类方法	对策归类方法是指根据保障系统的各安全对策的本质属性的相同点和不同点，可将保障系统安全的对策划分为不同类型，进而安全系统学的具体研究对象可定为某类安全对策，其本质是一种安全降维方法，如最为典型的安全“3E”对策
系统分解方法	系统分解方法是指把一个规模庞大，安全主体、安全内容或安全影响因素繁多，安全信息量巨大且安全管理复杂而困难的系统，分解成若干个相对独立的子系统开展具体研究，其本质是一种安全降维方法，如可将组织安全文化系统划分为人系统与物系统两个子系统开展组织安全文化研究

（续）

应用实例	具体解释
系统横断方法	系统横断方法是指针对系统某一断面（即剖面）的安全问题或安全影响因素开展安全系统学研究，这本质是一种安全降维方法，如对企业系统的组织层面和个人层面的安全问题或安全影响因素分别开展研究
局部安全方法	局部安全方法是指通过保障系统局部（即子系统）安全来实现保障整个系统安全的安全系统学研究方法，其本质是一种安全降维方法，这类似于系统分解方法，不再对其进行详细解释
寻关键点方法	寻关键点方法是指通过寻找系统突出安全问题或安全影响因素，并对系统突出安全问题进行解决或对系统突出安全影响因素进行控制以实现系统安全的安全系统学方法，其本质是一种安全降维方法，如通过系统安全薄弱环节的改善以实现整个系统安全水平的改善
安全评价方法	由诸多系统安全评价方法可知，对整体系统安全状态信息的表达均是建立在安全降维基础之上，即一般通过将各风险维度的安全信息以打分与测量等方式，最终经归一化处理为无量纲的分值来表征系统整体安全水平，其本质是一种安全降维方法，类似于高维安全数据的降维处理
…	…

2. 实践层面的应用

就实践层面而言，安全降维原理是贯穿于整个安全系统学应用实践过程的一种根本指导理论和方法。经梳理分析发现，目前学界、政界与企业界等主要围绕多维系统安全问题解决和多维系统安全影响因素控制两方面开展安全降维原理方面的安全系统学应用实践活动。具体分析如下：

（1）在多维系统安全问题解决方面，目前人们主要运用上述提及的问题归类方法与系统分解方法等安全降维方法开展安全降维原理应用实践活动。对部分较具代表性的应用安全降维原理解决多维系统安全问题的实例进行举例，见表7-2。

表7-2 安全降维原理在多维系统安全问题解决方面的应用（吴超等，2019）

应用实例	具体举例
政府安全监管机构设置	例如：①根据安全主体的不同，我国将政府安全监管机构设置为国家、省（市）与县等不同层级；②根据安全内容的不同，我国政府安全监管职责又分配至各个部门（如公安部门负有交通安全监管职责，卫生行政部门负有食品安全监管职责等），且各安全监督管理局又内设不同机构（如危险化学品安全监管科、工商贸企业安全监管科与职业安全健康监管科等）等
企业安全管理部门设置	例如：企业设有安全生产委员与安全部（科），且其他部（科）直至班组的负责人等均负有安全管理职责等
安全法律法规等的制定	例如：根据安全内容的不同，我国政府制定了《中华人民共和国安全生产法》（为加强安全生产工作，防止和减少生产安全事故）与《中华人民共和国职业病防治法》（为预防、控制和消除职业病危害，防治职业病，保护劳动者健康及其相关权益），且又制定了《中华人民共和国矿山安全法》、《建设工程安全生产管理条例》与《危险化学品安全管理条例》等具体配套安全法律法规等
安全学科专业课程设置	针对不同的安全问题，我国现行的学科划分标准将一级学科“安全科学技术”划分为“安全社会科学”“安全物质学”与“安全工程技术科学”等二级学科，每一个二级学科又包含若干三级学科等

（续）

应用实例	具体举例
安全学科专业方向设置	针对不同的安全问题，我国高等院校将安全学科专业方向设置为安全技术及工程与安全管理工程等，且又可细分为矿山安全、建筑安全、化工安全、应急管理与职业卫生管理具体专业方向等
…	…

（2）在多维系统安全影响因素控制方面，根据事故致因理论，即事故主要是由人的不安全行为与物的不安全状态所致，换言之，系统安全影响因素主要包括人因与物因两方面，故目前人们主要围绕人因降维与物因降维两方面开展安全降维原理在多维系统安全影响因素控制方面的应用实践。常言道，“人以群分，物以类聚”，其实，若将其运用于多维系统安全影响因素控制，就是对安全降维原理的极好验证或实践。细言之，若将其用于多维系统安全影响因素控制，“人以群分”就是人因降维；若将其用于多维系统安全影响因素控制，“物以类聚”就是物因降维。在此，对此类应用实践实例进行概括举例（表7-3）。

表7-3　人因降维与物因降维的应用（吴超等，2019）

类型	子类	具体举例
人以群分	人方面的危险有害因素分类	人方面的危险有害因素可划分为心理性危险有害因素、生理性危险有害因素与行为性危险有害因素等，又可细分为负荷超限、心理异常、操作错误与指挥错误等
	安全教育培训分类	安全教育培训按教育的对象可划分为领导干部的安全教育培训、专职安全管理人员的安全教育培训、其他管理人员的安全教育培训、新员工的三级安全教育培训、转岗及重新上岗人员的安全教育培训与特种作业人员的安全教育培训等
	危险作业分类	根据不同危险作业类型（如动火作业、高处作业、受限空间作业与动土作业等），把危险作业人员划分为不同类型的危险作业人员，以便于有针对性地开展安全管理和安全教育等
	岗位安全要求分类	一般而言，对不同岗位（如领导岗位、管理岗位与作业岗位等）的人员应有不同的安全要求（安全职责分配与安全知识技能掌握等），在实际安全管理工作中，需分类处理
	安全职责划分	就政府安全监管职责而言，交通运输部门（道路运输安全）、质监部门（特种设备安全）、住建部门（建筑工程安全）与应急管理部门（消防安全）等部门负有不同的安全监管职责；就企业安全生产管理职责而言，法人代表、总经理、副总经理、专职安全员与其他企业人员等，或安全环保部门、生产部门、采购部门和财务部门等部门负有不同的企业安全生产管理职责
	安全社区分类	一般而言，社区的规模与社区居民的安全需求对安全社区的建设要求具有显著影响。因此，可按社区规模和社区居民的安全需求对安全社区的类型进行划分，前者包括巨型、大型、中型、小型与微型安全社区，后者包括高、中、低安全需求的三类安全社区
	…	…

（续）

类型	子类	具体举例
物以类聚	物方面的危险有害因素分类	物方面的危险有害因素可划分为物理性危险有害因素、化学性危险有害因素与生物性危险有害因素等，又可细分为化学品类、辐射类、生物类、特种设备类与电气类等
	生产现场区域划分	生产现场区域划分是进行安全目视化管理的关键。生产现场区域可分为作业区域、安全通道、易燃易爆区域与休息区等，以便于针对具体区域的物因开展有针对性的安全管理和防护
	危险物质分类	危险物质分类存放，可使小范围内的危险物质相同，即降低危险物质的多样性维数，便于对危险物质进行安全管理
	安全标志分类	根据安全标志所表示的不同安全意义，我国现行的《安全标志及其使用导则》将安全标志划分为禁止标志、警告标志、指令标志与提示标志等
	…	…

此外，除上述“人以群分”的人因降维方法和“物以类聚”的物因降维方法外，其实，大量的安全法律法规、安全标准规范与安全规章制度等的本质作用理论也可归为人因降维或物因降维，具体举例如下：

（1）人因降维：①安全法律法规、规章制度与标准规范等可规范组织或个体的任意行为，即降低组织或个体的行为的随意性维数；②安全教育与安全文化等可使人的安全态度、知识、技能和能力等趋于一致，即降低人的随意性维数；③严格人员素质准入，即降低人的安全素质维数等。

（2）物因降维：①严格工艺技术设备准入，即降低物因多样性维数；②对不符合安全法律法规、安全规章规定或安全标准等要求的设施、设备、装置、器材与运输工具等进行淘汰或责令停止使用处理，即降低物因的多样性维数等。

7.3 安全降变原理

7.3.1 安全降变原理的提出及其解析

变化是世间万事万物的共性。在安全领域，一直有研究者对变化与事故的关系开展研究。变化，既有预期的和有利的，又有意外的和不利的。国内外学者将变化中不利于安全的那一类变化视作扰动，并基于变化或扰动提出一系列安全理论与模型，如 Benner 提出的扰动起源事故理论，将事故看作由事件链中的扰动开始，以伤害或损害为结束的过程；Johnson 提出的“变化-失误”模型，认为事故是由管理者或操作者未适应生产过程中物或人的因素的变化而导致的；Sklet 将变化分析视为事故分析的一种可行的和重要的手段，并将其与多种经典事故分析方法置于等同地位进行分析研究；国内学者何学秋认为任一事物从诞生到消亡是动态的过程，任一事物的秩序都是由无序和有序两种状态动态地更替变化所致，并基于此提出了“安全流变-突变”这一系统的和动态的安全科学理论；此外，吴超基于扰动给出了安全容量的定义，在此基础上提出一系列安全新理论。除上述基于变化的安全理论与模型之外，对于变化这一自然规律，在安全标准化和项目管理中有变更管理这一应对变化的重要理论与方法，即为了适应系统或项目中因素、状态、功能、理解和行为等的变化，随之进行变化的控制和管理，使系统朝着安全有序的状态演化。

变化是事物发展的客观规律，系统向更安全的状态演化需要经过变化，而系统的事故灾害发生过程也是一种变化。前者是我们所追求的，后者是我们需避免的。因此，从变化入手，研究保障系统安全和预防事故灾难是一个非常关键的切入点。但目前已有的基于变化的理念、理论、模型和方法等的研究，大多仅停留在表层现象，系统的和成体系的研究甚少。因而，基于变化进行系统的、动态的和科学的安全理论、模型与方法的研究很有潜力并且大有可为，同时对安全科学的发展具有重要意义。

鉴于此，下面重点讨论与系统事故灾害发生相关的不利的和偏离预期计划的变化，这里将这种变化简称为灾变或恶变。在此基础上，依据变化与系统安全和事故的一般规律，分析提出安全降变原理，基于安全降变原理给出作业场所事故致因的新定义和新分类（吴超和李思贤，2019）。

1. 安全降变原理的内涵

系统是由若干要素组成的统一整体，任一事件或事故同样构成一个系统。根据系统结构决定其功能的基本系统原理可知，系统是结构和功能的统一体，结构是系统内部要素相互作用的秩序，功能是系统对外部作用的秩序。将讨论的系统具体为某一事件或事故，可将事件或事故发生前后各要素及各要素间关联的状态视为系统结构，将事件或事故的结果和影响视为系统功能，则系统变化（要素变化以及各要素关联关系的变化）将导致系统目标、结果和影响的变化。若继续探究，进行辩证分析可知：

（1）变化会导致事故。系统结构决定其功能，系统结构变化则其功能变化；换言之，系统各要素及各要素关联状态的变化将影响系统结果。辩证分析系统的这种变化，则变化既可能是导致系统出现好的结果，又可能是导致系统出现坏的结果。分析其本质，当系统各要素及各要素间关联状态发生变化且作用于系统中的人、物与环境时，人的生理、心理和动作将对应产生变化，物的状态将对应发生变化，环境状态也将随之变化。当人的生理、心理和动作产生不利系统安全的变化，物朝着衰变状态变化，环境朝着更加恶劣的状态发展时，共同的作用将导致系统朝着不利结果发展，将产生不利的影响。简言之，变化会导致事故，恶变必将导致事故。

（2）降变可预防事故。变化会导致事故这条一般规律，为事故预防提供了新的思路与方向。系统结构决定其功能，系统各要素及各要素间关联状态的变化会影响系统结果，变化会导致事故。逆向考虑，为使系统功能不改变，需保证系统结构不改变；即为使系统结果不变化，需保证系统各要素及各要素间关联状态不变化；为预防事故发生，需使变化不发生。简言之，减少变化和避免变化可预防事故，即降变可预防事故。当然，往好的方向变化是有利预防事故的。

将以上两条安全系统分析的一般规律加以整理、凝练，可总结成为一条新的安全科学基本原理——安全降变原理。安全降变原理，揭露了变化会导致事故的一般规律，同时指出了降变可预防事故，为系统分析和事故分析提供了新的视角，也为事故预防提供了新思路与新方法。

2. 安全降变原理的研究意义

就理论而言，开展一项研究时应具有充分的缘由，这是顺利开展该项研究的基本前提，也是开展该项研究的价值和意义所在。概括而言，提出与研究安全降变原理的缘由主要有以下五个方面：

（1）系统变化的研究具有普适性。“无物常住，万物皆流”，系统是动态的和不断发展的，系统中各要素和各要素的关联状态是不断变化的。系统变化是动态的，系统变化是普遍的，因而对系统变化的研究也具有普遍意义和普适性。

（2）变化分析适用于系统各要素，能够统一系统各要素的分析。随着社会和技术的发展，安全系统日趋巨大化与复杂化。安全系统的复杂性使得系统分析变得复杂化与烦琐化，常规的分析视角很难兼顾系统中各个要素（如对系统中人的心理分析并不适用于系统中物和环境要素的分析）。由于系统的动态性，系统中各要素的动态变化成为系统中各要素的共性，因而系统变化的分析得以连接系统中各要素的分析，实现系统中各要素的连接和统一。

（3）安全降变原理是一般规律而非绝对规律，它是适用于系统安全分析的基本理论。由系统安全韧性理论可知，安全系统在一定时空内面对风险的冲击与扰动时，具有维持、恢复和优化系统安全状态的能力。因为系统安全韧性，变化不一定都会导致系统事故，需要辩证地分析与探究。安全降变原理是经辩证分析得出的理论，是符合系统本质特性的，是合理的。

（4）安全降变原理的研究符合现代安全科学研究的“信息学化”和“行为学化”趋势。安全降变原理的合理性体现在理论研究和应用的辩证思想上，辩证分析的理论基础是系统安全韧性理论，系统安全韧性可由人的行为实现。安全降变原理的研究和应用的实质最终会落到行为这一基本点，行为的指导又由信息的感知和认知实现，因而安全降变原理的研究与应用最终会落到信息与行为这两个实质基本点上，这符合现代安全科学研究的“信息学化”和“行为学化”，是具有研究基础的，是可行的。

（5）安全降变原理指出变化会导致事故，将变化作为基本研究要素，为系统安全分析和事故分析提供了新的视角，为事故致因的定义和分类提供新的标准，为事故分析提供新的理论依据；同时，安全降变原理提出降变可预防事故，指出可通过积极的降变手段和措施来预防事故的发生，为事故的预防和事故的控制提供新的切入点和对策措施。

由此可见，进行安全降变原理的研究以及进行基于安全降变原理的一系列研究，在理论层面和实践应用层面都具有重要意义。下面从基于安全降变原理的系统变化分类方法和对作业场所事故致因定义和分类的创新来证明安全降变原理的实际价值。

7.3.2 基于安全降变原理的实例

1. 基于安全降变原理的系统变化分类实例

系统变化的分类是进行安全降变原理研究的基础。为准确表征变化与事故之间的联系，通常需要对系统变化进行准确的分类与分析。

（1）安全科学研究中，常将安全系统划分为宏观安全系统、中观安全系统和微观安全系统三个层面进行整体分析。宏观安全系统以社会技术系统的大环境作为中心，如国家政府层面、安全监督管理机构层面等；中观安全系统以公司等组织系统为中心，可划分为组织内部和组织外部进行分析；微观安全系统以人、机或人-机交互为中心。因而在探究变化对系统安全的影响机制时，从宏观安全系统、中观安全系统和微观安全系统三个层面进行分析，寻求对研究对象的整体把握。

（2）无论是宏观安全系统的变化、中观安全系统的变化还是微观安全系统的变化，都可能引起系统内行为者的心理、生理、知识结构、感知、认知、决策和行为的变化，使行为者的行为状态由安全状态变化为不安全状态，从而引发事故。

（3）宏观安全系统的变化、中观安全系统的变化和微观安全系统的变化，一方面会影响系统内物的状态的自然变化，加速或阻碍系统内物的状态变化；另一方面，变化通过影响系统内行为者的行为，进而对系统内物的变化产生干预，使得系统内物的状态改变的速度发生变化，或使得系统内物的状态改变的轨迹发生变化。

（4）宏观安全系统、中观安全系统和微观安全系统间，既有沿着系统层级次序的正向的作用，又有逆向的反馈。一方面，宏观安全系统变化依次影响中观安全系统和微观安全系统的变化；另一方面，微观安全系统变化和中观安全系统变化的逆向反馈最终会影响宏观安全系统的变化。各层级安全系统间的正向作用和逆向相互反馈，使得各层级系统相互作用，形成统一整体。

宏观安全系统、中观安全系统和微观安全系统之间并无明显界定或界限，各层级系统中的变化从不同视角可有不同的细致分类方法。基于上述分析，可列出宏观、中观和微观等各级安全系统中的主要变化类型，如图 7-4 所示。

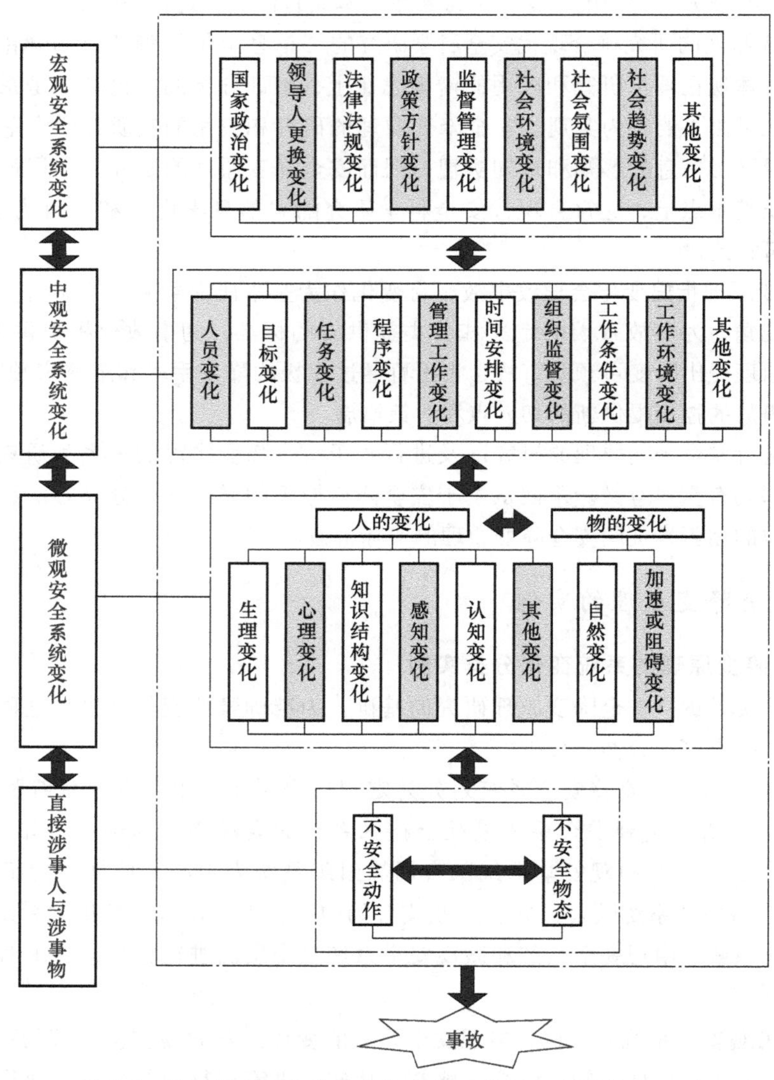

图 7-4　各层级系统变化的分类实例（吴超和李思贤，2019）

2. 基于安全降变原理的作业场所事故致因新定义及分类

安全降变原理揭示了变化会导致事故这一一般规律。将导致事故的每一动作、物态、环境情景等的发生瞬间视作特殊的时间节点，则每一特殊时间节点前后的动作、物态、环境情景等状态的差异，即为导致系统事故发生的变化（灾变），即成为事故致因。考虑导致事故发生的事故致因出现的时间节点前后的系统状态的差异，重新定义导致各类事故发生的事故致因，提出基于安全降变原理的事故致因新分类及实例，见表7-4。

表7-4　基于安全降变原理的事故致因新分类及实例

事故致因例子	基于安全降变原理的原因	变化尺度的归类
监督管理不到位	监督管理灾变化	宏观安全系统变化
法律法规及政策方针不合理	法律法规及政策方针灾变化	宏观安全系统变化
安全防护装置缺少或有缺陷	工作条件灾变化	中观安全系统变化
生产（施工）场地环境不良	工作环境灾变化	中观安全系统变化
没有安全操作规程或不健全	管理工作灾变化	中观安全系统变化
劳动组织不合理	组织监督灾变化	中观安全系统变化
对现场工作缺乏检查或指导错误	管理工作灾变化	中观安全系统变化
技术和设计上有缺陷	工作条件灾变化	中观安全系统变化
教育培训不够或未经培训，缺乏或不懂安全操作知识	知识结构灾变化	微观安全系统变化
没有或不认真实施事故防范措施，对事故隐患整改不力	行为响应灾变化	微观安全系统变化
违反操作规程或劳动纪律	行为响应灾变化	微观安全系统变化
操作者生理不适	生理灾变化	微观安全系统变化
操作者判断和操作不当	行为响应灾变化	微观安全系统变化

事故发生的直接原因的实质为行为状态的不安全变化和物态的不安全变化，各层级系统的不利变化和不安全变化影响系统的安全运行，各层级系统的不利变化和不安全变化与事故的发生有着直接的因果关系，变化的错误或正确的管理与引导，对事故的发生或预防有着直接的决定作用。

7.4 安全容量原理

本节旨在从理论层面研究安全容量原理。基于对安全科学理论的认识和安全容量的理解，通过分析研究安全容量，并基于不同场合或者系统安全容量的确定方法，研究安全容量原理，并得出安全和安全容量的定义及其下属子原理（谢优贤和吴超，2016）。

7.4.1 安全容量原理的内涵

1. 安全的容量属性

容量最初是为了表示某个物体容纳其他物体能力而提出的，随着人们认识水平的提高，容量的内涵逐渐由衡量数量、体积以及质量这些具体直观的物理量，拓展到时空和抽象的意识领域。因安全科学的综合属性具有浩瀚的时间和空间，决定了研究安全科学的有效途径之一是比较研究方法。容量作为物体的固有属性，是衡量其承载能力的直接度量手段，对容量进行研究是为了更好地平衡物体与被容纳物体的关系。而安全就是系统中的伤害和风险水平可以被人们所接受，使人们正常生活不受影响的一种状态。对系统来说，最直观的衡量安全的方式就是系统中存在的危险水平是否超过其允许限度，即在一个系统中自然环境、物质经济、人文因素等对于风险的承载能力是有一定限度的，当风险水平超过系统的安全承载能力时，系统就会崩溃，事故灾害就会发生。通过类比可发现安全具有容量属性（图 7-5）。

安全容量可定义为：在某一确定的系统中，允许各种人、物、环境及其组合作用下的各种非正常变化或活动引起的“扰动”，当这种“扰动”达到最大时系统仍然安全的最大允许值。由此看出，安全容量是一个与风险相关的临界量，这是由安全特有的相对性决定的，人们定义安全为可接受的风险，因此安全容量本质上就是衡量某一特定系统其承载风险扰动能力大小的风险容量，它由各个具体的生活和生产活动环境中的风险综合决定。

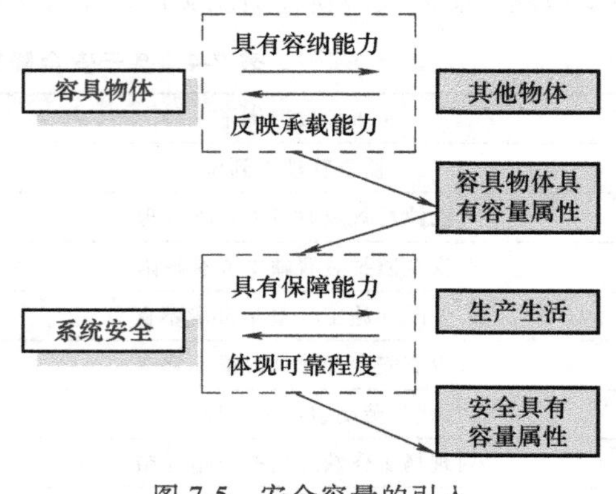

图 7-5　安全容量的引入

安全具有容量属性，但国内对这方面的探索尚处于起步阶段，对安全容量的研究常见于化工园区的安全容量、安全人口容量、污染物浓度容量等一些具体针对性的安全领域方面。这不免会使人对安全容量产生错误的认识：容量即物体能够承载的最大量，也就是说容量是一个数量值；而一个系统中自然环境、经济、人文条件对灾害和事故的承载力也是有一定限度的，这个限度也是一个量值，从而得出安全容量是取其最小限度的那个量值，即安全容量也是一个直观的数量值。上述安全容量的认识把系统默认为简单的串联系统，违背了安全的系统性特征。通过进一步比较安全与容量的关系，可以发现仅从安全具有容量属性的角度不足以诠释安全容量的系统性。

2. 容量的安全属性

容量反映容具的承载能力，在一定程度上就是为了保障容具的可容纳性，从安全的角度考虑容量，可容纳性是指容具的安全性，即容量具有安全属性。对于容量，我们往往很直观地研究其某一方面，如当我们考虑物体承重能力时，容量代表的是物体的重量；当我们研究液体的存放时，容量代表的是体积；对计算机的内存，容量则是相应的数据容量等。如果用系统的观点来看待容量，容具不仅有承重能力，也有着空间容纳能力，信息储存能力等，进而从安全系统的视角，容具的这些承载能力也是其安全性的体现。如图 7-6 所示，安全容量实质上就是容量，此时的容具为抽象的系统，即系统安全容量实质就是系统容量。

从图 7-6 可以看出，此处系统容量衡量是系统各个维度的容纳能力，而这各个维度正是安全容量系统性的体现。系统的观点决定了安全容量并不能视为一数量值（从统计学的角度，一维数值对反映系统信息方面来说，自身就存在很大程度的信息缺失），安全容量无论从安全的视角，抑或容量方面，都决定了其多维的空间属性，即安全容量反映系统承载风险的能力，是由系统各风险维度的安全容量共同决定的，安全容量是一个多维空间向量。

安全容量更确切的定义应为：在某一确定的系统中，允许各种人、物、环境及其组合作用下的各种非正常变化或活动引起的不同维度的“扰动”，当这一系列“扰动”均达到最大时系统仍然安全的最大允许值，将此时由各风险维度最大允许值构成的安全容量定义为安全极限容量；将

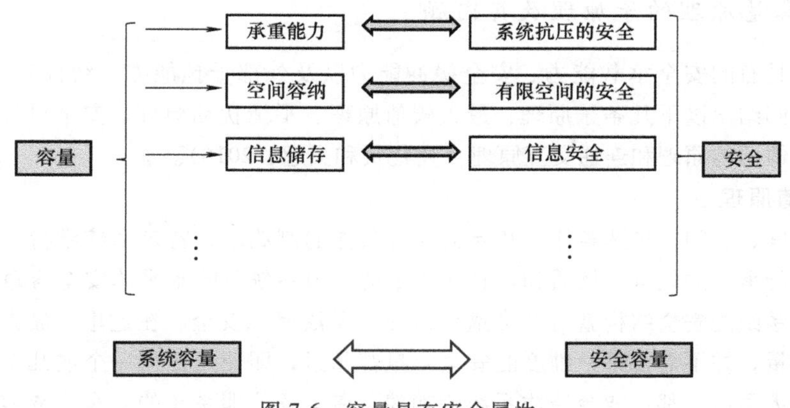

图 7-6　容量具有安全属性

由任一维度（或任 n 维度）的最大允许值与其他维度在对应的最大允许值范围内的任意值所组成的安全容量定义为安全临界容量，则安全容量作为一个 n 维的空间向量，其构成的向量空间代表了系统的安全空间，这一安全空间的范围由安全临界容量决定（其中，n——系统的风险维数，取决于对该系统风险的认识程度。）

3. 安全容量的研究方法

通过上述分析可知，系统安全容量实质就是系统的容量。但如果仅从容量的角度，按照以往容量的研究方式，这在安全容量研究上是行不通的。对安全容量，容量并不仅仅只针对系统的人口、环境、机器、能量、行为以及生理和心理等其中的任一维度，只有系统化考虑的容量才是安全容量。正是由于系统中风险维度的不确定性以及各维度的互不相容，系统化必然导致系统容量的空间属性，即安全容量（系统容量）是一个 n 维的空间向量，(x_1，x_2，…，x_n)，其中 x_1、x_2 等代表系统的各个风险方面。

对系统而言，因为不确定性的风险具有不同的维度，有能量维度的风险、物质维度的风险、时间维度的风险以及心理维度的风险等，这些不相容的维度在衡量相应风险容量方面各有着不可替代的意义，且只有同一维度的其容量才有大小之分。因为不同系统其风险维数不同，所以系统安全容量只有针对特定系统才有意义。

安全容量是在对系统各风险维度全面研究的基础上，评价系统安全性的一个全新安全术语。在反映系统承载风险能力的方面上，安全容量作为一个 n 维的向量，系统安全性的优劣不仅取决于每一维容量的增减，还与对系统可能存在的风险维数的研究，即 n 值的大小，有着密切关系，且这种关系表现为当系统所能考虑的风险维数越多（n 值越大），系统的安全性就越好。

因为对系统的认识往往会受到现有水平的制约，系统风险维数的增加相较于同维度容量的增大更为困难，所以当前安全容量的研究意义主要在于通过权重分析找出优势维度（即对系统安全性的重要度高），改进提高其相应的容量，进而改善系统整体的安全性。

和容量一样，安全容量的引入使得系统安全这一抽象概念变得相对具体直观，对于特定系统而言，事故的发生就可以看成系统中生产或生活活动的失衡导致的安全容量超过了系统所能承受的安全容量。同样通过界定出系统的安全容量空间，规划合理的安全容量，就可以很好地预防事故的发生。

7.4.2 安全容量原理的子原理及其内涵

根据系统所具有的安全承载能力、安全缓冲能力以及外部干预能力，结合安全的系统特性，将安全容量原理归结出以下几条子原理：最大阈值原理、平衡扰动原理、安全可控性原理、安全有序性原理、反馈调控原理和连通交互原理（谢优贤和吴超，2016）。

1. 最大阈值原理

在一定的时间、空间、自然条件以及社会经济条件的制约下，特定系统维持一定的稳定状态与功能时，其所能承受的能量、物质和信息是有限的。当系统风险水平的安全容量骤然超过其最大允许容量时，系统的安全结构就可能会遭到破坏，无法保障安全。在这里，最大阈值对应于系统 n 维的安全容量，并不需要每一维度的安全容量都超过，即使是任何一个或几个风险维度的安全容量超过其最大阈值，都可能会造成系统的崩溃。最大阈值即系统的安全临界容量，系统安全容量所构成的安全空间正是由安全临界容量所决定的。直观上，系统的各维度扰动处于此安全空间内则视为系统安全，若任一维（或 n 维）的扰动越过此空间则系统活动不安全。最大阈值是针对系统安全容量限度而言的，是风险濒发时的一个瞬间的状态量，此时系统安全的崩溃是由于在有限的时空内扰动瞬间过高所导致的结果。

安全容量以风险的扰动考证系统安全，即变化限制在相应系统的安全空间之中。对事故发生的解释就变得很简单——系统活动超出所界定的空间内。直观上，限制活动在安全空间内就可以保障安全，但实际活动中由于风险维度的不确定性，对安全临界容量认识的局限性，往往会导致事故预防的片面性，进而产生一种安全的错觉。最大阈值揭示了事故突发性的本质——即使其他维度确保安全，但总会有所忽视的那一维度扰动超过阈值。

2. 平衡扰动原理

开放性的动态系统具有能够适应不超过其承受能力的扰动的功能，即安全缓冲能力，在一个合理的扰动区间内，系统的活动可以维持动态平衡而不发生事故。作为安全容量的研究对象，系统是由各种组成部分结合而成的动态有机体，系统的各要素间、各要素与环境间不断地进行着内部和外部的能量、物质以及信息的交换，这决定了系统安全容量的每维度都是动态量、过程量。它随时间和空间变化而变化，这一系列变化就构成了安全空间。这一由所允许的扰动决定的安全容量所构成的空间表征着系统的可靠性程度。安全容量空间越大，系统的安全可靠性程度越高，系统在受到外界不可抗力影响的情况下就更容易恢复并维持稳定。

平衡扰动原理表明系统安全容量不是一个一维的数值，同样也不是 n 维的空间点，安全容量是一个动态量，表征的是一个 n 维空间中变动的点集，而这一系列变动发生的空间即为安全空间。

3. 安全可控性原理

系统的安全容量并不像精密容具那样，一旦确定其容积就不可更改，根据“木桶短板效应”，系统的某一维的安全容量取决于其最薄弱的环节，这正好表明了安全容量能得以调控、提升的方式——改善其薄弱环节。对于特定系统，人们可以通过外界干预增减相应能量、物质及信息的流动，有目的地针对系统的薄弱环节，使其得以优化，提高系统该维度的最大允许安全容量，从而提高系统的安全水平。

因为系统安全容量是一个 n 维的空间量，不同维度最大允许安全容量的提高对增加系统安全容量的绩效大小可能并不相同，此时需根据风险分析的原理，综合风险频率及后果程度，评价出风险影响显著的风险维度，从而确定出最优改进方案。

如“木桶问题“中如何增大木桶的盛水量，现有两种有效的方案：

一是由于“短板效应”，增加短板的长度，就可以使木桶盛水量得到增加。正如上面所说对应于同一风险维度的安全容量，改善其薄弱环节就可以有效地提高系统的安全容量。

二是在不改变木桶各板长度的前提下，通过采取倾斜木桶的方式，也可以有效地避免短板的不足，增大木桶的盛水量。但此种方法很明显会受到木桶各板的制约，所盛水量的增加是有限的。这就是安全容量空间性的体现，安全容量并不是一维的，它也有着类似的“各木板”维度和“倾斜角度”维度。

4. 安全有序性原理

凡是系统都是有序的，这是系统有机联系的反映。稳定有序的联系决定了系统发展变化的规律性。正是这种规律性使得系统的安全容量有迹可循，对安全容量研究正是在综合分析人、机、环境各子系统的基础上，通过层次权重确定研究的维数，并结合相应的事故树分析，发现每一维风险的薄弱环节，从而界定其安全临界容量，即系统安全容量是对应于系统各风险维度坐标系并可以通过系统相应的安全分析得出的 n 维几何空间。

对于容具而言，有序的状态可以更好地拓展其容纳能力；类比安全容量，根据海恩里希事故致因理论，对于安全容量定义中的风险“扰动”，本质就是有序事件链导致的，对每一风险维度，其安全容量的提高也正是基于对有序事件链认识，同样，事故树的建立也离不开对风险的有序分析。

没有有序的条件作为保障，对系统的分析就不可能准确且全面，对事故的控制预防就可能顾此失彼。此外，安全有序性还体现在意识层面领域，安全容量不仅仅是一个简单的衡量系统承载风险能力的指标，还可以作为系统的分析方法，由点到面，将抽象的安全理论转化为具体的安全分析，犹如物理中的“场”论，使得安全思维立体化、形象化。

5. 反馈调控原理

反馈指的是输入的信息和资源经过处理后，将结果再送回输入状态，并对新输入信息和资源发生影响的过程。简单而言，原因导致了结果，结果又反过来影响了原因（增强或减弱）。对于特定系统来说，系统的可靠程度决定了其安全容量空间，而安全容量体现了系统保障安全生产的能力。对容具而言，容量说明其具有一定的容纳能力，而其容纳能力的大小则是该容具本身所特有的，所以在度量过程中，往往会利用各种具有不同量程的容具，容具的正确选用正是根据其所要测量物体的特异性反馈出的结果。在系统中，生产、生活活动释放的能量需要限定在一定的安全容量范围内，而这个安全容量则是我们对系统的人、机、环境各子系统综合分析得出的明确区间，因此安全容量对系统而言也是具有量程的特殊容具，我们生产、生活活动所要释放的能量得符合系统安全容量的量程，但不同于普通度量容具量程固定的特点，根据系统的安全可控性原理，即使是确定的系统其安全容量也并不是固定不变的，选用、调换安全容量量程，只是对系统安全容量的改进，安全容量的反馈调控机制如图 7-7 所示。

6. 连通交互原理

安全容量中每一维的风险互不相容指的是特定系统不同维度间的容量其指向有着不同的意义，只有同维度间才有比较的可能和意义。但从各子系统间交互综合的角度分析，互不相容的不同维度间也存在着“同增共减”的关系，这就是系统内的容量交互原理。对特定系统，其容量的每一维即为该系统某一承载能力的体现，是该系统所固有的属性，即使仅改变其中某一维度的容量，系统也会相应得到改变：安全性改善或恶化，此时对于这个改变后的新系统，其他维度的容量也同样会受到影响，而相应的增大或减小。这一交互原理可以很好地解释为何不能简单地认为安全

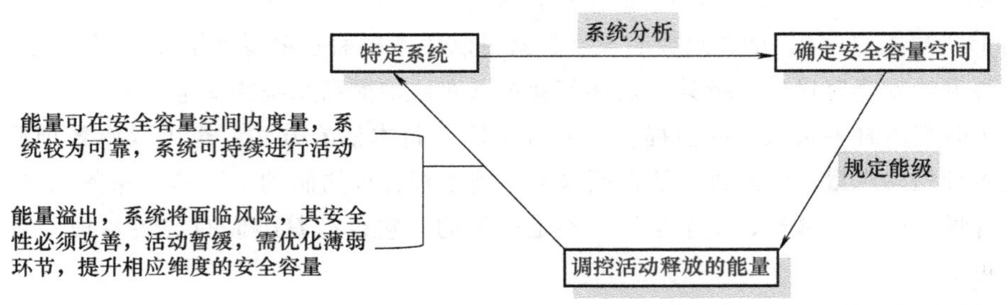

图 7-7　安全容量的反馈调控机制

容量是由系统中各子系统的薄弱环节所决定的。因为对于每一维度的薄弱环节，反映的只是该维度的安全容量，考虑容量的系统交互性，若在不改变子系统中安全容量最小的那一维度的薄弱环节，改善其他某维度的薄弱环节，则其系统安全性必然会得到改善。

连通交互原理对生产的启示在于，当我们所关心的那一风险维度的安全容量改变较为困难时，可以试图通过改变那些较容易改变的风险维度；不要轻视任何风险维度的容量，因为它的降低也可能会导致整个系统安全容量的大幅度减小。

对于不同的系统，由于风险维数不同，其安全容量并不是同一空间的向量（即 n 的值不一定相同）。但不同的维数中也可能存在着相同指向意义的风险维度，这就构成了不同系统容量间在同维度上连通的可能。当然这种连通是有前提的：系统均为开放性系统，且系统间通过某种渠道（如物质、能量或信息）相互联系。此时，系统间的连通原理可以表述为，通过系统间物质、能量或信息的交换，在时间允许且外部环境稳定的条件下，系统的安全容量会在同一维度上的达到平衡，若继续交换，系统间会出现维数的“补缺”现象，衍生出新的风险维度，且最终到达较高维数的安全容量水平。

连通交互原理对生产的启示在于，合理的利用这种系统间的安全带动作用，可以很有效率地改善系统的安全性；在构建新的生产系统时，可以参考借鉴已有的安全程度较高的系统，起到事半功倍的效果；当改善安全程度高的系统困难时，可考虑与其相连其他系统的风险维度，人为地进行维数的“补缺”，加快系统间连通的进程。

安全容量原理从理论上得到了基于安全容量视角的系统安全诠释和理论创新（图 7-8），从而赋予安全问题一种新的研究视角。

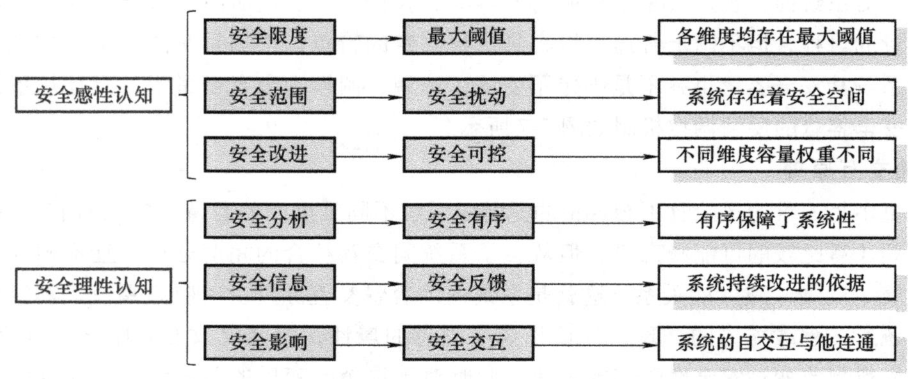

图 7-8　基于安全容量视角的系统安全诠释和理论创新（谢优贤和吴超，2016）

7.5 灾害物理原理

事故灾害的发生均隐含着一系列的物理作用原理。人们希望了解环境中存在的物理性威胁，更希望了解灾害背后的物理机理，并寻求消除、控制灾害影响的方法。基于这种诉求，安全工作需要了解灾害物理学原理，以期用于各种保障系统之中，利于人们正常的生产和生活。

通过对自然界和工作场所可能出现的危险物理因素进行分析，归纳出了五条对有害因素控制的通用性原理，即破坏力小于安全力原理、物理性有害因素隔离原理、能位尽量降低原理、能量加速衰减原理、物理剂量安全阈值原理，并提出控制策略以预防灾害（韩明和吴超，2016）。

同时，本节还针对典型物理因素介绍了灾害物理控制原理的应用，阐述了灾害物理原理对灾害事故预防、控制的作用，对建立良好的职业健康环境都有重要意义。

7.5.1 灾害物理原理定义及研究对象

1. 灾害物理原理的定义

灾害物理原理主要是指在研究由于物理现象、物理因素、物理过程等原因引起的灾害问题、灾害机理及其防灾减灾过程中获得的普适性基本规律。它以灾害学和物理学理论为基础，研究环境中可能引发事故、造成伤害的物理因素，结合其物理性质对其产生、传播、致害进行分析，以期找出预防、消除和控制事故和伤害的措施。它不仅有助于了解灾害背后的物理规律及控制策略，而且能够为改善工作场所的物理环境提供指导。因为物理因素与其他一些因素综合构成工作场所的环境，而环境又是职业安全健康所要研究的重要内容，所以构建安全、高效、经济的职业安全卫生环境，需要对环境中的物理因素进行控制，使之处于合理水平。因此，物理因素控制原理的提出也有利于职业安全环境的构建。

2. 灾害物理学的研究对象

灾害物理学的研究对象是引起灾害发生的物理因素，其中包括力、热、电、声、光、磁、射线等。每一个物理因素都有其独特的性质，其致灾途径也各不相同。对其研究就要从物理学和灾害学两方面同时入手，首先，从物理因素的特性出发分析其造成的危害，不同的物理因素其产生、传播方式、致害机理各不相同，造成的灾害也不尽相同。其次，要了解物理因素在灾害发展过程中的作用，事件的发生、事件链的演化、事故的发生、灾害的扩大其中都可能存在物理因素的诱导，控制有害因素在灾害发展中的作用才能有效地降低损失。最后，通过两方面综合分析，有针对性地提出处理措施，才能从根本上控制灾害。

随着灾害控制技术的不断提高，事故必将得以控制，人们对职业安全健康的要求越来越高，灾害物理学关于物理因素的研究正好契合这一主题，因为安全舒适的生活工作环境，离不开对物理因素的合理控制。对不同的因素，可根据其特点，采用不同的控制手段，既要满足人们对这些因素的生理、心理需求，又要使之保持在合理范围内，因而职业安全健康逐渐与灾害物理学的研究相互交融。

7.5.2 物理性危险因素控制原理及内涵

灾害物理原理研究的是灾害事故中造成伤害的物理因素，对其发生机理、特点和其造成的伤害进行阐述，进而提出各类物理伤害的防治原理。基于灾害物理的定义及研究对象，提炼出灾害物理原理之下的几条危险因素控制原理：①破坏力小于安全力原理；②物理性有害因素隔离原理；③能位尽量降低原理；④能量加速衰减原理；⑤物理剂量安全阈值原理（韩明和吴超，2016）。

1. 破坏力小于安全力原理

自然界中力和应力平衡现象处处存在，如果把破坏力定义为作用力，安全力定义为受力对象产生的最大力，则当破坏力总是小于安全力时，就能保证物体或机械等处于稳固状态，这一思想简称为破坏力小于安全力原理。破坏力即为受力对象可能受到的能够造成其损伤的力，安全力为设计所能承载的力。只要使得破坏力总是小于安全力，就能保证受力对象处于安全状态。本原理要求调查、了解受力体可能受到的外力情况，分析其各个具体位置所受到的破坏力的大小，基于此设计提升某一受力点或整体的承载能力，使所受的破坏力小于安全力。

力是对人和设备造成伤害的一种常见的物理因素，在自然界中，力有诸多表现形式，如地震、海啸、山体滑坡等，它们无一不具有巨大的破坏力量，给人们带来巨大财产损失的同时造成人员的伤亡。自然界带来的灾难虽然巨大，但威胁并非时刻存在。在生产、生活中，力却与人们密切接触，例如，各种机械设备都会产生振动，振动会降低机械设备的稳定性，破坏建筑物的基础，而且会对人员造成伤害，剧烈的振动能使人的脏器、骨骼受损；而长期接触振动的人会患相关职业病。

众所周知，力的三要素是：大小、方向和作用点。据此，可从三个方面分析力对物体或人员造成的伤害。力的大小方面：只有当作用于物体的力超过其最大承受能力时才会造成伤害。作用点可以从两方面理解：一方面是力需直接接触物体才能产生作用；另一方面是根据接触位置承载能力的不同造成不同的伤害。作用方向也会在一些特殊情况下造成事故，例如，高空作业的人受到同等大小的侧向力较易造成事故。

本原理要求设计者充分调查、了解机械设备和操作人员在工作条件下的受力情况，了解受力的大小、作用点和方向，找出薄弱环节，采取措施。措施可从两个方面考虑：一是减小破坏力，对可能受到的外力通过降低其大小、改变作用点来控制其破坏作用，如缓冲、力的转移装置等。二是提高安全力，可以通过提升受力对象本身的承载力或加装防护来提升安全力。对于机械设备，可以采用改进受力点材料或结构、加装屏护等方法来抵抗破坏力的作用，防止其受到破坏；对于人员能承受的力的大小，由于生理因素无法大幅提升，但是可以利用个人防护用品提升人的承受能力。

2. 物理性有害因素隔离原理

自然界和生产环境中有许多物理性有害因素，如果运用各种物理方法，将这些有害因素与人或被保护对象（如设备设施等）隔离开来，则可以保障人或被保护对象不受其伤害，这一基本思想简称为有害因素隔离原理。物理因素通常只能在特定时间内的一定空间或介质中传播，物理性污染通常是一种无后效性的污染，即污染随污染源停止而消失，通常不会在环境中停留或积累，不会对人或设备造成后续伤害；同时，它还是一种局部性污染，只能影响一定区域，不会大范围迁移和扩散。因此可通过限制其传输时间、空间或截断其传播介质的方法阻止其传播。本原理即研究如何从时间、空间、传播介质的角度控制物理性污染传播。通过对环境中物理有害因素的产生、传播、受体进行分析，采取适当措施将有害因素发射源与受害对象隔离开来，使环境中有害因素处于可接受的水平，减弱或消除其对人员、设备影响。

此类典型的有害因素包括热与电磁辐射等。热环境是指人类生产、生活以及生命活动的温度环境。自然界温度变化比较大，而满足人体舒适要求的温度范围相对较窄，因而人们利用各种能源来保持良好的热环境，同时人体自身有热调节的机能，可以通过皮肤表层血管、骨骼肌运动、添减衣物来保持体温恒定。良好的热环境不仅使人感到身心舒适，也有利于工作效率的提升。在高温条件下，人易产生烦躁情绪，注意力无法集中，甚至出现昏厥或死亡；在低温条件下，人活动的灵活性下降，操作准确度降低。此外，热量对我们的生存环境造成了巨大的影响，如加剧温室效应、引发城市热岛效应、造成水体热污染等。

根据有害因素隔离原理，对热污染的隔离可通过实体隔离、空间隔离、时间隔离等方式实现。实体隔离即利用实物装置对热量的吸收、反射、阻挡作用，设置在其传播路径上进行隔离，需要说明的是实体装置在热源的干扰下，有可能成为二次热源，因此要格外注意。空间隔离即通过增大热源与受热体在空间上的距离来达到隔离效果，热污染是局部性的污染。空间隔离即通过计算、测量确定其污染的范围，将易受害体安排在有害区域之外来达到隔离的目的。时间隔离是利用热源与受热对象工作的时间差来达到隔离的效果，热污染是一种无后效性的污染。时间隔离即通过合理安排热源与受热体的工作时间来消除伤害。此外，实体隔离按隔离装置所处的位置可分为积极隔离和消极隔离。积极隔离是在热源处设置隔离，使热源处于隔离装置内，其好处是能将热量控制在尽可能小的范围，但也存在热源机械的操作、维修、保养、温控等问题。消极隔离是对易受害体进行隔离，它能直接对受害体进行保护，方便易行，但是会对受保护对象造成一定限制。

3. 能位尽量降低原理

能位的概念存在于多种形式的能量中，例如电势能、热势能、重力势能等都是对能位的具体定义。能位，顾名思义，是指能量只与物体相对于参照物的位置（状态）有关，没有绝对值，只有相对值。正是两物体间的能位差造成了能量的流动，而事故的能量理论认为，能量意外流动是造成事故的原因，因此不论电能、热能、势能等，当它们的能位差等于零时，此时没有电流流动、没有热能流动、没有跌落的危险，是最安全的状态。因此，要尽量降低能位，使之有利于安全，这一基本思想简称为能位尽量降低原理。能量越低越稳定，即要达到稳定、安全的状态需降低物体间能位的相对值。如降低物体相对于地面的高度即可减小其重力势能，达到安全的状态。能位降低原理即是寻求降低两物体间的势能差的措施，防止能量意外释放，以降低事故危害。

电势是人们熟识的一种势能，电能的开发和利用无疑给人们的生产生活带来了巨大的便利，如今电更是支撑着整个人类社会的发展，但电的破坏作用也是巨大的，由它引发的事故层出不穷。引发事故的电可分为两种：静电与电流。静电的危害主要是静电放电进而引发其他事故。电流造成的事故则是电流通路对人或物造成的电击或电伤。二者引发事故的前提都是必须存在高能位电势，并在导电介质中形成通路。能位降低原理即通过降低两物体间的电势差来消除放电事故，该理论要求对生产、生活中可能产生的电势的情况（静电积累或漏电压差）进行分析，通过静电控制技术、漏电控制方式消除高能位电势差，以防止静电放电和高电压引发的事故。以下对静电和电流分别进行原理的阐释。

（1）物体间静电放电的电势差较大，但电量较小，因而本身带来的危害微乎其微，然而由静电引发的事故却相当严重，特别是在有易燃易爆液体、气体或粉尘存在的场合，因此降低静电的危害首要是降低电势差，即缩小物体间的电能位。本原理研究静电产生的机理及产生的部位，并考虑采用何种方法降低静电能位。降低静电能位首先考虑防止静电的积累，通过采用低阻率物质、降低流速等来减少静电的积累，其次考虑静电释放，通过接地、增湿等方法及时将静电释放。

（2）电流是电荷在电势差的作用下发生的定向移动。不同于静电，因电流的电量较大，本身会造成较大伤害。触电事故分为两种：一是本来不带电的物体在意外的情况下带电，并与人员发生接触；二是人员意外接触带电体。二者都是高电势差引发的电流伤害。能位降低原理即要求调查工作场所内电流致害的原因，并研究降低电势、消除事故的方法。对可能意外带电的物体采取保护接地、保护接零等措施使之保持低电势，对于本身带电的物体要尽可能地降低其与人员意外接触时的电位。

4. 能量加速衰减原理

在一定条件下，力、热、电、声、光、磁、射线等物理因素都会对人或被保护对象造成危害，根据能量意外释放理论可知，伤害的发生是由有害因素携带的能量超过了受害对象所能承受的极限造成的，不同于能位尽量降低原理要求控制能量的相对值，本理论从能量的绝对值入手，对造成伤害的能量的绝对值进行控制。能量对受体的伤害的绝对值受到能量发射源和传播衰减两方面的影响，因此可以通过降低发生源发射功率和增大传播介质阻尼来使其能量衰减，发射功率越小、阻尼系数越大，能量衰减越快，通过降低发射功率和改变传播介质阻尼系数等来提高人或被保护对象的安全性，简称为能量加速衰减原理。本原理通过对有害因素的产生机理、承载能量的特点和能量传输方式进行研究，探究从根源或传播方式上衰减其能量的方法，以消除或降低有害因素对人或机械造成的影响。

能量加速衰减原理的应用实例有：声音是由能量引发的空气振动，本质上只是能量的一种扩散方式，有乐音也有噪声之分。在物理学上将无规律的声音定义为噪声，然而仅凭此一点判断乐音噪声是远远不够的。因为噪声是一种感觉公害，对其区分还必须考虑人所处的状态。当一种声音干扰到人们所从事的活动正常进行时，不论此时的声音如何，都可归为噪声。噪声不仅会干扰人们的正常活动，还会对人身造成一定的影响。噪声会对人的听力造成伤害，研究表明，长期暴露在强噪声环境中会使人耳发生器质性病变，形成噪声性耳聋，此外噪声还会对人的神经系统、心脑血管造成一定的伤害。

作为一种物理性污染因素，噪声同样是一种局部性的污染，加快其能量的衰减即可降低其影响范围。应用能量加速衰减原理对噪声衰减进行研究，主要从两方面考虑，一是降低声源的发声功率，在自由空间中，声音的衰减量只与距离有关，因此发声功率小的声源，在相同衰减距离下更可能达到降噪的要求，要降低声源功率通常从工艺设计、材料应用等方面考量。二是在其传播途径中进行干预，减弱其声能，目前有三种技术被广泛研究应用：吸声、隔声、消声。吸声技术主要是研究吸声材料、吸声结构，利用材料的特性加快噪声的衰减过程，比较成熟的成果有多孔吸声材料、共振吸声结构等；隔声即阻断声音传播，此技术主要研究隔声屏的质量、结构对声音衰减的影响，目前应用较为广泛，如道路隔声屏等；消声技术注重对消声器材的开发，其利用吸声、声干涉、共振等原理开发不同类型的消声器以满足消除不同频率噪声的要求。此外有源消声也在逐步发展，即通过发生器发射一列与噪声幅值相同、相位相反的声波，实现消声。

5. 物理剂量安全阈值原理

在自然界和生产生活环境中，力、热、电、声、光、磁、射线等物理因素既能给人们生产生活带来便利，也不可避免地对人造成伤害，造成便利与危害之间差别的重要因素是接触量的不同，因此从对人进行保护的角度出发，可通过试验等方法确定接触剂量，当对这些物理因素的吸收达到此剂量时刚好能够对人或被保护对象造成危害，我们把这一量值当作安全阈值，要保证安全就要将个人吸收的有害因素的量控制在安全阈值之内，这一原理简称为物理剂量安全阈值原理。本原理从人本的角度来考虑解决安全问题，要求确定个人接触危险因素的安全阈值，对工作环境中的物理有害因素（特别是那些人类无法感知而又伤害巨大的有害因素）进行监测，同时对个体受害者的吸收剂量建档记录，严格执行相关职业卫生标准，一旦达到安全阈值立即停止工作。

物理剂量安全阈值原理的应用实例如：放射性天然存在自然界中，在人类进化过程中，经受并适应了天然辐射剂量。即在天然本底照射剂量内，辐射并不会对人造成伤害。然而随着原子能技术的发展，环境放射性水平也在缓慢提升，部分来源于核武器的爆炸试验，部分来源于核工业产生的放射性废物，然而最大的威胁来自于核事故，如切尔诺贝利核电站爆炸事故，给当地人民带来巨大的灾难。放射性引起的伤害与剂量存在密切的关系，辐射伤害根据与剂量的关系分为随机效应和非随机效应，随机效应是指辐射引起有害效应的概率与所受剂量大小成比例的效应。非随机效应是指效应严重程度与所受剂量大小成比例的效应。由于辐射对人造成的伤害巨大且影响深远，所以对涉及放射性的活动要遵循三个原则：辐射实践正当性，辐射防护最优化和个人剂量限值。

物理剂量安全阈值原理即根据人体对放射性的耐受能力，要求对受到放射性影响的人进行个人放射剂量的记录，记录实时剂量及累积剂量，确保人员所受到的照射在可接受的范围之内。应用个人剂量限值原理首先要求详细了解放射性对人体产生的影响，以及具体部位接受放射性后产生何种病变以及致害剂量；其次要完善环境放射性检测报警技术，并建立起相关工作人员的剂量档案，不仅要记录人员日常剂量水平和积累剂量，还要对其未来工作时间内所受的辐射剂量进行评估，以确定其是否适合继续工作，对达到上限人群及时调离岗位，剂量档案随岗位一同调动。最后要加强个人防护，应用个人剂量限值归根结底是对个人的保护，相比于组织规章制度，人是变化性较大的因素，因此个人行为才是最重要的决定因素，只有提高个人防护意识，自觉配合组织管理，才能使保护发挥到最大化。

7.6 灾害化学原理

本节基于化学反应过程信息以及化学反应原理，从安全科学的视角分析化学类灾害的机理，归纳出通用性的灾害化学原理，并对基础原理进行提炼，深入分析其内涵，构建其体系结构，补充安全科学原理体系，以利于运用安全原理指导实践，采取具体有效的控制手段，精心设计和操作反应过程，减少化学事故的发生，保证反应过程设计和操作的安全性，减少化学反应可能带来的严重灾害及环境污染（刘冰玉和吴超，2015）。

7.6.1 灾害化学原理定义及其研究内容

1. 灾害化学原理定义

灾害化学是灾害学和安全学的重要分支学科之一。它是研究物质在地球环境中所发生的化学现象以及这些化学现象对环境中人的安全所产生影响的学科。它主要应用化学及灾害学原理、方法和技术，揭示大气、水体、土壤，特别是由人工提炼或合成的危险有害化学品等中的化学污染及化学伤害机理，并归纳其迁移、转化、归宿过程中的灾害化学特性、行为及变化规律。灾害化学的研究对象是灾害化学系统，灾害化学系统由化学反应环境、危险化学因子、承灾体等组成。

对大量化学事故的分析表明，灾害的发生与化学品本身的特点、生产过程以及化学反应有着十分密切的关系，所以研究灾害化学的原理具有十分重要的意义。

原理是指在自然科学和社会科学中，通过大量观察、实践、归纳、概括而得出的既能指导实践，又必须经受实践检验的具有普遍意义的基本规律。灾害化学原理隶属于安全自然科学原理，基于上述对灾害化学和安全科学原理的分析，灾害化学原理可定义为：灾害化学原理是通过研究化学物质在地球环境中所发生的化学反应以及对环境中人的安全所产生影响，明确化学灾害以及生产安全的类型、状态、属性及运动形式，揭示出化学类灾害事故的现象以及发生过程的实质，总结得到的控制化学灾害事故的规律。灾害化学原理研究的最终目的是预见化学反应现象、过程和规模等，为预防和控制化学灾害开辟途径。

2. 灾害化学原理的特征

灾害化学作为灾害学和安全学科的基础学科之一，是化学减灾与安全科学的交叉学科，其原理也具有显著的跨越性。灾害化学原理的理论来源于化学热力学和化学动力学，并渗透于安全科学，涉及化学反应的能量转化、方向、限度、速率以及反应机理等方面，往往深入致灾机理，其下属原理也表现出对灾害的追踪性，甚至可以预见灾害的严重程度，这就使得灾害化学原理对于化学灾害的指导性和实践性更强。此外，灾害化学原理从自然因素和社会因素全方位考虑化学反应引发灾害的原因，因此更能达到有效的防灾效果。

7.6.2 灾害化学的核心原理及其内涵

通过分析化学热力学和动力学等的相关理论，依据安全与减灾的科学理论，结合化工生产实践，类比化学反应原理，提炼出灾害化学六条核心原理，即热平衡原理、过程切断原理、平衡移动原理、反应减速原理、条件阻隔原理、质能守恒原理。

1. 灾害化学的热平衡原理

反应性化学物质构成的系统在反应时一般都伴有热量的释放，从而构成一个放热系统。火灾与爆炸是化工生产活动中两类最常见的灾害性事故，也是典型的放热系统，灾害化学研究的重要部分就是火灾与爆炸系统。放热系统的基本特征是有热量产生，其能量守恒就是热量的得失平衡。放热系统不断释放热量，同时它向周围环境传递热量，二者之差导致系统内热量的累积，从而提高系统的温度。当放热系统产生的热量和系统向环境释放的热量相等时，系统达到热平衡状态，系统温度不再变化。由于系统热量产生的速率和温度的关系是强非线性的指数关系（Arrhenius 定律），而系统向环境释放热量造成的热量损失速率和温度的关系通常是线性或接近线性的关系（Newton 冷却定律），随着系统温度的升高，会出现热失衡现象。

灾害化学热平衡原理是从化学反应中的能量转换出发，研究反应性化学灾害问题内热量的得失平衡问题，指出化工企业系统出现热失衡是引发燃烧或爆炸等灾害事故的条件。热平衡原理着眼于预防事故的能量控制理论，明确化工生产事故的本质是能量的不正常转移，通过对事故的能量作用类型的研究，减少非预期因素造成异常放热导致反应能量失控，进而预防灾害性事故的发生。

2. 灾害化学的过程切断原理

化学反应事故往往遵循典型的模式，为了预测和控制事故，研究这些模式的机理和过程很有必要。化学反应的自发进行，既与反应的焓变有关，又与反应的熵变有关。一般来说，体系能量减小和混乱度增加都能促使反应自发进行，化学反应自发进行的最终判据是吉布斯自由能变，一般用ΔG来表示，只有在ΔG为零的时候，反应才处于平衡状态。危险化学品由于其本身的危险特性，当受到外界条件作用时，极易发生自发性反应，导致灾害性化学事故的发生。过程切断原理着眼于化学反应是否能够自发进行，综合考虑反应系统的焓变和熵变，评估灾害发生的可能性。

灾害化学的过程切断原理通过对反应方向的研究，揭示化学反应的整个反应历程，研究危险化学物质的结构和反应能力之间的关系来寻找阻止反应发生的规律，最终达到控制化学反应过程的目的。灾害化学过程切断原理强调化学反应过程和阶段性研究对于控制化学事故的重要性和必要性，在明确了反应进行方向的基础上，采取措施切断反应，才能有效控制灾害的损失。

3. 灾害化学的平衡移动原理

化学平衡是指在宏观条件一定的对峙反应中，正、逆化学反应速率相等，反应物和生成物各组分浓度不再改变的状态。动态平衡是化学平衡一大重要特点，当条件发生变化，旧平衡会被打破直至新的平衡达成，即化学反应平衡移动。化工企业事故多与化学反应的危险性有关，由反应动态平衡原理可知，反应条件和反应组分物量的改变都会影响平衡移动，而平衡打破的过程常常导致反应突变，甚至失控，进而引发事故。平衡移动原理是利用化学反应平衡移动的热力学和动力学原因，定性、定量地分析条件改变时化学平衡的移动，并通过改变反应的宏观量对平衡移动进行有效控制。

灾害化学的平衡移动原理主要通过研究化学反应进行的程度以及影响化学平衡的因素，寻求保持反应平衡的条件，达到控制事故的目的。化学反应本身是一种非平衡现象，近平衡的体系总是单向地趋于平衡态或与平衡态类似的非平衡定态，灾害化学的平衡移动原理利用了其中提到的“只有在非平衡条件下化学反应过程才会呈现出非零的反应速率”的思想，企图利用平衡移动原理使体系达到某种平衡的定态，从而有效地控制事故的发生。

4. 灾害化学的反应减速原理

由上述可知，化学反应平衡移动的本质是建立一个新平衡的过程，反应过程中必然涉及反应速率的问题。反应速率理论是经典化学动力学对反应历程阐释的基本理论，包括反应速率的概念和分子碰撞理论基本模型等。分子碰撞理论模型指明，反应的发生受制于该反应的活化能垒，反应速率受反应物的浓度、反应温度和活化能的影响。反应减速原理是基于现代实验技术，具备有目的地选定反应物分子的能态和碰撞角度来完成特定分子状态的反应能力，利用灾害化学的反应减速原理，通过改变体系的状态等措施，使灾害反应惰性化，达到减少危害的目的。

灾害化学的反应减速原理以化学反应的动力学特征为基础，研究化学反应物质结构、反应条件与反应能力之间的关系，了解事故发生时反应物转化的快慢，利用反应速率理论，通过惰性化等方法降低反应的活化能，进而限制反应进行。灾害化学的反应减速原理是在灾害反应发生的前提下，通过了解化学反应速率（突发性失控），采取减缓速率的方法减少事故危害。

5. 灾害化学的条件阻隔原理

灾害化学的研究对象往往是短临的时间常数的系统，是突发性而不是缓慢性的灾害，例如火灾和爆炸。火灾和绝大多数爆炸事故的本质均为燃烧，根据燃烧的链反应理论，很多燃烧的发生都有持续的游离基作为中间产物，反应的自动加速并不一定单纯依靠热量的积累，由链反应逐渐积累活性基团的方式也能使反应自动加速，形成火四面体。燃烧反应的条件阻隔原理的核心思想是，采取某种工程措施，将燃烧所需的条件分离、隔开，使火灾终止。

灾害化学的条件阻隔原理基于灭火以及防爆理论，根据链反应事故理论，要使已经反应的系统终止，必须使系统中的活性基团等产物的销毁速率大于其增长速率，防止灾害反应基本条件同时存在或避免它们的相互作用。灾害化学的条件阻隔原理适用于事故预防和事故控制，通过对反应产生的条件和反应机理的研究，采取隔离的手段，有效地避免伴随或者连锁事故的发生，达到控制甚至是防止事故的目的。

6. 灾害化学的质能守恒原理

经典化学的质能守恒原理是对质量守恒定律和能量守恒定律的总结，其内涵也可从以下两个方面进行理解：①对于每一个化学反应系统，参加反应的各物质的质量总和等于反应生成后各物质的质量总和；②反应系统的总能量的改变只能等于传入或者传出该系统的能量的总和。灾害化学的质能守恒原理侧重于物质和能量的有限性，化学反应释放的能量按照质能关系来说，是消耗反应物获得的，即反应前的质量和能量之和等于反应后的质量与能量之和。

化学反应的问题归根结底是动量传递、热量传递、质量传递的问题，化学反应系统的质量和能量决定了发生灾害事故的可能性及可能事故的严重程度。灾害化学质能守恒原理就是通过研究主要危险反应物和主要生成物之间的质量和能量的转化关系，掌握危险化学品的分布及存在的化学结构，从而从质量和能量上对危险源加以预测、评价和控制。通过对化学反应的质能转化规律的研究，可以适当改变生产条件和生产工艺，采用最小化学反应量，减少原材料的使用或考虑替代，同时减少各种低值和有害副产品产出和能量消耗及逸散，实现清洁生产和节能的目标。

7.6.3 灾害化学原理的应用与实证研究

灾害化学是灾害学与化学的交叉科学，它产生于灾害自然科学思想、技术以及哲学的多个侧面，而灾害化学原理是防灾原理与化学反应原理的总和，由于其中各原理涉及化学反应的多个维度，所以各原理之间也相应地存在多维的相互联系、相互转化。

1. 灾害化学原理的应用

（1）在企业安全生产设计方面的应用。危化品生产企业要达到本质安全，企业多侧重于依靠化学和物理学来预防事故，而不是依靠控制系统、互锁、冗长等特殊的操作程序来预防事故，将灾害化学原理应用于生产过程的安全设计中，是本质化安全的保证。利用灾害化学原理研究化学反应全过程，进而了解危险源的分布状态及化学反应中危险物的迁移、转化规律，将灾害化学的热平衡、平衡移动、质能守恒原理融入安全设计与规划中。以化学反应全系统分析为基础，对反应中危险化学品的危险性进行定性、定量分析，并对反应流程进行合理的设计与规划，从而大幅提高社会和经济效益。例如，大多数化学事故都是由于能量的突然失衡所引起的（包括泄漏和中毒），因此在安全规划和设计中，尽量避免外界环境因素的影响，采用无污染的反应途径与工艺，使反应处于动态的平衡状态下，同时合理调控各种危险化学品及反应装置的安全距离，避免二次事故的发生。

（2）在职业安全管理与健康方面的应用。化学因素是影响职业健康的主要因素之一。目前，大量易燃易爆、有毒有害、有腐蚀性等危险化学品的使用，给职工的身体健康和生命安全带来了巨大威胁。灾害化学的主要研究目的就是对由危险化学品引起的可能灾害事故进行预防，保障人员的生命、财产安全，而灾害化学原理能为保障劳动者的职业健康提供理论指导。灾害化学条件阻隔原理要求从事故的源头进行控制，避免因危险化学品的不安全状态对职工健康状况造成影响；同时要求职工提高安全生产的意识和能力，能够及时有效地对突发化学灾害事故进行隔离。灾害化学过程切断、反应减速（抑制）原理为劳动者在生产过程中的安全保障提供指导。

（3）在增加经济效益上的应用。经济问题是安全问题的重要根源之一，化工企业等高危行业占经济总量的比例较高，提高化学生产的安全保障水平，对于维护国家安全，保持社会稳定，实施可持续发展战略具有现实意义。灾害化学质能守恒原理针对化学反应机理，侧重于节能和清洁生产，应用该原理一方面大大减少了安全投资，另一方面降低了事故发生的可能性和严重程度，增加了间接经济效益。

2. 灾害化学原理的实证实例

下面举一事故实例进行实证。2013 年 6 月 2 日 14 时 28 分，某石化公司第一联合车间三苯罐区小罐区 939#杂料罐在动火作业过程中发生爆炸、泄漏物料着火，并引起 937#、936#、935#三个储罐相继爆炸、着火，造成 4 人死亡，直接经济损失巨大。事故的直接原因是该公司作业人员在罐顶违规违章进行气割动火作业，切割火焰引燃泄漏的甲苯等易燃易爆气体，并回火至罐内引起储罐爆炸。间接原因是项目部对现场作业安全管控不到位；作业和管理人员安全意识淡薄，违章操作，管理缺失；安监局以及上级公司监管不够。

以上述事故为例，根据灾害化学热失衡原理可知，如果在动火作业前，使用测温仪器等检测工具对杂料罐系统的温度及气体逸散进行实时监测，就可以及时采取措施，防止作业引起的热失衡现象。当泄漏的易燃气体被引燃后，可以利用灾害化学的过程切断原理和平衡移动原理控制反应的方向，利用反应减速原理限制反应的无限制进行，利用条件阻隔原理隔绝火灾蔓延到其他储罐，从而有效减弱事故的危害。如果合理利用灾害化学的质能守恒原理合理选择原料以及工艺方式，不仅能达到节能减排的经济效果，还能大大地减少人员伤亡和经济损失（见图 7-9）。

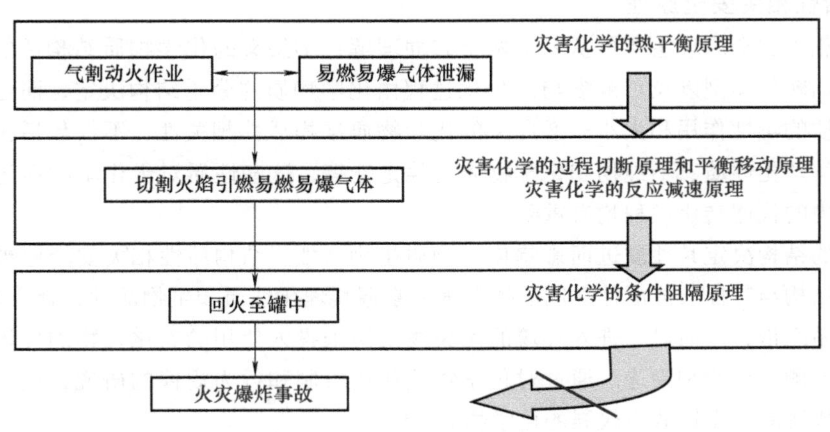

图 7-9 基于灾害化学原理的火灾爆炸事故防控流程图

7.7 安全毒理学原理

安全毒理学的核心原理对职业健康环境设计和保障作业人员身体健康等具有重要指导作用，其研究对安全毒理学本身的发展也具有重要意义。

7.7.1　安全毒理学的核心原理

毒理学以毒物为工具，在实验医学和治疗学的基础上，发展为研究化学、物理和生物因素对机体的损害作用、生物学机制、危险度评价和危险度管理的科学。安全毒理学是以安全科学和毒理学为理论基础，应用毒理学的观点和方法研究生产、生活中外源化学物及其转化产物对人体健康的有害作用及作用规律，以期达到预见并预防灾害或事故目标的一门科学。在系统分析毒理学学科体系和相关领域的著作，并以逻辑归纳方法为引导的基础上，归纳、提炼出以下六个安全毒理学核心原理：安全最小剂量原理、结构活性相关安全原理、染毒条件影响安全原理、毒物叠加效应安全原理、机体因素影响安全原理和环境因素影响安全原理（张丹和吴超等，2014）。

1. 安全最小剂量原理

安全最小剂量原理源于毒理学中的重要概念之一——剂量-反应关系。剂量-反应关系可用于对化学、物理等有害因素进行毒性预测，公共卫生管理部门以此为基础进行有害因素的危险度评价，并制定相应的管理法规和控制措施。毒理学实验研究的奠基人 Paracelsus 说过，所有物质都是毒物，剂量将它们区分为毒物和药物。毒理学中的剂量通常指的是机体接触化学物质的量或给予机体化学物质的量。一般来说，化学物质的剂量越大，所致的量反应强度应该越大，或者出现的质反应发生率应该越高（排除实验干扰以及某些化学物质的低剂量刺激效应）。

安全最小剂量原理中最小剂量指的是化学物质能引起受试对象中的个别成员出现损伤的剂量，即从理论上讲，低于这一剂量的化学物质不会引起机体损伤。在一定条件下，化学物质以较小剂量进入机体，干扰正常的生化过程或生理功能，引起暂时或永久性的病理改变，甚至危及生命的损害作用都可称作机体损伤。安全最小剂量原理从剂量的角度出发，研究剂量与反应的关系。就理论而言，低于最小剂量的化学物质与机体接触，机体不会受到损伤。

2. 结构活性相关安全原理

结构活性相关安全原理主要可从以下两个方面理解：①狭义的化学物质结构活性相关性，即化学物质的代谢转化类型以及可能参与的生化过程由化学物质的分子结构决定，而这些又进一步决定了化学物质的毒性作用和大小；②广义的化学物质结构活性相关性，不仅包括化学物质分子结构，还包括其理化性质、不纯物和化学物质的稳定性等，这些性质对于化学物质进入人体的可能性及其在体内的代谢转化过程均有重要影响。

化学物质的结构决定其性质进而影响化学物质生物活性，结构活性相关安全原理是通过研究化合物的分子结构与其性质或活性之间的关系进而掌握其理化性质和生物活性，建立起结构-性质-活性之间的关系纽带，从而对已进入环境的污染物及尚未投入使用的新化合物的环境过程机制和行为规律进行预测、评价和筛选。通过对化学物质作用机制和行为规律的研究，也可寻求作用相同的惰性物质代替原本毒性效应较强的化学物质。

3. 染毒条件影响安全原理

染毒条件包括染毒途径（如经静脉染毒、经口染毒、经呼吸道染毒等）和染毒时间（接触期限、接触速率和接触频率）。多数情况下，化学物质都是流经血液并随血液到达作用部位而发挥其毒性作用的。同一种化学物质在经由不同的染毒途径时，机体对毒物的吸收率是不同的，因此，对机体造成的毒性大小也是不同的。在毒理学研究中，一般按染毒时间长短将毒性试验分为急性、亚慢性和慢性毒性试验。许多化学物质因染毒时间长短的不同而有强度和性质的差异。

染毒条件影响安全原理是指不同的染毒方式对机体的安全影响大小不同，可为某些疾病或中毒的主要途径提供科学依据，为制定疾病或中毒预防措施提出可靠论证。例如，由于地方性氟中毒严重影响我国人民健康，而氟化物主要通过呼吸道和消化道进入机体，但在致病过程中何种途径起主要作用并不得而知。

4. 毒物叠加效应安全原理

毒物叠加效应指的是同时接触两种或两种以上的化学物质所产生的毒性效应，也称联合作用。长期的毒理学研究已揭示出众多单一化学物质的物理化学性质及环境毒性效应，许多检测标准都是以单一化学物质的毒性效应为依据建立起来的。但是多数情况下，两种及两种以上化学物质共同作用于生物时，可体现出与各有毒物质单独作用下毒性反应完全不同的毒性。化学物质的联合作用有交互作用和非交互作用两类，其中非交互作用有简单的相加作用和独立作用两种，而交互作用则分为协同作用、加强作用和拮抗作用。毒物叠加效应安全原理主要研究的是化学物质的相加作用、加强作用以及协同作用（也称相乘作用），其对毒物联合作用职业危害分级的法律法规的制定具有指导意义。

5. 机体因素影响安全原理

动物的不同物种、品系和个体，对同一剂量的同一化学物的毒性反应有量和质的差异。个体接触相同剂量的同一化学物质出现的这种从无到严重损伤以至死亡的效应差异叫作个体差异。而引起个体差异的主要机体因素有：物种间遗传学的差异、个体间遗传学的差异以及机体的其他因素（健康状况、年龄、性别、营养条件等）。如果只考虑化学物质对人的作用，机体因素影响安全原理所涉及的机体因素主要是后两项，即遗传因素和其他因素。机体因素影响安全原理主要研究机体因素对化学物质毒性效应的影响，对确定并替换某些作业条件下的易感人群具有理论价值。

6. 环境因素影响安全原理

环境的变化可能影响化学毒物的活性以及其代谢速率从而影响其效应。这里的环境因素主要有气象条件（温度、湿度、气压）和季节或昼夜节律。例如，高温环境可使苯、二甲苯、甲苯等有机溶剂挥发加快，从而使空气中毒物的浓度增加，人体吸入中毒的可能性也显著增加。另外，高温还可使毒性较小的化合物生成毒性较大的化合物，如过氧化钠和氢氧化钠在高温下与三氯乙烯相互作用，生成毒性极高的二氯乙炔。环境因素影响安全原理中的环境因素主要是指狭义的环境因素，研究这些环境因素对化学物质毒性效应的影响可以为作业环境标准的制定提供理论支撑。

7.7.2 安全毒理学核心原理的关系及其应用

1. 安全毒理学核心原理按人-毒-环要素分类

人、毒、环要素是类比人-机-环系统提出的。在毒物作用于机体并产生毒性效应这一系统中，“人”是指作为主体的人，“毒”是指人所接触的一切化学物质，“环”则是指人、毒共处的特定环境条件。毒性效应的产生离不开这三个要素的相互作用。

毒理学核心原理的分类如下：在毒理系统中，机体因素影响安全原理表征的是“人”的要素，而安全最小剂量原理和活性结构相关安全原理都是从毒物的角度提炼的原理，因此表征的是“毒”的要素。染毒条件、毒物叠加（毒物叠加效应的产生是由于两种或两种以上的化学物质与机体同时接触，从广义上说，两种或两种以上化学物质的同时存在是环境因素影响的，因此，归于“环”）以及环境因素（狭义）都是从外界环境的角度阐述毒理原理，因此这三个原理都是“环”（广义）的要素。上述六大毒理学核心原理并不是独立的，它们之间有着复杂的结构体系。下面开始讨论这些原理之间的关系及其结构体系。

2. 安全毒理学核心原理的关系

毒理系统是毒物作用于人并产生毒性效应的系统，各原理也构成相应的体系，彼此相互渗透、融合。同时，安全毒理学原理作为安全科学学原理的下属原理之一，也符合大安全环境下基本的安全学原理。首先，毒理系统是一个动态发展的系统，毒理学下属原理应该包含系统原理；其次，毒理学研究是为危险度管理服务的，因此其下属原理应包含危险度管理。

毒理学的核心是毒物，与之相关的原理有：安全最小剂量原理和结构活性相关安全原理。安全最小剂量原理以剂量-反应关系为依托，揭示了剂量与毒性效应的一般关系；结构活性相关安全原理从化学物质性质方面总结化学物质毒性效应，研究化学物质进入环境后的作用机制和行为规律。这两个原理是毒理系统中“毒”的要素，通过限定化学物质剂量或替换活性化学物质，可以有效预防并控制伤害事故的发生。

此外，机体因素影响安全原理体现机体因素对化学物质毒性效应的影响，这是毒理系统中“人”的要素。染毒条件影响安全原理从染毒途径和染毒时间着手，研究染毒方式对毒性效应的影响；毒物叠加效应安全原理主要研究化学物质的联合作用；环境因素影响安全原理侧重考虑狭义环境因素对化学物质毒性效应的影响。这三个原理都是毒理系统中“环”的要素，人和化学物质共处的环境对毒性效应的影响不容忽视，研究这些影响对控制环境条件、制定环境标准具有重要意义。“人”的要素和“环”的要素保持系统平衡；系统原理和危险度管理共同决定了毒理系统前进的方向；以上六个原理相互影响，六位一体才得以形成毒理系统的功能。

3. 安全毒理学核心原理在危险度评价中的应用

危险度评价是对特定污染物损害人类健康和（或）环境的潜在能力进行定性和定量的评估，是许多国家对各类化学毒物进行管理的重要手段。评价过程包括危害识别、危害表征（剂量-反应评定）、接触评定和危险性表征。安全毒理学六个核心原理在危险度评价中的应用如图 7-10 所示。

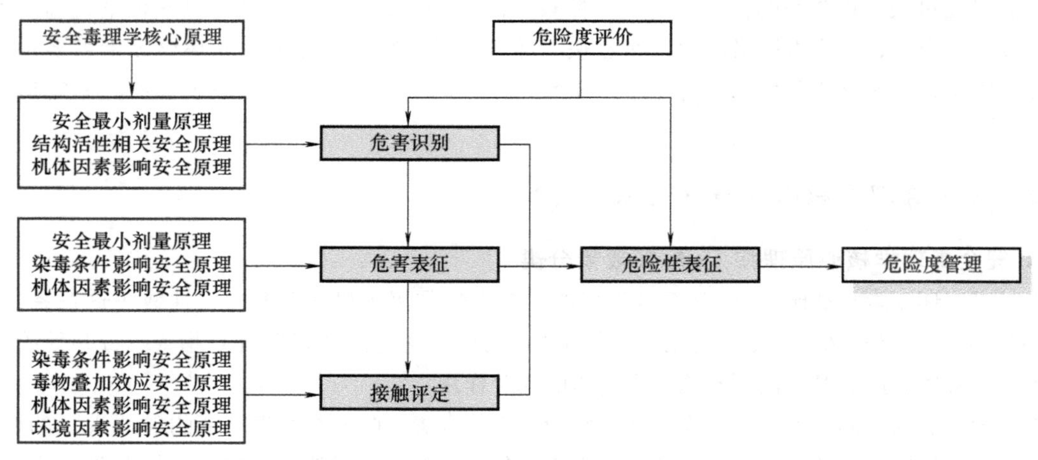

图 7-10　安全毒理学六个核心原理在危险度评价中的应用（张丹和吴超等，2014）

（1）危害识别是危险度评价的第一阶段，是定性评价阶段。危害识别是确定某不良效应是否由化学物质的固有特性所造成的。危害识别的主要科学依据是待评化学物质的资料、人群流行病学调查资料和毒理学试验资料（即化学物质与机体损害效应之间的剂量-反应关系以及因果关系）。

这三个依据分别对应三个安全毒理学原理：结构活性相关安全原理、机体因素影响安全原理和安全最小剂量原理。

（2）危害表征又称剂量-反应评定，是危险度评价的第二阶段，也是定量危险度评价的第一步。通过评价可确定化学物质的安全最小剂量，以其作为基准值来评价危险人群在某种接触剂量下的危险度，并估算该物质在各种环境介质中的最高允许浓度。这三个步骤分别涉及的安全毒理学原理是：安全最小剂量原理、染毒条件影响安全原理和机体因素影响安全原理。

（3）接触评定，也称暴露评定，是危险度评价的第三个阶段。目的是确定待评化学物质在不同人群中的分布特征，为危险度评价提供可靠的接触数据或估测值。接触评定涉及环境条件和接触人群两个方面的研究（机体因素影响安全原理、环境因素影响安全原理）；人群接触剂量的估测要考虑经由不同途径吸收时吸收系数的影响（染毒条件影响安全原理），以及多种化学物质共同作用时的毒性大小（毒物叠加效应安全原理）。

（4）危险性表征是危险度评价的总结阶段。通过对前三个阶段的评定结果进行综合、分析、判断，估算化学物质在接触人群中引起危害概率的估测值，并以文件的形式阐明该物质可能引起的公众健康问题，为政府管理机构决策提供科学依据。

危险度评价为危险度管理的决策和执行提供了科学基础。在危险度评价的基础上进一步对危险因素进行利弊分析，综合评价，做出决策并制定标准和措施的过程叫作危险度管理。危险度管理的原则有：预防第一；多层面考虑（如化学品的危险度管理应该考虑研制、生产、储存和运输、消费以至最终处理的各个环节）；多部门、多学科及各责任承担者共同参加和协调；循环上升。科学的危险度评价和完善的危险度管理措施将使化学品的使用更为安全，保护环境和生态系统，保护人类健康，达到以人为本和可持续发展的目的。

本章思考题

1. 试列举环境多样性与安全多样性的共同特征。
2. 为什么说安全多样性具有客观性？
3. 安全降维原理的内涵是什么？
4. 试论述“物以类聚，人以群分”包含的降维原理。
5. 试枚举安全管理中运用安全降维原理的五个实例。
6. 安全降变原理的内涵是什么？
7. 为什么以“变”为着眼点可以发现系统中的潜在风险？
8. 安全容量的内涵主要有哪些？
9. 试讨论安全容量在安全规划与安全管理的实践意义。
10. 试列举几个物理机理作用的伤害和灾难形式。
11. 试列举几个化学机理作用的伤害和灾难形式。
12. 试讨论毒理学与预防医学和职业健康的关系。

第8章 安全技术科学原理

【本章导读】

安全技术科学是研究指导安全生产技术的基础理论学科，以基础学科为指导，以安全技术客体为认识目标，研究和考察各个安全技术的特殊规律，建立安全技术理论，应用于安全工程技术客体。安全技术科学为安全科学转化为安全技术提供应用理论，安全技术科学的一些共性原理还可以提升为安全科学。应用层面的安全技术科学原理几乎涉及所有的理工科科学技术，这些内容更应该放在安全技术及工程相关的专业课程中介绍，本章介绍的安全技术科学原理主要是一些通用性的安全技术原理。

8.1 安全物质原理

8.1.1 安全物质学的内涵和研究内容

引发事故的主要原因有人的不安全行为、物的不安全状态、作业环境的不安全因素和管理缺陷等。其中，人的不安全行为和物的不安全状态是导致事故发生的直接原因。物的不安全状态是指人或物处于有可能发生人身伤亡或财产损毁的潜在危险状态，属于一种危险存在。尽管国内外相关学者对物质危险性及其预防与控制的研究较多，但安全领域中安全物质学这一术语的使用较少。

对物质的认识是一切创造的前提，而对物质安全的认识则是安全科学技术研究的基础环节。安全物质学是以人的安全健康为出发点，研究各种可能造成人的伤害和危害人的健康的物质（含人裸眼不可见物质）的状态及其演化对人类安全健康的直接和间接危害的规律，用最少投入获得预防、减低、控制乃至完全消除这些危害的方法、措施和工程，并使之处于安全状态。安全物质学的内涵包括：①安全物质学是从人的安全健康需要出发，这里的“人”是指绝大多数人，而不是某类人、某群人或某区域的人；②安全物质学中的物质是指与人的安全健康相关的物质，这些物质既包括肉眼可见的，也包括肉眼不可见的；③物质状态表征形态多变，既包括固体、液体、气体，也包括它们相互混合的混合体；④物质的演化既包括形状、大小、相态的变化，也包括物理、化学、生物等的变化；⑤物质既包括实体物质，也包括信息、能量等非实体物质。

安全物质学是运用自然科学等基础学科理论，研究物质引发事故的发生机理、特征、表现形式、对人和社会造成的危害等。安全物质学以物质为研究对象，以预防事故发生、保障安全状态为最终目的。安全物质学研究对象包括：可导致损害物质（致灾物）、可遭受损害物质（承灾物）、可避免或减少损害物质（避灾物）及上述三种物质与人、环境间的交互作用。

安全物质学主要从以下几方面开展研究：①物质特性分析研究：按物质自身的物理化学属性，研究各种物质的量变和质变等引发事故的规律和实现安全所需的管理措施等；②物质危害抵御研究：按物质之间相互作用的方式和途径，研究各种物质之间的相互作用规律及其抑制和隔离措施等；③物质危害控制研究：按实现物质安全的控制方法，研究各种物质的安全控制措施与工程设施等；④人、物、环交互作用研究：按物质自身特性、物质相互作用，研究物质同人和环境等方面的交叉作用及相关规律等。上述几个方面的研究内容构成了安全物质学的基本框架，如图8-1所示。

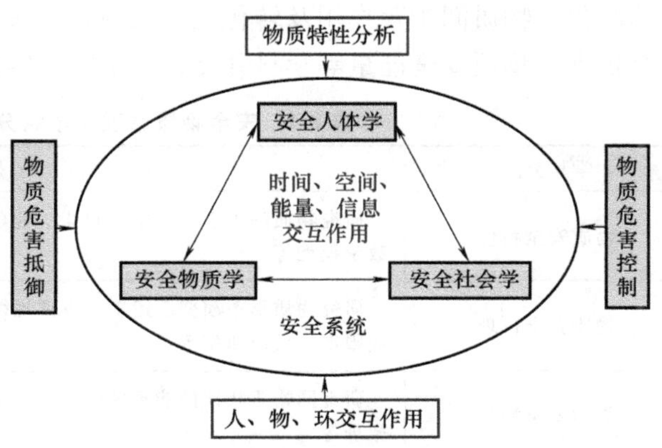

图8-1　安全物质学的基本框架（石东平和吴超，2015）

安全物质学的研究根本不是研究物质本身特性或外在表现形式，而是研究由人、物、环构成的安全系统中的物质所产生正面或负面效应的影响。安全物质学通过构建由安全人体学、安全物质学、安全社会学组成的安全系统，研究人-物-环之间的时间、空间、能量、信息的交互作用，分析物质特性、物质危害抵御、物质危害控制和人物环交互作用四方面内容，达到维护安全系统动态稳定的目的。

8.1.2　物质的安全特性及安全原理学分支

1. 物质的安全特性及原理

（1）物质本身具有抽象性与具体性的统一。抽象性是指物质中存在软物质，包含能量类物质（如光、磁场、电场等）和信息类物质（如状态信息、活动信息、指令信息等安全信息流等）；具体性是指物质中存在硬物质，如纯净物、化合物、混合物，气态物、液态物、固态物等。硬物质在空间上具有排他性，但软物质可与硬物质共存，并常依托硬物质存在。硬物质为明显的，较易引起注意；而软物质为潜在的，较易被忽视。在安全物质学中，软物质的影响力更大。

（2）物质对安全具有正作用与负作用的统一。物质本身表现为“三位一体”，即同时存在可导致损害物质（致灾物）、可遭受损害物质（承灾物）和可避免或减少损害物质（避灾物）。在安全系统中，不同物质由于本身特性差异，可能体现出危害性，也可能体现出防护性。

（3）物质作用对象具有主体与客体的统一。物质作为器物形态、能量、信息的载体，本身既可能是致灾物，也可能是承载物或避灾物。在不同的系统环境中，物质既能以主体形式存在，也能以客体形式存在。

（4）物质作用方式具有确定性与不确定性的统一。在人、物、环交互系统中，由于系统本身的复杂性和系统内部物质间的交互性，导致物质作用方式多样。物质性质在理论研究中呈现确定性，但在系统实际动态发展中，物质性质会呈现出不确定性。

（5）物质具有普遍性与特殊性的统一。物质的普遍性是指物质存在于系统发展全过程，系统自始至终存在能量、信息等的交互。物质的特殊性是指在系统具体发展过程中，物质及构成物质的信息、能量、时间及空间等均以不同的形式存在。

安全物质原理学主要以人的安全健康为着眼点，研究物质的基本属性、安全性质、物质本体演化、物质间相互作用及转化的一般规律。安全物质原理学可下设物质安全特性、物质安全机理、物质安全能量等学科分支，其研究内容典型实例见表8-1。

表8-1 安全物质原理学学科分支研究内容典型实例

学科分支	研究内容典型实例
物质安全特性	研究物质的力学、电学、热学、化学等性能、特征及其参数，物质的组成、性质、结构、数学模型等
物质安全机理	研究物质形态演变、运动、发展规律，不同物质间的相互作用机制，物质的反应原理、反应限度、反应速率等
物质安全能量	研究同物质相伴的能量的产生、转换与利用的规律，物质反应中的能量转换、反应热平衡原理等

2. 物质的安全原理学分支

（1）物质致灾学。物质致灾学主要研究物质致灾特征及物质致灾机理等。可下设物质致灾物理、物质致灾化学、物质致灾生物、物质致灾系统等学科分支。其研究内容典型实例见表8-2。

表8-2 物质致灾学学科分支研究内容典型实例

学科分支	研究内容典型实例
物质致灾物理	以物理学的角度，研究致灾物质的共性、特性和控制原理以及防止、防御控制危害发生方法和技术措施等
物质致灾化学	以化学的角度，研究致灾物质的共性、特性和控制原理以及防止、防御、控制危害发生方法和技术措施等
物质致灾生物	研究生物化学、遗传变异、生态安全、生物多样性、生理营养与代谢、物质与能量交换，生物与周围环境的关系，生物致灾的特性和控制原理以及防止、防御、控制危害发生方法和技术措施等
物质致灾系统	应用系统方法，研究各类物质在系统中产生灾害与灾变过程的演化规律，利用整体性评价方法、系统数学模型来描述系统中各种物质致灾的防控方法和技术措施等

（2）物质功能安全学。物质功能安全学从有效规避人的不安全行为引发的伤害或损失的角度，研究利用或设计加工中的物质本质安全特性以达到物质安全的目的。物质功能安全学

下设物质安全标准、物质安全设计、物质安全管理、物质安全检测与监控、物质安全评价、物流安全与运筹等学科分支，其研究内容典型实例见表 8-3。

表 8-3 物质功能安全学学科分支研究内容典型实例

学科分支	研究内容典型实例
物质安全标准	研究维护系统安全的基础标准、管理标准、技术标准、方法标准、产品标准等
物质安全设计	通过人机工程的考量，研究消除物质不安全因素的设计方式，使物质具备本质安全特征
物质安全管理	运用管理学的方法，研究各类物质不安全因素并且从管理上采取措施，消除危害
物质安全检测与监控	从预防事故、灾害发生的角度，研究物质危险因素、危害程度、范围及其动态变化，并提供检测和监控基础数据
物质安全评价	研究物质危险有害因素及其发生的可能性和危害程度，为制定相应的措施提供依据
物流安全与运筹	以物质运输流动为研究对象，应用运筹学及系统工程的原理方法，辨别物流系统危险有害因素并进行系统安全分析，提出相应对策措施

（3）人、物、环安全交互学。人、物、环安全交互学运用系统工程理论及方法，研究人、物、环三者的相互关系，并对影响安全的物质因素进行分析和评价，建立综合防控系统。人、物、环安全交互学可下设人、物、环交互设计，人、物、环安全协同，人、物、环规划与管理等学科分支，其研究内容典型实例见表 8-4。

表 8-4 人、物、环安全交互学学科分支研究内容典型实例

学科分支	研究内容典型实例
人、物、环交互设计	研究人、物、环之间的信息及能量的交互传递关系，确保人、物、环界面交流的快捷、高效
人、物、环安全协同	研究人、物、环及其所含能量、信息等在时间、空间和功能结构上的重组和互补关系
人、物、环规划与管理	对人、物、环系统各状态进行规划管理与控制，针对人、物、环系统组织实施规划、检测及决策

8.1.3 安全物质学研究步骤及方法

安全物质学研究分三阶段：①进行物质安全特性识别和危险性分析，确定物质危险性质；②开展物质危险性评估，确定系统内部整体物质危险性；③根据危险性级别，采取相应的物质安全功能防御措施，进行危险控制（石东平和吴超，2015）。

1. 物质安全特性识别方法

物质安全特性识别主要为分析物质的物理特性、化学特性和生物特性等，为物质危险性分析提供基础。图 8-2 为物质安全特性识别的一般步骤，表 8-5 为物质安全特性识别的常用方法。

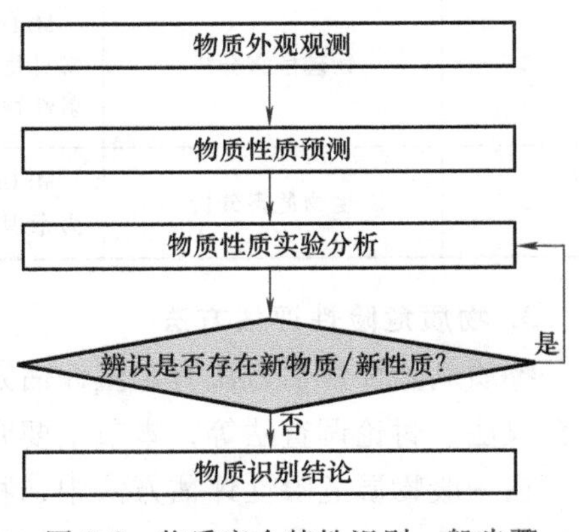

图 8-2 物质安全特性识别一般步骤

表 8-5　物质安全特性识别的常用方法

序号	内容	常用方法
1	物质外观观测	已知数据库对比法、级别量表法、记叙性描述法等
2	物质性质预测	统计分析法、数据对比法等
3	物质形式试验分析	蒸馏法、光谱分析法、电泳法、色谱法、场流分级法、电化学分析法、核磁共振法、成分分析法、DNA 测序法、蛋白质组分析法、代谢物组分析法、转录组分析等现代方法
4	物质识别结论	总结归纳法、数据对比法等

2. 物质危害分析研究方法

物质危害分析是在物质识别基础上，确定可能导致人员伤害、职业病、财产损失、作业环境破坏等的物质危险性。物质危害分析内容主要集中于化学危害分析、物理危害分析、生物危害分析三方面。图 8-3 给出了物质危害的一些具体分析内容，物质危害分析的常用方法见表 8-6。

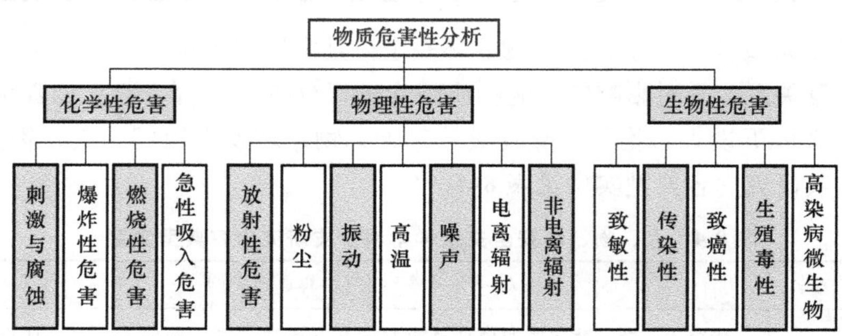

图 8-3　物质危害的一些具体分析内容

表 8-6　物质危害分析的常见方法

序号	内容	常用方法
1	化学危害分析	物质安全数据表（Material Safety Data Sheet，MSDS）分析法、危害性分类法、物质危害检查表法、化学品测试法、单体化学元素分析法、化学化合物分析法等
2	物理危害分析	MSDS 数据库分析法、危害性分类法、物质危害检查表法、物理性测试法、常见物理性危害分析法（噪声、振动、粉尘）、非常见物理性危害分析法（放射性物质等）等
3	生物危害分析	MSDS 数据库分析法、危害性分类法、物质危害检查表法、毒理分析法、动力毒理学试验法、细菌性危害分析、寄生虫危害分析、病毒性危害分析等

3. 物质危险性评估方法

物质危险性评估方法有定量评估方法、时间-空间-风险类比法、风险制图法、访谈法、族群会议法、讨论调查法等，本节主要介绍物质危险性定量评估方法。

在一般物质危险性评估方法中，物质危险性为物质危害性及物质可能性的集合。在常见物质危险性评估方法基础上，将物质因素可能性优化为扩散性和可控性两个方面。物质危险性可表示为物质危害性、物质扩散性和物质可控性的函数。综合考虑化学性物质危险性、物理性物质危险性和生物性物质危险性三方面即可获得物质综合风险评估结果。表8-7为物质危险性评估方法实例。

表8-7 物质危险性评估方法实例

物质类型	物质扩散性 S	物质危害性 W	物质可控性 K	物质危险性 C
化学性物质	$S=L\alpha+P(1-\alpha)$	$W=\sum(k_i f_i)$	$K=\Pi(s_i c_i)$	$C=WSK$
物理性物质	$S=L\alpha+P(1-\alpha)$	$W=\sum(k_i f_i)$	$K=\Pi(s_i c_i)$	$M=WSK$
生物性物质	$S=L\alpha+P(1-\alpha)$	$W=\sum(k_i f_i)$	$K=\Pi(s_i c_i)$	$G=WSK$
综合风险评估	—	—	—	$R=f(C,M,G)$

表8-7中，S为物质扩散性指数；W为物质危害性指数；K为物质可控性指数；C、M和G分别为化学性、物理性、生物性物质危险性；R为综合性风险评估指数；L为物质超标程度分值；P为接触频率分值；α为暴露性指标的权重调节系数，其中化学性物质扩散性及物理性物质扩散性取0.5，生物性物质扩散性取0.4；k_i为危险性分项指标系数；f_i为危险性分项指标程度分值；s_i为可控性分项指标系数；c_i为可控性分项指标的可控性系数。

应用表8-7中的相关公式，即可分析物质危害性、扩散性和可控性指数，通过该函数的应用可识别物质对人或财产的危害程度。

4. 物质安全功能防御研究方法

物质安全功能防御步骤为：首先，对危害物质进行防御，防范事故发生；其次，当无法防止危害发生或防御效果不佳时，再进行降低危害后果处理；最后，当事故无法控制时则进行应急救援，降低伤害程度。物质安全功能防御的主要研究内容包括防危害物质、抗危害物质和救援物质等。图8-4给出了物质安全功能防御基本步骤，其常用研究方法见表8-8。

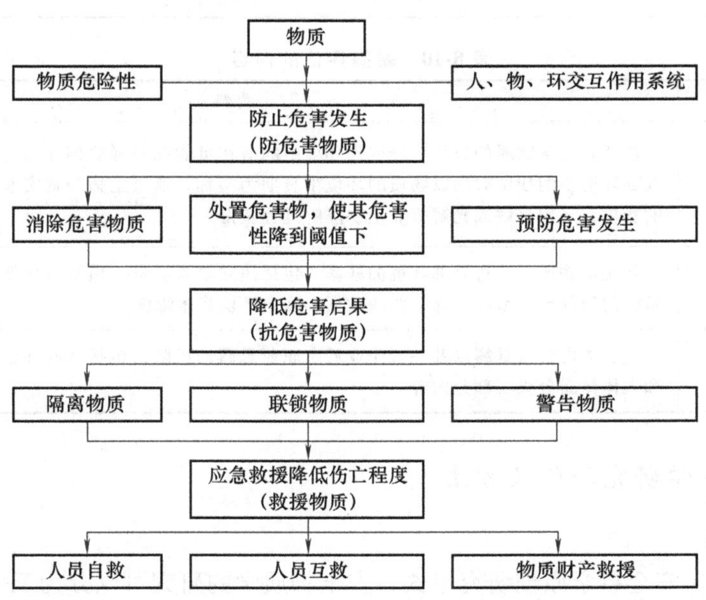

图8-4 物质安全功能防御的基本步骤（石东平和吴超，2015）

表 8-8　物质安全功能防御的常用研究方法

研究内容	研究方法
防危害物质	文献查阅法、试验法、计算机模拟法、比较法、综合指标法、演绎法、归纳法、溯因法、物元分析法等
抗危害物质	经验法、试验法、安全检查表法、专家评价法、多目标加权评判法、计算机模拟法等
救援物质	经验法、试验法、专家评价法、计算机模拟法、优化法、规划法、反馈法、决策树法等

5. 新化学物质安全评价

新化学物质风险评估所需数据归纳为物质的识别数据、理化数据、毒理学数据和生态毒理学数据，以及物质用途、排放和暴露信息。我国新化学物质风险评估时所采集的数据主要包括理化数据、毒理学数据、生态毒理学数据。我国主要进行数据有效性、可靠性、相关性及充分性评价。其中有效性评价分为国内完成测试数据评价和国外完成测试数据评价，可靠性评价主要是指数据的测试方法、测试过程等，相关性评价是指评估数据是否适用于开展危害性鉴别和风险评估，充分性评价则评估数据是否满足危害性鉴别和风险评估的需要。

我国对新化学物质危害效应评估包括危害性识别、环境危险效应评估和人类安全健康危害效应评估，见表 8-9；暴露评估的内容见表 8-10。

表 8-9　新化学物质危害效应评估内容

危害性识别	环境危害效应评估	人类安全健康危害效应评估
①环境危害性：明确生态毒理学效应，确定相应的危害剂量，按照有关法规规定，给出新化学物质对环境的危害性分类；②人类安全健康危害性：明确毒理学效应，确定相应的危害剂量，按照有关法规的规定，给出新化学物质对人类安全健康的危害性分类	①定性效应评估采用分级赋分的方法，确定环境危害性级别，定性环境危害效应分为高危害、中危害、低危害三个级别；②定量环境危害效应评估采用评估系数外推方法，对危害性识别确定的危害性数据进行外推，计算环境介质的预测环境无效应浓度	对人类安全健康危害效应识别确定的各毒性效应和危害性分类结果，进行危害性分级，给出各毒性效应的危害性级别和相应级别的分值，综合安全健康危害性级别，以所有效应指标中最高危害级别表征。安全健康危害性分为极高危害、高危害、中危害和低危害四个级别

表 8-10　暴露评估的内容

主要内容	解释
定性环境暴露评估	包括新化学物质的数量、释放到环境中的潜在可能性和释放到环境中的残留时间。其中释放到环境中的残留时间以物质的环境半衰期为指标，通过生物降解实验获得，对于不可降解的物质，采用水解或光解等非生物降解过程获得
定量环境暴露评估	新化学物质对周边局部环境的暴露，包括建立暴露场景、预测新化学物质对目标环境介质暴露的局部环境浓度、评估监测数据和确定环境暴露浓度
安全健康暴露评估	主要考虑公众暴露以及一般作业场所职业暴露的风险，包括暴露评估因子、评估因子分级和人体暴露分级三部分内容

8.1.4　安全物质学研究阶段及方法

1. 研究三阶段

按照安全科学、安全科学原理研究范式，安全物质学的研究可以分为三个阶段（图 8-5），即物质安全现象、物质安全规律、物质安全科学：①物质安全现象是可观测的物质安全或危险状态表象，对应的一些具体方法有观察、实验分析、识别、收集、整理、描述等；②物质安全规律是隐藏在物质安全现象背后的可重复联系，对应的一些具体的研究方法有解释、抽象、归纳、概括等；③物质安全科学是关于物质安全现象与物质安全规律的知识体系，对应的具体方法有比较、公理化、预见预测等。安全物质学研究可以由物质安全现象到物质安全规律，再到物质安全科学，同时所形成的物质安全科学要经得起实践检验，并指导认识物质安全现象（黄浪和吴超，2016）。

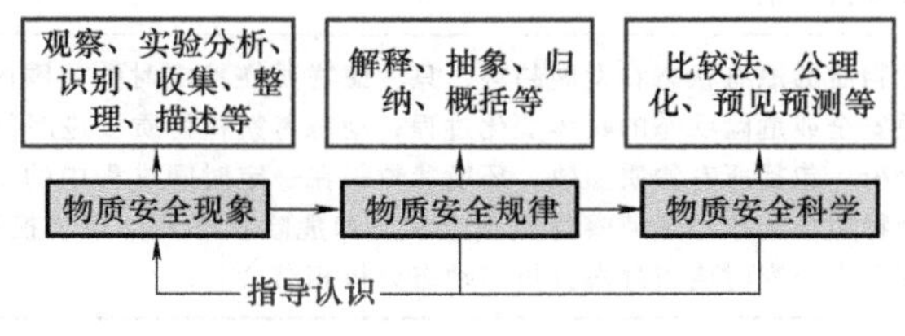

图 8-5 安全物质学研究三阶段

2. 一般研究方法

为了科学地开展安全物质学研究与实践，将安全物质学方法论融入和贯彻到具体的研究与应用工作中，归纳提出五类安全物质学的一般研究方法，见表 8-11。这些研究方法同时也是指导性原则，因为原则不能停留在完全抽象的层次上，而应体现在安全物质学的具体研究与实践活动之中。

表 8-11 安全物质学的一般研究方法

方法	方法解释
相似方法与比较方法相结合	物质间存在的相似性和相异性是不以人的意志为转移的客观存在。通过比较方法，如质的比较（反映物质本质属性的某些特征的比较）与量的比较（物质某些数量特征的比较）、静态比较（物质或其属性处于相对静止、相对稳定状态中的比较）与动态比较（物质在时间流中的运动过程中的先后状态、属性的变化）、现象比较（物质的非本质属性的比较）与本质比较（物质稳固的反映内部联系、本质属性的比较）等，找出不同物质的物理性质（如溶解性、防腐性、导电性、导热性、挥发性、沸点等）、化学性质（如可燃性、毒性、腐蚀性、放射性、稳定性、氧化性、还原性、助燃性、热不稳定性、酸碱性、络合性等）、存在状态（如液态、固态、气态等）、时空特性（即物质所处的时间和空间信息）、结构特性、功能特性等之间的相似性和相斥性，得出比较和相似结论，提出物质安全的阈值等，为物质危害性辨识、分析、评估、控制、管理等提供理论依据
还原方法与整体方法相结合	整体方法强调整体地把握研究对象，从整体上认识和处理问题；还原方法主张把整体分解为部分和组分。在研究物质的力学、电学、热学、化学等性能参数，以及物质的组成、性质、结构等时，只用整体方法或还原方法都是片面的。不还原到组分和结构层次，不了解局部，对复杂物质的认识只能是直观的、模糊的，缺乏科学性。没有整体方法观点，对物质系统的认识只能是零碎的，不能从整体上把握事物、解决物质安全问题。在进行安全物质学研究时，要充分利用这两种方法，发挥各自的优势，克服各自的片面性和局限性，用科学的思维和方法把还原方法和整体方法整合起来，进行辩证的融合
微观分析与宏观综合相结合	根据系统科学方法论和系统局部和整体的辩证关系，在进行安全物质学研究和应用时，应包括微观分析和宏观综合，微观分析以物质为研究对象，研究物质的基本属性、安全特性、安全机理、安全能量、致灾机理、救援机理等；宏观综合以物质所处人-物-环系统为研究对象，研究人、物、环交互关系。微观分析与宏观综合相结合是指在人-物-环系统的整体观对照下建立对物质的微观分析，综合所有物质微观分析结果建立关于系统整体的描述，由微观、局部物质的认识获得人-物-环系统整体的认识，以达到对人-物-环系统涌现性的充分认识

（续）

方法	方法解释
定性判断与定量描述相结合	即使最定量化的学科，它的基本假设也是定性思考的结果。物质具有定性特性和定量特性，质的规定性称为定性特性，量的规定性称为定量特性。定性特性决定定量特性，定量特性表现定性特性。只通过定性描述，对物质行为特性的把握难以深入、准确。定量描述是为定性描述服务的，借助定量描述能使定性描述深刻化、精确化。安全物质学方法论定性分析与定量描述相结合就是由科学理论、经验知识等形成和提出定性分析结果，然后采用严密的逻辑推理和精确的物理学方法、化学方法、生物学方法等得到定量结果去证明、描述定性分析结论
静态分析与动态考察相结合	静态分析不考虑物质的原有状态和发展趋势，只考虑物质在特定时空范围内的现实状况，完全抽离时间因素，不关注物质安全或危险状态的具体变化过程；动态考察将物质放进时间流中，对致灾、避灾、承灾的实际过程进行分析，包括所有物质参数、环境参数等在一定时间过程中的变化规律及相互影响规律和彼此制约关系。安全物质学的核心是考察物质安全状态和危险状态的动态转换规律和本质，涉及时间因素，这决定进行物质安全学研究时应将静态分析与动态分析相结合

3. 安全物质学方法论六维结构体系

物质存在于一定的时空范围，是能量和信息的载体，能量是物质运动的动力，信息是物质和能量表达的状态和方式，安全物质学方法论六维结构体系如图 8-6 所示。

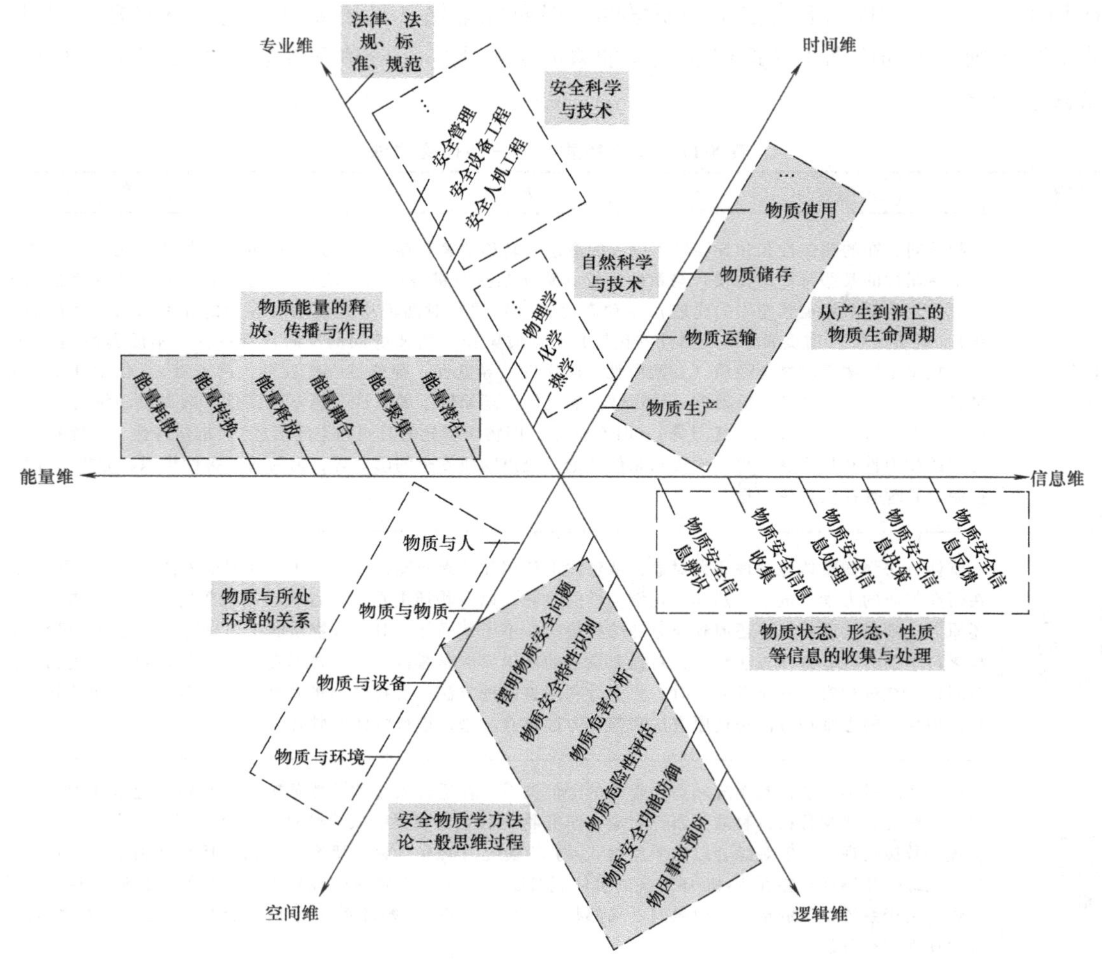

图 8-6　安全物质学方法论六维结构体系（黄浪和吴超，2016）

（1）时间维。一切物质的运动都离不开时间的作用，物质在时间维中产生、存续和消亡，即物质的生命周期。在不同的生命周期阶段，物质具有不同的物理、化学性质，具有不同的安全或危险特性。在进行安全物质学研究时，要对物质的整个生命周期（包括物质在勘探或设计、开发、生产、加工、转换、运输、分配、储备、使用各个环节中流动的全过程）进行危险性辨识、分析、评价、控制和消除。

（2）空间维（环境维）。物质作为安全系统的组分之一，可以分为致灾物、承灾物、避灾物，任何物质（能量、信息）都是处于一定空间范围内的，其空间关系主要包括物质与物质、物质与人、物质与环境之间的关系，物质安全状态或危险状态是物质在人-物-环系统中的整体涌现性表现，此外，物质的安全或危险状态也可能随着空间位置的改变而改变，因此脱离系统孤立存在的物质就失去了研究意义。

（3）能量维。能量是描写物质安全或危险状态的物理量，在安全物质学中占有极重要的地位。物质能量主要取决于自身的物理、化学性质，不同种类（如势能、动能、热能、化学能、电能、辐射能、声能、生物能、光能等）的能量造成人员伤害、设备破坏和环境破坏的机理不同，其后果也不相同。安全物质学研究的一个重点是物质能量意外释放的触发条件、能量在环境中的传播方式和途径、能量衰减规律、能量作用方式、能量影响范围和破坏性、能量意外释放的防控措施等。

（4）信息维。信息是自然界普遍联系、相互作用的一种形式。在物质及能量的运动和转换过程中，会产生大量的信息，这些信息以各种形式（如温度、湿度、压力、流速、转速以及物质自身物理化学特性参数等）在系统中各元素之间、各环节之间或各子系统之间进行传递和储存，通过对信息的感知、提取、识别、传递、储存、变换、处理和利用，可对物质和能量的安全或危险转换起到重要的标示、导向、观测、警戒、调控的作用。

（5）专业维（知识维）。专业维可以理解为安全物质学的学科基础，即安全物质学研究与实践需要储备的知识基础。安全物质学的综合交叉属性，物质形态、种类、特性千变万化，以及物质系统的多样性、复杂性决定了安全物质学研究需要借鉴和利用其他相对成熟学科的基础理论、原理和研究方法。

（6）逻辑维。逻辑维是一种思维过程，既是指导安全物质学研究有序开展的逻辑思维，也是指导安全物质学相关理论应用与实践，对物因事故进行有效预防与控制以实现系统本质安全的步骤和程序。参照霍尔的观点，逻辑维可以分为：物质安全问题提出、目标系统选择、系统分析、系统综合、系统优化、方案决策、方案执行及反馈调整。上述各个步骤的实施需要及时的反馈与整合，返回到之前的某一个阶段，重新做起，如此反复，直至实现预期的最优系统目标为止。

4. 方法论的实践程序及方法

根据安全物质学方法论六维结构体系的逻辑维思路，按照事故发生、发展过程，以事前一事中一事后为主线提出安全物质学方法论实践的一般步骤及具体方法，如图 8-7 和表 8-12 所示。

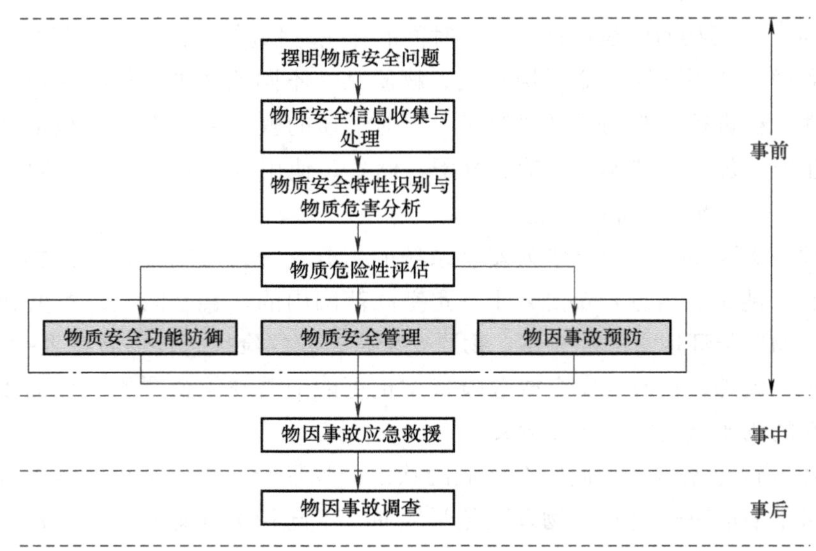

图 8-7　安全物质学方法论实践的一般步骤（黄浪和吴超，2016）

表 8-12　安全物质学方法论实践的具体方法

实践程序	具体方法
摆明物质安全问题	明确物质安全问题定义（安全、健康、环保等），明确物质安全问题所在，并选定目标人-物-环系统
物质安全信息收集与处理	包括信息的识别、收集（有观察法、实验法、事实调查法、文阅读文献法、访谈法、统计法等）、整理（对大量而琐碎的物质安全信息资料进行处理，使之条理化、系统化，主要有类比、比较、分析、综合、归纳、演绎、抽象和数学方法等）、归纳概括（对某些具有相同属性的物质抽取共同性，找出共同特征、共同本质，从而对事物物质信息进行分类，以便决策）等
物质安全特性识别、物质危害分析	可以通过各种科学与工程实验和实践，同时通过比较法、相似法、观察法、实验法、事实调查法、阅读文献法等方法，以及通过对感觉、知觉和表象等对物质安全或危险特性进行感性判断和预测（对感性和直觉认识结果进行实验分析、验证）
物质危险性评估	物质危险性评估是以物质安全特性识别、物质危害分析为前提，是物质安全管理、物质安全功能防御、物因事故预防、物因事故应急救援等的基础。包括定性评估［可采用安全检查表法、作业危险和危害分析（格雷厄姆-金尼评价法、MES 评价法、职工安全程度评价法等）、预先危害分析、故障类型和影响分析、危险性和可操作性分析等］，定量评估（道化学火灾爆炸指数评价法、蒙德火灾爆炸毒性指数评价法、危险度评价方法等），暴露评估，职业病危害评价等
物因事故预防与物质安全管理	根据物质危险性评估结果，依据物质运动客观规律，对物质理化特性动态发展的趋势或未来做出推测和判断，对物质安全或危险状态发展趋势做出预测，制定有针对性的安全管理措施，主要方法有定性预测、定量预测、技术预测、类比预测、归纳预测、演绎性预测等
物质安全功能防御	缺点列举法（通过全面列举物质危险特性和危害性、人-物-环系统的安全缺陷，为物质安全功能设计明确方向和重点）、特性列举法（通过分析和列举物质安全或危险特性，对物质或人-物-环系统进行改进，提高安全性能）、希望点列举法（分析、列举所希望达到的功能，然后围绕希望点，对物质或人-物-环系统安全功能进行改进）等
物因事故应急救援以及物因事故调查	主要是依据物质危害性和危险评估结果，制定有针对性的物因事故应急救援预案、配备相关应急救援装备，加强物因事故救援保障；对人-物-环系统所涉及的物因事故进行有针对性的应急演练等

8.2 本质安全原理

8.2.1 本质安全的概念与内涵

本质安全概念的提出距今已超过半个多世纪，最初该概念源于20世纪50年代宇航技术界，主要用于电气设备。本质安全是指通过设计等手段使生产设备或生产系统本身具有安全性，即使在误操作或发生故障的情况下，也不会造成事故。

本质安全是安全技术追求的目标，也是安全系统方法中的核心。由于安全系统把安全问题中的人、机、环境统一为一个“系统”来考虑，因此不管是从研究内容考虑还是从系统目标考虑，都需要考虑本质安全。因此，本质安全具有人的安全可靠性、物的安全可靠性、系统的安全可靠性、管理规范和持续改进等特征。在上述特征中，机器设备和环境相对来说比较稳定，具有先决性、引导性、基础性地位。事实上，通过多年对安全事故的分析可知，绝大多数事故发生的原因都与人有关。因此，只要有不安全的思想和行为，就会造成隐患，就可能演变成事故。

本质安全理论是使风险 $R \to 0$，安全度 $S \to 1$，即实现风险最小化、安全最大化。本质安全是珍爱生命的实现形式，本质安全致力于系统追向，本质改进。强调以“人-机-环境-管理”这一系统为平台，透过复杂的现象，通过优化资源配置和提高其完整性，追求诸要素安全可靠和谐统一，使各危害因素始终处于受控制状态，把握影响安全目标实现的本质因素，找准可牵动全系统的纲，使纲举目张，实现安全最大化、风险最小化，追求趋于绝对安全的境界。本质安全理论被广泛接受是和人类科学技术的进步以及对安全文化的认识密切相连的，是人类在生产、生活实践的发展过程中，对事故由被动接受到积极事先预防，从源头杜绝事故和实现人类自身安全保护的需要，是人类在安全认识上取得的一大进步。

要实现本质安全，追求安全最大化、风险最小化，就要做到以下几个方面：

(1) 运行本质安全。这是指设备的运行是正常的、稳定的，并且自始至终都处于受控状态。

(2) 设备本质安全。在设备设计和制造环节都要考虑到应具有较完善的防护功能，以保证设备和系统都能够在规定的运转周期内安全、稳定、正常地运行。这是防止事故发生的主要手段。

(3) 人员本质安全。作业者完全具有适应生产系统要求的生理、心理条件，具有在生产过程中很好地控制各个环节安全运行的能力，具有正确处理系统内各种故障及意外情况的能力。

(4) 环境本质安全。这里的环境包括空间环境、时间环境、物理化学环境、自然环境和作业现场环境。

(5) 管理本质安全。安全管理就是管理主体对管理客体实施控制，使其符合安全生产规范，达到安全生产的目的。安全管理的成败取决于能否有效控制事故的发生（李顺和吴超，2014）。

8.2.2 功能安全的内涵

功能安全研究的对象是安全相关系统，它执行的功能是保证系统的安全。安全相关系统分为安全控制系统和安全保护系统，安全控制系统如设备的仪表系统，安全保护系统如安全阀。当危险事件发生时，安全系统将采取适当的动作和措施，防止被保护对象进入危险状态，避免危及人身安全，保护财产不受损失。功能安全系列标准的总目的是规范领域内功能安全控制行为，促进其产业化应用，同时保证技术在全面安全的框架内发展，提高工业系统的安全性和经济效益。

功能安全基于风险评价，它对系统整个安全生命周期内的安全完整性进行等级划分，并对安全相关系统的安全完整性进行量化的规定，功能安全的实现依赖于安全相关系统、其他技术安全相关系统和外部风险降低设施对风险的降低控制，风险评价、安全完整性等级和安全生命周期是功能安全的主要内容。本节主要内容来自参考文献。

1. 系统风险评价

安全是相对的，追求绝对安全既十分困难，也浪费资源。在考虑技术条件、经济水平和社会承受能力后，风险降低到人们可以接受的水平则达到了相对安全。风险评估对系统中存在的危险因素进行评估并分级，风险评估还应对安全相关系统、其他技术安全相关系统和外部风险降低设施降低风险的程度进行分析，然后对各系统的安全完整性等级进行分配，并根据各方面条件确定系统所能承受的风险水平，图 8-8 表示了功能安全系统的风险关系。

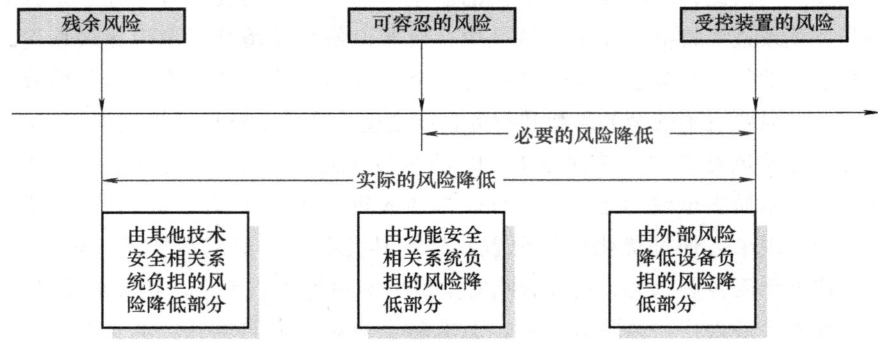

图 8-8　功能安全系统的风险关系

目前，定量风险评估是整个功能安全管理的薄弱环节，直接影响安全评估的效果。我国已对重大火灾爆炸事故后果的定量进行了全面研究，建立了六种伤害模型，但缺少事故、故障发生概率的数据，而引发这些重大事故的危险事件的相关数据资料更是缺乏。

2. 安全完整性等级

安全完整性是在规定的条件下和规定的时间内，安全相关系统成功实现规定的安全功能的概率。安全完整性等级可分为四级，最高为 4，最低为 1，级别越高，表示安全相关系统完成安全功能的概率越高，见表 8-13 和表 8-14。安全完整性等级是基于对系统的风险评估确定的风险降低目标，所以正确的风险评估对确定系统的安全量十分重要，不恰当的评估结果会导致安全完整性等级的过高或过低，会导致资源的浪费或者安全要求得不到满足。安全完整性等级的选择方法有定性和定量方法两类。目前常用的定性方法有风险矩阵法和风险图；定量法，如故障树、事件树、根据频率定量计算法等。

表 8-13　低要求操作模式下安全相关系统的安全功能目标失效量

安全完整性等级	低要求操作模式（在要求时就执行其设计功能要求的平均失效概率）
4	$\geqslant 10^{-5}$且$<10^{-4}$（低于 10000 年一遇）
3	$\geqslant 10^{-4}$且$<10^{-3}$（低于 1000 年一遇）
2	$\geqslant 10^{-3}$且$<10^{-2}$（低于 100 年一遇）
1	$\geqslant 10^{-2}$且$<10^{-1}$（低于 10 年一遇）

表 8-14　高要求操作模式下安全相关系统的安全功能目标失效量

安全完整性等级	高要求操作模式（每小时危险失效概率）
4	$\geqslant 10^{-10}$且$<10^{-8}$
3	$\geqslant 10^{-8}$且$<10^{-7}$
2	$\geqslant 10^{-7}$且$<10^{-6}$
1	$\geqslant 10^{-6}$且$<10^{-5}$

3. 安全生命周期

安全生命周期是安全相关系统实现过程中所必需的生命活动的全过程，这些活动贯穿于一项工程的概念阶段的开始，直至所有的安全相关系统、其他技术安全相关系统，以及外部风险降低设施停止使用为止的一段时间内。安全生命周期概括了所有和安全相关的范围，构建了安全功能管理的框架。图 8-9 为安全生命周期全过程。各阶段目标不同，有不同的输入和输出，据此可以将整个安全生命周期分解为以下四个阶段：Ⅰ设计安全阶段、Ⅱ系统分解阶段、Ⅲ系统实施阶段和Ⅳ系统维护阶段。这四个阶段包括了系统的概念提出、设计、分析、运行、测试、维护及处理的全过程（李顺和吴超，2014）。

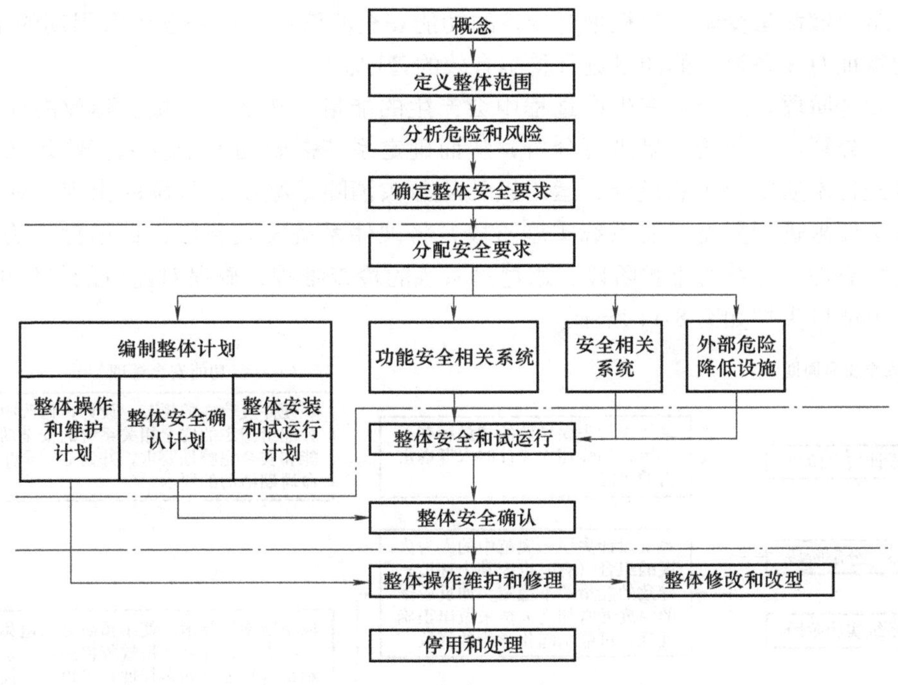

图 8-9　安全生命周期全过程

8.2.3　功能安全特点

功能安全的目的是保证系统的安全功能正常执行，也就是确保系统的安全。功能安全技术理论是系统论、控制论、计算机技术、现代安全管理等学科相互渗透、交叉发展而成。下面从安全原理的角度分析功能安全如何确保系统的安全。

1. 功能安全刺激全员参与

功能安全管理是指在安全生命周期内，从系统概念的定义到设备的停止使用都有严格的执行标准，从设计人员到一线工作人员都参与到了整个安全管理工作中，功能安全管理间接地刺激了设备设施的全员参与。如同事故的发生有事故链一般，功能安全管理也是环环相扣的，如图 8-10 所示。功能安全管理抑制了员工有意识的不安全行为，而功能安全技术则负责阻止员工无意识的不安全行为带来的危险。

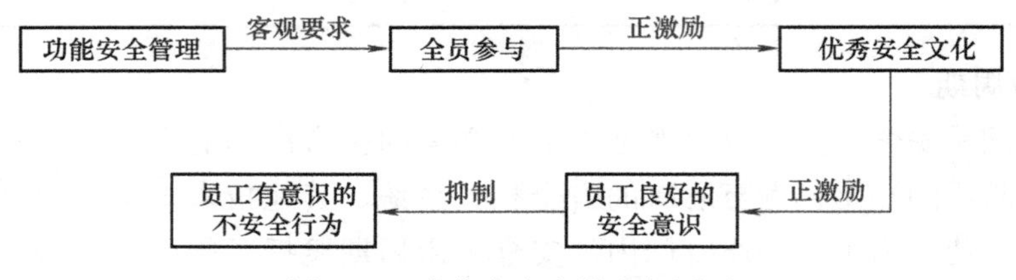

图 8-10　功能安全全员参与原理

2. 功能安全避免能量失控

根据事故致因理论，事故的发生都是因为能量的意外释放导致人员财产伤亡。生产过程中设备、设施出现故障时，便可能导致能量的意外释放并作用于人体，或意外释放的能量导致人体的正常获取能量受阻。应根据对设备的功能安全的管理，在安全生命周期的不同阶段，根据输入的特征对设备设施的能量进行科学有效的管理。

在设计安全阶段，对设备在生产过程中会产生的能量、转换的能量、释放的能量进行识别，并对其意外释放引起的后果进行分析，从而确定系统需要的安全要求。这是从设计阶段开始对系统进行本质安全化的设计，运用设计从源头消除或减少危险源的出现。在系统分解阶段，将安全要求进行分配。在系统实施阶段，将硬件系统安装到位，试运行，确保控制能量的硬件的可靠性。在系统维护阶段，通过对系统的检查维护，确保对能量的控制的有效性。功能安全避免能量失控如图 8-11 所示。

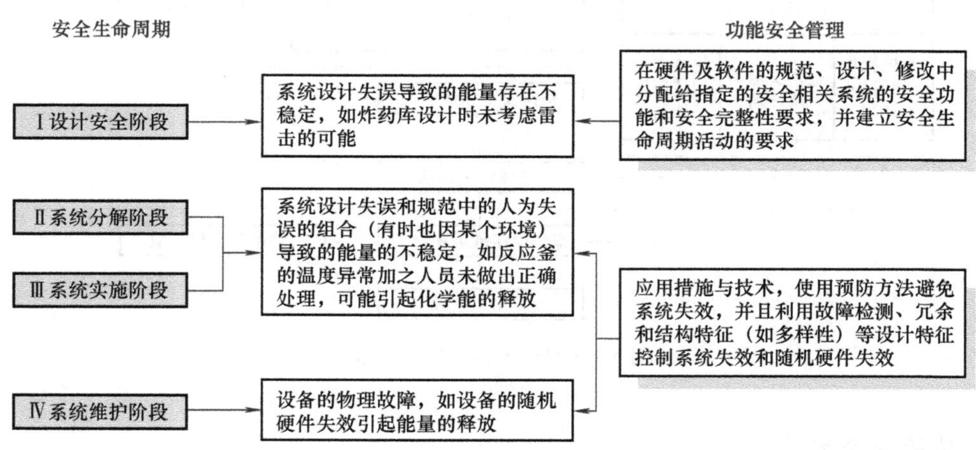

图 8-11　功能安全避免能量失控

3. 功能安全减少人的自由度

虽然生产活动是以设备、设施为中心，但整个系统安全活动应以人为中心。人的行为受许多因素影响，包括受教育水平、心理状态、个人性情品格、生理状态、环境影响等，所以在人-机-环系统中，人是自由度最大的一个因素，也就是说，人的行为具有不稳定性，所以减少人的自由度对预防事故的出现有积极作用。由于安全生命周期的不同，功能安全的活动的范围、输入和输出也不一样。在危险和风险评估阶段、给保护层分配安全功能阶段、要求规范中的活动范围都考虑了人的因素，在计划编制、设计、安装、试运行和确认时，虽然规范中的范围没有考虑人的因素，但是系统最后的使用者还是人。不管在哪一阶段，功能安全活动都有严格的标准进行规范，避免了由于人的原因而造成不安全状态出现。

4. 功能安全的系统管理

功能安全是系统的管理，不仅要考虑单个元器件失效的问题，还要考察元器件之间的组合问题，它是时间维、空间维、技术维等多维度的系统管理，把整个安全生命周期作为一个完整的系统，安全相关系统的功能安全在安全生命周期这个框架下，将设计本质安全化，并分配安全要求给各子系统，量化安全要求，执行严格标准，从多个维度预防事故的发生。功能安全的系统管理如图8-12所示。

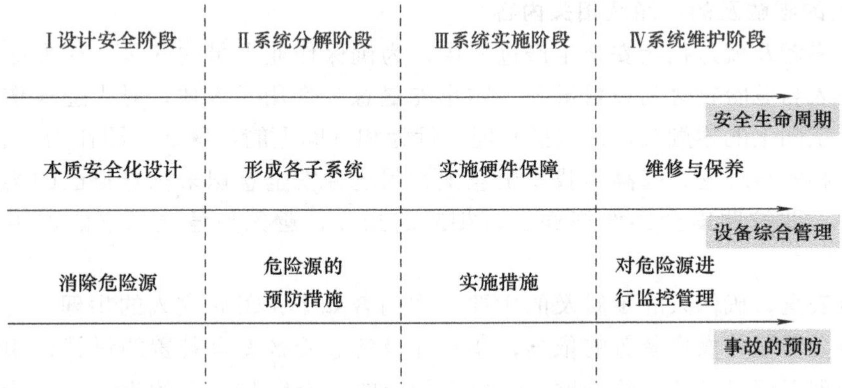

Ⅰ设计安全阶段	Ⅱ系统分解阶段	Ⅲ系统实施阶段	Ⅳ系统维护阶段	
				安全生命周期
本质安全化设计	形成各子系统	实施硬件保障	维修与保养	
				设备综合管理
消除危险源	危险源的预防措施	实施措施	对危险源进行监控管理	
				事故的预防

图8-12 功能安全的系统管理

5. 功能安全的量化原理

现行的大多数安全管理方法和安全规程对现场的安全要求都局限于定性的要求。用数学的方法量化安全相关系统的安全完整性，是功能安全控制技术的核心，安全完整等级表明最终用户可以多大程度地相信工业过程的安全性。安全要求的量化可以有效地避免安全检查工作的盲目性和主观性，可以及时发现潜在的安全隐患，及时地阻止事故出现。

8.2.4 应用实例——基于机电安全，确保人的零触及

1. 机电事故的特性

机电事故主要是指机电设备（设施）导致的事故。一般包括机电设备在安装、调试、生产、检修等过程中发生的事故，经调查统计分析，导致机电事故发生的原因错综复杂，如设备设计不合理、设备使用不规范、机电设备老化、职工安全意识低下、管理制度不严格、机电监管、监察不到位等，这些都会不同程度地导致机电事故的发生。结合历年来机电事故的案例，机电事故主要有以下特点。

（1）零星单个事件多发。机电事故不同于其他事故，通常不是大规模发生的，而是呈现

局部频发的状态，所以很难管理和控制。

（2）同类事故重复发生。机电事故虽然零散，呈现局部频发的状态，而且覆盖面极其广泛，但其表现出一定的规律性。根据事故频发倾向性，实际上在生产中存在着个别人或物容易发生事故的倾向。所以这些人和物的因素是机电事故的关键因素。

（3）机电事故中工伤事故较多。在生产诸要素中，人是一个最活跃的因素，数据统计结果表明，大多数工伤事故都是由于人失误而造成的。

与机电事故相对应，机电安全是指从人的需要出发，在使用机电设备的全过程的各种状态下，达到使人的身心免受外界因素危害的存在状态和保障条件。

综上所述，机电事故不仅频发，而且很难管理与控制，并且影响机电安全的因素是多方面的。结合轨迹交叉论及机电事故的特点可知，在机电事故中，人是一个主要的不安全因素，也是机电伤害的主要受害体。而机电安全强调的是人身心免受外界因素的危害，因此控制一切不安全因素确保“人-物”的安全距离（即确保人的零触及）是预防机电事故、实现机电安全的原理之一。

2. 确保人的零触及的内涵及相关内容

确保人的零触及就是指在安全生产过程中，为确保作业人员的安全，使人尽可能地远离危险物，或在人与危险物之间设置屏障，防止能量意外作用于人体，对人造成伤害。这种零触及不仅包括空间上的零触及，还包括心理、行为和时间上的零触及。即作为一名作业人员，首先要树立一种安全理念，提高自我安全意识，用这种安全意识来指导自己的实际行动，在生产全过程中，要按照安全操作规程进行相应的操作，避免与危险因素的近距离、长时间接触。

基于机电安全，确保人的零触及的主要研究内容如下：①研究人的生理、心理特性，以寻求机电设备合理设计操作装置的依据；②研究设备危险区安全装置的设计；③研究操作者与机电设备合理匹配以及分工的问题；④研究相应的安全防护装置的设计、安装问题以及操作人员个体防护的问题；⑤研究能量的控制问题；⑥研究安全培训、教育和安全管理的问题。

3. 确保人的零触及的技术对策

（1）本质安全化技术。所谓本质安全化技术是指不从外部采取附加的安全装置和设备，而是依靠自身的安全设计进行本质方面的改善。具体包括以下内容：①要选用合理的设计方案和原材料，消除机电设备的粗糙棱边、锐角、尖端，确保外形轮廓呈流线型；②根据相应的标准、规范，满足实际生产的应力强度，并且在人可能触及的有漏电隐患的位置安装绝缘保护外壳；③依据人体生物力学特征和人机匹配的原则，实现“人物相宜”，在可能导致人失误的区域要设置联锁保护装置，如双手控制、运动联锁、参数敏感等；④设备本身配备相应的安全防护装置，如在高速旋转和有高速飞溅物排出的周围安装有效的防护挡板等装置；⑤通过多学科理论知识和检测技术的综合运用实现设备的自动故障诊断，在此基础上进行有效的维修保养。这样通过遵守安全人机工程学的原则，选用适当的设计结构，提高设备的可靠性、操作机械化或自动化，以及在危险区之外进行调整维修，最大限度消除一切不安全因素，从而减少或限制作业人员涉入危险区的概率。

（2）隔离技术。隔离是指采用物理分离、护板和栅栏将潜在的危险与人员隔开，以防止危险，将危险降低到最低水平，并控制危险影响的技术，具体的隔离措施包括以下几种：

①空间上的隔离，空间上的隔离分为距离隔离和屏蔽两种，距离隔离是指把可能发生事故、释放大量能量或危险物质的设施布置在远离人群的地方，保持一定的安全距离。屏蔽是指采用物理措施在人与物之间设立屏障，如运用护板、外壳、安全罩、防护屏等将危险设备控制在一个较小的范围内，不仅可以防止人的触及，而且可以达到限制能量的目的。②时间上的隔离，根据人的个性、生理特性和工种特性，限定工作时间至安全限度之内，防止人受到过量的危害，从而保障人的安全。

（3）远程遥感技术。在数字化高速发展的今天，数字化远程遥感技术在某些领域得到了广泛的应用，在此基础上，通过应用WiFi技术，结合现代信息技术及人机界面操作特性，对作业工况及其危险，或者一旦发生事故其后果极其严重的机电设备采用数控化远程遥感技术，通过智能化和自动化遥控控制其正常运转，实现人、机的分离，确保人机安全性。

（4）安全信息技术。安全信息技术就是运用信息技术实现安全的目标，它主要由感应体系、信息传输体系、信号处理体系及反应体系组成。在人接近危险区域时，安装在设备及其周围的感应器感知危险，然后将信号传输到相应的监控中心，经数据处理分析后发出报警或警告信号，从而阻止人的不安全行为。

8.3 安全工程原理

安全工程学是在社会生产发展到一定阶段的基础上形成和发展起来的，是一个专门性和以技术科学为主的领域，是工学门类横断性的新兴边缘学科，它的任务是用工程技术方法研究和解决安全生产问题，即消除生产中的不安全和有害因素，防止伤亡事故、职业病和职业中毒，创造安全、卫生的劳动条件。安全工程的目的是保护劳动者及其生产能力，提高经济效益，促进现代化建设。基于安全工程学的学科特点，从理论层面对安全工程中应遵循的基本原理进行分析，并对这些原理的内涵、联系进行梳理（游波和吴超等，2014）。

8.3.1 安全工程原理定义及其研究对象

1. 安全工程原理定义

安全工程原理是专门研究如何利用各种工程技术的原理和方法来确保实现系统安全功能的科学思想。它以安全学和工程学为理论基础，以系统工程、人机工程、环境工程和技术设施等为手段，对工程风险进行分析、评价、控制、改进、优化等，以期实现系统及其全过程安全目标，是安全科学发展过程中必须遵循的基本原则。安全工程原理是研究安全系统中设备设施的设计、操作应遵循的准则，是研究如何保障人体行为活动的舒适高效安全，作业环境的安全性的基本准则，是机器装备研发和运行当中应考虑的人体工效机理以及各种物质信息的能量和信息输入输出过程中固有的基本原则。

2. 安全工程原理的研究对象

原理是对学科领域的研究内容和研究方法进行总结归纳，是学科发展所必须遵循的基本准则和规律，它利用人们立于更高的思想高度、更深的层次来掌握研究对象，便于人们认识和利用事物的本质规律。安全工程原理作为安全工程学的基本准则，有它本身的研究对象。一个安全系统通常包括三个组成部分，即从事安全生产活动的操作人员和管理人员，生产过程中用到的机器装备、仪表设备等物质条件，以及工作人员所处的作业环境。这三部分构成的人、机、环子系统之间的相互影响，其结果就会对安全系统安全性产生最直接的影响。安全工程原理就是从这三个子系统与系统之间的关系出发，研究分析如何使用系统的原理和方法，来辨别、分析系统中存在的危险因素，并制定解决这些危险因素和保障安全生产的原则。安全工程原理的研究对象主要包括以下几个方面：

（1）安全系统工程中人的生理、心理特征因素与安全之间的联系，以及各种工作方法、规章制度、管理手段是否符合人的特性，是否能更好地发挥人的主观能动性。研究分析人体在安全工作中的生物能量变化、运动动作和活动空间等各方面的适应标准，以及其对劳动效率和安全行为的影响。

（2）对安全生产过程中用到的各种机器设备的安全性和工效，从设备的材料、形状、强度、大小、工艺、可靠性等方面来研究其与安全作业的关系，以及其对操作人员的舒适性和工作效率的影响。从人体测量学、工效学、生理心理特征等要求来对仪器和部件的设计提供要求和标准。

（3）研究人体劳动工作过程中所面临的作业条件和环境的适宜性，分析各种恶劣环境因素对人体人健康和劳动效率的影响，以及各种职业因素危害的预防方法，其中包括高温、高湿、噪声、照明不适、振动、粉尘、有毒有害气体、辐射等因素。

8.3.2　安全工程的核心原理及其内涵

基于安全工程原理的定义和研究对象以及工程系统的基本特征，可以提炼出安全工程原理主要涉及的通用安全原理，具体有：①设备设施功能安全原理；②人造物宜人原理；③环境安全原理；④人造物稳固原理；⑤合理空间尺度原理；⑥最小能量原理；⑦输入输出畅通原理（游波等，2014）。

1. 设备设施功能安全原理

设备设施功能安全原理是指在设计和研发机械设备过程中应考虑能防止危险因素引起的人身伤害（其中危险因素包括设备故障、超载运行、人的操作犯规和不安全动作等）、能保障人身和安全、指导设备设施安全功能的科学设计。设备设施功能安全原理要求设备通过自身的功能、结构来限制或防止机器的某些危险运动，或限制其运动速度、振幅、压力等危险因素，以防止对人体造成危害或降低危害程度。

设备设施功能安全原理的作用是杜绝或减少机械设备在正常或故障状态，甚至在操作者失误、犯规或有不安全行为的情况下发生人身或设备事故，其特征举例如下：

（1）防止机械设备因超限运行而发生事故。机械设备的超限运行是指超速、超温、超压、超载、超位等，当设备处于超限运行状态时，相应的设备安全装置可以使设备卸载、卸压、降速或自动停止运行，从而避免事故的发生，保证人身和设备的安全。

（2）防止设备设施因人的误操作、犯规或不安全动作而引发事故对人体造成伤害，通过设备中相互制约、相互干涉的功能来避免危险的发生。当机器设备在正常运行过程中，人可能有意或无意地进入设备运行的危险区域范围内，或接触到危险有害因素，设备的安全功能此时应能阻止人进入危险区或从危险区将人体排出而免遭伤害。

（3）通过自动监测与诊断系统来排出设备故障产生的危险。通过监测、监控仪器及时发现出现的故障，通过自动报警装置提醒操作者注意危险，并通过诊断系统自动排出产生的故障和危险，避免事故的发生。

2. 人造物宜人原理

人造物宜人原理是指各种人造物（包括建筑物、车船飞机、仪器设备等）设计的核心都必须是以人为本，设计的最终目的是满足人体的各种需求，使人的活动舒适、高效、安全，充分发挥人的主观能动性。在设计研发人造物时，为了使产品更好地满足人的生理特点，让人在工作时处于舒适的状态和适宜的环境之中，就必须在设计中充分考虑到人体各种生理测量参数。在设计工作空间、机械、交通运输装备时，特别是设计各种运动式机械、驾驶舱、座位等的相关尺寸时，也是由人体尺寸及其操作姿势或舒适的动作来确定的。人造物宜人原理要求各种人造物符合人的特点，根据人的生理、心理特点来指导人造物的设计，以人为中心来设计人造物，使物的设计与人的特点更加匹配，达到安全、高效、舒适的目的。人造物宜人原理也指明了在人机系统中，应当以人为主体，以机器设备为客体，注重人的主体感觉，要求客体必须符合主体特点，明确了主客体的地位和作用。

3. 环境安全原理

安全生产与人所处的作业环境息息相关，环境安全影响着人的生理、心理特征、工效以及设备的运行状态。安全合理的环境条件不仅可保障人的生理健康和安全作业，还能提高劳动效率和减小失误率。环境安全原理是指在劳动作业过程中按照相关的环境标准和要求对作业环境进行改善和设计，形成安全、健康、舒适、高效的作业环境。不论在室内作业还是室外作业，地面工作还是地下工作，人都面临着不同的环境因素，其中包括温度、湿度、噪声、照明度、压力、风速、光照、辐射、粉尘、有毒有害气体等。环境安全原理研究如何保证这些环境条件处于最适宜的状态，避免恶劣环境因素对人体造成危害，使得劳动人员在作业环境中保持旺盛的精神状态，减少疲劳感，保持高效率的劳动作业。

环境安全原理要求对作业环境因素进行合理的设计和评价，找出存在的问题，采取相应的改善措施，把有害因素转变为有利因素，采取防治措施降低恶劣环境因素的影响，尽可能地使各项环境指标处于最佳水平，符合人的生理、心理要求。而在这种无毒、无害、无辐射、温湿度和照明度适宜的环境条件下，人体工作效率提高，可长时间持续作业而不感到疲劳，也避免了各种恶劣环境因素损害人体健康，导致职业病的产生。

4. 人造物稳固原理

人造物稳固原理是指在人在平时工作、生活中所使用和接触到的建筑物、公路、桥梁、机器设备等设施必须要有良好的稳固性，结构设计及材料强度都符合安全标准，避免垮塌事故的发生，保证人的生命和财产安全。人造物的稳固性与人造物的设计、材料强度、使用时的承载负荷强度密切联系，只有严格按照国家相关的规范标准设计、施工，建立完善的监督管理体系，才能保证人造物的质量水平和稳固性，避免垮塌事故的发生。下面列举一些人造物稳固性原理的应用例子：

（1）在设计阶段，确定人造物的使用对象群体，根据使用对象的特征来规定设计标准，确保设计参数符合安全标准。

（2）施工工程中严格按照设计标准进行，工序和材料都符合国家标准，严禁偷工减料而降低人造物的质量。

（3）不定期地进行检查，发现问题及时进行维护和保养。建立完善的监控、管理体系，实时监测人造物的运行状况和质量水平，预防事故的发生。

5. 合理空间尺度原理

合理空间尺度原理是指人从事各种工作时需要足够的活动空间，作业空间上的活动范围设计应该与人体的功能尺寸密切相关，应符合人或人群的活动特点，有足够大的空间来供人施展各种作业姿势。作业空间设计应当以人为本，结合操作任务的要求。相关设备设施的布置应当满足为作业人员提供合理的空间范围，提供舒适的作业条件，以达到提高人体工作效率、保障作业者安全和减轻作业者精神与体力负担的目的。合理空间尺度原理在作业空间设计中的作用主要体现在以下几个方面：

（1）作业人员的工作位置与设备布置应符合人的生理活动特征，有利于作业者迅速而准确地做出动作和使用机器设备。为了合理地提高作业空间利用率，作业中的人流和物流的移动距离应尽可能符合最短距离原则，以扩大作业者的有效活动空间，从而提供作业人员的工作效率。

（2）合理的作业空间尺度不仅要使作业者在工作期间操作、活动方便，并且当作业者较长时间保持某种作业姿势时，应尽可能少地产生疲劳感，同时有利于整个作业系统的运行。因此在设计作业空间时，应合理考虑作业群体的人体尺寸、活动极限与作业范围等。

（3）合理空间尺度的设计必须考虑到安全性，充分考虑作业空间对作业者的生理和心理影响，作业空间的通道设计必须保证人流的顺利通行，设备距离足以避免由于行人无意碰撞而造成的人员受伤或机器意外触发。

6. 最小能量原理

最小能量原理是指在生产作业过程中尽量保持势能、位能、电能、化学能、热能、生物能等能量最低，保持能量密度的最小化。当生产体系处于稳定平衡状态时，其系统的能量状态保持最低水平。因此，在建筑物设计、产品设备研发、劳动作业轮换时，应尽量充分利用人力资源，使各种机器设备运行处于稳定平衡状态，减少能量的消耗，保障安全效率，减少资源的浪费。

人体进行运动或作业所消耗的总能量称为能量代谢量，它的大小与作业类别、劳动强度有着密切的联系，是评价作业负荷和工作效率的重要指标。最小能量原理体现了能量与安全之间的相互影响，当人体在作业中消耗的能量越小，劳动强度越低，则消耗的体力减少，疲劳度降低，人的劳动效率就会保持在一个很高的水平，从而减少安全事故的发生。

7. 输入输出畅通原理

输入输出畅通原理是指在安全作业空间里必须有物质、信息、能量等的通道并保证人员能够安全进入、疏散和撤离等。物质、信息、能量等由环境向系统的流动就是输入，而系统对周围环境的作用则是输出。输入的主要是人所需要的物质和信息源，而输出的则是经过人处理操作后的各种形式的完成品和信息。在作业过程中，人是在一定场所里使用机器设备和物质材料来完成生产任务的。作业场所的设计不仅要考虑将作业需要的机器设备根据工艺流程、生产任务和操作要求进行合理的布局，还要给人、物等提供合理的区域和最佳畅通路线，为预防意外事故的发生提供安全措施。作业空间要保证作业者在操作过程中能够通过听觉、视觉、触觉与所控制的设备进行信息交流；此外，应确保在同一作业空间内的相关作业者之间能够实现语言或视线的沟通交流。在各种机器及生产系统中，人必须准确地获得机器设备的工作状态、性能参数、信号参数等信息，并将工作指令顺畅地传至机器，实现人与机器之间的信息输入输出畅通，这样才能实现人机系统的平衡。

8.3.3 安全工程原理的体系

安全工程原理的七个核心原理在安全工程原理体系中扮演着不同的角色，各级原理相互联系，作为安全工程原理的理论支撑。可以分别从人、物、环的角度来对安全工程原理进行研究分析，而各核心原理也从不同方向来指导人-物-环系统的发展。人造物宜人原理是从人的角度来对人造物的设计、构建提出指导要求；设备设施功能安全原理和人造物稳固原理则是从物的安全角度使各种设备、建筑物的设计标准、操作制度进行指导；环境安全原理和合理空间尺度原理是环境发展必须遵循的安全原理，保证作业环境的舒适和健康；最小能量原理则分别从人和物的角度使安全作业中各种能量的消耗降到最低，从而提高能量利用率和工作效率，也从能量方面将人因素与物因素相互联系起来；输入输出畅通原理在人、物、环三方面都得到了体现，物、环境方面的信息根据输入原理的基本准则传入人体，在人体对外界信息进行识别、处理后通过输出原理将指令下达至物和环境方面，完成信息在人-物-环系统之间的运转。安全工程原理的结构系统如图 8-13 所示。

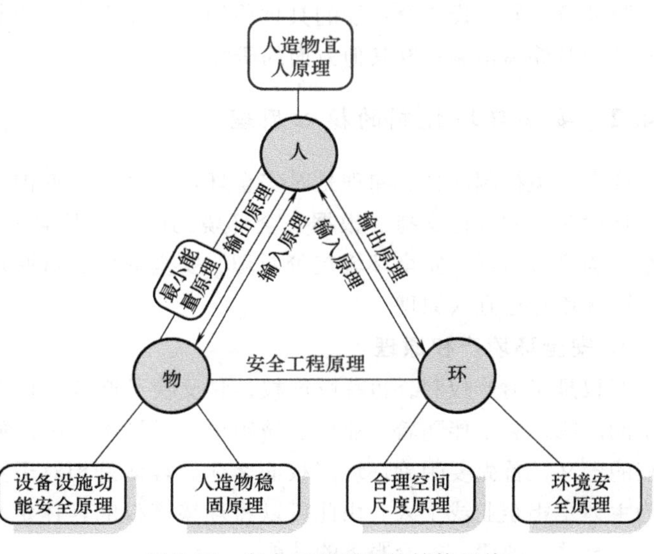

图 8-13 安全工程原理的结构系统

8.4 安全环境控制原理

安全与环境是密不可分的。本节从安全的视角，归纳出人造系统中安全环境控制的核心原理、内涵及结构关系（贺威和吴超，2014）。

8.4.1 安全环境的含义及其研究内容

1. 安全环境的含义

环境是一个广泛的概念，其内涵十分丰富，不同学科有着不同的研究对象和研究内容。本节所论述的环境不是生态学意义上的环境，而是围绕人们生活、工作的小环境系统，从安全的视角讨论环境，即环境定义为人们生产、生活的外部条件的集合。从微观尺度上讲，环境指的是人、机共同存在的外部条件，包括时间条件、空间条件、物理条件等，而安全环境指的是环境存在的一种状态，即在一定的范围内，不存在危及人们健康或生命的外部条件。这种安全的外部条件即安全环境，包括安全舒适的作业条件，健康宜人的人居环境，工业生产的清洁、无毒、无害等。

2. 安全环境的研究内容

安全系统工程所研究的对象就是人-机-环境系统，这个系统的每个因素都可能是导致事故的一个原因，即人的不安全行为、物的不安全状态、环境的不安全因素。因此，要预防事故的发生，保证人员的职业健康，必须保证环境是安全、无害的，不会给人们的生产、生活带来负面影响。安全环境主要是研究生产、生活环境中的危险有害因素，创建安全、健康的生产、生活环境，保证环境中人的健康、舒适、安全，并以此为目标而获得的普遍适用性的规律。所以，安全环境的研究目的是通过对安全环境理论的研究，形成指导安全生产工作的理论体系，从而用理论创新带动安全实践，控制环境的不安全因素，保证人们的安全、健康、舒适。

概括起来，安全环境的研究内容主要有以下几个方面：①安全环境的内涵及其外延；②安全环境的特征及其本质；③安全环境的研究对象及其影响因子；④安全环境的监测、监控方法；⑤安全环境的风险评价；⑥建设安全环境的具体原则；⑦安全环境的制度建设及其管理研究；⑧安全环境的控制手段及保障措施；⑨其他方面的研究。

8.4.2　安全环境控制的核心原理

安全环境控制的核心原理是对安全环境内涵及研究内容的提炼与总结，也是用以指导、建设安全环境实践的理论支持。根据安全环境的内涵及其研究内容，安全环境控制核心原理主要有：安全环境产权原理、安全环境定价原理、安全环境容量原理、环境无毒无害原理、环境因素转化原理、环境舒适宜人原理。

1. 安全环境产权原理

产权是指财产权利，也称财产权，它反映了产权主体对客体的权利。环境产权是一定历史条件下的产物，它是伴随着工业化、城镇化、污染物自由排放等问题的产生而产生的。要说明环境产权的含义，首先要明确环境产权的客体。客体是相对于主体而言的，本节所论述的环境产权的行为主体是指企业或个人，由此可以将环境产权的客体定义为环境能够为人们的生产、生活提供清洁、舒适、健康、安全服务的功能。

环境产权是指环境行为主体对某一环境资源所具有的所有、使用、占用、处分以及收益等各种权利的集合。根据使用对象不同，可以把环境产权分为排污权产权、排放权产权、弃置权产权；根据排污主体排放污染物成分的不同（环境因子的不同），可分为单一环境产权、复合环境产权和完全环境产权。环境产权的功能有：界定功能、激励功能、约束功能、环境容量配置功能。

环境产权最主要的一个性质是公有性，即公共产权。环境产权的这种公有性是长期以来造成环境污染的主要原因之一，也就是所谓“公地的悲剧”。环境产权的另一个特性是价值性，环境产权是一个产权束，产权束是有价值的，再者，环境产权的客体凝结着环境行为主体的投入，包含人的无差别的劳动，是具有价值的。正是由于环境产权的公有性，使得其价值长期得不到实现。换言之，环境污染的出现是由于长期以来环境产权不明晰，滥用环境造成的。因为滥用环境可以逃避生产、生活成本，把这种成本通过外部性转移，即强加给社会成本，最典型的例子是在自由排放条件下造成的污染。因此，防治污染最主要的一个途径是环境产权的界定，将产权和外部性相联系，这样就会避免环境滥用，使外部性内部化，杜绝“公地的悲剧”。

环境产权的界定最主要的是在企业层面的界定。目前，国内外普遍采用排污权的方式。这就是说，企业只能在其排污许可证的范围内排污，从而使污染控制在环境的安全容量（环境的自净能力）之内，即控制污染物总量排放。既然排污权可以购买，那么可以通过市场机制的作用，使排污权在市场范围内自由流动，即实施污染物总量控制和排污权市场化。这样，排污权使企业产生节约“环境物品”的动机，也就是减少了污染排放的动机，实际上是使企业获得了“环境物品”的产权，也达到了建立安全环境的目的。

2. 安全环境定价原理

安全环境定价就是将环境的各种变化转变为货币尺度，用价格反映环境向人们提供舒适、健康、安全服务所具有的价值。鉴于环境具有公共物品的特性，如效用不可分割性、使用的非排他性、取得方式的非竞争性、提供目的的非营利性等，因此一般不能通过市场作用确定其价值。对此，可通过替代市场和假想市场的建立来对环境提供的服务进行估价。环境价格是一个时间意义上的概念，是指生产、生活的外部条件给人们提供舒适、健康、安全服务所具有的价值在某个时期等同的货币量。

环境价格是环境价值的货币表现，环境定价有以下几个方面的作用：①对项目、政策等进行费用-效益分析；②环境费用化，为排污行为收费提供有效数据；③为环境评价提供价值依据。

环境价值的实体是其有效空间、有效能值，本质是由环境建立的社会关系，把这个实体和本质用货币表现出来，就是环境价格。环境价值不能通过市场作用实现，它必须通过政府干预（如收取环境费用、排污税等）实现。一般来说，环境价值的表现形式即环境价格，有以下几种形式：

（1）环境费用，包括以下几个方面：①环境使用费用：在一定范围内没有造成环境污染和破坏所支付的费用（如景点门票价格）；②环境损害赔偿费用：可表现为环境污染费或由污染造成人员健康损害的补偿金；③环境防护费用：是防治污染的费用，如隔离噪声的费用、防毒费用等；④环境事务及建设费用：是对环境质量进行监测、改善环境质量所需的费用。

（2）环境税收：使用和损害环境价值的环境行为主体对造成的环境损害给予等价的赔偿，如排污税，能准确地反映企业的外部成本。

（3）排污权价格：是指环境使用权按数量有偿分配给环境行为主体时的价格，在这种情况下，环境价格等于环境损害费用或者环境治理费用。

（4）环境成本：是指环境行为主体在生产、生活过程中造成环境损害价值的货币表现形式。

对环境定价，实现环境价值，其目的和明晰环境产权一样，旨在消除“公地的悲剧”，消除环境损害，控制环境污染物的排放，建立健康、舒适、安全的生产、生活条件。

3. 安全环境容量原理

安全环境容量指的是某一环境单元在不对人们健康造成危害或不对自身造成损害的条件下所能容纳污染物质的最大数量，安全环境容量反映了污染物质在环境中迁移转化的规律和在自身净化能力条件下环境对污染物的承受能力。环境容量是在环境管理中实施污染物总量控制时提出的概念，环境容量的研究可以为环境质量的分析、评价提供科学依据，为制定环境标准和污染物排放标准提供资料。环境容量是有限度的，环境单元组成结构和功能不同，其环境容量也不尽相同，一般情况下环境容量与自净能力呈正相关关系。在工业化的今天，环境容量不完全取决于自然净化能力，其中还包括了人们的净化活动。环境容量具有以下几个特征：

（1）稀缺性：这一特征为实现环境价值提供了基础条件。

（2）相对稳定性：环境容量在某一特定时间内，能保持相对稳定，这要求我们在环境控制时，要超前预防。

（3）区域差异性：这要求我们在建立排污权制度时，要关注排污总量的区域差异，还要注意跨区域排污的补偿机制问题。

在环境管理中，环境容量有非常重要的作用，它是制定国家环境标准、环境管理目标、污染排放标准的基本依据，是分析、评价环境质量的依据和约束条件，是控制污染物总量的依据。环境容量的理论研究在实际中应用较多的是环境税收和排污权交易，二者都是对污染物排放的有效控制手段，也是对环境价值的实现，是明晰环境产权、实现环境产权客体价值的途径之一。通过控制污染物质的排放，使工业废气、废渣对环境损害的外部性成本转移到企业的内部性成本中来，从而遏制或者减少对环境的损害程度，使其在环境的安全容量范围之内。

4. 环境无毒无害原理

有毒有害因素是指在生产、生活过程中存在的可能危及人体健康、造成环境损害的化学因素、物理因素、生物因素等，包括生产中的噪声、振动、粉尘、有毒有害物质、辐射等。环境无毒无害可以理解为对这些有毒有害因素的消除或者避免人员接触各式各样的有毒有害因素，达到建立一个安全的外部条件，保证人员的身体健康、生命安全的目的。

在生产生活过程中，有毒有害因素的产生有时无法避免，要避免其对人体健康的损害，主要还是以预防控制为主。建立无毒无害环境，总的来说要做到控制噪声与振动、防尘、防毒、防辐射、限制污染物的排放等。通过末端控制治理的方式消除有毒有害因素，在很多情况下很难奏效，因为这些因素一旦释放到环境中，其危害很难甚至是不可能控制的。如工业废水排放，即使通过了普通处理，其毒害影响还依然存在。因此，应从传统意义的末端控制转向控制环境参数动态变化的全过程，加强环境健康和人群健康的研究，从污染物迁移、转化角度制定基准和标准，从补救干预转向预防控制。

采取安全环境的预防控制措施就是从技术、管理、教育三大对策着手，从工艺上杜绝有毒有害物质产生，实现设备的本质安全化，对污染的行业、来源、排放量及环境容量进行摸底排查、分析研究，建立作业场所所有有毒有害物质危险评价分级，建立健全法规、标准，摸清有毒有害物质的种类和浓度水平，科学、客观地评价有毒有害物质的危险性，对环境中的有毒有害因素实行动态监测，建立健全环境健康损害的监测预警体系和环境与健康事故的应急处置体系，建立有毒有害物质污染损害赔偿机制。

另外，污染防治的重点还在于对新污染源可以通过实行环境影响评价和“三同时”制度进行管理。“三同时”制度是指防治污染和其他公害的设施必须与主体工程同时设计、同时施工、同时投产，对现有污染源则通过排污收费、排污许可证等途径控制污染总量。随着环境因素的变化，环境中污染物的行为也会随之变化，因此对于污染物的毒性研究也应从过去的着眼于污染物本身的毒性机制转为结合污染物在迁移、转化、输送过程中的性质变化来研究其对健康的影响。

5. 环境因素转化原理

环境因素是指生产、生活过程中能与环境发生相互作用的要素，本节论述的环境因素包括化学因素环境污染物（工业、生活、农业污染物）、物理因素中的微小气候、噪声、振动、辐射等。环境因素与健康是对立统一、相辅相成、相互依存、相互制约的关系，人类依存、适应、改造环境，无法避免环境因素的干扰，也离不开环境因素的作用；反过来，环境作用、制约、影响人体健康，环境因素的不合理控制，特别是有毒有害的环境因素，对人体健康是极为不利的。生产环境因素的好坏影响企业的生产效率和生产操作人员的身心健康。因此，研究控制环境因素向不利于人员健康的方向转化的方式方法，对保护人员健康，构建安全环境，具有重要意义。

环境因素中所涉及的环境问题类型有水、气、声、渣等污染物的排放、处置等，它包括潜在的法律、法规的要求、工艺更新、原料替代、环境行为主体对人们健康和安全的影响以及环境风险评价等方面。

要减少环境因素对人的不利影响，控制其向损害人体健康方向转化，首先要对环境中的环境因素进行识别。识别的原则是要尽可能地全面考虑与所选行为过程有关的环境因素。环境因素识别的方法主要有物料衡算法、产品生命周期分析法、现场调查和面谈等。通过环境因素的识别，可定量地确定污染物的数量、种类、成分和去向，可以找到确切的污染源。环境因素识别以后，就要对它进行评价，确定对人体健康影响较大的因素，然后根据环境容量大小，制定环境目标方针和控制其转化的手段，包括技术、管理、教育等措施，明确人类活动（包括决策、生产、生活）和环境质量的关系，污染物在自然环境中的迁移、转化、循环和积累的过程和规律，环境污染的危害方式与途径，做好环境状况的调查、评价和预测，环境污染的控制和处理，环境监测、分析技术和预报。

随着社会进步和工业发展，环境因素与健康的研究重点也应从高剂量急性效应向低剂量长期暴露的毒性效应发展，从单一介质、单因素影响研究向多介质、综合影响发展，从常规、常污染物向微量、二次、新型污染物发展。

6. 环境舒适宜人原理

环境舒适宜人指的是人们生产、生活的外部条件不但是安全的、无害的，而且要根据人机工程学和环境工效学的设计原理，从人的要求出发，处理好健康、安全、舒适、高效经济等诸方面的关系，最大限度地减少作业人员的不便和不适。环境的舒适宜人代表着更高的人与环境之间的和谐程度，需要较高的社会经济发展水平、良好的环境和安全技术水平作为基础，使人们处于舒适的作业环境和良好的生存空间。环境的舒适宜人有以下功能。

（1）安全、实用功能：对环境进行布置和规划时，以人为本的前提是要保证环境的无毒无害，使人员在作业、生活环境中享受安全环境带来的安全、健康的服务。

（2）认知功能：主要体现在环境的可识别性和场所感上，是通过视觉、触觉等感官的刺激，使人产生一种感知的心理过程而实现的。

（3）审美功能：是在安全实用功能和认知功能基础上产生的一种心理和精神功能，是二者的升华。

建立舒适宜人的安全环境，就是要运用人机工程学原理和环境工效学理论对环境因素进行控制，对环境进行规划和合理布置，使环境微小气候处于适于人们生产和生活的状态。

优美、舒适的作业环境涉及人的因素和物的因素，具体来说有以下几点：

（1）严格执行相关安全标准，如安全防护设备或设施符合标准。

（2）环境符合人机工程学原理和环境工效学理论，如显示器、操纵器的设计、布置等。

（3）人员作业的位置要适宜，以不使人产生厌烦和疲劳为标准。

（4）温度、湿度、光线、空气流动满足安全标准。

（5）安全卫生、清洁度、振动、噪声、粉尘、污染等环境因素要满足要求或使污染降低到人体可接受的限度。

这是对环境进行分析检测—分析评价—调节控制—分析检测的一个动态循环过程，环境舒适宜人研究旨在探索舒适性环境的调控方法，以期建立安全、健康、舒适的生产、生活环境，保证人员安全，高效地生产，健康地生活。

8.4.3 安全环境控制的核心原理的结构

安全环境控制的六个核心原理不是相互独立的，而是相互联系、相互制约的，彼此是相互重叠的。安全环境控制的六个核心原理的结构关联如图8-14所示。

1. 从思维逻辑层面理解六个核心原理的关联性

环境是安全环境研究的对象，也是安全环境控制的核心原理研究的基础，是界定环境产权、确定环境价格机制、控制环境因素的先决条件。安全环境容量作为环境自身所具备的特性，是我们监测、控制环境参数、保证人员健康首先要研究的。环境容量作为一种稀缺资源是有价值的，也是有产权的，同时具有公有性的特点，这是长久以来环境损害的主要原因之一，也就是环境的产权长期得不到界定所带来的外部效应。作为环境产权的主体，明晰环境产权，制定合理环境定价机制，是保持环境自净能力的有效途径之一，环境产权和环境定价标准的合理化是控制环境因素转化的有效手段。同时环境因素的特征不同，对环境产权和环境定价的影响也不同，如不同的污染排放，有不同的权限和环境税。这些标准是为了控制环境因素的转化，保持环境容量的自净能力，建立无毒无害的安全环境，保证人们能舒适、健康、高效地工作，这是一切安全工作的核心和出发点，也是安全第一、以人为本的具体体现。

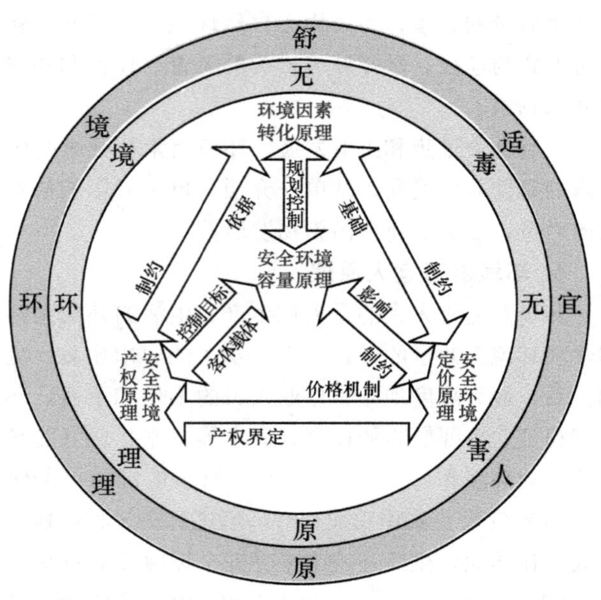

图 8-14　安全环境控制的六个核心原理的结构关联

2. 从应用性层面理解六个核心原理

安全环境的理论研究旨在探索安全生产全过程的科学控制理论及方法，以此来降低风险、损害，保障人们的身体健康、生命安全，促进社会经济和谐发展。安全环境核心原理的提出，正是基于对安全科学的认识和理解，研究生产、生活环境因素对人的影响以及环境行为主体对环境因素的影响及控制方法，包括研究人类活动（包括决策、生产、生活）和环境质量的关系，污染物在自然环境中的迁移、转化、循环和积累的过程和规律，环境污染的危害，环境状况的调查、评价和环境预测，环境污染的控制和处理，环境监测、分析技术和预报。从安全的角度研究控制环境中危险有害因素的有效措施，从而获得保证生产、生活环境中人的健康、舒适、安全的普遍适用性规律，并以此指导安全生产实践。

8.5 安全大数据原理

8.5.1　安全大数据基础原理及其内涵

不妨将大数据在安全科学领域的应用简称为安全大数据。安全大数据是指在进行与安全有关的活动过程中通过一定方式获取的反映安全问题本质、特性、规律的安全数据集，以及对数据进行加工所使用的安全数据思维和安全数据技术。安全大数据包含三个基本要素，即安全大数据本身、安全大数据技术和安全大数据思维。

安全大数据原理主要从安全学科属性和安全大数据特性出发，借鉴系统科学、信息科学、计算机网络等理论与技术，通过研究大数据在安全科学领域的应用行为特性而提出的普适性规律。以实现安全目标为导向，应用安全大数据原理的目的可概括为以下三种：一是从安全现象中挖掘提炼出安全规律，并进一步整合与呈现，形成安全科学理论；二是通过关联分析、趋势分析等进行安全决策、安全预测、安全控制等安全活动，对风险及时预警或控制减少事故发生；三是通过安全数据解释或理解形成安全信息，分析个性化特征，提供个性化服务。

从安全大数据三要素出发，分别从安全大数据本身、安全大数据技术和安全大数据思维三个层次归纳提炼出安全数据全样本原理、安全数据核心原理、安全数据隐含原理、安全科学导向原理、安全价值转化原理、安全超前预测原理、安全关联交叉原理、安全容量维度原理、安全资源融合原理等九个基础原理，如图8-15所示，各原理间相互作用，相辅相成（欧阳秋梅等，2016）。

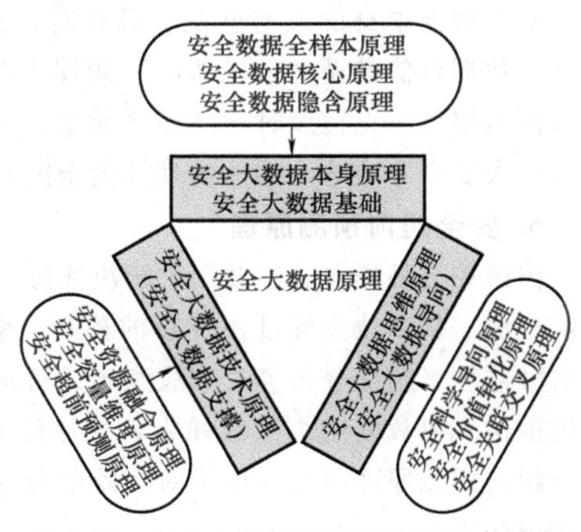

图8-15 安全大数据基础原理的三个层次

1. 安全数据全样本原理

安全大数据的特征之一是数量规模大，以总体为样本，处理方式从原来的抽样统计转变为“全样本”模式，这是安全大数据与传统安全统计最根本的区别。应用安全数据全样本原理，可大大提高解决安全问题的效率和准确率。同时海量数据之间存在混杂，随数据的增加，错误率会相应增加，但当数据体足够大时，数据生成足够多，可以弥补这些小错误。提高解决安全问题效率是目标，则调整容错标准是根本途径，两者不是对立关系，而是相辅相成的。安全数据全样本原理需要接受模糊性，调整容错的标准，实现安全数据共享，以快速全面获得安全问题大概轮廓和发展脉络。

2. 安全数据核心原理

进行安全大数据活动就是要研究安全数据间的数量表现和数量关系，既包括隐患、已发生事故等安全现象的数量表现和数据关系，也包括安全生产、社会、经济等领域的安全现象及各种安全现象与社会、经济等领域相互影响的数量关系，安全数据是整个安全活动的基石和核心。安全数据不仅是对安全现象的记录与描述，还是挖掘安全规律的基础。运用安全数据核心原理，要以安全数据特征和关联关系为基础，进一步合理选择安全大数据技术，达到实现安全大数据价值的目的。

3. 安全数据隐含原理

安全数据隐含原理是指所有一般数据中隐含着安全数据，安全数据中又隐含着新的安全数据，它对安全数据采集和预处理起着指导作用。安全现象是安全规律的外在表现，要想获知安全规律的内在联系，需具体分析安全现象的一系列安全数据特征，再抽象归纳出一系列的安全原理，综合安全大数据目标，提炼出安全科学原理以指导安全活动。运用安全数据隐含原理，可实现从安全现象中收集安全数据、进一步解释形成安全信息、安全信息整合和呈现获得安全规律的全数据价值。

4. 安全科学导向原理

进行安全活动离不开安全科学理论、技术和思维，安全大数据也离不开安全科学的指导，也要根据具体安全问题的特征进行分析。安全活动涉及社会文化、公共管理、建筑、矿业、交通、食品、生物等事业乃至人类生产、生活和生存的各个领域，安全科学原理涵盖安全生命科学、安全自然科学、安全技术科学、安全社会科学及安全系统科学五大范畴，是进行安全科学研究的指导方针。安全大数据原理需要以安全科学理论为导向，体现“以人为本”理论，对全面认识安全问题的特征、属性及规律具有重要意义。

5. 安全价值转化原理

安全数据本身价值密度低，只有对其存储、分析、挖掘并应用才能将其隐藏价值显现出来。安全大数据价值遵循“飞轮效应”规律，即在安全数据量规模小的情况下价值密度低，只有当安全数据积累到一定程度时才能达到质变，体现安全规律。安全价值转换原理要求有“大数据—大资源—大安全”观念，最终实现社会全民安全。

6. 安全超前预测原理

传统安全抽样统计主要用于解决实际安全问题，一般不具有可预测性，而安全大数据可实现超前预测。从事故发展过程（事前预测、事中应急、事后恢复）角度看，应用安全大数据，可通过实时监控、趋势分析等对事故隐患进行风险规避，超前预测危险源的发展动态以提前预警；通过模拟仿真事故发生全过程并将各措施结果可视化，提供科学的安全决策以防止事故后果恶化。安全超前预测原理不仅实现了对风险的规避与控制，防患于未然，还对人们的生产与生活行为具有指导作用。

7. 安全关联交叉原理

安全大数据强调事物之间的相关关系，通过挖掘一系列特征得到安全本质特征。从关联性角度看，通过从目标表象中找出与之最相关的一个事物作为关联物，从该关联物出发探寻目标的一系列特征；从交叉性角度看，通过安全数据之间相关特性交叉和组合来探寻目标的新价值。安全关联交叉原理体现了解决安全问题的两种思维途径，即正向思维和逆向思维。从理论研究出发通过因果关系推演出逻辑框架，并在此基础上得出结论，属于正向思维途径；从安全大数据出发通过相关关系得出目标的若干特征，再总结提炼出一般安全规律，属于逆向思维途径。

8. 安全容量维度原理

安全大数据的安全容量维度主要体现在对安全现象的大数据记录和描述，其表现形式基本上是非结构化数据，实现安全大数据价值的处理方法是将其转化为结构化数据，即传统安全统计数据。安全容量维度原理主要体现在安全数据的存储、分类、管理等方面，安全容量决定了安全数据存储和处理方法的选择，体现安全大数据的深度；安全维度指导安全大数据的分类与管理，体现安全大数据的广度。

9. 安全资源融合原理

安全资源包括安全数据、安全技术、安全思维以及相关的人员、设备、资金等各资源要素，安全资源融合原理要求各资源要素间有效互联，形成安全和谐系统。安全资源融合原理以大数据技术为依托，结合云计算、物联网等新一代信息技术，实现各资源应用融合，如利用模拟、仿真、可视化等技术，可通过安全数据表现和关系，逼真、形象、多维度地反映出各类安全生产、生活规律，有利于智慧城市建设、智能公共管理等建设，为安全活动的开展提供便利。

8.5.2 安全大数据原理应用结构框架

1. 安全大数据原理应用结构框架的创建

安全大数据应用离不开安全数据的处理与分析，基于安全大数据应用的基本原理，构建安全大数据原理的应用结构框架，如图 8-16 所示。其逻辑要素以安全数据为核心，以安全大数据流程为主线，以安全问题需求和安全大数据思维为导向，以安全大数据技术为支撑，以安全大数据手段和内容为研究重点，构成技术路线的基本要素。

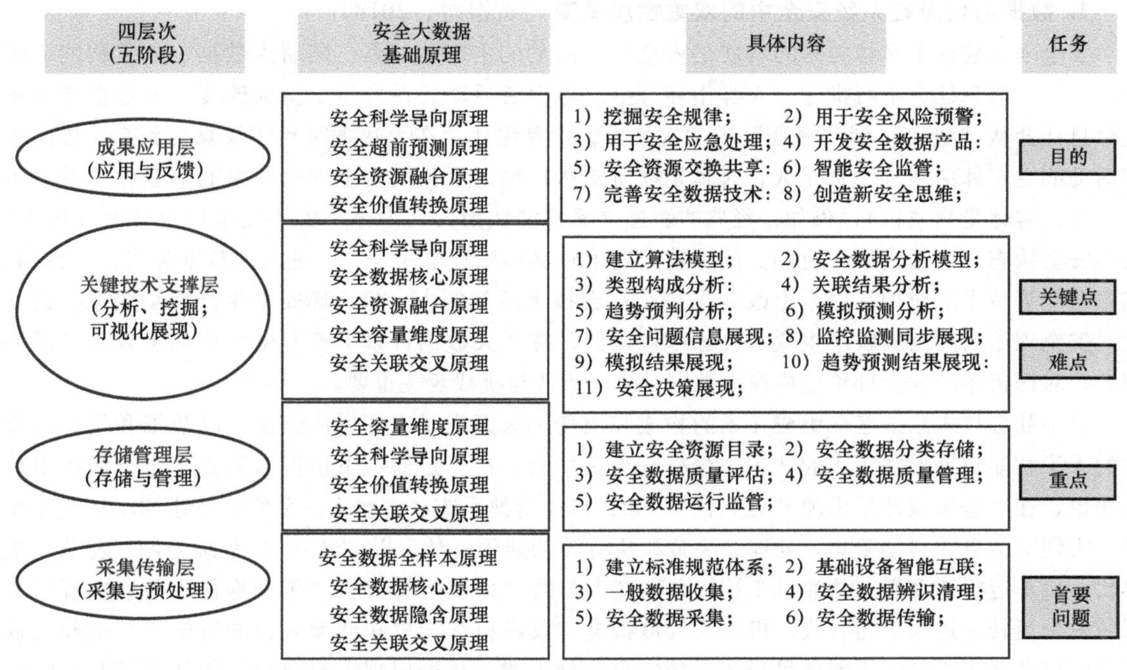

图 8-16 安全大数据原理的应用结构框架（欧阳秋梅等，2016）

2. 安全大数据原理应用结构框架的具体分析

（1）着眼于安全数据本身，根据安全大数据处理一般流程，将整个应用过程分解为四个层次、五个阶段，罗列出在各个阶段主要核心原理作理论指导，在此基础上对各个阶段具体实施内容进行了总结概括。

（2）将隐含在安全现象中采集的安全大数据进一步处理和解释，形成安全信息，从安全信息中挖掘安全规律，最终实现安全大数据的安全价值。

（3）四个层次间层层递进，相互依托，安全问题最终能否快速解决依赖于各阶段能否友好运行；各层次间存在明显的反馈（可视化展现依赖于计算分析模型的建立，而计算分析模型的建立又依赖于安全数据是否完整规范等）。不同层次有不同的建设任务重点和难点。

（4）需要明确的是，图 8-16 中只标注出各阶段所采用的主要核心原理，各原理之间也存在交叉互用，在解决安全问题时需要结合实际情况合理选择相应的一种或几种原理。

（5）针对安全大数据的现状，提出了在不同应用阶段的具体实施内容，可概括为以下几个方面：一是建立或完善安全数据标准规范体系；二是基础设施设备实现智能互联交换；三是关键安全大数据技术借鉴和创新；四是安全人才资源建设等。

8.5.3 大数据视阈下安全系统研究范式的变革

把安全理论建模作为安全系统研究的一种手段与方法，是人类在认识系统安全和塑造系统安全过程中的一大创造。随着社会技术系统复杂性的提高，尤其是进入大数据时代、工业 4.0 时代、人工智能时代以后，系统复杂性与耦合性、数字化与智能化的快速提高使传统的安全理论模型不能满足复杂系统安全研究与实践需求。

1. 数据与信息在系统安全中的双重性质演变（黄浪等，2018）

安全理论建模主客体关系的本质是安全生产活动的主客体关系。随着大数据、人工智能等研究的深入，信息社会不断推进，人类生存、生产与生活活动关系发生了重大改变。大数据技术正是信息社会从“量变”到“质变”的关键推力，信息化社会在大数据时代才算真正到来。传统生产活动的主客体关系（主体是人，客体是物质实体）决定了传统安全理论建模的主客体关系（主体是人，客体是物或机），例如，经典的轨迹交叉模型认为人（主体）的不安全行为和物（客体）的不安全状态相交叉（同一时间、同一空间发生）必然导致事故发生。进入大数据时代，大数据、人工智能等技术的应用从根本上改变了复杂社会技术系统的人、机、环安全生产活动关系，这必然对安全理论研究与实践产生变革性影响。因此，探讨大数据背景下安全生产活动主客体关系的演变，对探析系统安全理论建模在大数据时代的机遇与挑战至关重要。

复杂社会技术系统客体组成元素的构成和演变远远超出了人的反应速度，以数据和信息为驱动的人工智能扩展增强了人的认识、分析和决策能力，在一定情境下也担当着安全生产活动主体的角色，在某些领域开始出现“无人化”，如：自动驾驶系统、自动飞行系统、高速列车控制系统等，实现对信息的自动采集、处理、决策和执行等功能于一体。以“人-车”系统为例：在蒸汽机时代，机车运行速度慢，依靠机车司机和调度人员的“目视判断”和“手动操作”就能实现机车系统安全运转。进入电力时代，机车大幅度提速，仅靠机车司机和调度人员的感知觉系统和较低层次的自动化水平已经不能满足机车系统安全运转要求，进而出现了机车自身的软件控制系统和机车运转的软件调度系统。在如今的高速铁路时代，必须借助庞大的数据系统、信息系统与软件系统的智能控制，才能实现机车的安全运转。虽然人依然是数据、信息和软件的主要控制者，但是人们安全信息的获取、对安全信息的分析、安全预测与决策、安全信息利用等安全行为均有信息和软件的智能支撑。换言之，以数据信息为驱动的人工智能系统延伸了人类的智能，在安全生产活动中既具有主体性质，又具有客体性质。

安全生产活动的主体从单纯的人变成了由人和以数据信息为驱动的智能系统构成的整体，数据和信息系统在安全生产活动中既是客体又是主体，具有主、客体双重性质（见图8-17）。在进行系统安全建模时，必须考虑数据和信息在安全生产活动中的主体角色。此外，由于数据和信息技术的限制，传统人-机系统分析模式下的人-机界面属于物理层面的人-机界面（人和机直接接触），重点关注的是处于人-机界面的单人、单机，人-机交互受到时空限制。但是在大数据时代，随着数字和信息技术的快速发展，已经由物理层面的人-机界面发展为数字化、信息化的人-机界面，在该人机交互模式下，系统安全分析需要关注多人（人群）、多机（机群），人-机交互不受时空限制，数字和信息已经成为人-机交互的核心纽带，数字技术和信息技术成为系统安全分析与控制的关键手段。

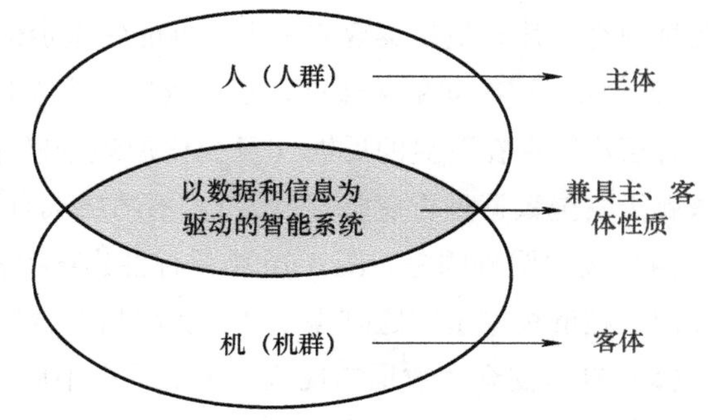

图8-17 系统安全中数据和信息的主、客体双重性质

2. 数据驱动的系统安全理论建模范式转变

基于数据和信息在系统安全中的双重性质演变分析，可构建系统安全理论建模范式转变“数据-系统-安全”三维模型（图8-18）。解析如下：①数据维，根据安全数据技术自身的发展，以及

在人们对数据在安全生产活动中的角色演变的认识，可将数据维划分经验型认识阶段、小数据时代和大数据时代；②系统维，根据人们对安全的认识范围（系统）的扩大，从系统粒度视角，可将系统维划分为微系统、中系统和宏系统三阶段，例如生产车间、工段属于微系统，生产企业或组织属于中系统，生产组织所属的经济社会系统属于宏系统；③安全维，将系统安全研究划分为三个阶段，分别是农业社会时期的古典安全范式、工业社会时期的近代安全范式和信息社会的大安全范式。

根据上述三个维度的划分，可将数据驱动的系统安全研究分为三范式：①范式一处于农业社会时期，该时期人们只关注来自自然环境的危险，主要靠日积月累的经验面对危险，所关注的也只是个体所在的局部范围（微系统），但并没有系统安全研究，可称为“经验型-微系统-古典安全”范式。②范式二处于工业社会时期，人们面对的危险主要来自新技术与新工业，系统安全研究开始萌芽与发展，开始重视安全数据的重要性，并通过数据统计得出系列安全法则（海因里希法则），指导安全生产，安全研究从只重视微系统层面的单人或单机，到重视人-机交互，再到采取系统思维考虑整个微系统安全，随着系统安全研究的深入，又由微系统安全研究转向了中系统安全研究，该阶段的安全研究可称为“小数据-中系统-近代安全”范式。③范式三处于信息社会时期，前已述及，大数据技术使信息社会“量变”到“质变”，人们面对的安全现象涉及复杂的社会技术系统（宏系统），大安全观进入研究视野，该阶段的安全研究可称为“大数据-宏系统-大安全”范式，或“大数据-大系统-大安全”范式。

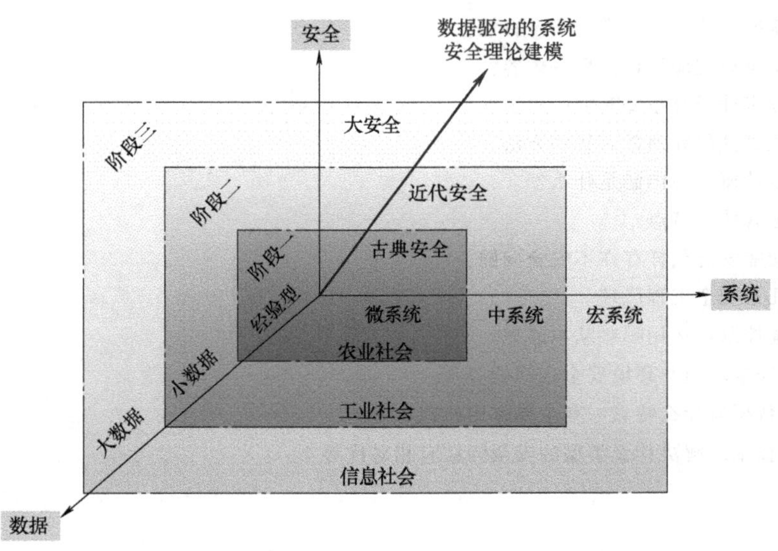

图 8-18　数据驱动下的系统安全理论建模范式转变三维模型（黄浪等，2018）

在“大数据-大系统-大安全”范式下，和诸多技术创新和思维革新一样，大数据应用于系统安全理论建模的驱动力主要是“挑战-机遇”机制或“拉力-推力”机制。挑战（拉力）：为了实现既定目标需要新技术与新方法；机遇（推力）：因为新技术使人或组织能够实现更高、更新的目标。

3. 基于大数据的系统安全理论建模原理构成

大数据应用于系统安全理论建模需要以大数据技术、信息技术、系统科学、安全科学等基础技术与学科为理论基础，还需要这些基础技术与学科融合而成的具体的建模原理作为指导。在对大数据应用于安全科学领域原理研究的基础上，将基于大数据的系统安全建模原理归纳为：安全数据全样本原理、安全数据叠加原理、安全数据核心原理（或数据处理导向原理）、安全数据隐含原理、安全数据价值转化原理、安全关联交叉原理、安全资源整合原理、安全超前预测原理、安全科学导向原理、系统科学导向原理。

部分原理在建模过程中的应用简述如下：①安全数据全样本原理，主要用于数据采集阶段，根据所研究的系统安全问题和系统尺度，可将数据分为微观层面安全数据、中观层面安全数据和宏观层面安全数据；②安全数据叠加原理，主要用于依据数据特点以及数据处理技术对数据进行初选和分类；③安全数据核心原理（或数据处理导向原理），即去除"噪声"类数据，以大数据处理一般流程为导向；④安全数据隐含原理、安全数据价值转化原理和安全关联交叉原理，主要用于从安全数据提取和挖掘有用的安全信息；⑤安全资源整合原理，基于大数据的系统安全建模涉及传感器技术、物联网技术、数据传输技术、信息技术、系统工程、安全工程技术等，需要在建模过程中整合现有资源与理论；⑥安全超前预测原理，大数据技术最主要的功能是预测预报，这也是基于大数据的系统安全模型主要功能；⑦安全科学导向原理，基于大数据的系统安全建模是以目地（系统安全）导向、以数据为核心的，因此在建模过程中需要安全科学理论指导；⑧系统科学导向原理，贯穿于整个系统安全理论建模，将"数据"和"安全"相结合，此外，安全理论模型本身就是一个系统，其建模过程属于系统工程，因此理应需要系统科学原理。

本章思考题

1. 物质的哪些性质可以归类为安全特性？
2. 物质的安全原理应该包括哪些内容？
3. 物质的危害性研究主要有哪些内容？
4. 物质的危害性研究通常有哪些方法？
5. 本质安全的概念与内涵是什么？
6. 功能安全有什么特点？
7. 为什么功能安全同样存在不安全问题？
8. 试枚举几条安全工程原理。
9. 安全环境控制可运用哪些基本原理？
10. 试讨论安全环境与环境安全之间的关系。
11. 安全大数据有什么特点？其主要作用原理有哪些？
12. 大数据技术对解决什么类型的安全问题有相对优势？

第 9 章 安全社会科学原理

【本章导读】

安全社会科学主要是从文化、法律、经济、教育、伦理道德等的角度对安全现象、安全规律、安全科学进行研究，探索社会科学的诸多方面的变化对人的安全状况造成的影响，从社会科学角度总结保障人的安全的基本规律。安全社会科学涉及哲学、法学、政治学、经济学、历史学、管理学、教育学、统计学、传播学、文学等诸多学科，这些学科有大量的知识可以用于安全社会科学领域，尚待安全科技工作者去挖掘。本章介绍的安全社会科学原理客观地说仅仅是其中比较重要的部分。

9.1 安全文化原理

9.1.1 安全文化的基础原理

安全文化在安全领域大家已经非常熟悉了，安全文化是人类文化的组成部分，是在人类生产生活过程中调适人与人、人与社会、人与自然之间的关系，达到防止事故、抵御灾害、维护健康的目的。安全文化也是一种巨大的精神力量，在这种力量感召下，能激发人们安全文化建设、关心他人、珍爱生命的安全理念，从而达到控制管理者和操作者不安全行为的目的。为什么安全文化有如此巨大的功能呢？这离不开安全文化有许多独特的作用原理。从安全文化学的研究中，可以提炼出以下安全文化基础原理（王秉和吴超，2015、2018）。

1. 组织原理

文化形成、存在和作用的基础是组织（文化群体），同样，安全文化也是如此。组织安全文化是组织文化的组成部分，以保障组织安全运行、发展为目标，是组织的安全价值观与安全行为规范的集合，通过组织体系对组织系统施加影响。组织作为安全文化形成、存在和作用的基础，安全文化的组织原理就显得极为关键，安全文化的组织原理的具体内涵解析如下：

（1）组织安全文化以“组织安全至上”为核心价值观，它是一种组织安全管理手段，强调的目标包含两层含义：①最高目标：保障组织整体安全运行和发展；②最低目标：保障组织个体的生命、财产不受损失。

（2）组织安全文化的主要内容包括安全价值观与安全行为规范。①安全价值观体现为深层次的安全观念、理念，是组织成员对于安全问题的基本判别及看待安全问题的态度，是组织安全文化的价值内核；②安全行为规范体现为外显行为，是组织成员在长期生产、生活实践中形成的良好行为习惯的积累。

（3）组织安全文化的传播载体是由个体和组织构成的组织体系。安全价值观与安全行为规范首先影响的是组织成员的个体观念或行为，各组织个体的观念或行为一旦汇集成为组织的观念和自觉行为，就会产生升华、聚集成组织的观念或行为，成为组织的安全文化。

（4）组织安全文化的影响作用体现在由成员、设备、环境和制度四要素构成的组织系统中。①对组织成员的观念与行为的影响，这是最基本的影响，也是组织安全文化发挥效用的基础；②对设备的影响，如设备是否有安全防护装置等；③对环境的影响，如环境的噪声、装潢等是否有损健康等；④对制度的影响，如制度是否涉及危险有害因素等。

（5）组织安全文化建设应以组织体系作为核心，通过安全宣传教育、安全监督检查、安全规章制度等各种手段或措施改善组织体系中的个体、组织这两个不同层次主体的安全价值观与安全行为规范，最终目的是提升组织系统中的四要素的安全状态。

2. 累积效应

安全文化在元素和效用方面具有累积效应，具体解释如下：

（1）元素累积：任何存在的文化都是对以往文化的承续，都是对过去文化累积的结果，同时它又是未来文化发展的基础和源泉。因此，安全文化元素的累积也是安全文化发展的前提和条件，但这种累积不是简单的重复式叠加，而是批判性继承、选择性借鉴、适应性整合等一系列辩证的过程。

（2）效用累积：安全文化的效用是其导向、凝聚、熏陶、规范和激励等功能综合作用的结果。安全文化效用的发挥是一个循序渐进、不断累积的过程，即安全文化效用的累积效应。

3. “中心-边缘”效应

人生活在自然世界和文化空间之中，而文化空间是人类符号化思维和行为对自然世界重塑的结果，可以把文化空间命名为文化符号圈，并指出文化符号圈是一个不匀质的、有界的且具有中心与边缘的层级结构，其信息运作是通过其中心与边缘的互动来完成的。鉴于此，若将安全文化符号化（如安全观念、情感、制度、行为和物质文化符号），再将各孤立、分散的安全文化符号个体加以整合，即可形成安全文化符号圈，如图9-1所示。

由图9-1可知，某一特定组织的安全文化符号圈可看成一个有界封闭圆区域，由内到外包括组织观念、制度、行为和物质安全文化四层，体现了安全文化的主次，这就是安全文化的“中心-边缘”效应。安全文化的“中心-边缘”效应还具有更深层次的内涵，具体解释如下：

（1）组织安全文化符号圈存在界限，组织安全文化的影响范围是由组织安全文化符号圈的半径 R 决定的。

（2）组织安全文化符号的活跃性随着 r 的增大而增强，换言之，组织安全文化符号圈的“边

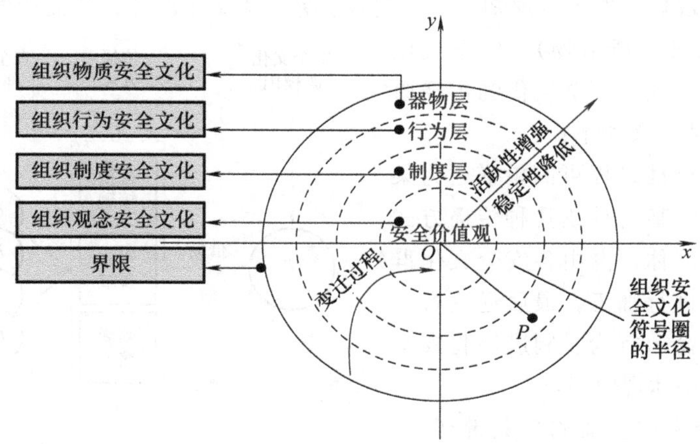

图 9-1 安全文化符号圈示意图（王秉和吴超，2017）

缘”的活跃性强于其“中心”，表明组织安全文化变迁是一个从器物到观念变化的过程。主要原因是：①组织安全文化符号圈的中心区域是组织安全文化的核心（即精神安全文化符号），稳定性很强，而其“边缘区域”主要由组织物质安全文化符号组成，它是有形的、最为活跃、变化最快的要素，容易发生变化。②制度和行为文化是物质和观念安全文化的中介，这就决定它们的形成和变革必须要受物质和观念安全文化的制约，它们的活跃性处于物质和观念安全文化之间。同样，各层面的安全文化之间的关系也是如此。③组织安全文化是一个统一的有机体，一旦安全文化系统的器物层面、行为层面和制度层面发生变迁，则观念层面也会随即发生一定程度的变迁，这是一个层层递进的过程。

4. 过滤原理

由安全文化的“中心-边缘”效应可知，安全文化符号圈存在界限，该界限把文化划分成了内、外两个空间。因此，以某个特定组织的安全文化为界限，可将整个文化系统划分为组织安全文化系统和非组织安全文化系统（包括组织中除安全文化以外的其他文化）。过滤原理是组织安全文化系统中的文化元素更替的重要规律，其具体内涵解释如下：

（1）对非组织安全文化系统中的文化元素的选择性吸收。一般来说，每种文化一旦形成便带有很强的自身独特性，它会拒绝、排斥其他文化模式。另外，借鉴或吸收外文化元素又是文化创新的重要途径。因此，某种文化和与之相对的外文化进行交流时，为了阻挡与自身相冲突的外文化元素流入，需要对外文化元素进行选择性吸收（即对外文化元素进行“过滤”，吸收与自身相融合的，排斥与自身相冲突的），从而达到丰富和发展自身的目的。同样，组织安全文化系统对非组织安全文化系统中的文化元素也是一种选择性吸收。

（2）对组织安全文化系统中的文化元素的选择性排出（遗忘）。随着组织的发展，其安全文化系统中的有些文化元素不再符合组织安全发展要求，甚至会阻碍组织安全发展，这就需要组织安全文化系统在进行内部信息互动时，选择排出这部分落后的，甚至有害的安全文化元素，即安全文化的选择性遗忘，这也是一个“过滤”的过程。

5. 传播原理

文化传播是文化的复制及表达过程。文化传播的前提是接触，其传播方式大体分为三种：直接接触（同一区域范围内的相互毗邻的两个文化群体）、媒介接触（借助一定的载体与工具）和刺激接触（某一文化群体掌握了某项知识后，刺激了另一个文化群体，从而激发了它的创造灵感，并使之发明或发展出某个新事物）。安全文化传播机理和方式也是如此。安全文化的传播原理如图 9-2 所示，具体含义如下：

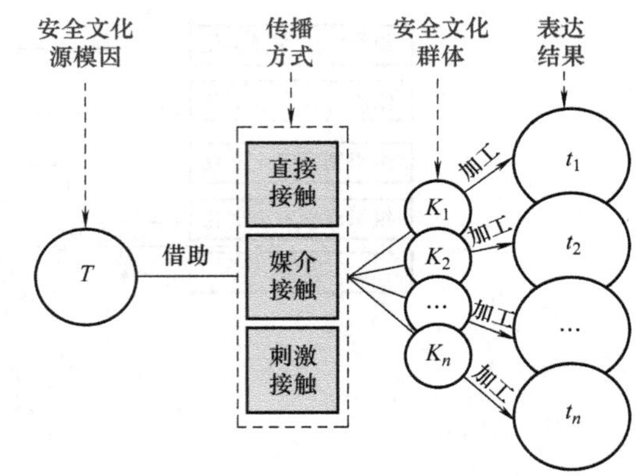

图 9-2　安全文化的传播原理（王秉和吴超，2018）

（1）安全文化的传播过程可简单描述为某一安全文化源模因先经某一种或几种传播方式传给不同的安全文化群体，再由各安全文化群体对安全文化源模因进行加工，最后通过各安全文化群体的安全观念、行为、制度等将安全文化源模因的传播结果体现出来。

（2）加工是安全文化传播的最关键环节。某一安全文化群体借鉴另一群体的安全文化要素时，并不是简单地照搬照抄（即完全地复制），而是有选择地进行借鉴（即有针对性地做或多或少的改变）。因此，同一安全文化源模因在不同的安全文化群体中的模因表达结果是不同的。

（3）安全文化传播促进了人类安全文化的同一性与多元性。①一般来说，人们总是在他们可能实现的范围内，选取具有适应性和优越性的安全文化要素，来弥补或取代现有的安全文化要素，由此使适应性和优越性较强的安全文化要素（安全文化源模因）被广泛模仿和学习，因此从理论上讲，人类安全文化具有同一性的趋势；②因不同安全文化群体的自身特点等的影响，使同一安全文化源模因在不同的安全文化群体中的模因表达结果是不同，且又会形成新的安全文化源模因，因此安全文化传播又促进了人类安全文化的多元性。

（4）安全文化传播使不同安全文化群体的安全文化在许多方面得到了共享和互补，丰富了安全文化的内容和结构。此外，安全文化传播为组织安全文化发展提供了新动力，能够激发组织安全文化变迁。

6. 局部稳定原理

安全文化受多种因素的综合影响，它的均衡是相对的，而它的变化是绝对的，即相对稳定性和渐变性是它的两个固有属性。换言之，它需要不间断地缓慢发展变化，一般无突变。安全文化随着时间不断发展变化，在某一确定的时间段内，它的发展变化具有局部稳定性，这就是安全文化的局部稳定原理，其内涵可分两个层面来解释，依次为：

（1）表层内涵：短时间内安全文化现状值基本保持不变。在短时间内，安全文化现状值（可通过安全文化评估手段测得）是基本保持稳定的，它是由安全文化的累积效应决定的。

（2）深层内涵：较长一段时间内组织安全价值观是确定且唯一的。①组织的安全价值观是组织安全文化的核心，一般来说，在较长的一段时间内，它是确定且唯一的，这就决定组织安全文化必须要以它为基准保持一致；②组织安全价值观并不是永久保持不变，由于时代的变迁等各种因素的影响，从量变到质变，从器物层到观念层，组织安全文化也会打破原有的局部稳定状态而建立新的局部稳定状态，这意味着组织安全价值观发生了变化，即组织安全文化发生了变迁。

7. 制约原理

文化可为组织成员的文化行为选择提供一些有力的制约（束缚），它是文化的各种功能综合作用的结果，这种束缚力量称为文化强制。鉴于此，在组织安全文化作用下，组织个体的安全文化行为也要受到组织安全文化的制约，即组织安全文化为组织成员的安全文化行为选择与决策提供了一些有力的制约，这种力量可称为组织安全文化束缚力。反过来，组织安全文化行为对组织安全文化建设也会产生重要影响。组织安全文化行为对组织安全文化建设具有显著的促进作用，而且只有当组织安全文化束缚力达到最大值时，才能实现其效用的最大化发挥。

8. 牵引跨越原理

安全人性的“X理论”假设（强调人的安全人性弱点）和“Y理论”假设（强调人的安全人性优点），统称为安全人性的“X-Y理论”假设。通常情况下，该绝对化的假设是不存在的，组织内的绝大多数成员应该处于两种假设之间，即安全人性符合正态分布模型，如图9-3中的曲线Ⅰ所示。图9-3表达的模型不仅提出了组织安全管理的两种重要途径，即安全人性的“X理论”假设下的处罚、淘汰（安全管理制度设计）手段和“Y理论”假设下的宣传典型（安全文化建设）手段，而且也为组织安全管理指明了目标和方向，即要实现积极安全人性的“正态分布”的最大值。

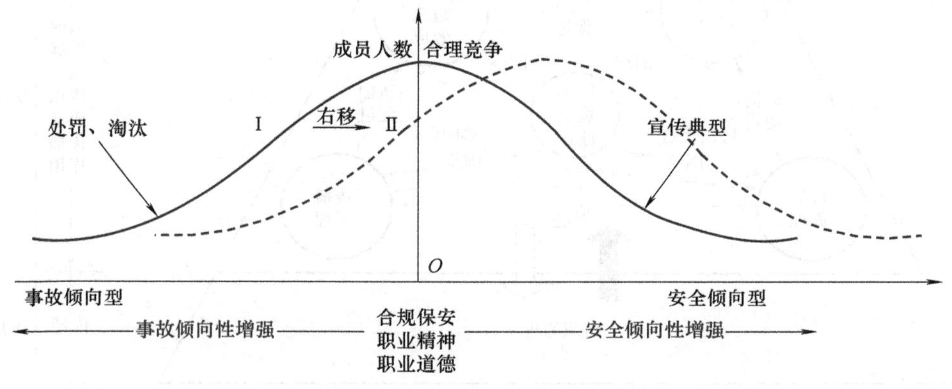

图9-3 安全人性正态分布模型（王秉和吴超，2017）

基于安全人性的“X-Y理论”假设和安全人性正态分布模型，来阐明安全文化的牵引跨越原理的内涵，解释如下：

（1）在安全人性分布模型中，通过对安全人性的“Y理论”假设的组织成员为组织安全的努力行为进行宣传和奖励等激励，会促使越来越多的组织成员认可并主动接受组织的安全价值观、理念和行为准则等，进而使组织成员自发采取有利于组织安全的行为，这时模型会向右移动（如图9-3中的曲线Ⅱ所示），这与安全人性的正态分布模型所指明的组织安全管理方向保持一致，突出了组织安全文化的牵引作用。

（2）管理中所镶嵌的文化因素可将组织成员集聚到一个“命运共同体”中。凭借组织安全文化的牵引作用，使越来越多的组织个体逐渐从关注个人安全到关注整个组织的安全，进而使组织个体与组织之间形成了一个“命运共同体”，组织成员会主动为组织安全贡献自己的努力。值得说明的是，此时组织成员不管个人的努力是否在安全管理制度规定等的范围之内（即安全管理制度的“空白地带”），而完全是出于组织成员的个人意愿，组织成员行为呈现出安全人性的“Y理论”假设，即其安全人性实现了跨越式改变，这种改变就会促使组织成员主动发挥其主观能动性，从而充分展示其自我保安价值。

9.1.2 安全文化原理的体系结构

安全文化学各核心原理不是各自独立的，它们之间有着复杂的结构关系，各核心原理共同构成了安全文化学核心原理的“四层”结构体系，如图 9-4 所示。

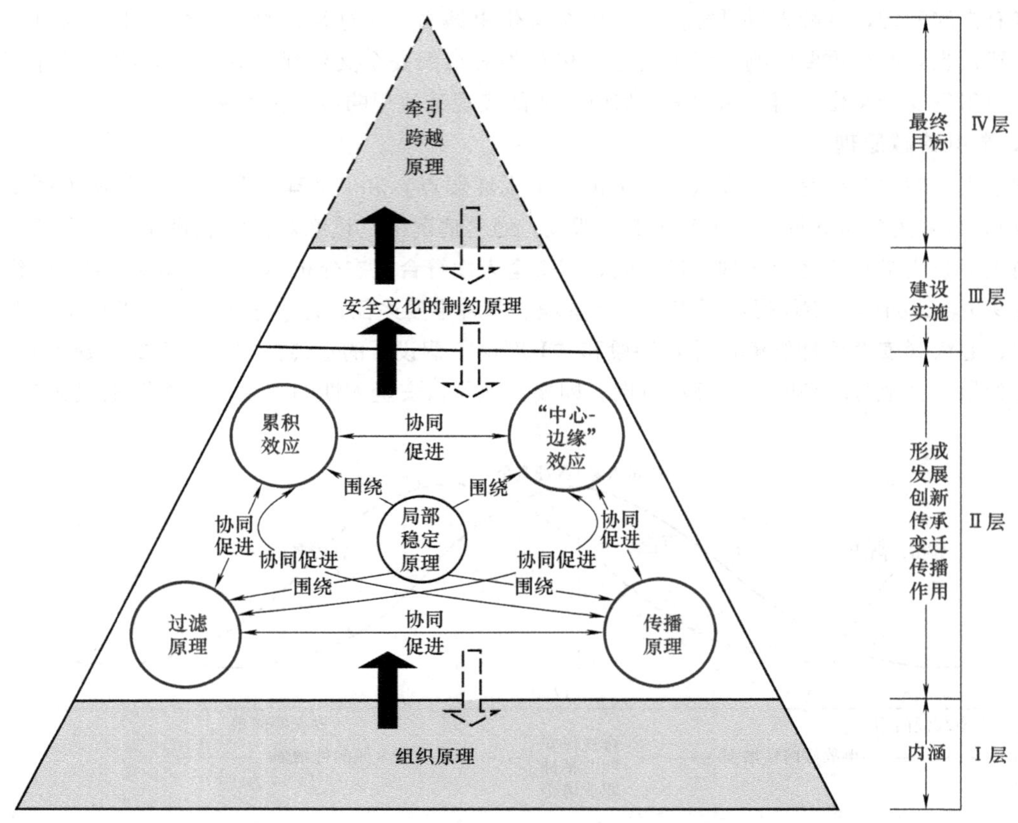

图 9-4 安全文化学核心原理的“四层”结构体系（王秉和吴超，2017）

该结构由自下而上的四个不同层面（Ⅰ、Ⅱ、Ⅲ、Ⅳ层）的安全文化学核心原理构成，各核心原理彼此影响、相互促进，共同体现安全文化学核心原理的核心内容和具体应用。其中，组织原理是研究安全文化学原理的基础，安全文化的制约原理是安全文化学原理的实践与应用，牵引跨越原理是安全文化学原理研究所追求的最终目标，而累积效应、“中心-边缘”效应、过滤原理、传播原理和局部稳定原理共同支撑整个安全文化学核心原理系统。总之，构成该结构的八个安全文化原理几乎涵盖安全文化学的所有研究内容，可极大地促进安全文化学学科体系的发展。各层的具体含义分别解释如下：

（1）Ⅰ层：组织原理。正确理解和把握安全文化的组织原理是安全文化学原理研究的基础和前提条件，因此，它是安全文化学的最基本和基础原理，其旨在阐明安全文化的形成、存在及作用的基础。

（2）Ⅱ层：累积效应、“中心-边缘”效应、过滤原理、传播原理、局部稳定原理。它们旨在阐明安全文化的发展变化、传播、作用过程和规律，具体包括安全文化的形成、发展、创新、传承、变迁、传播以及作用机理。需要说明的是，累积效应等原理始终是围绕局部稳定原理运动并发挥作用的，即局部稳定原理是它们的基准原理。换言之，这一层面的其他原理的共同作用就是为了使安全文化保持局部稳定状态。此外，除局部稳定原理以外的其他原理之间是相互协同、相互促进的关系。

（3）Ⅲ层：安全文化的制约原理。这一原理指明了安全文化建设和实施所要遵循的核心原则，旨在指导安全文化的应用研究。

（4）Ⅳ层：牵引跨越原理。这是安全文化建设和安全文化学研究所追求的最终目标，即在安全文化的牵引作用下，实现人的积极安全人性的大幅度、跨越式自主提高，这是安全文化的基本功能升华的结果。

9.1.3 安全文化建设的应用原理

在安全文化建设实践中，也需要借助安全文化建设的应用原理，下面介绍几条常用的应用原理（谭洪强和吴超，2014）。

1. 安全文化信仰原理

任何国家或民族都存在自身的信仰和认同。同样，人们对生命无价和生命至上的认同程度极大地影响他们对安全和安全文化的重视程度，安全文化从信仰的高度更能充分发挥它的能动作用，使安全文化渗透到整个系统体系之中。安全文化信仰原理在安全文化建设中具有重要作用，可以将安全文化观念、理念等更加有序、系统地传播给受众，使安全文化以信仰的高度得到传承和发展。对于安全文化的信仰原理内涵可以从以下三个方面进行理解：

（1）从文化信仰的高度传承并促进安全文化系统的发展。以信仰的方式能够更加形象生动地提升系统组织的安全文化氛围，提升全体成员的安全理念。安全文化信仰原理不仅能够极大地促进安全文化对系统、组织、个人的影响作用，同时，对于安全文化的传承与发展也有良好的促进作用。

（2）安全文化信仰原理对于营造组织的安全文化氛围具有很强的现实意义，对于安全文化体系的构建也具有较大的推动作用。基于安全文化信仰原理，从影响力和导向力的层面促进安全文化学基础理论的研究，更加有利于构筑安全文化学学科体系的建设。反过来，安全信仰又深刻影响着系统整体安全文化的氛围，促进组织安全性的提升。

（3）安全文化信仰原理以信仰的方式使安全理念、观念等深入人心，使组织内所有成员的观念由“要我安全”转变为“我要安全”，从消极被动转换为积极主动，增强安全意识，提高安全责任感，更重要的是增强其主人翁意识，使成员群策群力，更能提高系统的安全性。同时，对于组织本身而言，安全文化信仰原理可以通过安全文化这条纽带紧密团结所有成员，进而保证安全活动的顺利进行。

2. 安全文化熏陶原理

安全文化对人的影响是潜移默化的，其通过对人-机-环系统的全面影响进而影响系统中的各个要素，使之符合安全文化学的本质要求。安全文化的熏陶原理是安全文化作用于组织系统最基本的影响方式，也是促进整体环境安全文化氛围的重要原理。其通过榜样激励、尊重氛围、情感氛围、竞争氛围等方式对组织内部产生影响。安全文化熏陶原理以哲学与文化学为基础，通过精神、情感、物质、制度等氛围影响的方式，激发组织或者个人的安全意识，提高系统的整体安全性能和安全水平，最终达到本质安全文化的目标。当组织内部出现不利于组织安全文化的氛围时，则会通过系统反馈机制进行调节，促进系统趋于安全状态。

3. 安全文化纪念原理

一个国家或民族总有一些重要纪念日来弘扬其精神文化。同样，弘扬和发展安全文化离不开安全文化纪念原理的作用。安全文化纪念原理是指通过如安全文化周、安全文化月、防灾减灾日、消防日、安全月等纪念性的日期和活动，来加强组织或者个人的安全观念，提升安全意识，增强安全素养，尽可能减少事故的发生，保障人员不受伤害、财产不受损伤。通过安全文化纪念原理的发展和促进作用，可以提高安全文化的多样性与趣味性，进而促进本质安全文化的发展。安全文化纪念原理可以从以下两方面进行深度剖析：

（1）安全文化纪念原理可以增强安全文化的趣味性与多元性，符合安全科学发展的整体趋势。安全文化纪念原理使安全文化朝着综合性、稳定性、系统性的方向发展，建立安全文化示范区、设置纪念性节日更加有助于安全文化的推广与落实。通过安全文化纪念原理的推动作用，增强安全文化学基础理论研究，有利于安全文化学体系框架的完善，最终促进安全文化学的发展。

（2）大众媒体需要正确引导和广泛宣传，真正做到因势利导、循循善诱，将安全文化的精髓通过媒体的宣传效果传达给每个人，使安全文化纪念原理的影响力得到更系统的推广，再结合科学研究使之有机联系在一起。举办诸如安全文化论坛、安全文化知识竞赛等活动，将安全文化以丰富多彩的形式展现给受众，使受众更乐于接受安全文化的熏陶与影响，从而提升大众的安全文化素养，增强安全自觉性与自制力。

4. 安全文化控制原理

安全文化控制原理是指利用组织系统共同的价值观和行为规范，通过安全文化本身以及人相互作用协调、控制、规划整个系统，使其达到自组织、最经济的效果，从而形成体系的自我控制，规范系统中人的世界观、人生观、价值观以及相互关系等。安全文化的控制功能是非正式的，系统内部自发形成的自我控制。不仅仅是人，安全文化也在追求归属性以及文化本身的价值倾向。安全文化控制原理可以发挥控制和管理功能，能够弥补法律制度和控制手段的不足。该原理包括五大功能：安全文化的协调控制功能、安全文化的自组织控制功能、安全文化的最经济控制功能、安全文化的规划控制功能、安全文化的系统控制功能。具体内涵可以从以下两方面理解：

（1）安全文化控制原理主要有两大手段：行为控制和结果控制。利用企业文化的内涵、发展愿景、共同的价值观等约束成员行为方式，促进全体成员的价值观与系统整体价值取向相一致。同时，安全文化控制功能原理还会作用于系统本身的文化氛围，使之更加完善及人性化，更加有利于系统本身实现其安全功能。

（2）安全文化控制原理的目的是实现系统与人的协同作用，使系统与人一体化，既可以弥补安全管理的不足，又可以促进人的情感归属。安全文化的控制功能原理对于安全文化学的传承与创新也具有极大的推动作用，特别是规划控制和系统控制功能，从系统工程的角度来实现控制功能，增强学科体系融合，促进安全文化学的发展。

5. 安全文化可塑性和塑他性原理

安全文化本身具有较强的可塑性，安全文化学受到安全科学、哲学、艺术等学科以及社会环境的影响而不断发展充实，同时安全文化又深刻影响着其他学科的发展创新。安全文化的可塑性和塑他性原理是指安全文化具有影响其他学科或者系统，又具有被其他学科或者系统影响的性质。安全文化一旦形成就具有相对稳定的特点，但又是变化、运动、不断发展的，需要继续创造和塑造以完善学科体系，具有可塑性的特点。可塑性和塑他性是安全文化具有的极其重要的性质，该原理的深刻内涵可以从以下两方面理解：

（1）安全文化兼容性很强，其发展性与运动性决定了安全文化的可塑性。安全文化的可塑性保障安全文化不断完善、创新、发展，使其更好地为系统服务。

（2）安全文化还具有影响其他学科发展的塑他性，安全文化的综合作用可以作为一种精神力量使其具有认识世界、改造世界的能力，可以深刻地影响着其他学科的发展、创新。安全文化不仅对其他学科体系产生重大影响，同时对人意义深远。它可以丰富人的精神世界，使人增强创造力、提升意志力，能够得到长足发展。

6. 安全文化互为性原理

安全文化的互为性原理指的是将安全文化与人进行互为主体性比较，使两种主体统一，优势互补，互相影响，互相促进。安全文化与人-机-环系统形成一种协调反馈机制，长此以往，有利于安全文化与系统中最重要的要素“人”互为助力形成互为效应，使二者尽可能融为一体。安全文化是人创造的并服务于人、制约于人，同时人生活在文化之中，也影响着安全文化。安全文化互为主体性比较不仅是一种研究方法、视角、态度，更是一种研究的层次。如此可以尽量避免主观偏见，客观真实地展现安全文化的本质与魅力，安全文化的互为性原理可以通过以下两方面理解：

（1）安全文化由人创造，具有多样性和体系性的特点，但是由于安全文化的自身固有属性等原因导致其缺乏“人”主体性的优势。互为主体性比较不仅可以使两种主体优势集于一身，还能够使资源自由互补，增强安全文化的可识别性，促进安全文化的丰富性、多样性和体系性，因此能够极大地促进安全文化的发展。

（2）安全文化影响并改变着人类自身。安全文化影响着人类，使人对安全文化具有更多的认同和追求，增强其价值观和文化认同感。人的可塑性极高，其思想行为受到多方面的影响，良好的安全文化氛围可以促进人的全面健康发展，同时人的全面健康发展又反作用于安全文化本身，两者形成闭路循环，反馈调节、互相促进、互相影响，实现共赢。

7. 安全文化渐变性原理

安全文化的发展是一个不断积累的过程，需要持续不间断才能够实现。从横向上讲，安全文化体系可以分为物质、精神、制度、行为等多个层面，从物质到制度再到行为，最终达到精神的层面，这是个渐变的过程。从纵向上讲，安全文化需要长期的累积和诸多要素的组合才能逐渐实现其长远发展。通过层次的渐变影响可以使安全文化循序渐进地深入人心，使安全成为一种习惯，逐渐地成为一种素养，进而达到安全的效果。

8. 安全文化发展性和延伸性原理

安全文化只有经过不断的发展和传承才能充分发挥其作用，安全文化的延伸性既展示了其兼容并包的一面，又展现了其不断创新的一面。安全文化的发展性和延伸性对安全文化学起到了巨大的作用。安全文化发展性和延伸性原理是指通过安全文化的传承，安全文化通过跨学科、跨时空的互渗和衍生等得到延伸，从而促进安全文化学的发展，进而促进安全科学的发展和创新。安全文化发展性和延伸性原理可以从以下三个方面理解：

（1）安全文化的发展性使其更加系统化，通过安全文化的发展性评价，收集相关信息并进行分析整理，可以促进安全文化学综合功能的实现，安全文化兼收并蓄，通过传承和创新进一步完善安全文化学这门学科。

（2）安全文化的延伸性奠定了安全文化学与其他学科之间的交叉发展，既促进了安全文化学本身的开拓性发展，又促进了安全文化学与其他学科之间的交流融合，进而促进了安全文化学及其交叉学科的发展。

（3）安全文化的发展性和延伸性还具有极强的调节作用，其自身的发展性和延伸性可以起到去糟粕取精华的作用，促进安全文化学的良性循环，从而达到促进本质安全文化的目的，有利于安全文化学以及安全科学的发展。

9. 物质文化趋于本质安全的原理

本质安全文化是以风险预控为核心，体现“安全第一、预防为主、综合治理”的方针，是具有广泛接受性的安全价值观、安全信念、安全行为准则以及安全行为方式与安全物质表现的总称。物质文化趋于本质安全的原理指的是人总是期望所有的物质、设施、环境等都是安全的，通过宣传教育等手段，即使在发生误操作的情况下，设备系统仍然保持安全不会发生事故，从而促进整个安全文化系统的安全性。

9.2 安全教育原理

9.2.1 安全教育学原理概述

1. 安全教育的意义及其内涵

安全教育是以规范人的行为安全为基本目的的社会活动。安全教育与人类生存和发展密切相关，因此安全教育是终生教育。人类要生存必须基于社会生产与安全的保障，而保障安全的知识等内容需要用安全教育的方式来传承，所以安全教育是人类生存活动中最基本的重要形式之一。

现代安全科学技术实践表明，安全教育与安全管理和安全工程并重，是预防事故的三大对策之一。从事职业安全的专门人才必须掌握一些开展安全教育的理论、方法、原理、技巧和技术等知识，以便使安全教育最优化。安全教育学正是针对上述需要而建立的一门学科，对职业安全人士意义重大。

安全教育是以获得安全意识、素养、知识及某种特定技能为目的的教育。多年来安全教育的方法主要依附、模仿一般的通用教育方法，迄今安全教育还缺乏专业性，也没有很好地突出安全教育的受众人群、教育内容、教育本质、技术导向性的特殊性；并且现有的安全教育方法普遍重视实践操作层面上的教育，对于理论层面的抽象总结却非常匮乏，现在的安全教育原理方面的相关研究，大多数还是依附于普通的教育学理论，使安全教育过程过于泛化，影响了安全教育学理论作为一门相对独立理论体系的发展。安全教育的实施存在重技能获得而轻理论抽象提升的现象。安全教育学作为区别与普通教育学的一门学科，只有建立属于自己的有力的理论体系，才能得以完善与发展。

2. 安全教育学与安全教育原理的定义

安全教育学是以安全科学和教育科学为理论基础，以保护人的身心安全健康为目的，对安全领域中的一切与教育和培训等活动有关的现象、规律进行研究的一门应用性交叉学科。安全教育学原理主要是指在研究安全教育基础理论、安全教育方法学、安全教育手段与模式等过程中获得的普适性基本规律。安全教育学原理主要研究安全教育系统中教育者、教育受众、教育信息、教育媒体和教育环境之间的协同关系，着力探讨如何使安全教育符合教育主体的生理学、心理学、社会学、管理学等特性，使得教育要素之间相互配合，以达到高效、高质的教育效果；同时探索如何使安全教育系统保持动态发展，以满足安全科学技术进步所带来的需求并最终实现安全目标（吴超等，2016）。

3. 安全教育学的特征

基于安全教育学的内涵和范畴，可以归纳出安全教育学的特征：

（1）安全教育学具有显著的实践性特征。安全教育学源于社会与企业的安全教育、安全培训等实践活动，为安全教育、安全培训等实践活动提供理论指导，以促进安全教育、安全培训等实践的科学与持续发展。因此，在安全教育研究过程中始终要抓住其实践特征，研究的手段、内容与目标都要围绕安全教育实践去开展，以是否有利于安全教育实践的发展为判断标准。

（2）安全教育学学科体系的综合与交叉属性。安全教育学研究任务与对象广泛涉及安全教育学的理论、方法、实践、教育技术与教育管理等安全教育活动领域的所有问题，因此，从学科体系的目的性与指导性来看，其学科体系具有明显的综合性。当然，安全教育学学科理论基础广泛涉及哲学、人文社会科学和自然科学，其学科体系的交叉性是显然的。

（3）安全教育内在因素具有系统性的特征。安全教育实践是安全教育学研究的出发点与归宿，安全教育活动与过程是其主要的表现形式，且其各种因素（元素）在教育活动实施过程中，按其固有规律和属性运动与交互，对外界，其自身构成一个开放的系统，包括人、物、环境与管理四方面因素。

（4）安全教育学的属人特征。一切安全教育活动直接对象均为人，安全教育内容、方式与过程都须从人的生理与心理的角度来考虑，开展安全教育学活动与研究须以人的生理与心理等人因为基础。

4. 安全教育学的功能

基于安全教育学对安全教育实践的指导功能及其作为安全科学传播与发展的重要平台，其功能与作用可归纳如下。

（1）传递与诠释安全科学思想、理论与技术，推动安全科学持续发展。安全教育学作为教育学分支之一，其基本功能就是传播安全科学观念、知识与技能等，是安全知识再生产的基础。安全科学要获得持续发展都离不开安全教育学，一方面要对已有的安全科学思想观念、知识与技能等进行传承；另一方面就是基于社会需要与学科发展对其进行再生产、发展与创新，开拓安全科学的新理论、方法与领域，推动安全科学持续发展。

（2）提高教师的安全知识、技能与素质，为社会培养更多安全型劳动者。安全科学技术也是第一生产力，安全教育学就是发展与推动这种生产力的最有效途径之一。企业安全教育的基本任务之一就是培养各层次的安全管理、技术与科研人员，提高生产人员的安全意识、技能与素质。一方面为企业培养合格的安全型生产者与专职安全管理人员及政府安全监管人员；另一方面，为社会培养优秀的安全科技工作者。

（3）传播与普及大众安全科普知识的功能，提高民众安全意识与应急能力。安全教育学的另一主要社会功能是安全科普教育与宣传，构建安全和谐型社会。要预防与减少事故、保障劳动者生命健康安全与社会财物，以及实现社会的和谐与可持续发展，安全型社会的构建是前提，而普及与提高民众的安全意识、技能与素质是基础。

（4）发展与完善安全教育学理论与学科体系，为安全教育实践提供指导。安全教育学的建立与发展，能有效推动对安全教育基础理论的深入研究与学科体系完善，为社会与企业安全教育培训实践提供指导。

9.2.2 安全教育学的核心原理及其内涵

通过系统分析和总结现有安全教育学相关领域的文献和著作，并根据安全教育学研究涉及的相关内容以及安全教育学原理的定义，提炼出了六个安全教育学的核心原理，分别是：安全教育双主导向原理、安全教育反复原理、安全教育层次经验原理、安全教育顺应建构原理、安全教育环境适应原理和安全教育动态超前原理（徐媛和吴超，2013）。

1. 安全教育双主导向原理

安全教育学必须重视受众对安全教育信息的选择和观念改造的能力，充分调动受众的主观能动性与内驱力以呈现其系统中的主体性。安全教育双主导向原理可以理解为：以教育学的双边性理论为基础，充分发挥教育者在安全教育活动的主导性，将专业的安全知识、安全技能以及安全素养等教育信息以系统化、有序化的方法传播给受众；同时通过刺激机制，激发教育受众的内在潜力与学习动机，使受众自发产生进行安全教育的需求。安全教育双主导向原理的内涵可以从以下几个方面解释：

（1）安全教育者的角色能够对整个安全教育过程进行科学系统的安排，并且通过自身的教育影响使受众在最大限度上获取知识，其自身所表现出的教育态度直接影响着受众接纳安全知识的程度，因此安全教育者在教育活动中起着直接的主导作用。

（2）由于安全教育所产生的安全效益具有间接性、潜在性的特征，因此很多人对安全教育活动产生懈怠，主要表现在安全意识薄弱、安全责任心不强等方面。所以，要将安全教育的“要我安全”转变为“我要安全”，真正地从心理层面调动员工的积极性，使安全教育成为员工的内在需求，即变被动地接受安全教育为主动要求安全教育，实现从客体到主体的实质性转变。

（3）强调安全教育的内驱动力，通过内在响应的刺激来重塑受众的意识、情绪、行为、态度、素质，使受众认清自身在安全生产工作中的主体地位、价值和作用，当员工的内驱力方向与社会所期望的方向一致时，安全教育才能最大限度地发挥效用。

（4）事故往往在系统最薄弱的地方发生，将该规律运用到安全教育领域，是指安全生产的水平取决于安全技能、安全意识最薄弱的那部分员工，因此安全教育的实施要保证全员性。安全教育是安全生产的前提与基础，接受安全教育应是每个员工发自内心的要求，只有广大员工的安全意识水平、责任感得到提升，安全教育才算是有成效的。

2. 安全教育反复原理

安全教育的机理遵循着管理心理学的一般规律：生产过程中的潜变、异常、危险、事故给人以刺激，由神经传输入大脑，大脑根据已有的安全意识对刺激做出判断，形成有目的、有方向的行动。由于人的生理、心理特性决定人对于新鲜事物的学习过程中都会出现遗忘现象，同时事故发生的偶然性也会引起正确反应的消退，导致的后果便是对安全教育信息的错认，因此要定期、反复地进行安全教育，以确保受众的安全技能、安全意识处在正确的反应状态下。人的安全行为、意识需要反复持续的教育刺激才能得以维持。安全教育反复原理的内涵可以从以下几个方面解释：

（1）安全技能是通过练习巩固得到的动作方式，安全教育最终要应用于实践操作，而操作性质的行为需要通过反复的反应前后的刺激形成强化。

（2）安全教育包含安全意识的培养，而意识需要通过反复多次的刺激才能形成，其形成历程是长期的，甚至贯穿人的一生，并在人的所有行为中体现出来，所以只有不断地反复教育才能有助于员工形成正确的安全意识。

（3）安全教育反复原理并不是为了巩固知识而进行的单调的重复，而是要将知识概念与多样的实例、环境、情景相联系和结合，建构多角度的背景意义，从不同的侧面理解教育内容的含义，以此维持和加深安全教育的刺激。

3. 安全教育层次经验原理

安全教育应尽可能地给受众输入多种“刺激”，促使受众形成安全意识、做出有利于安全生产的判断与行动、创造条件促进受众熟练掌握操作技能。安全教育层次经验原理从“刺激”的层面出发，强调安全教育信息的传递须在遵循传播通道多样性的基础上，实现从抽象经验—观察经验—行为经验—抽象经验的循环。强化原有的抽象经验、观察经验并逐步提升，培养受众正确处理、判断事故及紧急情况的能力，以规范安全行为、塑造安全意识。安全教育层次经验原理的内涵可以从以下几个方面解释：

（1）多次感官的接触积累才能形成一定内容和层次的意识，保障传播通道的多样性，利用视觉、听觉、触觉多重感官的特点和功能提高教育信息传播的效果。

（2）抽象的经验是由诸如安全制度理论、安全操作规程等由语言符号构成的信息；观察经验诸如事故记录、教育片观赏等视觉信息；行为经验则是诸如事故应急救援演练、现场实践操作等行为动作信息。安全教育最终要回归于实践，因此要将所学安全知识转化为行为经验，以此对事故进行防范或是对已发生的事故进行应急处理。

（3）获得行为经验也并非安全教育的终点，更多、更新的具体行为经验还要转化为新的抽象的概念加入到安全教育的内容中，以此保证安全教育紧跟生产实际，这也充分体现出安全教育作为预防事故发生手段的前瞻性。所以说，若没有安全教育从行为经验层次到抽象经验层次的再提升，就不能搭建起安全教育理论体系的框架。

4. 安全教育顺应建构原理

顺应即顺从、适应。当社会安全大环境发生改变时，安全教育信息等随之改变，对于具有经验构成的受众来说，以往的背景经验就可能成为接纳新安全知识的阻力，而克服安全教育和生产操作的实际问题之间存在的矛盾，也就成了顺应的过程。安全教育活动受学习者原有知识结构的影响，新的信息只有被原有知识结构容纳才能被学习者接受。安全教育顺应建构原理，即基于安全教育受众的文化层次和已有的经验基础，将新知识与自己已有的知识结构相结合，对新旧知识进行重组、改造，从自身背景经验角度出发对所学安全知识进行新的理解，同时保证建构的新的知识体系符合当前的安全大环境。

接受安全教育的受众往往是有一定经验基础或是有相关知识概念的成年人群体，他们在获得新技术、新知识的过程中会被已掌握的技能影响，也会不自觉地在自己的经验背景和认知结构的基础上理解新事物，而因为每个人背景不同，看事物的侧面也不同，所以对于事物的意义也有着不同的理解，受众由于惯性会排斥与原有认知有差异的新信息，甚至引起技能学习的负迁移。所以，在安全教育实施过程中要重视受众的背景经验构成，不能一味地将教育信息填充性地强加于受众，同时也要提升受众的纳新能力。

5. 安全教育环境适应原理

适应性用于描述系统内的子系统与整个系统的一致性程度。安全教育最终要回归于社会实践，其目标设定、组织安排也最终取决于社会的客观需要，因此它不能与社会的发展脱节。安全教育需要迎合社会对安全人才的需求、教育内容要反映实际生产的需要，教育内容应与实际安全生产工作相结合，教育结构应与社会产业结构、科技结构相协调、适应。社会关系决定着教育的性质、内容，安全教育也可称为适应性教育，它是为了员工适应安全工作需要而进行的教育，也要适应社会当前政治经济制度以及国家现行法律、规范。

安全教育内容应该结合企业实际情况，并能满足企业目前和将来安全生产发展的需要。安全教育环境适应原理的内涵可以从以下两个方面解释：

（1）随着社会不断发展，人类改造自然的方式也在发生变化。在科技水平落后时期，生产操作复杂，因此对人的操作技能要求很高，相应的安全教育主体是人的技能；而随着科技发展，机械自动化逐步取代人的操作，安全教育则着重人的安全态度、素养、行为习惯以及文化的教育，即安全教育的主体也发生了改变。

（2）现代工业发达、设备不断更新，生产工艺逐步实现自动化，这些发展也从根本上改变了事故种类、事故原因、事故特点甚至发生规律，因此安全教育的形式与内容也应该做出与之相适应的调整。

6. 安全教育动态超前原理

正如一个系统，若没有与外界物质、能量、信息的交换，系统就是一个封闭状态，最终系统内各有序的环节也会瓦解，因此要不断与外界交流，才能维持系统的生命力和有序性。安全教育系统是一个开放的系统，教育者与教育受众之间的反馈通路使得安全教育持续保持动态性。通过实践经验总结以及教育反馈，系统薄弱之处才会逐渐被修复，而安全教育的原理、规律也可以从教育实践中升华提炼出来。随着安全科学技术的进步，在新材料、新技术的不断开发运用以提升经济效益的同时，也要求与之相匹配的安全教育能够贴合安全科学发展。

不同的社会关系、生产力水平、政治经济制度、科学技术水平决定安全教育的规律、内容乃至教育性质。从安全教育的角度来讲，安全教育知识不是一成不变的，它紧随社会生产的发展而改变创新。有效的教育活动要适应社会发展的速度、满足时代要求，并一定要有超前性，做到用教育引领科技水平的提高，通过安全教育培养大量优秀的安全专业人才、促进安全科技创新。

9.2.3 安全教育学原理的体系及应用

安全教育也是一个系统工程，其中各原理彼此间相互融合、渗透，构成相应的体系。同时安全教育学原理作为安全科学原理的下属原理之一，在安全大环境下也应符合基本的安全学原理。首先，安全教育是一个完形的组织、动态发展的系统，所以其下属原理应包括系统原理；其次，安全教育是一项有目的、有计划的社会活动，若没有目标的强化教育效果会逐渐削弱，所以其下属原理也应符合安全目标管理的理念。再结合上述的其余六个原理，可以绘出如图9-5所示的安全教育学基本原理的体系结构。

安全教育的主体是教育者与教育受众，与二者相关的原理构成轮子的中心。安全教育双主导向原理强调教育者的主导性与受众的主动性，它体现了安全教育受众的正确的角色定位和需求动机；安全教育反复原理关注人的遗忘现象对安全教育造成的错认影响；安全教育顺应建构原理表明受众的知识结构与经验背景与安全大环境的关系。这三个下属原理都是从安全系统中“人”的角度出发，以人的特性与主观能动性作为安全教育系统动态前行和保持系统有序的内在驱动力。安全教育层次经验原理体现安全教育媒介的多样性对安全教育效果的影响，安全教育环境适应原理也表明安全教育的内容应与设备、工艺的发展相适应，这两个原理也可理解为从安全系统中“机”的角度出发。而安全教育动态超前原理与安全教育环境适应原理也是为满足安全大环境不断变动的需求而提炼出的，因此这两个原理也可理解为从安全系统中“环境”的角度出发。以上三个下属原理构成了保持安全教育系统平衡稳定的支架。轮辐的外框由系统原理与目标管理原则构成，二者共同决定了安全教育的前进方向。安全科学原理体系的发展则成为安全教育系统的外推力。轮辐的滚动前行表明要以上八个原理间要协同配合以实现安全教育系统的功能。

无论是何种系统、何种活动，都先要从宏观的角度把握其目标，并用安全目标管理的理念对任务层层分解，再用系统原理将各个环节有机、有序地整合，最终实现设定好的系统功能。安全教育活动的一般步骤可归纳为安全教育设计、安全教育传播、安全教育反馈三个阶段。在应用各

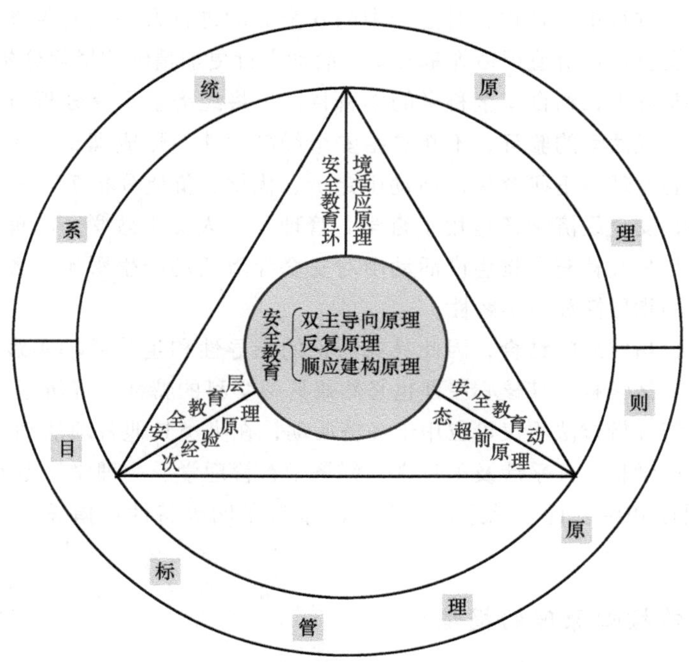

图 9-5 安全教育学基本原理的体系结构（徐媛和吴超，2013）

个原理时，可按照步骤分层递进地使用。首先，制定安全教育目标是实施教育活动的前提；其次，在设计阶段要尽可能设计出发挥受众对象的主体性以及适应社会环境的教育方案，即应用安全教育双主导向原理和安全教育环境适应原理；在安全教育传播阶段，主要讲求教育的长效性、多样性和针对受众特殊性的变通性，体现安全教育反复原理、安全教育层次经验原理、安全教育顺应建构原理；在安全教育反馈阶段，要根据安全教育的效果及时调整跟进教育革新，即应用安全教育动态超前原理。安全教育学基本原理应用于安全教育的三阶段，如图 9-6 所示。

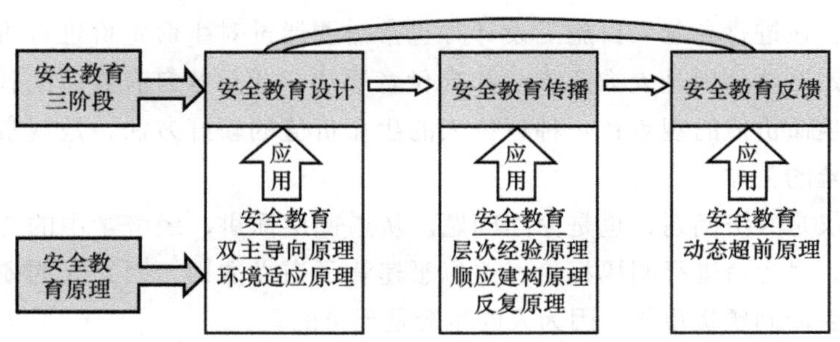

图 9-6 安全教育学基本原理应用于安全教育的三阶段

9.3 安全经济学原理

安全经济学是以经济学理论为基础，将相对成熟的经济学思想和研究方法运用于安全生产活动中，研究安全经济活动规律的科学。作为一门社会科学，经济学目前已经形成相对完整的理论体系。相比较而言，安全经济学起步不久。在现代安全生产活动中，引入经济学研究方法，对生产活动中的安全必要性进行重新认识，对生产中的安全活动进行方法上的革新和指导，对安全投入产出、安全效益、安全投资价值评估等基本安全活动进行更加精细的量化分析。

在经济学理论的基础上，结合安全科学的学科特性，将经济学研究分析方法渗透并应用到安全生产活动中，通过实践活动的验证，不断总结安全经济规律并形成理论体系，最终提炼出核心原理。安全经济学核心原理侧重研究生产活动中定价、优化、价值分析等对安全活动影响较大的规律。除经济学之外，安全经济学还运用了哲学、管理学、人类工效学、心理学等学科思想，通过各学科的充分融合与相互补充，将生产活动中对安全经济活动产生影响的各方面因素均考虑在内，使原理具备更强的指导性和可实践性。

安全经济学是理论与实践的结合，因此具有理论的指导性和生产活动实践性。安全经济学是经济学和安全科学的交叉学科，其核心原理也必然兼具两学科的特性。经济学具有较强的适用性，经典的经济思想和经济分析方法不仅可应用于经济活动，在人类其他各项活动中也受到广泛关注。安全科学是一门综合性学科，几乎涉及了哲学、经济学、管理学、心理学等所有学科门类。由此，安全经济学具备适用性和综合性。总之，安全经济学具备四大特性：指导性、实践性、适用性、综合性。

9.3.1　安全经济学核心原理的提炼

通过分析大量经济学和安全科学及安全经济学的论著，归纳提炼出以下五个安全经济学核心原理（马浩鹏和吴超，2014）。

1. 生命安全价值原理

生产过程造成的人员伤亡一直是安全问题的核心。巨大的人身伤亡基数引起了社会各界的高度重视，围绕如何评估生命价值、保证公正合理的善后理赔正常进行的问题也是广受关注和争议的焦点。

对因公死亡的员工进行经济补偿是多数企业的普遍做法，我国工伤保险法对此也有详细规定，该做法在许多国家也得到普遍认同甚至成为法规条例，如德国基于公共保险的赔偿制度、比利时无过失保险制度等。在进行高危项目施工设计时也常需要通过对生命定价进行可行性评估。国外常用的生命价值评定方法分别是人力资本法和支付意愿法，并且各自有具体的计算公式。经济学家曼昆提出了关于生命价值的观点：一种评价人的生命价值的较好方法，是观察其得到多少钱才愿意从事有生命危险的工作。

生命价值不仅仅是经济问题，也是伦理问题。从道德层面讲，经济学中的普遍做法相当于间接以金钱衡量生命，对生命进行明码标价，这似乎违背了道义准则，因为人的惯有思维是不应该把安全问题尤其是生命问题货币化，因为人的生命是无价的。

“生命有价”与“生命无价”显然是一组相互对立的观点，针对这一矛盾提出生命安全价值原理：

（1）生命可视为每个人与生俱来的特殊财产，但无法交易，没有人毫无缘由地拿生命去交换，生命的价值无限大；另一方面，生命价值无限小，自觉放弃生命，对于任何其他人而言都是负效应，没有买家愿意为此埋单。因此“生命有价”的实质是生命有无限的价值。

（2）生命本质上是无价的。生命有无限的价值，但无价格。价格是交换比率，而生命无法交换，所以无法像其他商品一样用货币来衡量。

（3）国内外常见的对因公伤亡的员工进行经济补偿不能说明“生命有价”，实际上，这是对员工亲属的精神抚慰或“安家费”，而不是对生命的直接定价。例如，没有机构愿意为非工伤事故的员工亲属进行经济补偿。

(4) 在设计施工阶段，为了评估可行性而对生命进行的估价是保证资源充分利用的手段，对因公死亡的员工家属进行定额经济补偿是制定行业执行标准的需要，二者不违背“生命无价”原则。

总之，生命价值原理认可人的生命所创造的价值（例如其劳动能力对社会的贡献），也承认对因公伤亡进行经济补偿的合理性。在生产过程中，对生命价值进行估计的行为只是出于资源利用、正常生产、事故损失统计、法律标准制定等活动的需求，并非是对生命进行交易性估价，不仅不违背“生命无价”的原则，反而有利于受损家庭迅速恢复生产、利于社会和谐稳定。

2. 安全经济最优化原理

最优化是在一定约束之下关于如何选取某些因素的值使其指标达到最优。其可解释为可以用来改进包括经济学中经济效益在内的数量值的数学方法。社会的和谐无法掩饰企业的逐利性，最优化在经济学中的直接体现即追求利润最大化。安全虽以保障生命健康为第一目的，但安全是可以带来经济效益的有价值的活动，对生产经济的增长和社会经济的发展具有重要作用。将最优化思想与方法运用于安全生产活动中，使安全经济最优化原理作为安全经济学的一条核心原理，揭示安全投入与产出效果规律。该原理具体解释如下：

凡是社会实践活动，均要投入一定人力、物力等资源。安全作为人类生存的最基本需求，只有通过实践活动才能实现，因此必然要投入一定的资源，否则安全活动无法进行。“木桶原理”表明，任何一个组织的劣势部分往往决定着整个组织的水平。我国工矿企业生产过程普遍存在的短板是忽视安全，不计其数的安全事故和惨痛的教训已经印证安全投入的必要性，而安全投入是安全经济最优化最重要的约束条件。

盲目的安全投入易导致资源浪费和生产成本增加，不利于正常生产的进行，无益于实现安全最优化。因此，确定安全投入的最佳比例、建立安全投入的合理结构和安全产出效果的评估机制是安全经济最优化原理的核心部分。

在经济学中，边际收益是指增加一单位产品的销售所增加的收益，边际成本指的是每一单位新增生产的产品（或者购买的产品）带来的总成本的增量。边际收益与边际成本相等被称为利润最大化原则。

由此提出边际安全成本与边际安全收益的定义。边际安全成本即每一单位新增的安全投入的量带来的安全总成本的增加；边际安全收益是指每一单位新增的安全投入的量带来的安全收益的增加。其中，安全投入的“量”是对生产安全方面投入数量的近似量化；安全总成本是安全投入的总的花费，如安全设备购置费、安全培训费用等之和。安全收益是对因采取的安全措施或安全投入带来的安全效用的近似量化。所谓的安全效用也是从经济学引申出来的概念。效用是指消费者在消费商品的过程中获得的满足程度。安全效用则可定义为安全经济活动中安全投入带来的工作环境的改善、员工生命安全度和身体的舒适度。根据安全经济最优化原理，当边际安全成本与边际安全收益相等即达到安全经济最优化，即用最小的安全投入获得了最佳的安全产出。

安全经济优化原理虽然引入了经济学常用的数学方法，但仍然是对安全生产活动中安全投入产出的近似量化，例如生命健康、员工满意度、安全效用等安全指标很难用具体的数学指标进行量化。但该原理为安全投入产出最优化提供了理论依据，对于安全生产有积极意义。

3. 安全经济效益辐射原理

在经济学中，经济效益是指通过商品和劳动的对外交换所取得的社会劳动节约，即以尽量少的劳动耗费取得尽量多的经营成果，或者以同等的劳动耗费取得更多的经营成果。由于客观因素和基础理论的限制，安全经济领域的许多命题都不能绝对量化。安全经济效益辐射原理可以作为安全经济学的一个核心原理，可以从三个方面进行解释：

（1）安全生产方面，安全投入所产生的效益不像普通投资那样，可以用产品数量的增加、质量的改进等指标衡量，而体现在生产的整个过程中，以保证生产正常、连续地进行。这种投入的直接结果是，企业不发生或少发生事故和职业病，而这个结果是企业持续生产、保证正常效益取得的必要条件。这是安全经济效益间接特性的体现，也是安全经济效益辐射原理的本质。

（2）安全系统是一个涉及面广泛、相关因素复杂多变的系统，安全经济方面的投入势必影响安全系统的多个因素，根据系统的相关性、动态性特征，由安全投入带来的多因素状态的改变将引起辐射状的经济效益产出。

（3）安全经济效益辐射原理在指导安全生产方面意义重大。一方面，在制定安全投入决策时，不仅仅需要考虑安全投入的显性成本，还应该与隐形安全成本（如安全生产机会成本）相结合，制订最优的安全投入计划；另一方面，在计算安全投入带来的安全效益时，不能满足于表面的可以量化的直接安全效益，如事故率的下降、安全生产效率的提高等，还应该关注安全的间接效益，如车间安全文化的形成、员工满意度的提高等。该原理的最终目标是为安全生产决策者提供指导性的建议，使人们认识安全所带来的间接的或者隐形的经济效益，从而重视安全投入和安全生产。

4. 安全经济复杂性原理

复杂性科学虽然尚未发展完善，但由于其重要性，许多专家学者对其进行了研究，并在多个学科（包括经济学科）中有所应用。结合复杂性科学和安全经济基本理论，安全经济复杂性原理可认为是安全经济学的一个核心原理。

安全经济的复杂性原理的基础在于安全经济变量的多样性和层次结构的交叉性。经济是一个复杂的演化系统，其复杂性的演化基础在于经济变量的不确定性。安全系统本身也是复杂系统，其复杂性也来自系统中各个变量的波动性。而且，在安全经济系统中，每一个经济单位都按其经济结构的性质实现它自身利益的最大化。但是由于各个层次的经济利益通常并不一致，这种层次之间的交叉性也使安全经济系统更加复杂。安全经济复杂性的基础因素是安全系统中多变的经济变量和交叉的层次结构，正如人体的复杂性在于构成人体结构的细胞数量和排列一样。

安全经济复杂性原理的表现在于：除了可见的投入会直接带来产出的增加外，系统中政策因素、环境因素乃至结构的变化都会对安全对经济增长做出贡献，并且这种变化是冲击性的，易导致产出出现相应的阶跃变化。而其背后的影响因素更加广泛和复杂，如新技术、市场变化、制度可行性、规模效应、投资风险等。无论哪种增长方式均可用安全经济复杂性原理解释。

安全经济复杂性原理的根源在于非线性。线性科学的发展得益于模型的产生，而模型则是简化后的系统缩影，因此线性科学多需要提出假设，这容易引导人们形成片面的线性自然观。而后来的分形理论、混沌理论则提出了线性概念完全无法描绘的事实，即证明了非线性的真实存在，现实世界的多样性、奇异性、复杂性的根源均是非线性的存在。因此，安全经济的复杂性源于非线性的存在。

当然，安全经济的复杂性也与诸如信息不对称性、因素非量化性等相关联。从另一个层面看，安全经济复杂性的影响因素具有多样性与广泛性，也是其复杂性的体现。安全经济复杂性原理的提出意在揭示安全生产过程中经济复杂性的根源，明确了影响安全经济投入产出因素的多样性和广泛性，对企业正确分析安全经济形势、做出最优决策有重要意义。

5. 安全价值工程原理

价值工程主要通过降低产品成本、提高产品质量等措施寻求价值最大化。价值工程分析方法是经济分析决策中的重要工具，由此可以推断得安全价值工程是一种实用的安全技术经济方法，安全价值工程原理可以作为安全经济学的一条核心原理。在安全经济分析与决策中采用价值工程的理论和方法，对于提高安全经济活动效果和质量有重要意义。安全价值工程原理即是针对安全价值工程思想、技术、方法、应用提出的基础性理论解释。

首先从思想层面解释安全价值工程原理。价值工程的基本思想是消除不必要的功能，即使系统的结构合理化，而对于一个生产的安全系统来说，合理化是最基本的要求。从安全系统工程的角度讲，系统由多个相互区别的要素组合而成，而且各个要素都服从实现整体最优目标的需要，各个要素通过综合、统一形成整体，从而产生新的特定功能，即系统作为一个整体才能发挥应用功能。因此，安全价值工程原理的基本思想源于系统的整体性和功能性。

在安全价值工程的应用方面，首先要建立安全功能和安全价值的概念。安全功能即某项安全技术措施或方法在某系统中产生的影响及所负担的职能。安全价值，即安全功能与安全投入的比较，其表达式：安全价值（V）= 安全功能（F）/安全投入（C）。

根据 $V=F/C$，在正常的生产过程中，欲提高安全价值，单纯地追求降低安全投入或片面追求提高安全功能是不明智的，必须要改善安全功能与安全投入的比值。如果通过降低安全投入寻求安全价值的增加显然是违背安全投资初衷的，不可取；如果不顾一切地追求安全功能以致安全投资大幅上升，超过了系统的承受能力，也是不可取的。安全价值工程原理就是用来指导研究安全功能与安全投入的最佳匹配关系。实现安全价值最优值出现于安全功能利润最大处，是综合考虑安全投入与安全功能的结果。

综上所述，安全价值功能原理在思想和应用层面，对安全价值工程进行了阐释，对于安全实践中安全功能的优化奠定了理论基础。

上述几个安全经济学核心原理的关系可以概括为：生命安全价值原理追求的是由现实中的生命“有价”到理想的生命无价，提出了人类安全生产的最高要求是对人生命的充分尊重和生产绝对安全的期望。安全经济最优化原理和安全价值工程原理是安全经济学实施过程中的重要操作程序，也为实践生产中的安全经济提供了量化指标。安全效益的辐射原理是安全经济学的功能和性质特性表达。安全经济复杂性原理是反映安全经济学研究过程的难点和方法。五大原理的共通点即通过经济学方法的引入，实现在保证人生命安全与职业健康的前提下获得最大程度的生产安全的最终目标。

9.3.2 安全经济学应用原理及其推论

根据安全科学原理研究的方法论和安全经济学维度，践行从实践到理论的基本原则，运用理论研究和逻辑思辨等方法，可以归纳出以下安全经济学应用原理（吴超，王秉，2019）。

1. 安全经济问题的人性假设原理

经济学中最基本的前提假设是理性人假设，即经济人假设，这个假说总的来说也是符合安全经济学的，即安全经济学同样可以有理性人假设，因为正常情况下，绝大多数人的安全行为活动首先还是利己的。但安全经济学的人性假设还需要与安全人性原理相结合，安全人性是复杂多变的，与人自身和环境等影响密不可分，因而在研究具体的微观安全经济问题时，也可以对人性做出具体的不同假设。安全人性原理主要有：追求安全生存优越原理、安全人性平衡原理、安全人性层次原理、安全人性双轨原理、安全人性回避原理、安全人性的多面性和多样性原理、安全人性与利益的对立统一原理、安全人性教训强度递增原理、当下为安而逸的人性原理、安全人性淡忘原理、安全感性先于理性原理、忽视小概率事故的人性原理等。

2. 现实安全经济问题的空间边际预设原理

讨论现实安全经济问题，肯定需要涉及安全投入和产出以及一系列具体的可操作事项和问题，如果没有事先限定在某一范围，即没有边际可言，比如讨论的安全经济问题是一个基层组织，一个企业或集团公司，一个社区、省份、国家等，不同的空间领域，安全投入及其优化方案是决然不同的。而且，这里谈的空间，并不仅仅是指物理上的三维空间，而是可以包含人文社会环境多维度的安全容量。如果用系统的方式来表达，本原理也就是指系统的大小及其边界问题的预设。

由该原理内涵并结合原理1，还可以得出推论：理性人都考虑安全经济问题的空间边际；安全经济问题的空间边际由理性人的行为目的而确定；安全经济问题的空间边际改变从理性人的思想观念开始。

3. 现实安全经济问题的时间界定原理

讨论安全经济问题，如果按照时间维度划分，有过去时、现在时和将来时。如讨论的是安全经济历史问题，那属于过去时的安全经济史学问题；如讨论的是现在的安全经济问题，那必然要理论联系实际，结合具体对象范畴来分析；如果是讨论未来的安全经济问题，则需要设想未来的安全经济状况，运用预测安全经济学方法等。而且，安全经济问题与讨论的时间长度或周期长度密切相关，安全的投入与产出及其安全经济最优化结果是完全不相同的。显然，没有时间范围的预设或界定，是难以开展有效安全经济活动的。时间界定原理还包含讨论的安全经济问题可以是时间的函数，即包含了静态与动态的安全经济问题。

由该原理和原理1，还可以得出推论：理性人都考虑安全经济问题的时间边际；安全经济问题的时间边际以理性人的行为目的而定。

4. 安全经济效益与生命价值观成正比原理

安全是相对的，安全经济效益与人的生命价值观等有很大的关系，安全经济行为在很大程度上与如何看待生命和物质的价值相关。因此，安全的认同、信仰至关重要，而且在很大程度取决于人的安全人性，而安全人性是需要和可以通过安全教育加以塑造的。所以，可以认为安全经济效益与人接受安全教育的程度密切相关，接受安全教育越多，对生命无价的安全观越认同，则安全经济效益越大；反之，就可能践踏生命，将安全放置于脑后，出现要钱不要命的现象。

由该原理还可以得出推论：安全价值认同与安全经济效益成正比；主体对安全的认同度等同于对安全效益的认同度。

5. 安全经济投入者与安全受益者不完全同体原理

安全是一个系统工程，安全涉及方方面面的因素。安全经济问题也是一个系统工程，也涉及很多因素。因此，从安全投入主体和受益主体的维度分析，当系统中的某一主体愿意提升系统安全水平和给予一定的安全投入时，安全效果很难完全由投入者受益，而是在很大限度上让系统中的其他主体受益，这类似于做公益事业；而且，由于事故发生具有随机性或不确定性（复杂性决定事故的随机性或不确定性），反过来推理，安全的受益者也具有随机性或不确定性。这一原理在很大限度上降低了理性人的安全投入的积极性，同时也决定了安全经济需要政府的公益投入和在法律法规上做出约束。

由该原理得出推论：政府职能部门需要把安全投入作为公益事业的一项内容；安全投入需要运用系统增效的思想开展评价。

6. 安全经济效益的综合性原理

由于安全效果与安全认同、安全信仰等有关，安全是一个系统工程问题，安全经济效益不可以以类似金钱的一项指标来衡量，安全经济效益惠及方方面面，涉及系统中的多个主体；而且安全经济效益不仅是物质层面的效益（如系统更加可靠不至于伤害生命和财产），而且更多的是精神层面的效益，如可以提升人的安全感（如安全食品使人吃了放心，安全感提升了可以使精神放松、身心愉快）等。这一原理也说明安全经济效益难以计算，提升安全感也是需要成本投入的。

7. 安全经济与生产力水平共同发展原理

安全经济在对人们生产、使用、处理、分配等一切用于安全的物资过程中，其生产、使用、处理、分配等行为活动自然受到生产力水平的限制，生产力水平提高，上述各种活动的效率和效果就得到提升；反之则下降。另一方面，生产力水平提高，人们才能拿出更大的经济投入放到安全之中。经济富裕是安全投入的必要条件，但非充分条件；经济投入越大，安全经济投入就可以越大。

8. 安全经济活动受限于社会牵制的原理

社会是由人与人形成的关系总和，人类的安全经济活动寄存于生产、生活、教育、政治等活动之中，因而社会结构、社会组织、社会伦理道德、社会文化精神等也对安全经济活动产生巨大的影响和制约作用。

9. 安全经济行为需要组织行为实现的原理

社会系统需要组织和离不开管理，经济活动需要市场和管理，组织行为需要计划、执行、协调、控制等。安全经济行为是社会活动的组成部分，因此安全经济行为需要组织行为，安全经济行为也需要计划、执行、协调和控制等过程。

10. 安全经济活动受限于政治的原理

如果政治是指治理国家所施行的一切措施，而安全措施是其中的一部分，因为安全措施往往受国家政治行为的管控，那么安全经济活动也会受限于政治。例如，安全经济投入有时需要服从政治需要，也需要从政治效果去评价其效益；又如，为了某种政治需求，安全投入可以不讲究成本，可以不惜代价。

11. 安全经济投入需要辨识风险和预测风险的原理

安全经济投入不可能盲目，它是一项专业性的工作。一般说来，风险辨识成本投入比例越高，工程实施的安全经济投入越精准；理性人的安全经济投入是有目的性的，都希望安全经济投入是有效的。因此，安全经济投入必须有一部分用于风险辨识和风险预测。

12. 安全科学和经济学适用于安全经济问题的原理

由于安全经济学是安全科学和经济学的交叉学科，安全经济问题需要运用到安全科学原理和经济学原理。因此，安全科学和经济学将为安全经济问题提供理论支撑，并将发展成为安全经济学自身的安全经济原理。

13. 安全经济问题需要考虑经济学要素和安全科学要素的原理

同原理 12，安全经济学是安全科学和经济学的交叉学科，安全经济需要涉及安全领域的要素和经济学领域的要素。例如：安全和经济主体都是人，安全经济问题离不开人员要素；安全经济都需要物质和资金作为基本支撑；安全经济需要有市场和环境及接受管理；安全经济要素涉及人员、机（物料）、资金、环境、市场、管理、场所等。

14. 安全经济问题均可通过信息表征的原理

安全经济投入与产出、安全投入经济行为过程、安全经济投入的组织和实施等所有的安全经济活动，都可以由信息来表征或表达，通过信息的感知、数据获取、情报筛选、提取事实等，人们可以了解掌握所有的安全经济活动情况。

如果根据更多的安全经济实践，人们还可以归纳出更多的安全经济学应用原理。

9.3.3 经济学视阈下的安全新内涵

经济学视阈下的安全新内涵，并不排斥其他视角下的安全内涵解释，它仅是对安全内涵的一种补充解释。因此，在理解与解释经济学视阈下的安全新内涵时，可将其他非经济学视阈下的安全内涵作为基础或依据。经济学视阈下的安全内涵，可依次简单表示为以下4个命题（吴超和王秉，2019）。

命题1：安全不仅是生产生活的目标，而且是一种人类正常生产、生活的资源。

宏观而言，资源是一切可被人类开发和利用的客观存在。根据经济学理论，资源是指生产过程中所使用的投入，这一资源定义很好地揭示了资源的经济学内涵。同理，命题1也可很好地反映安全的经济学内涵。经济学视阈下的安全内涵可同时回答“安全是什么（安全的本质）”与“安全是做什么的（安全的价值或作用）”两个关于安全概念的基本科学问题。简言之，安全是人类正常生产、生活的一种必要资源，而这种资源是用来为人类增加“可劳动”和“可生产”的时间的。就安全的具体价值而言，主要表现在两方面：①对个体而言，安全主要是通过增加可劳动的时间，而不是主要通过增加生产率来提升收入能力的；②对企业而言，安全主要是通过增加可生产运营的时间，而不是主要通过增加生产运营效率来提升企业产品产量和企业效益的。

由于在经济学中，资源的本质是一种生产要素（在经济学中，生产要素是指社会进行生产经营活动过程中必须具备的基本因素）之一。由此，根据命题1，可提出命题2。

命题2：安全是一种生产要素。

命题2表明，类似于“安全就是生产力”的命题均是真命题。在经济学中，资本是指用于生产的基本生产要素。换言之，安全作为一种企业和个人的资源，实则是企业和个人的一种能力（即资本）体现。由此，根据命题2，可提出命题3。

命题3：安全是一种资本。

安全被当作一种资本，它可生产出安全的时间，也是人类生产力的具体体现。类似于健康资本与其他资本的关系，安全资本与其他资本的差异是：一般资本会影响市场或非市场活动的生产力，而安全资本则会影响可用于赚取收入或生产产品的总时间。换言之，就个体而言，非安全资本投资（如教育或培训等）的回报是增加工资，而安全资本投资的回报是延长个体用于工作的安全的时间；就企业而言，非安全资本投资（如员工教育培训或生产技术工艺改造等）的回报是提升生产经营效率，而安全资本投资的回报是增加企业用于生产经营的安全的时间。

显然，安全作为一种资本，人们可投资安全资本，可将其简称为“投资安全”“生产安全”。这里所说的“生产安全”的“生产”的含义是经济学中的“生产”的含义。所谓生产安全是指一个将生产安全的投入转换为安全结果的过程，表现为安全资本存量的增加。对生产安全的投入的需求是因为生产安全结果而派生的需求，这类似于一般生产过程对生产要素的派生需求。人们生产（投资）安全所使用的生产要素主要包括时间（工时）和从市场购买的物品（可统称为安全服务）。此外，生产安全的效率也受到特定环境变量（如个体的受教育程度或企业员工的整体素质）的影响。

正是因为安全具有巨大价值（即可生产出安全的时间），消费者才需要安全。这里对消费者需要安全的理由进行进一步详细解释。根据命题1与命题2，从经济学中的“产品”概念（产品的经济学意义是指可增加消费者效用水平的东西）角度看，可提出命题4。

命题4：安全是一种产品。

显然，安全可增加消费者的效用水平，能给消费者生产出安全的时间和带来幸福（例如“安全是人类最大的财富”此类说法）等。从这个意义上来看，可将安全视为一种产品。安全作为一种产品，这种产品的数量表现在消费者某个时点上的安全状况，或可理解为安全资本存量（安全资本存量可根据其他非经济学视阈下的安全内涵提出的某种安全测度来衡量）。由此观之，消费者需要安全的理由体现在两个方面：①消费上的利益，也就是可将安全视为一种消费品，它直接进入消费者的效用函数，让消费者得到满足；反言之，发生事故或伤害会产生负效用。②投资上的利益，也就是可将安全可视为一种投资品（即安全是一种资本），它可决定消费者从事各种市场与非市场活动的可用时间。

综合命题3与命题4可知，可将安全视为消费者生产安全的一项投入，又可被视为消费者的一项产出。具体来说，消费者作为安全资本的投资者，通过时间以及安全服务的投入来为自身生产安全产品或安全投资品，以满足自身的投资需求。从这个意义上来看，这里的消费者身兼双重角色，其既是安全投资的需求方，又是安全投资的供给方，因此在没有时滞（即不考虑折旧）的条件下，消费者对安全的需求等同于消费者的安全产出。

上述命题1至命题4，共同构成了经济学视阈下的完整的安全内涵。各命题的本质实则是统一的，只是各命题的切入视角和所强调的安全经济学意义存在差异而已。总而言之，经济学视阈下的安全的主要内涵可概括为三点：①安全是一种资源，并可将其进一步引申为一种生产要素、资本或产品；②安全既是一种消费品，也是一种投资品，故人们可通过生产安全来补充安全资本的消耗，而人们生产安全的主要生产要素是安全服务与时间（工时）；③除安全服务与时间（工时）两种生产安全的生产要素，人们生产安全的效率也受到特定环境变量的影响。

综上所述，经济学视阈下的安全内涵表明，安全是一种积极的概念，这不仅有助于使人们从积极的意义上认识安全的价值（作用），进而促进人们的安全需求和安全认同感的提升，更是强调了个人、组织（主要指企业）和社会必须投资安全（生产安全），以使安全这种资源能源源不断地保证人们的正常生产生活。若上升至理论与实践层面，提出经济学视阈下的安全内涵的意义主要体现在理论意义与实践意义两方面。①理论意义：安全的经济学意义使安全的内涵进一步延伸，并明确了安全经济学的元概念——安全的经济学内涵，有利于安全经济学学科理论体系的重构与科学化；②实践意义：安全的经济学意义有助于对“安全管理”概念的重新定位，即提出安全管理的经济学观点：“既然是资源，就需要管理，因为所有的资源都是有限的。通过管理，可以最大限度地发挥资源的作用。安全是一种资源，通过管理，可充分发挥安全的作用”，以期弥补现有的解释安全管理内涵的基本视角所存在的缺失。

9.3.4 数据驱动的安全绩效管理原理

1. 数据驱动与安全绩效管理的关联

安全绩效是指根据安全目标，在安全工作方面取得可测量的结果。安全绩效管理则是一个类似PDCA循环过程，主要包括安全绩效目标与计划的制订、安全绩效的监督与沟通、安全绩效的考核与评估、安全绩效结果应用四个闭环过程。

大数据技术突破了传统统计软件计算能力的限制，可实时处理不同类型的海量数据，实现对安全工作情况的数据化测量。信息系统分析或挖掘企业员工安全绩效数据的规律，可对企业安全绩效情况进行实时监督与反馈，帮助决策者纠正人员操作习惯、环境状况和设施设备缺陷等安全问题，进而提高安全生产管理的水平。数据驱动的安全绩效管理使得组织的安全管理架构变得更为扁平化，有力消除因繁杂与冗余的组织管理结构带来的信息偏差或误差，提高绩效数据传递的速度与质量。此外，信息系统通过分析安全绩效数据与其他数据之间的潜在联系，可辨识导致安全绩效变化的原因，并制定针对性解决方案，提高员工的安全工作效能。

在信息技术的硬件与软件设施支撑下，决策单元或决策者通过挖掘绩效数据之间的关联性，对安全决策模型进行修正与优化，有助于形成数据驱动的安全绩效反馈流程，如图9-7所示。当信息系统分析的安全绩效结果达到决策者设定的安全绩效目标值时，系统形成对应安全记录，一方面作为安全绩效考核与奖赏的依据，另一方面对数据驱动下的决策模型形成正反馈，以提高决策模型的科学性与准确性。当绩效结果未达到决策者设定的安全绩效目标值时，将考核结果自动发送给当事人，以人工方式进行检查修正。绩效结果错误时，系统形成负反馈，对信息系统的数据收集方式、数据挖掘模型或数学算法进行优化或修正；绩效结果正确时，对于简单的微小风险，责令当事人立即改正，对于复杂的重大风险，责令当事人限期改正。

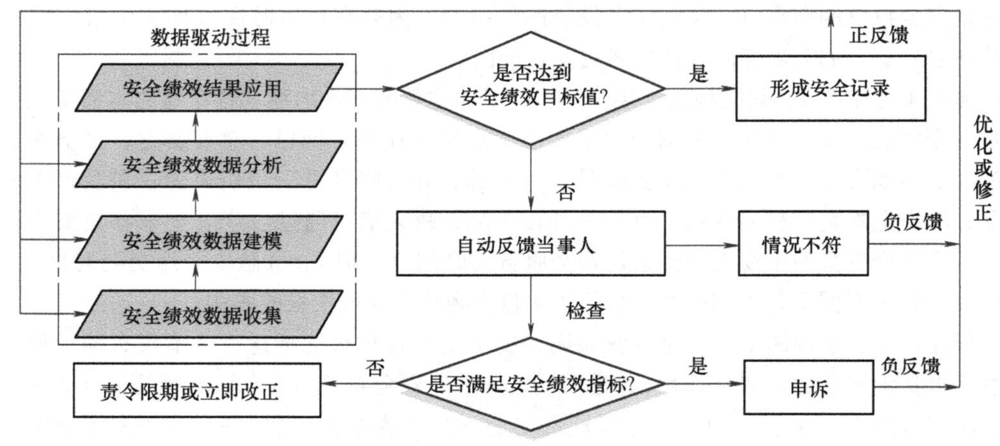

图9-7　数据驱动的安全绩效反馈流程（康良国和吴超，2020）

2. 数据驱动的安全绩效管理结构

参照Hall三维结构模型，提出数据驱动的安全绩效管理三维结构（图9-8），由时间维、逻辑维和领域维三个维度构成，有助于明晰数据驱动的安全绩效管理内涵。

（1）时间维是指安全绩效管理的各个阶段。与传统的安全绩效评价相比，安全绩效管理则是一个闭环管理过程，其目的是持续提升个人、部门或组织的安全绩效，体现“以人为本”的管理理念。提高员工的安全承诺度，更好地完成安全生产目标，决策者与被决策者共同参与安全绩效目标与计划的制订，安全绩效监督与沟通的实施、安全绩效的定期考核与评价以及安全绩效评价结果的应用反馈等过程，旨在为改善企业安全生产状况提供方向。

（2）逻辑维是指安全绩效数据分析与处理的内在逻辑。数据驱动的安全决策是大数据应用行业的体现。首先，业务端、客户端、传感器、可穿戴工具等设施产生大量的安全绩效相关数据为数据驱动下安全决策提供宝贵的资料库。根据设置的安全绩效目标，数据建模为解决数据存储与

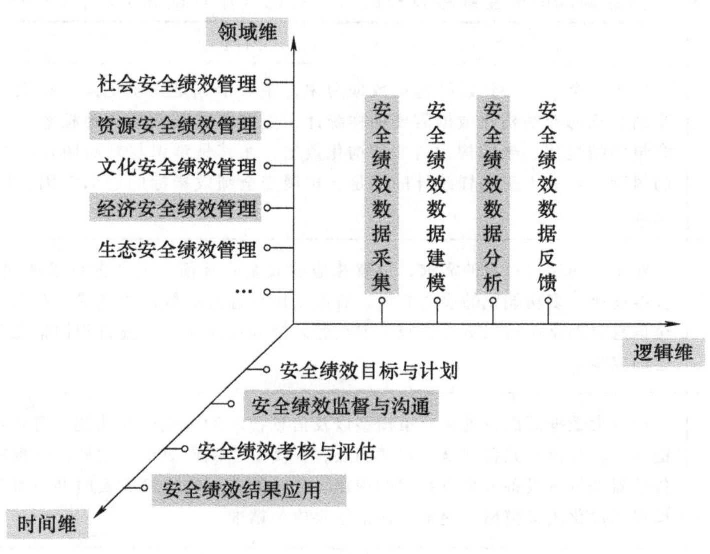

图 9-8 数据驱动的安全绩效管理三维结构（康良国和吴超，2020）

数据预处理提供解决方案。安全绩效数据通过数学算法，统计、分析、挖掘海量绩效数据，提供有价值的信息，并以可视化方式呈现绩效评估结果。绩效结果通过“机”界面传递到“人”界面，自动做出最佳决策以指导安全工作，进而提高安全生产系统的稳定性。

（3）领域维是指运用数据驱动进行安全绩效管理的领域。传统的安全科学研究大多从生产安全领域视角出发，随着安全科学的发展，安全科学研究对象逐渐扩散到“大安全观”领域。根据总体国家安全观，安全绩效管理应用领域分为资源安全、文化安全、经济安全、生态安全、科技安全、信息安全等 11 个一级领域。基于此，安全绩效管理应用领域细分为二级领域、三级领域甚至四级领域，如图 9-9 所示。以常见社会安全一级领域以例，可细分生产安全、社会治安、交通安全、消防安全、公共卫生安全等二级领域。生产安全二级领域可细分为建筑企业生产安全、化工企业生产安全、矿山企业生产安全、危化品企业生产安全、烟花爆竹企业生产安全等三级领域。在企业生产层面，安全绩效也可分为组织、部门、个人三个层面，且这三个层面互相作用、相互影响。

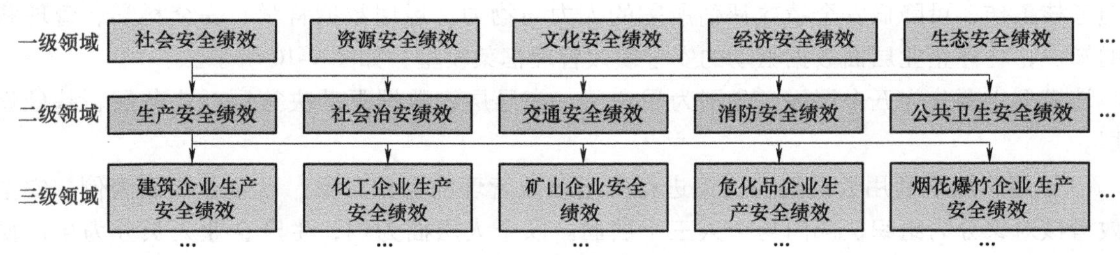

图 9-9 安全绩效管理应用领域

3. 数据驱动的安全绩效管理特征

从科学哲学层面分析，大数据的出现促进学科研究范式的转变，即数据密集型科学发现。在此背景下，总结数据驱动的安全绩效管理的六条特征，见表 9-1。

表 9-1 数据驱动的安全绩效管理的六条特征（康良国和吴超，2020）

特征	内涵
安全绩效分析综合化	传统安全绩效评估以结构化数据为主，主要形式是安全记录、档案、台账、存根等，而半结构化与非结构化数据需要抽样统计，主要形式是现场风险检查、记录。大数据可处理海量的结构化、半结构化与非结构化数据，尤其是辨识与判断图片与视频等类型数据蕴含的风险，弥补人工抽样统计的不足，扩展安全绩效指标的选取范围，使安全绩效分析更为全面
安全绩效管理定制化	对于不同用户对象的需求，设置相应的安全目标值，大数据技术使绩效结果呈现多样化、多维度化、多功能化的表达方式，有助于用户理解绩效评估结果。数据驱动的绩效管理把安全信息自动反馈给当事人，减少安全管理措施在颁布与实施过程因信息不对称和信息流通产生的成本
安全绩效评估精准化	通过大数据形成自动化决策模型以及信息技术的人机交互功能，可找出提高安全绩效的关键节点，并由此完善安全管理薄弱点，提高安全工作效率。此外，数据决策模型能自动挖掘传感器和待测设备等采集数据的规律，让决策者与被决策者实时共享绩效评估结果，并给予反馈以优化决策模型，使绩效评估结果更为精准
安全绩效管理实时化	安全绩效管理系统汇集各个组织、部门、人员在活动中的痕迹数据，信息系统在已有数据的模型构建、算法分析的基础上帮助决策者与被决策者查缺补漏，关联不同风险场景数据，实时监测安全绩效指标偏离预警线的情况，并向当事人发送相应等级预警信号
安全绩效过程预测化	在宏观与微观层面，数据驱动的绩效管理可实现预测化。凭借海量的绩效数据，建立相关的预测模型，可以预测改变现有风险因素是否影响系统安全的稳定性，此外，综合分析部门与组织的各类风险因素数据，预测组织或部门等层面对个人安全工作影响程度，减少组织架构的冗余，进而提高安全决策的应用性
安全绩效管理信息化	由于安全管理的独特性，传统安全绩效依赖于安全管理人员及生产管理人员手工登记及传统管理软件录入，依然处于人工时代。随着对半结构与非结构数据蕴含的安全信息辨识技术的发展，人机交互智能处理安全绩效的信息系统正逐步完善，以信息化为主导的安全绩效管理将蓬勃发展

4. 数据驱动的安全绩效管理框架模型

数据驱动的安全绩效管理可使绩效评估流程更加标准化，为实现组织各部门间的安全资源共享、多方联动、协调发展提供指导。在保障安全管理目标的前提下，避免重复的绩效监督与考核工作，可降低安全绩效评估所需的人力与物力。运用数据科学、安全科学、管理科学的知识，构建企业层面数据驱动的安全绩效管理框架模型，如图 9-10 所示。

该模型主要分为五个层级，分别为用户层、指导层、数据驱动决策层、业务层、基础设施层。

（1）用户层是利用数据驱动决策进行安全绩效管理的考核对象。以企业层面为例，安全绩效考核对象分为组织、部门与个人三个层面。以个人层面为例，生产企业人员分为生产操作人员、生产辅助人员、生产管理人员、智能管理人员、技术人员等类型，且不同工种或岗位的安全绩效考核内容存在巨大差异。具体应用时，根据企业生产工艺特点，将既定的安全绩效管理目标层层分解，并落实到各个分公司、生产部门和员工，通过安全工作量化管理方式使其明确安全生产的责任与义务。

（2）指导层是指导大数据技术对安全绩效数据进行分析的价值传递链、考核方法、应用

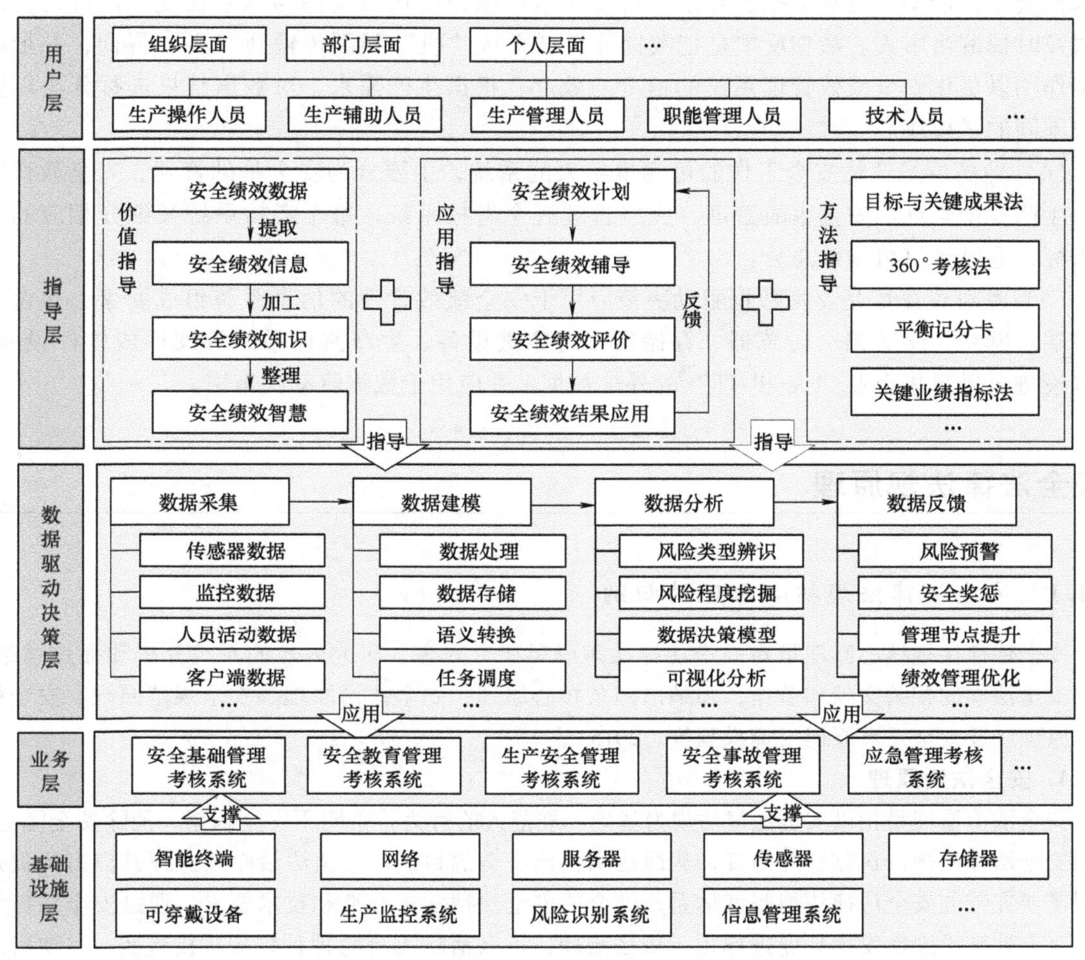

图 9-10 企业层面数据驱动的安全绩效管理框架模型（康良国和吴超，2020）

流程。首先，海量数据并不等于大数据，只有经过数据抽取、集成、分析、解释等数据挖掘过程，为安全绩效的考核、评估与改进提供有价值的信息，才能成为绩效测量的数据资源库。数据驱动决策的价值链表现为“安全绩效数据—安全绩效信息—安全绩效知识—安全绩效智慧”。安全绩效管理流程则为数据驱动决策的反馈提供指导。只有明确安全绩效如何制定、实施、评估与改善，才能在数据挖掘过程赋予安全特征，也为组织、部门、个人的安全绩效管理提供导航。在具体实施过程可进行相应细化，例如，安全绩效目标制订—安全绩效目标分解—安全绩效监督与预警—安全绩效问题分析—安全绩效考核与激励—安全绩效结果总结与改善。

（3）数据驱动决策层是大数据技术应用于安全绩效管理的具体体现。数据驱动决策一般分为数据采集、数据建模、数据分析和数据反馈四个闭环过程。数据采集来源于传感器数据、监控数据、人员活动数据、客户端数据、人工录入数据等。数据建模是对收集到数据进行预处理与存储的过程，包括数据预处理、数据存储、语义转换、任务调度等处理模型，关乎下一流程中数据分析的复杂程度。数据分析是数据驱动决策的核心，在成本、时间与质量满足要求情况下，借助相应数据挖掘算法，构建决策模型识别风险类型与风险程度，以可视化的形式及时提醒当事人。数据反馈是把数据分析结果从“机”界面传输到“人”界面，并形成反馈作用以优化安全绩效管理系统的信度与效度。根据生产需求，对数据结果进行分类以整合成不同的子模块。

（4）业务层是评估安全工作的可测量结果的系统，主要分为安全基础管理、安全教育管理、生产安全管理、安全事故管理、应急管理五个考核系统，每个考核系统又细分相应的评价指标，通过计算可绩效总分。

（5）基础设施层是支撑数据驱动决策应用于安全绩效管理的信息系统组成要素，包含智能终端、网络、服务器、传感器、存储器、可穿戴设备、生产监控系统等硬件或软件设施。这些设施可以采集企业“人-机-环”的外部数据，并应用于数据驱动决策层。

9.4 安全法律法规原理

9.4.1 安全法律法规核心原理的归纳

安全法律法规核心原理是对安全法律法规学科研究对象、研究内容的系统分析和提炼总结，根据安全法学的相关文献和著作，归纳出四条核心原理：安全法治原理、安全规范原理、安全标准化原理以及安全发展原理（谭洪强等，2015）。

1. 安全法治原理

安全法治原理是指以安全法律法规为基础，规范人的行为，查明不安全因素，消除安全隐患，增强安全法律法规监督监管的力度，从而达到法治安全的目的。安全法治原理发挥其应有的促进作用需要完善的安全法律法规制度体系，健全的安全法律法规标准和技术要求，通过安全法律法规的至上性和原则性发挥其促进作用。依法治理，可以消除人治的种种弊端。权责统一，使行政高效、合理。安全法治原理与依法治国一脉相承，均是依靠健全的法律法规制度体系制度维护系统的稳定有序，保证系统的秩序不受侵害。同时制度的缺失会降低制度本身的效能，进而可能会引发人们对法治本身的信任危机。安全法治原理的影响因素主要有法律法规不健全、法律法规体系得不到贯彻实施、监督监管系统没有有效地发挥作用。

安全法治的原则性。原则性包括客观性原则、合法性原则、合理性原则、逻辑性原则等多项原则。其中客观性原则主要包括认识的客观性、法律法规的客观性，以及二者之间关系的客观性；合法性原则表达对宪法作为根本大法的尊重与认同；合理性原则强调了理论与实践相统一；逻辑性原则表达了其他原则的实现需要建立在逻辑性的基础之上，在运用法律的时候可以依靠逻辑思维提炼安全法律法规的意义，对逻辑思维进行具体概况。

安全法治的至上性。安全法律法规至高无上，任何人的意志都不能超过安全法律法规的约束，它是评判系统中所有成员行为的唯一标准，也是最高标准。系统中任何成员都必须在安全法律法规所制定的范围内进行活动，否则都得受到相应的制裁。简言之，就是有法必依，违法必究。

安全法治的普适性。一方面安全法律法规面前人人平等，不能搞特殊化和个别化。另一方面，安全法律法规要在社会、政治、经济等各个领域都能起到主导性的反馈、调节作用。同时，要加强社会监督、监管，避免出现执法不严、违法不究的现象，力求做到公平正义，保障系统秩序稳定。

2. 安全规范原理

安全规范原理是指由国家制定或认可安全法律法规，并由强制力保证实施，规定具体的权利义务并指导、约束人的行为、物的状态以及法律实施环境的行为准则。安全规范原理主要研究安全法律法规适用主体、适用条件以及对不符合规范行为的制裁三个方面。安全规范原理通过安全法律法规的实施，能够起到安全指引作用、安全预测作用、安全评价作用、安全教育作用。通过这四个方面的作用，可以有效地规范人们的行为、预测后果及趋势、评价可能产生的后果及影响，培养人们的安全规范意识和素养。安全规范原理可以从“人-机-环”三个方面具体阐释：

（1）规范人的行为。发挥安全法律法规的作用，可以有效地规范人的行为，为人们提供一种既定的行为模式，将人的行为限定在安全法律法规范围之内。人的不安全行为是导致事故发生的重要因素，因此确保人的行为的安全性至关重要。安全规范原理具有安全指引作用，为正确地树立人的行为导向起到巨大的推动作用。

（2）规范物的状态。基于安全规范原理对于人的行为的规范作用，使人的行为与物的状态达到协调、统一。规范物的状态中的”物”包括各种设备、设施、机器，保障设备、设施、机器的安全性和稳定性，从而避免了因为物的不安全状态对人身安全造成不可估量的后果，进而促进了系统的整体安全性。

（3）规范环境的状态。环境既指系统大环境，又指法律实施的环境。保障安全法律法规的有效实施，不仅需要有素质较高的执法队伍，还要监督监管机构做好安全法律法规实施的监督监管工作，保证安全法律法规的实施环境。另一方面，将规范的环境与人的行为、物的状态紧密地结合在一起，有利于安全法律法规发挥其作用，促进系统的安全性能。

3. 安全标准化原理

安全标准化原理是通过建立安全法律法规体系标准，制定安全法律法规体系制度，排查并消除危险源，使人、机、环处于安全状态，促进系统整体的安全性能。建立完善安全法律法规标准体系，既要使其保持先进性，又要与中国国情相符合，确保安全法律法规的系统性和先进性。与此同时，还要具备强制性和权威性，保证安全法律法规的实施和约束性。建立健全安全法律法规标准化体系，有利于促进安全管理效率的提升，保障系统的整体安全性能。我国安全法律法规相关体系不够还不够完善，系统性和操作性较差，甚至有些方面暴露出专业涵盖面不足等问题，基于以上各方面存在的不足，提高安全法律法规标准化需要从以下三个方面考虑：

（1）全面性。安全法律法规需要包括安全生产和安全管理众多学科专业，全面覆盖行业体系，但是部分行业现有的安全法律法规还未能全面体现本行业（如核电行业、食品安全行业等）的发展现状。同时，安全法律法规应该集中立法，不应出现体系建设分散的状况，只有保证安全法律法规体系的全面性才能更好地保障系统安全。

（2）系统性。运用安全系统工程原理和方法，采用计划、组织、协调、控制等方法，构建更加有效的安全法律法规体系。同时，安全法律法规的系统性反作用于安全法律法规，使其更加系统地发挥作用，可以很好地解决因为系统性不强而导致的安全法律法规的条款笼统、操作性不强的问题。

（3）强制性。强制性可以保证安全法律法规的有效实施，是安全标准化体系保障的重要依据。增强安全法律法规的强制性，可以提高制度本身的效率。安全法律法规只有依靠国家强制力保证实施，才能显示其巨大的威慑力和权威性，才能更好地为整个安全系统服务，提高整体安全性能。

4. 安全发展原理

安全法律法规应该有与时俱进的发展性，通过安全发展原理，可以更加有效地传承安全法律法规的精髓，同时可以根据其原有的基础性结构和现实发展的需要，构建相应的发展性安全法律法规。安全发展原理从整体到局部，再从局部到整体，提升安全法律法规体系的系统安全性。安全发展原理要求人们应对新形势、面向新情况，及时做出调整、创新，以求解决某些安全法律法规过时的问题。不仅要根据安全现状提高安全法律法规的先进性和与时俱进性，也要对人的行为进一步管理，尽量降低因为人的不安全行为造成的人员伤亡和财产损失。安全发展原理可以从以下四个方面理解：

（1）保持创新性。创新是安全法律法规体系不竭的动力，是应对新形势、解决新问题的必然方法。创新不只是安全法律法规具体内容的创新，更要求在人的行为和安全管理等层面上有真正意义的创新，真正促进系统安全性能的提高。

（2）增强先进性。我国的安全法律法规体系标准还没有达到发达国家的水平，应尽可能与国际接轨，应对法规标准的世界化和标准化。在安全法律法规的制定和执行方面，均应该朝着先进性的方向发展，促进安全法律法规先进性建设和体系化建设是安全发展原理的重中之重。

（3）相似和谐性。相似和谐性可以帮助人们在生活中提高系统的安全性能，增强安全意识，促进工作环境和谐稳定。同时，相似和谐性对于安全法律法规的发展具有很好的促进作用，这一性质对于促进安全法律法规核心原理中的发展原理、规范原理、标准化原理等具有很强的促进作用。

（4）构建发展趋势预测模型。安全法律法规的发展与创新需要有稳定的学科基础，更需要构建良好的发展趋势模型做参考，提出发展过程中的阶段性阈值，为安全法律法规的发展提供方向性、纲领性指导。

9.4.2　安全法律法规核心原理的关系分析

1. 理论层面的关系分析

第9.4.1节从不同层面深入浅出分析了安全法律法规每一条核心原理的独特意义，下面分析它们之间的相互关系。其实，四条核心原理是互相促进、互相影响的，它们共同组成了安全法律法规核心原理体系结构，如图9-11所示。该轮型结构内部共有四个子系统，它表达了子系统均围绕着核心运转，共同促进安全法律法规学的发展；每个子系统又受到了多个要素的影响，通过系统工程学与安全法律法规学交叉、融合，共同构建了安全法律法规理论体系，为安全法律法规学科的发展提供有效的理论指导。

2. 应用层面的关系分析

从实践应用的层面分析，四条核心原理均对人的行为、物的状态以及法律管理环境等方面产生巨大的影响力，促进了整个人-机-环系统的安全性能的提高。图9-12是基于四条核心原理作用对象而画出的安全法律法规核心原理的应用分析图，它展示了其作用原理以及对安全法律法规学科的反馈作用机制，对于促进本质安全法律法规的发展具有很强的指导价值。另外，对于辨识、分析、处理系统中存在的危险源、危险有害因素，保障系统安全性提供了有效的技术指导。

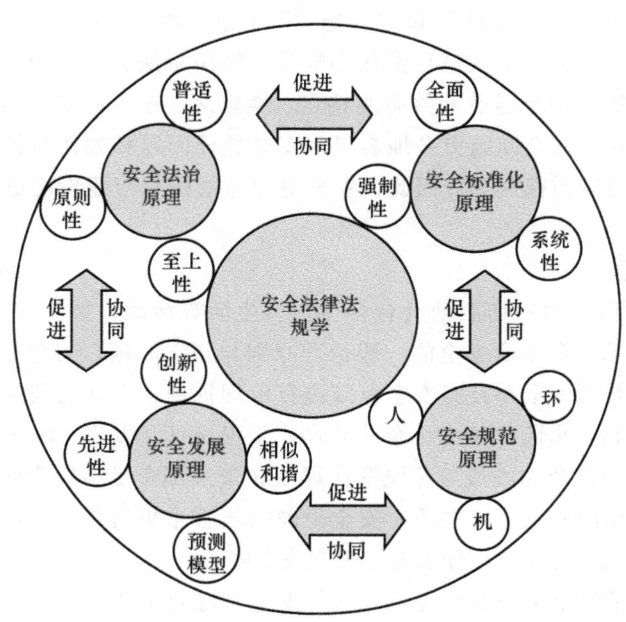

图 9-11 安全法律法规核心原理的体系结构

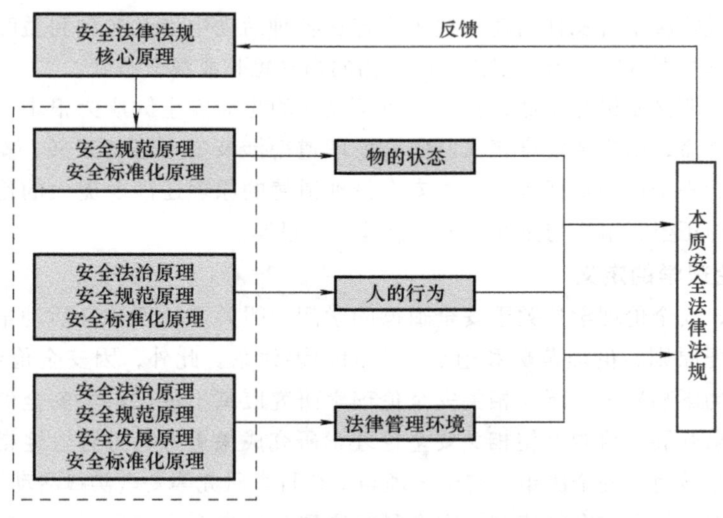

图 9-12 安全法律法规核心原理的应用分析图

9.5 安全伦理道德原理

9.5.1 安全伦理道德原理的概述

伦理道德是社会调控体系的重要手段，它与法律规定共同构成人们的行为规范内容。在安全科学领域，安全伦理道德是非常重要的。除因当前尚不可抗拒的因素（如自然因素与根本技术缺陷等）导致的安全问题外，大量当前频发的安全问题（如生产事故、环境污染及食品与药品医疗等安全问题等）几乎均具有“人为性”和“缺德性”（如社会、政府部门、企业与相关利益个体的安全信仰缺失、利益至上、安全诚信与责任心缺失、知法犯法、玩忽职守、行贿受贿、安全评价或培训等过度商业化等）两个显著而共有的特点。换言之，在当前安全防御保障技术失效的可能性已极低的情况下，诸多安全问题更多地表现为安全责任问题和如何对待自我与他人利益关系的问题，即其本质上是伦理道德问题。因此，安全伦理道德研究与建设已成为解决当前安全问题的必然选择。

1. 安全伦理的概念

所谓安全伦理，是指人类一切活动（包括生产、生活等活动，如工程、教育、管理、经营、旅行、娱乐等）都要遵循保存生命安全的一般伦理原则与正义原则，安全伦理对人们在生存、生产和生活等各种活动中是否安全和具有安全保障进行伦理批判，安全伦理要求从事各种人类活动的主体（如政府及其机构、风险决策者、企业公司、工程设计开发者、安全管理者以及利益相关者等）都要使活动本身和涉及的成员与环境等在现在和未来都有足够安全保障，安全伦理是各种人类活动主体都必须遵循的安全道德规范。安全伦理的核心思想是尊重生命，它要处理的基本问题是人类活动主体对自己和对社会抱什么安全观念或态度。

为了确保人类各种活动能够持续和提供足够的安全资源及条件，人类必须确保有适当比例的投入放到安全之上和需要舍弃一些不利于安全的功能和欲望，为此也就需要用安全伦理和安全行为道德来规范限制不道德的安全活动和处理利益冲突。安全道德是指政府部门、企业、商业以及工程设计开发者、风险决策者及其利益相关个人等在各种活动中涉及各种利益时，尤其是自觉涉及生命安全健康利害关系等时，所表现出来的行为的指导思想或观念态度。

安全伦理的第一要义是保存生命，核心价值是以人的生命安全健康为根本，其基本道德要求是关注安全、关爱生命，以实现社会正义。安全伦理道德涉及安全道德正义、安全道德良心、安全道德权利与义务、安全道德责任等。有关安全伦理道德的原理还涉及庞大的伦理学领域，如价值、善与恶、应该与正当、事实与是非、伦理公理与公设等。

2. 现代安全伦理学的定义

刘星教授指出，安全伦理学是关于安全道德的学问，即关于处理安全活动中人与人、人与社会等社会关系的伦理原则、伦理范畴和道德规范的知识体系。此外，因安全伦理学研究受时空、文化与经济等因素的影响显著，所以相关安全伦理学研究应基于现代科学安全价值观和现代社会安全发展趋势与需求开展，目的是使相关安全伦理学研究成果更好、更有效地指导并服务于现代安全文化建设、安全教育、安全决策、安全管理与安全科学研究等安全实践活动。

基于此，根据现代科学安全价值观、安全科学原理及已有安全伦理学相关定义，较为具体而科学的现代安全伦理学定义是：现代安全伦理学是以人本价值为取向，以提升人的安全伦理道德水平与塑造人的科学安全伦理道德观念为侧重点，以建构一套能指导、判断和评价安全行为的安全伦理道德原则、标准和体系为目标，以安全科学和伦理学为学科基础，以安全道德现象为研究对象，通过研究与探讨安全道德的起源、特征、功能、发展、本质，以及处理“安全获得与财富、利益获得”价值关系的原则、标准与方法等而形成的一门融理论性与应用性为一体的新兴交叉学科。

3. 现代安全伦理学原理的定义与内涵

基于上述现代安全伦理学的定义，现代安全伦理学原理是指依据现代科学安全价值观与现代安全科学原理，研究安全道德现象本身特性及处理“安全获得与财富、利益获得”价值关系的原则、标准与方法等，从提升人的安全伦理道德水平与塑造人的科学安全伦理道德观念角度，建构一套能指导、判断和评价安全行为的现代安全伦理道德原则、标准和体系，并基于上述目标和过程获得的普适性基本规律（王秉和吴超，2018）。

由现代安全伦理学原理的定义可知，现代安全伦理学原理着力探讨如何提升人的安全伦理道德水平与人的科学安全伦理道德观念，以及现代安全伦理道德效用的最大化发挥。此外，现代安全伦理学原理研究的核心应是建构指导、判断和评价安全行为的现代安全伦理道德原则、标准和体系（即一套区分安全活动的道德与不道德，以及处理安全活动“应该是什么”和“应该不是什么”的原则、标准和体系）所要遵循的伦理哲学层面的具有普适性的较高层次的原则和标准等，换言之，就是“原则的原则与标准的标准”，即现代安全伦理学核心原理，辅以研究安全道德现象本身的普适性规律。

9.5.2 安全伦理学基础原理

基于现代安全伦理学原理的研究核心、现代科学安全价值观与现代安全科学原理，共提炼出伦理哲学层面的三个现代安全伦理学基础原理：人本价值取向原理、安全的公共性原理，以及安全健康信仰与事故可预防信念原理（王秉和吴超，2018）。

1. 人本价值取向原理

由现代安全伦理学的定义，以及现代科学安全价值观中的“以人为本”理念与现代安全科学公理——“生命安全至高无上”公理等可知，人本价值取向原理应是现代安全伦理学的最根本和最基本原理。其内涵涵盖刘星教授提出的安全伦理原则中的保存生命原则（或安全权利原则）与生存正义原则，但又不仅限于上述内涵，主要包括以下两方面：

（1）从生存论意义上讲，现代安全伦理学之人本价值取向原理中“人”特指人的生命权（主要包括生存权、安全权、健康权与自由权等）及人赖以生存的安全保障条件。①就理论而言，每个人均有关心、选择和保护自己生命权，以及创造与索求生存安全保障条件的自然本性，这种自然本性源于人的安全需要；②安全（包括健康）作为人类的基本生存条件之一，其重要性不言而喻，可以说人的生命权的核心就是安全（包括健康）权，而安全实践活动是对人生命价值的关怀，安全保障条件是实现安全的必要条件；③人的生命权作为人权的最根本权利，为人们生产与生活定下了一些不可逾越的道德界限（道德规限）以保障与维护人的安全利益；④保障与维护人的安全（包括健康）权利是维护社会和谐稳定的基本条件，若人的安全（包括健康）权利得不到保障与维护，即人的安全需要得不到基本满足，人就会失去安全感，进而会使社会失去平衡与和谐。

（2）从价值理性与道德理性角度讲，现代安全伦理学之人本价值取向原理中“本”是指人类的一切生产与生活实践活动（包括实践活动的一切环节）都应以人的安全（包括健康）权及创造人生存的安全保障条件为根本价值取向。人类的一切生产与生活实践活动均应尊重人的安全权与安全人性，应努力为保障人类安全生产与生活创造条件（即人类实践活动都应围绕人的安全而展开和生成，离开人的安全而谈实践活动没有任何意义和价值），这就需通过将这一根本价值原则不断内化使之成为人类生产与生活实践活动的核心价值标准与目标。换言之，这一价值原则应是人类生产与生活实践活动（主要包括资源配置、管理方法模式和行为规范等）的原发点和生长点，这就要求人类在生产与生活实践活动过程中，必须做到两点：①必须优先考虑人的安全（包括健康）权及创造人生存的安全保障条件；②把上述原则作为指导、判断与评价人类在生产与生活实践活动的终极道德原则与标准，作为人类在生产与生活实践活动过程的出发点与归宿点。

总之，现代安全伦理学原理建构在人本价值取向原理基础之上，即人本价值取向原理是建构现代安全伦理道德原则、标准和体系的最根本和最基本依据，可将其内涵概括为以下四点：①安全建构在人本理念基础之上；②人是安全的主体与核心；③保存与尊重人的生命安全（包括健康）是现代安全伦理道德的底线原则；④安全保障条件的发展过程实则是基于人的存在方式诉求安全的过程。

2. 安全的公共性原理

罗云等归纳了一组公共安全科学公理与定理，如“人人需要安全”公理、“遵循安全人人有责准则”定理等，由诸多安全事故的受影响对象均是群体（如安全事故后果一般都会导致群死群伤甚至整个社会受到影响）、诸多安全保障条件的服务对象均是一个或若干群体（如社区、企业、学校、城市、地区与国家等），即共用性、“四不伤害”事故预防原则（即不伤害自己、不伤害他人、不被他人伤害与保护他人不受伤害）、事故应急救援一般需调动诸多社会力量（如政府、消防、军队与志愿者等）及安全问题的出现地点（主要包括企事业单位与社会）等诸多安全科学规律、特点与安全事实可知，安全具有公共性这个显著而重要的特点。换言之，安全的公共性可视为是上述安全科学规律、特点与安全事实的整体性概括与总结。

基于上述分析，安全的公共性可定义为：安全的公共性是指人们在安全实践活动（如工程建造与安全决策等）中为保障自身与他人安全所表现出来的一种组织或社会属性，是在人的“己安与他安”和“利己与利他”的整合中所形成的人类安全生产与生活的共在性，它体现安全在人与人间的共在性与相依性。基于此，可以认为，安全作为一种价值基础的“公共性”，其本质上是一个公共性的安全生产和生活的伦理道德问题。因此，唯有培育与生成一种人们安全生产与生活应有的公共性安全伦理道德与公共性安全文化自觉视野，才可实现社会安全发展与保障水平的新高度与新境界。

因此，安全的公共性应是安全实践活动与安全科学研究的基础性依据，由此可以提出现代安全伦理学基础原理之安全的公共性原理，其具体内涵主要包括以下五方面：①在安全和利益取向层面，人类安全实践活动不应仅局限于自己的安全和利益来考虑问题，而应把安全的公共性置于首位，以免安全的公共性丧失；②在安全伦理价值层面，应依据安全的公共性原理，评估和监督相关人类实践活动的性质与行为等的安全伦理学后果；③在安全理念表达层面，安全的公共性是一种安全理性与安全道德，它支持公民社会及其公共舆论的安全监督与参与作用，支持安全信息公开；④在公共安全资源配置与安全权力运用层面，安全的公共性必须要体现共享性、公平（公正）性与合法性；⑤在安全监督管理与教育宣传层面，其揭示出安全管理与教育宣传目的公益性，强调了安全监督管理与教育宣传为公众安全服务的出发点。总之，安全的公共性是用于描述、判断与评价现代人类安全实践活动基本性质和行为归宿的一个重要分析工具。

3. 安全健康信仰与事故可预防信念原理

信仰与信念是刺激人的意愿、意识、责任与行为等的根本精神力量。毋庸置疑，安全信仰与安全信念是安全伦理道德的根本，换言之，导致目前人的安全伦理道德缺失的根源之一就是人的安全信仰与信念缺失（危机）。将倡导安全健康信仰与秉持事故可预防信念作为现代安全伦理学基础原理，具体阐述如下：

（1）倡导安全健康信仰。把安全健康作为主义来倡导和追求绝不为过，其可作为指导人们安全健康的精神动力与信仰。换言之，人们的安全健康行为需一种安全信仰对象，即将安全健康主义提供的终极意义作为参照与向导。倡导安全健康信仰，可促使人自觉追求安全健康状态与践行安全健康行为，为实现人们安全生活与生产指明了精神方向与目标。

（2）秉持事故可预防信念。通过对事故的因果性及其致因规律的认知可知，理论而言，除当前尚不可抗拒的因素（如自然因素与根本技术缺陷等）所致的事故外，绝大多数事故都是可预防的，且其后果是可控的，而事实也是如此，人类在漫长的与事故博弈的过程中，已获得了诸多预防事故的技术、知识与技能等。因此，目前我们更应秉持事故可预防信念，只有这样才会为人类逐渐迈向“零事故与零伤害”等安全终极目标注入源源不断的精神动力。

总之，安全健康信仰与事故可预防信念是两个最根本和最基本的人的安全信仰，其应是解决人的安全信仰缺失问题或塑造人的安全信仰的基点，故其应是现代安全伦理学基础原理的重要组成部分。

9.5.3 安全伦理学基础原理推论

基于伦理哲学层面的三个现代安全伦理学基础原理，即人本价值取向原理、安全的公共性原理，以及安全健康信仰与事故可预防信念，运用逻辑推理方法，可推导得出伦理哲学层面的八个现代安全伦理学基础原理推论，即最大安全原则、绝对安全责任原则、安全优先导向原则、尊重安全揭短原则、安全诚信原则、安全改进原则、道德行为的生命安全限度原则与遵守安全规则原则。由此，伦理哲学层面的三个现代安全伦理道德基础原理及其八个推论共同构成了现代安全伦理学核心原理。方便与简单起见，不妨将它们概括为“3-8”现代安全伦理道德哲学原理，它们之间的逻辑结构如图9-13所示。需要指出的是，“3-8”现代安全伦理道德哲学原理各原理间并不是相互独立的关系，而是相互促进与相互补充的关系。

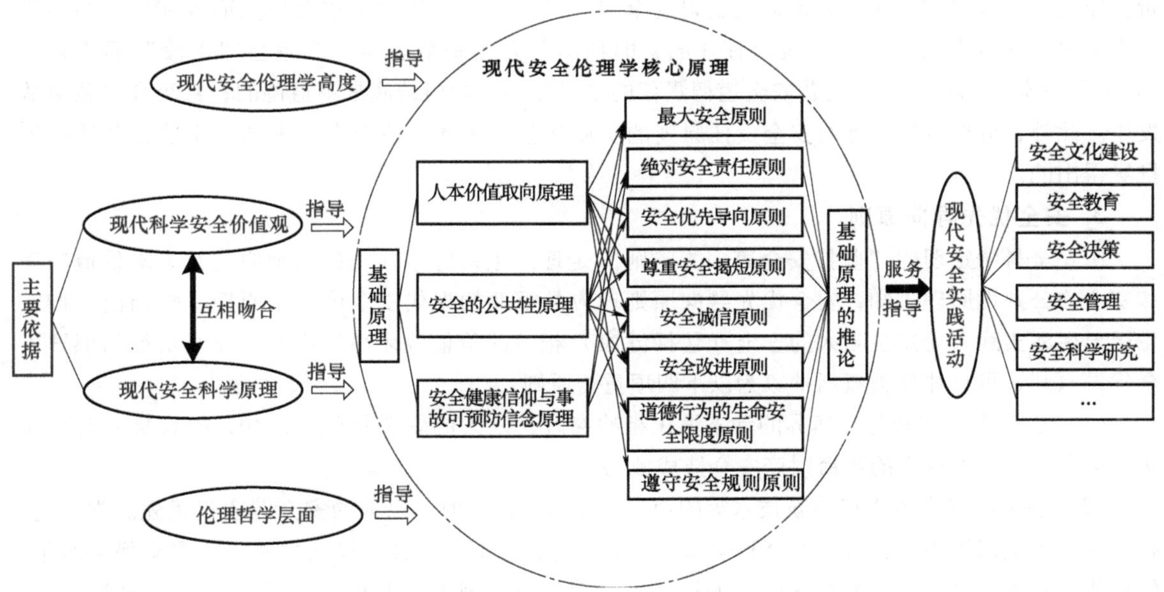

图9-13 “3-8”现代安全伦理道德哲学原理的逻辑结构（王秉和吴超，2018）

1. 最大安全原则

显而易见，基于伦理哲学层面的三条现代安全伦理学基础原理，容易推导得出最大安全原则，其内涵主要包括以下两方面：

（1）根据英国著名哲学家、法学家与社会学家边沁提出的最大幸福原则（即“为最大多数人创造最大的幸福”)，后被推广为法学原则和政治学原则。有鉴于此，能够为最大多数人带来安全的安全实践活动就是最好的安全实践活动。因此，在安全实践活动中，需调查研究安全实践活动可能产生的安全受益范围与强度，以便使最大多数人获得最大安全保障，这样的安全实践活动才是道德的。

(2) 一般而言，在物质财富等许可的情况下，人类生产与生活的安全保障条件与水平应尽可能达到最优，禁止片面追求物质财富（经济利益），这应是处理人的“安全获得与财富、利益获得”价值关系的重要安全伦理道德规限。

2. 绝对安全责任原则

由康德提出的道德哲学原理“一个人的道德品质不能从经验世界中自发地产生出来”可知，事故（生产事故、交通事故与医疗事故等）及借用事故开展的安全伦理道德教育，均不能真正使人从中吸取安全教训，并由此形成安全道德。此外，根据道德的普遍性与道德不能以“假言命令”的形式存在两个重要的道德共性，一些表面看似非常合理的安全道德规范，也未必符合上述两个道德的重要性质。如“我得按照安全操作规范作业，否则，我将面临罚款或解雇”，这种讲“安全道德”的方式属于“假言安全命令”形式的安全道德，当其中的所有条件被去除（如不再罚款或解雇）后，该安全道德就会很快失去约束作用。

综上可知，安全道德必须是一种普遍性的安全义务，一种以“绝对命令”形式表达出来的安全责任，这即为现代安全伦理学核心原理中的绝对安全责任原则。换言之，安全道德是一种由绝对安全责任决定的绝对安全义务（如唯有坚持“绝不违章”才可根本避免违章行为出现），只有以绝对安全义务的理念才可承担其绝对安全责任，从而建构起绝对的安全道德。此外，绝对安全责任原则进一步强调，使最大多数人获得安全保障是作为崇高的安全道德目的而存在的，而绝不是作为更多获得个人利益的手段而存在的，即把满足人类安全需要的愿望当“手段”而不是当“目的”的想法与做法，是违背安全道德责任的绝对性的，归根结底是不道德的，甚至会导致事故发生。此外，分析可知，绝对安全责任原则的实质是基于人本价值取向原理与安全的公共性原理推导得出的。

3. 安全优先导向原则

由安全科学定理的“坚持安全第一的原则”定理、生命健康优先的伦理原则及人本价值原理和安全的公共性原理可知，安全优先导向原则理应是重要的现代安全伦理学原理。它指出人们在生产与生活实践活动发生与人的安全（包括健康）相关的价值或矛盾冲突时，应当贯彻与倡导安全优先原则，可具体分类概括抽象为以下四项重要原则：

(1) 当人类的安全与自然界的动态演化相冲突时，以人的安全优先。例如，要积极应对与预防自然灾害，以免对人的生命财产安全造成威胁。

(2) 当人的安全健康权与新技术等的使用与拓展相冲突时，以人的安全健康权优先。常言道，科学技术是把双刃剑，若基于安全科学角度理解此句话，即科学技术既可提高人的安全保障水平，但可能会对人造成严重的安全威胁，如核技术与食品添加剂等。因此，当面临这类问题时，为维护和保障人的安全健康权，应以人的安全健康权优先，严格限制有可能对人的安全健康造成威胁的新技术等的使用与拓展。

(3) 在可保障自身安全的前提条件下，当公共安全利益与私人安全利益相冲突时，以公共安全利益优先，这也是最大安全原则的要求与体现。

(4) 当安全性与功能性和收益率（如产品设计与工程建设等）相冲突时，以安全性优先。

4. 尊重安全揭短原则

揭短的基本含义可简单理解为：将别人的短处揭露出来，并公之于众。目前，揭短作为学术术语已被广泛用于科学、技术与工程领域，如工程揭短与揭短管理等，且得到了诸多国家法律和规章的普遍认同和尊重。

一般而言，组织在保障安全方面往往存在一些“安全短板”，需及时弥补或消除，以避免事故发生或提升组织安全保障水平。因此，在实际安全监督管理实践中，需通过安全监督检查（如组织内部的“自检、自查、自纠”和“互检、互查、互纠”，以及组织外部的政府安监部门的安全监督检查或公众的安全监督举报等）来及时发现存在的“安全短板”，并进行立即处理和整改，以避免事故发生，并提升人的安全保障水平，这实则是一个安全揭短的过程。基于此提出尊重安全揭短原则，这是由安全的公共性决定的。其具体内涵如下：

(1) 人们在进行现实实践活动时，一定要把公共安全与健康放在首位，确保公众不受实践活动过程及其成果的伤害，这应该视为是所有人的安全职责。

(2) 为消除组织安全隐患（包括内部安全隐患与外部安全隐患），组织和个体均应该接受所有人对组织的安全揭短，尤其是那些基于现有事实、安全科学技术原理、安全法律法规、安全标准规范与逻辑推理，以及严格的安全评估或数学计算等得出的安全揭短，这是尊重安全揭短原则的最重要内涵。

(3) 组织与个体均应明白，任何形式的安全揭短都可起到暴露组织或个人安全问题的作用，都有助于更好地保障组织、个人与他人的安全，对安全揭短的尊重是对组织与社会的忠诚。此外，处于安全绝对责任的安全揭短行为，是一种高尚而纯洁的行为，一种难能可贵的忠诚。

5. 安全诚信原则

诚信是保证人类有效交往的前提条件，是最基本的伦理规范和道德标准，是人的第二个“身份证”。诚信管理是现代重要的新型管理学理论，是社会道德文明进步的重要标志，备受学界、政界与企业界等关注，已被企业管理、政府管理与社会管理等管理领域广泛采用，并取得良好的实践效果。由安全的公共性原理、安全健康信仰与事故可预防信念原理、安全科学公理之“生命安全至高无上”公理，以及因人的安全诚信缺失（如个人违章作业、事故与隐患隐瞒不报、诡辩或推卸安全责任、产品假冒伪劣、政府安监部门的安全监督检查走形式或安全评价活动缺乏真实性等）所致的大量事故可知，诚信原则应是安全实践活动的基本道德准则，由此，政府与企业等积极倡导与推行安全诚信管理，如按照安全规章制度诚信作业与诚信安全监管等。

基于此提出安全诚信原则：组织（包括政府安监部门）与个人在实际安全实践活动过程中应把诚信作为一条不可逾越的安全道德规限，即做到有章必循、有诺必践与有过必纠，此原则是保证安全诚信道德与安全诚信文化的约束和导向等作用有效发挥与落地的根本保证。对其内涵进行解释，主要包括以下两方面：

(1) 安全诚信原则之“诚”的含义：①忠诚于安全，忠诚贯彻、执行与落实安全法律法规、规章制度、标准规范与政策指令等；②真诚于安全，塑造与培养互助保安与自主保安的真诚安全意愿、意识、态度与责任；③虔诚于安全，虔诚对待安全实践活动与承担安全责任，把安全健康信仰与事故可预防信念作为虔诚追求。

(2) 安全诚信原则之“实”的含义：①立安全承诺，以安全伦理道德操守为保证，对安全目标、追求与责任做出安全承诺；②信守安全承诺，以安全伦理道德规范为准则，信守与恪守安全承诺（包括安全约定）；③践行安全承诺，以安全伦理道德责任与追求为约束和动力，主动承担安全责任，忠实履行并坚定兑现安全承诺，坚决做到言行一致。

6. 安全改进原则

人本价值取向原理与安全的公共性原理要求是一致的。安全道德理解为：在现实生产与生活中人们在追求安全的实践中，至少应使一个人获得或改善了安全保障条件，而不会对其他任何人的安全造成损害，或不阻碍其他任何人追求安全的实践。

基于此提出安全改进原则：安全道德规范、安全法律规范与安全实践活动等应该能够至少有利于一个人，而又不会对其他任何人的安全（包括健康）造成损害或威胁，这也与底线伦理原则中的不伤害原则的含义相吻合。其内涵主要包括两方面：①不能为自身（包括组织与个体）安全而伤害其他组织或个体，如不合理的危险转移行为或政策与安全“霸王条款”（尤其是有些网络安全与职业健康方面的条款）等；②为别人安全而导致自身安全无基本保障，如自身无施救能力的情况下盲目进行的“见义勇为”或“下水救人”等行为或公众进行安全举报后遭报复而无相应安全保护措施等。

7. 道德行为的生命安全限度原则

针对不考虑自身生命的安全性而盲目进行的表面看似合乎道德的行为的典例，如不会游泳者救落水者的行为、鼓励儿童救火的行为、无法保障自身安全的“见义勇为”行为及其他自身不具备相应安全知识、技能或能力而盲目进行的施救行为（如因不知地窖氧气稀薄窒息身亡而盲目下窖施救导致多人身亡、不懂触电施救知识而导致的死亡或盲目冲进大火救人的行为等），生命是一切价值的基础，在一般情况下，道德行为应有其生命安全之底线或限度（这也是由人本价值取向原理所决定的），换言之，在提倡实现道德价值时要以保护自身生命的安全性为基本前提，这就是道德行为的生命安全限度原则。

此原则理应是现代安全伦理道德的一项重要原则，其具体内涵是：道德价值固然重要，但一般而言，生命价值应大于某种道德行为价值，放弃或牺牲生命的安全性保证仅可限于一定的具体情况，即不论条件的“舍身尊德”行为肯定存在问题，这是有悖于“以人为本”的现代科学价值观的欠科学的道德观念或规范。

8. 遵守安全规则原则

许多特定条件下的研究发现，伤害事故大都是由人的不安全行为所致。一般而言，导致事故发生的人的不安全行为无非有以下两种情况：①非故意性不安全行为，究其原因主要是安全责任心不强而疏忽大意；②故意性不安全行为，其又可细分为故意性安全破坏行为（如恐怖行为等）、故意性不作为（如无安全意愿、懒惰、侥幸或赌气等）和利益驱动型不安全行为（如赶工、省力、投机或腐败等）。需指出的是，人们在逃生过程中因不遵守安全秩序（如拥挤或推搡等）而导致事故后果严重化（如发生踩踏或因拥挤而导致无法及时有效逃生），实则也是一种不安全行为，是不遵守安全伦理道德规范的具体表现。但无论上述那一种不安全行为，几乎都可归结为不遵守安全规则（主要是指安全法律法规、规章制度、标准规范与伦理道德规范等）的行为，究其根源是无安全规则意识。换言之，若所有人都能遵守安全规则，就几乎可消除所有因人为原因所致的事故或降低部分事故的伤亡损失。

由此提出遵守安全规则原则：人们在现实生产与生活实践活动中，必须都要遵守安全规则。一般而言，安全规则都是由群体成员共同制定并得到公认与遵守的安全条例和章程等，具有公共性，因此，此原则究其根本应是基于安全的公共性原理推导得出的。

本章思考题

1. 安全文化有哪些核心原理?
2. 为什么安全文化具有持久性作用?
3. 结合城市的安全活动，枚举两个安全文化原理的具体功能。
4. 为什么安全文化建设是保障企业生产安全和可持续发展的重要途径?
5. 如何发挥安全教育的“双主体”作用?
6. 安全教育为什么需要反复进行?
7. 安全经济学有哪些核心原理?
8. 为什么需要对安全范畴进行界定后才能谈安全最优化?
9. 当安全作为一种资源时，安全经济学将可能拓展什么新的内涵?
10. 安全法律法规的主要功能是什么?
11. 为什么仅有安全法律法规还远远不够?
12. 试举两个例子说明安全伦理道德的作用。

10

第 10 章 安全系统科学原理

【本章导读】

安全系统是灾害和事故发生的场所，是安全管理的对象。安全系统思想是安全科学的核心思想，安全系统科学是安全科学学科的主体。其实，所有的安全问题都可以归为系统问题，只是系统组成的要素多少和复杂程度不同而已。从某种程度上讲，本书前面的所有章节也都与系统有关，特别是第 3 至 5 章，讨论的模型都是系统，只是大标题没有特别指出是系统科学问题而已。本章将针对几个主要的系统安全科学分支，从系统原理的视角专门加以论述，以便为安全系统学提供理论基础。

10.1 安全系统研究概述

1. 安全系统及其特征

安全系统是由与安全有关的多个部分、按特定方式结合、能够不断演化发展的，可以影响、实现并提高人类生产生活中的安全状态，且具有自身属性、功能与价值的有机整体。根据这一定义可知，安全系统学是一门指导人们如何开展系统安全思维、如何研究获得进行系统安全分析与评价的方法和原理、如何预测和控制系统安全的发展规律、如何研究和更好实践安全系统工程等系列科学问题的安全科学新分支，或简单定义为：安全系统学研究安全系统的结构、功能、运行、与环境的关系以及发展演化规律等的学科。

安全科学的学科理论体系是在认识与解决人类生产及生活过程中事故、灾难等安全问题的过程中逐步形成的，安全系统学也是基于上述过程研究形成的，因而安全系统学具有明确的目的性。由于人的因素在安全系统中起着至关重要的作用，因此安全系统学不仅注重自然科学，还注重人理学、生理学和人文社会科学等的研究。对于安全系统学的研究方法，应既涵盖人学和社会科学的研究方法，又涵盖自然科学的研究方法。安全系统学的研究兼具安全科学与系统学的特性，具有系统学的整体性、相关性、层次性、目的性等特征，又有复杂性、非线性、动态性、模糊性等安全科学的特性。

2. 安全系统学的研究内容与层次

任何一门成熟的学科都离不开完整丰富的理论体系支撑及借助实践应用的进一步发展。安全系统学是一门致力于通过对安全系统的组分、运行、演化等研究来提升并实现安全状态的学科。因此，安全系统学研究可分为两大模块，即“认识模块”和“实践模块”，如图10-1所示。这两大模块是从横向上对安全系统学在研究内容方面加以划分的。

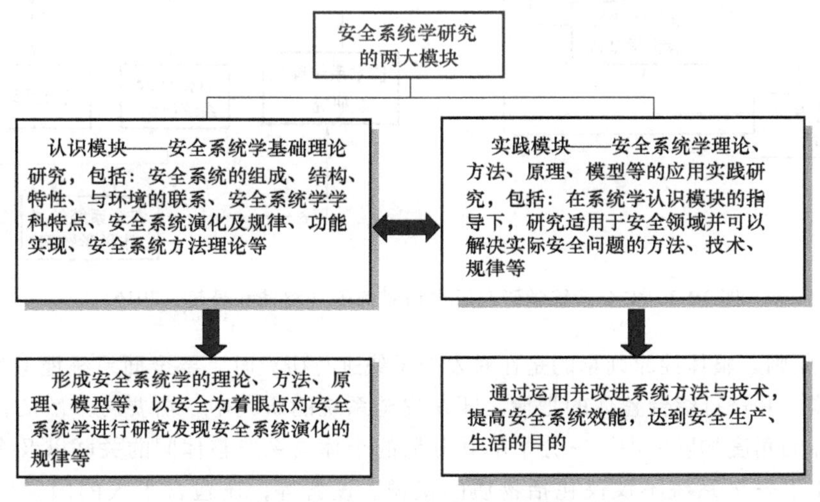

图10-1 安全系统学研究的两大模块（贾楠和吴超，2016）

从纵向分，结合现代系统科学及一般系统学的理论观点，将安全系统学的研究层次划分为纵向的四个层次，从下往上分别是技术层次、学科层次、方法论层次及哲学层次，如图10-2所示。

在对横向的研究内容及纵向研究层次分析的基础上，综合图10-1与图10-2，可将安全系统学的研究进行领域的拓展和划分，形成安全系统学研究层次拓展例子，如图10-3所示。图10-3把安全系统科学和应用实践等问题的全部作为研究的出发点，称为安全系统研究。单向箭头表达的是将安全系统研究分为两个更局部的领域，双向箭头表示的是不同领域之间的相互联系和相互作用。

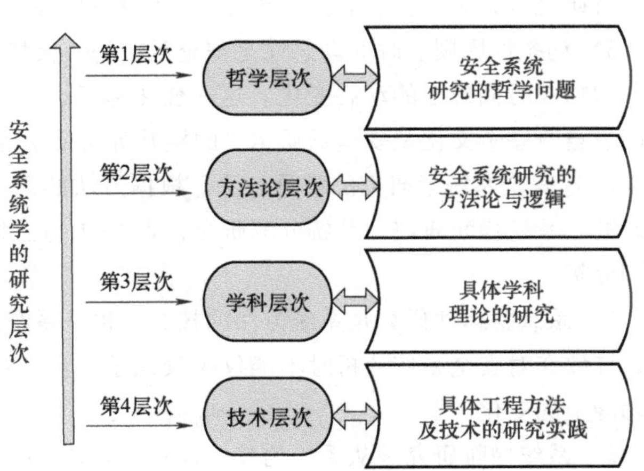

图10-2 安全系统学的研究层次（贾楠和吴超，2016）

3. 安全系统学研究方法论

（1）安全系统学方法论原则。安全系统学是对安全系统（或系统安全）工程技术在方法、理论、规律的概括、延展与升华，应遵循以下一般方法论原则：

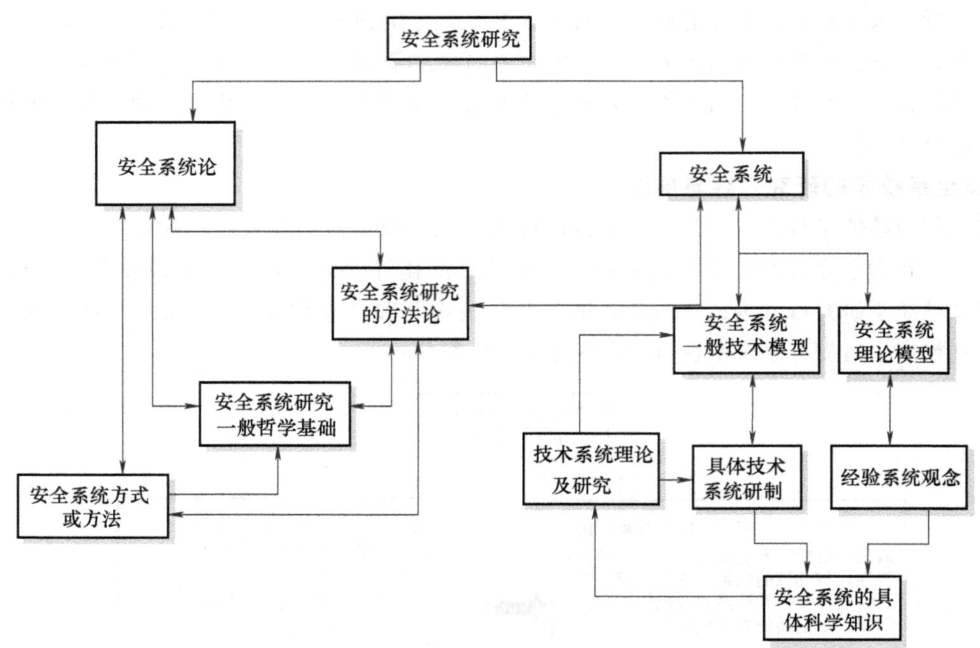

图 10-3 安全系统学研究层次拓展例子（贾楠和吴超，2016）

1）整体性原则。整体性原则指的是在对安全系统进行研究时，要全面系统地考察安全系统所涉及的一切因素，并进行综合整体的把握。即在安全系统的研究中，需要将分散的，看似独立的系统因素从整体的角度加以考虑，充分了解其分散的个体与系统整体间的关联以及个体对系统的作用。同时，由于安全系统不仅仅包括物质的机械、设备等，还包含了人的因素以及社会因素（政策、文化等），因此整体性原则的实现也包含了对于这些外界因素的充分考虑。

2）相关性原则。任何事物都不是孤立存在的，事故的发生不是凭空出现的，系统中任何要素也不是绝对独立的，要素之间以及要素与整体之间都存在着相互联系与影响。故在对安全系统进行分析研究时，必须要以联系的观点统筹所有的因素与相关方面。

3）动态性原则。时间动态性是安全系统的一大特性。因此，对于安全系统的方法论研究必然不能忽略在时间维上的动态变化。这一变化包括，可遇见的与不可预见的政策性变化、技术性的提高、自身安全文化及安全素质水平的提升等所带来的安全效果的整体改变。

（2）安全系统学研究的常见方法。根据方法的思考维度的不同，可将现存方法分为系统整体性研究、系统横断研究、系统分解研究，表 10-1 为三种分析维度包涵的部分安全系统学研究方法实例分析。

1）系统整体性研究是系统方法的核心，也是系统思想的精髓所在。由于系统的相关性和整体性，导致在对安全系统分析时不能仅仅聚焦于系统的局部某点，这样会丢失在由局部组成的整体在功能上的变化。

2）系统横断研究是从系统的某一视角横向切入的研究，如进行系统安全比较研究或相似研究等，可同时研究各安全子系统之间或安全学科群的关系。

3）系统分解研究，安全系统涵盖范围极广，小至工序的操作程序，大至整个国家的安全体系。因此，将安全系统分解成各类子系统进行研究，是安全系统研究的主要切入点之一。

表 10-1 部分安全系统学研究方法实例分析

视角	涵盖方法例子	方法概述
系统整体性研究	大数据挖掘	大数据挖掘分析，可全面、深化认识事故、灾难的发生机理及其发展规律，从而为科学预测事故、灾难的发生及其发展趋势，以及制定应急预案和其他安全管理等工作提供支撑
	高精度数值模拟	高精度数值模拟研究，既可再现事故、灾难过程，又可节约研究时间及成本，是全方位、深层次研究事故、灾难的机理和规律必不可少的研究手段之一
	大尺度物理模拟	通过大尺度物理模拟研究，可获取真三维、高相似比的模拟结果，既可丰富对相关事故、灾难认识的试验数据，又可对相关的高精度数值模拟结果进行验证
	工程验证试验	针对难以通过缩尺度试验模型进行的模拟验证，在条件许可的情况下，通过工程验证试验对相关防治技术或方法进行有效性验证等，将是本学科研究必将坚持的手段之一
系统横断研究	层次分析方法	安全系统与普通系统相似，都存在着多层次的等级结构。将安全系统问题以层次分析，会使看似复杂的问题条理化，使解决问题的思路清晰
	比较安全研究方法	运用比较思维，通过分析安全系统中彼此有某种联系的不同时空的事、物、环境、人的行为等对照分析，揭示其共同点和差异点，并提供借鉴、渗透、提升的方法。安全比较方法是通过某一层面的切入点，可以将不同的系统进行横向的并列，从整体与横断两个层次实现安全系统的综合分析
	相似安全系统研究方法	是围绕系统内部和系统之间的相似特征，研究相似系统的结构、功能、演化、协同和控制等的一般规律，进而对系统安全开展相似分析、相似评价、相似设计、相似创造、相似管理等活动，寻求实践安全效果最优化的方法
系统分解研究	安全容量法	安全具有容量属性，以风险承载力度量安全；同时容量具有安全属性，以安全为前提保障容量。基于此，提出系统性的安全就是容量。安全容量由 n 维风险维度所共同决定，以薄弱环节安全容量作为评估中权重最大的维度
	子系统研究方法	将复杂的系统进行分解，划分为多个子系统，会将看似无序的问题简化，清晰了解决问题的思路。对于安全系统，比较传统的分解方法如将系统划分为人、机、环、管等子系统，也可按照功能、结构等划分

4. 安全系统的分类

根据安全系统中的构成要素，总结出由29种思维方式构成的安全系统分类。安全系统的种类及例子见表10-2。

表 10-2 安全系统的种类及例子（吴超，2020）

序号	安全系统的分类依据	分类实例
1	基于安全系统的功能	单功能安全系统、多功能安全系统等
2	基于安全系统的流态特征	安全信息流系统、安全能量流系统、安全物质流系统、安全行为流系统等
3	基于安全系统的清晰程度	模糊安全系统、灰色安全系统、精确安全系统等

（续）

序号	安全系统的分类依据	分类实例
4	基于安全系统的软硬性质	软安全系统、硬安全系统等
5	基于安全系统的静动状态	共时性安全系统、历时性安全系统等
6	基于安全系统的周期	短期安全系统、中期安全系统、长期安全系统等
7	基于安全系统的开放程度	封闭安全系统、开放安全系统、半开放安全系统等
8	基于安全系统的相对性	自安全系统、他安全系统等
9	基于安全系统的性质	概念安全系统、框图安全系统、逻辑安全系统、符号安全系统等
10	基于安全系统的复杂程度	简单安全系统、一般安全系统、复杂安全系统等
11	基于安全系统的学科层次	学科层面安全系统、专业层面安全系统、应用层面安全系统等
12	基于安全系统的通用性	普适性安全系统、一般性安全系统、特殊性安全系统等
13	基于安全系统的科学性	理论安全系统、经验安全系统、半理论半经验安全系统等
14	基于安全系统的应用行业	矿业安全系统、冶金安全系统、交通安全系统、能源安全系统、网络安全系统、电力安全系统等
15	基于安全系统的应用领域	产业安全系统、经济安全系统、政治安全系统、文化安全系统、社会安全系统、军事安全系统等
16	基于安全系统要素的量化关系	定性关系安全系统、定量关系安全系统、半定性定量关系安全系统等
17	基于安全系统组分的连接形式	串联安全系统、并联安全系统、复杂连接安全系统等
18	基于安全系统组分的关系	线性关系安全系统、非线性关系安全系统等
19	基于安全系统的维度	低维安全系统、高维安全系统等
20	基于安全系统知识领域	安全自然科学系统、安全社会科学系统、安全技术科学系统、安全生命科学系统、安全系统科学系统等
21	基于安全系统的要素类型	人的安全系统、物的安全系统、管理安全系统、多要素复合安全系统等
22	基于安全系统的尺度	微观安全系统、中观安全系统、宏观安全系统等
23	基于安全系统的外部形状	三角形安全系统、奶酪状安全系统、蝴蝶结安全系统、网状安全系统、屏障式安全系统等
24	基于安全系统的内部构形	班级安全系统、连队安全系统、组织安全系统、体系安全系统等
25	基于安全系统使用的时间	过去式的安全系统、现在式的安全系统、将来式的安全系统等
26	基于安全系统的能动性	受控安全系统、自控安全系统等
27	基于安全系统的可视化程度	显性的安全系统、隐性的安全系统等
28	基于人的行为安全系统	个人行为安全系统、群体行为安全系统等
29	基于组织行为的安全系统	宏观组织行为安全系统、中观组织行为安全系统、微观组织行为安全系统等

从表 10-2 可以看出，安全系统的类型非常多，也可以看出安全系统问题的复杂性。表 10-2 除了可利用其筛选安全系统通用要素之外，还有其他很广泛的用途，如开展安全管理模型和体系的构建及开展学科建设等，也展示了很多安全系统的研究领域或方向。

10.2 安全人机系统原理

安全系统是指由与生产安全问题有关的相互联系、相互作用、相互制约的若干个因素结合成的具有特定功能的有机整体。

许多情况下，安全系统是一个复杂的巨系统，如果把人、机、环这三个子系统作为一级子系统，然后将人、机、环子系统继续细分为低级子系统。那么可以将安全系统按层次分为，一级子系统、二级子系统、三级子系统、……、n 级子系统，直到底层的元素。由此可以看出，安全系统的构成元素数目庞大，结构层次众多，元素之间、子系统之间的关系复杂。

安全系统总是寄生在客体系统中，与客体系统发生着物质流、信息流、能量流的关系，如果外界有异常的物质流、信息流、能量流涌入系统内部，系统内部的构成因素性质以及各因素之间、各子系统之间的关系可能发生变化，导致系统受环境影响而变化。

10.2.1 安全人机系统原理的定义及其内容

1. 安全人机系统原理的定义

人类的生活和生产都是在系统之中一个系统存在着人、机（物）、环境（社会）三大要素，它们之间相互关联与制约。根据系统、原理、安全人机系统等概念的内涵和思想，安全人机系统原理可以定义为：从大安全的视角出发，以安全科学理论及实践为基础，采用系统思维和协同分析方法，对系统中人、机、环等涉及安全的因素进行整体优化，以实现预定安全目标而获得的基本规律和核心思想。安全人机系统原理主要是指研究人、机、环三大要素的相互作用关系，探讨如何使“机”符合人的形态学、生理学、心理学等方面的特性，使得人、机、环相互协调，以达到人的能力与机器的操作要求相适应，创造出安全、高效、舒适的工作条件，并基于上述目标和过程获得的普适性基本规律。如果用一种描述性的语言对安全人机系统原理进行说明，则可以表述为：对安全问题的研究涉及诸多问题的多个方面，当考虑到人机系统的安全问题时，就用安全人机系统的思想去权衡所面临的问题，这种思想的核心内容便是安全人机系统原理。

2. 安全人机系统原理所包含的研究内容

原理是对某一领域研究内容的归纳总结，是便于人们站在更高的思想高度来把握所研究领域的内容，有利于人们发现和利用规律。安全人机系统原理的提出同样是基于某一个具体的研究领域，这一具体的研究领域实际上就是安全人机工程学。因此，安全人机工程学的研究实践是安全人机系统原理这一概念存在的根基，安全人机系统原理所包含的内容就是安全人机工程学的主要研究内容。综合概括出安全人机系统原理所包含的研究内容有以下几点：①研究人的生理、心理特性，寻求合理设计操作装置的依据；②研究作业环境的安全舒适性；③研究设备危险区安全装置的设计；④研究生产操作过程中操作者的疲劳特性；⑤研究人机系统的可靠性，寻求并采取保证人机系统安全的手段、措施；⑥研究人机因素相互适应及分工问题；⑦研究用于信息传递的各种显示器、控制器的合理设计问题；⑧研究操作者与机器设备的合理匹配问题；⑨其他方面。

10.2.2　安全人机系统的核心原理及其内涵

安全人机系统原理是对安全人机工程学整个研究领域的总结提炼。根据安全人机系统原理所包含的研究内容，从理论基础层面提出安全人机系统原理的主要核心原理有：系统性安全原理、本质安全化原理、安全协作增效原理、役物宜人原理、安全目标原理（张建和吴超，2013）。

1. 系统性安全原理

系统至少包含了三个方面的内容：①构成系统的要素至少有两个，要素之间的相似性并无要求；②系统存在一定的结构，也就是系统的组成要素之间的组合顺序会影响系统的属性。相同的要素，不同的组合顺序可能导致系统具有不同属性；③系统具有一定的功能，系统的存在具有一定的意义，这种功能也表现为系统与外界的相互作用。系统也具有这样的性质：可叠加性与可分解性。结构与功能简单的系统可以通过叠加变成复杂系统，完成复杂工作。同样，结构复杂的体系也可以通过分解的手段，转变为易于研究的简单系统。系统的这种属性为人们分系与解决问题提供了方便。

具体到安全人机系统，首先，安全人机系统有三个要素：人、机、环。其次，这三个要素并不是随意拼凑在一起的，它讲究通过人的需求来设计“机”和改造“环境”，再由设计与改造好的“机”和“环境”来安置人，人、机、环在系统中所处的位置是有原则限定的。最后，安全人机系统是要完成人们的设计目的的，也就是安全人机系统的存在一定具有某种实际作用。安全人机系统同样具备系统的基本性质：从设计的角度来看，要构造复杂功能的复杂系统，人们不可能一蹴而就，这时可以运用系统的可叠加性，先造出可完成某些特定功能的子系统，再将这些子系统进行组合，获得人们所需要的系统。从研究的角度来看，面对一个复杂的人-机-环系统，人们要研究其作用的机制，可以先将系统分解，对人-机-环系统而言，可以将其分解为人-机子系统、人-环子系统、机-环子系统，分别研究子系统的属性，进而达到研究整个系统的目的。以上这些便是安全人机系统的系统性原理的实质及内涵。

2. 本质安全化原理

本质安全化的内涵为：体系本身就是安全的，这意味着体系的固有安全水平是人们可以接受的，而这个安全水平的实现是通过体系元素之间的协调性来实现的。从这个思路给出安全人机系统的本质安全化的定义：在构建系统的过程中，通过对构成系统的人、机、环等因素进行合理有效的组合，将三个因素的协调性调节到一定程度，在这种情况下，系统开始运作时，不管是对系统中的人来说，还是对整个系统而言，其安全性都是可以接受的，这便是安全人机系统的本质安全化。系统因素组合的协调性程度决定了本质安全化的水平。

对安全人机系统本质安全化原理有以下两个方面的解释：

（1）本质安全化的水平是由系统因素组合的协调性程度来决定的，而系统因素组合的协调程度并不是由人的主观意识来决定的，而是取决于社会的科学技术水平。对本质安全化水平提出过高要求是不科学的，但并不是说人们可以对本质安全化水平不做要求，要在当前社会的科学技术水平上尽可能地提升本质安全化的水平。在进行安全人机系统设计时，要保证设计的质量，使系统的固有安全水平达到人们的安全需求。

（2）系统的本质安全化水平可能受到系统之外的因素的影响，如对人机系统的管理等因素。即使系统的各因素组合的协调性程度很高，如果缺乏有效的管理，系统依然存在较大的安全隐患。

安全人机系统的运作都是有一定的操作规程的，管理的目的就是让系统因素，尤其是人这个因素，要按照操作规程进行操作，以保证系统的安全水平。

3. 安全协作增效原理

“协作增效”是用来讲述与他人的合作精神的，属于心理学的词汇。它原本的核心思想是使1+1>2，也就是通过与别人的合作，来获得更大成效，这种可获得的成效不是个人可获得成效的简单叠加，而是远远大于各个体单独作用时可获得的成效之和。将这种思想引用到安全学领域当中，用来说明系统的特性。

对于安全人机系统而言，它有三个大的组成要素：人、机、环，进行人机系统的设计时，通过三个要素的组合来达到设计的目的，而获得这种目的，仅仅依靠人是做不到的，人必须凭借物（机）。只依靠物（机）也是不行的，物不具备主观能动性，物必须在人的意识之下运作，才能达到人的目的。只有人、机、环组合在一起，才能取得各因素单独作用时所不能获得的功效，这便是安全人机系统中“协作增效”的思想。换一个角度来理解，人们通常在进行人机系统设计时，更想获得的是系统的作用成果，而不是系统中某些因素单独的作用效果，也就是说，人们在潜意识当中趋向于对系统“增效”部分的认可，想更多地获得“>2”的部分，这便是安全人机系统中安全协作增效原理的意义。

4. 役物宜人原理

役物宜人，顾名思义，通过对物的改进和塑造，使其更好地适应人的特征与要求。该原理也蕴含了人本思想，更看重人，一切都要为人服务。系统中人与非人因素对系统的运行都是不可或缺的，但将人看作主体才保证了系统存在的意义。当然，这里的人并不是简单指人这个因素，它还包含了人的思想与目的。

役物宜人原理对应于安全人机系统，有以下几个方面的内容：

（1）知人造物的思想，研究人的生理、心理特性，如进行人体测量学的研究，通过这些研究与测量的结果来指导人机系统的设计，这也是役物宜人的第一步。

（2）从人的角度去设计物，再从物的基础上挑选人。这里人的意义不相同，前者是宏观意义上的人，指人这个类别，后者则是个体意义上的人。这里的意思是从人类特征出发设计人机系统，再根据系统的特性出发，选择合适的操作者，以保证系统的安全性。

（3）研究人、机之间分工及其相互适应问题。人机分工要根据两者各自特征，发挥各自的优势，达到高效、安全、舒适、健康的目的。

（4）在同一个系统当中，人为主体，物为客体，看重人的感觉。在系统运作时，保证人在最小代价下获得最高效率，使人的安全感得以提升。

5. 安全目标原理

安全目标原理和前面四个原理比较起来更浅显，易于理解。在整个安全人机系统中，安全目标始终贯穿其中，其重要性和前面四个原理是相当的。安全目标原理强调安全人机体系中安全因素的重要性，这种重要性体现在以下两个方面：

（1）在整个系统着手设计之前，要有安全目标的理念。由这个理念去构思：要实现这个安全目标，需要采取哪些行之有效的措施。这个过程会在无形之中增加系统的安全权重。

（2）在整个人机系统设计完成之后，用安全目标原理来检验系统的安全性是否达到了要求的水准，如果未达到，需要对哪些部分进行修饰，来保证系统整体的安全性。这便是安全人机系统中安全目标原理的内容。事实上，安全意义更多地存在于人们的感觉之上，安全目标是为这种感觉制定的指标。从哲学的观点来看，人的感觉来源于对物的主观意识，物的状态影响着人的主观感觉，而物的状态又是由社会的发展水平决定的。因此，安全目标也存在一个度的问题。合理的安全目标才能实现真正的高效、舒适与安全。

10.2.3　安全人机系统原理的结构及应用

以上五个原理分别在不同程度涵盖了安全人机工程学的研究内容，它们之间也许有重叠，或是彼此独立，但它们之间是有一定关联性的，五个原理组构成了网状的结构骨架，它们之间的联系构成了网丝，整体形式如一张网，如图 10-4 所示。

1. 从逻辑思维的角度看五个原理的应用关联性

设想一个安全人机系统从构思到建成的整个过程，分别在不同阶段，抽象出主要应用的子原理，整个过程完成后，各阶段应用的原理会按照逻辑思维的顺序排列，这个顺序便表征了五个原理的应用关联性。这种逻辑思维的顺序就是先想到什么，再想到什么，是一个思路问题，不妨把它定义为“先位思想”。应用“先位思想”，得出五个原理的应用关联图（见图 10-5）。

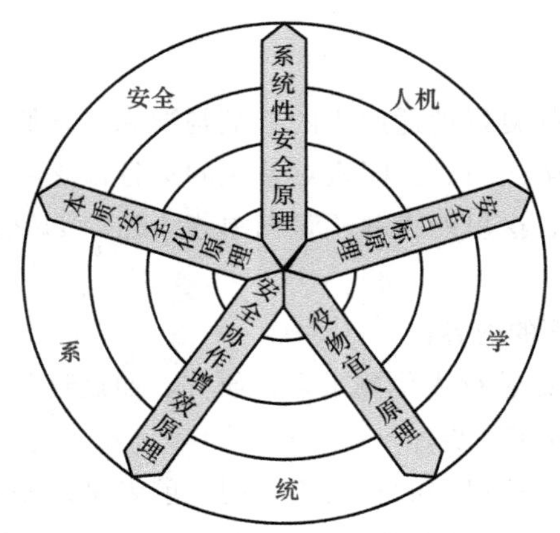

图 10-4　五个原理组构成的网状示意图

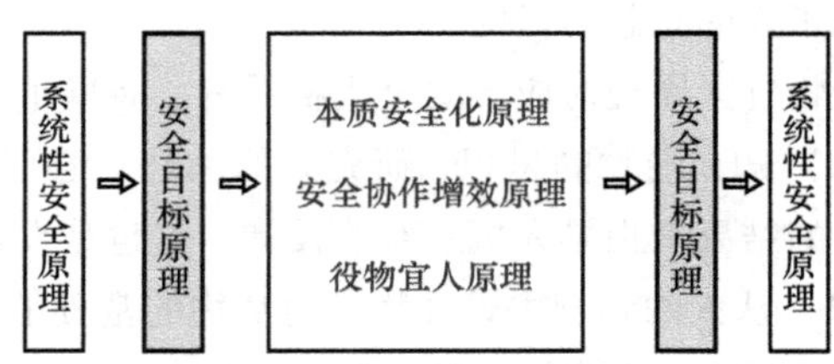

图 10-5　五个原理的应用关联图

对该关联图进行简要解释如下：在筹划建立安全人机系统时，需要从宏观角度去构思整个体系，包括体系的各个组成部分，这便是系统性安全原理的内涵。当对系统有了整体的认识之后，需要将安全的目标放置其中，之后便是本质安全化原理、安全协作增效原理和役物宜人原理的相互作用。系统成型之后，用安全目标原理来检验体系的可靠性程度，最后回归到宏观角度，用整体性思维来评价整个系统。

2. 从社会发展的角度看五个原理的应用

以上讨论的五个原理的关联性是基于某一个社会阶段的，随着社会的发展，人们对安全人机体系的要求也会提升，也许人们会对系统的整体安全性的要求更严格，会追求更高层次的本质安全化水平，但人们看重安全协作增效的价值取向和役物宜人的观念应该会继续存在，这是由人本身的特性所决定的。从这个角度去讨论，在不同的社会发展阶段中，分别运用以上“先位思想”所得出的子原理关联性，可以实现安全人机系统更高水平发展要求的。把这种思路用图的形式来表征，如图 10-6 所示。

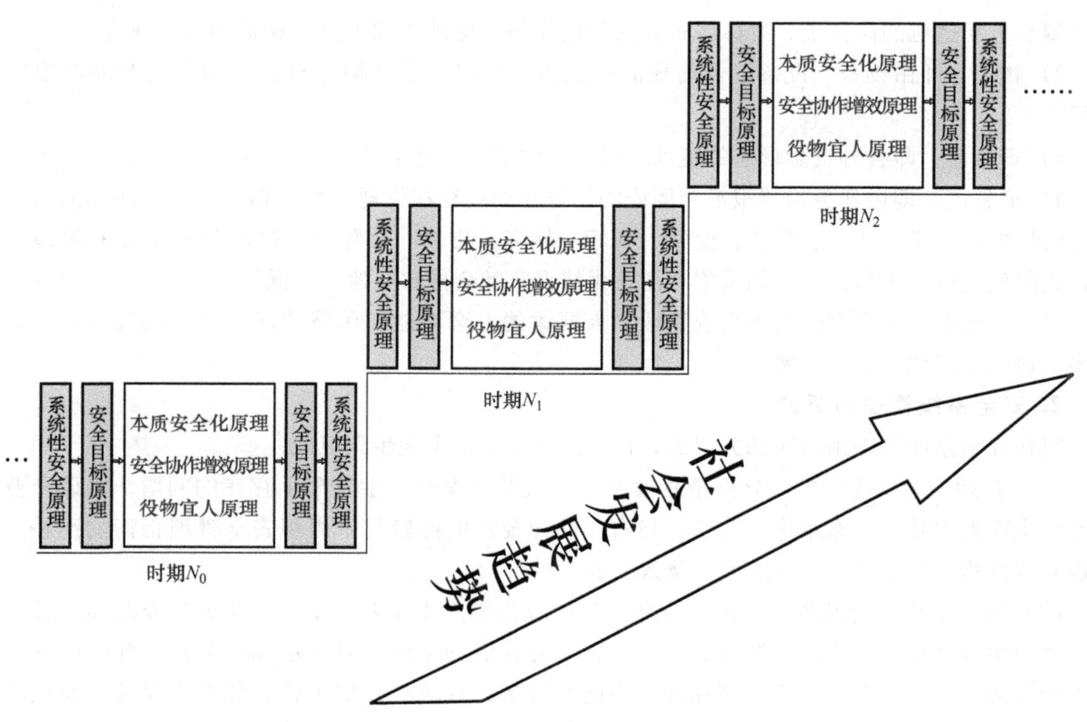

图 10-6 社会发展环境中五个原理的应用关联图

10.3 安全系统管理原理

10.3.1 安全系统管理的内容

1. 系统管理的组成

根据系统的一般定义，系统管理由以下六个要素构成：

1）人。这是最重要的要素，系统的一切活动是靠人来进行的。只有充分调动人的积极性，人尽其才，才能提高管理和生产的效率。

2）物资。包括原材料、能源、半成品和成品等。当前能源是物资的主要部分。

3）设备。包括机械设备、电气设备、动力设备、运输设备、工具、仪器仪表等，也包括仓库、场地的面积和容量等。这是生产建设的物质技术基础，也是固定资产的重要组成部分。

4）资金。包括固定资金、流动资金等。一定要讲求经济效益，提高资金的利用率。

5）任务。包括国家及上级机关下达的项目、指标和与其他单位订立的合同。系统的任务一定要明确，要有数量和质量上的要求。

6）信息。包括原始记录、统计资料、情报、技术规范、图纸报表、规章制度等。在系统中，信息是个很重要的要素。要求信息及时、畅通，使领导心中有数，便于做出正确的决策。在系统管理中，这六个要素是相互联系、相互作用的。

按其功能来分，可归纳为“四大流”：

1）人流，即由工人、工程技术人员和管理人员汇合而成的劳动力资源。把具有各种能力的人安排到与之相适应的岗位上，发挥各种人的积极作用，这是“四大流”畅通的根本保证。

2）物流，即由物资、设备汇合而成的资源流。它贯穿于从原材料投入到合格产品产出的全过程。

3）资金流，即各种资金形态的流动，是物流的资金形态运动。

4）信息流，即由任务与情报汇合而成的指导生产过程和管理过程的信息。系统活动的实质是信息的提取、传递、转化、整理、检索、判断、储存、更新、计算等。物流和资金流的畅通与否在很大限度上取决于信息流。如果信息流发生错误，就会导致其他流的混乱。

安全系统管理需要充分利用系统管理六大要素的安全功能和保障“四大流”的过程安全，并使系统协同、持续、安全发展。

2. 安全系统管理的要素

现代安全系统管理由六大部分组成，也可以说是由六个大步骤组成：

（1）初始安全状态评价。分析企业初始安全状况及安全卫生管理上存在的问题，明确企业当前安全生产管理处于什么水平。包括：与有关法律要求的比较与本组织安全管理指南的比较、分析现有资源用于安全卫生管理的效率及效果等。

（2）制定安全方针及政策。由企业最高管理部门制定本企业的安全卫生方针及政策。首先是将安全卫生管理作为企业综合管理的一部分，在经营活动中满足有关法律的要求．并给以充分的技术经济保障，使安全卫生达到高标准。为此而规定：行政最高层主管、各级管理部门及生产一线管理者，都必须将安全卫生管理放在主要责任位置上；同时确定安全职能部门及安全监察人员的职责。

（3）计划及建立安全目标体系。计划是描写系统在一个时间段内要达到的控制事故隐患目标、使用的主要方法、技术经济投入及主要运作程序的文件。按计划时间的长短可以分为远期、中期及近期三种。计划与实施常常是交叉进行的。制订安全卫生计划是一项复杂的系统工程，至少应包括目标确定、危险性评价、隐患治理、事故减灾应急反应、绩效审核及计划修订程序等内容。

（4）安全管理组织结构。企业为实现上述承诺必须完善内部的安全卫生管理机制及管理体制。机制与体制相互作为运作的前提，机制转换为体制改造打开缺口，从而推动体制转换；而体制的转变又为机制运作提供了保障，同时为机制进一步转换创造了条件。二者交互推动安全卫生管理模式的优化，不断提高安全卫生管理的职能。具有相同外部功能的系统，也可以有不同的内部结构。因此，机制与体制建设方法各单位不必强求完全一致。

（5）安全审核及改进。对上述过程实施效果的检查必须及时反馈，进而对偏离事故隐患控制目标的不佳状况及时地进行控制和修正。①因企业内外环境条件变化而需要变化控制事故隐患目标时，应及时调整安全管理程序，对重大事故隐患须跟踪控制。②在生产过程中发生新情况时，应在比较过程中始终以安全卫生最优为目标，实行随机择优控制。如果取得安全卫生最优确有困难，可以采用较优的折中方案，并强化过程控制，及时修改管理程序。

（6）定期安全评价。定期评价的目的是总结经验，提高认识，为下轮安全卫生管理体系的循环提供依据，以求不断提高企业的安全卫生水平。定期评价的主要内容有：①局部及系统安全管理机制能否满足控制事故隐患目标的要求；②局部及系统组织管理体系与安全管理机制相匹配；③各级组织是否履行了安全职责；④透明度及民主化管理的程度；⑤内部及外部因素较之计划初期的变化对体系运行产生的影响。内部因素的变化，如人、机、环境系统结构的变化，生产组织结构的变化等；外部环境的变化，如安全法律、条例、规章、制度、标准的增删，社会政治经济大环境的变化等。根据对原管理体系的评价及系统内外环境条件的变化特点，研究对体系内容的改进方案。

10.3.2 安全系统管理核心原理的内容

安全系统管理是综合运用安全科学、系统科学和管理学的原理和规律，研究系统内规划、组织、协调和控制应进行的全部安全工作，研究系统的风险分析、预测、评价、决策等实施过程，通过风险预控管理，制定消除或控制风险的管理措施，使系统形成有机协调、自我控制的安全管理模式，最终保障系统安全运行的一门综合性管理学科。安全系统管理学以安全科学、系统科学、管理学等为理论基础，以安全系统工程、系统工程、系统管理科学的原理和方法为手段，以安全管理为载体，以安全系统为研究对象，通过对系统活动的规划、组织、协调和控制，依靠科学的风险预控管理方法，合理配置系统中的人、物资、设备、资金、任务和信息等要素，确保安全系统工程的有效实施，从而保证系统的整体安全。

对这个定义，可以从以下几个方面理解：①安全系统管理既是系统科学在安全科学中的应用，也是管理学在安全领域中的应用，安全系统管理的理论基础是安全科学、系统科学和管理学；②安全系统管理追求的是整个系统或系统运行全过程的最佳安全性；③安全系统管理要达到的目标是通过风险预控管理，使系统优化，达到系统最佳安全程度；④安全系统管理是安全管理学的具体应用学科；⑤安全系统是安全系统管理研究的主要对象。本节从理论基础层面，安全系统管理主要包括以下核心原理。

1. 系统原理

系统论中所谓的系统就是由相互作用和相互依赖的若干部分组合而成的，具有某种特定功能的，并处于一定环境中的有机整体。任何管理对象都可以被认为是一个系统，它包含若干个子系统，同时本身又从属于一个更大的系统，并且和外界的其他系统发生各种横向的联系。

企业安全管理系统是企业管理系统的一个子系统，其构成包括各级专兼职安全管理人员、安全防护设施、设备、安全管理与事故信息以及安全管理的规章制度、安全操作规程等。安全贯穿于企业各项基本活动之中。在系统的安全管理中，要发挥管理的各项职能，使各基本要素得以合理组织、充分利用，并最终以较小的安全投入成本减少事故的发生、减少事故损失，取得较大的安全效益。

系统原理要求对安全管理系统进行系统分析，即从系统的观点出发，利用科学的分析方法，对系统安全管理的问题进行全面的分析和探索。此时，要把全企业作为一个系统来对待，从安全的角度对其进行充分的研究，而不能只局限于某个部门、某个环节或某个过程的安全问题。

2. 人本原理

人本原理就是在企业管理活动中必须把人的因素放在首位，体现以人为本的指导思想。以人为本有两层含义：一是一切管理活动均是以人为本体展开的。人既是管理的主体（管理者），又是管理的客体（被管理者），每个人都处在一定的管理层次上，离开人，就无所谓管理。因此，人是管理活动的主要对象和重要资源。二是在管理活动中，作为管理对象的诸要素（资金、物质、时间、信息等）和管理系统的诸环节（组织机构、规章制度等），都是需要人去掌管、运作、推动和实施的。因此，应该根据人的思想和行为规律，运用各种激励手段，充分发挥人的积极性和创造性，挖掘人的内在潜力。

把人本原理运用到安全管理中，要做到如下四点：

（1）重视观念教育工作。加强社会主义精神文明建设，强化思想教育工作，对企业领导、员工进行安全培训，加强安全文化建设，注重用企业精神激励职工，唤起职工的主人翁意识和安全生产的自觉意识。

（2）强化民主管理。依靠企业职工进行民主管理与民主监督，通过民主管理手段使职工参与管理。

（3）激励职工。通过精神手段和物质手段激励职工的能动性，从而提高职工的工作效率，采用恰当的手段激励职工遵章守纪，真正实现从“要我安全”到“我要安全”的转变。

（4）改善领导行为。领导者在管理中要做到关心职工，尊重职工的首创精神，听取意见，沟通感情，善于使用人才，借以激励职工士气，形成实现目标的强大动力。

3. 弹性原理

安全管理必须保持充分的弹性，即必须有很强的适应性和灵活性，以及时适应客观事物各种可能的变化，实行有效的动态管理，这就是安全管理的弹性原理。

安全管理需要弹性是由于安全系统所处的外部环境、内部条件以及安全管理的运动特性所造成的。安全系统的外部环境十分复杂，既有国家的方针、政策、法规等因素，又有经济变化、竞争对手等因素。这些因素都是企业难以控制的，企业根据以往信息所做出的分析、预测总会与当前的实际有差异。安全管理的内部条件相对来说是可控的，但可控程度有限，内部条件既要受到资源的限制，又受到外部环境的影响，其自身也存在许多捉摸不定或难以完全预知的情况，因此应该抛弃僵化管理，实行弹性管理。

弹性原理对于安全管理工作具有十分重要的意义。安全管理所面临的是错综复杂的环境和条件，尤其是事故致因是很难完全预测和掌握的，因此安全管理必须尽可能保持好的弹性。一来要不断推进安全管理科学化、现代化，加强系统安全性分析和危险性评价，尽可能做到对危险因素的识别、消除和控制；二来要采取全方位、多层次的事故防止对策，实行全面、全员、全过程的安全管理，从人、物、环境等方面层层设防。此外，在安全管理中必须注意协调好上下、左右、内外各方面的关系，尽可能取得各级人员的理解和支持。只有这样，安全管理工作才能顺利地开展。

4. 预防原理

安全管理工作应当以预防为主，即通过有效的管理和技术手段，防止人的不安全行为和物的不安全状态出现，从而使事故发生的概率降到最低，这就是预防原理。

预防的本质是在有可能发生意外人身伤害或健康损害的场合，采取事前措施，防止伤害的发生。安全管理以预防为主，其基本出发点源自生产过程中的事故是能够预防的观点。除了自然灾害以外，凡是由于人类自身的活动而造成的危害，总有其产生的因果关系。探索事故的原因，采取有效的对策，原则上就能够预防事故的发生。由于预防是事前的工作，因此正确性和有效性就十分重要。生产系统一般都是较复杂的系统，事故的发生既有物的方面原因，又有人的方面的原因，事先很难估计充分。有时，重点预防的问题没有发生，但未被重视的问题却酿成大祸。为了使预防工作真正起作用，一方面要重视经验积累，对既成事故和大量未遂事故进行统计分析，从中发现规律，做到有的放矢；另一方面要采用科学的安全分析、评价技术，对生产中人和物的不安全因素及其后果做出准确的判断，从而实施有效的对策，预防事故发生。预防原理的工作方法是主动的、积极的，是安全管理应该采取的主要方法。

5. 强制原理

采取强制管理的手段控制人的意愿和行动，使个人的活动、行为等受到安全管理要求的约束，从而实现有效的安全管理，这就是强制原理。所谓强制就是无须做很多的思想工作来统一认识、讲清道理，被管理者必须绝对服从，不必经被管理者同意便可采取控制行动。一般来说管理均带有一定的强制性。管理是管理者对被管理者施加作用和影响，并要求被管理者服从其意志，满足其要求，完成其规定的任务，这显然带有强制性。不强制便不能有效地抑制被管理者的无拘束的个性，将其调动到符合整体管理利益和目的的轨道上来。

安全管理需要强制性，这是基于以下三个原因：

(1) 事故损失的偶然性。生产经营活动中不重视安全工作。存在人的不安全行为或物的不安全状态时，由于事故的发生及其造成的损失具有偶然性，并不一定马上会产生灾难性的后果，这样会使人觉得安全工作并不重要或可有可无，从而忽视安全工作，使得不安全行为和不安全状态继续存在，直至发生事故，则悔之晚矣。

(2) 人的“冒险”心理。这里所谓的“冒险”是指某些人为了获得某种利益而甘愿冒受到伤害的风险。持有这种心理的人不恰当地估计了事故潜在的可能性，心存侥幸，做出有意识的不安全行为。

(3) 事故损失的不可挽回性。这一原因可以说是安全管理需要强制性的根本原因。事故损失一旦发生，往往会造成永久性的损害，尤其是人的生命和健康，更是无法弥补。因此，在安全问题上，经验一般都是间接的，不能允许当事人通过犯错误来积累经验和提高认识。

安全管理的强制性原理，离不开严格合理的法律、法规、标准和各级规章制度，这些法规、制度构成了安全行为规范。同时，还要有强有力的管理和监督体系，以保证被管理者始终按照行为规范进行活动，一旦其行为超出规范的约束，就要有严厉的惩处措施。

6. 本质安全原理

本质安全原理是指通过设计等手段使生产设备或生产系统本身具有安全性，即使在误操作或发生故障的情况下也不会造成事故。具体包括失误—安全（误操作不会导致事故发生或自动阻止误操作)、故障—安全功能（设备、工艺发生故障时还能暂时正常工作或自动转变安全状态)。

系统本质安全实现是有前提条件的。第一，系统必须具备内在可靠性。即要达到内在安全性，能够抵抗一定的系统性扰动，也就是说能够应付系统内部交互作用波动引起的系统内部不和谐性。第二，系统能够适应环境变化引起的环境性扰动，即要具备抵御系统与外部交互作用的不和谐性能力。第三，本质安全必须能够合理配置系统内、外部交互作用的耦合关系，实现系统和谐，这将涉及技术创新、规范制度、法律完善、文化建设等方方面面。第四，本质安全概念体现了事故成因的整体交互机制，因此事故预防应该从系统整体入手，最终实现全方位的系统安全。由此可见，本质安全是一个动态演化的概念，也是一个具有一定相对性的概念，它会随着技术进步、管理理论创新而演化；它是安全管理的终极目标，最终达到对可控事故的长效预防，其主要措施是理顺系统内、外部交互关系，提高系统和谐性，实现方式是对事故进行超前管理，从源头上预防事故。

从本质安全设计入手，辅以必要的、充分的安全防护措施，实现本质安全，是搞好安全生产的必由之路。近年来我国国民经济的迅速发展、科学技术的迅速进步，已经使得我们的企业有经济实力和技术能力通过工程技术方面的努力提高企业的本质安全程度。根据系统安全的原则，实现本质安全的努力应该贯穿于从立项、可行性研究、设计、建设、运行、维护、直到报废的整个系统生命期间。特别是在早期的设计阶段消除、控制危险源，使残余危险性尽可能的小，对实现本质安全尤其重要。为此，设计、技术部门负有重大的安全责任。本质安全是安全的根本。本质安全涉及从安全理念到具体工程技术、规范标准、管理等一系列问题。我们应该树立本质安全的理念，转变安全工作思路，努力实现企业生产条件的本质安全。

7. "破窗"原理

"破窗"原理认为：如果有人打坏了一幢建筑物的窗户玻璃，而这扇窗户又得不到及时的维修，别人就可能受到某些示范性的暗示去打烂更多的窗户。久而久之，这些破窗户就给人造成一种无序的感觉，结果在这种公众麻木不仁的氛围中，犯罪就会滋生、猖獗。人的行为会接受周围环境的暗示。在杂乱无章的环境中，人就变得随意；在井井有条的环境中，人就会变得小心谨慎。在系统安全管理中，要建立遵章守纪的良好环境。企业任何重大问题的出现，均是由日常的、细小的问题堆积而成的。好的员工在"破窗"的环境中，也会去打破玻璃。加强安全文化建设，和谐、先进的企业文化能造就员工良好的心态及良好的习惯，"破窗"就不会发生，也就是从文化层面杜绝"破窗"的效应。

10.3.3 安全系统管理原理的结构

根据系统工程的原理和方法，结合目前安全管理工作的实际情况，把系统安全管理核心原理与人、机、环境相对应的关系组成一个"轮形"模型（图10-7）。

图10-7 安全管理核心原理的"轮形"模型

安全管理系统中人、机、环境三个子系统相互影响、相互作用，推动系统的发展。其中，三个子系统的状态、相互作用的效果直接影响系统的安全性。所以，把系统原理放在车轮的中心，即支配着其余六个原理，同时其余六个原理各自及相互之间的融合又作用于系统原理。

人本原理强调把人的因素放在首位，尊重人的个性，尊重人的创造力。强制原理强调控制人的意愿和行动，使个人的活动、行为等受到安全管理要求的约束。这两个原理都是对系统中人子系统的管理原理，从字面上看，它们是矛盾的，但是，从深层次的哲学角度解释，它们是既对立又统一的。这意味着，在安全管理工作中，我们要掌握对立统一的矛盾工作方法。在系统安全管理工作中，我们要在认识系统安全水平的基础上，在不同的时间、条件、地点运用不同的管理原理指导安全工作。在系统比较混乱，即安全管理制度不全或者管理执行不到位的时候我们要倾向于强制性原理。在系统运行良好，各部门各司其职，职工遵章守法的时候，我们倾向于使用人本原理，进一步发挥人的创造性。

预防原理通过有效的管理和技术手段，防止人的不安全行为和物的不安全状态出现，从而使事故发生的概率降到最低。本质安全原理强调安全的本质化，即通过技术的手段使得在误操作或发生故障的情况下也不会造成事故。这可以说是预防原理的升级，在目前的技术水平上，难以达到真正的本质安全，或者技术上可行，但是投入成本过高，实现不了任何经济效益。但是，本质安全化是我们努力的方向，也是安全工作的最高境界。所以我们把安全本质原理也提出来，作为系统安全管理工作前进的方向，跟预防原理一起归为机器子系统中。

弹性原理强调安全管理有很强的适应性和灵活性，以及时适应客观事物各种可能的变化，实行有效的动态管理。破窗原理强调人的行为会接受周围环境的暗示。在杂乱无章的环境中，人就变得随意；在井井有条的环境中，人就会变得小心谨慎。所以，系统安全管理既要实行动态管理，适应随时变化的环境；又要创造良好的环境，加强安全文化建设，建立各项规章制度，并且按章办事，使安全管理环境井井有条。这两个原理相互影响、相互作用，融合于环境子系统中。

由这七个原理组成的“车轮”，以系统原理为核心，人本原理、强制原理、预防原理、本质安全原理、弹性原理、破窗原理为支撑，各原理各司其职，相互作用、相互影响、相互配合，推动系统安全管理向前发展。

10.4 系统信息安全原理

本节以系统中信息的流动过程为主线，提炼系统中的信息安全应遵循的规律与原理，并利用这些规律与原理指导实践。

10.4.1 系统的安全信息属性特征

1. 安全信息分类

安全信息系统学是以系统学、安全科学和信息学为理论基础，再由安全系统科学和信息系统科学两者交叉而成的安全信息系统科学衍生出来的新分支学科，如图10-8所示。

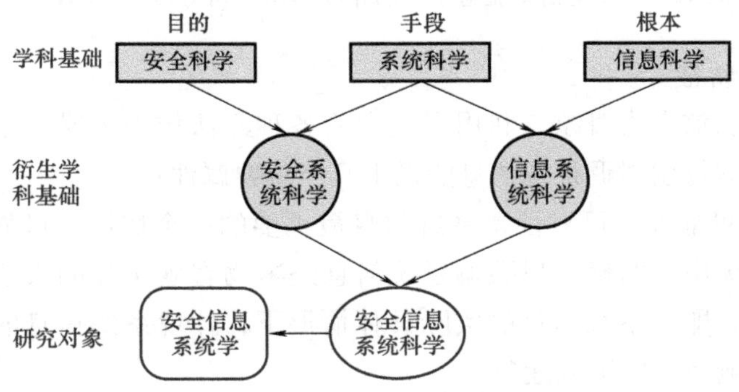

图10-8 研究对象与其相关理论学科的关系

根据目的与侧重点不同，采用不同的划分准则，信息的分类方法可有多种。安全信息可理解为与安全相关的信息。从哲学、属性、本征、来源、安全信息功能与状态等几个视角划分，可将安全信息可分为九种类型，各类安全信息的分类及各自的特点见表10-3。

表10-3 不同视角下安全信息的分类及各自的特点

划分依据	具体类型	主要特点
哲学	本体论信息	对象自身携带；客观、不为主观所改变等
	认识论信息	经过人脑分析转换；带有一定主观色彩等
属性	自然安全信息	大多直接客观；可能蕴藏需转换的社会安全信息等
	社会安全信息	复杂多变；信息来源广泛等
来源	外部安全信息	多为静态；较为规范等
	内部安全信息	运行过程中的客观实际反映；动态调控等
功能状态	安全指令信息	相对稳定性；系统运行目的所在等
	安全动态信息	系统调节的主要依据；相同条件可能产生不同结果等
	安全反馈信息	判断是否符合预期的标准；决策依据等

系统本身可视为信息的大载体，不仅反映自身与内部各组分的状态，且与外部信息发生作用，与此同时，内部各组分之间也存在信息的交换。信息流入系统，与系统自身带有的信息一同经过一系列复杂的信道，在各种信息交叠、相互作用后，产生反馈信息，输出结果。采用从来源与功能状态两个视角对系统中的安全信息分类，安全信息流与系统的相互作用如图 10-9 所示。

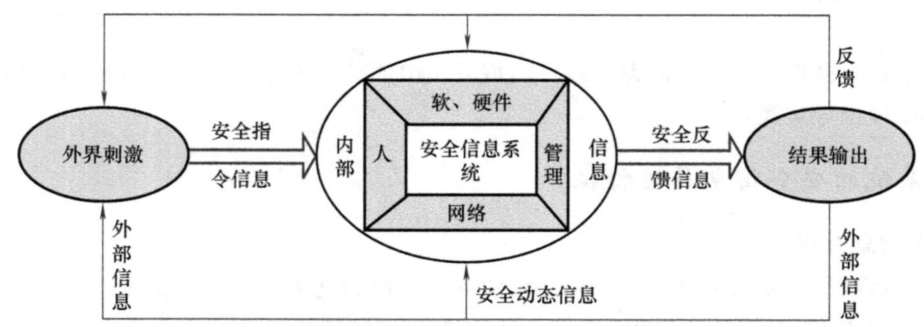

图 10-9 安全信息流与系统的相互作用（雷海霞等，2015）

2. 系统信息属性特征

系统信息安全是以信息为对象，利用系统中的各种方法作为手段，最终实现信息安全目的。在这一过程中，需特别强调系统信息的以下几个重要属性：

（1）系统信息的可靠性。可靠性是系统信息最重要的一个属性，可靠性相比精确性在系统中发挥的作用更为突出。精确性只强调系统信息是事物客观实际的表达，而可靠性更强调系统信息的随机应变，即在系统运行的实际具体情形下，体现系统信息的适用性。系统信息的可靠性程度直接影响系统的顺利运行。

（2）系统信息的保密性。在信息共享涉及个人、企业、国家的权益时，系统信息的这一性质尤为重要。随着科技的不断发展，实现信息保密的方法也日益完善，如密码学、可信计算、网络安全和信息隐藏等技术不断提高。

（3）系统信息的共享性。任何事物都有其两面性，有利有弊。信息因其共享的特殊特性，它不同于物质与能量，任何人使用同一信息却不产生耗损。这是企业能够不再受限于空间地域性而遍布全国甚至全球的一个重要因素。但同样由于这一特性，信息的安全性大大降低，成为不法分子的一个重要突破口，继而造成信息恶性事件。

从系统稳定性视角出发，输入与输出将成为信息与环境作用的唯一方式。在实际中，系统常处于动态过程，信息流入系统后，任一环节都有与环境发生作用的可能，从而加大系统信息泄露的可能性。减少系统处理各环节与环境的交流，有利于提高信息的保密性；为保证信息的可靠性与适用性，必须增加与环境的交流，以便调整指令，并改变系统的结构以适应环境、发展自身。因此，在实际具体操作过程中，需全面衡量利弊，做出正确决策，实现信息资源的最大化使用。

10.4.2 系统信息安全原理

围绕系统中的信息安全进行思考，从理论基础层面提出系统信息安全主要核心原理（雷海霞和吴超，2016）。

1. 系统信息安全载体本质原理

从哲学的高度看物体的物质与信息的关系，任何系统信息都需要依附物质的某一种形式显示，信息与载体如影随形。保护信息的安全，首先应从根源上保证载体不易受到外界影响。系统信息载体的形式有多种，常见的有物质实体、物质波动信号及符号载体。载体具有多重中介性，在某种意义上是无限的，信息可深藏于载体之中。信息的交换实质上是承载信息的物质之间的相互作用，载体的类型与状态直接影响信息的表达。该原理意味着，系统信息的传达在任何时候都离不开载体的相伴，时刻保障系统信息依附的载体安全，即能从本质上保障系统中的信息安全。不断拓宽信息载体的类型，使之具有更便携、可靠、适应环境等性质。

2. 系统信息安全传播原理

信息传播是信息存在的根本原因。信息要实现其存在价值，最终将为他人所用。系统信息自身反映的内容被自身之外所理解的这一过程就是传播，根本目的就是传递系统信息，包括系统信息的接收、分析、加工处理、评价、反馈、储存、提取等各环节。这一过程相当于一个串联的电路，其中任何环节出现疏漏，都会导致系统信息特性的不完整，给系统的顺利运行带来隐患，致使其无法正常工作，甚至造成严重后果。信息的传播过程是系统运行的控制脉络，是最易受到攻击环节，同时是保障严防的最佳时机，传播过程中各环节的安全重要性不言而喻。只有清楚了解系统信息在传播过程的各环节，把握系统信息运行的内在机制，才能更好地展开工作，提前制定应急措施，防患于未然，将事故发生的危害降到最低。

3. 系统信息安全资源过程管理原理

信息资源主要分为宏观信息资源与微观信息资源。因此，管理既可基于社会层面的宏观信息资源管理，又可以是基于个人、企业层面的微观信息资源管理。两类信息资源在一定条件下可相互转换。微观的信息资源在达到一定的量变与满足特定的条件的情况下，可以实现质的飞跃，上升为社会层面的宏观信息资源。例如，在人们的日常社会活动中，透露自身有关信息已成难以避免的趋势。因信息获取单位内部系统的缺陷，或因管理不善，导致大量个人信息泄露事件，这种现象逐渐演变成社会的信息安全问题。管理为信息的安全传播奠定了基础，通过系统信息资源的过程管理，实现系统信息在传播任何环节的准确可靠。系统的动态性也要求进行系统信息资源的过程管理，从而实现实时监控，及时控制，适时调整。

4. 系统信息安全资源管理法规原理

各类信息安全事件的频发，不仅反映信息技术有待进一步提高，也映射出国家相关的信息资源管理法规的不完善。现状迫切要求信息资源管理相关法律法规的健全与完善，为维权者提供法律途径。在信息资源管理相关法律法规健全后，与系统信息相关的各类人员可更加明确自身的权利与义务。信息技术与法制分别是保障系统信息安全的内因和外因，只有双管齐下才能由内而外实现信息安全。

5. 系统信息安全 3E（高效、实效和经济）原则

在现有的有限信息资源条件下，通过合理组织、分配、管理等途径实现高效、实效与经济，从而最大限度地为组织创造价值。解决问题的途径往往不止一种，常常需要在几种方案中权衡利益，3E 原则是决策者在以人为本作为前提下的唯一准则。抉择过程的实质是信息再生过程，将已有的信息资源，取其精华，去其糟粕，整理成 3E 信息，再结合具体问题的目标与期望，使客观信息转换为带有主观色彩的决策。这一决策过程是对系统信息进行深入解析的过程，决策者对系统信息的解读能力，与其教育背景、生活环境、学习能力等因素有着密切关联。遵守系统信息安全 3E 原则的结果是形成最优的决策支持系统。

6. 系统信息安全不对称原理

获取的信息资源的深度直接影响决策者的方案选择，进而影响个人、企业和国家的宏观战略方针，由面到点地产生作用，导致形成个人前途、企业发展与国家安定的不同结局。造成系统信息安全不对称的原因主要有以下两个方面：

（1）系统信息收集能力的欠缺。系统信息资源的来源有限，导致收集的信息不全。在这个信息泛滥的时代，海量的信息已在不知不觉中给人们带来了困扰，快速、准确地在众多信息中提取当前所需信息应成为一种必备技能。客观存在的信息资源总量对于任一组织都是不变与平等的，关键在于如何在信息的海洋中网罗到所需的信息。系统信息的收集是其在系统中的初始步骤，在个人、企业或国家的竞争中，广泛与有效地获取信息资源是提高竞争力的基础。在这一起跑线上占据绝对优势的组织，往往可以达到事半功倍的效果，增大成功的概率。因此，提高获取系统信息的能力，可为系统的顺利运行奠定坚固基石。

（2）系统信息解读能力的差异。系统信息资源富含的内容充足，但由于获取人的解读方式不同导致获取到的信息各异。信息的自我彰显带有明显的主观色彩，信息所反映的那些真实内容始终如一，解读结果却因人而异。犹如事物的真理是唯一的，但人们追寻真理的过程总是通过社会的发展、科技的进步呈螺旋上升状态，无限接近真理，直至最后把握真理。在转换系统信息内容的过程中，解读程度各异，但总有解读者转换成功或更接近信息反映的客观实际，达到这一层次的人往往在决策上就胜人一筹。对系统信息的误解带来的后果可谓是“差之毫厘，谬以千里”。

10.4.3　安全信息系统中人的作用

根据信息流程需要，人在系统中担任的角色，主要可分为系统信息安全资源管理者、系统信息安全决策者、系统信息安全执行者及系统信息安全服务者。

1. 系统信息安全资源管理者

系统信息资源管理包括静态管理与动态管理两种。

（1）静态管理，即管理者负责将来自各方面的相关信息整理归类，包括各类系统相关信息，如相关行业的法律法规、事故教训、监测的实时运行状态等。静态信息资源是系统信息提供的源头，是最终存在意义的归宿。静态系统信息管理，最具代表性的职业为档案馆的工作人员。这一角色为更好地完成任务，需充分运用系统信息安全载体本质原理、系统信息安全资源管理法规原理等原理，完备所需的相关系统信息，同时保证信息的安全；静态管理相比动态管理，人的分工更加明确，职责更加专一。

（2）在动态管理中，系统中参与的每一个人，无论他们自身职责为何，都有义务反馈至少自身所处环节的系统信息状态。动态管理是一个人人参与的管理，更强调执行系统信息操作的人员，这就涉及系统信息安全载体本质原理、系统信息安全资源过程管理原理。系统信息资源管理的最终目的是方便安全决策者使用时的提取。

2. 系统信息安全决策者

若将系统信息看作行进中的船，安全决策者就是航行的导航灯，控制着整个船只的运行方向。决策者从宏观上运筹帷幄，做出整体战略部署。根据系统信息安全不对称原理，系统的高层管理者势必会增加对公共相关资源的攫取，尽量减少由信息不对称带来的选择偏差。然而即使在拥有同样信息资源的条件下，不同决策者也可能做出大相径庭的抉择。原因在于，资源管理者提供的只是原始数据，未经任何加工，无论于谁都是等量的客观信息量，关键在于信息的获取转换。信息的分析与评价将因视角、侧重点、用途等的不同产生不同的结果，信息的增值是分析的直接目的表现。安全决策者充分利用已有的信息资源，做出最符合实际情况的抉择，抉择的依据便是系统信息安全3E原则。在有限的时间和资源条件下，努力追求高效、实效与经济，从而实现组织效益的最大化。

3. 系统信息安全执行者

一个人的精力与能力是有限的，不可能任何事都亲力亲为。因而，社会需要个体分工合作、各司其职，如此才能平稳有序地前进。在系统中也是如此，系统中的角色需各施其才，每一岗位上的人都与其各方面的能力、素质等相适应。系统信息安全执行者在系统中担任职务最广，可以遍布整个系统。只有每一信息安全执行者密切配合，才能最终完成安全决策者制订的整体战略规划。信息安全执行者也是监视所在环节信息状态的第一人，一旦出现系统信息异样警报，应立即反馈偏差信息，及时控制异情，调整操作。

系统信息安全执行者是实际情况资料的来源者，他们反馈的信息将作为决策者抉择的重要依据。因此，在系统整个运行过程中，须时刻认识到系统信息安全传播原理、系统信息安全资源过程管理原理的内在精髓，把握运行的内在机制，履行自身职责，确保系统顺利进行。

4. 系统信息安全服务者

为人类的某种需求服务，是系统诞生的初衷，获得这种需求的人即为系统信息的服务对象。例如，某些系统的直接输出虽是产品，但其最终目的在于产品的销售，即为需要的顾客提供供给；某些利用顾客信息直接为其服务的行业，系统只作为一种服务的工具与手段，体现为系统信息安全对象服务的根本性。作为享受信息服务的对象，更要懂得如何维护自身的利益，将信息相关的法律法规作为维权的筹码。利用系统信息安全资源管理法规原理，呼吁相关制度的完善，健全信息法律法规，让维权之路有法可依，通过法律途径打压不法分子的气焰，保证个人信息的安全。

10.4.4 企业安全管理信息系统

1. 企业安全管理信息系统的基本概念

（1）安全信息是企业安全生产过程中一项十分宝贵的资源，是反映人类安全事物和安全活动之间的差异及其变化的一种形式。在现代化的生产条件下，要有效地控制事故的发生，必须依赖于安全信息，安全信息犹如企业安全管理的“神经系统”，安全信息失灵，就会引起企业安全生产的混乱，甚至瘫痪。

（2）安全管理就是借助大量的安全信息进行管理，其现代化水平决定信息科学技术在安全管理中的应用程度。安全信息沟通就是知道安全风险的人提供信息给需要知道的人，特别是一线员工。沟通出现失效是导致事故发生的一项主要的人为失误，很多安全事故都是由于安全信息缺乏有效沟通导致的。安全信息在安全管理中占有举足轻重的地位。

（3）安全信息管理技术是指能够扩展和加强人的安全信息能力的技术的总称。安全信息能力包括人对安全信息的获取、识别、接受、储存、利用和创造能力。安全信息管理技术的实质是有目的地应用各种信息技术与信息管理方法来扩展人的安全信息能力，以满足安全管理的各种需要。

（4）安全管理信息系统是利用计算机硬件、软件以及其他办公设备，结合先进的信息技术和多学科知识，对安全信息进行收集、传输、加工、存储和应用，以实现安全生产为目的，支持管理者的高层安全决策、中层安全控制和基层安全运作的集成化人机系统。安全管理信息系统就是使用管理信息系统这种形式开展各项安全管理工作。

2. 企业安全管理信息系统的内涵

（1）系统安全管理是多学科知识的综合运用，涉及多学科、多领域，彻底改变了传统的单因素安全管理的模式，管理方式也由传统的只顾生产效益的安全辅助管理转变为效益、环境、安全与卫生的综合效果管理。系统安全管理从系统建立到系统整个生命周期全过程的事故预防控制，将传统的被动滞后的安全管理模式转变为主动超前的安全管理模式。

（2）管理信息系统主要包括对信息的收集、录入，信息的存储，信息的传输，信息的加工和信息的输出（含信息的反馈）五种功能。它把现代化信息工具（如电子计算机、数据通信设备及技术）引进管理部门，通过通信网络把不同地域的信息处理中心连接起来，共享网络中的硬件、软件、数据和通信设备等资源，加速信息的周转，为管理者的决策及时提供准确、可靠的依据。在实际生产中，每天获取的安全信息量非常大，这些信息都需要及时处理和综合分析、判断，靠人是很难在短时间内完成这些工作的，这就需要应用计算机建立管理系统。因此，安全管理信息系统在企业管理中的应用具有现实意义。

3. 企业安全管理信息系统的构建

安全管理信息系统不断获取安全状态和人类活动的数据，及时地综合分析、加工出决策信息，指导人类的活动，造成新的安全状态，通过样本数据又反馈到安全管理信息系统。如此循环往复，使人类安全系统的有序化程度不断提高。

安全管理信息系统以大量安全基本信息作为主要数据基础，以安全信息的录入、查询、修改、输出、基于安全信息的安全分析、安全预测及安全评价为主要功能。安全管理信息系统又由五个功能模块构成：安全基本信息数据库模块，安全数据分析模块，安全预测模块，安全评价模块，安全决策模块。安全信息系统的内部系统主要可分为四大部分：数据系统、评价系统、预测系统和决策系统。企业安全管理信息系统的基本功能模块如图10-10所示。

企业安全管理信息系统以企业内联网为平台，对安全信息进行收集、整理、发布，为广大员工提供各种安全规章制度、操作规程及安全知识、安全记录表格等，也为企业管理层的安全决策提供安全统计信息。完善的安全管理信息系统能够保证将正确的安全信息在正确的时间传递给需要的人员。安全管理信息系统还应该包括以下功能，以利于安全信息的有效沟通和员工的参与：①收集不同作业的不安全行为及不安全状况的照片，建立网上的危害图片

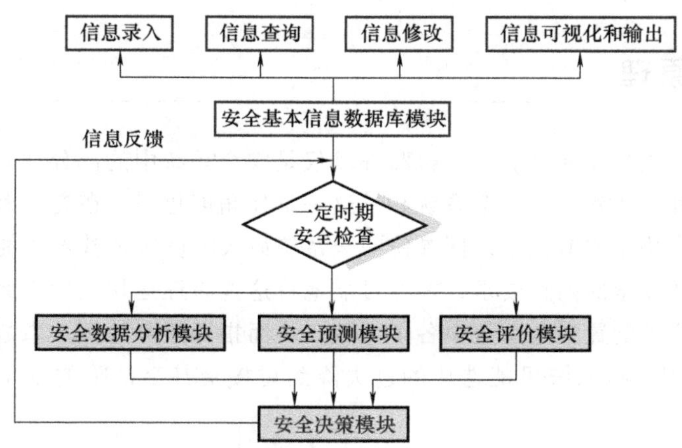

图 10-10 企业安全管理信息系统的基本功能模块

库，清楚说明不同作业的潜在危害，为广大员工提供实用的参考资料，提高员工的安全意识；②在企业内网上设置安全培训课程，便于员工重温或开展新工作前的培训；③开辟网上安全论坛栏目，鼓励广大员工参与安全生产的讨论等。

4. 企业安全管理信息系统原理

（1）信息与管理结合的原理。安全管理信息系统是以信息为基础，以管理为根本，用安全系统工程的方法结合信息与管理的系统。目前，我国企业安全管理存在很多不足，如：安全管理的效率低、不易实现信息资源共享和不易实现安全应急决策等。对企业安全管理实现信息化管理，能充分利用安全管理方面的相关信息及已有的经验资源，可避免信息的重叠，减少事故，减少难度，使数据更加准确，不会浪费宝贵的时间和人力物力。企业中导致事故的因素是多方面的，在获取信息方面，应用计算机网络、物联网及手机智能移动终端，可以同时面对多方面的信息，在紧急情况下做出及时决策。

（2）生产与管理结合的原理。安全生产与安全管理是相互结合、不可分割的，企业有良好的安全管理才能提高安全生产，反过来安全生产水平的提高使得企业有更多的人力、财力去投资到安全管理中。安全管理信息系统的建设是对传统安全生产管理业务的信息化进行改造和优化，是一项庞大、复杂的系统工程，它涉及很多方面，需要多个方面的必要支持，如：企业负责人和管理层重视，明确安全生产信息化是未来安全生产管理的必然方向，使员工树立科技兴安的安全理念，积极参加到安全信息系统的应用之中；有专业技术力量的支持，一方面需要安全生产科学、管理学专业人才予以支撑，另一方面需要有计算机科学、通信技术以及足够的技术保障能力；拥有良好的计算机网络环境是实现安全生产管理信息化的前提和基础；足够的经费投入和充足的研发周期。

（3）安全反馈原理。在传统的安全管理模式中，安全信息的沟通渠道比较缓慢和单一，而现代安全管理信息系统建立多个信息传递与反馈的平台，汇总到总计算机进行集中管理，让管理者及时知道企业的安全状态。现代安全管理信息系统可同时动态实时发布本公司和其他公司有关安全管理的各种新闻、通报、快报及相关公告信息，安全管理人员可以从该系统中及时获取有关的安全的动态信息，也方便上级部门及时获取和掌握危险源的安全管理动态，提高安全工作意识和管理水平。

10.5 安全系统和谐原理

作为事故发生场所的安全系统，人、机和环境仅是安全系统中的部分要素，事故的发生，究其根源是安全系统不和谐所致。从安全系统和谐这一整体角度思考，在充分确保人身心健康、舒适与财产安全乃至社会稳定的前提下，探寻使安全系统最大限度实现基本功能的过程中所应遵循的内在规律，揭示系统安全的内在要求，并尽可能地将这些原理运用在安全系统设计、制造、运用、维护等各阶段，合理配置安全系统中各子系统，从而指导故障检测、事故预防，以保证系统功能最大化及正常输出，将系统可能造成的过失降到可接受甚至消除的水平，降低安全事故发生率。

10.5.1　安全系统和谐原理定义及研究内容

1. 安全系统和谐原理定义

和谐思想将“和而不同”的中国传统文化到移植于系统管理中，其内在本质并不随形式多样的外在体现而改变，始终归于事物不断调整自身以适应环境而求得长远生存发展的形态模式。可将安全系统和谐原理定义如下：

以与人相关安全为着眼点，为最大限度完成安全系统在人们所关注的某项或某些功能输出，且尽量减少其他剩余功能尤其是负效应功能输出，安全系统中人、机、环境、信息和管理等各要素在协同合作而达到安全系统最优这一过程中所获得的规律和核心思想。

安全系统和谐原理的研究始终从保障与人安全的视角出发，探寻安全系统内各要素或称子系统为实现以人为本及系统最优所应做出的行为表现而遵循的内在机制规律。安全系统和谐的最终目的和表现就是保证担任多种角色的人这一主体的安全，在此前提下充分发挥系统功能和作用。人既是安全系统中的组成部分，又是创造和管理系统的主体，还是安全系统和谐原理围绕的中心之一，人具有特殊的主观能动性。因此，在安全系统和谐原理研究中要特别重视人与安全系统间的复杂作用关系（雷海霞和吴超，2016）。

2. 安全系统和谐原理涉及的研究内容

安全系统和谐原理研究涉及安全系统中人、机、环境、信息、管理等各要素及所有受各要素相互作用影响的，与人安全相关的性质本身、内部结构、组织形式、功能实现方式等诸多内容。根据安全系统和谐的最终表现对象，可将安全系统和谐原理研究的内容主要概括为以下两个方面：

（1）安全的中心目标是以人为本。始终将与人类相关的安全放置在首位，坚持以人为本，保障人类的生命安全、身心健康、财富保护乃至社会安定。系统产生初衷是服务于人的，功能实现和安全保障在和谐的安全系统中是紧密相连、相偎相依的。这就要求着重研究人的相关特性，如生理活动、心理状态、活动范围、力的使用等，尽可能使设计制造出来的机械设备或人机系统符合人的特性，甚至达到舒适美观的高度。而在现有未能完全实现和谐的安全系统中，安全保障地位始终优于系统功能实现。安全工程技术还需利用安全技术科学理论，通过更多实践向安全系统和谐的方向进军。

（2）功能输出决定了安全系统中各子系统间相互作用、相互联系、相互影响的最佳组织形式。各子系统内部要素、各子系统间以及要素与系统跨级间的相处方式，是实现系统和谐的关键，因而也是安全系统和谐研究的最终落脚点。安全系统极其复杂，包含多种类型子系统，子系统间的作用方式也纷繁复杂，尤其当安全系统包含人这一具有能动性的子系统后更显复杂。因此，在系统安全高效运行过程中归纳总结其规律并加以利用是系统实现和谐关键所在，也是预防事故的重要举措。

10.5.2 安全系统和谐的核心原理与内涵

安全系统和谐原理旨在研究预防事故发生的内在机制，从系统思想层面出发，将与事故发生关联的所有因素作为一个整体进行研究，从而揭示安全的内在要求。以安全系统中机的生命过程（即从机的设计、制造、投入使用、维护直到退役各阶段）为主线，并充分考虑人与安全系统的复杂关系，将环境、信息和管理等要素视为实现人与机目标的手段，从而提出安全系统异物共存原理、安全子系统功能强制协同原理、安全系统整体涌现性原理、安全系统正负功能输出原理、安全系统人主体能动性原理和安全系统最优化原理等六个子原理（雷海霞和吴超，2016）。

1. 安全系统异物共存原理

异物共存于安全系统是系统和谐的前提，也是其存在的基础和适用条件，这可作为安全系统和谐的最基本原理。安全系统中各要素和安全系统外环境中各要素均以有形或无形的物质形式存在，既各自独立，又相互影响、相互作用。由系统的无限性可知，安全系统和外部环境可构成更大的系统。在这个更大系统中，除自身之外皆可视为环境。正是由于在这一大系统中任一要素与环境之间具有影响彼此生存发展的特性，引发了各要素以何种方式相处以利于充分利用有限空间资源，从而实现综合效益最大化的探讨。安全系统中人、机、环境、信息和管理等各要素的性质、结构、功能和内在规律等的差异性，决定了适合各自生存发展所需条件的差异性。在共享资源环境中，必然存在不利于自身发展和欠缺最利发展所需的条件。这就要求各要素找寻适合自身生存发展的最佳平衡点，实现所有要素“聚集一室”时的和平共处状态。

2. 安全子系统功能强制协同原理

安全系统功能输出是通过下属各层子系统功能的有序输出实现的。安全系统中所有内部要素的聚集都是由于系统功能输出表达需要的，这种功能输出成为整个安全系统的行为导向，使这些原本各自独立的子系统从无序走向有序，成为一个内部紧密相连、有规律可循的整体。在安全系统中，共有信息指引着安全系统各子系统的行为方向。信源、信道、信宿和储存信息的场所形成了类似磁场的信息场，安全系统中各子系统在信息场的复杂作用下，形成规律性的内在机制，促使各子系统形成系统输出功能所需的有序结构。例如，在信息场作用下，不同安全系统具有其各自具体的行为耦合方式以协助整体涌现性的表现，其表现方式可以为形状、色彩、方位、转速等多方面。各子系统在信息场的作用下齐心协力、有条不紊地执行相关功能。

在安全系统中，信息场作为一种强制力，规范着各子系统的行为。信息场的存在指引着安全系统中各子系统和各子系统内部要素形成适应环境、利于自身和系统整体性发展的条件。系统功能正常输出要求各子系统行为协调，而只有通过信息场的指引，各子系统的行为表现才能做到配合得当，各子系统才能通过行为表现的默契配合逐步完成系统功能输出步骤。安全系统中人、机、环境、信息、管理等各子系统相对独立，具有适合各自生存发展的最佳状态。成为系统中一分子后，整体和谐最优要求各子系统在追求和谐过程中强化更适应生存发展的功能，不断弱化或舍弃与和谐主旨相离或相悖的功能。功能适应的抉择，进一步使得各子系统结构向着有利组织的方向靠近，通过信息作用逐渐改变或摒弃阻碍功能实现的不良结构。信息场存在的宗旨为始终指向有利于系统整体相应功能输出的方向。安全子系统功能强制协同原理是安全系统实现和谐的根本途径和手段。

3. 安全系统整体涌现性原理

整体涌现性是指任何一个系统中的任一层次具有下属层次之和所不具备的新性质。安全系统中的各要素并不是杂乱无章地堆砌在一起，而是存在特有的内在机制，其最明显的体现便是系统的整体性特性。整体性是安全系统的根本属性，安全系统功能输出的实现正是基于这种特性。任何一个系统都具有整体加和性和整体非加和性两种性质。对于质量和能量而言，由物质不灭论和能量守恒定律可知，整体质量之和一定等于各部分质量之和，从而体现了整体的加和性。但对于系统而言，我们更多关注的是其对人类的功能价值，因此安全系统主要体现的是一种非加和性，即整体性体现在：各部分按照一定的方式组织成有序结构后具备原各部分所没有的新性质。安全系统中人、机、环境、信息和管理等要素经过错综复杂的内部关系网形成整体后，才具备了安全系统的功能行为表现。因而安全系统和谐原理的研究将目标放在总体上的和谐，而不是部分和谐。这就要求了解、掌握系统各组分的性质特点、组织结构、运行规律等知识，并寻求各组分最佳相处方式。

4. 安全系统正负功能输出原理

人相关安全得以保障和系统最大限度正常输出人类所需功能，是符合当前人类价值取向的安全系统和谐的最终体现。然而，安全系统最终行为表现受限于相关各要素自身状态和各要素间整体的协调配合程度，从而导致同一安全系统在不同条件下的输出结果各异。因此，在安全系统运行过程中始终存在以下两类输出形式：

（1）系统安全正效应输出。这种输出是指在保障与人相关安全的前提下，安全系统顺利实现人类所需的基本功能。但在此过程中，可能伴随着人类暂时不需要的其他剩余功能输出，且基本功能输出所对应的结构并不一定是最优结构，此时暂时不考虑安全系统的最优化，只侧重安全系统基本功能的正常实现。

（2）系统故障负效应输出。除上述安全系统在保障与人相关安全条件下实现了人类所需基本功能这一情形外，其他各种情况均可视为系统故障负效应输出。因而系统故障负效应输出可划分为三种主要情形：第一种情况是人类所需基本功能输出，但对人相关安全造成了损害；第二种情况是对人相关安全未造成损害，但人类所需功能未能正常输出；第三种情况是既未输出人类所需基本功能，又对人相关安全造成了损害。系统故障负效应输出主要表现为事故。功能输出是安全系统诞生所背负的使命，因而安全系统的最终目标还是实现功能输出，安全只是系统产生出来的附加效应。事故实质也是系统的输出部分，它是安全系统内不可控能量的外在体现。

安全系统和谐研究就是以增大安全系统安全正效应输出与减少安全系统故障负效应输出尤其事故这一负效应为目的，并将这一目的始终贯穿在机子系统的设计、制造、使用、维护等各阶段及整个安全系统内部的协同合作中。只有明确了目标和方向，才能实现合理的配置。因而，安全系统正负功能输出原理是安全系统和谐运行的引路者，它照亮安全系统运行的总方向。

5. 安全系统人主体能动性原理

在安全系统各组成要素中，人这一要素极具特殊性。人是具有思维的高级动物，具有主观能动性，人成为安全系统的要素后，使得原本复杂的安全系统内部关系变得更加错综复杂。人既是机子系统创造的主体，又是机子系统安全状态的监督者和管理者。本质安全化是机的最理想状态，但其实现受到当前科学技术水平的限制，换言之，它取决于人类不断挖掘的智慧和创造力。此外，人与安全系统其他各要素联系紧密，人可以通过改变现有的不利条件来改善自身与机的工作环境。整个安全系统和谐也需以与人相关的安全为前提，因而人这一主体在实现安全系统和谐中占有举足轻重的地位。

在实现安全系统和谐的过程中，需充分发挥人的主观能动性，在安全子系统功能强制协同的基础上，辅以外力创造和维持和谐。人的主观能动性在系统中为保障安全所做的贡献主要体现在以下两个方面：

（1）人在实践中不断完善技术，形成理论，理论反过来又指导技术，如此循环，逐渐向本质安全化靠拢。

（2）虽然当今技术水平受限，但人通过主观能动性尽量创造和维持系统功能正常输出所需的所有条件，并积极配合。在掌握人与机的特性后做到人、机匹配，合理分配功能，设计符合人类习惯的人机界面，并进行安全教育培训，注重进一步研究、学习知识规律，努力使人类文化与机的表现形式融合，制造出符合人、机匹配的安全系统，从而降低事故发生率。

6. 安全系统最优化原理

不一样的结构必定具有不同的功能，而同一功能可具有不一样的结构，这是产生系统结构最优的根本原因。系统的结构与功能以区分系统独立性的边界为界限，结构是揭示边界内部联系规律，功能是系统与边界外部作用的体现。安全系统结构是安全系统功能实现的载体。由于系统的时空性和人类自身认识的局限性，人们只能从某一或某些层面认识系统的某些功能，而人们有时也只需某些功能即基本功能。安全系统最优化就是最大限度地节约资源、安全高效地输出基本功能，尽量减少安全系统剩余功能的耗散。

若想让某个具体安全系统所需功能高效地输出，则要求其内部具有相应的结构，结构的有序形成包括系统各个子系统内要素和各子系统之间、要素与系统跨级之间的相互作用、存在形式等。安全系统的最优化实现可通过借鉴存在的相似优良结构，根据相似程度大小的比较，合理组装或重新设计安全系统。在安全前提下的系统最优是系统和谐的最终倾向状态。一个和谐的安全系统，一定是能够高效利用资源、最大限度地输出人类所需功能，同时将系统的负效应降至最低乃至消除。

10.5.3 安全系统和谐原理的结构和应用

安全系统和谐原理的提出始终围绕着人和机两个中心目标，即实现和谐的整个过程都是基于保障与人相关安全和最大限度正常输出机的功能两个总体目标。安全系统和谐原理可构建成一个“轮形”结构，如图10-11所示。安全系统和谐可视为轮轴；安全系统各子原理与安全系统和谐的联系可视为轮圈；安全系统原理各子原理可视为轮辐；最终的人与机两个中心目标衡量标准可视为轮胎。

在“轮形”结构中，以安全系统和谐这一整体目标为核心辐射开来。安全系统和谐是整体的着力点，是整个安全系统行为的导向。轮圈是轮轴和轮辐沟通的桥梁，也是各子原理应用的有力支撑。各子原理与整个安全系统和谐之间的复杂关系就起着沟通桥梁的作用。安全系统异物共存原理是安全系统和谐研究的基础，安全系统最优化是安全系统和谐最终的目标。安全子系统功能强制协同原理是实现安全系统和谐的内推力，但由于受到目前技术水平的限制，仅靠机的自适应调节能力实现安全系统和谐还远远不够。安全系统和谐总是以有限时空中的最高层次结构表现，即体现安全系统整体涌现性原理，且整体输出过程中，并不一定总是正常输出，有时还会有负效应产生，导致偏离人类设计的初衷。因而，还需借助安全系统人主体能动性原理作为一种外推力加以协助，不断改进，以在最大经济效益下获取机的最优结构，并努力创造和维持工作人员和机所需的条件和环境，强化安全系统安全正效应的输出和弱化安全系统故障负效应的输出，使安全系统和谐的实现成为一个水到渠成的结果。而之所以将安全系统中的人和机两个子系统作为“轮形”结构的轮胎，是由安全系统和谐的体现所决定的。因此，将安全系统各子原理应用于具体实践指导中的效果，需由人和机的目标实现程度来衡量。

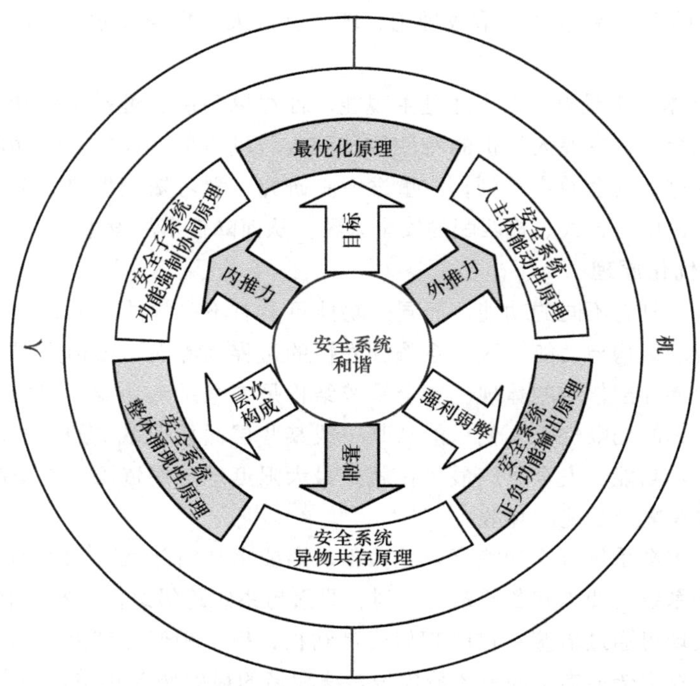

图 10-11　安全系统各子原理的相互关系（雷海霞和吴超，2016）

运用安全系统各子原理实现安全系统和谐的动态过程如图10-12所示。

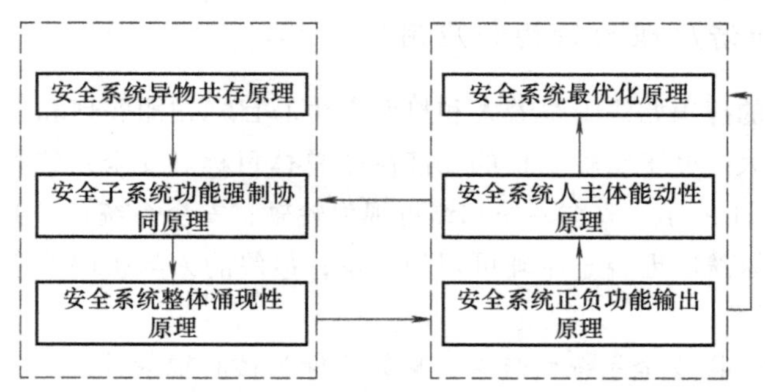

图 10-12　运用安全系统各子原理实现安全系统和谐的动态过程

围绕机子系统，将安全系统各子原理应用于机的设计、制造、使用和维护各阶段，并严格执行各子原理的相关规范、标准。由图10-12可知，机的设计阶段首先需运用安全系统异物共存原理，周全考虑机实现所需功能所应具有的结构，从而确定相关的具体元件等。而这种结构的形成须以安全子系统功能强制协同原理为指导，在信息场的复杂作用下形成而表现为安全系统的整体性，即体现安全系统整体涌现性原理。机投入使用后，并不一定按设计的原有轨道运行，可能产生负效应，在这种情况下，需要借助人的主观能动性辅以外力，创造和维持机正常运行所需的条件和环境。并且在当前技术水平限制下，需不断重设机的内部结构，向安全系统最优化方向前进，从而逐渐实现本质安全化，真正实现安全系统最优化这一终极目标。将安全系统和谐原理规范合理地应用于实践中，可有效防止事故的发生，缓解当前的安全问题。

10.6 安全运筹学原理

在安全规划设计、物流安全输送、宏观安全资源调配、应急资源储备、企业制订安全计划等工作中，均需要运用安全运筹学原理。

10.6.1 安全运筹学概述

1. 安全运筹学的定义及内涵（吴超和黄淋妃，2017）

安全运筹学是安全科学与运筹学在发展过程中交叉整合的必然学科产物，安全科学的发展需要应用运筹学的方法和理论，以帮助其解决系统中的安全问题，而运筹学的发展也需要安全科学的理论和体系，以帮助其丰富自身学科体系，故需要构建安全运筹学学科体系，以满足实践和理论发展的需求。因此，安全运筹学的学科体系必须建立在安全科学的基础之上，以安全为着眼点，以运筹学理论为基本内涵，将运筹学的方法和原理应用在安全领域。

安全运筹学是以系统安全为着眼点，以实现系统安全最优化为最终目的，运用安全科学、系统科学、运筹学的原理和方法，辨识与分析系统中存在的安全问题，通过运筹学的原理和方法对系统中的安全问题进行分析、计划和决策，从而采取最优化的方法，是解决安全问题的一门新兴学科。其内涵解析如下：

（1）以系统安全为着眼点。从系统和全局的观点来分析问题，不仅要求局部达到最优，而且要考虑在所处的环境和所受的约束条件下，使整个系统达到最优。研究安全运筹学问题，首先需明确需解决的问题和希望达到的目标；然后理清问题的相关因素和约束条件，用变量表达相关因素，应用运筹学方法，结合安全科学方法，形成模型；最后对问题进行求解。

（2）以实现系统安全最优化为最终目的。安全运筹学旨在解决安全运筹问题，以最优化的方法实现系统安全，或在满足安全的限定条件下，实现经济、效率等其他条件的最优化。安全运筹学的目的是在考虑研究系统诸多因素后，采用安全运筹学方法，实现系统安全的最优化。

（3）应用安全科学、运筹学、系统科学的原理和方法。应用安全科学的原理和方法对人们生产、生活过程中的人、物、管理和环境等方面的危险有害因素进行辨识、分析、评价、控制和消除；应用系统科学的原理和方法，分析系统内、外及系统与系统的相互影响关系；应用运筹学原理和方法，根据危险有害因素辨识与分析结果，为安全规划、安全设计、安全决策等提供理论参考。

（4）通过运筹学原理和方法对系统中的安全问题进行分析、决策，选取最优化的解决方法。解决系统中的安全问题是安全运筹学最直接的目标，将运筹学的原理和方法应用于对安全问题的分析、决策，进行定量、定性建模分析，为解决安全问题提供最优化的方法，保证生产、生活和生存的最优安全状态。

（5）安全运筹学旨在以最优化的方法实现系统安全。而此中最优化的主要表现形式是安全资源的优化分配，安全资源包括人员、设备、资金、时间等。研究者在研究过程中寻求尽可能合理、有效的安全资源运用方案或使方案得到最大限度的改进，以获得预期的效果和效益。

（6）安全运筹学研究既有理论意义，又有实践意义。它既有助于安全学科的发展，丰富安全学科的理论体系；也有助于企业实现安全管理的最优化、经济化、高效化。从运筹学视角出发，研究安全运筹相关问题，通过定性和定量相结合的方法建立模型，求解出最优化的方法。研究安全运筹学，可在理论上丰富安全科学及运筹学理论，在实践中解决安全运筹问题。

2. 安全运筹学的特征

（1）实践性。安全运筹学是一门运用性的学科，具有较强的实践性。安全运筹学既对各类系统进行创造性的科学研究，又涉及组织的实际管理问题，它具有很强的实践性，最终应能向决策者提供建设性意见，并应收到实效。安全运筹学的学科命题与素材来自各种实践活动，实践是安全运筹学研究的出发点与归宿点。

（2）特定目的性。综合科学是按照人类需要建立起来的科学技术学科群，它以满足人类的不同需要为依据，划分出不同的综合学科。安全运筹学是运筹学运用于安全领域而衍生出的一门新兴运用性综合学科，它以满足人类安全需要为目的，以达到安全和其他条件之间的最优化状态为目标。

（3）综合性和交叉性。安全运筹学主要研究运用运筹学的方法解决系统中的安全问题，涉及范围广，且安全问题本身就具有综合性，在系统中寻求最优安全状态更具有明显的综合性。从学科属性来看，安全运筹学是安全科学、运筹学、系统科学等学科的综合交叉学科，其涉及的学科和领域广泛，由此可见，其学科体系的综合性和交叉性是明显的。

（4）复杂非线性。安全运筹学是一门综合学科，而综合学科的科学目标系统，是由人参与其中的复杂系统。因为有人的参与，安全运筹系统成为一个非线性的复杂系统。

（5）系统性。安全运筹学的研究对象是系统中的安全运筹问题，在解决安全运筹问题时强调全局观念、整体观念，研究目的是实现系统安全最优化，故表现出明显的系统性特征。在解决安全运筹问题时，首先要树立系统的观点，清晰地阐明目标，划定系统的边界，将待解决的问题作为一个相对独立的系统或一个大系统的子系统，按层次、按功能结构对系统进行解析，准确定义和描述各要素的属性以及要素之间的关联，然后建立模型，求解安全运筹问题。

（6）科学性。安全运筹学由于其系统的复杂性，仅仅依靠定性分析或者定量分析的方法是不够的，强调要以定性与定量相结合的方式作为优化决策分析的方法基础，通过构建科学、精确的模型，收集数量足够的可信数据，运用先进的运算工具和手段，快速地生成决策方案并对方案进行反复的评估和改进，使原则上可行的决策方案逐渐接近量化准则上的最优。这是安全运筹学的科学性所在。

（7）最优性。安全运筹学研究旨在寻求系统安全的最优解，无论是以最优化的方法实现系统安全，还是在满足安全的限定条件下，实现经济、效率等其他条件的最优化，都表现出最优性的特性。

3. 安全运筹学的功能

（1）发展与完善安全运筹学理论，为安全运筹实践提供指导。安全运筹学的建立与发展，能有效推动安全学科体系的完善。

（2）安全运筹学作为安全科学的工具性分支学科，为安全科学研究开辟了新视角、思路与模式，运筹学方法与思想自古以来就广泛地运用在不同学科与领域的研究中，其对安全科学基础理论及运用实践研究也是不可或缺的。运筹学最优化的理论很好地契合了系统安全最优化的思想，有利于推动安全科学的发展与进步。

（3）为人们提供了一个新的与行之有效的研究工具，系统的梳理安全运筹理论和方法，可促进安全运筹难题的解决，特别是对安全科学的定量研究与优化研究具有重大意义。

（4）为解决安全运筹问题提供了规范的研究模式，可减少研究时的随意性与盲目性，将大大提高安全运筹学的研究效率与合理性，更有利于解决安全运筹问题。

（5）在安全运筹学理论和方法论的指导下，对系统中的安全运筹问题展开深入分析，以最优化的方法实现系统安全，或在满足安全的限定条件下，实现经济、效率等其他条件的最优化，可概括为追求安全经济效益的最大化。故深入研究安全运筹学，可在一定程度上提高安全经济效益。

4. 安全运筹学的主要研究内容

主体内容可概括为两大方面：一方面是关于安全运筹学的“认识内容”；另一方面是关于安全运筹学的“应用内容”，即如何运用安全运筹学理论和方法解决实际安全运筹问题。

（1）“认识内容”主要由三大模块构成。一是安全运筹学基础理论，包括安全运筹学定义、内涵、外延、特征、功能、属性、研究意义、理念、现象、对象、方法等；二是安全运筹学的学科体系，包括安全运筹学学科分类及其划分、与其他学科的关系、学科层次与地位、学科体系框架与层次结构以及分支体系内容等；三是安全运筹学的方法论，包括研究安全运筹学学科的方法、解决实际安全运筹问题的运筹方法等，如利用运筹学理论提出的事故分析方法、安全预测方法、安全管理模型等。

（2）“应用内容”包括在安全运筹学基础理论和方法论指导下制定出来的优化方案以及针对安全运筹问题进行组织管理的原理、原则和方法等，可概括为安全运筹实践和安全运筹组织管理，如设备维修和可靠度、应急资源调度、安全库存管理等。

5. 安全运筹学的核心理论

根据对运筹学知识的系统研究并结合安全科学发展的需要，针对可运用至安全领域的运筹学核心理论，构建安全运筹学的核心理论层次，主要包括安全运筹规划理论、安全运筹决策理论、安全运筹其他理论，其具体层次如图10-13所示。运筹学理论名称前面加安全二字的意思只是表达用于安全领域。需指出的是，三个核心理论的内容在应用中会有一定程度的交叉。

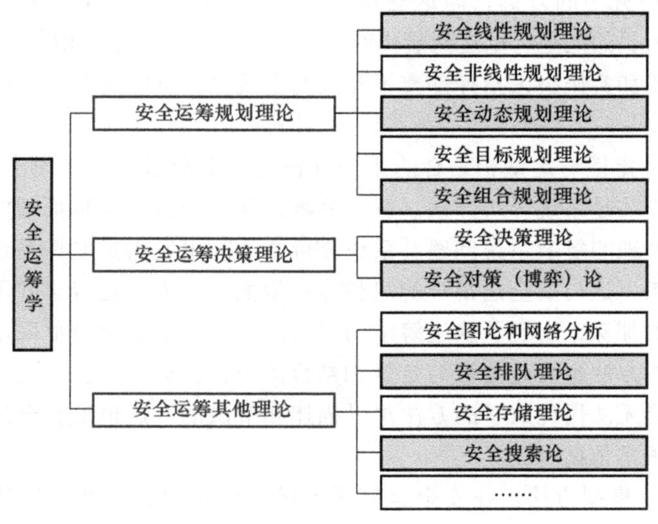

图10-13　安全运筹学的核心理论层次图

注：有关运筹学理论名称之前加“安全”二字，仅表达运筹学理论在安全领域的运用。

10.6.2　安全运筹学的方法论

1. 定义及内涵

根据方法论的基本含义和安全运筹学的具体内容和学科特性，给出安全运筹学方法论的定义：安全运筹学方法论是从安全运筹学学科角度和安全运筹实践研究角度，对其开展研究的思路、方式、方法、途径、步骤等的概括和总结。此概念有别于一般安全分支学科方法论的定义，这是由于安全运筹学是一门应用性学科，其自身就是研究安全科学的方法学科，故研究其方法论既需要宏观上站在学科研究的方法视角，也需要微观上站在安全运筹具体实践研究的方法视角。总的来说，安全运筹学自身是一门方法性学科，从宏观上研究如何完善其学科理论（即如何丰富安全运筹学的方法体系）是极其必要的。也正是因为安全运筹学自身的方法特性，从微观上研究解决安全运筹问题时的关键步骤——模型构建方法和求解方法，也是不可或缺的。因此下文将对安全运筹学的宏观方法论和微观方法论进行具体研究。

2. 宏观层面方法论

(1) 基本思想——最优化思想。安全运筹学的基本思想是最优化思想，主要源于两点：一是从安全运筹学的属性看，运筹学的核心思想是最优化思想，安全科学也追求最佳安全状态，故其二者的交叉学科安全运筹学的基本思想也是最优化思想；二是从安全运筹学的定义和研究内容看，安全运筹学追求以最优化的方法实现系统安全，或在满足安全的限定条件下，实现经济、效率等其他条件的最优化，故而安全运筹学的基本思想是最优化思想。

(2) 研究模式——WSR 模式。对于安全运筹学，采取“物理-事理-人理”WSR 模式，主要有以下两点理由：①从安全运筹学的学科属性来看，安全运筹学是采用运筹学的方法解决安全运筹问题，因此会沿袭运筹学的基本理论和方法，并对其加以改进和利用；②从安全运筹学的研究对象来看，安全系统具有综合性和复杂性的特点，因此研究安全运筹学时单单使用“物理”“事理”或“人理”研究模式都是不够的，需综合使用 WSR 的研究模式，即“物理-事理-人理”方法论。在处理安全运筹问题时，首先要考虑处理对象物的方面，研究物质运动的机理。把握物的方面，方能研究事的方面，即这些物如何被更好地运用到事的方面，解决如何去安排所有的设备、材料和人员的问题，以达到最优的安全状态。在安全系统中，人也是系统的一部分，且认识问题、处理问题和实施决策指挥都离不开人的主观性，所以研究安全运筹问题也离不开人的方面。

(3) 分析方法——定性与定量相结合的系统分析法。安全运筹学表现出明显的系统性特征，故安全运筹学的分析方法是系统分析方法。系统分析方法主要沿着逻辑推理的途径，去解决那些原本依靠直觉判断、处理的复杂系统问题。系统分析方法的出发点是发挥系统的整体功能，目的是寻求问题的最佳决策，这与安全运筹学的思想是一致的。首先，运筹学并不是数学的延伸，随着人们对运筹学认识的加深，出现了软运筹学的说法。其次，安全运筹学采用运筹学的方法解决安全运筹问题，其基本方法也应是定性与定量相结合的方法。最后，安全运筹问题复杂，很多情形下，安全运筹问题是无法用纯数学的方法加以描述和解决的，这也是安全运筹学强调定性方法与定量方法相结合的根本依据所在。

(4) 研究方法——模型方法。在安全运筹学的研究应用中，模型是最基础的方法，也是安全运筹学区别于其他安全学科专业的最大特征。在必要的简化和假设下，模型能够提取出安全系统中各个因素的本质属性或关联，并采用一种直观、简练的形式加以描述，便于研究和运算，便于透过事物的表面现象，把握其本质，从而更容易形成可行方案或对方案进行有针对性的优化。

3. 微观层面方法论

安全运筹学微观层面方法论是关于安全运筹模型构建的方法、原则、步骤等的概括和总结。安全运筹学旨在解决安全运筹问题，而解决安全运筹问题的关键在于安全运筹模型的建立和求解环节。换言之，安全运筹的成功与否不仅与实际问题的模型建立有关，而且很大程度上由算法的建立和选取决定。

由于安全系统的复杂性、不确定性，以及安全系统是有人参与活动且是参与程度极高的系统，需充分考虑人文因素及管理因素等，故仅仅使用数学模型将很难达到实现系统安全最优化的目的，运筹模型并不仅仅是指数学模型，也包括概念模型、框图模型、算法模型等。结合安全运筹学的学科特性及安全系统的特点，安全运筹模型包括关联模型、概念模型、框图模型、逻辑模型、数学模型五种模型，当然数学模型仍是安全运筹学最重要的运筹模型，但不可否认其他模型的作用，如事故树、决策树等逻辑模型。在安全运筹学发展研究的过程中，需加强对其他几类模型的研究，以形成独特的安全运筹模型，更好地指导实践研究。

4. 安全运筹学模型建立原则

安全运筹学模型的建立不仅需要不断地经受实践检验和加以改进，而且需要安全科学工作者在综合运用多种方法的同时遵循一定的构建原则，具体见表10-4。

表10-4 安全运筹学模型的构建原则

原则	原则释义
简单性	建立安全运筹模型求解安全运筹问题的原因是模型可简化安全运筹问题、量化相关因素，故建立安全运筹模型时需遵循简单性原则，力求把原型的一切可压缩的信息压缩
有效性	能够反映安全系统的基本特征和属性，切忌为建模而建模，建立安全运筹模型需满足有效性原则，模型能有效反映有关原型的必要信息，能有效解决安全运筹问题
动态适应性	安全系统具有动态性，实际中研究的安全运筹问题往往也不是静态或一成不变的，因此安全运筹模型的建立需满足系统动态适应能力的适应性
合理假设原则	真实的安全问题往往复杂，因此为了简化和抽象问题而建立安全运筹模型时，需根据实际情况提出合理的假设，如建立应急资源配置模型时，对城市的应急事件发生频率、规模等做出假设
可分离性	安全系统构成因素、层次、结构多样复杂，各因素、层次、结构相互关联，但在针对某具体研究目的建立模型时，并不是所有的关联都需要考虑至模型中，这时，需要忽略掉不必要考虑的要素与关联
可检验性	任何模型的建立都需满足可检验性原则，安全运筹模型更是如此。模型建立后需检验它所依赖的理论和假设条件合理性以及模型结构的正确性，只有经检验满足要求时，才能认可该安全运筹模型

5. 安全运筹学模型建立的步骤

基于系统模型化程序、运筹学模型构建步骤、安全理论模型构建程序等提出安全运筹学模型建立的一般步骤，如图10-14所示。

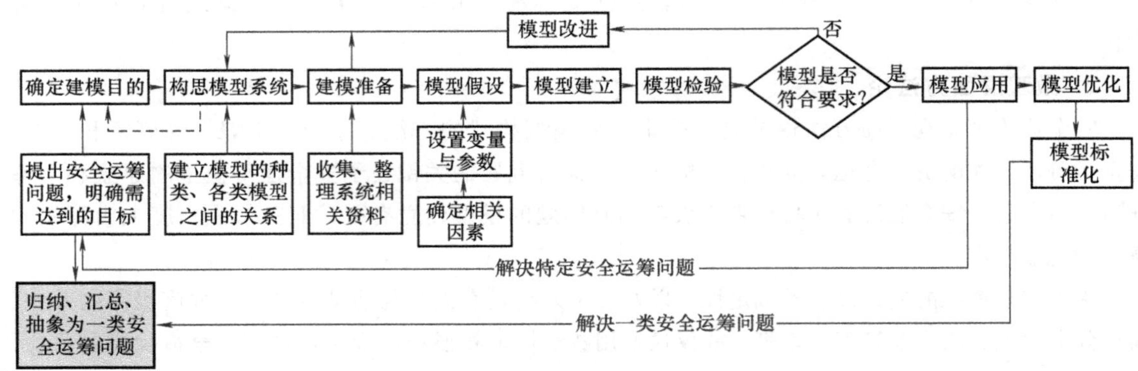

图 10-14 安全运筹学模型建立的一般步骤

（1）确定建模目的。针对某个安全运筹问题，首先需明确想要达到的目标，从而确定建模目的。建立模型必须目的明确，解答“为何建立模型”“解决哪些问题”之类的问题。

（2）构思模型系统。根据提出的问题和建模的目的，构思要建立的模型类型、各类模型间的关系，解答“建立一些什么模型”“它们之间的关系是什么”之类的问题。

（3）建模准备。根据所构思的模型体系，收集有关资料，解答“模型需要哪些资料”的问题。需要注意的是，建模准备与构思模型体系有反馈关系，若构思的模型所需的资料很难收集，则需重新修改模型，进而可能影响到建模目的。

（4）模型假设。根据前面几步对安全运筹问题的认识及模型建立的准备，依据可分离性原则确定相关因素，从而设置变量与参数，提出合理假设。通常，假设的依据一是出于对问题内在规律的认识；二是来自对现象、数据的分析；三是二者的综合、想象力、洞察力、判断力以及经验。该步主要解答“需要哪些变量和参数”的问题。

（5）模型建立。将变量和参数按变量之间的关系和模型之间的关系连接起来，用规定的形式进行描述，解答“模型的形式是什么”“具体的模型是什么样”之类的问题。

（6）模型检验。模型建立后必须经过检验，若符合要求方能进一步应用，若不符合要求则需要进行模型改进，应重新审查所构思的模型系统，从中找出问题，不断改进，直至符合要求。所以模型检验与构思模型又构成反馈。检验模型正确性应从各模型之间的关系开始，研究所构成的模型系统是否能实现建模目的，而后研究每个模型是否正确地反映所提出的问题，一般检验方法是试算法。该步骤主要解答“模型正确吗”的问题。

（7）模型应用及优化。经过检验符合要求的模型可用以解决该安全运筹问题，同时可将该模型进一步优化，以备后续用以解决其他问题。该步骤主要回答“模型应用情况如何”的问题。

（8）模型标准化。一般情况下，模型要对同类问题具有指导意义，因此需要具有通用性。将优化后的模型标准化，可用以解决该安全运筹问题经归纳、汇总和抽象后的一类安全运筹问题，使得模型具有通用性。该步主要解答“该模型通用性如何”的问题。

6. 安全运筹学模型建立和分析方法

基于科学方法论的视角，通过借鉴其他运筹学分支学科的思路和方法，结合安全运筹实践的成果和安全运筹问题的特殊性，分析与归纳安全运筹模型构建的思路与方法，见表 10-5。

表 10-5 安全运筹学模型建立和分析方法

方法	解释
直接分析法	通过对对象、系统及安全运筹问题内在机理的认识，选择已有的、合适的运筹学模型，如线性规划模型、排队模型、存储模型、决策和对策模型等，根据实际情况做适当调整，建立该安全运筹问题的对应模型
类比法	通过对系统及安全运筹问题的深入分析，结合经验，运用比较原理及相似领域、相似系统等的相似问题的已知的模型来建立运筹问题的模型
模拟法	对于大型灾难等的安全运筹分析，可利用计算机程序实现对安全运筹问题的实际模拟，得到有用的数据，从而进行相应的运筹分析
数据分析法	对某些尚未了解其内在机理的安全运筹问题，通过文献法、资料法、调查法等收集相关数据或通过试验方法获得相关数据，然后采用统计分析等数学方法建立模型
试验分析法	对不能弄清内在机理又不能获取大量试验数据的安全运筹问题，采用局部试验和分析方法建模
构想法	对不能弄清内在机理，缺少数据，又不能通过做实验来获得数据的安全运筹问题，可在已有的知识、经验和某些研究的基础上，对安全运筹问题给出逻辑上合理的设想和描述，然后用已有的方法来建模，并不断修正完善，直到满意
…	…

10.6.3 安全运筹学的研究步骤及范式

1. 安全运筹学研究的一般步骤

安全运筹学的研究是包含一系列步骤的有序过程。综合系统安全分析和运筹学分析方法，将安全运筹学实践研究的一般步骤概括为：安全运筹问题的分析与表达、建立运筹模型、求解模型、结果分析与模型检验、制定具体的实施方案、方案实施，如图 10-15 所示。

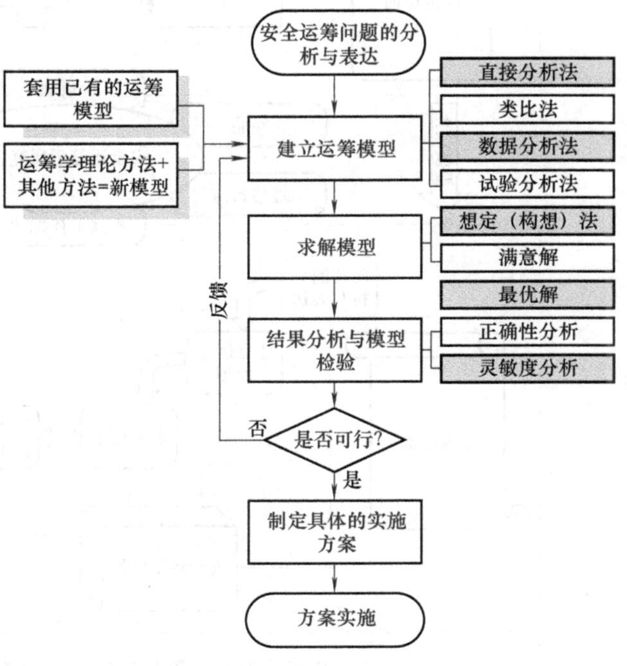

图 10-15 安全运筹学研究的一般步骤

（1）安全运筹问题的分析与表达。明确安全运筹问题是安全运筹学研究最基础的步骤，只有了解安全运筹问题的性质、条件、范围，并准确分析、表达出来，才能确定研究的对象和目标。

（2）建立运筹模型。模型建立是安全运筹学分析的关键步骤。模型是对现实世界的一种抽象和映射。由于对象安全系统的特性及其信息量、精确度、目标要求等的不同，可建立各种不同的安全运筹模型。建立安全运筹模型主要有两种思路：一是套用已有的模型；二是应用运筹学的理论方法，结合其他方法，建立新的模型。

（3）求解模型。建立模型后，必须选择合适的方法求解出模型，才能满足人们的要求，求解模型时主要是求出满意解和最优解。值得强调的是，由于模型和实际之间存在的差异，所以模型的最优解并不一定是真实问题的最优解。只有模型相当准确地反映实际问题时，该解才趋近于实际最优解。

（4）结果分析与模型检验。模型建成之后，它所依赖的理论和假设条件合理性，以及模型结构的正确性都要通过试验进行检验。只有经检验满足要求，才能认可过程的正确性，否则需要通过反馈环节退回到模型建立和修改阶段。检验时一要检验其正确性，将不同条件下的数据代入模型，检验相应的解是否符合实际，能否反映实际问题；二要检验其灵敏度，分析参数的变化对最优解的影响，确定在最优解不变的情况下参数的变化范围，确定其是否在允许的范围内。

（5）制定具体的实施方案，并实施方案。根据对安全运筹问题的分析表达结果和模型求解结果，并结合实际情况，制定出具体的实施方案，以解决安全运筹问题。但需要注意的是，绝不能把安全运筹学分析的结果理解为仅是一个或一组最优解，它还包括了获得这些解的方法和步骤，以及支持这些结果的管理理论和方法。

2. 安全运筹学研究的范式体系

根据前文对安全运筹学理论的研究及安全运筹学实践研究过程的分析，建立安全运筹学研究的范式体系，如图 10-16 所示。

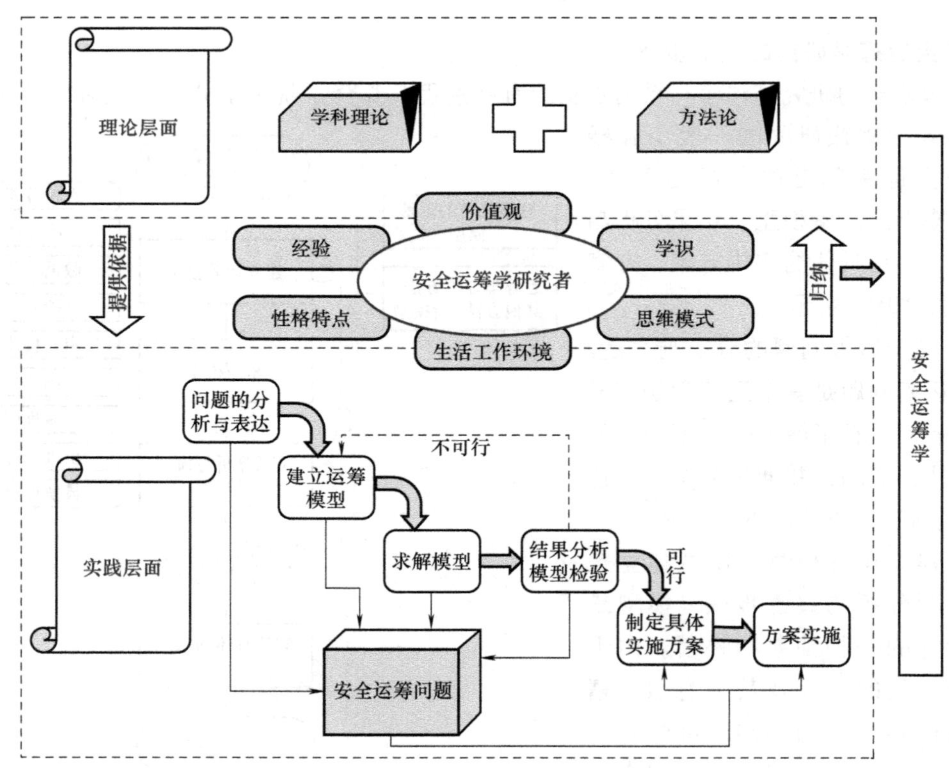

图 10-16　安全运筹学研究的范式体系（黄淋妃，2018）

（1）安全运筹学研究主要分为理论层面研究和实践层面研究两个部分，两者相互交叉、融合，理论研究为实践研究提供理论依据，实践研究充实理论研究，实践研究中形成的某些抽象模型得出的算法、结论、方法等可归纳为方法论，不断拓展安全运筹学学科理论。总之，安全运筹学研究的理论层面和实践层面相互作用、相互促进，共同推进安全运筹学发展。

（2）理论层面和实践层面研究的主体都是安全运筹学研究者。安全运筹学研究过程中最关键的步骤是建立安全运筹模型，但由于实际的安全运筹问题具有复杂性和综合性，所以在解决问题过程中建立的安全运筹模型不可能完全准确地反映现实世界或实际问题，人们在构造安全运筹模型时，往往要根据一些理论的假设或设立一些前提条件来对安全运筹问题进行必要的抽象和简化。人们对问题的理解不同，根据的理论不同，设立的前提条件不同，构造的安全运筹模型也会不同。因此，模型构造是一门基于经验的艺术，既要有理论作指导，又要靠不断的实践来积累建模的经验。故建立模型的主体的学识、经验、思维模式、价值观、生活工作环境等影响着模型建立的客观性和正确性。

（3）整个实践研究的研究对象是安全运筹问题。分析表达安全运筹问题，针对安全运筹问题建立模型，对建立的模型求解，对解出的结果检验，若检验结果正确，根据结果制定实施方案并实施。

（4）可将典型的安全运筹实践问题和具有代表性的安全运筹模型归纳为安全运筹学的方法论；反过来，安全运筹学方法论也可指导安全运筹模型的创建。

10.7 安全系统工程原理

安全系统工程学是以安全学和系统科学为理论基础，以安全工程、系统工程、可靠性工程等为手段，对系统风险进行分析、评价、控制，以期实现系统及其全过程安全目标的科学技术。安全系统工程是一门涉及自然科学和社会科学的交叉科学。

10.7.1 安全系统工程方法

1. 安全系统工程的内涵

有关安全系统工程的定义有多种，例如，安全系统工程是应用系统工程的原理与方法，识别、分析、评价、排除和控制系统中的各种危险，对工艺过程、设备、生产周期和资金等因素进行分析评价和综合处理，使系统安全性达到最佳状态。

将系统工程的一些理论运用到安全系统工程学当中，由此从解决安全系统问题的方法论角度，确定安全系统工程的主要研究内容。应根据所研究的安全问题确定安全系统的目标、功能和边界，从安全系统整体优化和整体协调的角度出发，按照安全系统本身所特有的性质与功能，研究人子系统与环境子系统、人子系统与机子系统、机子系统与环境子系统、各子系统与各要素、各要素之间的相互作用、相互依赖和相互协调的关系，建立相应的数学模型，并应用系统优化方法、建模方法、预测方法、模拟方法、评价方法、决策分析方法以及其他从定性到定量综合集成方法等，解决系统安全问题。基于解决安全系统的问题角度，安全系统工程的主要研究内容见表10-6，安全系统工程学的理论框架如图10-17所示。

表 10-6 安全系统工程的主要研究内容

安全系统分析	利用科学的分析工具和方法，从安全角度对系统中存在的危险性因素进行分析，主要分析导致系统故障或事故的各种因素及其相关关系
安全系统评价	以实现工程、系统安全为目的，应用安全系统工程原理和方法，对工程、系统中存在的危险、有害因素进行辨识与分析，判断工程、系统发生事故和职业危害的可能性及其严重程度，从而为制定防范措施和管理决策提供科学依据
安全系统预测	在系统安全分析的基础上，运用有关理论和手段对安全生产的发展或者是事故发生等做出的一种预测，可分为宏观预测和微观预测
安全系统建模	就是将实际安全系统问题抽象、简化，明确变量、系数和参数，然后根据某种规律、规则或经验建立变量、系数和参数之间的数学关系，再运用解析、数值或人机对话的方法求解并加以解释、验证和应用，这样一个多次迭代的过程
安全系统模拟	用实际的安全系统结合模拟的环境条件，或者用安全系统模型结合实际的环境条件，或者用安全系统模型结合模拟的环境条件，利用计算机对系统的运行试验研究和分析的方法
安全系统优化	是各种优化方法在安全系统中的应用过程，它要求在有限的安全条件下，通过系统内部各变量之间、各变量与各子系统之间、各子系统之间、系统与环境之间的组合和协调，最大限度地满足生产、生活中的安全要求，使安全系统具有最好的政治、社会、经济效益
安全系统决策	针对生产经营活动中需要解决的特定安全问题，根据安全标准和要求，运用安全科学的理论和分析评价方法，系统地收集、分析信息资料，提出各种安全措施方案，经过论证评价，从中选定最优方案并予以实施的过程

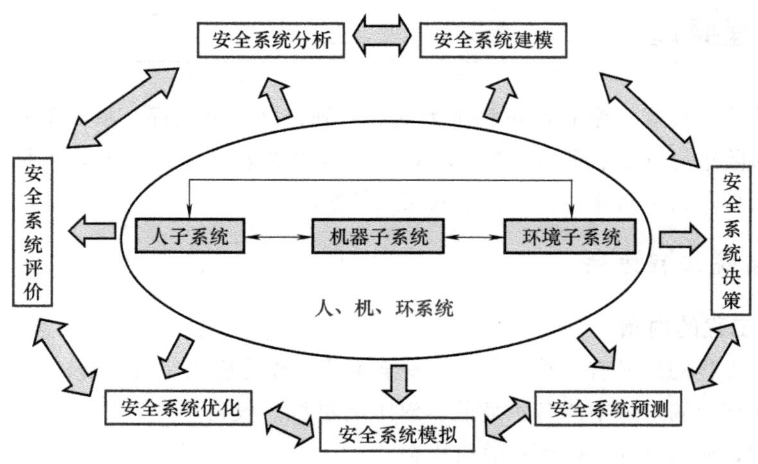

图 10-17 安全系统工程学的理论框架

整个研究围绕人-机-环系统。从方法论的角度看，安全系统工程实质上就是由一系列系统优化方法、建模方法、预测方法、模拟方法、评价方法和决策分析方法组成的方法集，用以最佳地处理各种安全系统问题，它的主要特征是整体性、关联性、协调性、系统化、模型化、最优化和实践性。

2. 安全系统工程的方法学基础

安全系统工程可以看作系统工程的一个分支，是一个专业，它横向属于系统科学的范畴，纵向属于工程技术范畴，是实现系统安全的一整套管理程序和方法体系。因此，系统工程方法论也是安全系统工程学的方法论基础。鉴于安全系统的特殊性，安全系统工程不仅有软工程的特性，也有硬工程的特点，也就是说，解决安全系统问题既需要硬的方法论，也需要软的方法论。

（1）以霍尔方法论为代表的硬系统工程方法论。硬系统方法论是将管理对象和过程视为系统，用工程原则来组织、安排过程和步骤，尽量运用自然科学和数学方法。霍尔提出的系统工程的三维结构是影响较大而且较完善的方法，其特点是强调明确目标，认为对任何现实问题都必须而且可能弄清其需求，其核心内容是最优化，其三维是时间维、逻辑维、知识维。

（2）以切克兰德（Checkland）为代表的软系统方法论。软系统方法论的任务就是提供一套系统方法，使得在系统内的成员间开展自由、开放的辩论，从而使各种世界观得到表现，并在此基础上形成对系统进行改进的方案，其核心是比较或学习，即从模型和现状的比较中来改善现状，其程序结构如图10-18所示。

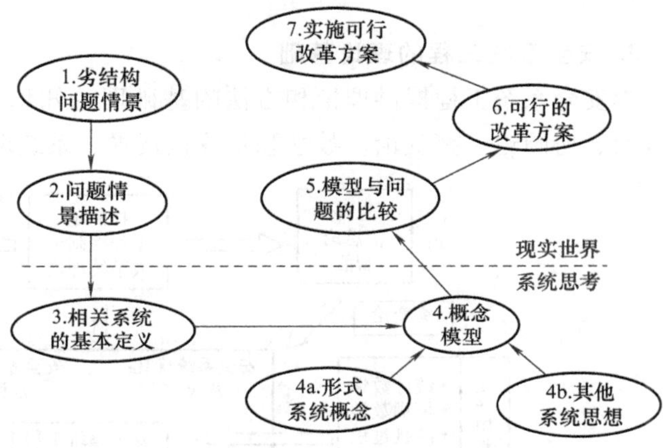

图10-18 软系统工程方法论的程序结构

软系统工程方法是针对不良结构问题而提出的，这类问题往往很难用数学模型表示，通常只能用半定量、半定性甚至只能用定性的方法来处理，软系统工程方法吸取了人们的判断和直觉，因此解决问题时更多地考虑了环境因素与人的因素。

（3）“物理-事理-人理”（WSR）系统方法论。“物理-事理-人理”（WSR）系统方法论是把物理、事理和人理三者巧妙配置、有效利用以解决管理问题的一种新型系统方法论，如图10-19所示。它把科学技术知识、社会科学知识、决策管理知识和系统内有关人员以计算机和专家系统为中介有机地结合起来，实现系统科学的总体分析、总体规划、总体设计和总体协调，以求硬、软问题的圆满解决。

图10-19 “物理-事理-人理”（WSR）系统方法论

（4）从定性到定量的综合集成法。从定性到定量的综合集成法的实质是将专家群体、数据和多种信息与计算机技术有机地结合起来；把各种学科的理论与人的经验知识结合起来，发挥它们的整体优势和综合优势。该方法的特点是定性分析与定量分析相结合，而后上升到定量认识；自然科学与社会科学相结合；宏观与微观相结合；各类人员相结合；人与计算机相结合。其构成如图10-20所示。

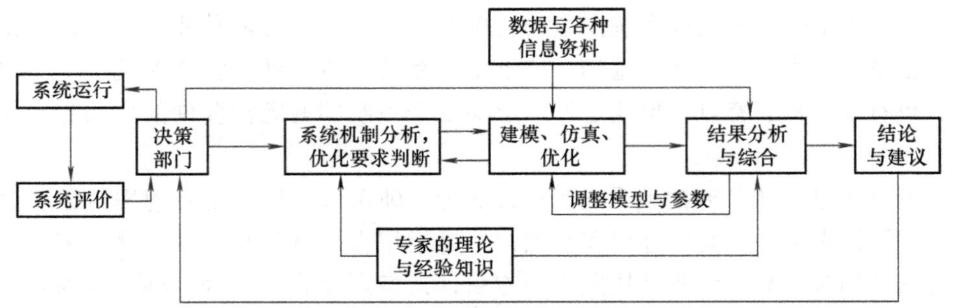

图 10-20　综合集成方法的构成

3. 安全系统工程的理论基础

为安全系统工程提供理论和方法的基础理论知识主要有运筹学、控制论和信息论、耗散结构论、协同论、突变论、数学和计算机技术、系统理论等，如图 10-21 所示。

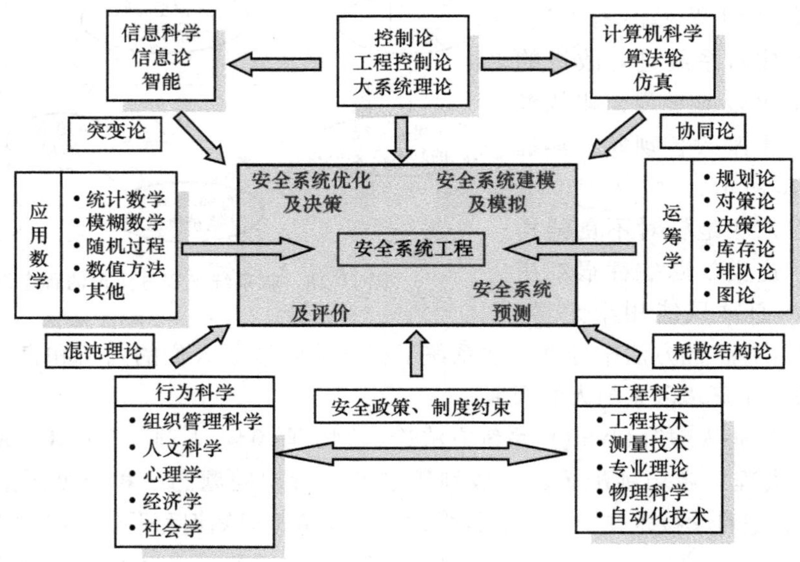

图 10-21　安全系统工程的理论基础（阳富强等，2009）

4. 安全系统工程方法论的四维结构体系

安全系统工程方法论可以认为是解决安全系统实践中的问题所应遵循的步骤、程序和方法，它是安全系统工程思考问题和处理问题的一般方法，把分析对象作为整体系统来考虑，进行分析、设计、制造和使用时的基本思想和工作方法。随着生活节奏加快，新技术层出不穷，现代社会环境关系模糊复杂，环境对安全系统生存、发展至关重要，增加环境维，参照霍尔的方法论，可以用四维结构体系来表示安全系统工程方法论（图 10-22）。

（1）时间维：针对一个具体工程项目的安全问题，从安全规划起一直到安全更新，可分成四个阶段：安全规划阶段、安全设计阶段、安全运行阶段、安全更新阶段。这四个阶段是按时间先后次序排列的。

（2）逻辑维：将开展安全工作的思维过程展开，分为七个逻辑步骤，包括摆明安全问题、确定安全目标、系统安全综合、系统安全分析、系统安全评价、安全决策、安全措施实施。

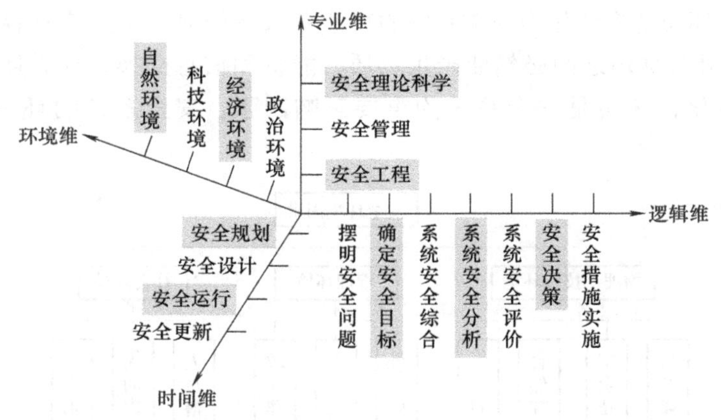

图 10-22 安全系统工程方法论的四维结构体系（阳富强等，2009）

（3）专业维：不同的工程项目涉及不同的安全专业知识，安全系统工程所研究的领域可以划分为诸多专业，按照量化程度由下至上依次是安全工程、安全管理，安全理论科学。安全学科本身就是一门综合学科，同理学、农学、医学、管理学、军事学、工学、历史学、文学、法学、哲学、经济学、教育学等学科都有密切的联系，而安全规划的应用涉及社会文化、公共管理、行政管理、建筑、土木、矿业、交通、运输、机电、林业、食品、生物、农业、医药、能源、航空等各种事业乃至人类生产、生活和生存的各个领域，安全系统工程涉及的学科如图 10-23 所示，整个学科体系围绕安全规划，是一个开放系统。

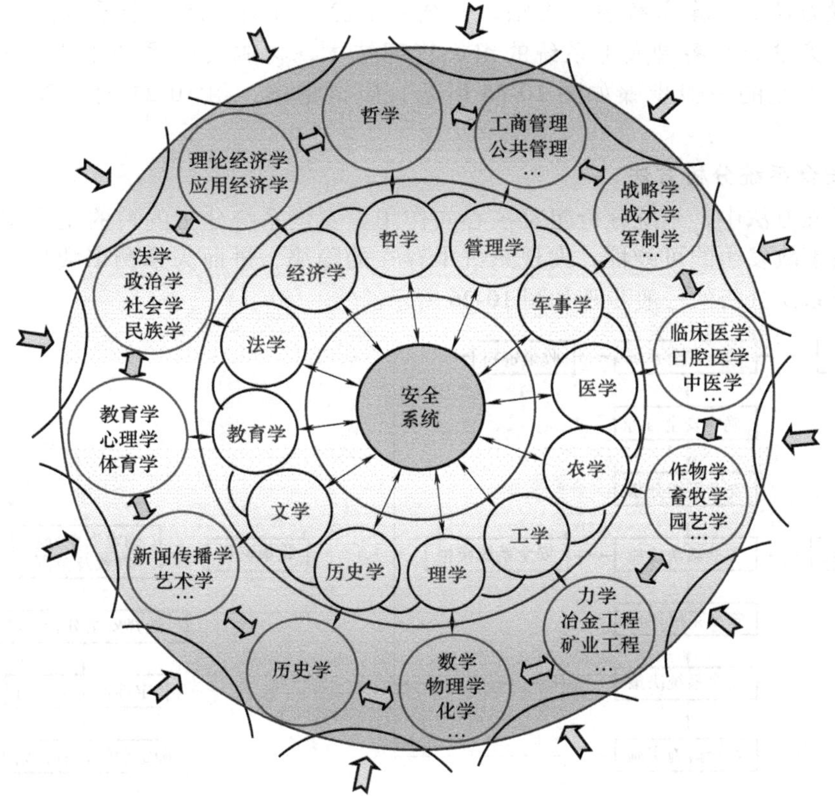

图 10-23 安全系统工程涉及的学科（阳富强等，2009）

（4）环境维：环境适应性作为安全系统的特性意味着任何一个系统都存在于一定的物质环境之中，系统与外界环境之间必然要产生物质、能量和信息交换，外界环境的变化必然会引起系统内部的变化，环境是安全系统的重要影响因素，安全系统的环境构成如图 10-24 所示。

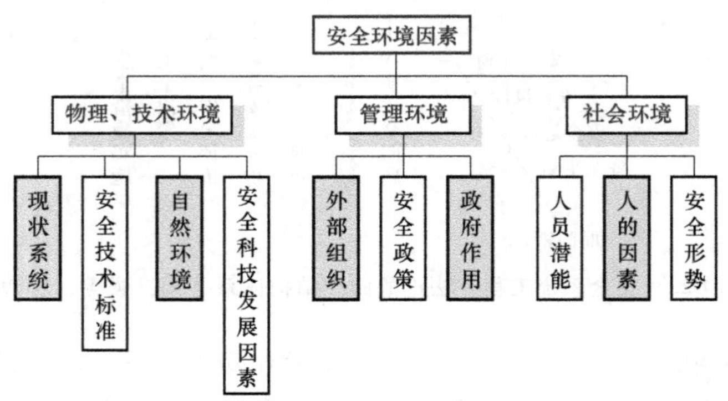

图 10-24　安全系统的环境构成

10.7.2　安全系统工程学的具体方法体系

安全系统工程是为了达到安全系统目标而对系统的构成要素、组织结构、信息流动及控制机构、环境等进行分析、设计、评价的技术。安全系统分析方法、安全系统评价方法、安全系统建模方法、安全系统模拟方法，安全系统优化方法以及安全系统决策方法，都属于具体的科学方法，是各种人工系统的组织管理技术，构成安全系统工程学的方法体系。安全系统工程实施的一般步骤如图 10-25 所示。应该指出，图 10-25 的步骤是有反馈和循环的。

1. 常用安全系统分析方法

在系统工程方法中，系统分析起着核心的作用。安全系统分析的目的是为揭示系统中存在的危险性或事故发生的可能性，发现系统中存在的隐患，进而为预测事故发生、发展的趋势服务。安全系统分析的一般步骤如图 10-26 所示。

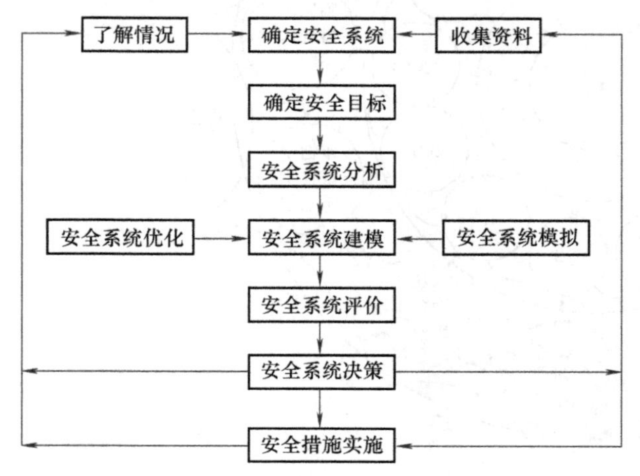

图 10-25　安全系统工程实施的一般步骤

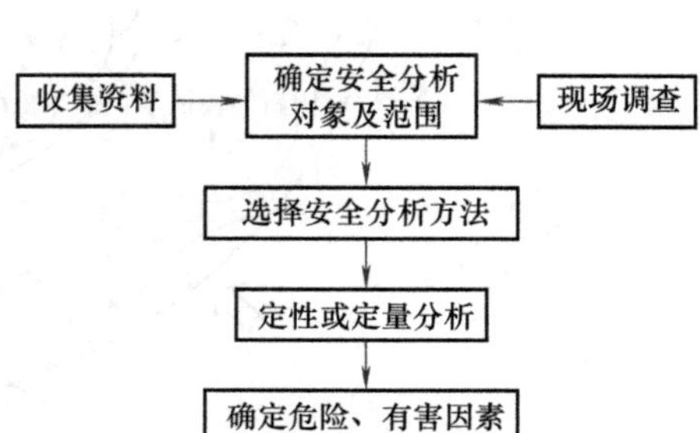

图 10-26　安全系统分析的一般步骤

2. 安全系统建模及模拟方法

系统建模既需要理论方法又需要经验知识，也需要真实的统计数据和有关信息资料。对结构化强的系统，有自然科学提供的各种定量规律，系统建模较为容易处理；而对于非结构化的复杂系统，只能从对系统的理解甚至经验知识出发，再借助大量的实际统计数据提炼出系统内部的某些内在定量联系，然后借助数学或计算机手段将系统描述出来。

安全系统模拟则是对于安全系统的描述、模仿和抽象，它反映安全系统的物理本质与主要特征，模型就是实际系统的代替物。安全系统的建模及模拟程序如图 10-27 所示。

3. 常用安全预测方法

事故预测是基于可知的信息和情报，对预测对象的安全状况进行预报和预测。安全系统预测的一般程序及常用事故预测方法如图 10-28 及表 10-7 所示。

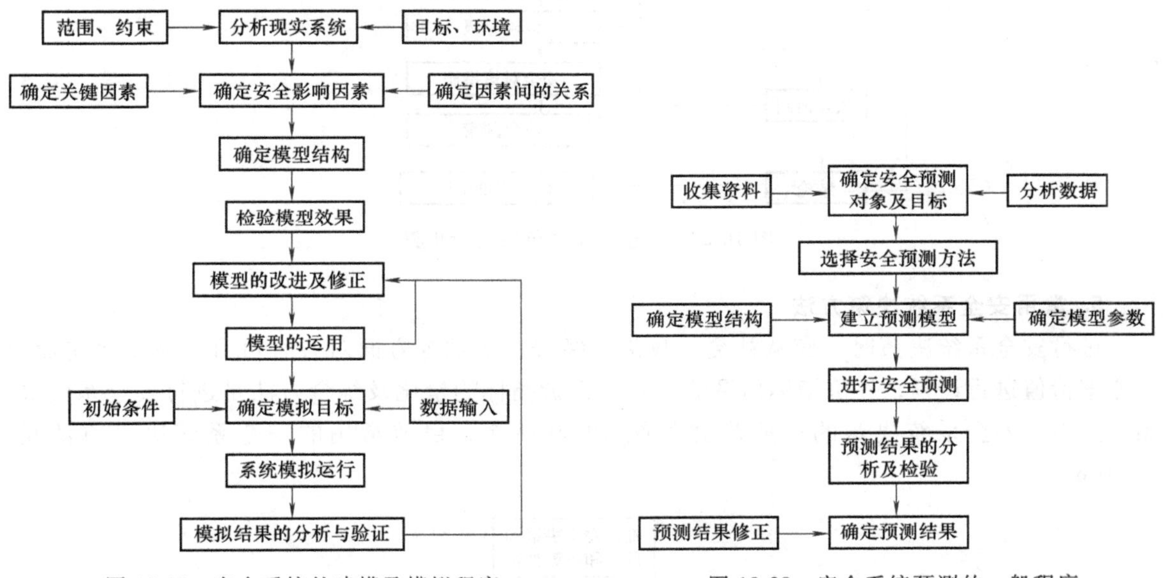

图 10-27 安全系统的建模及模拟程序

图 10-28 安全系统预测的一般程序

表 10-7 常用事故预测方法

方法	时间范围	特点
直观预测法	短中长期	对缺乏统计资料或趋势面临转折的事件进行预测；需要大量的调查研究工作
回归预测法	短中期	自变量和因变量之间存在线性或非线性关系；需要收集大量相关历史数据
时间趋势外推法	中长期	当因变量用时间表示，并无明显变化时；需要因变量的历史资料，要对各种可能趋势曲线进行试算
灰色预测法	短中期	适用于时序的发展呈指数趋势；收集对象的历史数据
神经网络法	短中长期	对难以用数学方法建立精确模型的问题能进行有效建模；推理路线固定不灵活，隐藏节点层的感知器在系统种不能解释
贝叶斯网络法	短中长期	能有效处理变量较多且变量之间存在交互作用的情况；对线性、可加性等统计假设没有严格要求，缺少动态机制
马尔可夫链状预测法	短中长期	系统将来所处的状态只与现在系统状态有关，而与系统过去的状态无关；需满足马尔可夫特性，容易忽略其他概率的影响

4. 常用安全系统评价方法

安全系统评价的一般步骤如图 10-29 所示，安全评价方法可分为定性方法和定量方法。

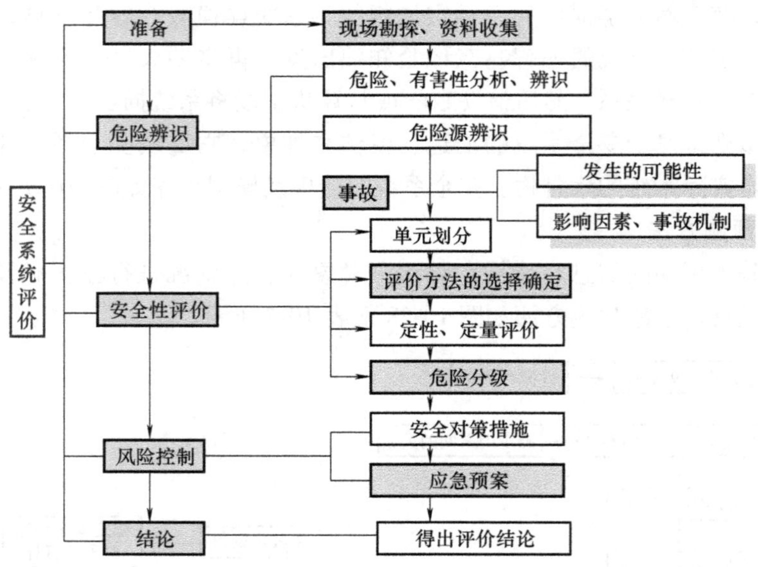

图 10-29 安全系统评价的一般步骤

5. 常用安全系统决策方法

进行安全系统决策时，应从社会、政治、经济、技术等方面对各种可行方案综合考察，对方案价值进行评判，评价指标体系的建立、评价指标的量化及综合方法是进行安全系统决策的关键，安全系统决策的一般步骤如图 10-30 所示，目前常用的安全系统决策方法见表 10-8。

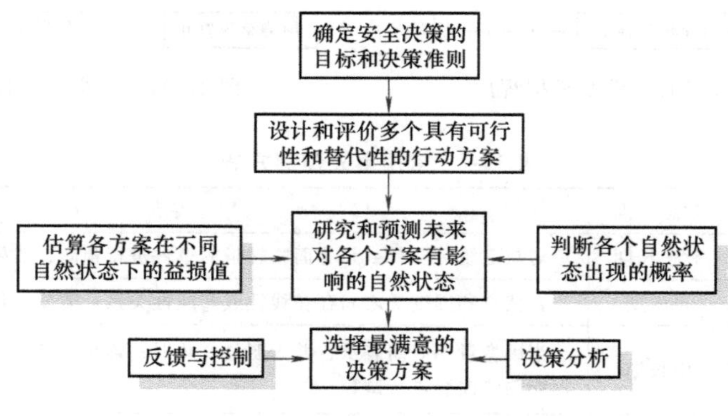

图 10-30 安全系统决策的一般步骤

表 10-8 常用安全系统决策方法

名称	方法特点
ABC 分析法	根据统计分析资料，按照不同的指标和重要度进行分类和排列，找出其中的主要危险或薄弱环节，针对不同危险特性，实行不同的控制管理
德尔菲法	利用问题领域内的专家预测未来的方法

（续）

名称	方法特点
智利激励法	采用会议的形式，引导每个参加会议的人围绕某个中心议题，广开思路，激发灵感，毫无顾忌地发表独立见解，并在短时间内从与会者中获得大量的观点
评分法	根据预先规定的评分标准对各方案所能达到的指标进行定量计算、比较，从而达到对各个方案排序的目的
技术经济评价法	对抉择方案进行技术经济综合评价时，不但考虑评价指标的加权系数，而且要使所取的技术价和经济价都是相对于理想状态的相对值
模糊综合决策法	利用模糊数学的办法将模糊的安全信息定量化，从而对多因素进行定量评价与决策
决策树法	决策树法是一种演绎方法，根据决策问题绘制决策树；计算概率分支的概率值和相应的结果节点的收益值；计算各概率点的收益期望值；确定最优方案

随着科学技术的发展，社会及生产实践中所出现的安全问题将更加复杂，安全系统工程方法论可以为系统中安全问题的发现及解决提供科学的工作方法和步骤。①安全系统工程方法论的建立，要求掌握系统、系统科学、系统科学方法、系统工程、安全科学等基本知识，更要树立系统意识；②安全系统工程作为系统工程大专业里的一个具体专业，系统工程的方法论同样可以应用到安全系统工程当中；③鉴于安全系统具有非线性、混沌、分形、模糊性等复杂特性，控制论、信息论、运筹学、耗散论、协同论、突变论等都是安全系统工程学的学科理论基础；④由于安全系统工程所研究的对象为安全系统这个巨系统，不仅要解决工程安全，而且还要面向社会安全，所以其方法论应同时建立在霍尔方法论等硬系统方法论及切克兰德软方法论基础上，并随着安全系统工程理论和实践向社会等复杂性领域不断推进，切克兰德软方法论的比重也会不断提高。

10.8 系统安全韧性原理

10.8.1 系统安全韧性的相关概念和模型

1. 系统安全韧性的定义和内涵

对于某一系统而言，系统的安全防御与事后恢复等能力是系统韧性的重要指标。系统安全韧性（System Safety Resilience，SSR）是指系统在一定时空内面对风险的冲击与扰动时，维持、恢复和优化系统安全状态的能力（黄浪等，2016）。其内涵解析如下：

（1）系统的安全韧性是基于韧性理论，在脆弱性、安全容量、安全冗余等范式基础上发展起来的，其基本思想也是对传统安全系统学理论的继承与发展，是实现系统和谐与安全可持续发展的新思路，同时也是安全系统学研究领域中新的理论范式和表达方式。

（2）系统安全韧性包括系统的抵抗扰动能力、缓冲扰动能力、吸收扰动能力与事后恢复与提高能力，是一种和持续不断的调整与适应能力紧密相关的动态的系统属性。当用来表征系统安全状态时，其宗旨是减少事故灾害发生概率、降低灾害冲击程度和缩短事后恢复时间，以及达到新的更加稳固的安全状态。当用来表征系统安全状态的实现过程时，系统安全韧性范式是一种新路径。

（3）系统的安全韧性理论在传统范式的基础上，凸显“人或组织”在抵御风险扰动时的主导性作用，强调通过“人或组织”的学习和适应能力，不断调整安全制度、改善安全结构和积累安全经验等，以实现恢复和优化系统安全状态。

（4）系统安全韧性理论从韧性科学的视角审视系统安全问题，其范式内涵可分四个连续循环阶段，即维持、应对、恢复和优化（图10-31）。在实际操作层面（事故的预防、预控），强调整个安全体系的营建、维护、反应和协调，即突出事前的“预测、预报、准备”，事中的“反应、响应、应变”与事后的“恢复、重建、成长”同等重要。

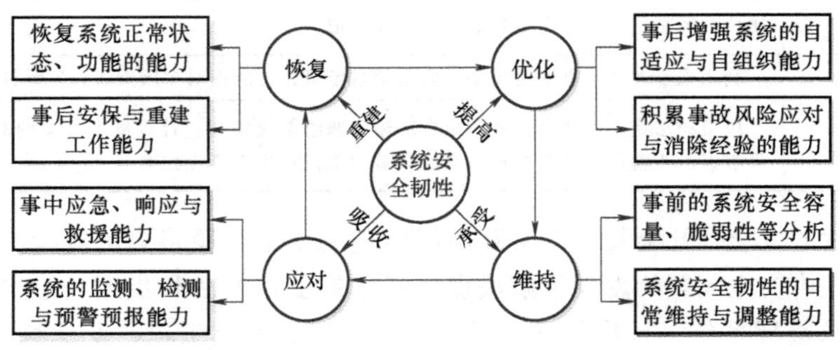

图10-31 系统安全韧性内涵解析（黄浪等，2016）

（5）该定义对时间和空间进行了限定，因为现在认可的某种安全状态在古代或是未来的认同度可能是完全不同的；在不同的国家或地区，对安全状态的认同度也有很大的不同，因此没有时空的限定谈系统安全韧性将会产生混乱和没有实际意义。此外，加入“一定时空”还推论出该定义是可随时间的迁移和空间的不同而变化和发展的，符合科学语义学。

2. 系统安全韧性塑造体系概念模型

安全系统具有多元性、相关性及整体性的特点，安全韧性的塑造是一项系统工程，是一个由多主体构成的具有层次性的复杂体系，在其运行和发展的过程中，涉及的影响因素众多，与系统内部各元素、环节或子系统之间的协同作用紧密相关。系统安全韧性塑造体系概念模型是对研究对象和内容的第一次抽象与假设，它将零散的、非结构化的知识转换为系统的、结构化的与可读性强的基础理论知识。因此，根据系统的基本构成（包括元素和元素之间的关联关系），结合系统安全韧性的定义与内涵以及安全系统学相关研究可知，系统的安全韧性由系统组成元素自身的韧性、元素之间关联关系的韧性和所具有的韧性功能决定，即可从元素或子系统维度、关联关系表征维度和安全韧性功能维度进行系统安全韧性塑造体系概念模型构建，如图10-32所示。

（1）系统构成元素（或子系统）维度，基于典型的安全系统构成要素（人、物、环境与管理），将系统安全韧性的支撑体系划分为组织成员子系统、物质技术子系统、管理子系统与外部环境子系统：

1）组织成员子系统对应对于“人”的因素，是系统安全韧性塑造体系中的主导性支撑要素，这种主导性由安全认知能力、风险感知能力、安全心理、安全意愿、安全意识、安全认同感、安全行为、安全责任心等决定。

2）物质技术子系统，在典型的安全系统理论中“物”主要是指设备、设施和物质因素，含义相对比较单薄。而系统安全韧性支撑体系中的“物质技术子系统”含义相对广泛，不仅涵盖设备、设施，还包括系统运行过程中起到安全保障作用的技术因素。其中，技术包括硬件技术和软件技术，硬件技术主要保障“物的安全状态”，软件技术则趋向于预防和控制“人的不安全行为”。因此，物质技术子系统是系统安全韧性塑造体系的物质技术保障。

3）管理子系统，可将安全系统理论中的“环境”要素理解为内部环境和外部环境。管理子系统与“管理”要素相对应，是系统安全韧性塑造、推动系统安全韧性演进的重要支柱，但这仅是塑造系统安全韧性的一种手段，而其目的是塑造系统安全环境（即内部环境系统）。

4）外部环境子系统，外部环境子系统对应于“环境”要素（如法规政策、自然、道路、教育、经济、政治、社会、舆论等环境），是安全韧性塑造体系的重要外部推动因素。

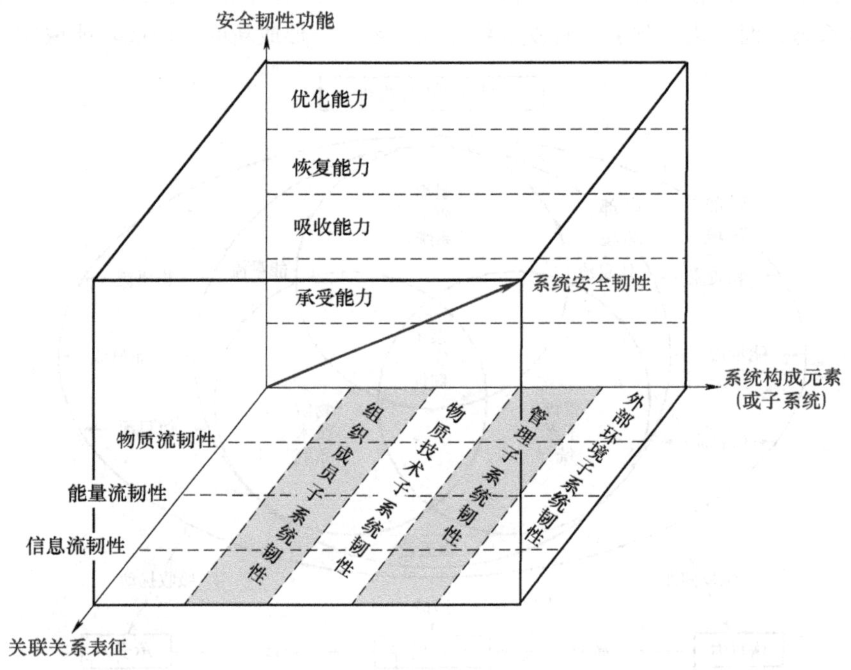

图 10-32　系统安全韧性塑造体系概念模型（黄浪等，2016）

(2) 关联关系表征维度：关联是安全系统元素与元素间通过某一介质元件所建立起来的特定安全联结关系，如常见的“物-物”安全关联、“人-物”安全关联与“人-人”安全关联等。由于任何系统组分之间或系统与外部环境之间都在不断进行物质、能量和信息的交互（这种交互关系在某种程度上可以理解为系统的代谢流），从而在时间和空间上形成物质流、能量流和信息流。因此，可通过物质流、能量流与信息流表征安全系统元素之间或系统与系统之间的关联关系。这三种代谢流是系统安全韧性塑造体系的运转手段和动力机制，而传统安全系统学研究范式往往缺乏考虑系统元素之间的关联关系韧性。

(3) 安全韧性功能维度：根据系统安全韧性内涵，从承受（维持）、吸收（应对）、恢复（重建）与优化（提高）四个层面整合系统安全韧性结构与功能（图 10-31），在此不再赘述。

3. 系统安全韧性塑造体系作用模型

系统安全韧性塑造体系各维度、各元素（子系统）之间的协同、均衡发展才能有效地推动整个塑造体系的演进，换言之，正是由于系统安全韧性塑造体系的三大内部支柱（组织成员系统、物质技术系统、管理子系统）与外部环境的不断交互，才使得系统安全韧性塑造体系得以从低级系统安全韧性发展为高级系统安全韧性。

在系统安全韧性塑造体系的作用模型中，组织成员系统、物质技术系统和管理子系统之间以及与外部环境系统之间通过物质流、能量流和信息流的交互，形成某种协同效应，进而获得系统在某一特定时间、空间、功能和目标下的特定韧性作用结构（见图10-33），进而具备风险冲击与扰动承受（承受力）、安全韧性恢复（恢复力）和安全韧性优化（调试力）的功能。系统安全韧性塑造体系作用模型可描述系统受到风险冲击后如何调适并且恢复系统安全状态，实现系统安全可持续发展。

在该模型框架中，需指出的是，当风险冲击超过系统安全阈值或者临界点时，就再也无法恢复到事前安全状态，而是进入到另一种安全状态或系统中，形成新的平衡或功能恢复。

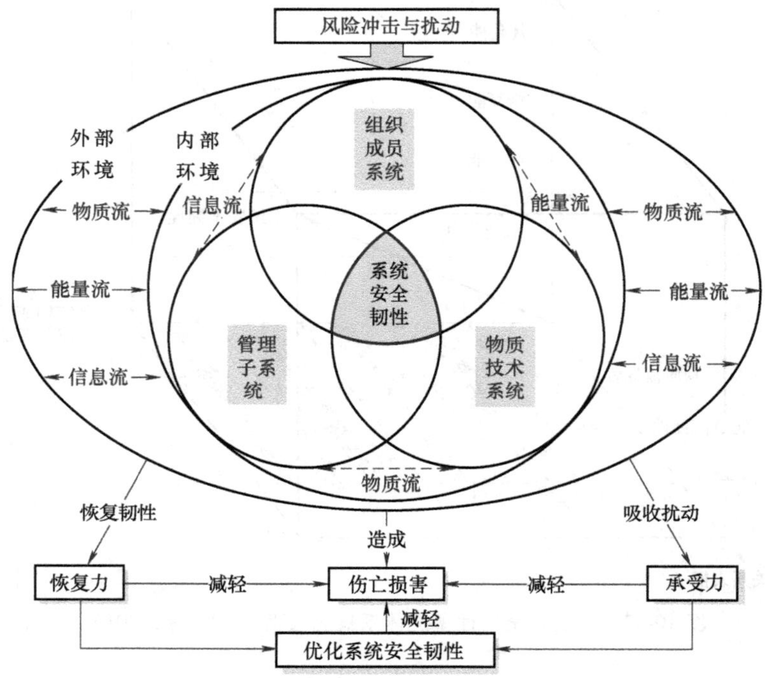

图10-33　系统安全韧性塑造体系作用模型（黄浪等，2016）

10.8.2　系统安全韧性的评估方法

1. 系统安全韧性评估数学模型（黄浪等，2016）

系统安全韧性评估方法目前还在不断研究之中，系统安全韧性的量化方法暂无统一的理论。系统安全韧性的量化（或系统安全韧性等级评估），有助于系统安全韧性理论的实践。下面介绍一种评估模式供参阅，把系统任一时刻的安全状态看作多维空间中的一个点，在事故灾难发生时，系统的安全状态将被打破，而系统安全状态恢复时间的长短、恢复的效率，将取决于系统的安全韧性能力（这里将其定义为“系统安全韧度”，用 R 表示）。据此，用横坐标表示时间，纵坐标表示系统的安全状态。在灾害或突发性事件发生以前，可假定系统安全状态维持在100%。在 t_0 时刻，由于系统遭受某种灾害或突发性事件，系统安全状态在一定时间内（t_0-t_1）将从100%降低到某一程度。而灾后恢复重建工作将把系统从事故状态在一定时间内（t_1-t_2）恢复到初始安全状态

(100%)，如图10-34所示，其中 $Z(t)$ 表示系统在灾损阶段 t 时刻的安全状态，k_1 表示系统的灾损速率，$H(t)$ 表示系统在恢复重建阶段 t 时刻的安全状态，k_2 表示系统的恢复重建速率。

根据系统安全韧性内涵，可把系统在遭遇特定事故灾害下的安全状态下降程度与系统安全状态恢复时间作为量化评估系统安全韧度 R 的指标，用图10-34中 At_0t_2C 合围的区域面积 $S_{At_0t_2C}$ 与 ABC 合围的区域面积 S_{ABC} 之比表示，则 R 可表示为

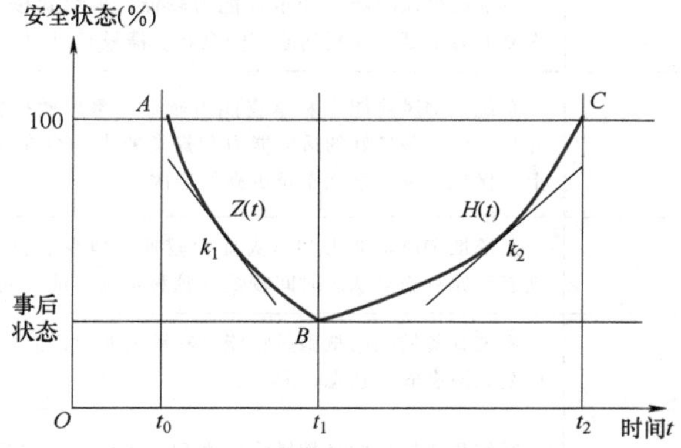

图10-34 系统安全韧性曲线

$$R=\frac{100(t_2-t_0)}{\int_{t_0}^{t_1}|100-Z(t)|\mathrm{d}t+\int_{t_1}^{t_2}|100-Z(t)|\mathrm{d}t} \tag{10-1}$$

$$k_1=\left|\frac{\partial Z(t)}{\partial t}\right| \tag{10-2}$$

$$k_2=\left|\frac{\partial H(t)}{\partial t}\right| \tag{10-3}$$

从式(10-1)~式(10-3)可看出，系统安全状态损失越小、系统安全状态恢复的时间越短，系统安全韧度 R 越大，则系统的安全韧性越好；k_1 越大，灾损速率越大，系统安全韧性越小；k_2 越大，系统安全状态的恢复速率越快，系统安全韧性越好。

需指出的是，式(10-1)中忽略了一个问题，即如果灾后投入大量的人力、物力和财力进行恢复重建，这虽然能够缩短系统安全状态的恢复时间，但在某种程度上并不能说明该系统具备较高的安全韧度。

2. 系统安全韧性曲线比较

尽管从理论层面构建了系统安全韧性的量化评估模型，但由于韧性科学仍然处于完善和发展阶段，韧性定义也在不断演进，系统安全韧性理论还处于提出与完善阶段，其具体实践还存在困难。因此，为了刻画系统安全韧性的表现形式，基于系统安全韧性的量化概念模型，建立系统安全韧性恢复力对比曲线，如图10-35所示，其描述见表10-9。需指出的是，该系统安全韧性恢复力对比曲线体系只是常见类型的比较。

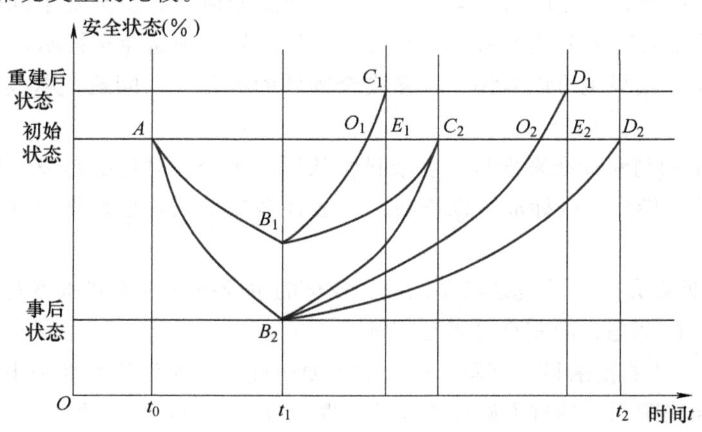

图10-35 系统安全韧性恢复力对比曲线

表 10-9　系统安全韧性恢复力对比曲线描述

种类	系统安全韧性曲线描述	表现形式
1	系统抵御风险能力和承灾能力较低，事后救援能力迟缓，应急能力欠缺，恢复能力不足，恢复到原有安全状态需较长时间	$S_{AB_2D_2}$
2	系统抵御风险能力和承灾能力较低，事后救援能力充分，恢复能力较好，并且系统具备良好的适应能力和提高能力，可在恢复到原有安全状态的基础上，优化系统安全状态至更高的层次	$S_{AB_2O_2+O_2E_2D_1}$
3	系统抵御风险能力和承灾能力较低，但事后投入大量人力、物力和财力，恢复到原有安全状态时间较短（这种情况不能说明系统安全韧性高）	$S_{AB_2C_2}$
4	系统具备较强的抵御风险能力和承灾能力，但应急措施能力和恢复力不足，恢复到原有安全状态时间较长	$S_{AB_1C_2}$
5	系统具备较强的抵御风险能力和承灾能力，事后应急救援能力和恢复能力较好，并且系统具备良好的学习能力和提高能力，可使系统恢复到原有安全状态的基础上达到新的安全状态，并且恢复时间较短（这是系统安全韧性的宗旨）	$S_{AB_1O_1+O_1E_1C_1}$
…	其他	其他

需指出的是，利用安全韧性的观点研究系统安全问题，其创新意义在于看待问题的角度和方法。目前系统安全韧性的评估方法作为新兴的理论范式还存在缺陷，但它所带来的理论冲击和范式转型的理论意义却是毋庸置疑的，其在实践中的现实意义也是学界所期待的。因此，系统安全韧性的更多相关问题还有待于学界进行更深层次的探索与研究。

10.9　安全复杂性研究原理

10.9.1　安全复杂性理论基础

1. 安全复杂问题的判断

开展安全复杂性研究，首先遇到和需要解决的问题是如何判断安全复杂问题，这种判断仅靠举例是不够的，它需要有比较公认的科学判断方法。下面从四种途径来推断什么是安全复杂问题（吴超，2021）。从推断结果也可以看出，许多安全问题的确是复杂问题，承载安全复杂问题的系统的确是复杂系统。

（1）从复杂科学的判断标准来推断。复杂科学从诞生至今，对什么是复杂问题已经有了许多学界公认的判断标准，借用这些标准可以推断为什么许多安全问题也是复杂问题。下面列举四条推论：

1）人和人群的问题是公认的复杂科学问题，安全的主要研究对象和服务对象都是人，安全主要是人（包括人群）的问题，故安全是复杂问题。

2）随机问题是公认的复杂科学问题，安全的主要研究内容如风险管理和事故灾难预防等，风险和事故灾难很难准确预测，具有不确定性和随机性，故安全是复杂问题。

3）非线性问题是公认的复杂问题，安全的相关因素及其动态关系基本都是非线性问题，故安全是复杂问题。

4）社会系统是公认的复杂问题，安全是全社会的问题，安全社会科学是安全科学的主要分支，故安全是复杂问题。

（2）从安全问题的特征来推断。复杂性问题具有一些明显的特征，安全复杂问题同样有一些显著的特征，如果安全问题的复杂性特征与复杂性问题特征相似，则可以推断这些安全问题属于复杂问题。下面从六个方面举证：

1）安全涉及的因素可以不断关联下去，以至于与安全相关的直接和间接的因素数量巨大，这与复杂性问题包含大量组分的特征吻合。

2）安全因素之间存在复杂的相互作用、相互渗透、相互关联，社会-技术问题牵扯在一起，这符合复杂系统的特征。

3）安全系统具有开放性，不管是系统中的物质、能量、经济、信息、法规、文化等，都与外界存在关系，都具有输入输出特征，即系统是开放的，这符合复杂系统的特征。

4）安全系统是动态变化的，这是由于安全系统的组分是动态变化和发展的，因而这与复杂系统远离平衡的特征是相似的。

5）安全问题随时空演化和具有高维度特征，这与复杂性问题的时空演化和时空互化特征相似。

6）系统中出现事故具有随机性，总在人们意想不到的情况下发生，这些特征也都是复杂性问题的特征。

（3）从安全问题的演化过程来推断。为什么许多安全问题都是安全复杂问题，许多安全研究都属于安全复杂性研究，从安全复杂系统的演化过程也可以加以判断。下面归纳五个判据：

1）安全复杂系统演化不能用系统可靠性理论来计算，而需要运用复杂性数学等工具来表达，符合这种情况的系统就是安全复杂系统。

2）安全复杂系统的整体总是不等于部分之和，系统可能出现涌现、突变、混沌、分形、自组织等现象，出现上述现象的系统就是安全复杂系统。

3）安全复杂系统除了序、结构等不断发生变化之外，系统中的组分或元素本身也在不断变化，符合上述现象的系统就是安全复杂系统。

4）安全系统与安全系统之间和安全系统及其子系统之间总发生着复杂的动态互相影响和渗透关系，这就是安全复杂系统。

5）安全复杂系统的功能总是存在不确定性，存在上述现象的系统就是安全复杂系统。

由上述判据还可以得出以下两个推论：

1）安全系统问题不见得都是复杂系统问题，但安全复杂系统问题一定都是复杂系统问题。

2）安全复杂系统中任何组分的行为对整体产生怎样的影响很难预测，安全复杂系统中的整体效应是组成个体间复杂的相互作用的结果。

（4）从安全复杂问题的研究方法来推断。由于客观上存在复杂性，可知复杂性研究的定义很难从自身出发给出，复杂性研究通常可以用方法论来界定。安全复杂性研究也可以通过研究方法来判断，进而可以推断安全复杂研究也类似于复杂性研究，安全复杂性研究的定义也可以用研究方法论来说明。下面提出三个判据：

1）安全复杂性问题可通过研究方法来界定，如果用纯还原论的研究方法，就不属于安全复杂性研究问题，如事故树分析等演绎方法。

2）安全复杂性研究主要运用整体性研究方法，如隐喻方法、统计方法、系统方法等，反过来说，如果只能用整体性研究的安全问题，就是安全复杂性研究问题。

3）用传统还原论和现代系统论的相结合的方法才能解决的安全问题也属于安全复杂性研究问题，如安全社会与安全技术构成的系统问题。

由上述判据还可以得出以下两个推论：

1）安全复杂性研究是一门综合科学，需要运用综合方法，包括整体性方法以及整体性与还原方法复合的方法。

2）安全复杂性研究要力图打破各领域安全复杂问题及其研究的界限，寻找个领域安全复杂问题的相互联系、相互合作的统一机制。

2. 安全复杂性研究的基本原则与概念体系

（1）安全复杂问题研究的基本原则。参考复杂性研究的基本原则，安全复杂问题研究的原则在某种程度上具有方法论的意义。下面归纳出八个安全复杂问题研究的基本原则（吴超，2021）：

1）研究者和研究对象（主客体）统一的原则。研究者（主体）需要具有复杂性研究的知识基础和思维能力，所考查研究的系统（客体）的确是安全复杂系统，并且只有主客体一致时，安全复杂研究才能进行。

2）研究对象与环境一体化原则。开展安全研究需要做时空预设，即界定一个安全系统，但安全复杂问题与系统环境总是相互作用和相互影响，因此研究安全复杂性问题需要与环境一同考虑。

3）不追求研究初衷与研究结果一致原则。由于安全复杂性和安全系统涌现的不确定性，研究安全复杂性问题时经常出现研究目标与初衷不一致的情况。

4）安全复杂系统无关键组分原则。由于安全复杂性，各组分关系复杂且相互作用，其作用及其重要度是动态变化的，很难确定复杂系统中某一组分是否起到决定性的作用。

5）安全复杂系统的多样性原则。由于安全复杂性，安全复杂系统无法按简单系统开展规划设计和具有统一性，安全复杂系统的演化呈多样性。

6）安全复杂系统的非线性因果性原则。由于安全复杂系统各组分的相互作用关系很不明确和呈动态变化，如果用数学的表述方式，就是存在非线性因果关系。

7）安全复杂系统的时间不可逆原则。安全复杂系统发生的演化过程是动态不可逆的过程。

8）安全复杂系统不重视考察过程原则。考察安全复杂系统的演化过程是非常困难和无显著意义的，安全复杂系统的整体效应是研究者更加值得关注的结果，如涌现性等。

（2）安全复杂性研究的概念体系。一门新学科的建立通常都由其基本概念群构建开始，这些概念也形成了该学科的理论基础。安全复杂科学（或称安全复杂学）的构建也需要从其基本概念群构建开始。安全复杂学是复杂科学与安全科学的交叉学科，因为安全复杂问题都是系统问题，因此安全复杂科学其实就是安全复杂系统学，即安全复杂学是复杂科学与安全系统学的交叉学科。

1）安全复杂学的核心概念（吴超，2021）。

① 安全复杂性。安全复杂系统中存在不能用还原论描述和解释的特性，就称为安全复杂性。

② 安全复杂性问题。不能用还原论描述和解释的系统中的安全现象，就称为安全复杂性问题。

③ 安全复杂系统。存在安全复杂问题的系统就称为安全复杂系统。安全复杂系统符合复杂性系统的判断准则和具有安全复杂性特征。

④ 安全复杂性研究。以安全复杂系统为研究对象，探索该系统中的安全复杂问题的起源、演化、效应及其控制和运用的过程，就称为安全复杂性研究。

⑤ 安全复杂科学或安全复杂学。从事安全复杂性研究的科学就称为安全复杂科学或安全复杂学，通过安全复杂性研究所形成的知识体系构成了安全复杂科学或称为安全复杂学的内容。

2）安全复杂学的基础概念。安全复杂性问题和安全复杂性研究都依托于安全系统，因此安全复杂学需要有安全系统学的概念作为基础。现有的安全系统学的主要概念包括：

① 系统。采用苗东升的定义，两个以上事物或对象相互关联而形成的统一体称为系统。

② 安全系统。以安全问题为研究对象的系统称为安全系统。即在安全视阈下，多个相互关联、相互影响的事物或对象联合、交互、制约而形成的具有一定目的与功能的统一体。安全系统整体则是在研究安全系统时，以该统一体作为研究对象而非其内部的微观组成。

③ 安全系统组分。安全系统中相互关联的事物或对象称为安全系统组分。在安全系统学中将组分作为基本单元而不再细分，即安全系统组分是构成安全系统的相互关联的事物或对象单元。通常安全大类组分主要包括系统目标、人、机、物、管、环、信息、文化等要素。

④ 安全系统结构。安全系统结构是组分相互结合而形成的架构，或是组分之间的安全关联方式的总和，表征若干相关联组分间的安全组合、作用关系。不同组分的组合在不同时间和空间下具有截然不同的特征，且任一相关组分的微小变化在特定条件下都会引起结构的突变。组分的客观运动状态决定了安全系统结构的绝对动态性，把握安全系统结构的运动规律与突变规律是研究安全系统涌现等效应机理的核心与关键。

⑤ 安全系统的层次。安全系统的层次是系统组分的分类，是对系统内属性、特性及功能如何影响系统安全的深度剖析，是对安全系统呈现阶梯特性的剖析和认识。按安全系统结构的层次可分为低层次、中间层次、高层次等。

⑥ 安全系统的特性。安全系统的特性包括共时性、历时性、秩序性、持存性、演化性、自组织、他组织、协同性、开放性、封闭性等。

⑦ 安全系统的演化。安全系统的演化是系统从低到高层次间的不连续质变积累，反映了系统通过整合、组织而产生安全系统整体效应所经过的过程。

⑧ 安全系统的效应。安全系统的效应是一种从低层次向高层次发生跃迁并产生质变的整体响应结果。安全系统的典型效应包括涌现（正涌现、负涌现、零涌现）、突变、湮灭、耗散、混沌等。

⑨ 安全系统涌现性。安全涌现性是安全系统效应最典型的表达，因而需要专门给出其定义。安全系统涌现性是由安全系统组分发生复杂演化，最终呈现显著影响系统整体安全特性的现象，这种“安全组分-安全结构-安全层次-安全系统整体”的安全状态质变称为安全涌现性。研究安全系统涌现，就是要深入研究安全系统在不同层次上的结构效应及安全性变化规律，寻找安全涌现内在机理，揭示安全的本质，并用于系统安全活动的实践指导。

⑩ 安全系统环境。安全系统环境是指在系统之外对系统运行产生影响的要素总和。安全系统环境与系统之间进行物质、能量、信息等的交换，时时刻刻都对系统结构产生直接或间接的影响。安全系统的环境包括自然环境、社会文化环境、制度环境、科学技术环境等。

3. 安全复杂性研究的方法论与模型

（1）安全复杂性研究的方法论。安全复杂学是安全科学的学科分支，其学科基础为安全系统学和复杂科学。由此可知，复杂性研究的方法论和安全系统学研究的方法论都可以运用到安全复杂学研究之中，进而可以创新出安全复杂学自身的方法论。安全复杂学研究的方法论主要是整体论的研究方法。

1）隐喻法。这是复杂性研究的常用方法，也是古老的方法。隐喻是表征复杂系统问题的有效方法之一，它属于整体性研究方法论。安全复杂性研究方法论自然也需要用到隐喻法，如黑天鹅事件、灰犀牛事件、金丝猴事件、大白兔事件等。

2）效应法。如灾害管理中的蝴蝶效应、多米诺骨牌效应等；还有研究者将破窗效应、长尾效应、尺度效应、时空效应等用到安全复杂问题之中。

3）象形法。用人们比较容易理解的形状、形式或感受等来象征安全复杂系统的演化状态，如混沌、耗散、突变、分形、唯象、灰色、熵增、熵减、黑箱等。

4）涌现法。安全复杂系统涌现出事故、崩溃、沦陷、意外、稳固、坚韧、适应、协同、自组织等负面或中性或正面的状态。

5）模型法。有数学模型和物理模型等。数学模型，如用尖点理论模型表达突变；物理模型，如用相似物理模型表达系统（如沙盘模型、建筑模型、飞行模型）等。

6）数值法（或计算法，包括统计法等）。数值法是指由于安全复杂系统内部的作用机制无法探索清楚，因此用安全复杂系统运行过程中所表现出来的数据和关联的数据来表达安全复杂系统的方法，如社会统计等。

7）虚拟法。其实这是模型和数值法与计算机技术结合的现代方法。随着计算机软硬件和人工智能等学科的发展，虚拟法在安全复杂系统的应用会越来越广泛。

8）大数据法。大数据本质上属于数值法，但由于近年大数据技术发展迅猛，在安全复杂问题领域的应用也非常有效，与传统的数值法和统计法有本质的不同，故将其单独作为方法列出。大数据法也不完全是整体性方法。

9）综合法。上述多种方法的复合。

有关安全复杂问题方法论及其应用内容比较丰富，包括去优缺点和研究范式等，需要用专门的专著加以讨论，这里不予多述。

（2）表征安全复杂系统的通用模型（吴超，2021）。轨迹交叉论在第3章已经做了介绍，其基本内容是：人的不安全动作和物的不安全状态一旦产生交汇，就可能发生事故。这种场景在生产和生活中普遍存在，因而轨迹交叉论多年来在安全领域流传非常广泛。下面将这个看似简单的理论或模型一般化，构建成一种表达安全复杂系统的通用模型，并来进一步说明安全复杂性。

迄今的安全问题都是与人有关的问题，不管是与人身体直接接触发生伤害的安全问题，精神层面间接关联的发生心理伤害的安全问题，身心两者都发生伤害的问题，还是非伤害和促进人的身心健康的正向问题，都离不开人因。

轨迹交叉论的双因素其实也构成了一个简单的子系统，如果在该子系统中，将“人的不安全动作”拓展到泛指“人”，而且这里说的“人”可以是管理者、涉事者、财产拥有者、被伤害者、肇事者、无所事事者等多种角色，为了表达其广泛性，用符号“人±”表示；将轨迹交叉论中的“物的不安全状态”泛化为“源”，“源”可以是危险源、物质、能量、财产、机器、工具、用品，也可以指人、事、社会现象、组织、制度、体系等，甚至是一个子系统，为了表达其广泛性，用符号“源±”表示。把“人±”和“源±”的任何关联所涉及的中介（不管是直接接触还是间接接触，不管是物理接触还是精神接触），都用“媒”表达，“媒”可以是空气、声音、光线、氛围、文化等，为了强调其广泛性，用符号“媒±”表示。显然，“人±”“源±”“媒±”三者可以组成一个子系统（图10-36）。如图10-36所示这个子系统中的组分比轨迹交叉论中的组分更具普适性和广泛性，而且考虑了“媒±”的组分，更加符合实际情况。由于该子系统由轨迹交叉论拓展而来，可以简称为广义轨迹交叉论或广义轨迹交叉模型。

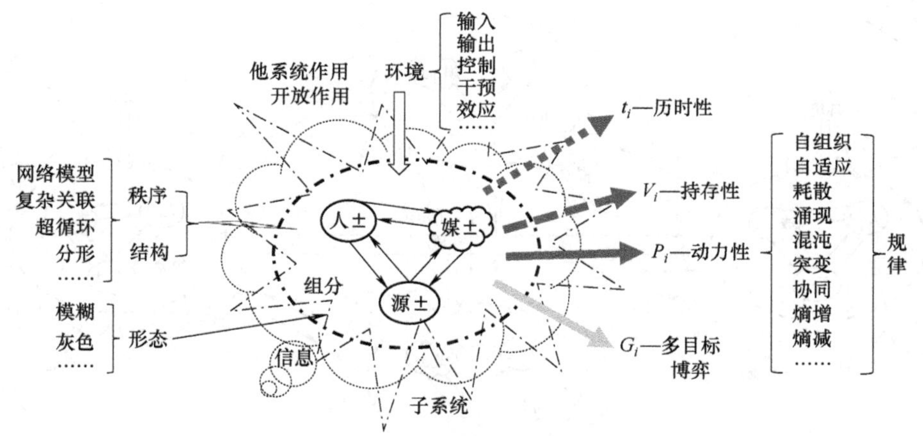

图 10-36 复杂子系统模型示意图（吴超，2021）

如图 10-36 所示，该子系统中的“人±”“源±”“媒±”的结构和秩序可以千变万化，其形态可以呈模糊、灰色等形态；该子系统处在某个复杂环境之中，并具有开放性，与外界不断发生信息等交流作用；环境对该子系统具有控制、干预、输入、输出等作用，可以发生各种复杂的效应；该子系统具有历时性、持存性、多目标性、动力性等，特别是动力性可以促使该子系统发生自组织、自适应、耗散、涌现、混沌、突变、协同、熵增、熵减等现象。因此，从上述假设和分析中，该模型具有表征普适性存在的复杂场景及其构成任意子系统的功能。如果从安全的视阈和目的来看待该系统，图 10-36 同样可以表征安全子系统。

在现实世界中，某一时空中构成的系统都是由多种多样的子系统聚集和纠缠在一起，即有多个（用 x 表示）子系统构成和相互作用，如图 10-37 所示。这时系统就更加复杂多变了，可能发生的事物就更加难以预测了，可以研究的问题就更多了。如果从安全的视阈来看待问题，图 10-37 同样可以用于表征安全复杂系统。

从图 10-36 和图 10-37 的组分分析，并结合安全复杂问题的判断标准可知，广义轨迹交叉模型符合复杂系统问题。如果我们从安全的视角来分析广义轨迹交叉模型，就是安全复杂系统研究的问题和模型。

（3）安全复杂系统的研究问题。下面以图 10-37 为例，从安全的视阈，进一步说明为什么该系统可以表征安全复杂系统并可以开展哪些安全复杂性一般性问题的研究。

1）假设图 10-37 的系统由 x 个子系统组成，每个子系统的组分“人±”“源±”“媒±”互不相同，如果从安全系统组分的复杂程度分，则可以开展多种组分的安全复杂系统问题研究；如果将多个子系统的安全场景具体化，如某个行业或某一空间的安全系统，就可以开展各种具体场景的安全复杂系统问题研究。

2）如果从安全系统的组分分别展开研究，即采用还原研究法，并根据上文对“人±”“源±”“媒±”内涵的描述，则就是还原法经常研究的人、机、物、环、管、信息、能量、文化等具体分支的安全问题；这些组分被适当组合之后，就是安全系统学和安全系统工程所研究的问题，如安全人-机系统，安全人-事-物系统，安全人-物-机-环-管系统等安全系统科学分支。

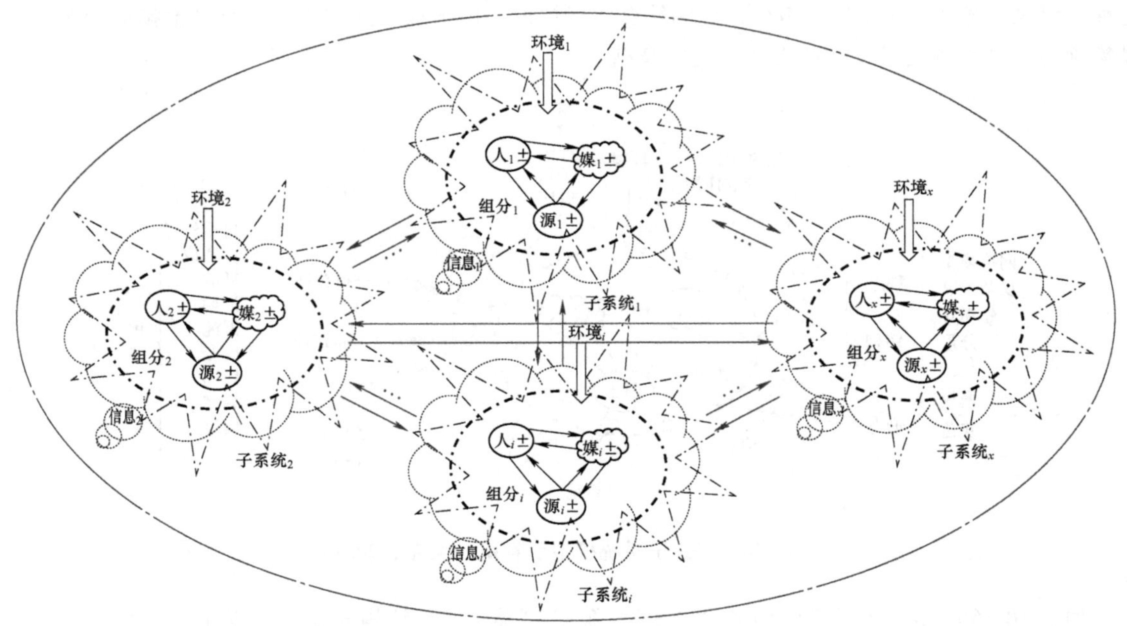

图 10-37　多个复杂子系统构成的系统模型示意图（吴超，2021）

3）如果从安全系统的结构分别展开研究，根据形成安全系统的微结构、中结构、宏结构，空间结构，时间结构，运行结构，硬结构、软结构，以及各种具体结构（如框架结构、链式结构、环形结构、嵌套结构、塔式结构、树状结构、网络结构等），就可以开展各种安全结构分支学科的研究。

4）如果从安全系统的环境开展分析研究，依据不同环境类型（如自然灾害环境、战争环境、病毒攻击环境、和平环境、贸易环境等），环境本身的层次、形式、效应，环境尺度，环境的表征，环境的特性，环境对系统的塑造效应等分类，就可以形成基于不同环境的安全系统分支学科。

5）如果从系统（整体）开展研究，就可以形成不同类型系统科学的学科分支，并可以就系统的共时性、历时性、秩序性、持存性、演化、自组织、它组织、协同、开放、封闭等问题开展研究并生成各学科分支。

6）如果从系统涌现形式展开研究，就可以开展系统正涌现、零涌现、负涌现，系统突变、湮灭、耗散、混沌等研究并形成各学科分支。

（4）安全复杂系统通用模型的意义。由上面分析看出，图 10-37 实现了安全系统的“五大统一”。

1）图 10-37 可以将整体论研究的安全复杂系统问题与还原论研究的安全具体问题统一起来。

2）按安全系统的粒度，可以分为微系统、中系统、宏系统，由于图 10-37 具体尺度是没有界定的，因此图 10-37 可以将安全系统从微观到宏观统一起来。

3）由于图 10-37 表达的“源±”和“媒±”内涵非常宽泛，包括自然灾害、生产事故、公共卫生、反社会行为等，多种灾源都可以纳入，故图 10-37 将存在于不同系统中的各种危险源的状态表征统一起来。

4）由于图 10-37 表达的安全系统涌现和安全效应等可以是负向的，也可以是正向的，故图 10-37 把正向的安全激励和负向的事故灾难问题表征统一起来。

5）由于图 10-37 中的“人±”的行为可以是无意、有意、恶意的，故图 10-37 把无意事故和有意事故及恶意的事故场景表征统一起来。

从图 10-37 也可以看出，安全复杂系统的确太复杂了。为了使问题简单化，根据图 10-37 的模型，提出安全复杂系统控制的四大新策略：

1）安全子系统适度开放平衡策略。社会开放、合作、协同、沟通等是大趋势，是人性、经济、创新、发展等的需要，也是符合人和人类社会是开放系统的原理。但各安全子系统之间如果无限制地开放，安全子系统就失去其独立性，即安全子系统将不复存在。因此，要保持安全子系统的适度开放。

2）安全系统局部和谐策略。实际上，对于宏系统，要使得整个系统保持和谐是不可能的，也是违背客观世界变化发展规律的，比如地球是不可能没有自然灾害发生的；如果使宏系统整体都进入和谐，则系统整体就走向寂静，进而走向死亡。但促成局部和谐却是必需的，也是可能的，比如一个区域、一个国家，是需要安全和谐的。因此，本书编者曾提出安全系统局部和谐原理，局部和谐需要中庸、平衡，局部和谐需要子系统自组织、自适应等。

3）子系统容量安全策略。任何子系统都有一定的安全容量，不论是人口、物质、能量、信息、文化等有形的、无形的、有体积的、无体积的、有危险性的、无危险的，都需要适度、优化、低于临界值，同时要有保持适宜的发展速度、适宜的规模，适宜的环境，即保持该子系统处于动态的安全容量之中。

4）安全复杂系统的降维策略。复杂系统之所以复杂，其表现出的一种特征是高维度性。如果能够对系统开展降维处理，将系统从高维度降到低维度，其实就是将安全复杂系统变成安全简单系统。如果能够实现这一目标，显然对系统的控制也变得简单了。

5）系统紧急事态下的隔离策略。从安全复杂系统原理上分析，隔离的作用就是使系统封闭、寂静，变成非系统，使各要素无关联等。在生活中有俗语“快刀斩乱麻”，意思是面对一团复杂无序的问题，果断、爽快地将其解决，即需要抛开其复杂性，当机立断地解决问题。

10.9.2 安全复杂系统的典型理论

复杂系统安全理论主要包括系统涌现理论、混沌理论、耗散结构理论、突变理论、协同理论等，有关理论名称前面加上“安全”两字主要表达围绕安全问题和在安全方面的应用。

1. 安全复杂系统涌现性理论

系统涌现性体现安全系统的本质。从系统涌现的定义与现有理论的内涵出发，可以剖析安全系统中蕴含的系统涌现性现象与思想，从而确定进行安全系统涌现性研究的基本立足点。

（1）系统涌现性定义与安全内涵。安全系统涌现性的研究是基于系统科学中有关涌现的思想与理论，对安全系统基本问题开展新的认知研究。涌现理论包括钱学森系统科学思想、复杂性理论、涌现机理理论等。涌现的通俗含义是“整体大于部分之和”，贝塔朗菲从涌现性的表面特征将其定义为“整体具有而分解到局部就不存在的现象、属性、特征、行为等”。安全作为系统整体呈现的一种状态，是各部分组合在一起时能够保证构成的系统执行目标功能，同时不产生消极影响，这就需要各部分之间的配合与协同。这种“安全”是在分解时不复存在的“功能”。

（2）系统涌现性内在机理与安全本质。根据自组织理论中的耗散结构理论与协同论，涌现的机理可以总结为：远离平衡态的开放系统通过与外界环境交换物质和能量，和系统内的子系统的协同作用，使得系统在一定条件下形成一种新的稳定的有序结构。安全系统是开放系统，系统的安全本质上是系统内各部分之间以及系统组分与环境组分之间的复杂关联作用，在一定条件下能够呈现稳定有序的结构。安全的本质应是一种复杂中有秩序的涌现过程。

复杂适应性理论指出，涌现是一种在突变、交换、重组过程中形成的新的、更为复杂的、更能适应环境的新结构（进化），涌现性形成的微观-宏观机制是受限过程。系统安全的发展，就是具备更强的环境适应性的涌现过程，在各种条件扰动之下依然保持安全属性。安全管理应遵从柔性管理，遵从个体自身适应和变革规律，通过环境引导或诱使个体改变自己的功能和行为，以达到客观控制的目标，才能顺应系统安全涌现的规律。

（3）安全问题的其他涌现性内涵。安全问题的涌现内涵还体现在安全具有的社会效益。来自于处于人类社会这个复杂巨系统之内的各个安全子系统的低层安全性能够在社会系统涌现出社会安全效益，具体表现为对国家安全生产与运行、人民生活的安全感与安全水平有质的提升；此外，安全科学的根本目的就是实现宏观整体的安全涌现，这就需要各社会安全子系统的协同和默契合作等。

（4）安全涌现性的相关定义。研究安全系统的涌现性，需要认识安全系统产生涌现特性的基本原理与概念。根据系统科学理论中从系统自身构成解析系统涌现的概念基础：系统组分为涌现的产生提供物质、能量基础，系统内组分之间的相互关联、协同、约束等关联关系构成系统内的复杂结构，受到与系统密切相关的环境因素的影响，低层次上大量具有多样性、关联性的微观表现在更高层次呈现原有微观表征之外的新的特征，并随系统层次的跃升，最终在系统整体层面涌现全新状态与效果，实现系统的质变。基于此，构建安全系统涌现学的基本概念体系，以奠定安全系统涌现性研究的基本导向。认识安全系统涌现性的基本概念包括安全系统组分、安全系统整体、安全系统环境、安全系统结构、安全系统层次、安全系统涌现。

（5）安全系统涌现性机理机制。涌现的产生机理是确立涌现理论的核心，只有构建起完善的涌现机理才能使涌现概念摆脱无法被科学定义、直观理解与广泛运用的窘境。安全系统涌现研究同样需要创建符合安全系统特性的安全涌现机制。开展安全系统涌现性机制的研究，应以常见的安全现象为例证，以安全系统演变规律为导向，以系统科学涌现机理研究成果与蕴含安全涌现思想的安全研究成果为支撑。可将安全系统涌现性机理机制研究路径分为两种：一是基于已有系统科学关于涌现性机理的研究成果，二是基于已有的安全科学理论方法。

前者包括运用系统科学中的经典理论，如普利高津、托姆、哈肯、艾根等学者的自组织理论、圣塔菲研究所的复杂性涌现研究、以霍兰为代表的复杂适应性理论，以及新兴的关于系统观涌现动力学机制研究；后者则是从安全科学自学科出发，建立原有理论与安全系统涌现性之间的理论关联，创建符合安全系统自身涌现性的新理论。上述两条研究路径相辅相成，共同促进安全系统涌现性机理的发展。

（6）安全系统涌现性的安全与描述方法。安全系统涌现性作为安全科学理论的一个全新概念，需要将其于广泛运用于安全系统研究之中。安全系统涌现性是通过深入剖析安全系统的构成与系统如何涌现出安全相关特性，认识系统安全的本质、寻找安全控制与安全的方法。因此，需要从学理层面分析安全系统涌现性所蕴含的重要安全理论思想，挖掘安全系统涌现性的特征与规律，认识安全、事故、风险等安全核心概念与安全系统涌现性的关系，研究群体安全意识、行为及安全文化的涌现形成，安全系统自身的发展与演化的涌现过程……这些问题的探究将深入发展安全理论与方法提供理论基础。

科学地描述安全系统涌现性是广泛运用安全系统涌现性理论的重要环节。基于安全科学的发展趋势及安全科学研究的需要，提出应进行安全系统涌现性的定性、定量分析研究，从信息视阈开展安全系统涌现性的研究，如研究系统的智能组分所具备的安全信息力对系统安全涌现发挥驱动作用，以及利用现代计算机技术开展安全涌现性建模仿真研究等，将大大促进安全系统涌现性研究在理论与方法论层面的发展。

（7）安全系统涌现性的安全实践应用。如何将安全系统涌现性应用于提高人类社会的安全实践活动中是其最终目的。根据安全科学理论及其实践需要的发展，安全系统涌现性的思想与理论可以广泛运用于安全系统工程方法的创新，以及应对现代安全系统的安全难题。安全系统涌现性在安全实践中的应用包括：基于系统涌现的安全系统工程方法的创新（安全预测、安全评价、风险分析、安全决策等）、基于涌现的安全系统规划与设计、安全系统柔性管理等，以及针对不同系统的安全研究，如企业安全能力评价与提高、高安全性系统的安全体系范式研究、现代化复杂安全系统的风险与事故涌现等。

（8）安全系统涌现性研究的意义。安全系统涌现性研究从系统的涌现特性视角，综合运用系统科学、复杂性科学以及安全科学的思想与理论成果，在促进安全科学发展层面具有如下几方面的意义：

1）进一步深入对安全系统本质特征的认识，有利于把握安全系统的运行与发展规律。以安全系统涌现性为核心的安全系统涌现学的发展，完善以“安全问题是系统问题”为核心的安全系统科学基础理论体系。

2）实现安全科学研究中的多维度统一。系统学与安全研究问题的统一，微观到宏观的统一，自然灾害到生产安全的统一，正向安全到负向安全的统一，无意事故到有意事故的统一等。

3）安全系统涌现性研究是安全科学原理研究的正向型研究路径的新发展。它是典型的从安全本原出发、以系统安全为主线提高系统整体安全性的安全正向研究。安全系统涌现性的思想与方法填补了正向安全研究的理论空白，符合安全科学研究的发展方向。

4）为安全科学复杂性问题提供新的研究视角。安全系统涌现研究是在一般系统学与安全学的交叉研究之上，引入复杂性系统科学理论与方法的新安全系统学，它为安全研究中普遍存在的不确定性、非线性、混沌性等难题开辟了新的研究路径，为硬系统与软系统相结合的安全系统管理、安全系统演化模拟、复杂系统安全性评价等前沿安全系统研究提供理论基础。

2. 复杂安全系统混沌理论

复杂安全系统混沌理论主要包括复杂安全系统混沌动力学与复杂安全系统混沌控制两大部分。

（1）复杂安全系统混沌动力学。在复杂安全系统混沌动力学中，复杂安全系统具有五大混沌动力学特性：

1）有界性。讨论具体的安全问题，通常需要有时空界定，例如事故致因理论中的轨迹交叉论，安全系统中各元素的运动轨线始终局限于一个确定的区域，这个确定区域的大小与安全系统的范围有密切关系。

2）内随机性。在人的意识控制下，即使外界对安全系统输入的负熵流是确定、有序的，然而在安全系统内产生类似事故随机发生的运动状态，这显然是系统内部自发产生的，故称为内随机性，但这种内随机性与通常认为的随机性不同，它是由确定的安全系统对初值的敏感性造成的，是混沌系统特有的确定的随机性，体现了复杂安全系统的局部不稳定性。

3）分维性。复杂安全系统具有丰富层次的自相似结构，各子系统中事故的发生虽然轨迹不一，却又有共同的规律，事故的发生具有分形特征，这是事故的混沌运动与随机运动的重要区别之一。

4）标度性。复杂安全系统的混沌运动是无序中的有序态，只要对系统中各变量数值的影响参数掌握足够全，测量设备精度足够高和足够长，总可以在一定尺度的安全系统混沌域内预测事故发生的相关信息。

5）普适性与统计特征。复杂安全系统中事故的发生规律表现出一定的统计特征，总有一些普适的常数。

（2）复杂安全系统混沌控制。混沌科学的发展大致经历了三个不同的阶段：第一阶段为从有序到混沌，主要是认识自然界混沌现象的普遍性，认识到非线性系统才是最一般的系统，线性系统只是其中的特殊例子；第二阶段是研究混沌中的有序，认识混沌中的几个普适常数，认识混沌的内在规律性；第三阶段为从混沌到有序，即混沌控制研究，通过对系统参数做小扰动并反馈给系统实现将混沌系统的轨道稳定在人们预期的一条特定轨道上。

实现复杂安全系统的混沌控制是安全混沌学的追求目标，复杂安全系统虽然是复杂的多维系统，但其变量的运动具有一定的规律性，仔细地选择小扰动可对安全系统的长时间行为产生大的有益变化。例如，传统的系统安全分析法中的可操作性分析（HAZOP）主要是以关键词为引导，分析工艺过程中状态参数（如温度、压力、流量）的变化，通过对控制参数的调节，稳定系统状态变量，实现系统的安全运行。若将 HAZOP 发展为现代的“多维可操作性分析”将会对安全系统的混沌控制大有裨益。

3. 安全复杂系统耗散结构理论

（1）耗散结构理论。安全系统是一个多元化、多功能、多目标，预测和控制非线性，人-机-环各种因素相互作用的复杂系统。相关研究证实，复杂的安全系统是以耗散结构形式存在的自组织系统。耗散结构理论主要基于以下分析：

1）复杂安全系统是一个开放的、动态的系统。复杂安全系统与外界发生物质、能量、信息的交换。

2）复杂安全系统是非线性系统。系统内会产生大量的突变现象引发事故，同时安全系统内各要素之间存在非线性相互作用。

3）复杂安全系统是远离原始平衡态的系统。值得强调的是，这里的原始平衡态指的是一种无组织、无纪律状态，在这种状态下，人的不安全行为、物的不安全状态广泛存在，但并不是系统发生事故的概率最大状态，理论上100%的事故率同样是一种远离平衡态的状态，是人为蓄意控制的。

4）复杂安全系统的自组织现象是突变过程产生的。原始平衡态系统中存在涨落，或者说是扰动，这些涨落按人的价值观可以分为有益的涨落（安全的）和有害的涨落（危险的）。这些本身随机的涨落在系统远离平衡时，通过外界（主要是人）能量流的输入与维持导致平衡态系统处于不稳定的临界状态，其中的某种涨落被放大为“巨涨落”，从而使不稳定的原始系统突变跃迁到新的有序的安全系统状态。

（2）涨落理论与安全状态关系。关于复杂安全系统的涨落，有以下几点需要说明：

1）与化学耗散结构中涨落的随机性有所不同的是，虽然以耗散结构存在的复杂安全系统是一种稳定化了的巨涨落，但由于维持复杂安全系统耗散结构的能量流和物质流具有“意识性”，导致本质随机的涨落呈现出一种人为控制下的“可选择的涨落”，即演化为安全系统的涨落并不是纯粹的最先出现的随机或偶然。

2）由于复杂安全系统是一复杂的多维系统，在其运行过程中，除系统内部涨落外，外界环境也会给复杂安全系统输入随机因素，可称之为“外噪声”。

3）在复杂安全系统中，“事故”可以被定义为“某一偏离安全有序状态的涨落被放大，引起安全系统局部失稳导致的结果”，这一观点可以看作对传统的事故致因理论中的“扰动起源论”即“P 理论”的进一步发展。

4. 安全复杂系统突变理论

（1）安全突变理论的一般定义。事故的发生具有渐变与突变等形式，前者可运用耗散结构理论研究，后者则需要进一步运用安全突变理论进行分析。目前关于突变理论的定义有多种。

1）突变理论是研究从一种稳定组态跃迁到另一种稳定组态的现象和规律的理论。

2）突变理论是研究系统的状态随外界控制参数连续改变而发生不连续变化的理论。

3）突变理论是揭示事物质变方式是如何依赖条件变化的理论。

（2）基于数学模型的方法定义安全突变理论。下面用数学模型的方法定义安全突变理论，先做如下假设与推理：

1）安全系统是复杂的多维系统，决定安全系统状态的变量也是多维的，但可以将多维的内部变量统一转化为以安全熵 s 这一系统状态特征量为标准的一维变量参照系统，即安全系统状态函数 $P=F(s)$。

2）安全熵 s 可以被看作仅由三个控制参数决定，分别是 u（安全系统内人的因素）、v（安全系统内物的因素）、w（外界的因素），即 $s=f(u,\ v,\ w)$。

3）根据以上两点，系统的状态变量为 1 个、控制参数为 3 个，并且安全系统本质上是不可逆系统，系统中的突变现象更是不可逆的，故可以选择突变理论中的燕尾突变模型对安全系统进行分析，则此时安全系统突变模型为

势函数
$$V_{(s)}=s^5+us^3+vs^2+ws \tag{10-4}$$

突变流形
$$\mathrm{d}V_{(s)}=5s^4+3us^2+2vs+w=0 \tag{10-5}$$

$$\begin{cases}\mathrm{d}V_{(s)}=5s^4+3us^2+2vs+w=0\\ \mathrm{d}^2V_{(s)}=20s^3+6us+2v=0\end{cases} \tag{10-6}$$

分叉集由式（10-6）消去 s 得到。

通过以上动力学方程可以看出，描述复杂安全系统突变的相空间应该是一个四维的超曲面，这意味着我们并不能像以往那样简单地画出复杂安全系统的突变流形图。在以上的假设中，复杂安全系统的混沌动力学方程可写为 $\dfrac{\mathrm{d}s}{\mathrm{d}t}=f(\{s\},\{u,v,w\})$，方程的右半部分可以表达为势函数 $V(\{s\},\{u,v,w\})$ 的梯度，即 $\dfrac{\mathrm{d}s}{\mathrm{d}t}=-\dfrac{\partial V}{\partial S}$，它的定态解由 $\dfrac{\partial V}{\partial S}=5s^4+3us^2+2vs+w=0$ 解得，求出的定态解 $\{s_0\}$ 在安全系统突变的相空间中表现为奇点。

因此，复杂安全突变理论可被定义为：复杂安全突变理论就是利用势函数 V 来研究复杂安全系统突变的相空间中的奇点是如何随控制参数 u（人因）、v（物因）、w（外因）变化，以及复杂安全系统势函数 V 与状态变量 $\{s\}$ 和控制参数 $\{u,\ v,\ w\}$ 的拓扑不变关系的理论。

（3）安全突变理论的应用。安全突变理论目前在许多领域都有实际的应用，如基于事故致因理论的尖点突变评价模型在事故危险性评价中的应用、安全突变理论在岩土工程、采矿工程、水利工程等灾变分析中的应用等。

5. 复杂安全系统协同理论

（1）安全协同理论的定义。参考哈肯对协同学的定义，可以认为安全协同理论是研究复杂安全系统中子系统之间是怎样合作以产生宏观的时空结构和功能结构，以及安全系统中局部事故灾变系统是怎样通过各种致因因素协同作用产生事故的理论。

（2）安全协同理论的应用步骤。复杂安全系统是一个高维系统，安全协同理论处理问题的基本思想就是把事故致因机理研究、安全管理要素分析等高维的非线性问题用一组维数很低的非线性方程（即序参量方程）来描述。序参量方程控制着安全系统在临界点附近的动力学行为，安全协同理论的运用主要有以下步骤：

1）建立安全系统初始动力学方程。设安全系统运动方程为常微分方程组为

$$\frac{\mathrm{d}q_j}{\mathrm{d}t}=f_j(q_1,q_2,\cdots,q_n,\mu),(j=1,2,\cdots,n) \tag{10-7}$$

式中，q 为安全系统状态变量；μ 为控制参数。

2）对以上动力学方程进行线性稳定性分析，调节控制参数 μ，使安全系统线性失稳、出现分岔，确定稳定模和不稳定模。

3）运用支配原理消去快弛豫变量或快弛豫模式，得到一个或少数几个由慢变量或慢变模式主导的非线性随机微分方程，即序参量方程，如果把 n 个状态变量做如下缩写：

$$q_1(x,t),q_2(x,t),\cdots,q_n(x,t)\equiv q(x,t)$$

则安全系统序参量方程为

$$\left.\frac{\partial q}{\partial t}\right|_{(x,t)}=N(\mu,q,\nabla,x)=F(t) \tag{10-8}$$

式中，q 是序参量；N 是非线性函数向量驱动力；∇ 为微分算子，$\nabla=\left(\frac{\partial}{\partial x},\frac{\partial}{\partial y},\frac{\partial}{\partial z}\right)$；$\mu$ 是控制参数；$F(t)$ 表示来自内部或外部的随机涨落力函数。

在上节安全突变理论中认为，安全熵 s 是安全系统重要的序参量。

4）在忽略涨落和考虑涨落两个情形下求解序参量方程，得出系统的宏观结构方程。

根据不完全统计，安全协同理论在洪涝、泥石流、森林火灾、边坡岩土工程灾变、煤矿安全、电力系统大停电事故等灾害预测和控制中都有实际应用。

6. 安全复杂性研究的分类与展望

基于上述安全复杂性问题及其研究和模型，可以对安全复杂性研究进行分类，由此也可以展望安全复杂性研究的新课题。

（1）基于安全复杂学的学科属性，可分为安全复杂学学科基础研究、安全复杂学应用基础研究、安全复杂学应用研究等。

（2）按照安全复杂学研究方法分类构建的学科分支，可分为安全复杂性方法论研究、安全复杂性隐喻方法研究、安全复杂性模型方法研究、安全复杂性模拟仿真方法研究、安全复杂性效应方法研究、安全复杂性涌现方法研究、安全复杂性大数据方法研究等。

（3）按照具体场景分类构建的安全复杂学分支，可分为社会安全复杂学研究、生态安全复杂学研究、人文安全复杂学研究、城市安全复杂学研究、网络安全复杂学研究、信息安全复杂学研究、安全信息复杂学研究、工业系统安全复杂学研究等。

（4）按照安全系统学理论体系内容构建的安全复杂学分支，可分为有限组分安全复杂学研究、

安全复杂学的结构研究、安全复杂学的秩序研究、安全复杂学的环境研究、安全复杂学动力特性研究、安全复杂学的涌现性研究、安全复杂学的整体效应研究等。

（5）按照安全复杂学的涌现性形式，可分为安全复杂系统突变研究、安全复杂系统耗散研究、安全复杂系统湮灭研究、安全复杂系统混沌研究、安全复杂系统自组织研究、安全复杂系统和谐研究等。

（6）按照安全复杂系统的演化阶段，可分为安全复杂系统灾难预防研究、安全复杂系统灾难应急研究、安全复杂系统灾后恢复研究等。

（7）按照安全复杂系统的管控补充，可分为安全复杂系统的风险管理研究、安全复杂系统的灾难研究、安全复杂系统的韧性提升研究等。

（8）按照安全复杂系统的时序性，可分为安全复杂系统的动态研究、安全复杂系统的瞬间状态研究等。

10.9.3 安全复杂系统建模实例

系统的动力特性有自组织、自适应、耗散、涌现、混沌、突变、协同、熵增、熵减等，如果从安全的视阈筛选其中的一个来表征某一子系统的安全特性，“涌现”是较为合适的。这里把系统出现故障、发生事故、灾难、疾病、疫情、舆情、战争、恐慌等称为涌现（负涌现），也可以把系统具有很强的可靠性、韧性、抗逆性、安全性、平安、祥和、稳定、可靠、美满、快乐等称为涌现（正涌现），而系统常态下虽然具有一定隐患但仍能够正常运行和不出现负涌现的情况，则可以用零涌现表达。

1. 子系统的组分、结构、序、环境与安全复杂涌现的表达

将安全现象涌现定义为与系统出现与安全有关的各种结果状态。安全现象涌现定义指出，在系统中，出现了与其组分及组分加和安全性都不具有的现象特征，这种现象特征可以是人们所希望的、不希望的或是无所谓的。

基于上述的定义，假设在任意时空里，用 S_e 表示某一子系统的安全复杂现象涌现性，该子系统的组分 C（含 x 种组分）以一定的复杂结构 S（含 x 种结构）和复杂秩序 O（含 x 种秩序）存在，并处于特定复杂环境 E（含 x 种环境）和受环境所作用，这种存在状态可用示意图 10-38 表示。参考系统学的结构与秩序理论及其表达的内涵，图 10-38 可用复杂逻辑门关系表达为图 10-39 和式（10-9），这里指的复杂逻辑门有别于常规逻辑门，因为复杂性问题是不能够用逻辑关系表达的，这里将这种非逻辑关系称为超逻辑关系，并用超逻辑门表达（用普通逻辑门中添加一个“云”框表达超逻辑门）。

基于图 10-39 的安全复杂现象涌现性的超逻辑表达式如下：

$$S_{ei}(t)=\{C_i(t)\}\cdot\{O_i(t)\}\cdot\{E_i(t)\}\cdot\{S_i(t)\} \tag{10-9}$$

2. 安全复杂现象涌现性的超逻辑表达式的应用

（1）通过对式（10-9）求偏导数，可以引申出更多的意义，因篇幅所限这里不多做分析。图 10-39 和式（10-9）显然比已有的简单轨迹交叉模型更加科学，其优点有：①考虑了环境问题；②可以表达一切场景；③可以开展深入系统研究；④可以构建安全复杂系统学体系；⑤可以找到各种安全科学问题等。

（2）基于上述的定义，在任意时空里，如果用 S_e 表示子系统的安全复杂现象涌现性，系统的组分 C 以复杂结构 S 存在，但序 O 不变，并处于特定复杂环境 E 和受环境所作用，则 S_e 可用

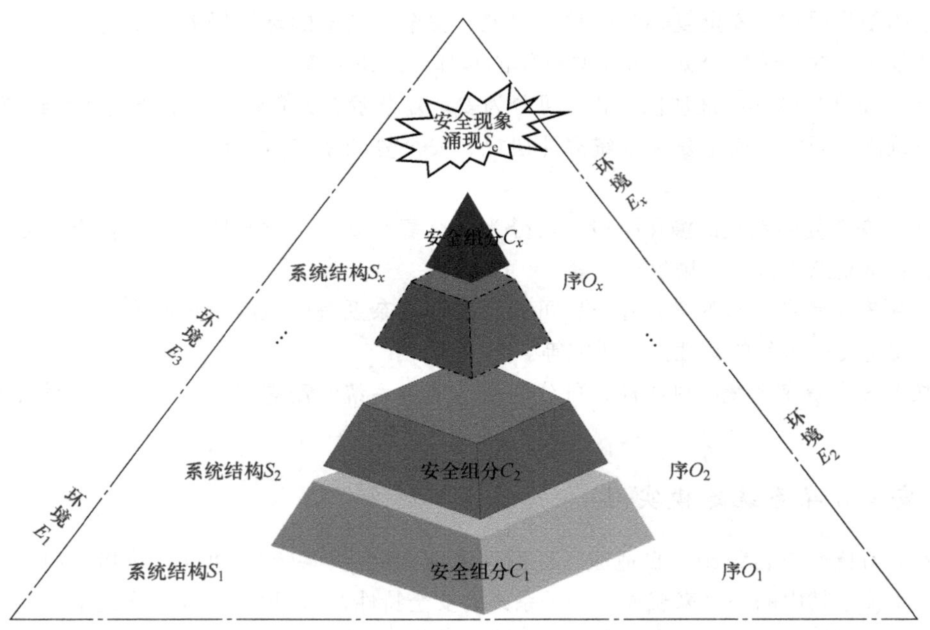

图 10-38　子系统的组分、结构、序、环境与安全复杂涌现的表达（吴超，2021）

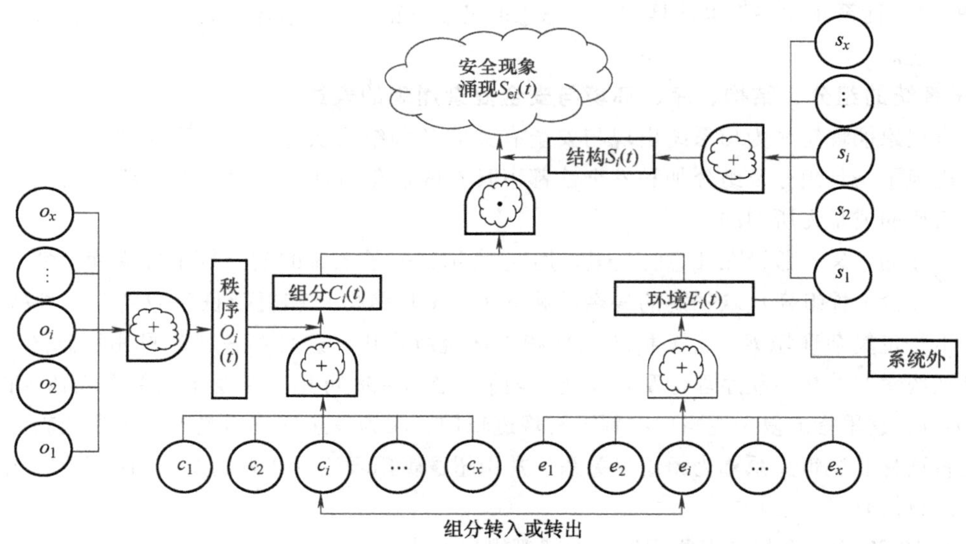

图 10-39　子系统的组分、结构、序、环境与安全复杂涌现的超逻辑表达（吴超，2021）

式（10-10）表示，也可以做出类似图 10-39 的超逻辑表达图。

$$S_{ei}(t)=\{C_i(t)\}\cdot\{E_i(t)\}\cdot\{S_i(t)\} \tag{10-10}$$

（3）基于上述的定义，在任意时空里，如果用 S_e 表示子系统的安全复杂现象涌现性，系统的组分 C 以复杂结构 S 和复杂秩序 O 存在，系统所在环境 E 不变，则 S_e 可用式（10-11）表示。

$$S_{ei}(t)=\{C_i(t)\}\cdot\{O_i(t)\}\cdot\{S_i(t)\} \tag{10-11}$$

（4）基于上述的定义，在任意时空里，如果用 S_e 表示子系统的安全复杂现象涌现性，系统的组分 C 以一定的复杂结构 S 存在，系统内组分的序 O 和系统所在环境 E 不变，则 S_e 可用式（10-12）

和图 10-40 表示，这是相对简单的形式。

$$S_{ei}(t)=\{C_i(t)\}\cdot\{S_i(t)\} \tag{10-12}$$

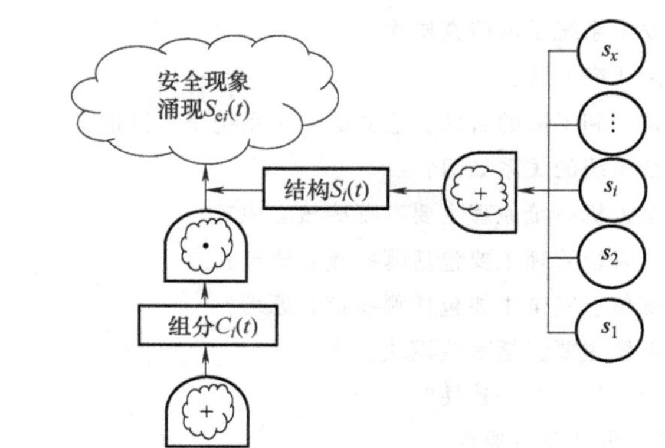

图 10-40 子系统的组分、结构与安全复杂涌现的超逻辑表达

10.9.4 安全复杂系统研究展望

安全科学经历了100多年的孕育、发展和夯实，特别是近半个世纪以来，其理论、方法、原理、模型、体系等一直被不断充实，其内涵、外延和范畴也在不断拓宽，其研究和解决的重点问题也随着社会的不断发展而不断转换和拓展。特别是近几十年来，随着全球人口膨胀，地区发展不平衡，贫富差距矛盾加剧；自然环境恶化，自然灾害频发，不可再生资源减少；科技创新和发展迅猛，人造工程复杂化和巨型化，信息爆炸和传播技术革命，人们生活方式不断改变；系统趋于复杂化，社会要素互相依赖性更强。安全复杂问题日显突出，安全复杂性成为客观存在和急需研究解决的重大实际问题，安全复杂性研究也成为安全科学研究的新领域和新难题。

因此，近一二十年来国内外一些安全科学研究者看到上述的变化，并开始涉足安全复杂性领域的学科建设研究，但大多数研究主要是将现有的复杂性理论应用于安全具体领域。由于安全复杂性，迄今一直没有取得明显进展。其主要原因是：①安全复杂问题的解决难度很大，客观上和理论上存在很大的挑战性，短时间难以取得较大突破和建树；②由于复杂科学从诞生至今已经发展了一百多年，人们习惯沿用复杂科学的理论和方法来开展安全复杂问题和安全复杂系统的研究，从而造成安全复杂学一直没有自身的理论和特色；③多年来对安全复杂问题的研究基本停留在应用层面，缺乏对安全复杂学的学科理论开展研究，即缺乏安全复杂学自身的理论指导。

一门新学科的创建最重要的是其学科基础理论的建立，安全复杂学也是如此。因此，本节运用历史分析法、推理法、归纳法、理论建模法和预测法等开展理论研究，提出判断安全复杂问题的四种途径，给出安全复杂性研究需要遵循的八个基本原则，创建安全复杂学的五个核心概念和基于安全系统学的九个基础定义，归纳出安全复杂性研究的九类典型方法，构建表征安全复杂系统的通用模型及其超逻辑结构图和表达式，并提出安全复杂系统控制的五种策略，最后从八种视角给出安全复杂学的学科分支。上述研究结果契合安全科学的发展趋势，构成安全复杂学的学科理论基础。

本章思考题

1. 试阐述安全系统及安全系统学的研究层次。
2. 安全系统有哪些常用研究方法？
3. 为什么基于不同的视角和不同的目的所建立的安全系统是不同的？
4. 安全人机系统与安全系统的关系如何？
5. 从理论基础层面安全人机系统原理主要有哪些核心原理？
6. 从理论基础层面安全系统管理主要包括哪些核心原理？
7. 从理论基础层面系统信息安全主要包括哪些核心原理？
8. 企业安全管理信息系统主要包括哪些模块？
9. 系统和谐与系统安全为何存在一致性？
10. 实现系统和谐主要有哪些基本原理？
11. 为什么保障系统安全需要安全运筹学原理？
12. 构建安全运筹学模型有哪些主要方法？
13. 安全系统工程的主要研究内容是什么？
14. 安全系统的建模和安全评价的主要步骤是什么？
15. 什么是系统安全韧性？系统安全韧性原理研究有何重要意义？
16. 为什么很多安全问题都是复杂问题？
17. 安全复杂问题的判断途径有哪些？
18. 安全复杂性研究的主要方法有哪些？
19. 现有复杂系统理论主要有哪些？
20. 为什么隐喻在许多复杂理论中得到较好应用？

参考文献

[1] ADAMS J. The management of risk and uncertainty [J]. Policy Analysis, 1999, 355: 1-49.

[2] ATTWOOD D, KHAN F, VEITCH B. Occupational accident models: where have we been and where are we going? [J]. Journal of Loss Prevention in the Process Industries, 2006, 19 (6): 664-682.

[3] BOWLES J B, PELÁEZ C E. Fuzzy logic prioritization of failures in a system failure mode, effects and criticality analysis [J]. Reliability Engineering & System Safety, 1995, 50: 203-213.

[4] CASSANO-PICHE A L, VICENTE K J, JAMIESON G A. A test of Rasmussen's risk management framework in the food safety domain: BSE in the UK [J]. Theoretical Issues in Ergonomics Science, 2009, 10 (10): 283-304.

[5] COZE J C L. Disasters and organisations: from lessons learnt to theorizing [J]. Safety Science, 2008, 46 (1): 132-149.

[6] DE BLOIS L. Industrial safety organization for executives and engineers [M]. New York: McGraw-Hill Book Company, 1926.

[7] DECHY N, DIEN Y, FUNNEMARK E, et al. Results and lessons from the ESReDA's accident investigation working group [J]. Safety Science, 2012, 50 (6): 1380-1391.

[8] DURUGBO C, TIWARI A, ALCOCK J. Modelling information flows for organisations: a review of approaches and future challenges [J]. International Journal of Information Management, 2013, 33 (3): 597-610.

[9] EMERY L W, Mungan N, Nicholson R W. Systematic cause analysis technique (SCAT) manual [J]. Journal of Petroleum Technology, 1970, 22 (12): 1569-1576.

[10] BIRD FRANK E. Management guide to loss control [M]. Atlanta: Institute Press, 1974.

[11] FU G, XIE X C, JIA Q S, et al. The development history of accident causation models in the past 100 years: 24Model, a more modern accident causation model [J]. Process Safety and Environmental Protection, 2020 (134): 47-82.

[12] GIBSON J J. The contribution of experimental psychology to the formulation of the problem of safety-a brief for basic research [C]//Association for the aid of Cripple Children. In behavioral Approaches to Accident Research. New York: [s. n.], 1961.

[13] GORDON J E. The epidemiology of accidents [J]. The American Journal of Public Health and the Nation's Health, 1949, 39 (4): 504-515.

[14] GORDON R, FLIN R. MEARNS K. Designing and evaluating a human factors investigation tool (HFIT) for accident analysis [J]. Safety Science, 2005, 43 (3): 147-171.

[15] HADDON W. A note concerning accident theory and research with special reference to motor vehicle accidents [J]. Annals of the New York Academy of Sciences, 1963, 107 (2): 635-646.

[16] HADDON W. The changing approach to the epidemiology, prevention, and amelioration or trauma: the transition to approaches etiologically based rather than descriptive [J]. American Journal of Public Health, 1968, 58 (8): 1431-1438.

[17] HALE A R, HOVDEN J. Management and culture: the third age of safety. A review of approaches to organizational aspects of safety, health and environment [C]//Feyer A M, Williamson A. Occupational Injury, Risk Prevention and Intervention. London: Taylor & Francis Group, 1998.

[18] HEINRICH H W, PETERSEN D, ROOS N. Industrial accident prevention-a safety management approach [M]. New York: Mc Graw-Hill, Inc, 1980.

[19] HEINRICH H W. Industrial Accident Prevention [M]. New York: McGraw-Hill, Inc, 1931.

[20] HOLLNAGEL E, Woods D D. Cognitive systems engineering: new wine in new bottles [J]. International Journal of Human-Computer Studies, 1999, 51 (2): 339-356.

[21] HOLLNAGEL E. Barrier and Accident Prevention [M]. Ashgate: Ashgate Pub Co., 2004.

[22] HOLLNAGEL E. Cognitive reliability and error analysis method [M]. Oxford: Elsevier, 1998.

[23] HOLLNAGEL E, WEARS ROBERT, BRAITHWAITE JEFFREY. From Safety-I to Safety-II: a white paper [M]. [S. l.]: [s. n.], 2015.

[24] HOUSTON D E L. New approaches to the safety problem [J]. Major Loss Prevention, 1971 (5): 32-35.

[25] HOVDEN J, ALBRECHTSEN E, HERRERA I A. Is there a need for new theories, models and approaches to occupational accident prevention? [J]. Safety Science, 2012, 48 (8): 950-956.

[26] HUANG L, WU C, WANG B, et al. A new paradigm for accident investigation and analysis in the era of big data [J]. Process Safety Progress, 2018, 37 (1): 42-48.

[27] HUANG L, WU C, WANG B, et al. Big-data-driven safety decision-making: a conceptual framework and its influencing factors [J]. Safety Science, 2018, 109: 46-56.

[28] HUANG L, WU C, WANG B. Challenges, opportunities and paradigm of applying big data to production safety management: from a theoretical perspective [J]. Journal of Cleaner Production, 2019, 231: 592-599.

[29] HUDSON P, Primrose M J, Edwards C. Implementing tripod-DELTA in a major contractor [C]//RICHARDSON T X. Proceedings of the SPE International Conference on Health, Safety and Environment. Jakarta: Society of Petroleum Engineers, 1994.

[30] HUGHES B P, Newstead S, Anund A, et al. A review of models relevant to road safety [J]. Accident Analysis and Prevention, 2015, 74: 250-270.

[31] HUSDON P T W, Reason J T, Wagenaar W A, et al. Tripod delta: proactive approach to enhanced safety [J]. Journal of Petroleum Technology, 1994, 46 (1): 58-62.

[32] INPO. Human performance enhancement system (INPO 90-005) [M]. Atlanta: Institute of Nuclear Power Operations, 1990.

[33] STELLMAN. The Encyclopaedia of Occupational Health and Safety [M]. 4th ed. Geneva: International Labour Office, 1998.

[34] JOHNSON W G. MORT safety assurance systems [M]. New York: [s. n.], 1980.

[35] KANG L, WU C, WANG B. Principles, approaches and challenges of applying big data in safety psychology research [J]. Frontiers in Psychology, 2019, 10: 1596.

[36] LEI H X, WU C, JIA N. Study on principles of system information safety from a theoretical perspective [C]// YINGYING S, GUIRAN C, ZHEN L. Proceedings of The International Conference on Logistics Engineering, Management and Computer Science: 2015. [S. l.]: Atlantis Press, 2015.

[37] LEVESON N G. Applying systems thinking to analyze and learn from events [J]. Safety Science, 2011, 49 (1): 55-64.

[38] LEVESON N. A new accident model for engineering safer systems [J]. Safety Science, 2002, 42 (4): 237-270.

[39] LEVESON N. Engineering a safer world: systems thinking applied to safety [M]. Boston: The MIT Press, 2012.

[40] LI W C, HARRIS D. Pilot error and its relationship with higher organizational levels: HFACS analysis of 523 accidents [J]. Aviation Space & Environmental Medicine, 2006, 77 (10): 1056-1061.

[41] YANG F. Exploring the information literacy of professinals in safety management [J]. Safety Science, 2012, 50 (2): 294-299.

[42] LUO T Y, WU C. Safety Information Cognition: a new methodology of safety science in urgent need to be established [J]. Journal of Cleaner Production, 2019, 209: 1182-1194.

[43] MASLOW A H. The dynamics of psychological security-insecurity [J]. Journal of Personality, 1942, 10 (4): 331-344.

[44] OUYANG Q M, WU C, HUANG L. Methodologies, principles and prospects of applying big data in safety science research [J]. Safety Science, 2018, 101 (1): 60-71.

[45] QURESHI Z H. A review of accident modelling approaches for complex socio-technical systems [C]//Twelfth Australian Workshop on Safety Critical Systems and Software and Safety-Related Programmable Systems. [S. l.]: Australian Computer Society, Inc., 2007.

[46] RASMUSSEN J, PEDERSEN O M, CARNINO A, et al. Classification system for reporting events involving human malfunctions [M]. Ispra: Joint Research Centre, 1981.

[47] RASMUSSEN J. Risk management in a dynamic society: a modeling problem [J]. Safety Science, 1997, 27 (2): 183-213.

[48] REASON J. Driving errors, driving violations and accident involvement [J]. Ergonomics, 1995, 38 (5): 1036-1048.

[49] REASON J. Human error [M]. New York: Cambridge University Press, 1990.

[50] SALMON P M, CORNELISSEN M, TROTTER M J. Systems-based accident analysis methods: a comparison of accimap, HFACS, and STAMP [J]. Safety Science, 2012, 50 (4): 1158-1170.

[51] SHORROCK S T, KIRWAN B. Development and application of a human error identification tool for air traffic control [J]. Applied Ergonomics, 2002, 33 (4): 319-336.

[52] SKLET S. Comparison of some selected methods for accident investigation [J]. Journal of Hazardous Materials, 2004, 111 (1): 29-37.

[53] SUNDEEN R A, MATHIEU J T. The fear of crime and its consequences among elderly in three urban communities [J]. Gerontologist, 1976, 16 (3): 211-219.

[54] SVEDUNG I, RASMUSSEN J. Graphic representation of accident scenarios: mapping system structure and the causation of accidents [J]. Safety Science, 2002, 40 (5): 397-417.

[55] SWUSTE P, GULIJK C V, ZWAARD W, et al. Occupational safety theories, models and metaphors in the three decades since World War Ⅱ, in the United States, Britain and the Netherlands: A literature review [J]. Safety Science, 2014, 62 (1): 16-27.

[56] SWUSTE P, GULIJK C V, ZWAARD W. Safety metaphors and theories: a review of the occupational safety literature of the US, UK and the Netherlands, till the first part of the 20th century [J]. Safety Science, 2010, 48: 1000-1018.

[57] TUOMINEN R, SAARI J. A model for analysis of accidents and its application [J]. Journal of Occupational Accidents, 1982, 4: 263-273.

[58] UNDERWOOD P, WATERSON P. Systems thinking, the swiss cheese model and accident analysis: a comparative systemic analysis of the grayrigg train derailment using the ATSB, AcciMap and STAMP models [J]. Accident Analysis & Prevention, 2014, 68 (1): 75-94.

[59] WANG B, WU C, HUANG L, et al. Using data-driven safety decision-making to realize smart safety management in the era of big data: a theoretical perspective on basic questions and their answers [J]. Journal of Cleaner Production, 2019, 210: 1595-1604.

[60] WANG B, WU C, HUANG L. Data literacy for safety professionals in safety management: a theoretical perspective on basic questions and answers [J]. Safety Science, 2019, 117: 15-22.

[61] WANG B, WU C, HUANG L. Emotional safety culture: a new and key element of safety culture [J]. Process Safety Progress, 2018, 37 (2): 134-139.

[62] WANG B, WU C, SHI B, et al. Evidence-based safety (EBS) management: A new approach to teaching the practice of safety management (SM) [J]. Journal of Safety Research, 2017, 63 (12): 21-28.

[63] WANG B, WU C. Demystifying safety-related intelligence in safety management: Some key questions answered from a theoretical perspective [J]. Safety Science, 2019, 120: 932-940.

[64] WANG B, WU C. Safety culture development, research, and implementation in China: an overview [J]. Progress in Nuclear Energy, 2019, 110: 289-300.

[65] WICKENS, C D. Engineering psychology and human performance [M]. New York: Harper Collins, 1992.

[66] WIEGMANN, D A, SHAPPELL S A. A Human error approach to aviation accident analysis: the human factors analysis and classification system [M]. Burlington: Ashgate Publishing Ltd., 2003.

[67] WU C, HUANG L. A new accident causation model based on information flow and its application in Tianjin Port fire and explosion accident [J]. Reliability Engineering and System Safety, 2019, 182: 73-85.

[68] YOON Y S, HAM D H, WAN C Y. Application of activity theory to analysis of human-related accidents: Method and case studies [J]. Reliability Engineering & System Safety, 2016, 150: 22-34.

[69] 吴超. 安全复杂学的学科基础理论研究：为安全科学新高地奠基 [J]. 中国安全科学学报，2021，31（5）：7-17.

[70] 陈宝智，吴敏. 事故致因理论与安全理念 [J]. 中国安全生产科学技术，2008，4（1）：42-46.

[71] 陈忠，盛毅华. 现代系统科学学 [M]. 上海：上海科学技术文献出版社，2005.

[72] 丛中，安莉娟. 安全感量表的初步编制及信度、效度检验 [J]. 中国心理卫生杂志，2004（2）：97-99.

[73] 邓聚龙. 灰理论基础 [M]. 武汉：华中科技大学出版社，2002.

[74] 范秀山. 事故致因理论：缺陷塔模型 [J]. 中国安全科学学报，2012，22（2）：3-9.

[75] 方胜明，吴超. 物质安全管理学学科构建研究 [J]. 中国安全科学学报，2016，26（5）：1-6.

[76] 冯庆善. “树生”事故致因理论模型 [J]. 油气储运，2014，33（2）：115-120.

[77] 冯伟，陈沅江，吴超，等. 基于安全信息认知的事故致因模式研究 [J]. 情报杂志，2019，38（7）：160-165.

[78] 傅贵，陆柏，陈秀珍. 基于行为科学的组织安全管理方案模型 [J]. 中国安全科学学报. 2005，15（9）：21-27.

[79] 傅贵，杨春，殷文韬，等. 行为安全“2-4”模型的扩充版 [J]. 煤炭学报，2014，39（6）：994-999.

[80] 傅贵. 安全管理学：事故预防的行为控制方法 [M]. 北京：科学出版社，2013.

[81] 高开欣，吴超，王秉. 基于信息传播的安全教育通用模型构建研究 [J]. 情报杂志，2017，36（12）：

132-137.

[82] 国汉君. 内-外因事故致因理论与实现安全生产的途径 [J]. 中国安全科学学报，2007 (7)：46-53.

[83] 哈肯. 高等协同学 [M]. 郭治安，译. 北京：科学出版社，1989.

[84] 韩明，吴超. 物理性有害因素控制的几条基本原理 [J]. 世界科技研究与发展，2016，38 (4)：747-748.

[85] 何学秋，马尚权. 安全科学的"R-M"基本理论模型研究 [J]. 中国矿业大学学报，2001 (5)：3-6.

[86] 何学秋. 安全科学基本理论规律研究 [J]. 中国安全科学学报，1998 (2)：8-12.

[87] 贺威，吴超. 安全环境的核心原理研究 [C]//浙江省安全工程学会. 2014 年浙江省安全科学与工程技术研讨会论文集. 杭州：浙江大学出版社，2014.

[88] 华佳敏，吴超，黄浪. 安全系统降维理论研究及其应用 [J]. 中国安全科学学报，2018，28 (3)：50-55.

[89] 黄浪，吴超，王秉. 基于熵理论的重大事故复杂链式演化机理及其建模 [J]. 中国安全生产科学技术，2016，12 (5)：10-15.

[90] 黄浪，吴超，杨冕，等. 基于能量流系统的事故致因与预防模型构建 [J]. 中国安全生产科学技术，2016，12 (7)：55-60.

[91] 黄浪，吴超，贾楠. 安全理论模型构建的方法论研究 [J]. 中国安全科学学报，2016，26 (12)：1-6.

[92] 黄浪，吴超，马剑. 安全信息流视域下的事故致因模型构建 [J]. 管理评论，2020，32 (4)：274-285.

[93] 黄浪，吴超，王秉. 安全规划学的构建及应用 [J]. 中国安全科学学报，2016，26 (10)，7-12.

[94] 黄浪，吴超，王秉. 安全系统学学科理论体系构建研究 [J]. 中国安全科学学报，2018，28 (5)：30-36.

[95] 黄浪，吴超，王秉. 大数据视阈下的系统安全理论建模范式变革 [J]. 系统工程理论与实践，2018，38 (7)：1877-1887.

[96] 黄浪，吴超，王秉. 个体安全信息力的概念模型及其作用机制 [J]. 中国安全科学学报，2017，27 (11)：7-12.

[97] 黄浪，吴超，王秉. 系统安全韧性的塑造与评估建模 [J]. 中国安全生产科学技术，2016，12 (12)：15-21.

[98] 黄浪，吴超. 安全物质学的方法论研究 [J]. 灾害学，2016，31 (4)：11-16.

[99] 黄浪，吴超. 风险感知偏差机理概念模型构建研究 [J]. 自然灾害学报，2017，26 (1)：60-66.

[100] 黄浪，吴超. 物流安全运筹学的构建研究 [J]. 中国安全科学学报，2016，26 (2)：18-24.

[101] 黄浪，吴超. 事故致因模型体系及建模一般方法与发展趋势 [J]. 中国安全生产科学技术，2017，13 (2)：10-16.

[102] 黄浪. 理论安全模型的构建原理与新模型的创建研究 [D]. 长沙：中南大学，2018.

[103] 黄淋妃. 安全运筹学的学科理论研究 [D]. 长沙：中南大学，2018.

[104] 黄仁东，刘倩倩，吴超，等. 安全信息学的核心原理研究 [J]. 世界科技研究与发展，2015，37 (6)，646-649.

[105] 黄润生，黄浩. 混沌及其应用 [M]. 2 版. 武汉：武汉大学出版社，2005.

[106] 黄玺，吴超. 安全态度的转变过程及方法研究 [J]. 中国安全科学学报，2018，28 (6)：55-60.

[107] 贾楠，吴超，黄浪. 安全系统学方法论研究 [J]. 世界科技研究与发展，2016，38 (3)：500-504.

[108] 贾楠，吴超. 安全科学原理研究的方法论 [J]. 中国安全科学学报，2015，25 (2)：3-8.

[109] 姜文娟，吴超. 物质安全评价学的构建研究 [J]. 世界科技研究与发展，2016，38 (6)：1244-1248.

[110] 教润泽. 行为安全管理和群体安全意识涌现的复杂性研究 [D]. 沈阳：辽宁科技大学，2019.

[111] 康良国，吴超，王秉．企业员工心理安全感的基础性问题研究［J］．中国安全生产科学技术，2019，15（7）：20-25.
[112] 康良国，吴超．大数据驱动下的安全绩效管理模式研究［J］．科技管理研究，2021，41（6）：166-172.
[113] 雷海霞，吴超．安全系统和谐原理体系构建研究［J］．世界科技研究与发展，2016，38（01）：26-30.
[114] 雷海霞．安全系统科学原理与建模研究［D］．长沙：中南大学，2016.
[115] 李美婷，吴超．安全人性学的方法论研究［J］．中国安全科学学报，2015，25（3）：3-8.
[116] 李树刚．安全科学原理［M］．西安：西北工业大学出版社，2008.
[117] 李双蓉，王卫华，吴超．安全心理学的核心原理研究［J］．中国安全科学学报，2015，25（9）：8-13.
[118] 李顺，吴超．风险管理研究的方法论［J］．中国安全生产科学技术，2015，11（11）：52-58.
[119] 李顺，吴超．国内外功能安全技术研究现状分析与展望［C］//第26届全国高校安全工程专业学术年会组委会．第26届全国高校安全工程专业学术年会论文集．北京：气象出版社，2014.
[120] 李顺．风险管理的原理及其应用方法研究［D］．长沙：中南大学，2016.
[121] 李思贤，吴超，王秉．多级安全信息不对称所致事故模式研究［J］．中国安全科学学报，2017，27（7）：18-23.
[122] 廖秀萍，吴超，王秉．安全系统涌现性模型构建及核心问题研究［J］．中国安全科学学报，2021，31（2）：1-8.
[123] 凌复华．突变理论及其应用［M］．上海：上海交通大学出版社，1987.
[124] 刘冰玉，吴超．灾害化学的核心原理研究［J］．中国安全生产科学技术，2015，11（4）：147-152.
[125] 刘潜．安全科学和学科的创立与实践［M］．北京：化学工业出版社，2010.
[126] 刘星．安全道德素质：缺失与建设［J］．中国安全科学学报，2008（3）：88-94.
[127] 刘星．安全伦理学的建构：关于安全伦理哲学研究及其领域的探讨［J］．中国安全科学学报，2007，17（2）：22-29.
[128] 刘燕，庄越．三脚架事故致因模型的结构化重构研究［J］，中国安全科学学报，2016，26（4）：60-65.
[129] 罗云．安全科学导论［M］．北京：中国质检出版社，2013.
[130] 马浩鹏，吴超．安全经济学核心原理研究［J］．中国安全科学学报，2014，24（9）：3-7.
[131] 苗东升．系统科学大学讲稿［M］．北京：中国人民大学出版社，2007.
[132] 明俊桦，杨珊，吴超，等．安全人性与安全法律法规的互为影响关系研究［J］．中国安全生产科学技术，2016，12（9）：182-187.
[133] 莱文森．基于系统思维构筑安全系统［M］．唐涛，牛儒，译．北京：国防工业出版社，2015.
[134] 宁德春，王建平．基于复杂性认识的安全木桶模型探讨［J］．中国安全科学学报，2008（6）：5-10.
[135] 欧阳秋梅，吴超，黄浪．大数据应用于安全科学领域的基础原理研究［J］．中国安全科学学报，2016，26（11）：13-18.
[136] 欧阳秋梅，吴超．安全观的塑造机理及其方法研究［J］．中国安全生产科学技术，2016，12（9）：14-19.
[137] 欧阳秋梅，吴超．大数据与传统安全统计数据的比较及其应用展望［J］．中国安全科学学报，2016，26（3）：1-7.
[138] 欧阳秋梅，吴超．复杂安全系统数据场及其降维理论模型［J］．中国安全科学学报，2017，27（8）：32-37.
[139] 欧阳秋梅．大数据应用于安全科学领域的方法论及其模型构建［D］．长沙：中南大学，2018.
[140] 钱新明，陈宝智．事故致因的突变模型［J］．中国安全科学学报，1995，5（2）：1-4.
[141] 钱学森，中国系统工程学会，上海交通大学．论系统工程：新世纪版［M］．上海：上海交通大学出版

社，2007.
[142] 闪顺章，吴超，王从陆，等. 大数据视域下循证安全管理模式研究 [J]. 中国安全科学学报，2018，28 (6)：7-12.
[143] 邵国培，徐学文，刘奇志，等. 军事运筹学的过去？现在和未来 [J]. 运筹学学报，2013，17 (1)：10-16.
[144] 邵辉，赵庆贤，林娜，等. 风险管理原理与方法 [M]. 北京：中国石化出版社，2010.
[145] 沈小峰，等. 耗散结构论 [M]. 上海：上海人民出版社，1987.
[146] 施波，王秉，吴超. 企业安全文化认同机理及其影响因素 [J]. 科技管理研究，2016，36 (16)：195-200.
[147] 石东平，吴超. 安全物质学的学科体系与研究方法 [J]. 中国安全科学学报，2015，25 (7)：16-22.
[148] 石扬，吴超，陈沅江. 物质致灾化学的学科构建研究 [J]. 中国安全科学学报，2016，26 (9)：19-24.
[149] 苏淑华，吴超. 安全生理感知原理的研究与应用 [J]. 安全与环境学报，2016，16 (5)：186-190.
[150] 隋鹏程，陈宝智，隋旭. 安全原理 [M]. 北京：化学工业出版社. 2005.
[151] 隋鹏程，陈宝智. 安全原理与事故预测 [M]. 北京：冶金工业出版社，1988.
[152] 隋鹏程. 伤亡事故分析与预防原理 [J]. 冶金安全，1982 (5)：1-8.
[153] 谭洪强，苏汉语，雷海霞，等. 安全法律法规核心作用原理及其方法论研究 [J]. 中国安全生产科学技术，2015，11 (8)：186-191.
[154] 谭洪强，吴超. 安全文化学核心原理研究 [J]. 中国安全科学学报，2014，24 (8)：14-20.
[155] 田水承，李红霞，王莉. 3 类危险源与煤矿事故防治 [J]. 煤炭学报，2006，31 (6)：706-710.
[156] 田水承. 安全管理学 [M]. 2 版. 北京：机械工业出版社，2016.
[157] 田水承. 第三类危险源辨识与控制研究 [D]. 北京：北京理工大学，2001.
[158] 佟瑞鹏，翟存利. 社区封闭到开放过程的风险演化研究——基于耗散结构理论 [J]. 天津大学学报 (社会科学版)，2017，19 (5)：426-433.
[159] 万百五. 控制论创立六十年 [J]. 控制理论与应用，2008 (4)：597-602.
[160] 汪送. 一种事故致因系统论模型：认知-约束模型 [J]. 安全与环境工程，2014，21 (6)：140-143.
[161] 王保国，王新泉，刘淑艳，等. 安全人机工程学 [M]. 2 版. 北京：机械工业出版社，2016.
[162] 王秉，吴超，黄浪. 基于安全信息处理与事件链原理的系统安全行为模型 [J]. 情报杂志，2017，36 (9)：119-126.
[163] 王秉，吴超. 安全文化学 [M]. 北京：化学工业出版社，2017.
[164] 王秉，吴超. 安全信息供给：解决安全信息缺失的关键 [J]. 情报杂志，2018，37 (5)：146-153.
[165] 王秉，吴超. 安全信息视域下 FDA 事故致因模型的构造与演绎 [J]. 情报杂志，2018，37 (4)：120-127.
[166] 王秉，吴超，黄浪. 一种基于安全信息的安全行为干预新模型：S-IKPB 模型 [J]. 情报杂志，2018，37 (12)：140-146.
[167] 王秉，吴超. 安全认同理论的基础性问题 [J]. 风险灾害危机研究，2017 (3)：101-116.
[168] 王秉，吴超. 安全文化建设原理研究 [J]. 中国安全生产科学技术，2015，11 (12)：26-32.
[169] 王秉，吴超. 安全文化生成机制研究 [J]. 中国安全科学学报，2019，29 (9)：8-12.
[170] 王秉，吴超. 安全文化学核心原理研究 [J]. 安全与环境学报，2018，18 (1)：199-204.
[171] 王秉，吴超. 安全信息—安全行为 (SI—SB) 系统安全模型的构造与演绎 [J]. 情报杂志，2017，36 (11)：41-49.
[172] 王秉，吴超. 情感性组织安全文化的作用机理及建设方法研究 [J]. 中国安全科学学报，2016，26 (3)：8-14.
[173] 王秉，吴超. 心理安全契约理论的基础性问题 [J]. 风险灾害危机研究，2018 (2)：152-166.

[174] 王秉，吴超．一种基于证据与风险的系统安全管理新方法：ERBS法［J］．情报杂志，2018，37（9）：141-147.
[175] 王从陆，蔡康旭，伍爱友．基于耗散结构理论的故障分析与控制［J］．湘潭师范学院学报（自然科学版），2005（4）：79-82.
[176] 王凯全．安全系统学导论［M］．北京：科学出版社，2019.
[177] 王磊．耗散结构理论视角下的企业安全管理［J］．理论导报，2014（1）：34-36.
[178] 王先华．安全控制论原理和应用［J］．工业安全与防尘，2000（1）：28-31.
[179] 王续琨．安全科学：一个新兴的交叉学科门类［J］．科学学研究，2002（4）：367-372.
[180] 王银峰，吴超，黄锐，等．安全人性学视域下的个体安全行为模型研究［J］．中国安全科学学报，2018，28（9）：1-6.
[181] 魏宏森．钱学森构建系统论的基本设想［J］．系统科学学报，2013，21（1）：1-8.
[182] 翁翼飞，王家臣．系统安全管理的复杂性研究［J］．矿业安全与环保，2008（2）：78-80.
[183] 翁勇南，宋守信，王静．物流安全支撑体系及其复杂性研究［J］．物流技术，2009，28（9）：1-3.
[184] 吴超，黄浪，王秉．新创理论安全模型［M］．北京：机械工业出版社，2018.
[185] 吴超，王秉．安全科学新分支［M］．北京：科学出版社，2018.
[186] 吴超，王秉．行为安全管理元模型研究［J］．中国安全生产科学技术，2018，14（2）：5-11.
[187] 吴超，王秉．近年安全科学研究动态及理论进展［J］．安全与环境学报，2018，18（2）：588-594.
[188] 吴超，王婷，栗继祖，等．安全统计学［M］．北京：机械工业出版社，2014.
[189] 吴超，杨冕．安全混沌学的创建及其研究［J］．中国安全科学学报，2010，20（8）：3-16.
[190] 吴超，杨冕．安全科学原理及其结构体系研究［J］．中国安全科学学报，2012，22（11）：3-10.
[191] 吴超，华佳敏．功能安全研发的方法论研究［J］．中国安全生产科学技术，2018，14（8）：23-28.
[192] 吴超，黄浪，贾楠，等．广义安全模型构建研究［J］．科技管理研究，2018，38（1）：250-255.
[193] 吴超，黄淋妃．安全运筹学的学科构建研究［J］．中国安全科学学报，2017，27（6）：37-42.
[194] 吴超，贾楠．安全人性学内涵及基础原理研究［J］．安全与环境学报，2016，16（6）：153-158.
[195] 吴超，李思贤．安全降变原理及C-S-R事故致因新模型［J］．安全，2019，40（9）：18-25.
[196] 吴超，刘爱华．安全文化与和谐社会的关系及其建设的研究［J］．中国安全科学学报，2009，19（5）：67-74.
[197] 吴超，孙胜，胡鸿．现代安全教育学及其应用［M］．北京：化学工业出版社，2016.
[198] 吴超，王秉，谢优贤．安全降维理论的深度研究［J］．安全，2019，40（11）：40-46.
[199] 吴超，王秉．40种安全管理思维［J］．现代职业安全，2018（3）：67-71.
[200] 吴超，王秉．安全关联学的创建研究［J］．科技管理研究，2017，37（20）：254-261.
[201] 吴超，王秉．安全经济学应用原理及新观点［J］．安全，2019，40（10）：27-33.
[202] 吴超，杨冕，王秉．科学层面的安全定义及其内涵、外延与推论［J］．郑州大学学报（工学版），2018，39（03）：1-4；28.
[203] 吴超，杨冕．安全科学原理研究综述［C］//华北科技学院．27届全国高校安全工程专业学术年会暨第9届全国安全工程领域工程硕士研究生教育研讨会论文集．北京：煤炭工业出版社，2015.
[204] 吴超，易灿南，曹莹莹．比较安全学［M］．北京：中国劳动社会保障出版社，2014.
[205] 吴超．14个有价值的城市安全系统学理论基础问题［J］．安全，2020，41（4）：54-58.
[206] 吴超．3MS-5Meic安全系统模型构建及其应用研究［J］．中国安全科学学报，2020，30（8）：1-11.
[207] 吴超．安全复杂学的学科基础理论研究：为安全科学新高地奠基［J］．中国安全科学学报，2021，31（5）：7-17.
[208] 吴超．安全工作十公理［J］．湖南安全与防灾，2012（12）：58.

[209] 吴超. 安全科学方法论 [M]. 北京：科学出版社，2016.

[210] 吴超. 安全科学方法学 [M]. 北京：中国劳动社会保障出版社，2011.

[211] 吴超. 安全科学系列研究生新课程创建及推广经验 [J]. 安全，2021，42（3）：36-46.

[212] 吴超. 安全科学学的初步研究 [J]. 中国安全科学学报，2007（11）：5-15.

[213] 吴超. 安全科学学科建设理论研究 [J]. 安全，2019，40（1）：1-6.

[214] 吴超. 安全科学原理 [M]. 北京：机械工业出版社，2018.

[215] 吴超. 安全信息认知通用模型构建及其启示 [J]. 中国安全生产科学技术，2017，13（3）：5-11.

[216] 吴超. 安全学科体系构建综述研究 [J]. 安全，2019，40（1）：7-13.

[217] 吴超. 安全研究的预设和途径及新观点 [J]. 安全，2019，40（8）：32-37.

[218] 吴超. 公共安全科技及其学科分类的九宫格模型 [J]. 安全，2020，41（5）：40-45.

[219] 吴超. 基于安全学科属性建设一流安全专业 [J]. 安全，2019，40（12）：59-64.

[220] 吴超. 近10年我国安全科学基础理论研究的进展综述 [J]. 中国有色金属学报，2016，26（8）：1675-1692.

[221] 吴超. 一组表达安全创新的新概念及其关联问题 [J]. 安全，2020，41（2）：65-72.

[222] 吴超."安全第一"的逻辑思辨 [J]. 企业经济，2017，36（9）：5-11.

[223] 吴超.《安全科学原理》新教材及其在线课程的建设经验 [J]. 安全，2020，41（7）：25-31.

[224] 谢优贤，吴超. 安全容量原理的内涵及其核心原理研究 [J]. 世界科技研究与发展，2016，38（4）：739-743.

[225] 谢优贤. 安全容量的内涵及风险维度挖掘与安全降维的理论探究 [D]. 长沙：中南大学，2017.

[226] 徐伟东. 事故调查与根源分析技术 [M]. 3版. 广州：广东科技出版社，2016.

[227] 徐媛，吴超. 安全教育学基础原理及其体系研究 [J]. 中国安全科学学报，2013，23（9）：3-8.

[228] 许国志. 系统科学 [M]. 上海：上海科技教育出版社，2000.

[229] 许洁，吴超. 安全人性学的学科体系研究 [J]. 中国安全科学学报，2015，25（8）：10-16.

[230] 许铭，吴宗之，罗云. 安全生产领域安全技术公理 [J]. 中国安全科学学报，2015，25（1）：3-8.

[231] 许素睿，项原驰，任国友，等. 新的行为安全"2-4"模型研究 [J]. 中国安全科学学报，2016，26（4）：29-33.

[232] 颜烨. 安全社会学 [M]. 北京：中国社会出版社，2007.

[233] 阳富强，吴超，覃妤玥. 安全系统工程学的方法论研究 [J]. 中国安全科学学报，2009，19（8）：10-20.

[234] 杨冕. 基于安全技术与安全管理反思的安全学理论体系构建 [D]. 长沙：中南大学，2017.

[235] 游波，吴超，任才清. 安全工程原理理论及其应用研究 [J]. 中国安全科学学报，2014，24（2）：35-40.

[236] 游波，吴超，杨冕. 安全生理学原理及其体系研究 [J]. 中国安全科学学报，2013，23（12）：9-15.

[237] 袁大祥，柯丹丹. 事故的系统论 [J]. 系统工程学报，2004（2）：183-187.

[238] 张丹，吴超，陈婷. 安全毒理学的核心原理研究 [J]. 中国安全科学学报，2014，24（6）：3-7.

[239] 张建，吴超. 安全人机系统原理理论研究 [J]. 中国安全科学学报，2013，23（6）：14-19.

[240] 张舒，史秀志，吴超. 安全系统管理学的建构研究 [J]. 中国安全科学学报，2010，20（6）：9-16.

[241] 张文强，吴超. 安全心理学基础原理及其体系研究 [J]. 安全与环境学报，2017，17（1）：210-214.

[242] 张一行，吴超. 安全多样性原理研究及其应用 [J]. 中国安全科学学报，2014，24（4）：10-14.

[243] 章雅蕾，吴超，王秉. 基于情感思维的安全管理模式研究 [J]. 中国安全生产科学技术，2018，14（3）：34-40.

[244] 赵宝柱，沈廷萍，刘如民. 个人因素事故致因模型的探讨 [J]. 安全与环境工程，2004（1）：80-83.

[245] 赵理敏，吴超，李孜军. 安全协同理论的基础性问题研究 [J]. 科技促进发展，2017，13 (5)：388-394.

[246] 周刚，程卫民，诸葛福民，等. 人因失误与人的不安全行为相关原理的分析与探讨 [J]. 中国安全科学学报，2008，18 (3)：10-14.

[247] 周欢，吴超，贾明涛. 安全人性平衡原理及其规律研究 [C]//华北科技学院. 第27届全国高校安全工程专业学术年会暨第9届全国安全工程领域工程硕士研究生教育研讨会论文集. 北京：煤炭工业出版社，2015.

[248] 周欢，吴超. 安全人性学的基础原理研究 [J]. 中国安全科学学报，2014，24 (5)：3-8.